油气储运技术论文集

（第二十卷）

中国石油天然气管道工程有限公司　编

石油工業出版社

内 容 提 要

本书收集了中国石油天然气管道工程有限公司员工在工程设计、科研、管理、学习中提炼的技术创新、新技术研究、新工艺应用和管理创新等相关的论文56篇，从工程勘察、工程咨询、工程设计等多方面，介绍了油气储运工程以及新能源工程涉及的新技术、新工艺、新管理和新发展，凝练了工程实践及科技研发等方面取得的成果、经验和最新信息。

本书可供油气储运工作者参考使用，也可供石油院校相关专业师生阅读。

图书在版编目(CIP)数据

油气储运技术论文集. 第二十卷 / 中国石油天然气管道工程有限公司编. -- 北京 : 石油工业出版社, 2024. 9. -- ISBN 978-7-5183-6972-0

Ⅰ. TE8-53

中国国家版本馆CIP数据核字第2024TG9348号

出版发行：石油工业出版社

（北京安定门外安华里2区1号楼　100011）

网　址：www. petropub. com

编辑部：(010)64523757　图书营销中心：(010)64523633

经　　销：全国新华书店

印　　刷：北京中石油彩色印刷有限责任公司

2024年9月第1版　2024年9月第1次印刷

787×1092毫米　开本：1/16　印张：24. 25

字数：720千字

定价：100. 00元

（如出现印装质量问题，我社图书营销中心负责调换）

《油气储运技术论文集(第二十卷)》
编　委　会

前　言

中国石油天然气管道工程有限公司近年来承揽了中俄东线天然气管道、西气东输三线管道工程、中缅油气管道工程、中亚天然气管道工程、闽粤支干线、西气东输四线天然气管道等一大批国内外重点项目。在这些工程项目中应用了许多新技术、新材料、新工艺和新的项目管理模式，同时也积累了丰富的经验和资料。中国石油天然气管道工程有限公司从2005年至今，先后编写了《油气储运技术论文集》第一卷至第十九卷，这些论文集的发表为员工学术研究和技术成果交流提供了平台。

本论文集共收集了公司员工撰写的论文56篇，分类编设六个专业栏目，向读者提供了油气储运及新能源工程的勘察、设计、咨询、项目管理等方面的研究成果、经验和最新信息。

本论文集在编辑出版过程中得到了中国石油天然气工程有限公司领导、有关部门及专家的支持与帮助，在此表示感谢。

由于编者水平有限，在编辑过程中难免有不妥之处，希望广大读者及时提出宝贵意见。

编委会

2024年6月

前言

目　录

工艺与站场

线路与勘察

建筑、结构与总图

电力、自控与通信

新能源技术与发展

项目管理与规划

工艺与站场

某地下储气库离心式压缩机与往复式压缩机联合运行分析和研究

李广群[1]　谭俊皇[2]　代小华[2]　王　枫[2]　苏　峰[2]

（1. 中国石油天然气管道工程有限公司；
2. 中国石油天然气管道工程有限公司工艺所）

摘　要：概述了地下储气库发展趋势，地下储气库注气工艺、压缩机选型原则、不同压缩机优缺点对比分析及压缩机选型发展形势，总结了随着应对季节调峰和储气库规模的不断增大，离心压缩机将势必在地下储气库注气工况中得到更多的应用，开展离心式压缩机与往复压缩机联合运行的适应性与可行性分析和研究是十分必要的。通过某储气库离心式压缩机和往复式压缩机联合运行问题分析、机组配置、机组控制系统、联合运行工况分析，提出了切实可行的保障措施和联合运行原则，为其他储气库压缩机选型和联合运行提供了借鉴，为储气库大规模化的发展提供了指引。

一、引言

地下储气库主要用于调峰和应急储备，具有气源压力和流量不断变化，注气所需压比高和压力波动范围大的特点。随着天然气不断注入，地下储气库地层压力不断升高，压缩机出口压力随之变大[1]，注气所需压比增大。往复式压缩机更能适应出口压力高、波动范围大，入口条件相对不稳定的情况[2]。在国内地下储气库建设早期，注气规模较小，一般在$500\times10^4m^3/d$以下，往复式压缩机在注气效率、操作灵活性等方面具有突出优势[3]，2020年前已建储气库均采用往复式压缩机作为注气设备。

随着储气库的不断建设，国内出现了规模较大的储气库，有效工作气量超过$20\times10^8m^3$，注气规模超过$1000\times10^4m^3/d$。规模较大的新建储气库和扩建的储气库选用离心压缩机作为注气逐渐开始了尝试，扩建储气库势必存在新建离心压缩机和已建往复压缩机联合运行的工况，开展离心式压缩机与往复压缩机联合运行的适应性与可行性分析和研究十分必要。

二、储气库压缩机应用发展形势

1. 国外现状

根据美国EPA(美国国家环保署)统计，美国早期地下储气库普遍使用往复式压缩机，20世纪90年代后使用离心式压缩机组较为常见，离心式压缩机使用数量为99台。

欧洲国家的天然气主要依赖进口，且国土面积相对较小，欧洲地下储气库群较多，小规模储气库大多采用往复式压缩机注气，对于大型储气库多采用离心式压缩机或离心式压缩机与往复式压缩机组合的配置，以大幅减少机组数量，降低设备投资和占地面积。德国、法国、比利时等都有采用离心式压缩机组注气的实例。

2. 国内现状

2020 年前，国内地下储气库注气规模较小，因在注气效率、操作灵活性和适应性等方面具有突出优势，更能适应地下储气库注气要求，往复式压缩机得到了广泛的运用。

随着我国经济的发展，国家加大了储气库的储气能力建设，为天然气的稳定供应提供了坚实的保障，对调整我国能源结构、应对季节调峰、促进节能减排、国家战略储备和优化天然气管网具有重大意义。

随着我国天然气需求的增长，注采调峰需求的增加[4]，新建储气库和扩建储气库规模日趋变大，注采调峰规模日益增大，已由起初的 $500\times10^4m^3/d$ 以下增加到 $1000\times10^4m^3/d$ 以上，若选用往复式压缩机，配置数量过多，故 2020 年以后部分新建规模较大的储气库选用了离心压式缩机作为注气设备，如双台子储气库。另外部分二期扩建储气库，存在征地困难，手续复杂等问题，为了节约用地，减少压缩机数量，也选用了离心压式缩机作为注气设备。

由于我国天然气需求的增长和储气库大规模化及集群化的不断建设，离心式压缩机作为新建或扩建储气库的注气设备逐步得到了运用，存在新建离心压缩机和已建往复压缩机联合运行的工况。

某盐穴储气库扩建工程增加 $500\times10^4m^3/d$ 离心式压缩机 1 台，该站已建往复式压缩机 3 台，注气规模 $420\times10^4m^3/d$，扩建后最大注气量高达 $920\times10^4m^3/d$。该站是首个同站采用离心式压缩机和往复式压缩机联合运行的地下储气库，以下对该站场离心式压缩机与往复压缩机联合运行的适应性与可行性进行分析和研究。

三、某储气库压缩机组选型及问题分析

1. 储气库注气工艺流程

注气工艺的核心是对长输管道的管输气进行过滤、分离、增压、冷却、计量并注入地下储气库。根据长输管线及地下储气库地层压力的不同，注气工艺一般包括以下两种基本流程(图 1)。

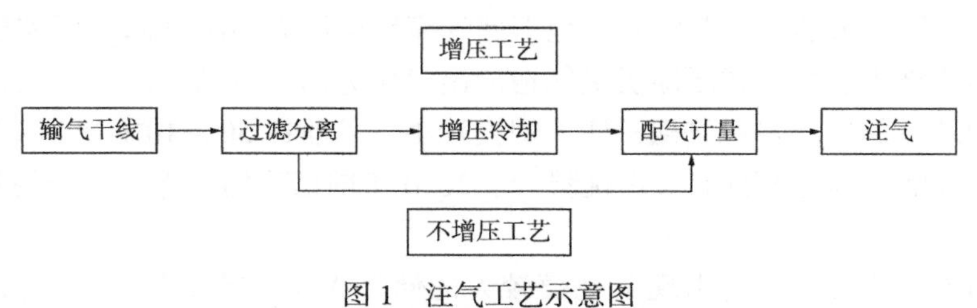

图 1　注气工艺示意图

(1) 靠注气压缩机增压注气(增压工艺)。

输气干线→过滤分离→增压冷却→计量→注入地下

(2) 输气干线的管压注气(不增压工艺)。

输气干线→过滤分离→计量→注入地下

两种流程差别在于是否设置注气压缩机，这需要结合整个注气系统综合考虑，只有当输气干线的运行压力高于最大注气压力时，才能不设置注气压缩机。储气库埋深通常较深，地层压力较大，大多数情况都要设置注气压缩机。

2. 压缩机选型原则

注气压缩机是储气库注气系统的核心设备，作为连接上游长输管道及地下储气库的枢纽，注气系统应满足储气库各注气工况要求。而在一个注气期内，注气量及注气压缩机进出口压力等工况多变，对压缩机选型提出了更高要求。

储气库压缩机选型与匹配主要包括确定机组的型式、台数和驱动机型式。机组设计参数包括入口压力、入口流量以及出口压力等，各项参数需要综合气源参数、长输管道系统参数及储气库注气

期运行参数进行分析优化确定，主要包含以下 7 个原则。

（1）注气压缩机的选型应适应地下储气库在各个注采周期内的气量波动范围。

（2）注气压缩机应综合考虑注气排卤工况、注气工况及增压外输工况等多种工况后确定。

（3）为满足小气量增压需求，往复式压缩机组出口应设置回流阀。

（4）压缩机入口压力的选择，应满足气源压力波动范围要求；压缩机出口压力的选择，除满足地层注气要求外，应预留 1～2MPa 的余量。

（5）对于储气库来说机组台数匹配的基本原则为不设置备用，尽可能地选用大功率机组，机组台数不少于 2 台兼顾出现小流量的工况。

（6）注气往复式压缩机出口应设置高效除油过滤器，以保证注入地层的气质要求，避免伤害地层。

（7）压缩机驱动方式应进行技术经济比选后确定。在供电条件允许的情况下，可优先选用电动机驱动。

3. 不同型式压缩机优缺点

往复式压缩机是通过气缸内活塞的往复运动，从而压缩缸内气体，达到增压目的。其结构图如图 2 所示。

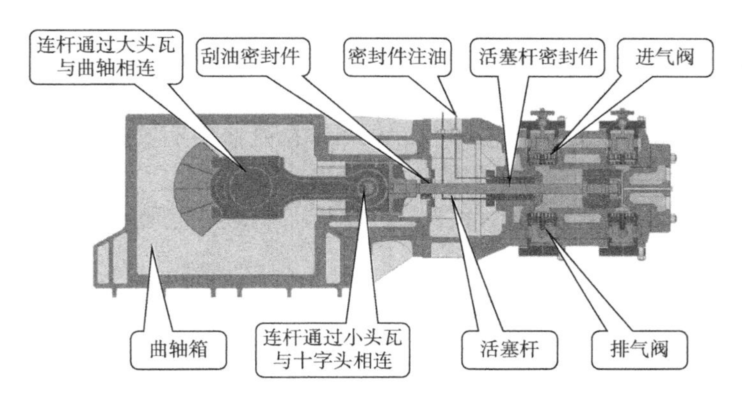

图 2　往复式压缩机结构图

离心式压缩机是通过气体在高速旋转叶轮的作用下，获得速度能和压力能，通过扩压器的作用，速度能进一步转化为压力能，从而达到对气体增压的目的。其结构图如图 3 所示。

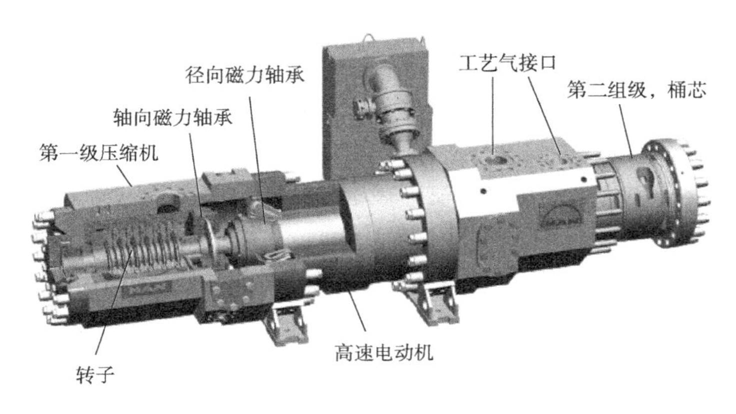

图 3　离心式压缩机结构图

往复式压缩机和离心式压缩机的优缺点对比见表 1。

注气压缩机是地下储气库地面工程核心设备[5]，也是能耗最高的设备，因此合理的压缩机选型对于整个工程项目建设和后期运营至关重要。

表1　往复式压缩机和离心式压缩机优缺点对比表

项目	往复式机组	离心式机组
优点	(1) 能适用广泛的压力变化范围[3]； (2) 机组压比大； (3) 无喘振现象； (4) 流量变化对效率的影响较小； (5) 超宽的流量调节范围[3]	(1) 机组外形尺寸小，占地面积小，所需安装厂房空间较小； (2) 运行摩擦易损件少，使用寿命长，日常维护工作量较小，维护费用低； (3) 运行平稳，运行噪声较小
缺点	(1) 同等注气规模下，数量多、占地大； (2) 结构复杂，辅助设备多，活动部件多，日常维护工作量较大，维护费用较高； (3) 机组运行振动较大，噪声大； (4) 运行过程中存在压力脉动，需预防脉动导致设备运行不稳定或损伤	(1) 低输量时需防止喘振； (2) 对较大压比适应性较差； (3) 机组大修费用高、耗时长

往复式压缩机在进出口压力和流量多变的工况下，具有广泛的压力和流量适用范围且无喘振，但零部件及辅助设备多，占地大，振动和噪声大，有脉冲导致平稳性较差。在储气库规模较小的情况下，往复式压缩机在注气效率、操作灵活性等方面具有突出优势[3]，得到广泛应用。

离心式压缩机具有节约用地、故障率低、使用寿命长、工作范围内运行平稳、噪声低和维护量工作量少的特点，但流量和压力适用范围较小，机组单次维修周期较长。在储气库规模较大的情况下，离心式压缩机逐步获得更多的应用。为适应储气库注气高压比，可采用串联或两段机组[6]作为注气设备；为适应注气多变工况，可根据运行需求合理配置小规模注气所需的往复式压缩机配合运行。

4. 某储气库压缩机选型

某盐穴储气库一期建设规模420×10^{4}m^3/d，建设3台往复式压缩机，兼顾注气排卤工况、注气工况和外输增压工况，3台压缩机规模分别是60×10^{4}m^3/d、180×10^{4}m^3/d和180×10^{4}m^3/d。

为满足目标市场注采调峰和国家应急储备的需求，本储气库需进行扩建，二期扩建规模为500×10^{4}m^3/d。由于扩建后储气库规模较大，一期预留用地不足，区域内为基本农田，征地困难，且站址周边有村落，噪声控制要求严格，不适合采用往复式压缩机，更适用采用离心式压缩机。

本次扩建离心式压缩机1台，扩建后最大注气量高达920×10^{4}m^3/d。该站是首个同站采用离心式压缩机和往复式压缩机联合运行的地下储气库。

5. 不同型式压缩机联合运行存在的问题

根据往复式压缩机和离心式压缩机工作原理、结构和优缺点综合分析可知，离心式压缩机和往复式压缩机联合运行需特别注意以下3点：

(1) 往复式压缩机运行时，由于出口气流存在压力脉动，如何预防气流脉动[7]对离心压缩机运行稳定性的产生影响。

(2) 离心式压缩机运行时，如何防止喘振对往复式压缩机运行稳定的产生影响。

(3) 制订不同类型的压缩机联合运行启停顺序，更有利于系统稳定性。

四、某储气库离心式压缩机和往复式压缩机联合运行可行性分析

1. 扩建后注采气站压缩机组配置

某储气库二期扩建离心式压缩机1台，扩建后共计4台压缩机组，包含离心式压缩机组1台，往复式压缩机组3台，详情见表2。

表 2　注采气站机组最新配置

编号	1#机组	2#机组	3#机组	4#机组
机型	往复机	往复机	往复机	离心机
流量/($10^4m^3/d$)	60	180	180	500
功率/MW	1.3	3.5	3.5	10.6
备注	已建	已建	已建	新建

2. 机组控制系统

压缩机控制系统(UCS)是一个完整独立的控制系统，可独立、连续控制、监视和保护压缩机机组和相关的辅助系统。压缩机机组的启停控制和 ESD 动作，可由站控制系统控制、操作，调控中心进行远程监视。

本站场所有 4 台压缩机机组控制系统(Unit Control System，UCS)均随压缩机机组成套提供。注采气站原 1#—3#往复式压缩机和新增 4#离心压缩机均设置有独立的机组控制系统，机组独立的控制系统可监测其运行参数，保证机组正常运行。

3. 压缩机组联合运行工况

1）往复压缩机与离心式压缩机联合运行稳定性分析

（1）离心式压缩机对往复式压缩机运行稳定性的影响分析。

离心压缩机正常运行中，机组控制系统(UCS)负责监测机组运行状态、报警及联锁保护。同时离心式压缩机的防喘振控制器实时监测机组运行工况，当出现喘振工况时，可通过喘振控制线(SCL)和阶跃控制线(RTL)调节工作点进行保护，基本不会影响复式压缩机运行的稳定性。保护过程如下。

① 压缩机控制系统会监测出压缩机工作点会瞬间向 SCL 移动，如图 4 所示。

② 当压缩机工作点触碰到 SCL 后，控制系统防喘振模块中的 PI 控制器将按一定比例打开防喘振阀。如果压缩机工作点继续左移，当触碰 RTL 时，触发防喘振模块中的阶跃控制器，阶跃控制器会瞬间给予防喘振阀一个阶跃开度，此时对于防喘振阀总的开度为 PI 控制器与阶跃控制器的叠加值，将压缩机工作点快速拽回至稳定工作区，如图 5 所示。

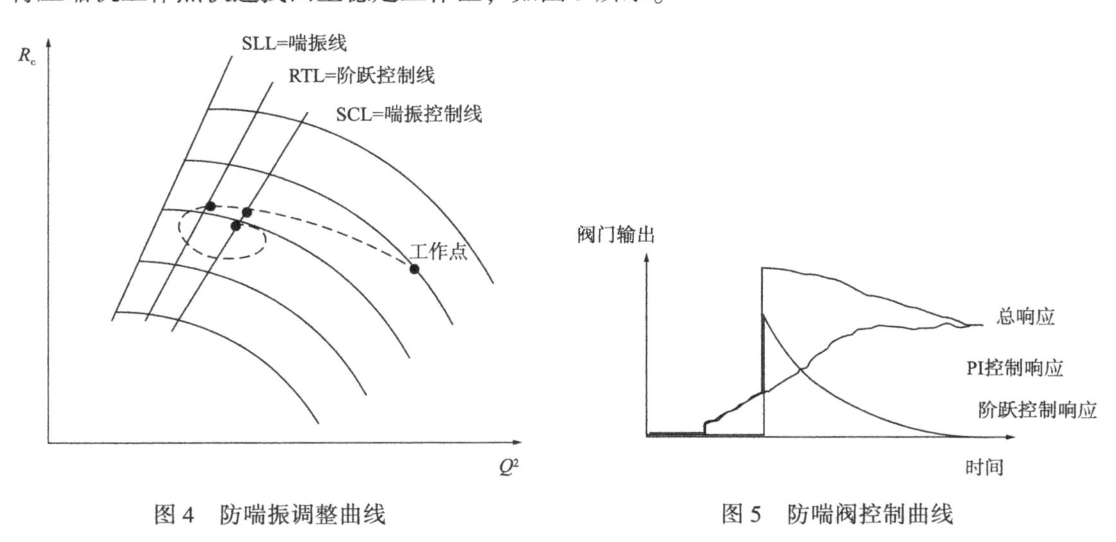

图 4　防喘振调整曲线　　　　图 5　防喘阀控制曲线

③ 当扰动恢复之后，压缩机控制系统通过触发解耦模块，调节转速和关闭防喘振阀门，直到将压缩机工作点恢复到正常工作点 D。如图 6 所示。

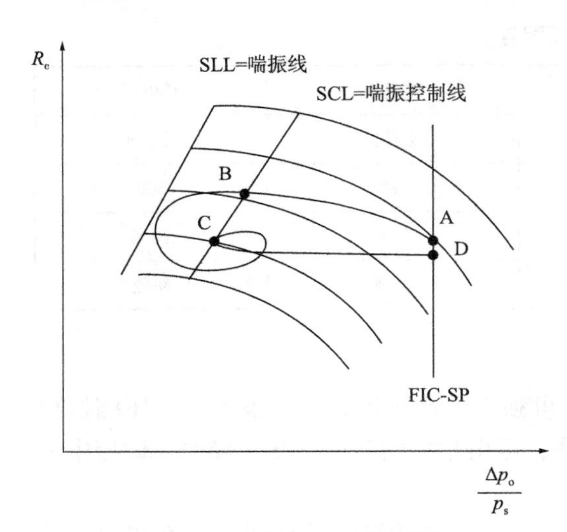

图 6 压缩机工况调整曲线

(2) 往复式压缩机对离心式压缩机运行稳定性的影响分析。

往复式压缩机由于结构和工作原理的特殊性，工作过程具有一定的周期性，吸排气过程具有间歇性变化，因此不可避免会激发进出口管道内的流体呈脉动状态，使管内流体参数随时间做周期性变化。脉动流体沿管道输送时，遇到弯头及其他各种设备和管件，将产生激振力，受到激振力的作用，管系将产生振动响应[7]。

脉动产生的强烈振动可能对管系的稳定性造成影响，甚至破坏管件或设备，因此，降低往复式压缩机气流脉动是联合运行保证离心压缩机稳定运行和管系安全的主要任务。

通过在往复式压缩机管系中设置缓冲罐、孔板、加大与汇管的距离、错频、减少管件、增加支架等措施，可以控制气流脉动对管系的影响，保证管系安全运行。

2）压缩机组启停配置

根据联合运行稳定性分析可知，离心式压缩机可通过防喘振系统控制离心机对管系的影响；往复式压缩机可通过复杂的管系设计达到使系统安全运行，但较离心压缩机更复杂，稳定性较差。再综合离心式压缩机对多变工况适应性更差的特点，站场联合运行时，优先对离心压缩机满负荷加载运行，然后再由往复压缩机补充。

站场操作人员根据注入气量计划、气源压力、注入压力及各机组的设计排气量，判断启停机的数量和机组名称，通过站控 PLC 给出启停机命令。

3）压缩机组联合运行工况

某储气库二期扩建离心式压缩机 1 台，设计点压力为 5. 0MPa，出口压力为 17MPa，排量为 500 $\times10^4m^3/d$。该站场气源来气压力 4. 5~6. 5MPa，注入压力 10~17MPa，压缩机进出口压力多变，压比范围广，新建压缩机高效区流量适用范围为(380~520) $\times10^4m^3/d$，具体还需根据实际注采运行安排工况调整。机组配置优先选用离心式压缩机，不足部分由往复式压缩机补充。

根据总注气量，排出 1#至 4#机组运行工况见表 3。

表 3 联合运行工况表

时间	入口压力/MPa	出口压力/MPa	进气温度/℃	总注气量/($10^4m^3/d$)	机组运行配置			
					1#	2#	3#	4#
					60	180	180	500
4 月	5. 6	10	20	770		√	√	√
	4. 5	10	20	770		√	√	√
	5	10	20	770		√	√	√
	6. 5	10	20	770		√	√	√
5 月	5. 8	14. 5	20	835		√	√	√
	4. 5	14. 5	20	835	√	√	√	√
	5	14. 5	20	835		√	√	√
	6. 5	14. 5	20	835		√	√	√

续表

时间	入口压力/MPa	出口压力/MPa	进气温度/℃	总注气量/($10^4m^3/d$)	机组运行配置			
					1#	2#	3#	4#
					60	180	180	500
6月	5.8	17	20	864		√	√	√
	4.5	17	20	864	√	√	√	√
	5	17	20	864	√	√	√	√
	6.5	17	20	864		√	√	√
9月	6.1	10.5	20	757	√		√	√
	4.5	10.5	20	757		√	√	√
	5	10.5	20	757	√		√	√
	6.5	10.5	20	757	√		√	√
10月	5.7	14.5	20	835		√	√	√
	4.5	14.5	20	835	√	√	√	√
	5	14.5	20	835		√	√	√
	6.5	14.5	20	835		√	√	√
11月	6.0	17	20	320		√	√	
	4.5	17	20	320		√	√	
	5	17	20	320		√	√	
	6.5	17	20	320		√	√	

根据注气安排，除注气末期的11月外，由于储气库注气压力较高，注气量较低，不存在联合运行工况，其他4月至10月均存在两种类型压缩机联合运行的工况。

4. 联合运行保障措施

为保证离心压缩机和往复压缩机联合运行的稳定，防止极端工况对设备的损害，采取以下6条保护措施。

（1）设置既可联合又可独立运行的注气流程，增大并网汇管接入点距离。

（2）设置独立的机组控制系统。

（3）离心式压缩机组及往复式压缩机出口均设置止回阀，避免逆流对设备的损害。

（4）离心式压缩机组及往复式压缩机出口均设置安全阀，避免超压对设备的损害。

（5）往复式压缩机组橇内出口已设置缓冲罐来减小出口汇管排气压力脉动。

（6）1#至3#往复式压缩机组入口均设置调节阀，通过调节往复式压缩机进气压力控制流量，避免过载停机。

1）设置既可联合又可独立运行的注气流程

设置既可联合又可独立运行的注气流程。通过关闭新增4#离心压缩机出口管路上的汇管联通阀，可实现新增4#离心压缩机与原1#至3#往复式压缩机分开注入不同井场，避免了不同机型联合运行时，压缩机停机工况对出口管路压力的影响(图7)。

2）设置独立的机组控制系统

目前注采气站原1#至3#往复式压缩机均设有独立机组控制系统，新增4#离心压缩机也设置有独立的机组控制系统。两种机型同时运行过程中，操作人员根据注气量计划和不同机组的排气能力，启动不同数量的机组，机组独立的控制系统可监测其运行参数，保证机组正常运行。

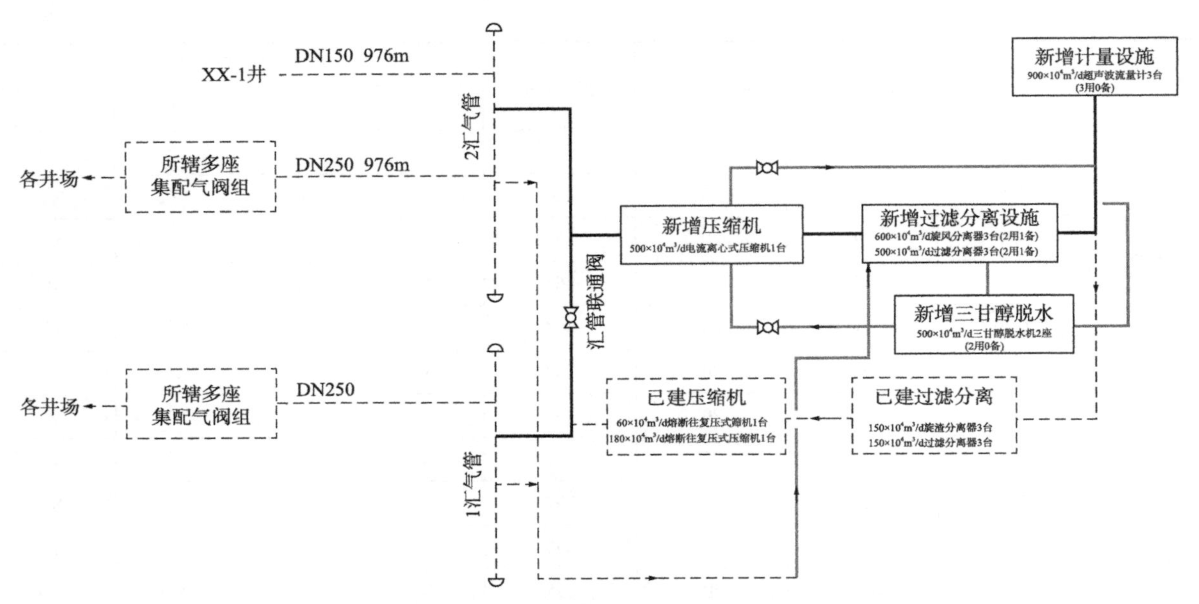

图 7　某注采气站压缩机注气分组系统示意图

3）往复式压缩机的脉动对离心式压缩机稳定运行影响及解决方案

（1）往复式压缩机出口压力稳定措施。

注采气站原有 1#至 3#往复式压缩机出口设置有缓冲罐，可以保持进出口管线压力相对稳定。根据现场运行实际情况(图 8)，往复式压缩机正常运行进出口压力脉动很小，对离心式压缩机影响很小。同时将两类机型并网汇管设置在进站口，进一步降低并网对总管网的压力影响，降低对离心式压缩机运行造成影响。

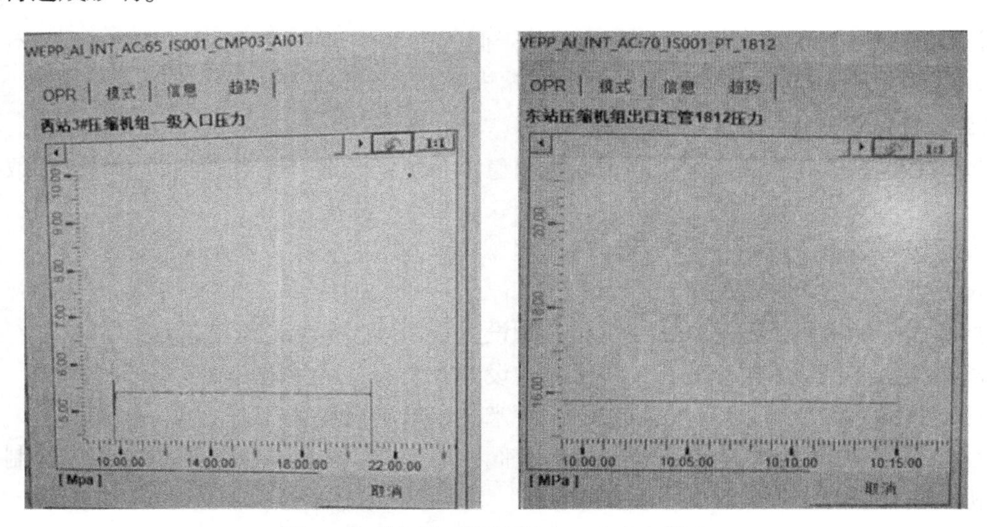

图 8　注采气站 3#压缩机入口和出口压力

（2）离心式压缩机稳定措施。

考虑到启停机过程会产生一定扰动，可能影响到离心压缩机正常运行时，离心式压缩机启动由离心压缩机组 UCS(机组控制系统)实现，启动前通过打开机组入口阀，关闭机组出口阀门，实现与工艺管网隔离，防喘振阀全开，低负荷启动离心式压缩机驱动电动机。

（3）往复式压缩机进口压力稳定措施。

注采气站已建 2#、3#往复式压缩机组橇内进口均设置了调节阀，需在 1#机组进口增加压力调节阀，可对入口压力进行调节，稳定入口压力，进而辅助稳定出口汇管和整个管系的压力。

5. 联合运行原则

（1）当总注气量大于 $500\times10^4 m^3/d$，优先对离心压缩机满负荷加载运行，然后再由往复压缩机补充。

（2）当注气量减少时，遵循先停往复式压缩机组的原则。

（3）当压缩机组正常切机时，选择就地手动停机，并遵循"冷机先启动成功并加载，运机组再卸载停机"的原则。

（4）正常运行时可关闭汇管联通阀，实现 1# 至 3# 往复式压缩机与离心压缩机单独注入不同井场，避免机组停机导致出口压力的影响。当往复式压缩机组故障时，可打开汇管联通阀，实现离心式压缩机为往复式压缩机补充注气量。

五、结论

综上分析和结合国内外工程使用案例可知，从控制系统、工艺配套设施、机组优化配置等三方面采取适当的联合运行保障措施，是可以保障离心式压缩机和往复式压缩安全、平稳的联合运行。

（1）往复式压缩机和新增离心压缩机设置独立的机组控制系统可满足联合运行需求。

（2）联合运行配套考虑调节阀、缓冲罐、止回阀、安全阀等硬件配套措施，可保证压缩机组稳定运行。

（3）机组联合运行时需综合考虑注气工况，优化机组配置及启停顺序，保障储气库安全、平稳、节能和高效运行。

参 考 文 献

[1] 李志卓，于长猛，陈久国，等．地下储气库注气用离心压缩机方案可行性分析[J]．机电产品开发与创新，2017，30(1)：45-49.

[2] 王麟．变工况注气压缩机在储气库中的应用[J]．压缩机技术，2023(2)：34-36.

[3] 徐铁军．天然气管道压缩机组及其在国内的应用与发展[J]．油气储运．2011，30(5)：321-326.

[4] 闫光灿．世界长输天然气管道综述[J]．天然气与石油，2000，18(3)：9-19.

[5] 王铁军，齐德珍，王赤宇，等．调峰型地下储气库注气压缩机选型配置建议[J]．油气储运与处理，2020，38(4)：9-13.

[6] 胡梅花，邢通，窦玉明．哈国巴佐伊压气站压缩机串并联运行模式设计[J]．油气田地面工程，2018，37(1)：36-38.

[7] 赫沐羽．往复式压缩机管系振动与控制措施[J]．油气田地面工程，2003，22(9)：84.

液化烃罐区的工艺安装设计要点

李小瑜

（中国石油天然气管道工程有限公司总工办）

摘　要：液化烃罐区相对于一般储罐来说，极易发生泄漏和灾难性事故。作为典型的化工操作单元，其安全设计至关重要。在进行液化烃罐区的设备布置和管道设计时，除了必须满足相应的标准规范以外，还应该尽可能地采取措施优化设计，以避免危险发生。本文从以往的设计经验出发，针对液化烃罐区的规范要求、设备布置和管道设计方面进行了总结和整理。

一、引言

液化烃罐区是化工行业常见的操作单元，按照使用目的分类，罐区可以简单地分为原料罐区、中间罐区、成品罐区和添加剂罐区等。依据储存介质的性质，各类罐区的布置特点不尽相同。罐区是极易发生火灾爆炸的场所。按照火灾危险物分类，丙烷、丁烷、LPG 属于甲 A 类、极易燃液体，VCE 爆炸危险源。因此掌握丙烯罐区的设备布置原则和管道安全设计至关重要。本文针对液化烃罐区，总结其常用的设计规范和标准，优化液化烃罐区的设备、管道布置。

二、设备布置

液化烃罐区的设备布置除了满足全厂工艺流程的要求之外，还应满足防火规范和地形地质条件。低温丙烷、丁烷储罐采用低温常压双金属全容储罐，单罐容积为 50000m^3，内罐内直径 47. 2m，外罐内直径 50m。罐区内布置 4 台低温罐，2 台储存低温丙烷介质、2 台储存低温丁烷介质。各罐之间利用 9m 宽环形消防道路进行间隔，各罐顶分别设置 2 台外输泵。

常温丙烷、丁烷、LPG、丙烯储罐采用常温压力储罐，单罐容积为 3000m^3，内罐内直径 18m。罐区内布置 24 台球罐，9 台储存常温丙烷介质、9 台储存常温丁烷介质，4 台储存常温 LPG 介质，2 台储存常温丙烯介质，球罐组设置 0. 6m 高的钢筋混凝土防火堤，各罐之间设置 0. 3m 高度隔堤。

三、管道布置

管道的敷设符合相关的规范规定，在满足工艺要求条件下，尽可能架空敷设，布置合理，操作维修方便。管道的设计还应考虑管道的热应力和管道支吊架，罐区防火堤和泵棚内液化烃管道尽量在符合规范要求的前提下布置于地面上，采用地面低支墩架空敷设。根据实际需要在装置设施的操作和维修区域内、跨管道处增加通道，设有人行钢梯及平台，方便操作人员行走和操作，宽度不小于 0. 8m，以方便人员进出跨过管道。

低温管道布置设计首先在地上架空敷设，低温管道布置设计还应考虑管道的韧性，在确保管道韧性及管道对设备的作用力不超出允许值的前提下，应使管道最短，弯头数量最少，组成件最少，尽可能避免管道在低点积液和在高点气化。

低温管道布置设计应充分考虑设备、管件、阀门的安装检修，以及消防车辆通行问题，在跨越通道或设备的管道上，不应设置易发生泄漏的管件和阀门。低温管道间距根据保冷后法兰、阀门、测量元件的厚度以及管道的侧向位移确定。除安装、维护、检修必须拆卸外，所有低温管道连接优先采用焊接，与设备连接的管端按等级规定用法兰连接或焊接连接。为了保证管道检修拆卸时不破坏管道上的保冷结构，弯头、三通等管件不能与管道上的法兰直接焊接，而需要额外延长一段。

罐体设置盘梯时，在满足疏散距离要求的同时，应考虑盘梯和消防喷淋环管之间的净空，避免干涉。对于液化烃球罐，应该尽可能减少管口的数量，因此球罐管口应尽量集中布置，球罐的进出口管道共用一个管口。在球罐顶部和底部的中心线上设置2个人孔，排污口设置在球罐底部的人孔上。为避免火灾隐患，采用密闭切水操作，保证放水时没有液相介质带出。同时排污口预留接口，使用时可以连接切水器。根据(GB 50160—2018)《石油化工企业设计防火规范》6.3.16条“全压力液化烃储罐应采取防止液化烃泄露的注水措施”，采用物料管道辅助注水措施。全厂注水泵的通过专用无泄漏型带软管快速接头与装船泵进口管道接至球罐进出口管道，注水管道采用半固定连接方式，半固定式接口和注水阀组，由于利用装船泵进口管线，因此注水阀组布置在装船泵区域，以便于操作。为避免液化烃泄露的危险，同时考虑球罐基础沉降等因素，球罐的进出口未使用软管连接，进出口管道的柔性设计采用自然补偿的方式。对于常温液化烃管道，球罐的进出口管嘴上设置一道紧急切断阀并带防火罩及操作柱，操作柱子布置防火堤外，即在运行人员逃生路由附近，方便，安全操作区域。物料进出口管道上的紧急切断阀应为火灾安全型产品，阀体的密封结构符合API607或APIFA耐火试验标准。球罐顶部的气相分配总管分别接出安全阀放空管道，手动放空管道和气相平衡管道。同时接入氮气管道，以便为球罐补充压力，满足泵的吸入压力。球罐顶部平台为1.2m宽，罐顶的阀组应规划布置，满足人员操作和通行的净空要求。在球罐放空管上设置取样管道。气相分配总管的顶部设置两个全启式安全阀，安全阀前后设置铅封开的全通径切断阀，在满足检修要求的同时保证球罐的安全泄放介质的饱和蒸气压随着温度的上升，变化很大。设置管架衔接罐区和主管廊，罐顶的放空管道沿着球罐下降至一定高度后，沿着管架“步步低”接入主管廊上的火炬系统。为了减少管道背压，放空管道应设计坡度、顺介质流向45°斜接密闭排入火炬总管。

四、管道材料的选取原则

低温介质管道材料应满足管道的设计压力、设计温度、介质特性、经济性、抗腐蚀性、材料韧性以及焊接等性能，如低温碳钢。阀门通常选用工作温度低于-40℃的低温阀门，适合选择加长阀杆结构，并采用焊接方式，

常温介质阀门公称直径大于DN50的阀门的阀体采用铸钢，材质为A216 WCB，公称直径不大于DN50的阀门的阀体采用锻件，材质为A105。低温介质公称直径大于DN50的阀门的阀体采用铸钢，材质为A352 LCB/A352 LCC，公称直径不大于DN50的阀门的阀体采用锻件，材质为A350 LF2 CL1。此外，阀门的安装设计还应考虑拆卸更换过程中不会破坏管道的保冷结构。

五、安全保障措施

液化烃为甲A类物料，易燃易爆，因此工艺设计时必须同时做好安全保障措施的设计。

(1) 装卸臂和管道内液体流速，设计控制在规范规定的安全流速范围以内。

(2) 输送设施、设备、管线根据管道之间间距设置防雷、防静电接地保护设施。

(3) 管线在库区与码头分界线处设置紧急切断阀并带操作柱，以备事故情况下切断码头与罐区的联系。紧急切断阀门采用气动操作方式。

(4) 装卸臂工作范围设置限位控制，终端设置紧急脱离装置，同时安装绝缘法兰。

(5) 为消除管道产生的弹性变形，管道采用自然补偿和Π补偿器补偿。

(6) 为防止管道及设备超压，在丙烷、丁烷工艺干管上安装安全阀。安全阀出口连接放空总管，进入火炬系统。

(7) 工艺管道、工艺设备及金属构件进行电气连接并设置防静电、防雷接地装置。工艺管道的始末端、分支处及直线段每隔100m左右设防静电、防雷接地装置。

六、结论

随着技术的进步和安全意识的提升，液化烃罐区的安全设计和措施日益完善，同时规范标准也在不断进行修订。设计人员应该不断总结以往经验，针对不同项目进行具体分析，结合不同项目的要求，在遵守法规的前提下尽可能的优化设计。

参 考 文 献

[1] GB/T 50160—2018 石油化工企业设计防火标准[S].

[2] 宋广钢，等. 冷冻液化石油气码头卸船工艺设计要点[J]. 山东交通科技，2016，39(4)，110-112.

[3] SH 3012—2011. 石油化工金属管道布置设计规范[S].

储罐完整性管理标准体系分析

傅伟庆　郭　磊　尤泽广

(中国石油天然气管道工程有限公司)

摘　要： 随着国家石油战略储备的建设，储罐建设规模和单罐容量不断增大，储罐安全问题日益突出，其一旦失效往往会造成重大事故和损失，并产生严重后果。为保障储罐的安全运行，降低风险，有必要对储罐的全生命周期进行研究，梳理国内储罐完整性管理发展状况，分析对比当前国内外储罐管理差异，提出针对性改进建议，从而完善储罐完整性管理标准体系，形成一套完整的储罐管理体系文件。

一、引言

石油化工行业是掌握着我国国民经济命脉的重要行业之一，对我们的日常生活和社会发展起到了巨大的推动作用。由于石油化工行业生产、加工、运输和储存的材料为易燃、易爆物质，这决定了石油化工企业生产过程有一个潜在的火灾和爆炸危险。随着石油化工行业的快速发展，石油化工企业存在的安全、健康和环境问题也日益突出。频频爆出的安全事故，使得石油化工行业的安全生产已经成为整个社会的关注焦点。储罐作为储存石油及其产品的大型设备，其失效往往会造成重大事故，带来严重的后果，轻则造成巨大的财产经济损失，重则造成严重的环境污染和人员生命损失。

近年来随着我国石油战略储备的建设，储罐建设规模和单罐容量不断增大，储罐(库)安全问题日益突出。为了减少石油化工企业火灾和爆炸危险，减少灾害造成的损失，延长装置和设备使用寿命，缩短检修时间，保障石油和石化企业在安全可靠条件下运行，有必要对储罐的全生命周期进行研究分析，完善现有标准体系，形成一套完整的储罐(库)管理体系，制定完整的技术标准和管理保障文件。

二、储罐完整性管理概念

完整性是指在特定的操作条件下，使影响员工、环境、设备安全的风险值，达到一个可接受的水平。设备完整性源自美国职业安全与健康管理局(OSHA)的高度危险性化工过程安全管理办法的第 8 条款，是指设备的机能状态，即设备正常运行情况下应有的状态。本质是设备处于“受控”、“完整”的状态。

储罐完整性管理是针对储罐全生命周期的管理，是以危害识别及分析评价工作为基础的风险控制过程，以便于企业有的放矢地进行风险管理，从而促进资源的合理分配(图 1)。

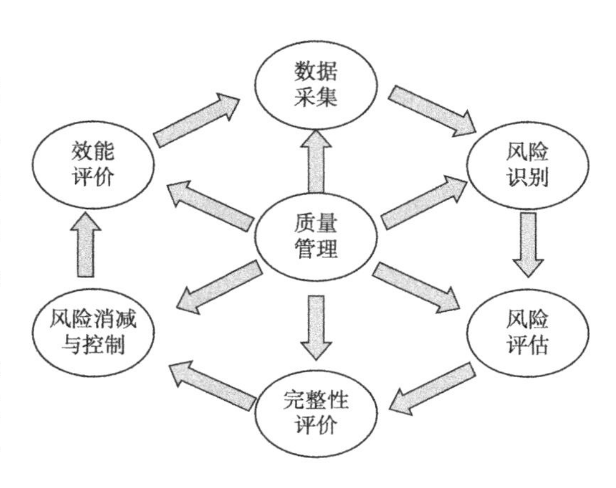

图 1　储罐完整性管理流程图

储罐完整性管理包括四方面的含义：一是储罐在整

个生命周期受控，并保持物理和功能上的整体性；二是储罐完整性贯穿储罐的设计、制造、安装、运行、维护、管理，直至报废全过程；三是储罐完整性管理是采取技术改进和加强管理相结合的方式来保证储罐运行状态的良好性；四是对储罐实施安全动态管理，持续改进储罐的完整性，保持储罐安全平稳运行。

三、国外储罐完整性管理标准体系分析

在国外，设备完整性管理主要是针对设备运行阶段的管理，石油和石化企业的目的是通过完整性管理，减少企业发生火灾和爆炸的危险，减少灾害造成的损失，延长装置和设备使用寿命，缩短检修时间，以保障装置在安全可靠条件下运行，从而提高企业的经济效益。

1. 国外储罐风险评价标准发展历程

风险评价起源于20世纪30年代的保险业。企业风险评价则从化工行业开始，始于20世纪60年代。

1964年，美国DOW化学公司开发出火灾、爆炸指数法。

1974年英国帝国化学公司(ICI)蒙德(MOND)分部在DOW指数法的基础上，扩充了毒性指标，并对所采取的安全措施引进了补偿系数的概念。

1976年日本劳动省以DOW指数法和MOND法为参考，提出了化学工厂六阶段安全评价法。

20世纪70年代以来，随着技术的进步，石化等企业的生产规模越来越大。与此同时，火灾、爆炸和有毒气体泄漏等重大事故频发，损失巨大。世界各国和一些组织高度重视对火灾、爆炸和有毒重大危险源的控制，并开展相关技术研究，颁布重大危险源管理法规，加强对重大危险源的管理和控制。

同时，国外开始开发和研究更为有效的设备检验与维修管理技术和企业完整性管理系统。目前，各种石油石化行业的完整性管理系统开始普遍采用，以替代过去基于时间的传统检验方法，并在保证油库整体安全的前提下，获得了显著的成本利益。先后开发了RCM、SIL、QRA、RAM、RBI等风险评价技术。

(1) 以可靠性为中心的维修(RCM)。

“以可靠性为中心的维修”(Reliability Centered Maintenance)，简称“RCM”。它是目前国际上流行的、用以确定设备预防性维修工作、优化维修制度的一种系统工程方法，也是发达国家军队及工业部门制定军用装备和设备预防性维修大纲的首选方法。

RCM是由美联合航空公司的诺兰(Stan Nowlan)和希普(Howard Heap)于1978年首先提出的(合著了“以可靠性为中心的维修”一书)，主要用来制定有形资产功能管理的最佳策略，并对资产的故障后果进行控制。

(2) 安全完整性等级(SIL)。

SIL即安全完整性等级(Safety Integrity Level)，是对安全仪表功能SIF风险降低绩效水平的量度。通俗来讲，SIF是运行在SIS系统中的安全联锁回路，运行模式分为低要求模式、高要求模式和连续模式。IEC61511标准指出，过程工业中的SIS运行模式为低要求模式(Low Demand Mode)。

一般每个企业都会结合IEC61511的建议和企业本身的发展情况来确定后果的严重性和发生的可能性，并以此来建立符合自身的风险矩阵。

IEC61511标准中有明确阐述和示例，SIL定级方法包括风险矩阵法，风险图法，保护层分析(LOPA)法。

(3) 定量风险评价(简称QRA)。

定量风险评价(QRA)也称为概率风险评价(PRA)，是一种技术复杂的风险评估方法，通过对系

统或设备失效概率和失效后果的严重程度进行定量计算，并将量化的风险（概率×后果＝风险）指标与可接受标准进行对比，精确描述系统的危险性，提出降低或减缓风险的措施。

定量风险评价不仅要对事故的原因、场景等进行定性分析，还要对事故发生的频率和后果进行定量计算。基本程序包括基础数据收集与分析、危险辩识、频率分析、后果分析、风险计算、风险评价与风险管理等环节。

定量风险评价的评价指标主要包括个人风险、社会风险和潜在生命损失值。

（4）RAM 分析技术。

RAM 分析技术主要包括可靠性（Reliability）、可用性（Availability）、可维修性（Maintainability）等三个要素，是针对可靠性、可用性和可维修性三个要素的量化技术。RAM 分析技术的主要作用是评估系统中设备的关键性，确定最佳冗余的设置方法，提高完整性管理水平，为确定投资成本和运行成本提供参考。

可靠性（Reliability）：指设备在规定条件下和规定时间内完成规定功能的能力。

可用性（Availability）：指设备在某时刻具有或维持规定功能的能力。

可维修性（Maintainability）：指设备在规定条件下和规定时间间隔内，按照规定的程序和资源进行维修时能够完成规定维修工作的能力。

（5）基于风险的检验（RBI）。

为了解决石油和石化企业在安全可靠条件下运行，延长装置使用寿命，缩短检修时间的问题，20 世纪 90 年代初，美国石油协会（API）开始在石油和石化设备开展基于风险的检验（RBI）。

RBI 技术最早由 DNV 在海洋平台上采用。20 世纪 90 年代初，美国石油协会（API）与 DNV 合作，将 RBI 技术移植到石化装置检测中，先后颁布了标准 API RP 580 和 API RP 581。英国、法国也编制了自己的 RBI 技术指导文件。在亚洲，韩国和日本也采用了与其相同的一些措施，所有这些都给石化企业增加了经济利益。

2. 国外储罐完整性管理标准体系

国外石油储罐标准主要涉及美国、欧盟和日本标准。其中欧盟和日本储罐标准只有设计施工标准，美国的储罐完整性管理标准包含设计施工标准、储罐检维修标准、储罐风险评价标准。美国标准分为 3 类，分别是 PUBL、RP 和 Standard，其中 PUBL 为公开发表的研究成果，RP 为推荐做法，Standard 为执行标准（表 1）。

API Standard 650 为设计施工主标准，适用于内压接近大气压的各种尺寸和容量的立式、圆筒形、地上、固定顶和外浮顶焊接储罐的设计与施工，对储罐的材料、设计、制造、焊接、检验、焊接工艺、标记等规定了最低要求。

API Standard 653 为储罐检维修主标准，提出了储罐建设完成投入运行后保持其完整性，以及检测、修理、改建、移位和翻建的最低要求，包括了适用性评定、脆性断裂考虑事项、检验、材料、翻建设计、修理和改建、拆除和翻建、焊接、检测与试验等。本标准既可以用于维修，也可用于工程和检验人员在油罐设计、建造、修理、建造与检验方面的技术培训和经验交流。

储罐风险评价标准均为推荐标准或公开发表的成果，API RP 575 为常压和低压储罐的检验与维修提供有用的信息和推荐作法。这些推荐作法主要针对（API12A、API 12C 已撤销）、API 620 或 API 650 建造的储罐。本推荐作法是对 API 653 的补充，意在为储罐投入使用后保持完整性提供最低限度的要求。

API RP 579 提供了不同情况下的 FFS 评定流程，其中基于 Failure Assessment Diagram（FAD）方法的含缺陷 FFS 是该标准的核心内容之一。本推荐作法可对已检测出含有缺陷的承压设备做出继续运行、修理、更换的决定，以保证设备运行安全。

API RP 580 主要是为炼油和化工工艺中使用的固定设备和管线系统制订基于风险的检验(RBI)计划提供指导，本推荐作法给出了风险评估的基本概念、基于风险检验的介绍、RBI 评估策划、提出了 RBI 风险评估程序，规定了制定、实施和维护 RBI 程序的基本要素，为制定和实施 RBI 检验程序提供指南。

API RP 581 介绍了使用基于风险的方法制订承压固定设备[包括压力容器、管道、储罐、泄压装置(PRDs)和换热器管束]检验方案的定量程序，提供了确定检验计划的定量计算方法。

表 1　国外储罐完整性管理主要标准汇总表

类别	标准号	标准名称
设计施工标准	API Standard 650	Welded Tanks for Oil Storage《钢制焊接油罐》
	API Standard 2000	Venting Atmospheric and Low-pressure Storage Tanks《常压和低压储罐通气》
	JIS B 8501	鋼製石油貯槽の構造(全溶接製)《钢制焊接油罐结构》
	BS EN 14015	Specification for the design and manufacture of site built, vertical, cylindrical, flat-bottomed, above ground, welded, steel tanks for the storage of liquids at ambient temperature and above《在室温和高于室温下液体储存用现场建造的立式、圆柱形、平底、地上用焊接钢罐的设计和制造规范》
储罐检维修标准	API Standard 653	Tank Inspection, Repair, Alteration, and Reconstruction《储罐的检验、修理、改建及翻建》
	EEMUA PUB NO159	Above ground flat bottomed storage tanks: A guide to inspection maintenance and repair《地上平底储罐：检验、保养和修理指南》
储罐风险评价标准	API PUBL 353	Managing Systems Integrity of Terminal and Tank Facilities, Managing the Risk of Liquid Petroleum Releases《站场和储罐设施完整性管理系统，石油泄漏风险管理》
	API RP 575	Inspection Practices for Atmospheric and Low-pressure Storage Tanks《常压和低压储罐的检验作法》
	API RP 579	Fitness-For-Service《合于使用》或《适用性》(针对 API 510，API 570，API 653)
	API RP 580	Risk-Based Inspection《基于风险的检验》
	API RP 581	Risk-Based Inspection Methodology《基于风险的检验方法》

四、国内储罐完整性管理标准体系分析

在国内，设备完整性管理包含了设备全生命周期的建设阶段和运行阶段的管理。

1. 国内储罐设计建造标准发展历程

1982 年，石油工业部发布了我国第一个油罐设计标准《立式圆筒形钢制焊接油罐设计技术规定》(SYJ 1016—1982)，由石油工业部北京石油设计院主编。该标准包括油罐的材料、罐底设计、罐壁设计、固定顶设计、浮顶设计、内浮顶油罐、附件、预制、组装焊接、检验等内容。该油罐标准总结了建国以来的经验，并征求了设计、生产、施工等方面的意见，在 1992 年以前对我国的储罐建设发挥了重要作用，推动了我国储罐技术的发展。

1990 年，中华人民共和国建设部发布了我国第一个油罐施工验收标准《立式圆筒形钢制焊接油罐施工及验收规范》(GBJ 128—1990)，由中华人民共和国原石油工业部主编。该标准认真总结了我国长期以来油罐施工的实践经验，参考了有关国际标准和国外先进标准，针对主要技术问题开展了科学研究与试验验证工作，并广泛征求了全国有关单位的意见。对于提高我国油罐施工和验收质量

发挥了重要作用，统一了油罐施工和验收的标准。该标准包括材料验收、预制、组装、焊接、检查及验收等内容。

1992 年，中国石油化工总公司发布了中华人民共和国行业标准《石油化工立式圆筒形钢制焊接储罐设计规范》(SH 3046—1992)，由中国石油化工总公司北京设计院主编。该标准包括钢制焊接储罐用材料、罐底设计、罐壁设计、固定顶设计、浮顶设计、内浮顶设计、附件设计、预制、组焊及验收、罐基础设计、低压储罐设计、带肋球壳等内容。

2003 年，国家标准规范《立式圆筒形钢制焊接油罐设计规范》(GB 50341—2003)发布，该标准是国内首个储罐设计国家标准。该标准总结了我国 20 多年储罐设计施工经验，特别是 10 多年的 10 $\times10^4m^3$ 储罐的设计、施工和运行经验，以及储罐大修整治和改造经验，对一些关键技术和难题开展了多项课题研究。同时参考了 API 650《钢制焊接油罐》、JIS B 8501《钢制焊接油罐结构》、BS 2654《石油工业立式钢制焊接油罐》等国际先进标准。在广泛进行征求意见的基础上，结合我国当时的工程实际，经反复讨论，编制完成。

2014 年，国家标准《立式圆筒形钢制焊接油罐设计规范》(GB 50341—2014)完成第一次修订并发布。

因 GB 50128 部分条款与 GB 50341 存在矛盾，不能满足设计要求，故《立式圆筒形钢制焊接储罐施工规范》(GB 50128—2014)同步修订并发布实施。本次修订的主要变化是名称更改为《立式圆筒形钢制焊接储罐施工规范》，修改了与 GB 50341 矛盾内容。目前 GB 50341 正在修订，落实《住房和城乡建设部标准定额司关于印发石油石化行业国家标准协调会会议纪要的通知》(建标标函〔2016〕237 号)文件精神和近年来解决在运行过程中存在的安全和环保问题的研究成果。国内储罐设计标准发展历程如图 2 所示。

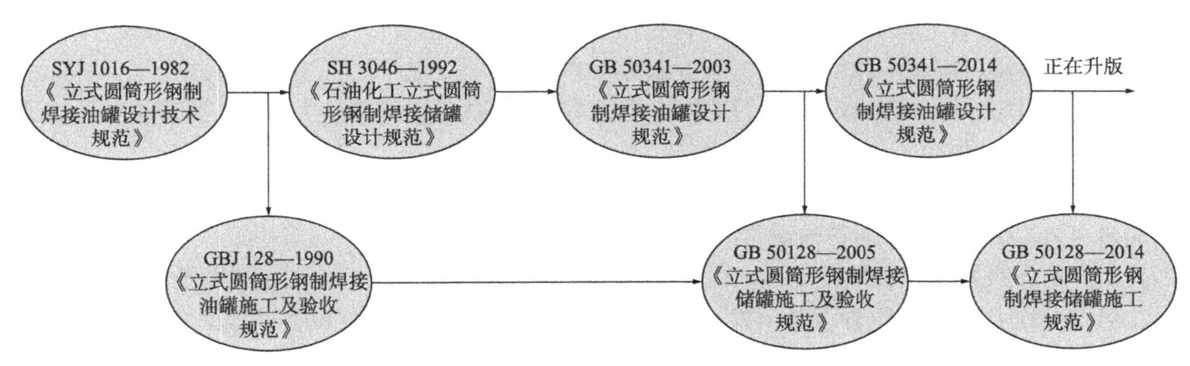

图 2　国内储罐设计标准发展历程

2. 国内储罐维修标准发展历程

国内储罐大修开始于 1988 年管道系统的仪征泵站油罐的腐蚀修理，为规范油罐整治大修，1989 年管道设计院编制完成了《油罐整治暂行技术统一规定》，1994 年在《油罐整治暂行技术统一规定》的基础上，由管道局主持编制了《立式圆筒形钢制焊接油罐大修理技术规定》(SY/T 5921—1994)，这两项标准很好地指导了储罐大修初期阶段的设计和施工。随着储罐大修经验的不断积累，1996 年管道局组织长期从事油罐大修设计和运行管理的人员，由管道设计院牵头编制了管道局企业标准《立式圆筒形钢制焊接原油罐修理规程》(Q/Z0205—1997)，并于 2000 年将 Q/Z0205 企标上升为石油天然气行业标准《立式圆筒形钢制焊接原油罐修理规程》(SY/T 5921—2000)，这是国内第一部真正意义上的储罐修理规范，它借鉴了 API653 中的规定，结合了国内实际情况和技术水平，很好地指导了国内储罐大修设计和施工。2011 年和 2017 年两次修订，先后更名为《立式圆筒形钢制焊接油罐操作维护修理规程》(SY/T 5921—2011)和《立式圆筒形钢制焊接油罐操作维护修理规范》(SY/T 5921—2017)。

2005 年，管道公司又主编了《油罐的检验、修理、改建及翻建》(SY/T 6620—2005/2014)，现行版本为 2014 版，等效采用 API 653—2009。主要包括油罐材料、油罐评定、脆性断裂考虑事项、材料检验、翻建储罐的考虑事项、储罐修理和改建、拆除和翻建、焊接、检测与试验等。由于本标准是 API 653 的翻译版本，在材料、设计及验收等方面不符合国内标准的相关规定和储罐实际情况，因此，使用时需按国内相关标准进行转换或评估论证。国内储罐维修标准发展历程如图 3 所示。

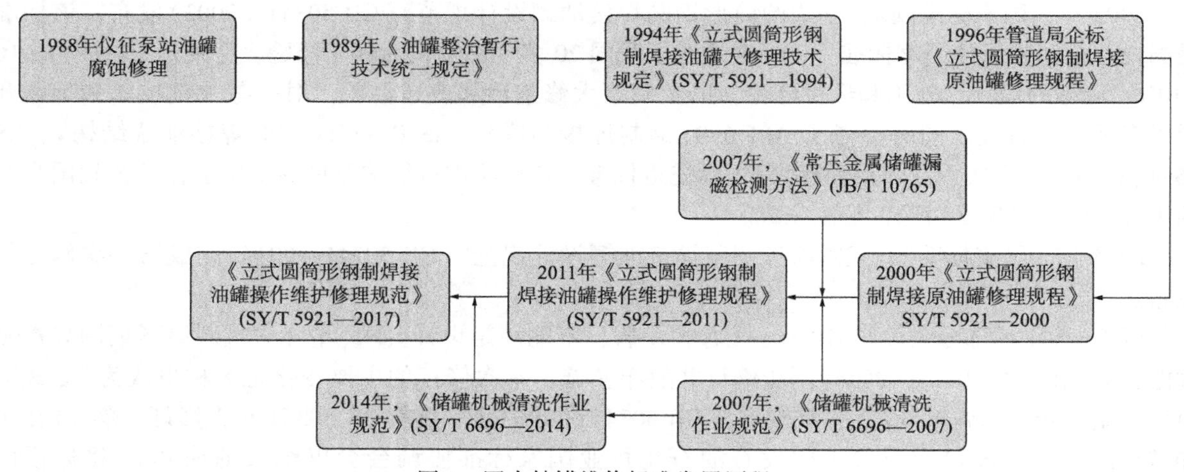

图 3 国内储罐维修标准发展历程

3. 国内储罐风险评价标准发展历程

2006 年国内开始试点使用储罐风险评价技术，国家质检总局办公厅发布“关于开展基于风险的检验(RBI)技术试点应用工作的通知”[国质检特〔2006〕198 号文]。

2009 年颁布的 TSG R0004—2009《固定式压力容器安全技术监察规程》提出了风险检验的要求，但开展基于风险检验的使用单位应满足一定的条件。

2012 年正式批准在炼油和化工装置以及常压储罐设备上使用 RBI 技术。

2014 年 12 月之前，根据特种设备局要求，除满足以上条件外，在实施基于风险检验前，企业还需提出申请，报特种设备局批准后，由有 RBI 资质的单位予以组织实施基于风险的检验。

2014 年 12 月 26 日，特种设备局发布“关于进一步规范承压类特种设备基于风险检验(RBI)工作的通知”[质检特函(2014)52 号]，通知规定：使用单位应当由上级主管单位或委托第三方机构组织对其开展特种设备使用安全管理评价(包括应用条件的符合性审查和特种设备使用安全管理风险评价)，评价的各项要求不得低于相关安全技术规范和标准中关于承压设备系统基于风险检验的安全管理评价的相应规定。

4. 国内储罐完整性管理标准体系

根据储罐的全生命周期可以将储罐标准按建设期和运行期两个阶段进行分类。

建设期阶段包括了设计、采办、预制、组装、焊接、检查与试验、验收等内容，以质量保证(Quality Assurance)为目标，做到储罐结构完整可靠、工艺功能和配套设施齐全、控制和监控水平合理、消防安全措施得当。

运行期阶段包括试运行、投产运行、操作、维护保养、检测、评定、修理、改造、更新及报废等，以机械完整性/完好性(Mechanical Integrity)为目标，做到储罐结构安全可靠、操作风险可控、维护保养计划措施得当、检测评定技术可靠、修理改造更新周期合理、报废及时。针对储罐的两个阶段，目前国内储罐完整性管理主要标准汇总见表 2，国内储罐完整性管理标准体系框架如图 4 所示。

表2 国内储罐完整性管理主要标准汇总表

阶段	分类	标准号	标准名称
建设期	一、设计施工标准	GB 50341—2014	《立式圆筒形钢制焊接油罐设计规范》
		GB 50128—2014	《立式圆筒形钢制焊接储罐施工规范》
		SH/T 3046—2024	《石油化工立式圆筒形钢制焊接储罐设计规范》
	二、附件/部件标准	GB 5908—2005	《石油储罐阻火器》
		SY/T 0511.1~9—2010	《石油储罐附件》
		SH/T 3194—2017	《石油化工储罐用装配式内浮顶工程技术规范》
		SH/T 202x	《立式圆筒形储罐钢制网壳顶工程技术规范》
	三、安全标准	AQ 3053—2015	《立式圆筒形钢制焊接储罐安全技术规程》
		SY 6306—2020	《钢质原油储罐运行安全规范》
		GB 15599—2009	《石油与石油设施雷电安全规范》
		GB 13348—2009	《液体石油产品静电安全规程》
	四、环保标准	GB 20950—2020	《储油库大气污染物排放标准》
		GB 37822—2019	《挥发性有机物无组织排放控制标准》
		GB 31570—2015	《石油炼制工业污染物排放标准》
		GB 31571—2015	《石油石化工业污染物排放标准》
运行期	五、操作、维护与修理标准	SY/T 5921—2017	《立式圆筒形钢制焊接油罐操作维护修理规范》
		SY/T 6620—2014	《油罐的检验、修理、改建及翻建》
		SY/T 6696—2014	《储罐机械清洗作业规范》
		JB/T 10765—2007	《无损检测 常压金属储罐漏磁检测方法》
	六、风险评价标准	GB/T 37327—2019	《常压储罐完整性管理》
		GB/T 42097—2022	《地上石油储(备)库完整性管理规范》
		GB/T 30578—2014	《常压储罐基于风险的检验及评价》
		JB/T 10764—2007	《无损检测 常压金属储罐声发射检测及评价方法》
		SY/T 6653—2013	《基于风险的检查(RBI)推荐作法》
		SY/T 6830—2011	《输油站场管道和储罐泄漏的风险管理》
		SYT 6714—2008	《基于风险检验的基础方法》，(2020版只针对油气管道)

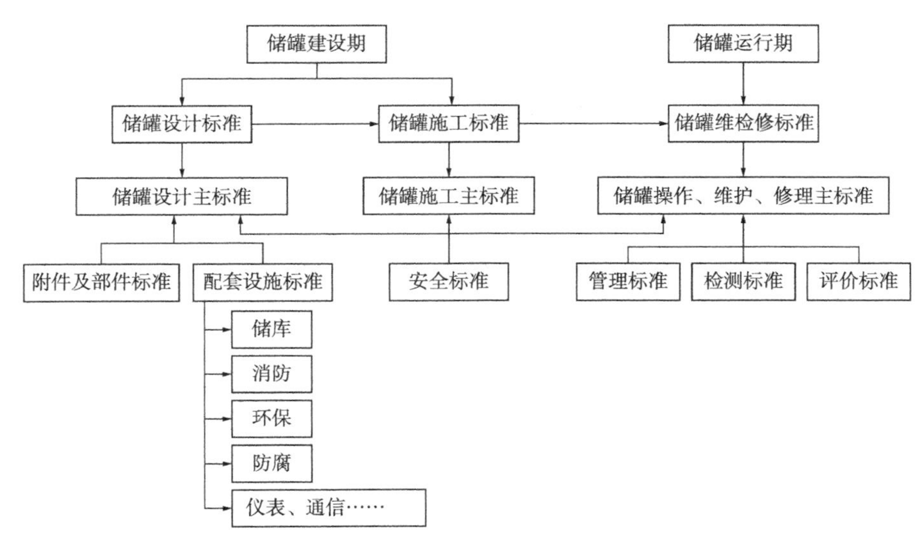

图4 国内储罐完整性管理标准体系框架

五、国内储罐完整性管理标准存在的问题

根据以上调研分析，从储罐全生命周期角度看：国内建设周期的标准体系比较完整，通过40多年的技术积累，相关技术标准也在不断的修订完善，技术水平达到国际先进水平。质量管理体系也比较健全，但执行情况存在偏差，造成施工质量没有完全达到设计要求。运行期标准基本涵盖了操作、维护保养、检测、评定、修理、改造、更新及报废等各个阶段，但大部分标准都是采标国外相关标准，与我国的管理方式和技术水平不相适应，且部分标准内容重复，互相矛盾。存在主要问题如下所述。

(1) 储罐主要部件技术规范需要完善。

近几年，许多新技术、新设备在储罐上得到应用，并取得了良好的应用效果，需要补充和完善现有的相关规范或编制新的规范。如目前广泛采用的装配式内浮顶、无水击加热器等，需要对相关国家/行业标准修订完善或起草国家管网企业标准。

(2) 储罐完整性管理标准没有针对企业的不同管理目标。

目前的储罐完整性国家标准不具有普遍适用性，且与国家管网的储罐管理体系和目标相差甚远，有必要根据国家管网的实际情况和管理经验，起草国家管网自己的储罐完整性管理企业标准。

(3) 采标 API 标准的国家/行业标准与国情不相适应。

国内现行的储罐基于风险的检验及评价相关标准，多为采标 API 相关标准，没有按国内管理方式、材料技术水平等进行相应的修改，导致评价结果与国内实情差距较大，因此需要制定适合国情的立式圆筒形钢制焊接储罐底板泄漏检测与评价技术规范行业标准或起草国家管网企业标准。

(4) 储罐检测评价技术标准不够完善。

近几年来，随着我国技术的发展，各种先进仪器设备在储罐检测中已得到应用，并取得了较好的效果，检测数据更准确、更详细，但目前的规范没有完全覆盖，缺少统一的规定，不利于对储罐的安全评价，因此需要补充完善行业标准 SY/T 5921。

(5) 储罐大修施工过程管控需规范。

由于储罐大修工程一般不是很大，施工的队伍基本上是较小的公司，施工过程的管理水平普遍不高，这就需要业主方加强施工过程管理和质量控制，有必要认真总结储罐大修过程中存在的问题和经验，编制储罐大修施工过程管控规范。

(6) 储罐在线检测评价技术标准需完善。

当前储罐的在线检测技术主要有两种声发射和机器人检测2种，检测标准一般采用厂商标准，缺少统一的评价原则。需要对这些检测技术的可靠性和成熟性进行评估，时机成熟时编制统一标准。

(7) 罐区消防、给排水及其他管线的布置设计需规范。

目前国内现行的储油罐区只对消防、给排水等管线在安装设计只从原则方面进行了规定，对于管线和防火堤、管线和罐体、管线和地面以及排水管线采取的排放形式规定的还很不具体，导致设计风格不统一，标准化程度不高，管理不方便，建议针对管网所辖的管道运行储油罐区的消防、给排水、以及其他管线编制相应的设计、施工、验收、维护技术标准。

六、国内储罐完整性管理标准体系完善建议

针对目前国内储罐现行标准存在的问题，为了进一步完善储罐完整性管理标准体系，本文从建设期和运行期两个阶段，提出完善建议，见表3。

表 3　国内储罐完整性管理标准体系完善建议

序号	标准名称	类型	完善建议
一	建设期标准		
1	《立式圆筒形钢制焊接油罐设计规范》GB 50341—2014	设计标准	补充新型材料和新型装配式内浮顶内容
2	《立式圆筒形钢制焊接储罐施工规范》GB 50128—2014	施工标准	完善施工过程技术控制内容
3	《石油储罐附件》SY/T 0511. 1~9—2010	附件标准	补充紧急泄放装置、机械密封、弹力板密封、舌型密封、加热器等内容
4	《立式圆筒形钢制焊接储罐安全技术规程》AQ 3053—2015	安全标准	需与其他相关标准做好协调，与实际相适应
5	《石油化工储罐用装配式内浮顶工程技术规范》SH/T 3194—2017	部件标准	内容需补充完善
6	《整体加强模块式不锈钢双盘内浮顶技术规范》	部件标准	需新编制
7	《浮箱式内浮顶技术规范》	部件标准	需新编制
8	《金属蜂巢式内浮顶技术规范》	部件标准	需新编制
9	《玻璃钢内浮顶技术规范》	部件标准	需新编制
10	《罐区消防给排水管道设计安装技术规范》	消防标准	需新编制
二	运行期标准		
1	《立式圆筒形钢制焊接油罐操作维护修理规范》SY/T 5921—2017	操作维护修理标准	内容需补充完善。补充检测和评定等方面的新技术、新方法
2	《常压储罐完整性管理》GB/T 37327—2019	管理标准	需根据国内不同企业的实际情况编制，国家/行业标准重点是提出基本原则和方法即可。企业按自己的管理目标和实际情况编制企业标准
3	《常压储罐基于风险的检验及评价》GB/T 30578—2014	评价标准	需按国内实际数据修订采标 API581 的数据，以适合国内情况
4	立式圆筒形钢制焊接储罐底板泄漏检测与评价技术规范	评价标准	需新编制。需建立国内储罐失效数据库，以国内实际数据为基础，参考 API581 的评价方法编制
5	储罐大修施工过程质量验收规范	大修施工标准	需新编制

参 考 文 献

[1] API Standard 650 Welded Tanks for Oil Storage[S].

[2] API Standard 2000 Venting Atmospheric and Low-pressure Storage Tanks[S].

[3] JIS B 8501. 鋼製石油貯槽の構造(全溶接製)[S].

[4] BS EN 14015 Specification for the design and manufacture of site built, vertical, cylindrical, flat-bottomed, above ground, welded, steel tanks for the storage of liquids at ambient temperature and above[S].

[5] API Standard 653 Tank Inspection, Repair, Alteration, and Reconstruction[S].

[6] EEMUA PUB NO159 Above ground flat bottomed storage tanks: A guide to inspection maintenance and repair[S].

[7] API PUBL 353 Managing Systems Integrity of Terminal and Tank Facilities, Managing the Risk of Liquid Petroleum Releases[S].

[8] API RP 575 Inspection Practices for Atmospheric and Low-pressure Storage Tanks[S].
[9] API RP 579 Fitness-For-Service[S].
[10] API RP 580 Risk-Based Inspection[S].
[11] API RP 581 Risk-Based Inspection Methodology[S].
[12] GB 50341—2014. 立式圆筒形钢制焊接油罐设计规范[S].
[13] GB 50128—2014. 立式圆筒形钢制焊接储罐施工规范[S].
[14] SH/T 3046—2024. 石油化工立式圆筒形钢制焊接储罐设计规范[S].
[15] GB 5908—2005. 石油储罐阻火器[S].
[16] SY/T 0511. 1~9—2010. 石油储罐附件[S].
[17] SH/T 3194—2017. 石油化工储罐用装配式内浮顶工程技术规范[S].
[18] SH/T 3232—2024. 立式圆筒形储罐钢制网壳顶工程技术规范[S].
[19] AQ 3053—2015. 立式圆筒形钢制焊接储罐安全技术规程[S].
[20] SY 6306—2020. 钢质原油储罐运行安全规范[S].
[21] GB 15599—2009. 石油与石油设施雷电安全规范[S].
[22] GB 13348—2009. 液体石油产品静电安全规程[S].
[23] GB 20950—2020. 储油库大气污染物排放标准[S].
[24] GB 37822—2019. 挥发性有机物无组织排放控制标准[S].
[25] GB 31570—2015. 石油炼制工业污染物排放标准[S].
[26] GB 31571—2015. 石油石化工业污染物排放标准[S].
[27] SY/T 5921—2017. 立式圆筒形钢制焊接油罐操作维护修理规范[S].
[28] SY/T 6620—2014. 油罐的检验、修理、改建及翻建[S].
[29] SY/T 6696—2014. 储罐机械清洗作业规范[S].
[30] JB/T 10765—2007. 无损检测 常压金属储罐漏磁检测方法[S].
[31] GB/T 37327—2019. 常压储罐完整性管理[S].
[32] GB/T 42097—2022. 地上石油储(备)库完整性管理规范[S].
[33] GB/T 30578—2014. 常压储罐基于风险的检验及评价[S].
[34] JB/T 10764—2007. 无损检测 常压金属储罐声发射检测及评价方法[S].
[35] SY/T 6653—2013. 基于风险的检查(RBI)推荐作法[S].
[36] SY/T 6830—2011. 输油站场管道和储罐泄漏的风险管理[S].
[37] SYT 6714—2008. 基于风险检验的基础方法[S].

储油库 $2000m^3$ 含油污水调节罐消防配置分析

李德权[1]　李　旭[2]

（1. 中国石油天然气管道工程有限公司技术质量安全部；
2. 河北廊坊高新技术产业开发区应急和环境保障局）

摘　要：$2000m^3$ 含油污水调节罐一般作为储油库含油污水处理流程的起始设施，由于现有规范标准未对该类储罐消防设施配置作出明确规定，消防配置也不一致。本文针对 $2000m^3$ 含油污水调节罐所储介质的含油成分、浓度、油层厚度以及蒸汽云等进行分析，得出该类储罐消防设施配置原则以及配置建议。

一、引言

地下水封洞库、大型（$100\times10^3m^3$ 以上）储油罐作为我国战略储备石油库的形式，储存的石油多来自中东，油品品质较好。地下水封洞库裂隙水（含油污水）排水、大型储油库罐顶以及工艺设备区初期雨水和储罐切水需进行处理，处理装置前需设置含油污水调节罐，罐型多选用 $2000m^3$ 拱顶罐。由于 GB50016、GB50160、GB50183、GB50074、GB/T50455、GB50151 等多种标准和规范未有含油污水罐防火措施明晰条款，不同设计单位对 $2000m^3$ 含油污水调节罐消防设计有不同的做法，做法大致包括以下 5 种组合：

（1）罐上设置泡沫发生器，罐组设置防火堤；

（2）罐上设置泡沫发生器，罐组设置围堰；

（3）罐上未设置泡沫发生器，罐组设置防火堤；

（4）罐上未设置泡沫发生器，罐组设置围堰；

（5）罐上未设置泡沫发生器，罐组不设置围堰或者防火堤。

导致各家单位没有达到技术统一，一方面是缺少相应的标准规范条文，另外一方面也是源于缺少该类污水含油量的数据。为能准确定义含油污水调节罐的消防配置应该仔细分析该类污水来源以及石油类浓度。

二、含油污水的定义及特性

1. 含油污水的定义分析

原油油库储罐区多以 $10\times10^4m^3$ 浮顶罐为主要罐型，成品油库储罐区以 $3\times10^4m^3$ 内浮顶罐罐型为主要罐型。GB 50151—2021 在编制时删除了原规范第 5.2 节“油罐固定式中倍数泡沫灭火系统”，油罐区设置固定式低倍数泡沫灭火系统、固定式冷却水系统。

固定式泡沫灭火系统由固定的泡沫消防水泵、泡沫比例混合器（装置）、泡沫产生器（或喷头）和管道等组成的灭火系统。储罐区固定式系统应具备半固定式系统功能。且半固定式系统的每根泡沫混合液管道所需的混合液流量不应大于一辆泡沫消防车的供给量；固定顶储罐防火堤外泡沫混合液半固定式液上喷射系统，对每个泡沫产生器应在防火堤外距地面 0.7m 处设置带闷盖的管牙接口；

外浮顶储罐防火堤外泡沫混合液管道半固定式系统的每组泡沫产生器应在防火堤外距地面 0.7m 处设置带闷盖的管牙接口。

固定式消防冷却水系统由固定消防水池(罐)、消防水泵、消防给水管网及储罐上设置的固定冷却水喷淋装置组成的消防冷却水系统。

含油污水分别在在 HJ 580—2010、GB 50742—2012 中有术语定义。

HJ 580—2010 该定义没有规定石油类浓度，术语定义主观内容是倾向于食用油。GB 50742—2012 术语定义的含油污水是针对石油化工装置及单元等排放的含有浮油、分散油、乳化油和溶解油的生产污水，对于污水中石油类浓度如果没有水质资料时应该不大于 500mg/L。

GB 50742—2012 规定的石油类含量，和对以往设计案例搜集以及对地下储油库含油污水水质测定的跟踪，含油污水含油多为 50mg/L，不利于本文分析的含油污水石油类浓度最大化原则。本文所讨论的含油污水石油类浓度可参考炼厂过程废水中的石油类浓度 150~1000mg/L 中的最大值 1000mg/L 进行分析。

2. 含油污水的特性

油类在水中以浮油、分散油、乳化油、溶解油 4 种状态存在。

(1) 浮油：指油珠粒径大于 100μm，静置后能较快上浮，以连续相的油膜漂浮在水面，是含油污水处理工艺过程及末端可收集的成分，占比为 60%~80%。

(2) 分散油：指油珠粒径位于 10~100μm，以微小油珠悬浮于污水中，不稳定，静置后易形成浮油，是污水处理过程中的成分，是水力停留时间的设计依据。

(3) 乳化油：指油珠粒径小于 10μm，一般为 0.1~2μm，形成稳定的乳化液，油滴在污水中分散度越大越稳定，污水处理工艺的选择主要针对该类成分，占比为 10%~15%。

(4) 溶解油：指以分子状态或化学方式分散于污水中，形成稳定的均相体系，粒径一般小于 0.1μm。

三、含油污水石油类浓度分析

1. 含油污水来源

本文所讨论的含油污水可分为四类：地下水封洞库裂隙水、储油罐切水、大型($100×10^3m^3$)罐顶初期雨水和工艺设备区初期雨水。四类含油污水特点可分为两类：地下水封洞库裂隙水、储油罐切水的含油污水来源是从油中分离出来的水；大型($100×10^3m^3$)罐顶初期雨水和工艺设备区初期雨水是雨水由动能转化为机械能将附着在罐壁和地面的油滴搅拌在水中。

分析含油污水含油量，首先应该分析含油污水的来源。

2. 油罐切水含油量分析

1) 油中水的特点

原油中的水以游离态水、悬浮水、溶解水、乳化水 4 种状态，4 种状态分别如下：

(1) 游离水：游离水就是游离在原油之外而单独存在的水，由于水的密度大，通常以分层状态存在于原油底部。从严格意义上说，游离水并不属于原油含水。

(2) 悬浮水：悬浮水以微小颗粒状悬浮在油中，主要是悬浮在黏性油中，其颗粒直径大于 5μm。这部分水，在经过一定时间之后，会自然沉降到油罐底部而聚集成底部游离水。

(3) 溶解水：溶解水溶解于原油之中和油成为一体而存在，其颗粒直径小于 5μm。溶解状态的水是以水溶解于油的状态存在(绝对不溶解的情况是不存在的)，即水以分子状态存在于烃类中。

(4) 乳化水：乳化水是以油和水均匀的乳化在一起的水。乳化状态的水是以极小的水滴状均匀分散于油中，与油形成一种稳定乳化液，乳化水必须使用特殊的脱水方法才能脱除。

2）油罐切水石油类浓度分析

原油储罐经过长期静止，游离水从油相分离出来，以水相存在于罐底部，相当于完成了油相和水相两相分离，这部分水相可不认为是含油污水，但是由于缺少官方数据或者是缺少相关的实验数据，还要把这部分水相含油最大化。按照含油最大化和前面分析，水在沉淀分离过程中可能有溶解油和部分乳化油的存在，参照炼厂过程废水含油量约为 150~1000mg/L，乳化油占比 15%~20%，即油罐切水含油量最大化可为 200mg/L。

3）裂隙水石油类浓度分析

同上分析，水封洞库裂隙水由 3 部分组成：(1)洞库侧边和底板渗入水；(2)洞库顶部渗入水；(3)原油中的游离态水。

侧边和底板渗入水由于不具备动能，侧边以游离态水按照层流方式从周边下沉到洞罐水相中，底板渗水会直接渗入到水相中。顶部渗入水珠按照自由落体速度落到原油液面，然后按照斯托克斯公式计算速度通过油相自由沉淀下沉到水相中，这部分水珠大部分会以游离态按照沉降理论沉入底部水相。

以洞室 900m(长)×19m(宽)×24m(高)，顶部面积(900m×19m)/其他面积(900m×24m×2+900m×19m+19m×24m×2)= 27%，按照含油最大化原则和前面分析的结果，长时间静止的水相裂隙水有溶解油和部分乳化油的存在为例计算。废水含油量约为 1000mg/L，乳化油占比 20%计算水相裂隙水中的含油量理论计算值应该为 200×30% = 60mg/L。根据某两个地下水封洞库实测数据一个是 14.7mg/L，另外一个是 34.7mg/L，所以取 60mg/L 还是趋于保守的。

4）罐顶初期雨水石油类浓度分析

关于大型储罐含油初期雨水设计量 GB 50737—2011 中的 9.3.5 条规定：单罐含油初期雨水设计量宜按油罐浮顶全面积上 30mm 厚的雨水量计算。由于该条款缺少降雨历时数据，不能验证初期雨水收集时间、暴雨强度和降雨深度之间的关联关系，还需要结合分析初期雨水石油类浓度需求采用暴雨强度公式推导相关参数。

结合石油库运行管理上的经验，罐顶初期雨水应以周转由于储油罐液位下降裸露出罐壁的油层面积作为计算。罐壁的含油层是周转罐液位下降时浮盘密封边机械刮擦，相当于采用机械刮涂面漆方式而留下的油品，一般的油漆刷涂底面两遍的厚度为 80~90μm。

以南方某地区暴雨强度较大和降雨历时较长的 100×10³m³ 浮顶罐(直径 80m)、油罐一次周转液位 5m、油膜厚度 40μm、收集周转罐全部面积最大一次前 10min 雨水计算为例。

通过查找该地区暴雨强度公式为式(1)，初期降雨深度按照公式(2)计算。

$$q=\frac{1248.85(1+0.62\lg P)}{(t+3.5)^{0.561}} \tag{1}$$

式中 q——设计暴雨强度[L/(s・ha)]；

P——设计重现期(a)，按照重要程度，此处 $P=3$；

t——降雨历时，min(100×10³m³ 浮顶罐满足建筑密度小、汇水面积较大、地势平坦、雨水口布置较稀疏的设置条件，t 值可取 10~15min)。

$$H=i\times t \tag{2}$$

式中 H——降雨深度，mm；

t——降雨历时，min；

i——理论暴雨强度，是指某一连续降雨时段内的平均降雨量，即单位时间的平均降雨强度，mm/min。

$$i=\frac{q}{167} \tag{3}$$

分别将 $t=10\text{min}$、$t=15\text{min}$ 带入式(1)、式(2)、式(3):

$t=10\text{min}$ 时，$q_{10\text{min}}=375[\text{L/(s}\cdot\text{ha)}]$、$i_{10\text{min}}=2.25(\text{mm/min})$、$H_{10\text{min}}=22.5\text{mm}$，按照石油类密度 780kg/m^3，可得前 10min 共降雨 113m^3，石油类计算浓度为 347mg/L。

$t=15\text{min}$ 时，$q_{15\text{min}}=314(\text{L/s}\cdot\text{ha})$、$i_{15\text{min}}=1.88(\text{mm/min})$、$H_{15\text{min}}=28.2\text{mm}$，同上，可得前 15min 共降雨 142m^3，石油类计算浓度为 276mg/L。

由此，取 10min 初期雨水石油类计算浓度为 347mg/L。

通过浮顶罐积水 $H_{10\text{min}}=22.5\text{mm}$、$H_{15\text{min}}=28.2\text{mm}$ 均小于 GB 50737—2011 中的 9.3.5 条规定的一次 30mm 厚的初期雨水厚度，即参与稀释罐壁油层水量最小，证明所选值石油类浓度为 347mg/L 为最大计算浓度。

5) 工艺设备区初期雨水

工艺设备区含油污水来源为检修擦拭后浸入地面油类被雨水冲击出来的污水。

由于检修面积只是设备区很小的一块面积，且混凝土检修地面表层颗粒的吸附作用，暴雨时靠雨水的冲击很难将含油层冲击出来，另外随着降雨深度的增加，溶解是雨水洗油的主要方式，此部分的含油污水浓度应该不会高于 100mg/L。

四、2000m^3 含油污水调节罐油层厚度及油蒸气浓度分析

1. 油层厚度分析计算

1) 油品体积计算

通过前面分析，罐顶初期雨水石油类浓度最大。

以 $100\times10^3\text{m}^3$ 油罐、重现期为 3 年、降雨历时 10min 计算所得的计算数据 347mg/L、113m^3 一次初期雨水，直到储满 2000m^3 污水调节罐(直径 15m)为止(图 1)，按照 100%石油类油品全部上浮到表面，计算油层体积和油膜厚度。

$$V_{油}=\frac{mg}{\rho} \tag{4}$$

式中 $V_{油}$——油膜体积，m^3；

mg——油膜质量，kg，$mg=2000\text{m}^3\times(347\times10^{-3})(\text{kg/m}^3)=694\text{kg}$

ρ——油膜密度，取值 780kg/m^3。

$V_{油}=694/780=0.890\text{m}^3$。

2) 油膜厚度计算

以图 1 直径 15m、油层厚度为 5mm 油品全部蒸发计算，按照 $V=S\times H$ 公式计算。

$$H_{油膜}=\frac{V_{油}}{S}$$

$S=(15/2)2\times3.14=176\text{m}^2$，$H=0.005\text{m}=5\text{mm}$。

经计算油膜层计算厚度为 5mm。

显然 5mm 计算油膜厚度相对于油田沉降罐等以收集原油为功能的罐，油膜厚度是很薄的。由于水的比热容值大，导热性能好，罐内的水相部分作为 5mm 厚度油层冷却体，降低了油层的挥发速度，同时蒸气闪燃、闪爆之后的能量值也不能提供 5mm 油层的持续蒸发需要的能量。

通过以上分析，这也是为什么很少搜集到含油污水调节罐闪爆之后持续燃烧火灾案例的主要原因。

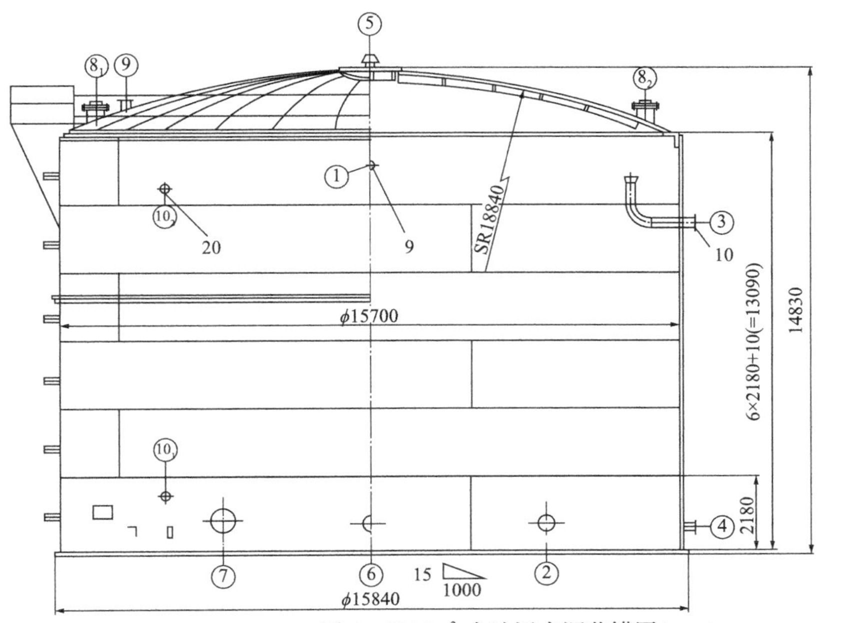

图 1　2000m³ 含油污水调节罐图(mm)

2. 100%蒸发气体体积理论计算

聚集到水面上的油层属于原油，应按照甲类火灾危险性分析，计算体积为 494L。某种甲、乙类火灾危险性液体单位体积(L)全部挥发后的气体体积可参考美国消防协会《美国防火手册》(Fire Protection Handbook，NFPA)，可按照式(5)进行计算。

$$V=830.93\frac{B}{M} \tag{5}$$

式中　V——气体体积，L；

B——液体的相对密度；

M——汽油挥发性气体的相对密度。

经计算常压下，单位体积(L)全部挥发后的气体体积 $V=157m^3$，890L 油膜全部挥发为后的气体体积为 $157\times890=139730m^3$。

通过上式理论计算可知，如有足够的时间，调节罐空间内充满石油类挥发蒸气还是可能的，但是由于油膜蒸发速度、罐体呼吸阀以及溢流管通气功能，调节罐内只会常压保留很少部分油蒸气，但是罐内空间聚集油蒸气是必然的。

3. 爆炸空间分析

1）油品理论蒸发方式

污水调节罐选型一般参照柴油罐选择，即通过储罐对气体进行排放时，通常需要通过呼吸阀，该方式属于“小呼吸”一种无组织气体排放方式，易受温度、压力及液面高度等因素的影响。

“小呼吸”呼吸方式：环境温度增高，储罐内气体空间及油面温度不断上升，此时石油的蒸发速度随着温度及空间的不断增长而逐渐加快，油气体积也随着温度及空间的变化而变化，该现象可直接影响混合气体的压力，使混合气体的压力增加，压力达到所能承受的最大范围时，储罐顶部呼吸阀被打开，油品的蒸气可伴随混合气体排出罐外。当温度处于下降状态时，固定顶储罐上方气体体积处于不断收缩状态，气体体积收缩至一定状态，真空阀打开即可吸入空气，且油品的蒸发速度随着油气浓度的降低而加快。

2）罐体设置溢流管直接与大气联通

实际上，由于 2000m³ 含油污水调节罐设置了溢流管，溢流管管口标高在非事故时始终保持在罐内液位以上，保持和大气联通，且溢流管管径应大于进水1号管径。

罐内进水时和油品蒸发时通过溢流管保持和大气压力平衡，所以罐顶设置的呼吸阀门很少有开启的机会。

3）爆炸浓度分析

以2000m^3污水调节罐有效空间分析，有效容积为2000m^3，空间容积为2200m^3。含油污水冲入罐内时，伴随着油蒸气的挥发和长时间的停留，上浮的油层会存在着一种动态平衡，在液位以上时存在着环境温度相对稳定浓度的一个空气与油蒸气的混合项。

该混合项浓度也可能在爆炸范围区间之外，也可能在爆炸区间之内，该浓度值也是决定本类型罐体接触火源是否爆炸的浓度。

五、含油污水处理罐事故案例及影响分析

1. 案例

通过以上分析，该类调节罐很难达到拱顶储油罐先爆后燃的持续性火灾条件，即很难搜集到含油污水调节罐持续性火灾案例，但是类似于该罐的污水罐和污水池爆炸案例却很多。

【案例一】 2008年4月28日14时50分，某石化分公司净水车间江边污水处理罐发生爆燃事故，造成2名承包商员工死亡，2人受伤。某石化分公司承包商—某安装工程公司对净水车间的含油污水处理设施江边污水处理罐(601#罐)进行增加氮封管线施工作业。净水车间安全员开具了“二级用火作业许可证”，用火内容为江边601#罐西侧电、气焊氮气线配管，动火位置在601#罐西侧，并在用火作业票的补充措施一栏注明“罐体旁严禁动火”。13时40分韩某等4名施工人员和监火人王某到达现场，在地面完成外输送管和调节阀预制作业。14时零分左右，韩某等4名施工人员携带电气焊工具爬上罐顶，进行法兰对接定位作业，韩某负责气焊，张某负责电焊，另外2人负责协助。施工人员在罐顶的人孔盖上对短节进行点焊后，开始拆卸人孔盖螺栓，在拆卸最后一个螺栓时，因螺栓生锈，拆卸困难，施工人员对人孔盖进行了移位(打开了人孔盖)，韩某用气焊对螺栓进行切割，当火焰靠近螺栓时，罐内发生爆燃，罐体弹起，将韩某从罐顶摔下，落在罐体西南侧6.8m处，当场死亡，罐体发生倾斜后，张某从罐顶护栏漏出跌落罐下，后经医院抢救无效，于当晚23时左右死亡，另外2人轻伤。

【案例二】 2017年7月9日16：10，比亚迪一期工业园污水处理池疑在焊接作业过程中引起有机废气闪爆。基本情况为比亚迪一期污水池进行施工作业，施工单位广东晟鑫环保科技有限公司共7人现场作业，其中2人进行桥架管道换管焊接动火作业，4人在操作作业，1人监理，疑在焊接作业过程中引起有机废气闪爆。

2. 爆炸分析

上面两个案例可以看出，密闭空间储存的含油污水存有爆炸蒸气。爆炸蒸气在外部火源点火后导致密闭空间爆炸，但是和储存其他油品储油罐先爆后燃的案例不一致的是密闭空间的含油污水储存设施都没有后续的燃烧。

导致爆炸是因为罐内油蒸气，没有持续燃烧是因为没有足够的能量增加含油污水储存设施油品蒸发，即密闭空间含油污水储存设施有爆炸危险，但是没有持续燃烧的可能。为保障该类水罐的安全，最重要的是减少爆炸三要素是指构成爆炸的热量传递、快速和生成气体三种条件。

六、2000m^3含油污水调节罐安全设计

1. 本质安全设计的必要性

爆炸的三要素分别是一定浓度的可燃气体、一定量的氧气以及足够热量点燃气体的火源。为减

少含油污水调节罐爆炸三要素，应该避免三要素的生成。

通过前面分析，地下水封洞库裂隙水(含油污水)排水、大型储油库设置的 2000m³ 含油污水调节罐作为密闭储存设施存在爆炸的可能性，要保证 2000m³ 含油污水调节罐安全，首要保证其本质安全。为达到本质安全应从罐型选择、总图布置以及储存工艺等减少产生爆炸条件方面给予研究和关注，从而保证该类储罐的本质安全。

2. 本质设计几个方面

1）罐型选择

2000m³ 含油污水调节罐和相对于储油罐来讲是小型储罐，可按照柴油罐来选用拱顶罐，罐体应结合调节罐溢管、高位进水管等配置呼吸阀来保证进出水的安全。如选用内浮顶罐型，安全程度会更高，但要结合罐内构造设置液位安全保障措施。

2）总图布置

因 2000m³ 含油污水调节罐上部空间存有爆炸蒸气，首先应远离火源。由于行业特点，除 GB 50160 规范有严格的“含油污水罐”定义外，GB 50183、GB 50074、GB 50016、GB/T 50455 都没有相关的定义，需要结合其他条款进行布置。

3）储存工艺

应结合调节罐工作性质，如是连续工作，应设置浮动收油装置减少油层厚度；如是间断运行应结合进出水工艺设置水封，减少明火穿入罐顶空间。

4）配套管线

与之连接的管线有进水管、出水管、排污管、溢流管，罐与罐之间的连通管、液位计等。进水管安装示意图如图 2 所示。按照现有技术标准，进水管和溢流管是在液面以上，溢流管为了观察的需要，应采用间接排水方式。

由于油蒸气密度(4. 14kg/m³)大于空气密度(1. 29kg/m³)，通过图 3 溢流管安装示意图可以看到，油蒸气和空气混合气可以从液面上通过溢流管释放到地面上。

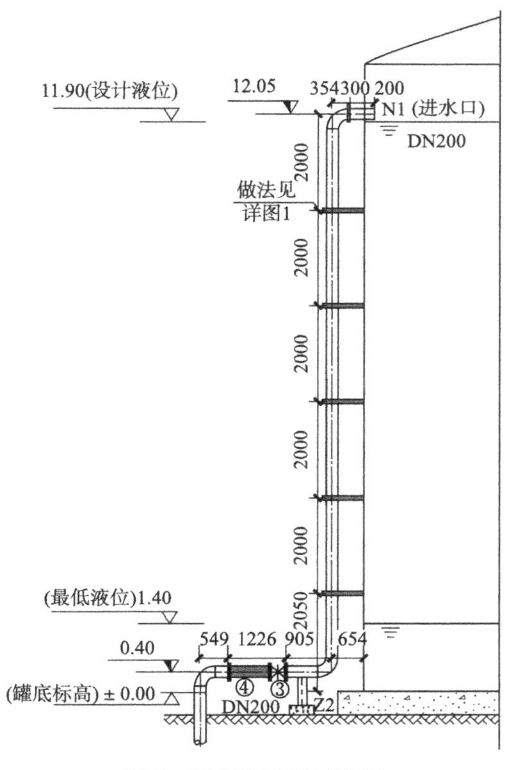

图 2　进水管安装示意图

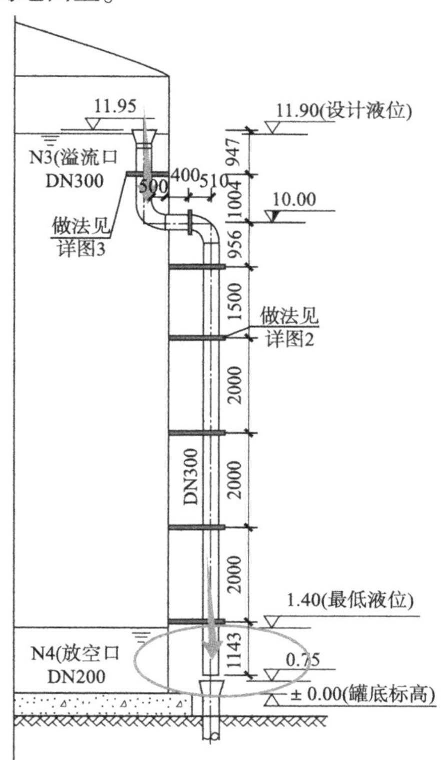

图 3　溢流管安装示意图

这部分的危险在以往设计中都被忽略，此部分设计可参考储油工艺的做法，将该溢流管线采用淹没出流方式，也可以在溢流管竖管采取局部水封方式。

设置围堰的做法其实也是一种安全措施，至少可以满足 GB 50058 的相关技术要求。

七、消防配置建议

通过前面的分析以及结合现有的标准规范体系，2000m³ 含油污水调节罐可不配置相关的泡沫灭火以及冷却设施，但应结合储罐配套工艺管路设置如下设施。

(1) 围堰：区别于防火堤，围堰的目的是防止污水调节罐溢流出来的大量含油污水无组织排放到其他区域，另外也暂时围住罐体爆炸掀顶出来的含油污水。

(2) 消火栓：应结合含油污水处理区域的需求配置消火栓，消火栓的作用可作为该区域的冷却保护或者建筑物灭火。

(3) 灭火器：通过前面分析，污水调节罐没有初期零星火，但是由于该储罐不是独立存在的，还需要结合污水调节罐配套设施火灾特点综合布置相应的灭火器。

八、总结

原油地下储库及大型储罐库的 2000m³ 含油污水调节罐消防配置设计应以本质安全主动消防设计为主，不应和其他储油罐一样强调采取灭火和冷却被动消防设计，即罐体可不配置泡沫灭火设施和冷却设施。特别是原油地下储库地面只有含油污水调节罐时，不能将该类罐作为计算最大一次火灾的泡沫混合液量和冷却水用量。同时以 2000m³ 含油污水调节罐作为分析，主要目的是根据相关工艺获取分析的数据用来判定该类别储罐的火灾危险性，分析的数据同样也适合其他类型储罐。设计人员应根据污水调节罐火灾危险合理摆放该类储罐位置、合理选用电气设备，以及结合场区其他设备单元合理配置消防设施，避免按照行业习惯过度设计提高工程造价。

参 考 文 献

[1] 龙腾锐，何强.《排水工程》(第 2 册)全国勘察设计注册工程师公用设备专业管理委员会秘书处组织编写；北京：中国建筑工业出版社，2011.

[2] HJ 580—2010. 含油污水处理工程技术规范[S].

[3] GB 50747—2012. 石油化工污水处理设计规范[S].

[4] GB 50183—2004. 石油天然气工程设计防火规范[S].

[5] GB 50160—2008(2018 年版). 石油化工企业设计防火标准[S].

[6] GB 50074—2014. 石油库设计规范[S].

[7] GB 50737—2011. 石油储备库设计规范[S].

[8] GB 50016—2014(2018 年版). 建筑设计防火规范[S].

[9] GB 50014—2021. 室外排水设计标准[S].

[10] GB/T 50455—2020. 地下水封石洞油库设计标准[S].

[11] GB 50058—2014. 爆炸危险环境电力装置设计规范[S].

[12] GB 50151—2021. 泡沫灭火系统技术标准[S].

利用层次分析法进行盐穴储气库注气压缩机选型

党红星

（中国石油天然气管道工程有限公司工艺室）

摘　要：随着盐穴储气库的迅速发展，注气压缩机选型也变得多样化，注气压缩机作为盐穴储气库地面工程中的核心设备，其选型的合理性关系到整个储气库的经济性和平稳运行。本文通过应用层次分析法构建某盐穴储气库压缩机层次结构模型，把盐穴储气库压缩机选型的过程数学化，将多因素复杂的决策问题简便化，得出最优的注气压缩机选型，并与工程实际通过经济技术确定的选型结果一致，对类似工程的注气压缩机选型具有一定借鉴意义。

一、引言

我国储气库建设经历20多年的发展后，正式进入快速发展阶段，近年来，中国石油、中国石化、国家管网及地方燃气企业和投资公司在山东、江苏、河南、云南等地陆续推进盐穴储气库相关工作，彰显了盐穴储气库良好的发展前景。随着我国经济社会的快速发展，天然气消费量持续快速增长，利用盐穴实施天然气储备已成为国内能源战略储备的重点部署方向。

盐穴储气库地面工艺技术主要包括注气工艺、采气工艺、脱水工艺、调压计量工艺、井场工艺及造腔工艺等[1-2]，在盐穴储气库注气期，注气压缩机将过滤后的长输管道来气增压后注入井场地下盐腔，完成注气工艺流程。大型盐穴储气库达容达产时间可达10年，因此，在建库期会存在调峰注气与注气排卤[3]（盐穴储气库采用清水溶腔，在造腔后期需利用高压天然气将卤水排除，完成地下盐腔的第一次储气）交叉运行的工况，注气压缩机的选型必须满足盐穴储气库运行周期内的各种工况要求，并应同时适应建库期的注气排卤的工况要求[4]。

二、注气压缩机选型现状及原则

1. 注气压缩机选型现状

国内早期建设的储气库注气规模较小，由于往复式压缩机更能适应出口压力高、波动范围大的工况，其注气效率、操作灵活性高，受到众多储气库的青睐[5]，但随着压缩机技术发展，离心式压缩机由于其排气量大，同等规模下设备数量少、投资相对低、运行维护量少等特点，近年来也逐步应用到盐穴储气库工程中[6-7]。因此，在压缩机选型中出现了往复式压缩机、离心式压缩机及二者组合的选型配置等多种方式，在方案进行经济技术比选时，一般采用定性和定量结合的方式进行比选，但经常会出现在定量比选中方案A比较优，在定性比选中方案A却不是最优，导致推荐的方案说服力较低。本文通过应用层析分析法，把压缩机选型的方案进行权重排序（权重的大小对多个指标或对象进行排序的一种方法，本位为具体压缩机选型方案的权重大小排序），将方案选择问题数学化，得出最优方案。考虑到目前国产压缩机技术能满足国内储气库注气需求，为大力推进储气库关键设备国产化[8-9]，方便工程运维和管理，本文在国产压缩机基础上利用层次分析法进行某盐穴储气库压缩机选型分析。

2. 注气压缩机选型原则

盐穴储气库注气压缩机选型应遵循以下原则：压缩机组应按照设计规模进行选型和配置，满足储气库不同时期、不同输量的增压需求，并在较高效率区域工作[10]；压缩机组的性能可靠、效率高、操作灵活、可调范围宽、调节控制简单。基于以上原则，首先确定某盐穴储气库的注气压缩机可行的配置方案。

首先确定储气库注气规模，进而确定注气压缩机数量及类型是注气装置设计的关键[11]。某盐穴储气库的注气参数见表 1 和表 2。

表 1 某盐穴储气库注气量表

$10^4m^3/d$

年份	季度	调峰注气	排卤注气	总注气量	年份	季度	调峰注气	排卤注气	总注气量
2025	1		222	222	2030	3	271	328.32	599.32
	2		222	222		4	270	328.32	598.32
	3	271		271	2031	1	527		527
	4	270		270		2	774~1175		1175
2026	1	527		527		3	271		271
	2	774~800		800		4	270		270
	3	271		271	2032	1	527		527
	4	270		270		2	774~1175	403.2	1578.2
2027	1	527	222	749		3	271	403.2	674.2
	2	774~800	222	1022		4	270		270
	3	271		271	2033	1	527		527
	4	270		270		2	774~1175		1175
2028	1	527		527		3	271		271
	2	774~1175		1175		4	270		270
	3	271		271	2034	1	527	403.2	930.2
	4	270	328.32	598.32		2	774~1175	403.2	1578.2
2029	1	527	328.32	855.32		3	271		271
	2	774~1175		1175		4	270		270
	3	271		271	2035	1	527		527
	4	270		270		2	774~1175		1175
2030	1	527		527		3	271		271
	2	774~1175		1175		4	270	67.2	337.2

表 2 某盐穴储气库注气压力

工况	排卤注气			调峰		
井场	北部井场	中部井场	南部井场	北部井场	中部井场	南部井场
注气压力/MPa	19.75~20.25	16.88~17.5	13.76~14.55	11~23	10~19	8.4~16.3

由表 1 可知，最高调峰注气量为 $1175\times10^4m^3/d$，2032 年及 2034 年的第 2 季度与注气排卤叠加后达到 $1578.2\times10^4m^3/d$，为了避免建库结束后设备闲置浪费，可确定总注气量为 $1200\times10^4m^3/d$

(2032 年及 2034 年的第 2 季度考虑增加注气排卤周期)。当然，总的注气规模还涉及到市场因素、地质条件、生产运行等多方面，本文不做详细分析，设计注气量仅作为压缩机选型分析的输入条件。

建库期间，注气量主要为$(220\sim270)\times10^4m^3/d$、$400\times10^4m^3/d$、$500\times10^4m^3/d$、$600\times10^4m^3/d$、$800\times10^4m^3/d$几种工况；从表 2 可知，注气压缩机出口变化范围为 8.4~23MPa，而压缩机入口为长输管道来气，压力范围一般为 5.5~5.8MPa，结合国内压缩机技术水平，往复式压缩机和离心式压缩机均可满足注气需求。结合注气参数综合考虑，选择$150\sim200\times10^4m^3/d$的往复式压缩机、$600\times10^4m^3/d$和$800\times10^4m^3/d$的离心压缩机以及多种机型组合的方式进行选型分析。

三、层次分析法应用

1. 层次分析法简介

层次分析法(Analytic Hierarchy Process，AHP)[12-13]是美国匹堡大学运筹学家 T. L. Satty 教授于 20 世纪 70 年代初，在为美国国防部研究“应急计划”时，应用网络系统理论和多目标综合评价方法，提出的一种层次权重决策分析方法[14-15]。该方法将决策问题的有关元素分解成目标、准则、方案等层次，在此基础上进行定性分析和定量分析。这一方法的特点是在对复杂决策问题的本质、影响因素及其内在关系等进行深入分析之后，构建一个层次结构模型，然后利用较少的定量信息，把决策的思维过程数学化，从而为求解多准则或无结构特性的复杂决策问题提供一种简便的综合决策分析方法[16-17]。

层次分析法已经在航天器涂覆材料应用、电力系统负荷预测、天然气管道风险分析、盐穴储气库选址、高校教学质量评价、公益项目预算绩效管理、城市轨道交通网规划等众多领域得到广泛应用。

当一个决策者在对问题进行分析时，首先要将分析对象的多种因素建立起彼此相关的层次系统结构，这种层次结构可以清晰地反映出相关因素(目标、准则、对象)的关系，使得决策者能够把复杂的问题条理化，然后进行逐一比较、判断，从中选出最优的方案。运用层次分析法大体上分成建立层次结构模型、构造比较判别矩阵、单准则下层次排序及其一致性检验、层次总排序及其一致性检验四个步骤[18]。

(1) 层次结构模型：先将决策的目标、考虑的因素(准则)和决策对象(方案)按它们之间的相互关系分为最高层、中间层和最低层，其中最高层称为目标层，这一层中只有一个元素，就是该问题要达到的目标；中间层为准则层，层中的元素为实现目标所采用的措施、政策、准则等，最低层为方案层，这一层包括了实现目标可供选择的方案。

(2) 构造比较判别矩阵：层次结构建立后，评价者根据知识、经验和判断，从第一个准则层开始向下，逐步确定各层不同因素相对于上一层因素的重要性权数(两两比较)。

(3) 单准则下层次排序及其一致性检验：层次分析法的信息基础是比较判断矩阵。由子每个准则都支配下一层若干个因素这样对于每一个准则及它所支配的因素都可以得到二个比较判断矩阵。因此，根据比较判断矩阵如何求出各因素对于准则的相对排序权重的过程称为单准则下的排序。单准则一致性检验是为了避免判断带有主观性和片面性，因为完全要求每次比较判断的思维标准一致是不大可能的。

(4) 层次总排序及其一致性检验：计算同一层次中所有元素对于最高层(总目标)的相对重要性标度(又称排序权重向量)称为层次总排序。总排序一致性检验是为了避免各层之间有所差异，避免这种差异将随着层次总排序的逐渐计算而累加，需要从模型的总体上来检验这种差异尺度的累积是否显著。

2. 建立压缩机选型的层次结构模型

根据盐穴储气库注气压缩机选型要求，将注气压缩机选型作为目标层，将设备投资、设备供货周期、压缩机对注气工况的适应性[19-20]、压缩机的运行和维护、建设压缩机占的地面积作为准则层，再结合某盐穴储气库注气参数，构造出5个压缩机选型配置方案作为方案层，建立某盐穴储气库注气压缩机选型层次结构模型，如图1所示。

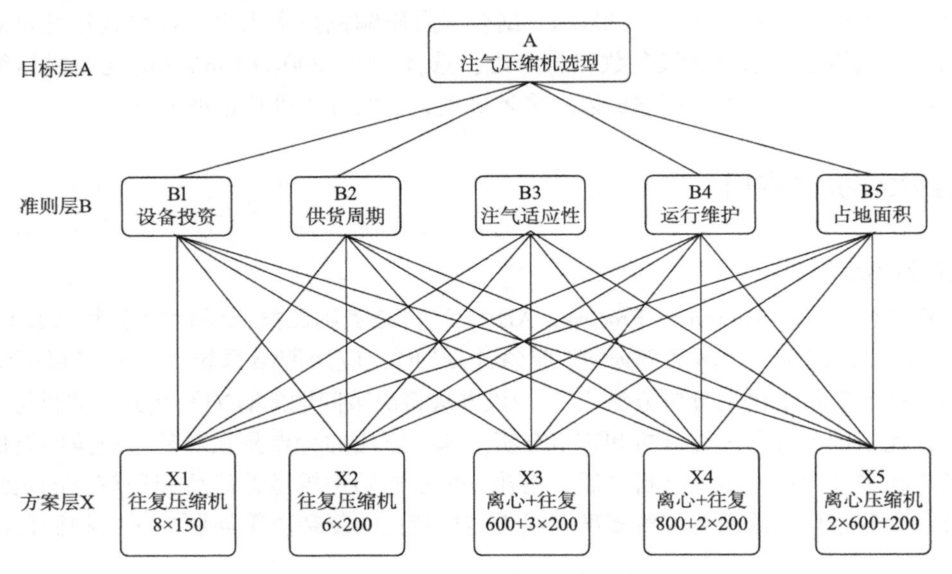

图1 注气压缩机选型层次结构模型图

结合某盐穴储气库工程相关参数，构造5种注气压缩机选型配置方案：方案X1为8台150×$10^4m^3/d$处理量的往复式压缩机；方案X2为6台200×$10^4m^3/d$处理量的往复式压缩机；方案X3为1台600×$10^4m^3/d$处理量的离心压缩机和3台200×$10^4m^3/d$处理量往复压缩机的组合方式；方案X4为1台800×$10^4m^3/d$处理量的离心压缩机和2台200×$10^4m^3/d$处理量往复压缩机的组合；方案X5为2台600×$10^4m^3/d$处理量的离心式压缩机，同时为了满足注气排卤期的小排量注气要求，需单独配置1台200×$10^4m^3/d$的注气排卤压缩机，以满足建库要求。

3. 构造比较判别矩阵

层次结构模型建立后，结合盐穴储气库相关领域的专家、工程师、运行操作工程师等20多人的知识、经验和判断，总结其结果确定注气压缩机选型层次分析法对比标度表(表3)。

表3 注气压缩机选型层次分析法两两对比标度表

元素	标度	取值规则
a_{ij}	1	以上一层某个因素为准则，本层次因素 i 与因素 j 相比，具有同样重要
	3	以上一层某个因素为准则，本层次因素 i 与因素 j 相比，i 比 j 稍微重要
	5	以上一层某个因素为准则，本层次因素 i 与因素 j 相比，i 比 j 明显重要
	7	以上一层某个因素为准则，本层次因素 i 与因素 j 相比，i 比 j 强烈重要
	9	以上一层某个因素为准则，本层次因素 i 与因素 j 相比，i 比 j 极端重要
	2，4，6，8	i 与 j 两因素重要性比较结果处于以上结果中间
a_{ji}	倒数	与 a_{ij} 标度结果互为倒数

以准则层B1设备投资和B2供货周期为例，B1相对于B2明显重要，则标度为5，反过来B2对B1的标度为1/5，以此类推，两两比较，可得出5×5的矩阵。

4. 层次排序及一致性检验

根据注气压缩机选型层次分析法两两对比标度表，求出各因素对于准则层的权重。一般计算权重的方法有和法和根法(行和：求得归一化矩阵每行求和的方法；行根：求得归一化矩阵每行乘积再开根号的方法)，二者计算结果略有不同，但是最终权重排序是一致的，本文以和法计算为例。

首先，将判断矩阵的列向归一化，即

$$A_{ij}=\frac{a_{ij}}{\sum_{i}^{n}a_{ij}} \tag{1}$$

第二步，将 A_{ij} 按行求和，即

$$W=\left(\sum_{j=1}^{n}\frac{a_{1j}}{\sum_{i=1}^{n}a_{ij}},\ \sum_{j=1}^{n}\frac{a_{2j}}{\sum_{i=1}^{n}a_{ij}},\ \cdots,\ \sum_{j=1}^{n}\frac{a_{nj}}{\sum_{i=1}^{n}a_{ij}}\right)^{T} \tag{2}$$

再将 W 归一化后得到权重向量排序，$W=(w_1,\ w_2,\ \cdots w_n)^T$；

最后求得判别矩阵的最大特征值 λ，即

$$\lambda=\frac{1}{n}\sum_{i=1}^{n}\frac{(AW)_i}{\omega_i} \tag{3}$$

下面确定注气压缩机选型准则层 B 相对于目标层 A 的权重排序，在准则层 $B1\sim B5$ 的 5 个因素两两比较，得出判别矩阵 $\boldsymbol{A-B}$ 如下：

$$\boldsymbol{A-B}:\begin{bmatrix}1 & 5 & \frac{1}{5} & \frac{1}{3} & 3\\ \frac{1}{5} & 1 & \frac{1}{7} & \frac{1}{5} & 1\\ 5 & 7 & 1 & 3 & 7\\ 3 & 5 & \frac{1}{3} & 1 & 5\\ \frac{1}{5} & 1 & \frac{1}{7} & \frac{1}{5} & 1\end{bmatrix}$$

按照层次排序，对上述矩阵一次进行列归一处理，得到 $\begin{bmatrix}0.106 & 0.263 & 0.110 & 0.070 & 0.176\\ 0.021 & 0.053 & 0.079 & 0.042 & 0.059\\ 0.532 & 0.368 & 0.550 & 0.634 & 0.412\\ 0.319 & 0.263 & 0.183 & 0.211 & 0.294\\ 0.021 & 0.053 & 0.079 & 0.042 & 0.059\end{bmatrix}$

然后行和，得到 $\begin{bmatrix}0.726\\ 0.254\\ 2.496\\ 1.271\\ 0.254\end{bmatrix}$

再归一化，得到权重向量 $\boldsymbol{W}$。

$$W=\begin{bmatrix}0.145\\0.051\\0.499\\0.254\\0.051\end{bmatrix}$$

再由式(3)求得 **A-B** 矩阵的最大特征值 $\lambda=5.16$。

考虑到注气压缩机选型的客观复杂性，会使专家及工程师判断带有主观性和片面性，完全要求每次比较判断的思维标准一致是不大可能的。在构造矩阵时，可能会出现 **A** 与 **B** 相对重要，**B** 与 **C** 相比极端重要，**C** 与 **A** 相比相对重要，这种判断严重不一致的情况。这样会导致决策失误，所以应该在判断时大体一致，故对每一层次权重排序时，要做一致性检验。判断准则为一致性比例 CR 小于 0.1，则认为矩阵一致性可以接受，否则应修正矩阵。

当矩阵阶数 $n\geqslant3$ 时，令 CR=CI/RI，其中 CI 为一致性指标，是衡量不一致程度的数量标准，其计算公式如下：

$$\mathrm{CI}=\frac{\lambda-n}{n-1} \tag{4}$$

RI 为随机平均一致性指标，可通过查表 4 得出。

表 4　平均随机一致性指标表

n	1	2	3	4	5	6	7	8	9
RI	0	0	0.58	0.94	1.12	1.24	1.32	1.41	1.45

所以 **A-B** 矩阵的一致性指标 CI=(5.16-5)/(5-1)=0.04，RI=1.12，则 CR=0.04/1.12=0.0357<0.1，同理，可求得方案层 **X** 相对于准则层 **B** 的其他矩阵结果，见表 5。

表 5　注气压缩机选型计算结果表

矩阵	权重向量排序	λ	CI	RI	CR
A-B	$(0.145, 0.051, 0.499, 0.254, 0.051)^T$	5.16	0.0400	1.12	0.0357
B1-X	$(0.051, 0.108, 0.281, 0.281, 0.281)^T$	5.04	0.0105	1.12	0.0010
B2-X	$(0.333, 0.333, 0.111, 0.111, 0.111)^T$	5	0	1.12	0
B3-X	$(0.314, 0.314, 0.211, 0.115, 0.047)^T$	5.33	0.0830	1.12	0.0740
B4-X	$(0.061, 0.122, 0.158, 0.197, 0.461)^T$	5.21	0.0510	1.12	0.0460
B5-X	$(0.049, 0.092, 0.185, 0.206, 0.469)^T$	5.15	0.0390	1.12	0.0340

5. 层次总排序及一致性检验

已知第二层(准则层 **B**)相对于目标层 **A** 的权重向量排序为 $(0.145, 0.051, 0.499, 0.254, 0.051)^T$。则方案层 **X** 相对于目标层 **A** 的权重排序为(**B1-X**, **B2-X**, **B3-X**, **B4-X**, **B5-X**)(**A-B**)，即

$$\begin{bmatrix}0.051&0.333&0.314&0.061&0.049\\0.018&0.333&0.314&0.122&0.092\\0.281&0.111&0.211&0.158&0.185\\0.281&0.111&0.115&0.197&0.206\\0.281&0.111&0.047&0.461&0.469\end{bmatrix}\begin{bmatrix}0.145\\0.051\\0.499\\0.254\\0.051\end{bmatrix}=(0.199, 0.225, 0.201, 0.164, 0.211)^T。$$

下面进行层次总排序一致性检验，对权重总排序的一致性进行检验。通过表 5 可知，第二层(准则层)的一致性指标为 $CI^{(2)}=(0.0105, 0, 0.083, 0.051, 0.039)^{T}$，第二层(准则层)的平均随机一致性指标为 $RI^{(2)}=(1.12, 1.12, 1.12, 1.12, 1.12)^{T}$，第三层(方案层)的一致性指标计算如下：

$CI^{(3)}=(0.145, 0.051, 0.499, 0.254, 0.051)(0.0105, 0, 0.083, 0.051, 0.039)^{T}=0.0579$。

第三层(方案层)的平均随机一致性指标计算如下：

$RI^{(3)}=(0.145, 0.051, 0.499, 0.254, 0.051)(1.12, 1.12, 1.12, 1.12, 1.12)^{T}=1.12$，则层次总排序一致性检验计算结果如下：

$CR^{(3)}=CR^{(2)}+CI^{(3)}/RI^{(3)}=0.0357+0.0517=0.087<0.1$，由此看出总排序一致性检验合格。

综上分析，方案层 $\boldsymbol{X}$ 各方案相对于目标层 $\boldsymbol{A}$ 的权重排序为$(0.199, 0.225, 0.201, 0.164, 0.211)^{T}$，可以看出方案 X2 的权重最大为 0.225，即选择 6 台 $200\times10^{4}m^{3}/d$ 往复式压缩机为最优方案，层次分析结果与某盐穴储气库工程中最终设备选型方案一致。

四、结论

通过在某盐穴储气库工程注气压缩机选型中应用层次分析法，把盐穴储气库注气压缩机选型的过程数学化，将多因素复杂的决策问题简便化，得出该储气库 5 种注气压缩机选型配置方案的权重排序：方案 X2，方案 X5，方案 X3，方案 X1，方案 X4，其权重依次为 0.225，0.211，0.201，0.199，0.164，考虑到人为判断带有主观性和片面性，为避免决策失误，需对每一层次权重排序和层次总排序均做一致性检验，检验结果的一致性比例 CR 需小于 0.1。最终确定最优方案 X2，并与工程最终通过经济技术比选的结果一致。

参 考 文 献

[1] 刘波，刘孝义，文习之．盐穴储气库地面工程设计[J]．煤气与热力，2016，36(10)：A19-A24.

[2] 朱荣强，于连兴，王进军，等．盐穴储气库地面工程工艺技术[J]．煤气与热力，2015，35(3)：B05-B10.

[3] 庄清泉．注气排卤技术在盐穴造腔中的应用[J]．油气田地面工程，2010，29(12)：65-66.

[4] 刘岩，程林．盐穴储气库地面工程技术要点研究[J]．油气田地面工程，2019，38(2)：65-69.

[5] 王铁军，齐德珍，王赤宇，等．调峰型地下储气库注气压缩机选型配置建议[J]．天然气与石油，2020，38(4)：9-13.

[6] 李志卓，于长猛，陈久国，等．地下储气库注气用离心压缩机方案可行性分析[J]．机电产品开发与创新，2017，30(1)：46-49.

[7] 王学均，郑治国，葛丽玲．离心压缩机结构形式发展现状与展望[J]．化工设备与管道，2015，52(2)：1-13.

[8] 赵京艳，葛凯，褚晨耕，等．国产天然气压缩机应用现状及展望[J]．天然气工业，2015，35(10)：151-156.

[9] 周生伟．浅谈地下储气库用注气压缩机的研发与制造[J]．压缩机技术，2014，35(1)：46-48.

[10] 王东军，孟凡彬，周磊，等．储气库注气节能技术探讨[J]．中国化工贸易，2015，(7)：154-157.

[11] 胡连锋，李巧，刘东，等．季节调峰型地下储气库注采规模设计[J]．天然气工业，2011，31(5)：96-99.

[12] Saaty T L. How to handle dependence with the analytichierarchy process[J]. Mathematical Modelling，1987，9(3-5)：369-376.

[13] Saaty T L. A new macroeconomic forecasting and policyevaluation method using the analytic hierarchy process[J]. Mathematical Modelling，1987，9(3-5)：219-231.

[14] 谢祥俊，邱全峰，鲁柳利．油藏经营管理综合评价的层次分析方法[J]．西南石油大学学报：自然科学版，2009，31(3)：150-153.

[15] 井文君，杨春和，李银平，等．基于层次分析法的盐穴储气库选址评价方法研究[J]．天然气工业，2012，33(9)：2683-2690.

[16] 童岱，黄海波，侯江波，等．CNG 汽车产业综合效益评价方法[J]．天然气工业，2010，30(12)：107-109.

[17] 梁政，董超群，田家林，等．层次分析法确定压缩机整体评价部件权重[J]．西南石油大学学报：自然科学版，2014，36(5)：176-184.
[18] 常建娥，蒋太立．层次分析法确定权重的研究[J]．武汉理工大学学报：信息与管理工程版，2007，29(1)：153-156.
[19] 陈月娥，赵勇，王新朝．呼图壁储气库 KBU-6 注气压缩机适应性改造[J]．化工管理，2015，(11)：16.
[20] 魏会军，冯海，赵旭敏，等．余隙容积对往复式压缩机性能的影响[J]．制冷学报，2021，42(1)：134-139.

基于 HYSYS 软件的离心式压缩机防喘振控制模拟

张永祥[1]　王中山[2]

(1. 中国石油天然气管道工程有限公司工艺所；
2. 中国石油管道局工程有限公司国际分公司)

摘　要：对离心式压缩机喘振产生的原因进行了分析，总结了防止离心式压缩机喘振的控制方法。重点阐述了基于 HYSYS 软件的离心式压缩机防喘振控制的模拟分析方法，为后续工程实践开辟了新的分析思路。

一、引言

压缩机运行中一个特殊现象就是喘振。防止喘振是压缩机运行中极其重要的问题。许多事实证明，压缩机大量事故都与喘振有关。喘振之所以能造成极大危害是因为在喘振时气流产生强烈的往复脉冲，来回冲击压缩机转子及其他部件；气流强烈的无规律的震荡引起机组强烈振动，从而造成各种严重后果。喘振曾经造成转子大轴弯曲；密封损坏，造成严重的漏气，漏油；喘振使轴向推力增大，烧坏止推轴瓦；破坏对中与安装质量，使振动加剧；强烈的振动可造成仪表失灵；严重持久的喘振可使转子与静止部分相撞，主轴和隔板断裂，甚至整个压缩机报废，这在国内外已经发生过了。喘振在运行中是必须时刻提防的问题。

随着计算机技术的快速发展，压缩机的动态模拟已成为辅助离心式压缩机工程设计的一个重要手段。国外工程公司在离心式压缩机工程设计各阶段都会应用动态模拟进行机组配置方案的确定、机组开停机程序验证、防喘振回路验证等工作，为离心压缩机组的高效、安全运行提供了重要帮助。国内长输输气管线的动态模拟研究主要集中在工艺流程的模拟上，在设计各阶段对压缩机组本身的动态模拟研究甚少。目前国内大型压缩机场站防喘振系统的模拟与设计主要依托压缩机厂家，且压缩机厂家的动态模拟基于压缩机场站的配管布置方案。离心式压缩机防喘振控制模拟分析方法的掌握，有利于对压缩机厂家防喘振控制系统方案的审查，对热旁通管线设置的必要性进行核实，对压缩机场站配管的布置方案进行优化。

二、压缩机喘振产生的原因

当压缩机的进口流量小到足够的时候，会在整个扩压器流道中产生严重的旋转失速，压缩机的出口压力突然下降，使管网的压力比压缩机的出口压力高，迫使气流倒回压缩机，一直到管网压力降到低于压缩机出口压力时，压缩机又向管网供气，压缩机又恢复正常工作。当管网压力又恢复到原来压力时，流量仍小于机组喘振流量，压缩机又产生旋转失速，出口压力下降，管网中的气流又倒流回压缩机。如此周而复始，一会气流输送到管网，一会又倒回到压缩机，使压缩机的的流量和出口压力周期的大幅度波动，引起压缩机的强烈气流波动，这种现象就叫做压缩机的喘振。

在运行中可能造成喘振的原因有：(1)系统压力超高；(2)吸入流量不足；(3)机械部件损坏脱落；(4)操作中，升速升压过快，降速之前未能首先降压；(5)工况改变，运行点落入喘振区；

(6)正常运行时，防喘振系统未投自动；(7)介质状态变化造成喘振。

三、离心式压缩机防喘振的控制

1. 离心式压缩机防喘振的控制方案

由喘振现象的分析可知，只要保证压缩机吸入流量大于临界流量，系统就会工作在稳定区，不会发生喘振；为了使进入压缩机的气体流量保持大于临界流量，在生产负荷下降时，须将部分出口气体经旁路返回到入口或将部分出口气体放空，保证系统工作在稳定区。目前工业生产上主要采用以下两种控制方案：

1）固定极限流量控制方案

使压缩机的入口流量始终保持大于临界流量，如图 1 所示。这样压缩机就不会产生喘振。固定极限流量控制方案简单，系统可靠性高，投资少，适用于固定转速场合。其缺点是当转速降低，压缩机在低负荷运行时，极限流量的余量大，能量浪费很大。

2）可变极限流量控制方案

因为压缩机在不同转速工况下其喘振极限流量是一个变数，它随转速的下降而减小，所以最合理的防喘振控制方案应是留有适当的安全余量，使防喘振控制器沿着喘振边界曲线右侧的一条安全操作线工作，使控制器的设定值随转速的变化而作相应地变化，如图 2 所示。

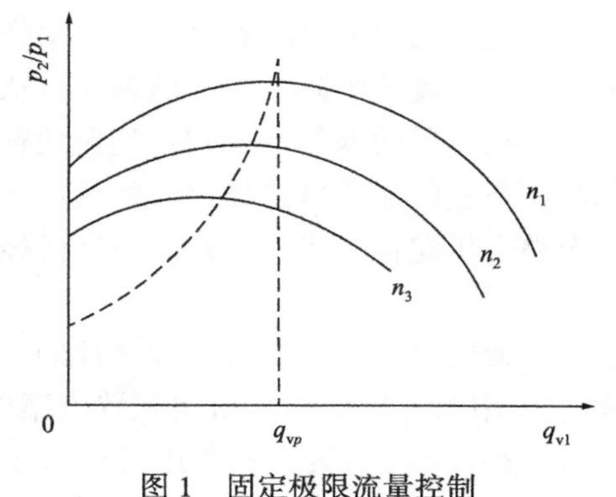

图 1　固定极限流量控制

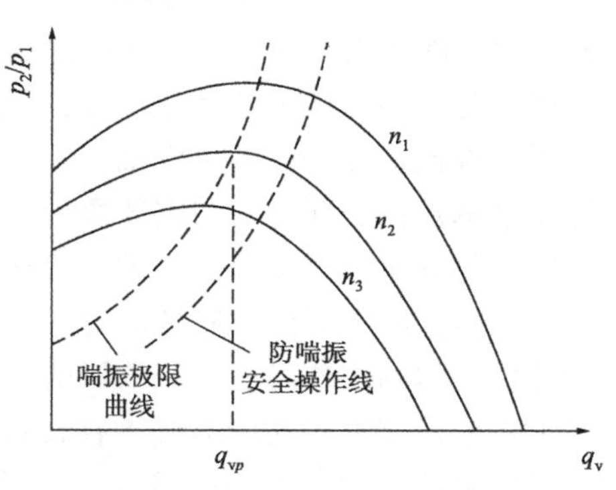

图 2　可变极限流量控制

2. 离心式压缩机防喘振的控制逻辑

离心式压缩机防喘振控制的主要保护逻辑是通过防喘振阀将压缩冷却后的气体循环至压缩机入口使工况点远离压缩机喘振线；除此之外，通常根据压缩机厂家的建议决定是否设置热旁通阀。

离心式压缩机防喘振控制的典型流程如图 3 所示。

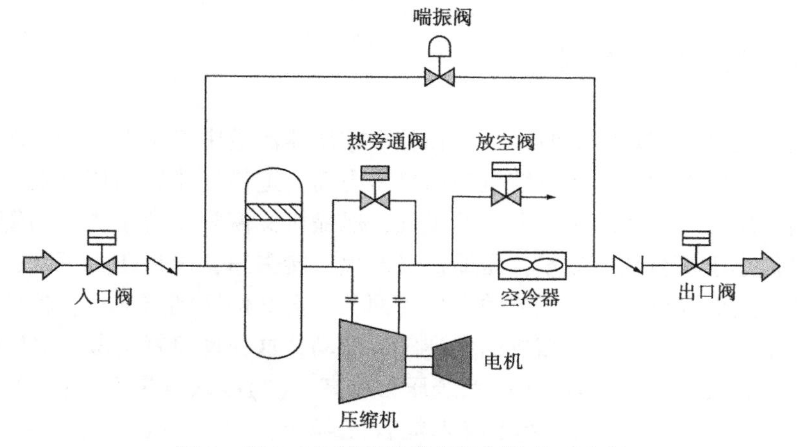

图 3　离心式压缩机防喘振控制的典型流程

3. 离心式压缩机防喘振控制线的步骤

离心式压缩机的性能曲线如图 4 所示，左侧实线为离心式压缩机喘振线，右侧虚线为考虑安全裕度后的离心式压缩机喘振控制线。

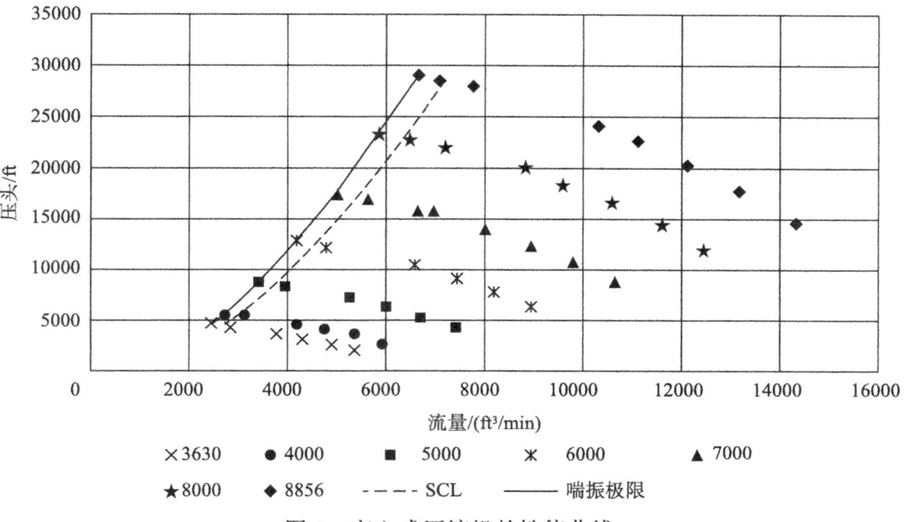

图 4　离心式压缩机的性能曲线

实现离心式压缩机防喘振控制的具体步骤如下所述。

（1）由离心式压缩机厂家根据工艺要求提供压缩机在不同转速下的性能曲线；

（2）根据离心式压缩机的性能曲线，找出不同转速下的极限流量；

（3）以不同转速下的极限流量为基准，考虑 10%的安全裕度，作为喘振控制流量；根据离心压缩机性能曲线，找出喘振控制流量对应的扬程并拟合为二次多项式函数；

（4）当离心式压缩机运行工况超过喘振控制线左侧时，防喘振控制逻辑将自动打开防喘振控制阀。

四、基于 HYSYS 的离心式压缩机防喘振控制模拟

1. 压缩机站工艺流程示意图及相关管线尺寸

压缩机站工艺流程示意及相关管线尺寸如图 5 所示。

2. HYSYS 软件设置情况

根据压缩机进出口条件搭建稳态模型，稳态工况调试完成后，在设计–参数界面，点击喘振分析模块，如图 6 所示。根据实际工程空冷器的设计位置，选择不同模型进行喘振分析，如图 7 所示。

在 HYSYS 软件中防喘振控制参数设置如图 8 至图 10 所示。

3. HYSYS 软件防喘振模拟结果

基于 HYSYS 软件，模拟离心式压缩机在紧急停车工况下，压缩机的工况点、阀门开关、质量流量、压缩机出口压力随时间变化曲线。

（1）离心式压缩机在紧急停车工况下，压缩机工况点随时间变化曲线如图 11 所示。压缩机在紧急停车工况下，随着转速降低，通过压缩机的实际流量随着转速降低持续减小，但未超过压缩机喘振线；随着压缩机转速降低至转折点附近，通过压缩机的实际流量有部分增加，然后随着转速降低平稳过渡至零流量状态，整体停机曲线在控制范围内，平滑可控，实现了平稳停机。

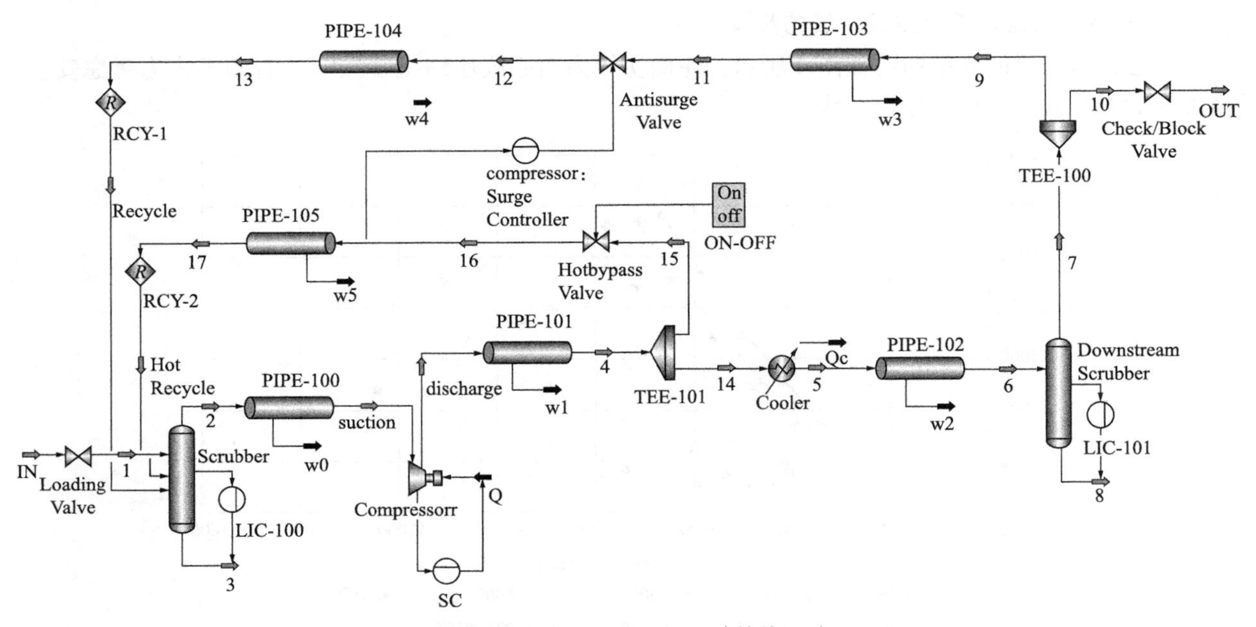

图 5　工艺流程示意图及相关管线尺寸

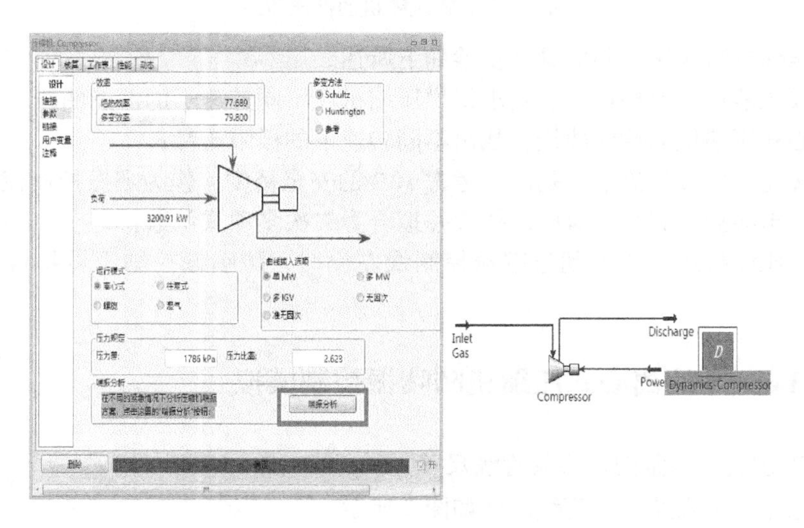

图 6　压缩机喘振分析界面

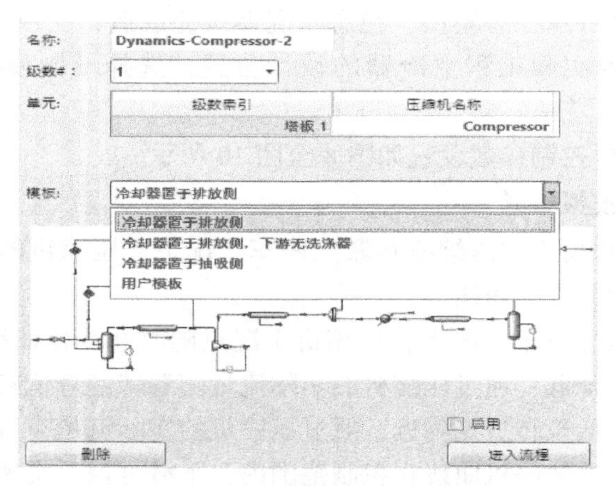

图 7　冷却器位置选择模板

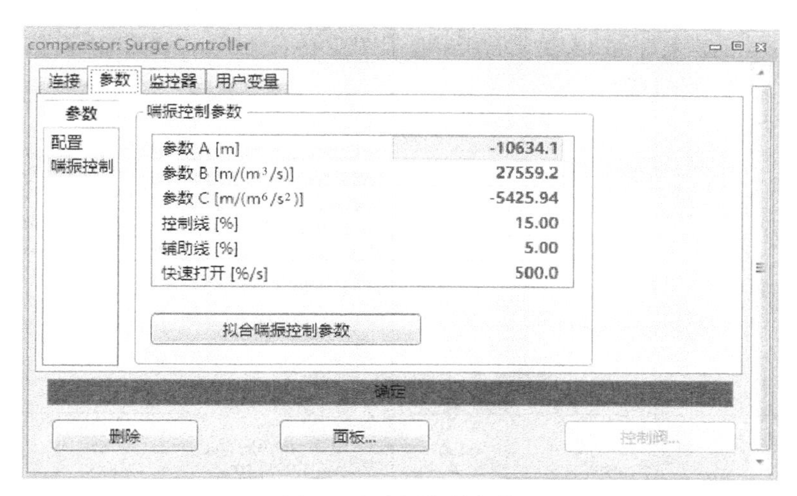

图 8　防喘振控制参数

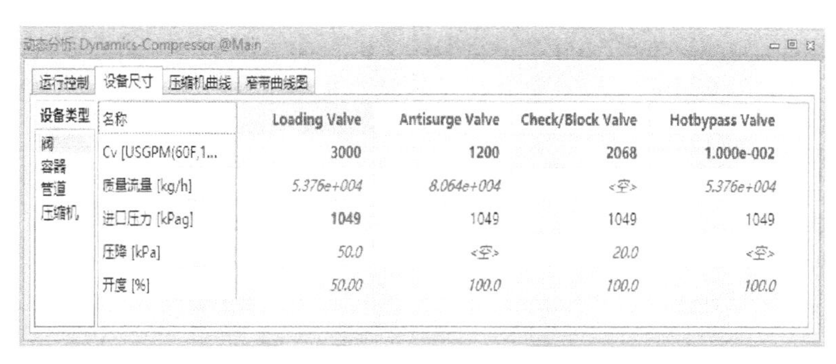

图 9　相关阀门 Cv 值

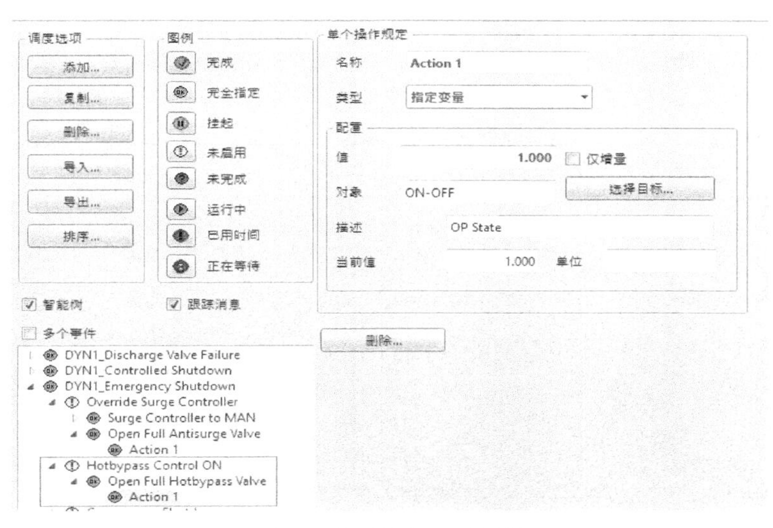

图 10　热旁通阀全开逻辑

（2）离心式压缩机在紧急停车工况下，压缩机功率、压缩机转速、入口实际流量及出口压力随时间变化曲线如图 12 所示。压缩机功率瞬时降为 0，压缩机转速及入口实际流量随时间成指数性下降，下降趋势明显，出口压力指数性下降至 1060kPa 后趋于稳定。

（3）离心式压缩机在紧急停车工况下，循环流量、喘振阀开度随时间变化曲线如图 13 所示，喘振阀瞬时打开至全开状态，循环流量随着喘振阀的全开瞬时达到峰值，随着压缩机出口压力的下降呈指数性下降，压缩机进出口压力达到平衡后，循环流量于零。

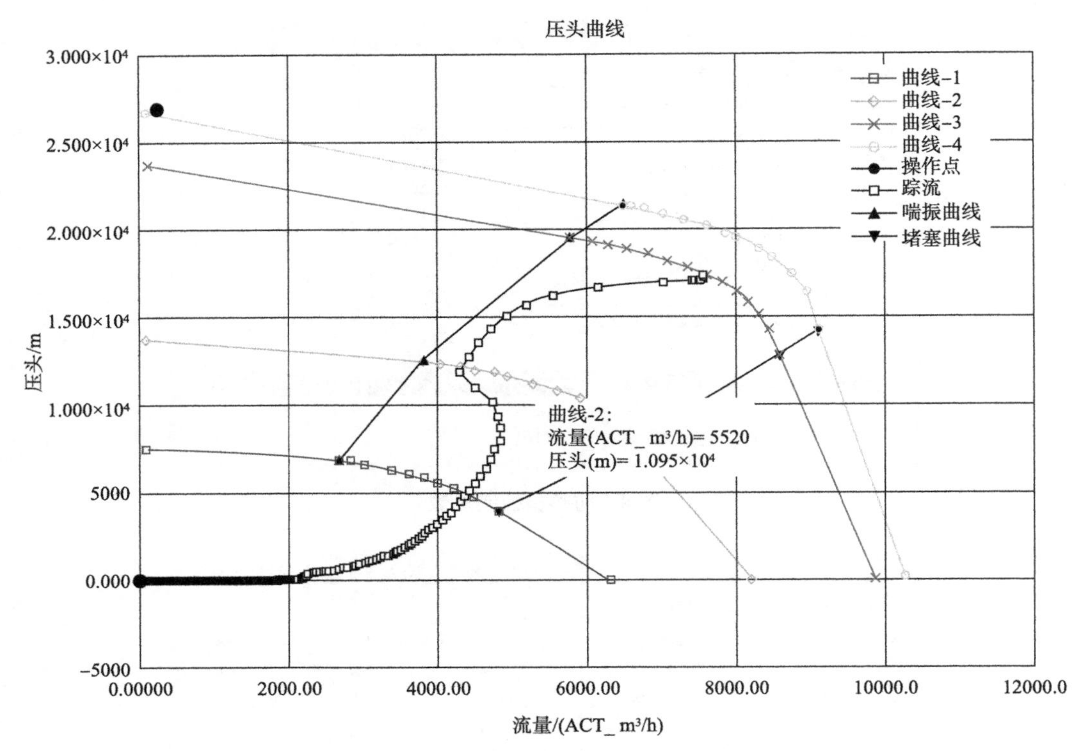

图 11　离心式压缩机紧急停车工况下工况点随时间变化曲线

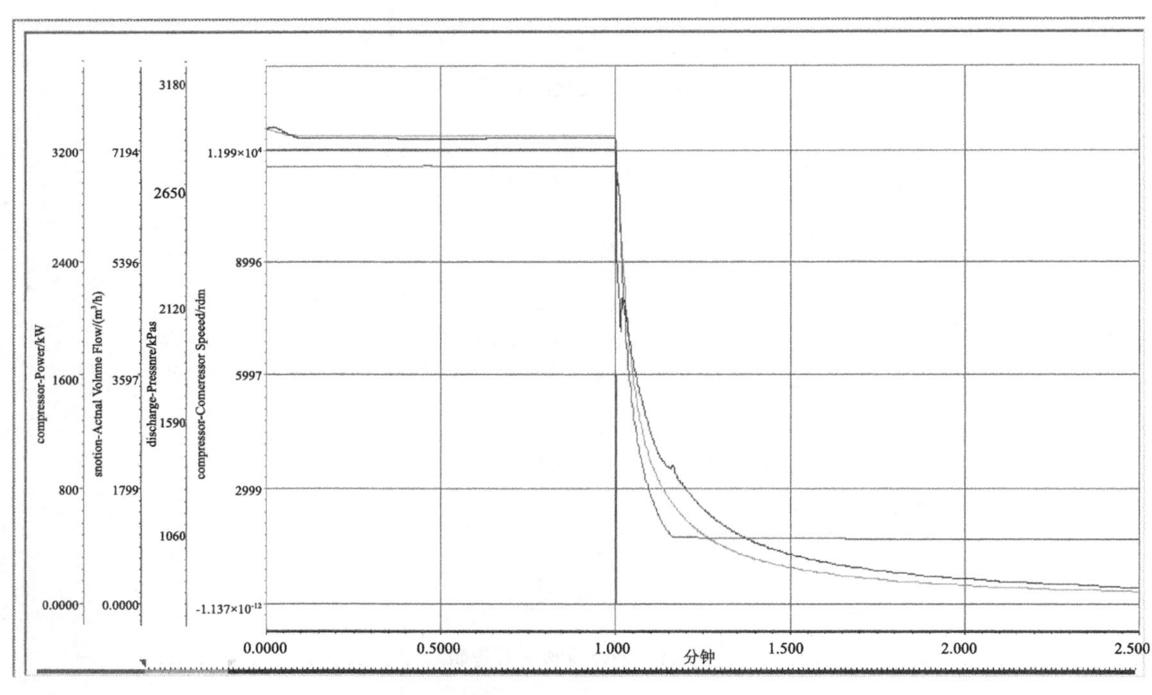

图 12　离心式压缩机紧急停车工况下压缩机功率、压缩机转速、入口实际流量及出口压力随时间变化曲线

(4) 离心式压缩机在紧急停车工况下，热旁通阀流量、热旁通阀开度及入口温度随时间变化曲线如图 14 所示，热旁通阀瞬时打开至全开状态，热旁通流量随着热旁通阀的全开瞬时达到峰值，随着压缩机出口压力的下降呈指数性下降，并出现逆流现象，压缩机进出口压力达到平衡后，热旁通流量趋于零。

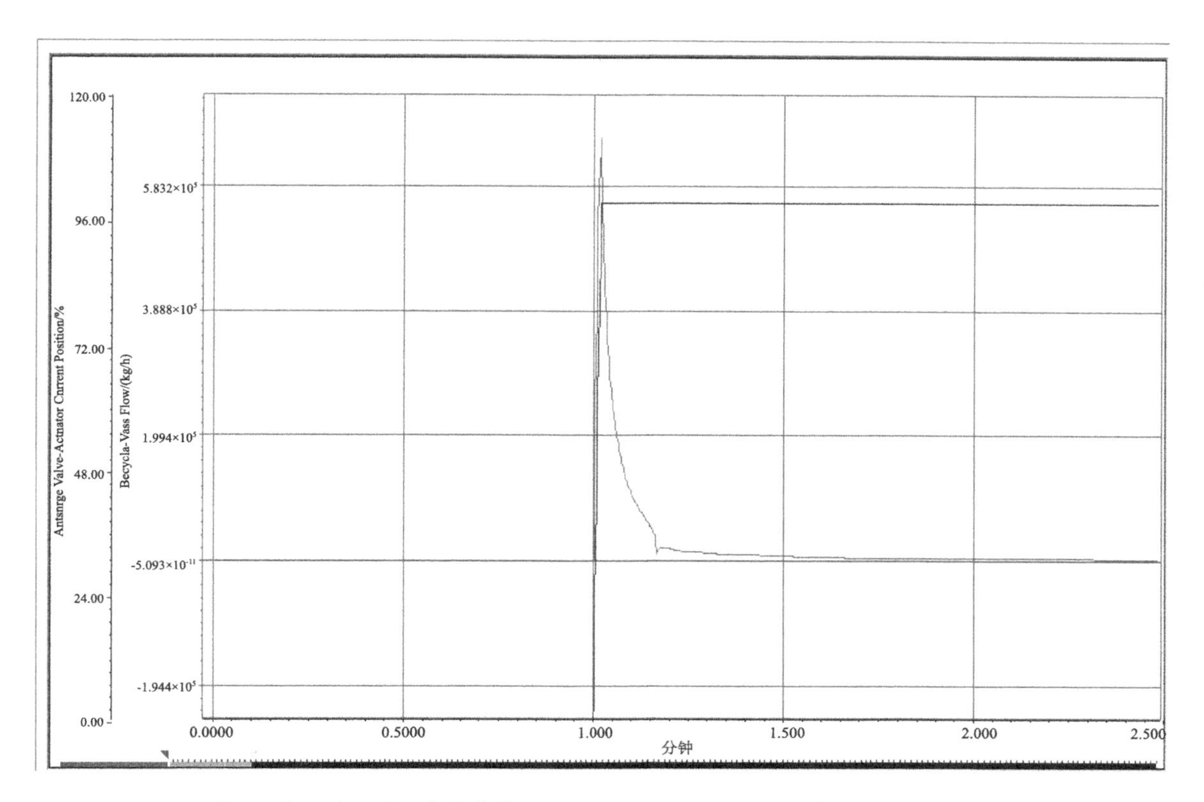

图 13　离心式压缩机紧急停车工况下循环流量、喘振阀开度随时间变化曲线

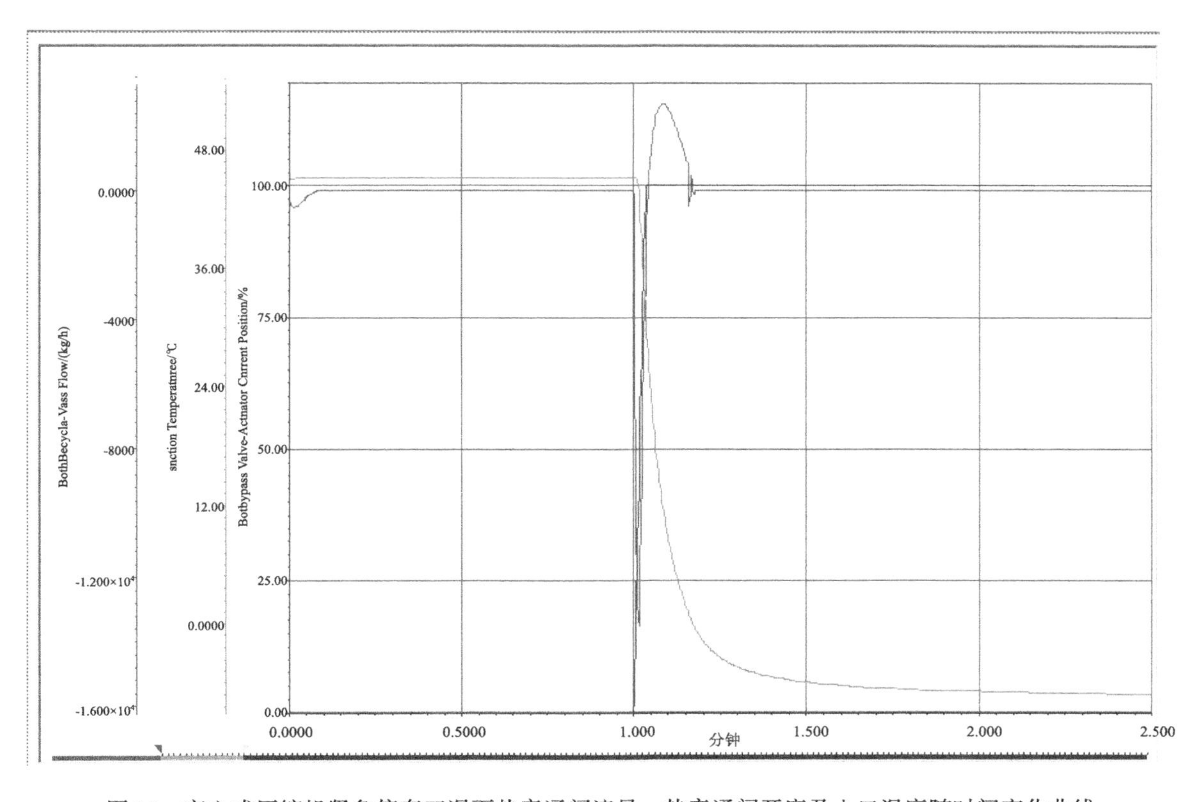

图 14　离心式压缩机紧急停车工况下热旁通阀流量、热旁通阀开度及入口温度随时间变化曲线

五、结论

(1) HYSYS 软件可以用于站场内离心式压缩机的防喘振控制模拟;

(2) HYSYS 软件可以用于模拟研究热旁通阀的必要性;

(3) HYSYS 软件可以用于验证离心式压缩机厂家的防喘振控制逻辑及参数的合理性;

(4) 离心式压缩机的精确动态模拟,必须考虑以下 5 个参数:压缩机性能曲线,压缩机停机曲线,管道的容积(配管方案),防喘振阀及热旁通阀的特性和防喘振控制逻辑。

参 考 文 献

[1] 吴佳欢. 离心式压缩机的防喘振控制设计探讨[J]. 石油化工自动化,2016,52(5):33-36.

[2] 徐上峰. 动态模拟在离心压缩机防喘振系统设计中的应用[J]. 石油化工设备技术,2018,39(4):1-4.

天然气脱酸技术概述

韩　煦[1]　邓　亮[2]

(1. 中国石油天然气管道工程有限公司工艺所；
2. 国家石油天然气管网集团有限公司西气东输分公司管道工程建设项目部)

摘　要：本文概述了天然气脱酸技术的研究背景、技术分类、原理、环保与研究方向以及面临的挑战和未来发展趋势。天然气脱酸技术对提高天然气质量、降低环境污染和促进天然气行业的可持续发展具有重要意义。目前常用的脱酸技术包括化学吸收法、物理吸附法、膜分离技术和生物脱硫技术。这些技术在脱酸效率、成本、环境影响等方面存在差异。未来发展方向包括研发新型高效低成本的脱酸技术和材料、优化工艺参数、发展环保型脱酸技术、实现脱酸过程的智能化和自动化，以及跨学科合作。这些发展有助于实现更高效、环保、经济的天然气脱酸处理。

一、引言

天然气因其较高的燃烧效率和较低的污染物排放，被视为向清洁能源过渡的关键资源。在全球范围内，天然气的消耗量持续增长，成为许多国家能源结构的重要组成部分。然而，天然气中通常含有硫化氢(H_2S)、二氧化碳(CO_2)等酸性气体[1]，这些气体不仅对环境有害，还会腐蚀输送和加工设备，降低天然气的热值和市场价值[2]。因此，有效去除这些酸性气体对于提高天然气的利用效率和安全性至关重要。

在天然气的开采、处理和输送过程中，酸性气体的存在还会引起管道和设备的腐蚀，增加维护成本，缩短设备寿命，并可能引发泄漏事故，对环境和人员安全构成威胁。

脱酸技术是天然气加工过程中的关键环节，它通过去除酸性气体，显著提高了天然气的质量。高质量的天然气不仅更安全、更经济，而且燃烧效率更高，产生的污染物更少。此外，脱酸后的天然气更符合国际和国内的环保标准，有助于减少温室气体排放，促进清洁能源的发展。降低了因天然气的泄露导致居民中毒身亡的可能性。

随着全球对环境保护和可持续发展的日益重视，天然气行业面临着提高效率、降低环境影响的双重挑战。脱酸技术的发展和应用不仅能够提升天然气产品的质量，还能够推动天然气行业的技术创新和产业升级。通过采用更高效、更环保的脱酸技术，天然气行业能够更好地适应市场变化，实现可持续发展。

随着温室效应的产生，党在十八届五中全会就强调了应对气候变化的重要性，并提出了控制温室气体排放的目标和任务，传统的脱酸方式逐渐成熟化，同时响应国家号召方式不断向绿色化转型，常用的脱酸方式为醇胺法，在此基础上，由于微生物技术的突破，产生了微生物脱硫法，羰基硫(COS)水解脱硫法、砜胺法、超音速分离技术等新方法进行脱酸处理。

二、天然气脱酸技术的定义和目的

脱酸技术是指在天然气处理过程中，通过物理或化学方法去除其中的酸性气体，如硫化氢

(H_2S)和二氧化碳(CO_2)。这些酸性气体不仅会对环境造成污染，还会对管道和设备造成腐蚀。脱酸的目的是确保天然气的安全性、提高其热值，并满足不同的应用需求和环保标准。

三、天然气脱酸技术分类与原理

1. 化学吸收法

1) 醇胺法

醇胺法是一种广泛使用的天然气脱酸技术，它基于酸性气体与醇胺溶剂之间的化学反应。在这种过程中，酸性气体(如 H_2S 和 CO_2)与醇胺溶剂(如单乙醇胺 MEA、二乙醇胺 DEA 等)发生反应，形成氨基盐类化合物。这些化合物在解吸塔中通过加热或减压被释放回气态，而溶剂则被循环使用。天然气与醇胺溶剂在吸收塔中接触，酸性气体被吸收的溶剂(称为富液)被送至热交换器进行预热，然后进入解吸塔。在解吸塔中，通过加热或减压，酸性气体从氨基盐中释放出来[3]。释放了酸性气体的溶剂在冷却器中冷却后，重新用于吸收过程。从解吸塔中释放的酸性气体通常需要进一步处理，如燃烧或转化为其他化学物质。醇胺脱酸流程如图 1 所示。

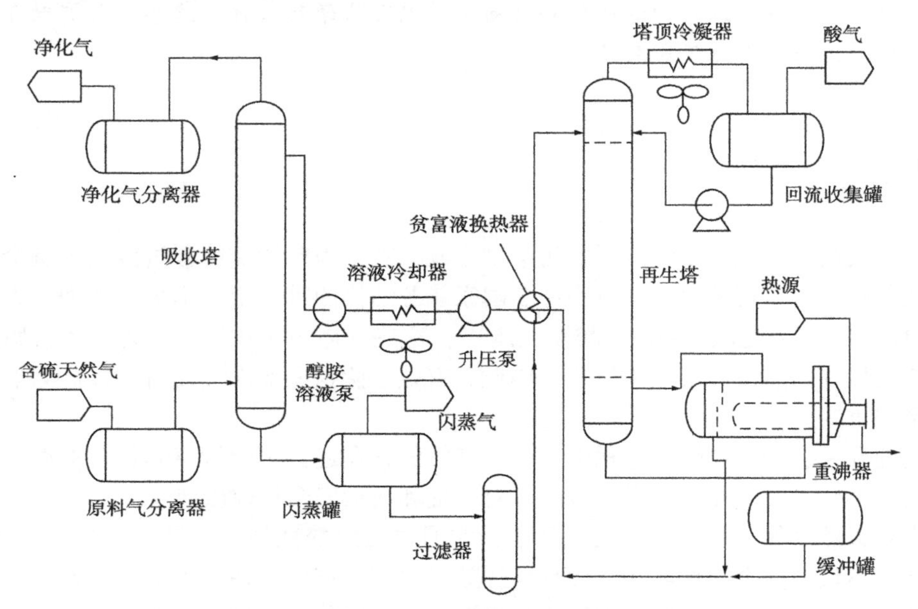

图 1　醇胺脱酸流程图

醇胺法作为一种成熟的技术，具有广泛的工业应用和丰富的操作经验，能有效去除天然气中的酸性气体，特别是 H_2S 和 CO_2。通过改变操作条件和溶剂配方，可以适应不同的原料气组成和处理要求。但是醇胺溶剂具有一定的腐蚀性，需要特殊的材料和防腐措施，同时溶剂的挥发和酸性气体的释放可能对环境造成影响，吸收和解吸过程通常需要较多的能量输入。能量以及溶剂的循环利用效率以及降低醇胺溶液调配成本将成为我们需要解决的方向。

2) COS 水解脱硫法

COS 水解脱硫法是将燃煤烟气中的二氧化硫与氧化钙反应生成硫酸钙，而 COS(硫氧化碳)在催化剂作用下会与水发生水解反应，将 COS 水解转化成容易脱除的硫化氢，硫化氢再经过后续处理，如 H_2S 脱除系统，以实现脱硫目标。催化水解的原理如下。

$$COS+H_2O = CO_2+H_2S$$

催化水解法是脱除 COS 的主要方法，虽然这种方法具有能耗低，工艺简单，副反应少的优势，但关于催化水解脱除 COS 反应机理的研究结果并不完全相同，原因在于不同的水解催化剂所对应的反应路径有所不同。从 COS 水解催化剂活性和种类而言，催化剂的活性和寿命仍然有限，并且在处理高含量 COS 原料时，存在转化率较低等问题。单质硫在催化剂表面聚集导致催化剂孔道堵塞以及催化剂表面硫酸盐化导致碱含量降低，是催化剂中毒失活的主要原因，而催化剂的失活可以通过降低反应温度得到延缓。因此，开发低温条件下具有高活性、高稳定性及良好的抗中毒等性能的 COS 水解催化剂仍然是现阶段的主要任务。

2. 胺类溶剂的替代品

1）物理吸收法

物理吸收法使用物理吸附作用而非化学反应来去除酸性气体。通常包括费卢尔法、赛列克索法、冷甲醇法、聚乙二醇二甲醚(NHD)法、碳酸丙烯酯(PC)法、砜胺法，这种物理吸收法通常使用低挥发性的溶剂，如聚乙二醇(PEG)或聚醚类化合物。物理溶剂法具有溶剂挥发性低，对设备的腐蚀性小，但是由于酸性气体于溶剂中的溶解度导致去除酸性气体的效率可能低于醇胺法。

原料煤在气化炉中反应生成粗合成气，粗合成气经过热回收和洗涤后，分为两部分。其中一部分进入变换单元，转化为富含氢的合成气。富氢合成气接着直接输送至低温甲醇洗单元，进行脱酸处理。与传统方法相比，富氢合成气不与未变换的合成气混合，直接进入低温甲醇洗单元，导致富氢合成气中二氧化碳浓度达到最大值，从而有利于减少低温甲醇洗单元的能耗。

赛列克索法可以在较低的温度和压力下操作，并且对于处理含有中等浓度酸性气体的天然气非常有效。此外，该方法的操作成本相对较低，并且对环境的影响较小，因此也在天然气净化领域得到了广泛应用。

砜胺法在处理高含量酸性气体、高压力和含有有机硫的天然气方面效果显著。这种方法的优点包括显著降低净化气中的总硫含量、提高有机硫的脱除效率、降低蒸汽耗量、减轻腐蚀和抑制溶液发泡。不过，它也存在一些缺点，比如增加对重烃的吸收、溶液黏度增大影响传热和增加动力消耗，以及可能导致净化气中总硫合格但硫化氢含量超标的问题。

2）离子液体法

离子液体是一种由离子组成的液态盐，具有低挥发性和良好的热稳定性。离子液体法在脱酸过程中显示出良好的选择性和较高的酸性气体吸收能力。此外，离子液体的化学稳定性高，不易挥发，对环境友好。然而，离子液体的成本相对较高，且在工业规模应用中可能需要进一步的工艺优化。

化学吸收法是目前天然气脱酸的主流技术之一，其高效性和成熟的工艺流程使其在工业上得到了广泛应用。然而，随着环保要求的提高和新技术的发展，醇胺溶剂的替代品也在不断探索和改进中，以期达到更高的环保标准和经济效益。

3. 物理吸附法

1）活性炭吸附

活性炭吸附是一种基于物理吸附作用的脱酸技术。活性炭具有高度发达的孔隙结构和较大的比表面积，这使得它能够通过范德华力和微孔填充作用吸附气体中的酸性组分。活性炭对 H_2S、CO_2 等酸性气体具有良好的吸附能力，且在适当的条件下可以实现吸附剂的再生和重复使用。天然气通过装有活性炭的吸附塔，酸性气体被活性炭吸附，而吸附饱和的活性炭需要从系统中移除并通过热处理或化学处理方法去除吸附在活性炭上的酸性气体，恢复其吸附能力，再将再生后的活性炭重新投入吸附塔中使用。

活性炭吸附过程中无需添加化学试剂，产生的废弃物少。活性炭对某些酸性气体具有较高的选择性吸附能力。吸附和再生过程相对简单，易于操作和维护。然而，活性炭的吸附容量受其孔隙结构和表面积的限制。活性炭的再生过程可能需要额外的能量输入和成本。活性炭颗粒可能会磨损和破碎，需要有效的颗粒物控制措施。

2) 分子筛吸附

分子筛吸附是一种利用分子筛材料的微孔结构对气体分子进行筛选和吸附的技术。分子筛是一种具有规则孔道和特定孔径的无机材料，能够根据分子大小和形状选择性地吸附气体分子。在天然气脱酸过程中，分子筛可以有效分离和吸附 H_2S 和 CO_2 等酸性气体。天然气通过装有分子筛的吸附塔，酸性气体被分子筛吸附。吸附饱和的分子筛需要从系统中移除并进行再生处理。通过改变温度或压力条件，从分子筛中释放吸附的酸性气体。再生后的分子筛重新投入吸附塔中使用。

分子筛对特定气体分子具有高度的选择性，可以有效分离混合气体中的酸性组分。分子筛的吸附效率通常高于其他吸附材料。分子筛可以通过简单的再生过程重复使用，减少了材料消耗。但是，分子筛的再生可能需要较高的温度或特殊的处理条件。分子筛的吸附容量受其孔隙结构的限制，可能需要频繁的再生。分子筛吸附系统的操作和控制相对复杂，需要精确的工艺控制。

物理吸附法在天然气脱酸过程中提供了一种有效的技术选择，尤其是对于特定酸性气体的高效去除。尽管存在一些局限性，但通过不断的技术创新和工艺优化，物理吸附法有望在未来的天然气处理中发挥更大的作用。

4. 膜分离技术

膜分离技术是一种基于分子或离子尺寸差异的分离过程。在天然气脱酸中，膜分离利用特定孔径的膜材料来分离酸性气体和甲烷。当天然气通过膜时，较小的分子如 H_2S 和 CO_2 会被膜截留，而较大的分子如甲烷则通过膜的另一侧。这种分离过程可以是基于溶液扩散、吸附—扩散或筛分机制。

1) 膜材料的种类与选择

膜材料的选择对膜分离技术的性能至关重要。理想的膜材料应具有良好的选择性、高渗透性和化学稳定性。常用的膜材料包括以下几种。

(1) 有机聚合物膜：如聚酰亚胺、聚醚砜和聚碳酸酯等，它们具有良好的机械强度和加工性能。

(2) 无机膜：如陶瓷膜和金属膜，它们具有优异的热稳定性和化学稳定性，但成本较高。

(3) 混合基质膜：结合有机聚合物和无机材料的优点，如聚合物基质填充无机纳米粒子，以提高选择性和渗透性。

2) 膜分离技术的应用案例

膜分离技术在天然气脱酸中的应用案例包括：

现场应用：在天然气采集现场，膜分离装置被用于预处理天然气，以满足管道输送或液化天然气(LNG)生产的要求。

模块化处理：膜分离模块可以设计成紧凑的单元，便于快速部署和移动，适用于远程或偏远地区的天然气处理。

集成系统：膜分离技术可以与其他脱酸技术(如化学吸收或吸附)集成，形成多级脱酸系统，以进一步提高脱酸效率。

膜分离技术的优势在于其低能耗、高选择性和易于操作的特点。然而，膜的长期稳定性、抗污染能力和大规模应用的经济性仍然是该技术面临的挑战。随着新材料的开发和工艺的改进，膜分离技术在天然气脱酸领域的应用前景将越来越广阔。

5. 生物脱硫技术

生物脱硫技术是一种利用微生物将硫化氢(H_2S)转化为无害物质的过程。这一过程主要依赖于脱硫细菌，如硫氧化细菌，它们可以在氧气的存在下将 H_2S 氧化成硫酸盐。生物脱硫技术是一种环境友好的替代传统化学和物理脱硫方法的技术，它可以在相对较低的温度下进行，减少了能源消耗和化学试剂的使用。设计适合微生物生长和代谢的反应器，如生物滤池、生物转盘或悬浮生长系统。将选定的脱硫微生物接种到生物反应器中。在适宜的环境条件下，微生物将 H_2S 氧化为硫酸盐。硫酸盐可以作为副产品回收，或者进一步处理。定期监测和调整反应器的操作条件，以保持微生物的活性和系统的高效运行。

1）生物脱硫微生物

生物脱硫微生物主要包括两大类：硫氧化细菌，如硫杆菌和硫微螺菌等，它们可以在有氧条件下将 H_2S 转化为硫酸。硫化细菌，如脱硫弧菌等，它们在厌氧条件下将硫酸盐还原为硫化氢。这些微生物在生物脱硫过程中发挥关键作用，通过其代谢活动实现硫的循环和转化。

2）技术发展现状

生物脱硫技术已经在一些工业领域得到应用，特别是在石油和天然气行业。随着对环境保护要求的提高和生物技术的发展，生物脱硫技术正逐步优化和扩展。当前的研究重点包括提高微生物的脱硫效率、增强系统的稳定性和抗冲击能力、降低操作成本以及开发新型生物脱硫系统。

例如在 2009 年，中国石油西南分公司天然气研究院成功开发了多株能在富硫环境中生长的微生物。日本公司开发的 Bio-SR 工艺和荷兰公司开发的 Shell-Paques 工艺相对成熟，在相应的生产条件下取得较好的脱硫效果。脱硫微生物有多种类型，包括脱氮硫杆菌、氧化硫硫杆菌、氧化亚铁硫杆菌、排硫硫杆菌、丝状硫杆菌和发硫菌属等[4]。

生物脱硫技术因其环境友好性和成本效益而受到越来越多的关注。尽管在大规模工业应用中仍面临一些挑战，如微生物活性的保持、反应器设计的优化等，但随着技术的不断进步，生物脱硫有望成为未来天然气脱酸处理的重要选择。

四、脱酸技术的环保与最新研究方向

1. 脱酸过程中的环境影响

脱酸技术在减少硫化氢和二氧化碳排放方面发挥着重要作用，对提高空气质量和保护环境具有积极意义。然而，脱酸技术的实施也带来一定的环境风险，如化学吸收法产生的含硫废物，需要进行妥善处理以避免造成二次污染。同时，不同脱酸技术之间存在能耗差异，高能耗技术可能会产生更多的温室气体排放，不利于全球气候变化应对。因此，研发低能耗、环保的脱酸技术至关重要，如开发新型高效低成本的脱酸剂，改进脱酸工艺参数等。此外，脱酸技术对生态系统也存在潜在影响，如微生物脱硫技术对微生物活性的影响。

2. 新型脱酸剂的研发

研究人员持续在开发新型脱酸剂，以提高脱酸效率、降低成本并减少环境影响。通过改变醇胺溶液的配比，不同的混合溶液将增强对酸性气体的吸收，比如 DEA 不具备对 CO_2 和 H_2S 的选择性，搭配 MDEA 溶液混合吸收，增强对 CO_2 和 H_2S 的吸收效率。通过对微生物的培养富集，进行绿色处理酸性气体。

3. 脱酸工艺的优化

工艺优化是通过改进现有脱酸技术的操作参数和设备设计来提高性能和降低成本。使用计算流体动力学（CFD）和过程模拟软件（HYSYS）来优化吸收塔和吸附塔的设计以及优化如温度、压强、浓度、流量等参数，提升脱酸的效率。开发低温和低压下的脱酸工艺，以减少能耗，天然气超音速分离技术是通过实验研究、机理研究和数值模拟研究等方法对超音速分离管的模型结构、高速多组分气体相变凝结流动特性、气液两相流旋转流动及分离特性、能量转化及分配特性等方面进行创新研究[5]。天然气超音速分离管等效模型（图 2）。

4. 脱酸技术的集成创新

集成创新是指将不同脱酸技术结合起来，进行扬长避短，形成新的脱酸系统。比如将膜分离技

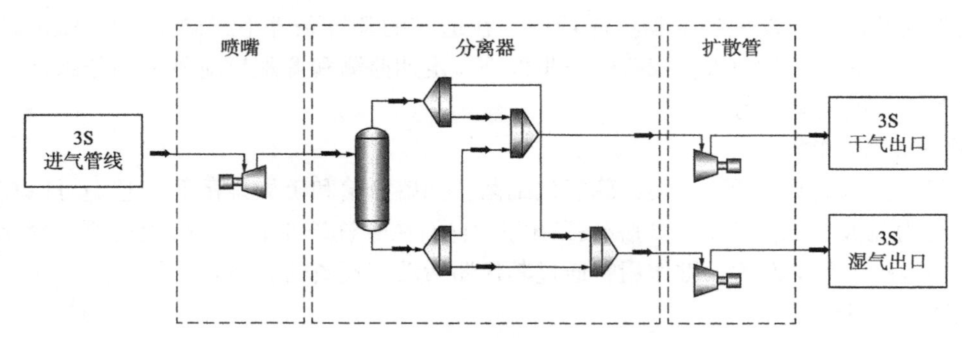

图2　天然气超音速分离管等效模型

术与吸附技术结合，利用膜的选择性过滤和吸附剂的高吸附能力，提高脱酸效率；结合生物脱硫和化学吸收技术，利用生物脱硫的环保性和化学吸收的高效率，同时需要确保微生物既能够存活于脱酸剂，又可以将含硫气体进行脱除，实现更优的脱硫性能。开发基于先进传感器和自动化技术的智能控制系统，实时监控脱酸过程，自动调整操作参数，确保最优性能，同时能做到对设备状态和天然气产量的预测，实现真正意义上的数字孪生。

5. 跨学科研究

脱酸技术的最新研究进展也涉及到跨学科的合作，材料科学通过研究和开发新型膜材料和吸附材料，增强每次吸收的酸性气体的用量。化学工程方面可以改进脱酸剂的合成和反应工程，制造或调配出成本低，吸收率高的醇胺溶液或其他溶液。环境科学评估脱酸技术的环境影响和可持续性，降低因酸性气体的不充分吸收或泄露导致的环境污染。计算机领域紧随时代使石油天然气等传统行业向数字化转型，利用大数据分析和人工智能技术优化脱酸过程的管理和控制，建立不同的优化模型进行评价。

随着新技术的不断涌现和跨学科合作的深入，脱酸技术的研究和应用将继续朝着更高效、更环保、更经济的方向发展。这些进展不仅有助于提升天然气的品质和安全性，也将推动整个天然气处理行业的技术创新和可持续发展。

五、面临的挑战与未来发展趋势

1. 技术挑战

天然气脱酸过程涉及诸多技术挑战，包括提高酸性气体去除效率以满足严格的质量标准，选择合适的溶剂并有效再生，提升脱酸剂的再生效率，优化工艺条件以降低能耗，防止设备腐蚀并选择防腐蚀材料，降低因酸性气体对设备的损坏，造成气体泄漏引起对环境的污染，实现精确的过程控制以确保脱酸效果稳定，降低投资和操作成本，减小占地面积，有效集成其他处理单元以及提高自动化和智能化水平。解决这些挑战需要技术创新和工艺优化，以确保脱酸过程的效率、经济性和环保性。

2. 未来发展趋势

未来的脱酸技术发展将受到多种因素的影响，包括环保法规、市场需求、技术进步等。随着全球对清洁能源的需求不断增长，天然气作为一种清洁的化石燃料，其消费量预计将持续上升。这将推动脱酸技术的发展，以满足更严格的环保标准和更大规模的天然气处理需求。智能化和自动化技术的应用将是脱酸技术发展的一个重要趋势。通过集成先进的传感器、控制系统和数据分析工具，脱酸过程可以实现更精确的监控和优化，提高操作的安全性和效率。脱酸技术的发展也将受益于跨学科合作的加强。多个领域的专家可以共同研究和开发新的脱酸方法，解决现有技术面临的难题。可持续发展和循环经济的理念将对脱酸技术的未来发展产生深远影响。研究者和工程师将更加关注脱酸过程中的资源回收和再利用，以及减少废物和排放，以实现更环保和经济的天然气处理。

总体而言，脱酸技术面临的挑战和未来发展趋势表明，这一领域将继续朝着更高效、更环保、更经济的方向发展。通过不断的技术创新和跨学科合作，脱酸技术将更好地服务于天然气行业，促进能源的可持续发展。

六、结论

1. 脱酸技术的重要性

脱酸技术在天然气处理和加工中扮演着至关重要的角色。它不仅确保了天然气作为一种清洁能源的安全性和可用性，还有助于减少环境污染和温室气体排放。通过有效的脱酸处理，天然气的热值得到提升，市场竞争力增强，同时符合日益严格的环保法规。

2. 现有技术的总结

目前，天然气脱酸技术包括化学吸收法、物理吸附法、膜分离技术以及生物脱硫技术等多种方法。每种技术都有其独特的优势和局限性。化学吸收法因其成熟和高效而被广泛应用，而物理吸附法和膜分离技术以其环境友好性和低能耗特点受到关注。生物脱硫技术则提供了一种潜在的绿色替代方案。各种技术的集成和优化，以及新型脱酸剂的研发，正在不断推动这一领域的发展。开发新型高效、低成本、低能耗的脱酸技术和材料。通过计算模拟和智能控制技术，优化现有脱酸过程的操作参数和设备设计。全面评估脱酸技术的环境影响，发展更加可持续的脱酸解决方案。鼓励化学、材料科学、环境工程和信息技术等领域的专家合作，共同攻关脱酸技术，增加脱酸的效率，减少脱酸的成本。

参 考 文 献

[1] 刘泉洲，张梣，史亚丽．用 MDEA 脱出天然气中的硫化氢[J]．中国化工贸易，2018，30：99.

[2] 李岳峰，李春亮．脱出天然气中的二氧化碳的措施[J]．化工管理，2018，18：173.

[3] 渠颖，张月庆，曹友娟，等．MEA 及 MDEA 在天然气净化工艺中的对比研究[J]．城市燃气，2019，8：10-15.

[4] 唐慧，王泰人．油田气净化脱酸技术探讨[J]．现代化工，2019，z1：85-88.

[5] 来兴宇．超音速天然气净化和烟气碳捕集分离工艺模拟研究[D]．中国石油大学(华东)，2023.

输油管道一键启停输技术及应用

丁其宇　刘建锋

（中国石油天然气管道工程有限公司工艺所）

摘　要： 输油管道一键启停输是优化调控运行、提升管道远程控制水平的重要技术手段。本文介绍了输油管道一键启停输技术的系统组成和功能，研究了一键启停输中心控制系统、水击 PLC 和站控系统组成模块之间的逻辑调用关系和数据传递，同时介绍了一键启停输技术在西部成品油管道的实际应用，为后续输油管道一键启停输技术的实施奠定了基础。

一、引言

截至 2022 年底，我国长输油气管网总里程约 18×10^4km。其中原油管道 2.8×10^4km，成品油管道 3.2×10^4km，天然气管道 12×10^4km。按照“双碳”目标下的需求预测，预计到 2035 年我国还将新增天然气管道建设总里程约 6.5×10^4km，新建原油管道约 2000km，成品油管道约 4000km。

国家发展改革委和国家能源局 2017 年发布的《中长期油气管网规划》提出：“提高系统运行智能化水平，着力构建布局合理、覆盖广泛、外通内畅、安全高效的现代化油气管网”。随着管道业务的不断发展，调控中心将承担更多管道的调控任务，调度员的工作量和操作难度必将显著增加。现有理念、技术需要不断革新以应对油气管网持续扩大和统一调度所带来的新的、更大的挑战。

按照国家管网集团公司液体管道“统一调度、分级监控”的调控管理原则，管道实施统一调度调控模式后，管道的生产运行管理对自动控制的要求越来越高，人为介入越来越少。

长距离、多泵站、多分输输油管道的启输和停输是生产运行中非常重要的一项工艺操作，由于输油管道的不可压缩性，启停输过程中各站启停顺序、沿线压力波动等均可对安全运行带来重大影响，而启停输操作均由人工来完成，其操作步骤多，操作频次高，操作时间长，存在大量人为不确定性，并且启停输过程中调度员须时刻保持高度紧张状态，较大的精神压力将带来人为误操作风险和事故安全隐患。

随着输油管道的不断发展，对管道自动控制和智能化水平要求越来越高[1-3]。为了降低调度员的劳动强度，减少人为误操作和事故隐患，提高管道智能化水平，对输油管道一键启停输技术进行研究。

二、输油管道一键启停输技术

输油管道一键启停输目的是通过程序实现管道的启停输，减少人员操作和干预。本文所述一键启停输程序涉及到管道控制的三个系统，分别为中心控制系统、水击 PLC 和站控系统（图 1）。

中心控制系统可向水击 PLC 和站控系统下发一键启停输命令；水击 PLC 和站控系统内增设一键启停输程序相关模块，水击 PLC 新增设模块的主要功能是接收中心控制系统的指令，按内置程序向各站站控系统发送命令，同时将程序进程反馈给中心控制系统；各站站控系统新增设模块的主要功能是接收中心控制系统或水击 PLC 的指令，按内置程序进行站场的具体操作。

一键启停输功能的实现主要涉及中控系统和站控系统，由于中控系统一般调控任务较重，操作较多，为减小调控程序交叉、报错等可能性，建议将一键启停输新增模块置于水击 PLC 和站控系统，中控系统负责一键启停输系统命令的下发、启停输过程的实时显示以及紧急工况的强制中断等功能。

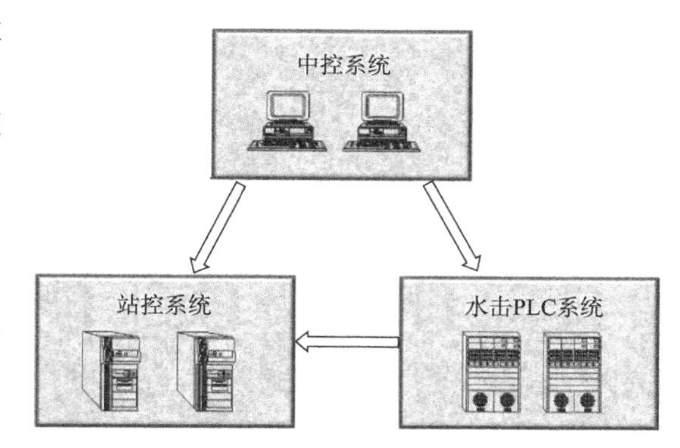

图 1　一键启停输系统设置关系图

一键启停输控制系统以程序逻辑模块为基本单元，通过模块之间的灵活调用和数据传递，达到管道自动进行启/停输的目的。

（1）中心控制系统。

中心控制系统设置在调控中心，具备命令的下发、启停输过程的实时显示以及紧急工况的强制中断等功能，在中心控制系统设置一键启输控制系统画面。根据不同情况，中心控制系统可向水击 PLC 下发一键启输、一键停输命令，可向站控系统下发启停站、启停分输/注入等命令。

（2）水击 PLC 系统。

水击 PLC 系统内置启停输程序，接收到中心控制系统的命令后，按内置程序向各站站控发送命令，同时将程序进程反馈给中心控制系统。

（3）站控系统。

站场站控系统可接收中心控制系统和水击 PLC 的命令，按内置程序进行站内启停输油泵等操作，同时可将操作进程向中心控制系统和水击 PLC 反馈。

三、一键启停输系统模块设置及功能

一键启停输系统宜采用模块化设置，系统设置相应的启输、停输功能模块，并通过功能模块间的调用实现系统的主体功能。一键启停输系统模块设置可根据管道的实际运行和控制情况设置，以实现一键启停输功能为基础。

1. 模块设置

一键启停输系统共设置三级功能模块，一级模块设置在水击 PLC，包括基础输量启输模块、基础输量停输模块、增量模块 3 个模块；二级模块设置在各站站控，包括单站导通流程模块、单站启站模块、单站停站模块、单站增量模块、自动启分输模块、自动停分输模块、自动启注入模块、自动停注入模块等 8 个模块；三级模块设置在站控，包括过滤系统导通模块、调节系统导通模块、主泵导通模块、其他阀门导通模块、联锁启泵模块、联锁停泵模块、启输调节阀设定模块、启输变频泵设定模块、顺序启泵模块、顺序停泵模块等 10 个模块。其中，一级模块按内置逻辑向二级模块下发指令，二级模块按内置逻辑向三级模块下发指令，最终完成中控下发的启停输任务。各级模块包含的子模块之间相互独立，通过上级模块的调用，各自完成子模块相应的功能，如图 2 所示。一键启停输系统根据管道实际调控情况也可设置中控和站控两级模块。本文以三级模块进行论述。

2. 模块功能

1）一级模块

（1）基础输量启输模块。

接收控制中心下发的一键启输命令，调用各站单站导通流程模块、单站启站模块。

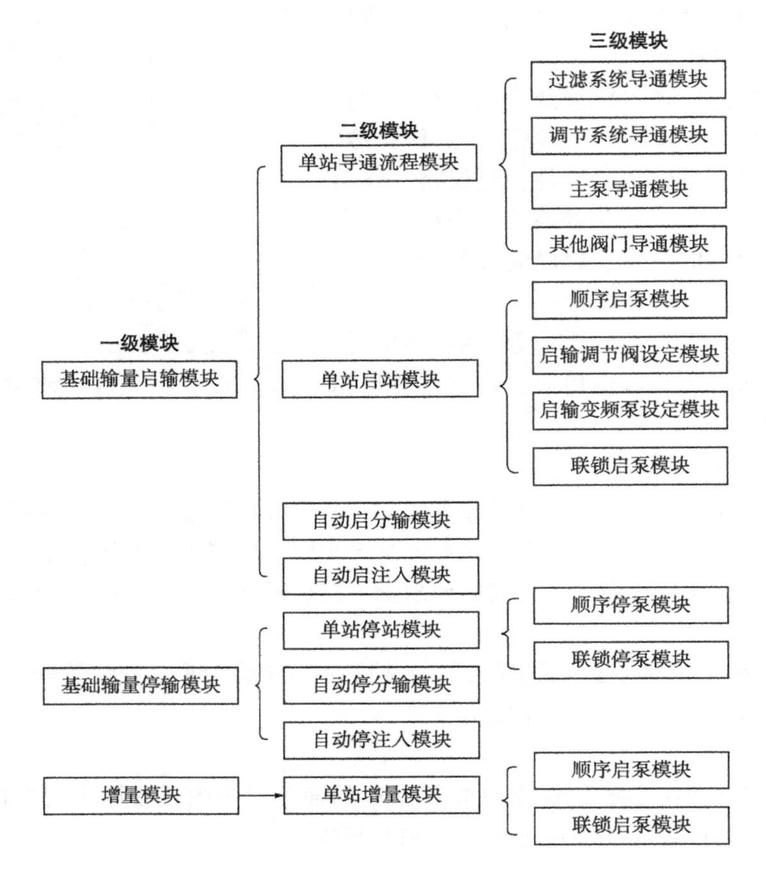

图 2　模块设置及分级示意图

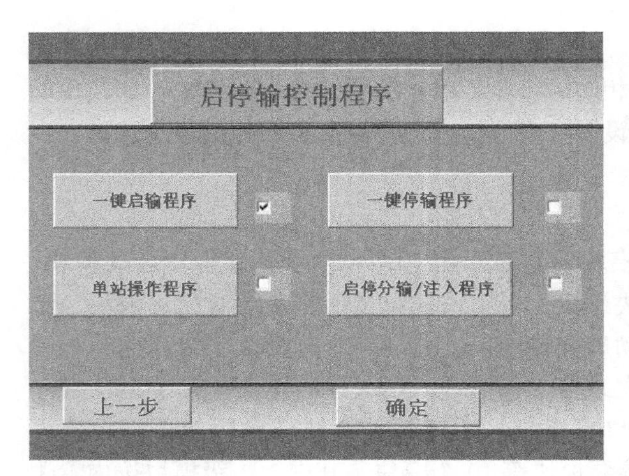

图 3　一键启停输中控画面示意图

(2) 增量模块。

在基础量启输模块完成后，延迟一定时间后，根据管道任务输量需求，按内置逻辑向各站站控系统下发管道全线增量命令。

(3) 停输模块。

接收控制中心下发的一键停输命令，判断全线分输和注入状态，调用各站单站停站模块和相应的停分输/注入模块(图 3)。

2) 二级模块

(1) 单站导通流程模块。

接收控制中心/水击 PLC 命令，执行站场导通流程程序操作，包括站场主流程自检、过滤系统导通、调节系统导通、输油泵导通、站场其他主流程阀门导通操作。

(2) 单站启站模块。

接收控制中心/水击 PLC 命令，执行站场启站程序操作，包括顺序启泵、调节阀开度设定或变频泵转速设定操作。

本站启站时机通过进站压力或上游阀室压力升高一定数值(如 0.2MPa)确定。

(3) 自动启分输模块。

接收控制中心/水击 PLC 命令，执行启分输程序操作，包括导通分输流程、开启分输阀、设定分输调节阀目标流量值操作。

(4) 自动启注入模块。

接收控制中心/水击 PLC 命令，执行启注入程序操作，包括导通注入流程、开启注入阀、设定注入调节阀目标流量值操作。

(5) 单站增量模块。

接收控制中心/水击 PLC 命令，执行增量程序操作，包括调整出站压力设定值、顺序启泵操作(需新增启泵的站场)。

(6) 单站停站模块。

接收控制中心/水击 PLC 命令，执行停站程序操作，包括按运行泵编号顺序停泵、关闭站场进站或出站阀门操作。

本站停站时机通过进站压力或上游阀室压力下降一定数值(如 0.2MPa)确定。

(7) 自动停分输模块。

接收控制中心/水击 PLC 命令，执行停分输程序操作，包括逐步设定分输调节阀目标流量值为零、关闭分输阀、关闭分输计量站进出站阀操作。

(8) 自动停注入模块。

接收控制中心/水击 PLC 命令，执行停注入程序操作，包括逐步设定注入调节阀目标流量值为零、关闭调节阀下游阀门、关闭过滤器上游阀门操作。

基于以上模块设置和功能，一键启停输系统通过调用启输、停输、增量等功能模块，实现了输油管道的一键启输、一键停输等功能，解决了长距离输油管道启停输操作复杂、不确定性大的难题，显著提高了调度员工作效率，提升了管道远程控制水平。

3. 一键启停输操作控制重点

启输程序控制重点主要包括站场导通流程模块和各站启站时机控制，站场启站时机应通过水力系统模拟计算并结合管道运行启输经验给出推荐方案。停输程序控制重点主要为各站停站时机控制，站场停站时机也应通过水力系统模拟计算并结合管道停输经验做法确定，防止停输过程造成管道超压或拉空的情况。

4. 程序适用范围及启用条件

一键启停输适用于调控中心远程控制的常温输油管道，管道的基础输量、目标输量、增量过程及停输工况应经过水力分析模拟。

一键启停输程序启用前应做好准备工作，准备工作由中控或站控人员完成，中控或站控人员完成准备工作后才能启动一键启停输程序。准备工作主要是一键启停输程序不能自动检测和确定的工作，例如，确认首站油库至给油泵进口的相关阀门开启、末站出站至油库的相关阀门开启、首末站进出罐流程是否畅通、各站高低压泄压阀是否投用、调度需要电话通知各站启停时间并暂停现场作业等。

一键启停输程序应置于 PLC 中(宜置于水击 PLC 或中控独立 PLC)，中控和站控上位机应增加相应数据库组态、画面显示等功能。已建输油管道一键启停输程序实施过程中需复核 PLC 容量是否满足要求，程序的实施不应对原管道调控产生影响。

四、一键启停输与管道安全保护措施的关系

输油管道安全保护措施主要包括水击超前保护、进出站泄压保护、站场压力联锁保护及紧急停车保护等。

为保证输油管道启停输过程的安全，一键启停输程序应与各类安全保护措施相互独立。一键启

停输过程中，应持续投用水击超前保护、进出站泄压保护、站场压力联锁保护等安全保护措施。无论何种原因导致水击保护触发，一键启停输程序均应立即终止，人工确认原因后，决定是否重新启动程序。

一键启停输程序基础输量启输过程中，任一站场启站模块失败，调度确认是否继续执行一键启输程序，若一定时间内无动作，程序自动调用水击保护程序，执行全线停输；增量过程中，任一站场增量模块失败，则跳出增量程序，人工确认原因后，决定是否进行管道增量操作；停输过程中，任一站场停输模块失败，则跳出停输程序，人工进行停输操作。

五、一键启停输技术应用实例

目前，一键启停输技术已在西部成品油管道、漠大线管道成功实施。以西部成品油管道为例，基础输量启输工况(乌鲁木齐首站出站流量 $800m^3/h$，哈密站分输量 $150m^3/h$)的一键启输程序模拟水力坡降结果如图 4 所示。

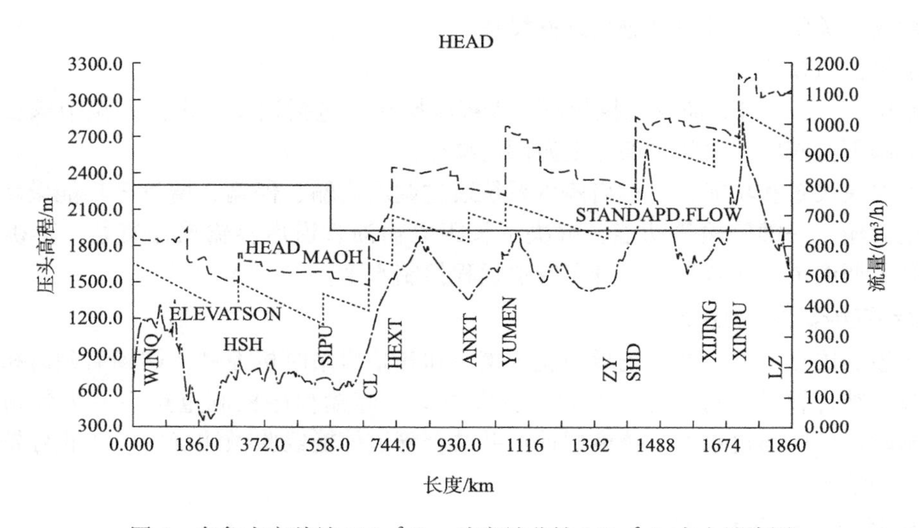

图 4　乌鲁木齐首站 $800m^3/h$，哈密站分输 $150m^3/h$ 水力坡降图

一键启停输技术未实施前，单次启输时调度员下发指令 411 次，单次停输下发指令百余次，一键启停输技术实施后，单次启、停输指令均不超过 5 次，启输时间由 2. 5h 减少到 1h，停输时间由 1. 5h 减少到 25min，大大降低了人员劳动强度，节约了启停输工作时间，缓解调度员启停输期间长时间精神紧张的局面，保证了启停输过程的安全，该技术自 2020 年 11 月在西部成品油管道投入使用以来，运行情况良好。

六、结论

随着长输管道建设里程的不断增加，管道调度运行人员的调度任务不断加重，因此，对长距离输油管道的控制水平要求不断提高。输油管道一键启停输技术的实施可以显著减少管道启停输过程的操作步骤，缓解调度员劳动强度，明显提升了管道的控制水平，还可减少人为干预造成的不确定性和安全性等问题，提高了输油管道启停输过程的安全控制能力和管道智能化水平。

输油管道一键启停输技术具有较强的可推广性，目前已在西部成品油管道、漠大线管道成功实施，根据实际情况，该技术还可以借鉴至其他长输液体管道，促进液体管道的智能化发展。

参 考 文 献

[1] 钱建华，牛彻，杜威．管道智能化管理的发展趋势及展望[J]．油气储运，2021，40(2)：121-130.
[2] 吴长春，左丽丽．关于中国智慧管道发展的认识和思考[J]．油气储运，2021，(3)：1-13.
[3] 程万洲，王巨洪，王学力，等．我国智慧管道建设现状及关键技术探讨[J]．石油科技论坛，2018，37(3)：34-40.

中缅原油管道(国内段)断管泄漏自动保护技术探讨

丁其宇

(中国石油天然气管道工程有限公司工艺所)

摘　要：本文研究了中缅管道平缓段、大落差段及单向阀室上下游泄漏和压降速率变化规律，确定了中缅原油管道断管泄漏检测点设置和管段划分方法，提出了断管泄漏压降速率确定方法和自动关阀保护措施。该技术结合工程实际情况可推广至其他大落差输油管道。

一、引言

中缅原油管道工程(国内段)(以下简称“中缅原油管道”)是我国实施能源战略的重点项目之一，是我国能源进口的西南通道，国内段经过云贵高原沿线山区多，地势险要，管道穿过澜沧江、怒江等多条国际河流和国内乌江、长江等大型河流，沿线河流多、降雨多，地质条件复杂，存在滑坡(滑坡群)、崩塌、泥石流、采空塌陷、潜在不稳定斜坡等区域，本身就存在自然灾害和社会安全突发事故等方面的危险，加之中缅原油管道落差大、运行压力高，一旦发生油品泄漏，受压力高、落差大、河流多等因素影响，将会使原油沿江河顺流而下，流至国外，造成严重的国际环境影响和社会影响；另外，原油泄漏还会造成火灾、爆炸等极端灾难，引发次生险情[1-3]，所以，管道泄漏应急抢险就显得特别关键，而由于管道沿线山区地形复杂，山区抢险会出现作业环境复杂、机械设备搬运困难、风险高、时间紧、油品难处理等情况，后果较一般地区泄漏更加严重。

随着一级调控输油管道规模不断增多，国家管网集团油气调控中心调度员的监控压力显著增加，为了提高调度员工作效率和管控水平，急需提升液体管道自动保护控制水平，实现对较大泄漏事故工况的自动保护覆盖。

中缅原油管道设置了泄漏检测及定位系统，终端服务器设置在地区公司，目前中缅原油管道泄漏检测系统由于各种原因未投入使用；同时，泄漏检测系统仅提供报警功能，并未设置联锁保护管道的安全措施，报警后管道是否真实发生泄漏仍要依靠调度人员的判断，并根据判断结果人工下达紧急停输指令。因此，目前中缅原油管道在发生大量泄漏事故后没有相关检测系统和联锁保护系统，给管道运行安全带来较大隐患。

中缅原油管道沿线站场和阀室设置情况见表1和表2。

表1　工艺站场设置及站场编号

序号	站名	里程/km	高程/m	功能
一、干线站场				
1	瑞丽泵站	5.49	750	清管、计量、增压
2	芒市泵站	110.10	890	转球、增压
3	龙陵泵站	157.01	1870	转球

续表

序号	站名	里程/km	高程/m	功能
4	保山泵站	250.35	1670	清管、增压
5	弥渡泵站	403.47	1820	清管，增压
6	禄丰分输泵站	605.93	1625	分输、计量、清管
二、支线站场				
7	安宁末站	42.8	1925	清管、计量

表2 线路阀室分布表

编号	里程/km	高程/m	阀室类型
I101	22.59	785	手动
E102	43.75	775	监控
J103	45.98	785	单向
I104	60.66	890	手动
I105	86.34	800	手动
E106	118.71	910	监控
J107	143.25	1300	单向
E108	164.76	1850	监控
I109	182.23	1820	手动
E109A	185.37	—	监控
E110	195.39	710	监控
J111	197.66	860	单向
J112	201.63	1640	单向
I113	216.68	1570	手动
J114	261.90	2010	单向
I115	270.90	2045	手动
E116	274.40	1460	监控
J117	278.77	1370	单向监控
I118	304.23	1580	手动
I119	326.81	1810	手动
E119A	344	—	监控
E120	353.18	1460	监控阀室
E121	354.33	1380	单向监控
J122	360.73	1790	单向
J123	387.60	1990	单向
E124	412.15	1810	监控
I125	443.62	2050	手动
J126	458.55	2170	单向
E127	482.44	2310	监控

续表

编号	里程/km	高程/m	阀室类型
J128	514.02	1950	单向
E129	535.20	1855	监控
E130	552.73	1840	监控
I131	584.39	1770	手动

为了提高中缅原油管道泄漏检测水平，提高管道安全控制和智能化管理水平，对中缅原油管道泄漏保护技术进行研究。

二、输油管道常见泄漏检测方式及保护措施

输油管道常见泄漏主要有两种，一是小孔泄漏，即较小孔洞长时间持续泄漏，例如在管道上打孔盗油；二是大面积泄漏，即较大孔洞在短时间内泄漏出大量物料，例如管道发生断管。常用的泄漏检测方法主要包括基于压力的泄漏检测方法(压力点分析法、负压波法)、基于流量的泄漏检测方法(流量平衡法)及超声波法等[4-5]，目前，对采用压降速率检测的方法研究较少。

对于薄壁小孔的泄漏，泄漏后一段时间，管道系统会达到新的流动平衡，相关文献对其研究已经比较成熟，均根据伯努利方程推导出薄壁小孔泄漏计算公式，也就是通常所说的孔口出流公式。而对于大口径或断管泄漏，整个管道系统以泄漏点为分界点，将管道分成了两个独立的管道系统，泄漏点上游正向流动，泄漏点下游反向流动，管道系统不再是一个统一的整体；大口径或断管泄漏是压力和流量剧烈变化的瞬态过程，经查询相关文献，对断管泄漏的研究较少，均未对整个瞬变过程中压力或流量的变化给出求解公式或实验数据。对于断管泄漏，泄漏量大、运行压力变化明显，采用压降速率进行检测是合理的。

SPS软件可通过构建连续性方程、动量方程、能量守恒方程来模拟水力瞬变过程，在国内外许多项目中得到应用，取得良好的模拟效果。本文通过SPS软件辅助研究中缅管道断管泄漏的压力变化规律，通过在站场和监控阀室设置泄漏检测点和压降速率触发值，对发生断管泄漏事故进行保护，避免断管事故影响扩大。

三、输油管道断管泄漏规律研究

中缅原油管道属于典型的大落差管道，大落差段一旦发生断管泄漏，压力变化不同于平缓段泄漏，因此，有必要对管道平缓段和大落差段发生泄漏分别研究；另外，中缅管道沿线设有单向阀室，由于单向阀的防倒流作用，单向阀上游发生泄漏和下游发生泄漏的压力变化规律亦不同，因此，单向阀室上游和下游的管段应分开研究。以下对平缓段、大落差段及单向阀室上下游管段发生断管泄漏的规律进行描述。

1. 平缓段泄漏规律

为研究平缓地形对压降速率的影响，选取中缅管道瑞丽站—芒市站进站端为研究管段，分别计算3#阀室阀前发生泄漏和瑞丽泵站甩泵时，瑞丽出站端和2#监控阀室的压降速率(图1)。

1) 3#阀室阀前泄漏

3#阀室阀前发生泄漏时，2#监控阀室和瑞丽出站压降速率见表3，2#监控阀室和瑞丽出站ESD阀前压力变化如图2所示。

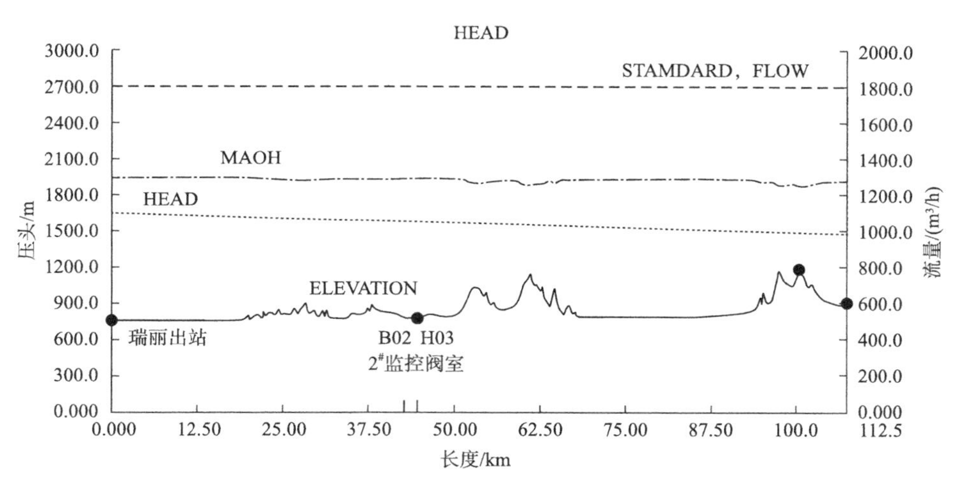

图 1　瑞丽—芒市段水力坡降及地形图

表 3　2#监控阀室和瑞丽出站压降速率-3#阀室阀前泄漏

项目	起始时间/s	起始压力/kPa	结束时间/s	结束压力/kPa	压降速率/(MPa/s)
2#监控阀室	1. 13	6737	4. 28	743	1. 903
瑞丽出站	30	7552	42. 3	3539	0. 326

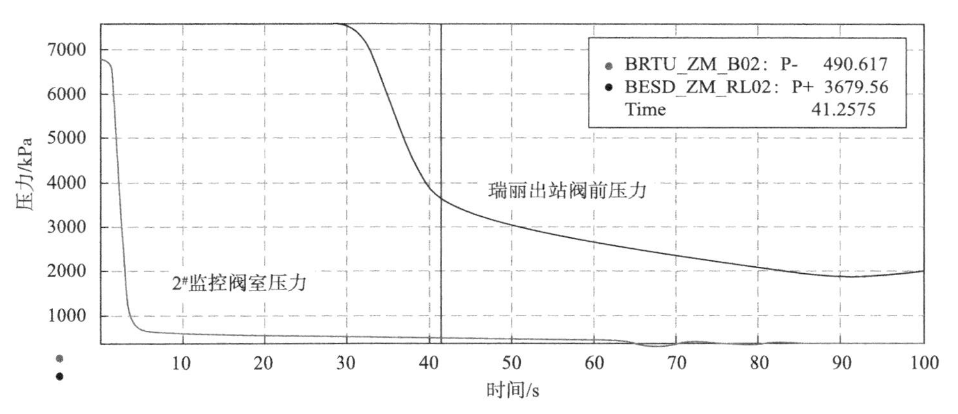

图 2　2#监控阀室和瑞丽出站 ESD 阀前压力变化-3#阀室阀前泄漏

2）瑞丽甩泵

瑞丽站甩泵后，2#监控阀室和瑞丽出站压降速率分别见表 4，2#监控阀室和瑞丽出站 ESD 阀前压力变化分别如图 3 所示。

表 4　2#监控阀室和瑞丽出站压降速率-瑞丽站甩泵

项目	起始时间/s	起始压力/kPa	结束时间/s	结束压力/kPa	压降速率/(MPa/s)
2#监控阀室	29. 93	6747	40. 26	5947	0. 077
瑞丽出站	0. 595	7585	2. 6	6459	0. 562

通过以上分析可以看出，对于平缓段管道泄漏或泵站甩泵的压降速率有如下规律：

（1）同一运行压力、流量下，离泄漏点越远，压降速率越小。

（2）压降一般分两个阶段，急剧下降段和缓降段，急剧下降段持续时间较短。

（3）瑞丽站甩泵情况各点压力下降趋势与泄漏情况相似，也分为急速下降段和缓降段，各点压降速率比发生泄漏后的压降速率小，但瑞丽站出站的压降速率大，因此，甩泵后应自动屏蔽压降速

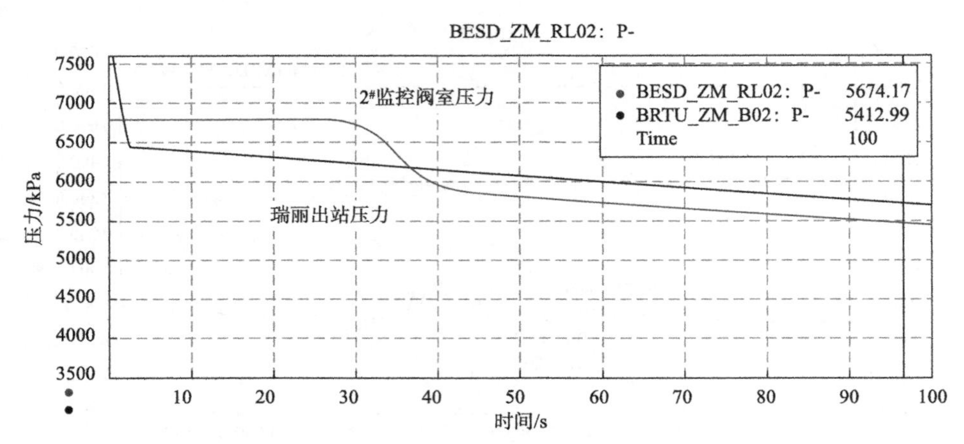

图 3　2#监控阀室和瑞丽出站压力变化—瑞丽站甩泵

率报警，以免甩泵触发压降速率报警，造成误判。

可考虑将全线划分成若干管段，每个监控阀室和站场各自负责检测某段管道的压降速率，根据上述规律设定压降速率报警值，只要该管段内任一点泄漏，设定值均可产生报警。

2. 单向阀室单向阀对管道泄漏压降速率的影响

单向阀具有防止油品倒流的作用，其紧急关闭的功能会对压降速率产生影响，因此，以芒市站—保山站进站端之间 7#单向阀室为例，计算单向阀阀前泄漏和阀后泄漏对其下游龙陵站压降速率的影响(图 4)。

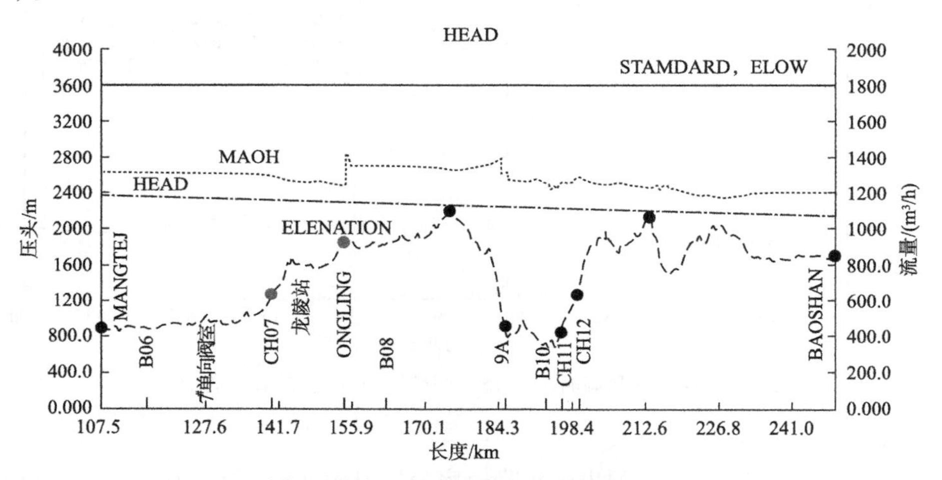

图 4　芒市—保山段水力坡降及地形图

单向阀阀前泄漏和阀后泄漏龙陵站压降速率见表 5，压力变化如图 5 所示。

表 5　龙陵站压降速率–7#单向阀阀前泄漏和阀后泄漏

项目	起始时间/s	起始压力/kPa	结束时间/s	结束压力/kPa	压降速率/(MPa/s)
7#单向阀阀前泄漏	7.96	3540	12	2019	0.376
7#单向阀阀后泄漏	7.96	3540	12.42	49	0.783

通过以上分析可以看出，对于单向阀室对场站或阀室的压降速率有如下规律：

(1) 单向阀阀前和阀后泄漏对下游站场的压降速率有比较明显的区别。

(2) 由于单向阀的截断回流作用，单向阀前泄漏时单向阀下游站场的压降较小，对应的下游站场的压降速率也远小于单向阀后泄漏时的压降速率。

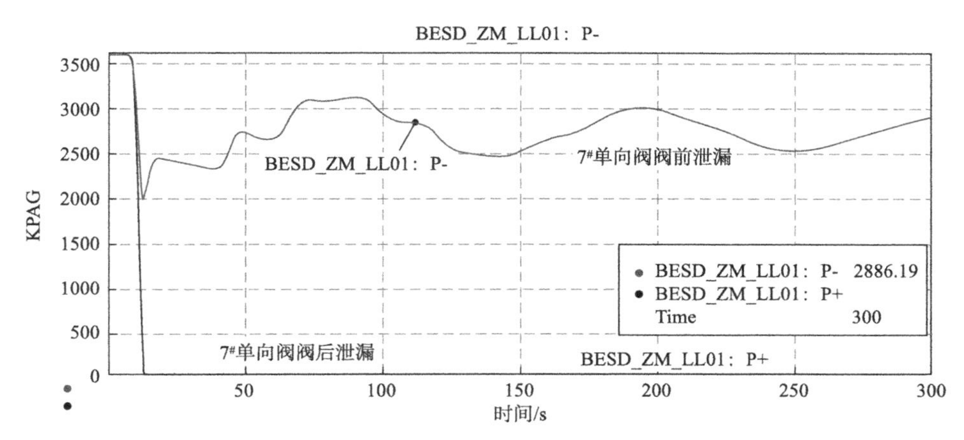

图 5 龙陵站压降速率对比图—7#单向阀阀前泄漏和阀后泄漏

由以上规律可知，在确定管道管段划分及泄漏点时，应将单向阀室的阀前泄漏和阀后泄漏作为两个泄漏点。

3. 大落差地形对压降速率的影响

中缅管道地形起伏剧烈，有多处大落差地形，为研究大落差地形对压降速率的影响，选取芒市—保山进站端之间第一个高点至9A#监控阀室为研究管段，分别计算1#高点泄漏、高程下降1/3点泄漏、高程下降2/3泄漏时，9A#阀室的压降速率(图6)。

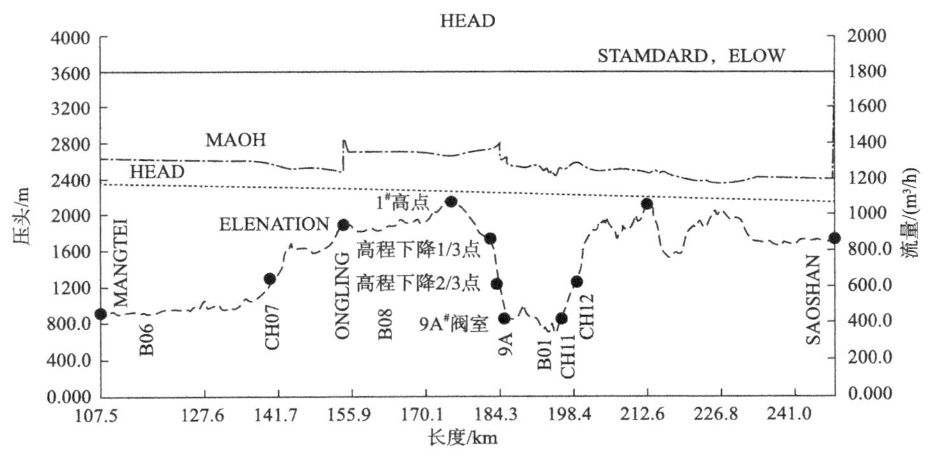

图 6 管段水力坡降及地形图

不同高点泄漏情况下9A#监控阀室压降速率见表6，压力变化如图7所示。

表 6 各点泄漏时 9A 监控阀室压降速率

项目	起始时间/s	起始压力/kPa	结束时间/s	结束压力/kPa	压降速率/(MPa/s)
1#高点泄漏	6.67	10850	10.93	10474	0.088
高程下降 1/3 点泄漏	1.51	10852	4.99	6595	1.223
高程下降 2/3 点泄漏	0.56	10899	3.14	2562	3.231

对于大落差地形，站场或阀室的压降速率有如下规律：

(1) 泄漏点处高程及运行压力对上下游站场的压降速率影响很大。

(2) 管道高点处由于运行压力小，高点泄漏后对管道运行压力的影响较小，导致9A#监控阀室的压降速率也较小。

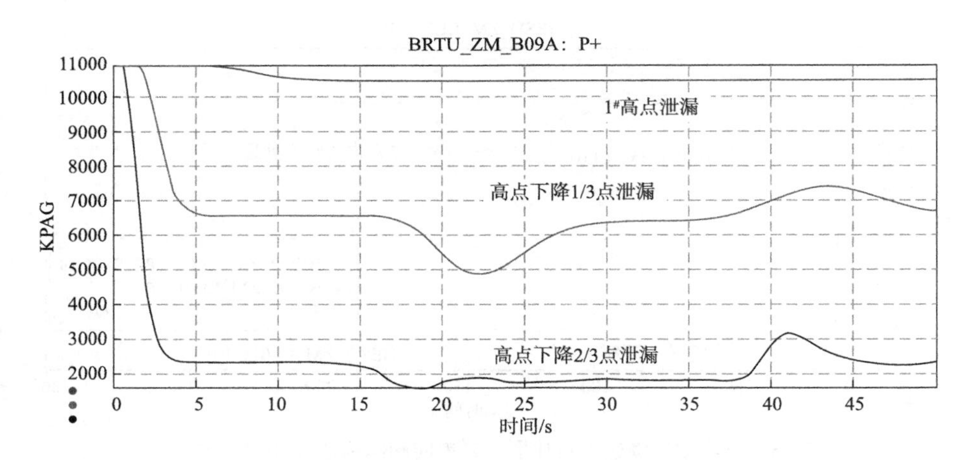

图7　高点泄漏9A#监控阀室站压降速率对比图

(3) 管道正常运行时，随着泄漏点高程的下降，泄漏点泄漏前的运行压力也越高，一旦发生泄漏，较高的运行压力急剧减为近似零压力，导致9A#监控阀室的压降速率也急剧变大。

由以上规律可知，在确定中缅管道管段划分及泄漏点时，对于大落差地形，由于高点泄漏后对上游、下游站场的压降速率影响是最小的，可选取高点作为泄漏点，以此来确定上下游站场/阀室的压降速率设定值。

四、中缅管道泄漏检测点设置、管段划分及保护措施

根据以上断管泄漏规律，可按照站场、单向阀室、高点、监控阀室将中缅管道划分为21个管段，并设置34个模拟泄漏点，通过对泄漏工况进行模拟，即可得到全线14座监控阀室及7座站场检测点的压降速率设定值，管道管段划分情况如下：

(1) 首先根据站场设置将管段初步分为5段，瑞丽—芒市段、芒市—保山段、保山—弥渡段、弥渡—禄丰段、禄丰—安宁段。

(2) 以瑞丽—芒市段为例：该段共有1个单向阀室，1个监控阀室；因此，将该段再细分为2段，即瑞丽-3#单向阀前段(在瑞丽出站端、2#监控阀室设置检测点，在瑞丽出站端、3#单向阀前设置模拟泄漏点)；3#单向阀后—芒市段(在芒市进站端设置检测点，在3#单向阀后、芒市站前高点设置模拟泄漏点)(图8)。

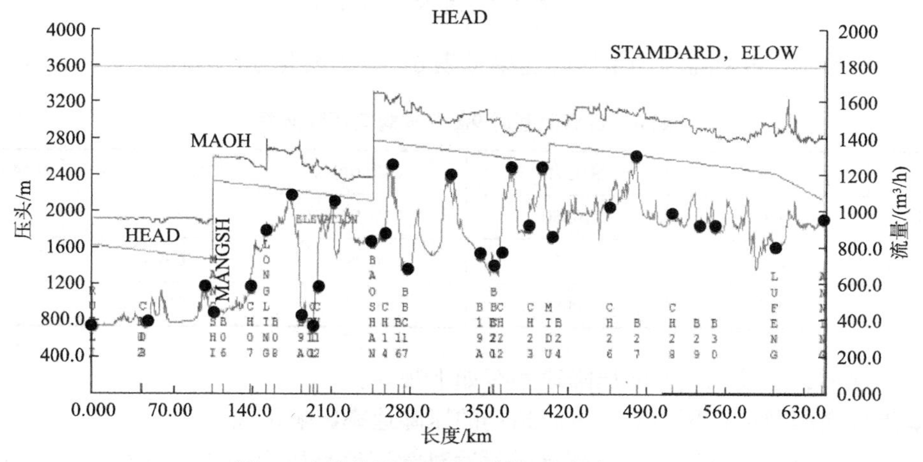

图8　全线检测点划分和模拟泄漏点设置图

通过以上方法对中缅管道分段划分，并设置压降速率检测点实现对断管泄漏的检测，对同一检测点的不同泄漏点计算的压降速率，选择压降速率较小值作为检测点的压降速率报警值。

压降速率报警联锁保护措施为：管道发生泄漏触发压降速率报警后，联锁关闭泄漏点上下游截断阀门，减少管道泄漏量，避免造成严重后果。

为区分管道事故泄漏和运行压力波动引起的压降速率报警，对站场甩泵时各检测点的压降速率设定值进行模拟，结果表明，甩泵对站场出站端压降速率影响较大，且没有合适的方法区分泄漏和甩泵工况。但由于甩泵工况会触发管道水击保护程序，已经起到了保护作用，因此当站场发生输油泵全甩事件时，自动屏蔽压降速率报警程序，以避免泄漏检测程序误报警。另外，管道正常启输或停输过程也应屏蔽压降速率报警程序，以避免泄漏检测程序误报警。

五、结论

本文结合中缅原油管道沿线地形条件、站场、监控阀室和单向阀室设置，研究了中缅管道(国内段)平缓段、大落差段和单向阀室上下游管段断管泄漏规律，得到以下结论：

(1) 将全线划分成若干管段，每个监控阀室和站场各自负责检测某段管道的压降速率，在监控阀室和站场设置压降速率报警值，只要该管段内任一点泄漏，设定值均可产生报警。

(2) 在确定管道管段划分及泄漏点时，应将单向阀室的上游泄漏和下游泄漏作为两个泄漏点，单向阀室也应作为管段划分的依据之一。

(3) 对于大落差地形，由于高点泄漏后对上游、下游站场的压降速率影响是最小的，可选取高点作为泄漏点，以此来确定上下游站场/阀室的压降速率设定值。

(4) 当站场发生输油泵全甩事件或管道正常启停输时，应自动屏蔽压降速率报警程序，以避免泄漏检测程序误报警。

(5) 管道发生泄漏触发压降速率报警后，联锁关闭泄漏点上下游截断阀门，减少管道泄漏量，避免造成严重后果。

本文提出了管道断管泄漏自动检测方法和保护技术，为中缅原油管道安全运行提供了保障，提高了管道安全运行智能化水平。结合实际情况，本文提出的管道断管泄漏自动检测方法和保护技术可应用于其他大落差输油管道。

参 考 文 献

[1] 郭颖，杨理践，赵佰顺，等．长输油管道泄漏检测技术研究现状[J]．辽宁石油化工大学学报，2022，42(4)：25-29.

[2] 蔡昌新，易康，廖锐全．长输油管道泄漏检测与定位技术研究进展[J]．科学技术与工程，2023，23(24)：10177-10189.

[3] 安杏杏，董宏丽，张勇，等．输油管道泄漏检测技术综述[J]．吉林大学学报(信息科学版)，2017，35(4)：424-428.

[4] 高刚刚．输油管道泄漏检测定位研究[D]．西安：西安石油大学，2015.

[5] 陈宝生，吴同，韩汶昕，等．输油管道泄漏检测技术发展现状[J]．新型工业化，2020，10(5)：136-140.

浅析基于 WITNESS 软件的罐区库容仿真模拟

马 尧 田明磊

（中国石油天然气管道工程有限公司阿布扎比分公司）

摘 要：在国内储油库项目的规划设计阶段，往往依据一组特定的周转量数据，假设多年一致的运行工况，用设计规范的公式计算罐区库容。而在部分要求较高的国际项目中，业主会给出罐区未来若干年详细的运行经营预测，要求咨询商综合多方面因素通过仿真模拟的形式得出罐区的库容建设需求。本文结合实际项目介绍基于 WITNESS 软件的罐区库容仿真模拟工作，并浅析该方法的执行思路和要点。

一、引言

近年来油气行业与其他行业交叉，设计理念快速更新迭代，不断向精细化、仿真化的方向演进。在现代工业工程领域，计算机仿真一直是不可缺少的决策支持工具。在阿联酋某海上原油出口罐区改造初步设计项目中，罐区库容需求根据经营预测数据由 WITNESS 软件仿真模拟结果最终确定，对于储库项目的类似工作具有一定的借鉴和启发意义。本文尝试根据项目设计资料对该方法进行探讨，为类似储罐区项目的库容方案精细化设计提供创新思路。

二、项目背景

阿联酋 D 岛上已建的储罐区包含 13 座原油储罐和 1 座凝析油储罐（总库容 $140\times10^4 m^3$）及出口港外输设施（含 2 个油轮泊位）。储罐区自 1970 年代建成服役至今已超过 50 年，无法满足未来 HSE、运行完整性及降低维护费用的要求，设施的运行连续性也难以保证。因此业主拟通过拆除重建、扩容和改造，在有限的空间用新规划的 10 座原油储罐和 1 座凝析油储罐维持原库容，使罐区满足预定的安全运行和生产目标。由于业主对该岛的最新经营预测数据对比早期规划阶段出现了一定变化，因此需要对罐区库容需求再次开展验证，以保障未来以最小的投资和运行成本实现岛上储运和码头设施的最大利用效率。

模拟验证的任务目标包括：

（1）核算原改造计划下对应的设施和库容能否满足未来经营要求，并进行必要的去瓶颈分析；

（2）识别最小库容方案和最少的储罐数量，以最大限度降低建设需求；

（3）结合往年运行记录、维护周期等因素的前提下，最大化储罐和油轮泊位的利用率，降低港口停运时间和滞留费用等；

（4）综合考虑港口吞吐量变化、油品含水率、沉降/脱水时间变化等，研究敏感工况，给出操作运行和调度的建议，修正项目建设时间表。

三、模拟思路

1. 仿真模拟工具

WITNESS 是英国 Lanner 集团集数十年系统仿真经验开发出的面向工业系统、商业系统流程的动态系统建模与仿真软件平台。是世界上在该领域的主流仿真软件。它在大型工程项目的前期规划、投资平衡分析、生产物流的运行控制、供应链与库存管理、作业排序、资源分配、流程再造等众多方面得到了广泛应用[1]。

软件提供大量的描述工业系统的模型元素，如工业流程上的各种功能设施，传送设备、缓冲存贮装置等，以及逻辑控制元素，如流程关系，事件发生的时间序列，统计分布等，用户可使用这些模型元素建立起工业系统的运行的逻辑描述。通过其内置的仿真引擎，进行模型的运行仿真，展示流程的运行规律。在整个建模与仿真过程中，用户可随时修改系统模型，动态提高模型的精度，测试不同的设计方案。

2. 总体执行策略

在 WITNESS 软件上对已建罐区和港口的设施以及操作流程建立对应的 STOREX 模型，模型运行逻辑参照与业主运行方确认的各环节假设条件，涵盖凝析油进罐逻辑、原油进罐逻辑、储罐排空逻辑、油轮靠泊逻辑和上游减产逻辑等。结合业主 2021—2032 年的设备大修计划(MOH)、阶段改造施工计划、年份季度油品周转量变化、储罐工作容积变化和储罐进油工艺升级计划等因素和时间节点，选取了 10 个具有代表性的罐区基本运行工况，如图 1 至图 3 所示。

工况编号	产能区间	产量工况	CT1号罐	7号罐	8号罐	9号罐	10号罐	11号罐	12号罐	13号罐	14号罐	17号罐	18号罐	19号罐	20号罐	21号罐	新24号罐
Case 1	Q1 2021 - Q2 2021	峰值工况	凝析油	施工	施工	施工	原油	原油	原油	原油	原油	原油	原油	原油	原油	原油	施工
Case 2	Q3 2022 - Q4 2022	峰值工况	凝析油	原油	原油	原油	施工	原油	原油	原油	原油	原油	原油	原油	原油	原油	施工
Case 3	Q1 2024	峰值工况	凝析油	原油	原油	原油	原油	原油	施工	原油	原油	施工	原油	原油	原油	施工	施工
Case 4	Q1 2025 Q2 2025	峰值工况	掺混	原油	原油	原油	施工	原油	原油	原油	原油	掺混	原油	施工	施工	原油	原油
Case 5	Q1 2025 Q2 2025	峰值工况	施工	原油	原油	原油	施工	掺混	原油	施工	原油	掺混	原油	施工	原油	原油	原油
Case 6	Q1 2025 Q2 2025	峰值工况	施工	原油	施工	原油	原油	掺混	原油	施工	原油	掺混	原油	原油	施工	原油	原油
Case 7	Q1 2025 Q2 2025	峰值工况	掺混	原油	原油	施工	原油	施工	原油	施工	原油	掺混	原油	原油	施工	原油	原油
Case 8	Q3 2028 Q4 2028	峰值工况	掺混	原油	原油	原油	原油	施工	原油	施工	施工	掺混	施工	原油	施工	原油	原油
Case 9	Q1 2030 Q2 2030	峰值工况	掺混	原油	施工	原油	原油	施工	原油	原油	施工	掺混	原油	原油	施工	原油	原油
Case 10	Q1 2032 Q4 2032	峰值工况	掺混	原油	施工	原油	原油	施工	原油	原油	施工	掺混	原油	原油	施工	原油	原油

图 1　基本工况选取的初始设定

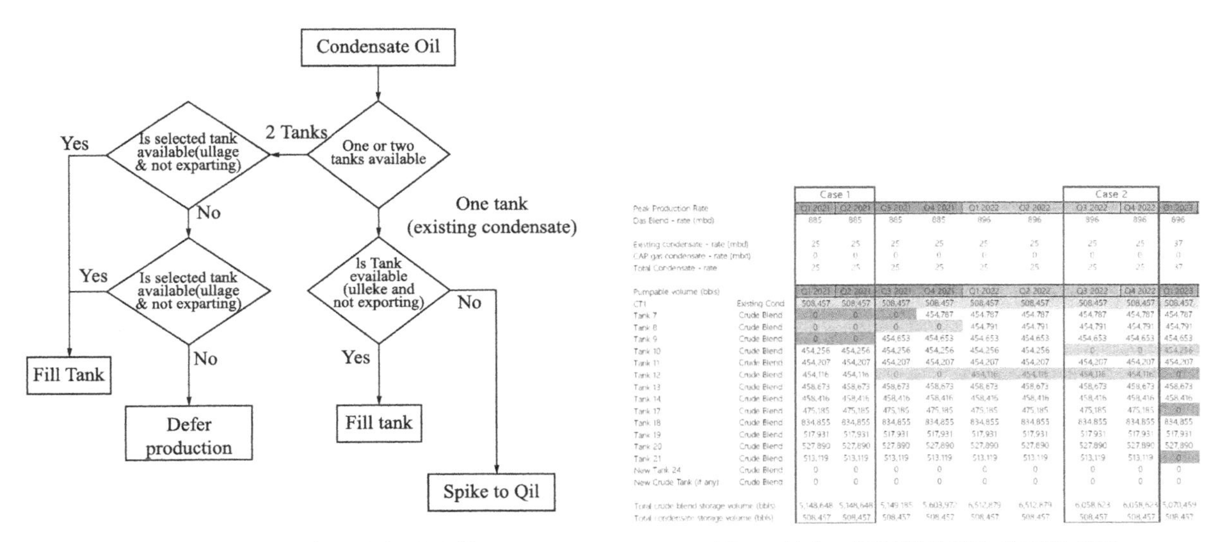

图 2　运行逻辑示例：凝析油进罐　　　　图 3　基本工况下部分罐容分配示意图

由于现实中的人为操作不可避免存在一定程度的特殊做法和更长的反应时间，无法完全匹配模型运行逻辑与高效率，而且将现实影响因素全面考虑到仿真模拟中又不具备性价比，因此通常做法是对影响因素抓大放小，将设施目标生产效率(PE%)设定为 99.5%。如果运行某基本工况无法达到 99.5%的目标生产效率，则通过依次调整各工作参数，拓展出若干修正工况，试出能使 PE%达标的可行方案。

以各项假设、操作逻辑、相关历史数据等作为输入条件，开展模拟分析，以表格形式列出各工况关键指标 KPI、去瓶颈措施、泊位工作负荷等模拟结果，给出结论与建议。

四、工作步骤与分析

1. 输入条件

业主提供的以下数据经过统计整理后作为模拟的输入条件，也作为调整工况的变量。

(1) 2021—2032 年的原油与凝析油产量预测(包括年最高产量和年平均产量，逐年增长)，油品含水率原油 3%，凝析油 1%；进罐油品沉淀时间 6h，除水时间 8h；

(2) 各储罐工作容积，原样拆除重建或现代化改造的储罐工作容积维持不变，个别扩容储罐在重建完成后对应采用新的工作容积，在大修和施工阶段的储罐工作容积暂时取 0；

(3) 2016—2020 年油品单次出口量级区间、对应出口次数和分布比例；

(4) 2014—2020 年港内油轮记录，包括油轮靠泊时间数据、2 个泊位油品装船速率分布、油轮到船分布和库存对应的油轮调度计划等；

(5) 2002—2020 年不同月份港口因恶劣天气关停的时间记录，经三角分布统计出年平均关停时间；

(6) 2007—2020 年港口意外关停时间记录，推算出平均故障时间(MTTF)。

2. 运行调试

所有基本工况在 2022—2032 年的区间重复模拟 5 次，以保证取样完整，提高结果的参考价值。对目标生产效率 PE%结果不达标的基本工况，首先尝试几乎不产生额外成本的操作运行调整，如不成功，再考虑设施改造或增补的途径，探索最经济简便的达标方案。操作运行调整办法包括：优化批量库存和单笔出口量、大订单油轮优先进港、提高装船速率、优化上游油品进罐计划等；设施改造途径包括：增设储罐、增设码头泊位和更换除水系统等。下面以部分关键工况为例进行简要介绍。

1 号工况：原有设施和运行操作条件下，2021 年一二季度混合原油最高产量对应的目标生产效率略低于 PE%标准，而凝析油最高产量对应的目标生产效率仅 89.76%。拓展工况 Case 1a 采取了对原油优化批量库存和单笔出口量，将原来单笔出口量(2.4~215)×10^4bbl 范围匹配 200 万桶级别油轮入港的规划，细分为 90×10^4bbl 以下单笔出口量匹配 100bbl 级别油轮入港，(90~135)×10^4bbl 单笔出口量匹配 150×10^4bbl 级别油轮入港，增加油轮匹配灵活性；对凝析油调整了将 10.18%多余产量混入原油罐的时机等措施，使原油和凝析油的生产效率分别达到了 99.88%和 99.99%。如图 4 所示。

工况编号	产能区间(以年度季度为单位区间)	产量工况(峰值或平均值)	新增储罐需求	双倍除水	入港规划调整	装船量增加率/%	新增泊位	原油混油率/%	原油减产量(bbls/d)	理论原油生产率/%	理论凝析油生产率/%	凝析油增产率/%	凝析油增产量(bbls/d)	凝析油混入原油比例/%	原油被凝析油掺混比例/%	3号泊位负荷/%	6号泊位负荷/%	9号泊位负荷/%	年装船数量/%
Case 1	Q1 2021-Q2 2021	Peak						99.44	4.974	89.76	99.94	10.18	2.545	2.8	15.72	62.0	43.3	0.0	423
Case 1a					Reschedule			99.88	1.064	90.09	99.99	9.90	2.474	2.8	4.32	63.4	42.5	0.0	426
Case 1_1		Average						99.78	1.773	92.00	99.98	7.98	1.596	2.5	7.24	58.3	37.3	0.0	384

图 4　1 号工况模拟结果

8 号工况：原有设施和运行操作条件下，2028 年三四季度油品最高产量和平均产量对应的目标生产效率 PE%均不达标。拓展工况 Case 8b 采取了增加 50×10^4bbl 库容、更换双倍除水系统、减少油轮库存调度量和增加一个泊位(TB9)的措施，使原油和凝析油的生产效率均超过 99.5%，且三个泊位的负荷均低于 77%的安全工作上限。如图 5 所示。

工况编号	产能区间(以年度季度为单位区间)	产量工况(峰值或平均值)	新增储罐需求	双倍除水	入港规划调整	装船量增加率/%	新增泊位	理论原油生产率/%	理论凝析油生产率/%	凝析油增产率/%	凝析油增产量(bbls/d)	凝析油混入原油比例/%	原油被凝析油掺混比例/%	3号泊位负荷/%	6号泊位负荷/%	9号泊位负荷/%	年装船数量/%
Case 8	Q3 2028-Q4 2028	Peak						96.80	98.65				65.32	79.4	72.0	0.0	593
Case 8a					Reschedule			98.58	99.20				27.12	80.4	73.4	0.0	608
Case 8b			+0.5Mbbls		Reschedule		Yes	99.62	99.59				8.28	67.7	53.8	34.0	613
Case8c			+0.5Mbbls		Reschedule		Yes	99.45	99.64				15.08	67.6	54.0	33.5	614
Case 8_8	Q3 2028-Q4 2028	Average						98.52	99.69				35.44	70.5	58.4	0.0	515
Case 8_8a					Reschedule			99.48	99.60				7.88	71.6	58.6	0.0	520
Case 8_8b					Reschedule			99.44	99.72				14.12	71.6	58.6	0.0	520

图 5　8 号工况模拟结果

3. 分析结论与建议

完成全部模拟分析后，基本工况结论和对应最大限度提高生产率的拓展工况结论整理如下(图 6)：

工况编号	产能区间	产量工况	理论原油生产率	理论凝析油生产率/%	生产率目标	增加罐容 10^4bbl	双倍除水	入港规划调整	新增泊位
Case 1	Q1 2021-Q2 2021	峰值工况	99.44	99.94	否				
Case 1a			99.88	99.99	是			需要	
Case 2	Q3 2022-Q4 2022	峰值工况	99.92	99.99	是				
Case 3	Q1 2024	峰值工况	99.22	99.89	否				
Case 3a			99.82	99.98	是			需要	
Case 4	Q1 2025 Q2 2025	峰值工况	99.49	99.53	是				
Case 5	Q1 2025 Q2 2025	峰值工况	98.81	98.76	否				
Case 5a			99.59	98.79	否			需要	
Case 6	Q1 2025 Q2 2025	峰值工况	98.89	98.95	否				
Case 6a			99.57	98.92	否			需要	
Case 7	Q1 2025 Q2 2025	峰值工况	96.74	98.05	否				
Case 7a			99.40	98.70	否	50	需要	需要	
Case8	Q3 2028 Q4 2028	峰值工况	96.80	98.65	否				
Case 8a			99.62	99.59	是	50	需要	需要	需要
Case 9	Q1 2030 Q2 2030	峰值工况	97.70	99.06	否				
Case 9a			99.57	99.31	否	50		需要	
Case 10	Q1 2032 Q4 2032	峰值工况	96.95	93.49	否				
Case 10a			99.68	97.57	否	50		需要	需要

图 6　基本工况和最优拓展工况模拟结果

最终结论与建议简要概括如下：

(1) 凝析油的存储外输系统在 2025 年一季度以前可通过将最多 10% 的多余产量混入原油罐保持目标生产率，但是之后凝析油产量成倍增长，这种做法不再可行。因此需要将凝析油罐 CT-1 邻近的原油罐 TK-17 也改为凝析油储罐，并增设罐间输送工艺系统，实现进油和外输同时进行。如不增设罐间输送工艺系统，则需要另建一个 $6\times10^4m^3$ 的第三座凝析油储罐，或评估因单笔出口量受限造成的收入损失。

(2) 原油的存储外输系统在 2028 年一季度以前仅需要对个别工况调整油轮库存调度即可，之后由于原油产量增加约 20%，且之前被凝析油占用一个原油罐，则需要采取以工况 7～10 得出的综合操作运行调整和设施改造的方法实现目标生产率；

(3) 2028 年一季度之后需要增加 50×10^4bbl(8×10^4m^3)原油库容，满足原油增产后的库存调度能力；2028 年三季度之后需要增加 1 个油轮泊位，满足油品出口效率并降低超负荷意外关停风险；

(4) 为保证 2028 年生产效率达标，TK-18 号原油罐的现代化改造施工建议从同年三四季度推迟到 2029 年三四季度；需要重建的 TK-10 号原油罐和 TK-13 号原油罐建议将设计储量互换，从而优化流程以实现更高的生产效率；

(5) 考虑到油轮泊位装船系统是影响库存和出口方案的关键节点，且工作负荷逐渐加大，建议对 2 套已建装船系统进行失效模式效应与关键性分析(FMECA)。同时建议业主根据 ISO 15663 标准，对所有设施改造方案进行生命周期成本评估(LCC)，做出投资决定。

对于新增 50×10^4bbl(8×10^4m^3)原油库容需求的结论，我方设计团队随后结合勘测资料和相关技术标准，反复论证了各方案下储罐尺寸，安全间距，防火堤设计等方面的优劣，排除了通过扩大重建储罐尺寸增加库容的可行性。最终推荐维持本项目范围的储罐容量不变，额外新建一座储罐的方案，获得业主认可并以此为基础推进后续的设计工作。

4. 模拟工作流程总结

不难看出在整个模拟分析的过程中，需要分析调整的因素覆盖相对全面，相关界面复杂繁多，应保持与业主方的密切联系，及时澄清工作思路，讲解汇报阶段性成果。同时将工作进展对设计团队的其他专业同步告知，避免无效工作或返工。在此将罐区库容 WITNESS 仿真模拟工作流程总结如图 7 所示。

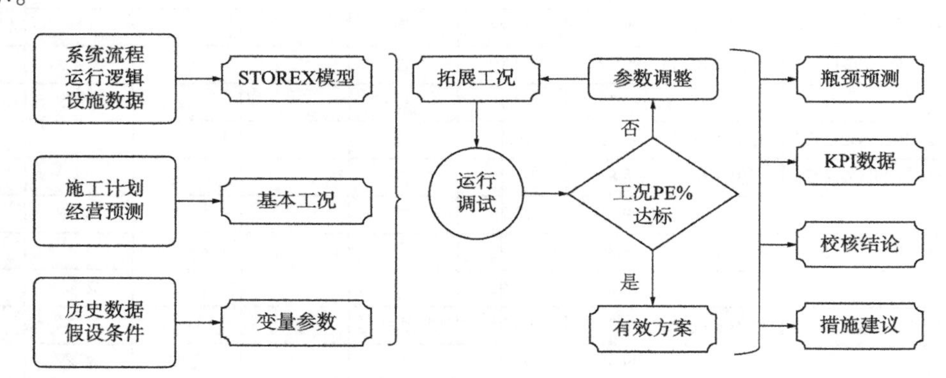

图 7　模拟流程归纳示意

五、结语

案例项目的 WITNESS 仿真模拟由欧洲的独立设计咨询承包商牵头完成，理念与深度整体达到国际领先水平，对大型储运设施项目规划设计具有较高的借鉴价值。近年来国际国内油气行业设计理念呈现了愈发明显的精细化、整体化趋势。目前国内的部分高校、研究机构和高端制造业也已经开始利用 WITNESS 软件进行仿真模拟研究，但是在地上地下储库、LNG 接收站和完整性评估等业务上的应用仅多见于海外。作为国内的油气行业设计咨询公司，尽早研究吸纳 WITNESS 仿真模拟技术，有能力为业主的规划投资方案提供高端设计优化服务，是提升自身品牌影响力，在同行竞争中取得先手优势的有效途径。

输气管道工程站场自动焊技术应用分析

李　欣

(中国石油天然气管道工程有限公司工艺所)

摘　要：目前国内油气管道站场内焊接常用的焊接工艺是氩电联焊，即手工氩弧焊+上向手工电弧焊(GTAW+SMAW)，该工艺设备简单，可达性好，操作灵活，适应性强焊，但焊接效率低(尤其是大口径厚壁管道)，对焊工要求高(焊接质量主要却决于焊工技术水平)，劳动强度高，劳动条件差，焊接质量难以保证。针对目前站场的施工情况，研究适用于站内管道自动焊接方法与工艺，对提高焊接质量和施工质量，保证运行可靠具有重要意义。

一、引言

根据国家石油天然气管网集团有限公司标准化设计、集约化采购、机械化施工、数字化交付、智能化运营、创新引领的“五化一创”体系的建设要求，目前管道自动焊技术日趋成熟，已经具备推广站场管道自动焊的技术条件。为推广管道自动焊在站场工程中的全面应用，加速站场焊接工艺革新，提高管道焊接效率和焊接质量，中俄东线天然气管道工程(永清—上海)安平—泰安段开展站场自动焊技术应用。

二、技术应用现状

1. 国内技术现状分析

根据目前掌握的信息，国内各大施工企业进行了全自动焊接试验研究和工程试用，且焊接工艺多集中在全自动钨级氩弧焊、全自动氩弧打底+药芯气保焊填盖领域。按照油气管道站场工艺管道适用管径划分，全自动钨级氩弧焊适用的管径范围为38~219mm，全自动氩弧打底+药芯气保焊填盖适用的管径范围为168~1219mm。

近几年在国内各大型炼化项目中进行了管道自动焊的推广和应用，管道自动焊在工厂化预制方面有了很大进展。但国内尚无关于油气管道站场全自动焊接工艺应用研究的相关报道，也反映出在油气管道站场施工中管道自动焊技术目前仍处于起步阶段，未得到应用。

2. 国外技术现状分析

据了解，管道自动焊接技术，已在多个国家和地区得以成功应用。法国、奥地利、德国、英国等国家对全位置管道自动焊技术均有研究，站场管道自动焊接在技术层面取得了一定突破，但在复杂的现场焊接实际应用中却没有进一步的发展。在一些发达国家和地区，虽然管道全位置自动焊作为主流管道焊接施工技术在包括山区、丘陵、雨林、极地、沼泽、水网等复杂施工环境得到大面积应用，但油气管道站场的全自动焊接未见国外的相关报道，经与各设备及焊材厂家了解，国外油气管道站场自动焊目前尚处于研究阶段。

三、技术难点及研究内容

鉴于中俄东线天然气管道工程(永清—上海)安平—泰安段首次推广站场自动焊技术应用，本论文依托中俄东线天然气管道工程(永清—上海)安平—泰安段项目现场实施情况开展研究。

中俄东线天然气管道工程(永清—上海)安平—泰安段沿线共设置4座工艺站场，其中新建站场1座，合建站场3座。包含2座联络压气站(安平、泰安)、1座分输清管站(德州)、1座分输站(济南西)。

中俄东线安平—泰安段包括了压气站、分输清管站、分输站三种类型站场，基本涵盖了长输管道站场所有典型安装方式，为站场自动焊实施提供一个良好的基础条件，同时使站场自动焊实施的成果更具代表性和说服力，为国家管网其他项目站场自动焊的实施提供宝贵的工程实践经验。

1. 技术难点

站场自动焊存在的技术难点和关键问题如下：

(1) 目前站场焊接要求按《油气管道工程站场工艺管道焊接技术规定》(DEC-OGP-G-WD-003—2020-1)执行，DEC文件中的要求主要是针对站场手工焊，对于站场自动焊需提出新要求；

(2) 站场自动焊焊接方式的确定；

(3) 综合考虑效率、质量、成本等因素，确定站场自动焊的实施范围。

2. 研究内容

针对场站管道施工焊接工作量大、焊工数量不足，焊接质量差、生产效率低、工人劳动强度大的问题，开展自动焊设备研究和升级，开展各种材质、规格的管材焊接试验及力学性能试验及研究，进而形成一套系统的、适合场站管道现场施工的自动焊接工艺，尝试应用焊接管理系统，并形成一套可行的施工工法，在各类场站油气管道推广应用，提高场站工艺管道焊接质量和工效，提高焊接施工信息化程度。

通过对比站场自动焊与传统手工焊在焊接质量、焊接效率、人工焊材成本等方面的差异，进一步验证站场自动焊实施的必要性。

四、技术路线

为推广自动焊接技术在油气管道站场工艺管道施工的全面应用，以提高管道焊接效率和焊接质量、加速站场焊接工艺的革新以及缓解市场用工压力。

中俄东线天然气管道工程(永清—上海)安平—泰安段将原有“DN100及以下管道使用钨极氩弧焊根焊、填充、盖面，每层焊缝金属厚度不大于3mm；DN100以上管道宜使用钨极氩弧焊根焊，手工电弧焊条电弧焊填充、盖面，每层焊缝金属厚度不大于3.5mm”的焊接工艺手法进行修订，经过建设单位、设计单位以及专家的会审，最终决定中俄东线天然气管道工程(永清—上海)安平—泰安段站场焊接保留原手工氩弧焊及氩电联焊的焊接方式，在具备组合自动焊的条件下建议DN300以上管道现场焊接采用氩弧焊加气保护药芯焊丝组合自动焊的方式。

以往天然气长输管道站场焊接主要采用手工焊，手工焊焊接相关技术要求相对成熟，站场实施自动焊主要关键技术路线在于研究适用于站场自动焊的焊接相关技术要求，主要包括焊接工艺评定、坡口、焊接材料、焊接温度、无损检测等。

1. 焊接工艺评定

站场组合自动焊工艺评定执行《油气管道工程站场工艺管道焊接技术规定》(DEC-OGP-G-WD-003—2020-1)；对接焊缝的性能试验要求如下：

（1）拉伸试验的试样断裂在焊缝或熔合区时，若拉伸试验的试样母材为同种材料，每个试样的抗拉强度不应低于母材规定的最小抗拉强度。若试样母材为异种材料，每个试样的抗拉强度不应低于异种材料中抗拉强度较低材料的标准值下限；

（2）拉伸试验的试样断裂在母材时，抗拉强度不低于母材规定的最小抗拉强度95%；

（3）刻槽锤断试验每个试样的断裂面应完全焊透和熔合，气孔最大尺寸不应大于1.6mm。所有气孔的累计面积不应大于断裂面积的2%。夹渣深度应小于0.8mm，长度不应大于管道公称壁厚的1/2，且小于3mm。相邻夹渣之间的距离不应小于13mm无缺陷金属；

（4）弯曲试验每个试样拉伸面的任意方向上不应有长度大于3mm的裂纹，试样棱角处出现的开裂可不计，但由于夹渣或其他内部缺陷造成的棱角上裂纹长度应计入，且不大于6mm；

（5）管道及管件环焊缝应在不高于-20℃温度下进行夏比V型缺口冲击试验，环焊缝及焊接热影响区的夏比冲击功应符合以下要求：

对于X80管道，环焊缝及焊接热影响区的夏比冲击功不小于50J(38J)；

对于X70管道，环焊缝及焊接热影响区的夏比冲击功不小于45J(34J)；

对于其他材质管道，环焊缝及焊接热影响区的夏比冲击功不小于40J(30J)；

（6）宏观金相检验面不允许有裂纹和未熔合，并应满足3)的要求；

（7）硬度试验的合格指标为：L555(X80)钢管焊接接头维氏硬度值(Hv10)热影响区不大于325，焊缝不大于300；L485(X70)钢管焊接接头维氏硬度值(Hv10)热影响区不大于300，焊缝不大于275；L450(X65)及以下等级钢管焊接接头维氏硬度值(Hv10)热影响区不大于265，焊缝不大于265；

站场组合自动焊的焊接工艺评定，其不需重新评定的壁厚覆盖范围为±3.2mm。若钢管的壁厚变化超出允许的偏差范围应重新进行焊接工艺评定；焊接工艺评定因素除应满足《油气管道工程站场工艺管道焊接技术规定》(DEC-OGP-G-WD-003-2020-1)中的规定外，焊接工艺评定基本要素还应包括下列内容，变更任何一个基本要素时均应重新进行焊接工艺评定：

（1）焊接的最小层数道数的减少；

（2）完成根焊道之后至开始第二焊道之间的时间间隔增加；

（3）自动焊设备的变更；

2. 坡口要求

焊接坡口应按照焊接工艺规程执行。坡口可按《油气管道工程站场工艺管道焊接技术规定》(DEC-OGP-G-WD-003-2020-1)，站场焊接坡口宜采用冷切割方式，结合机械打磨，保证坡口的平整度不大于0.5mm，粗糙度不大于1mm。

3. 焊接材料及温度相关要求

焊接材料的选择、保管及使用按照《油气管道工程站场工艺管道焊接技术规定》(DEC-OGP-G-WD-003-2020-1)中的要求执行；焊材的储存应按照生产厂家产品说明书的要求执行。凡有损坏或变质迹象的焊材不应用于焊接；拆除包装的焊材宜连续用完，受潮、生锈的焊材不应使用。

焊接预热、层间温度、焊后热处理应按照焊接工艺规程执行。在编制焊接工艺规程时可按照以下要求：预热温度：80~150℃，焊层(道)间温度可按60~150℃。环境温度在5℃以上时，预热宽度宜为坡口两侧各50mm；环境温度低于5℃时，宜采用感应加热或电加热的方法进行管口预热，预热宽度宜为坡口两侧各75mm。焊接作业宜在防风棚内进行，应使用保温措施保证道间温度。如果在组装和焊接过程中焊口温度冷却至焊接工艺规程要求的最低温度以下，应重新加热至要求温度。焊后宜采取缓冷措施。预热后应清除表面污垢。应在距管口25mm处的圆周上均匀测量预热温度，保证预热温度均匀。预热时不应破坏钢管的防腐层。

4. 无损检测

站场组合自动焊的无损检测沿用原站场无损检测设计要求。所有焊接接头(包括放空、排污管道)应进行全周长100%无损检测。输气站和阀室内，现场焊接的管道及管道组成件的对接纵缝和环缝、对接式支管连接焊缝应进行100%射线检测。返修焊缝和未经试压的管道连头口焊缝，应进行100%超声波检测和100%射线检测(无法进行超声波检测或射线检测的接头采用磁粉或渗透)。

五、站场自动焊实施分析

中俄东线天然气管道工程(永清—上海)安平—泰安段安平联络压气站为例，通过站场采用自动焊对焊接质量、焊接效率、人工焊材成本等方面进行研究分析。

1. 焊接质量效率分析

中俄东线安平联络压气站全自动焊接采用“钨极氩弧焊根焊+药芯焊丝气保护焊填充、盖面”焊接工艺，即“GTAW↑+FCAW-G↑”。现场4名自动焊焊工在两个半月内共计完成焊口145道(中间受疫情、焊材等因素影响进度有所停滞)，其中焊接ϕ610mm×20mm 1道，ϕ711mm×20mm 2道，90in。ϕ813mm×21mm 1道，51in。ϕ914mm×23.6mm 19道，1235in，ϕ1016mm×26.2mm 78道，5928 in。ϕ1219mm×27.5mm 44道，4224in，合计寸口数11560in，焊接一次合格率97.4%。

表1 手工电弧焊与自动焊焊接效率对比

名称	管道规格	钨极氩弧焊根焊	填充、盖面	
			手工电弧焊(坡口角度24°)	自动焊(坡口角度24°)
焊接速度	D1219mm×27.5mm	2.5h	16h	10h
	D1016mm×26.2mm	1.5h	13.5h	7h
	D914mm×23.5mm	1.5h	11h	6h
	D813mm×21mm	1h	9h	5h
	D711mm×20mm	0.7h	7h	4.5h
	D610mm×20mm	0.7h	7h	4.5h
人员配置	辅助工种		2人	2人
	焊工		2人	2人

从表中的数据可以看出在D610—D711管道焊接作业中，手工电弧焊与管道自动焊焊接效率没有明显差别，相差时间2~3h左右，但从D813以上管道焊接作业开始，传统手工电弧焊与管道自动焊焊接效率差异明显增大，D813管道焊接工效相差4h左右，而D1219管道焊接工效相差则达到6h左右。

由此可以得出结论：在进行大管径、大壁厚管道焊接作业时，管道自动焊接技术有着明显优势。

2. 人工成本分析

从表6.1-1可以看出，在人员配置方面手工电弧焊与管道自动焊相同，均需要焊工、辅助工种各两人。目前社会上1名手工电弧焊焊工每日成本为600元/d，高峰期为800元/d，取平均值：按700元/d计算。1名自动焊焊工每日成本为600元/d，辅助工成本为400元/d。结合表1可以算出传统手工电弧焊焊接一道D1219焊口需要两天半时间，合计5个人工日，而自动焊仅需要一天半时间，合计3个人工日，焊接一道D1219焊口人员成本节省约1700元。传统手工电弧焊焊接一道D610焊口需要一天时间，合计2个人工日，而自动焊仅需要半天左右，合计1.2个人工日，焊接一道D610焊口人员成本节省约680元。

因此对表1中的数据进行逐个计算，可以得出焊接一道D610—D1219管道自动焊人工成本节省约680~1700元。

3. 焊材成本分析

在焊材方面，手工电弧焊根据不同管道材质分别采用 LB-70L、LB-67L 和 CHE507RH 焊条，自动焊采用 HOBART FabCO 91K2-M 和 HOBART FabCO 812-Ni1M 焊丝。

针对自动焊和手工焊在六种不同管径焊接中的焊材消耗进行了测算统计(表 2)，从表 2 可以看出，随着管径逐渐减小，管道自动焊的焊材消耗量相较于手工电弧焊下降的更为明显，其中在 L485M D813mm×21mm 管道焊接中自动焊接的焊材消耗比手工焊的一半还要少。

表 2　手工电弧焊与自动焊焊材消耗对比

名称	管道规格	类别	填充、盖面		焊材消耗对比
			手工焊(焊条)	自动焊(焊丝)	
焊材消耗	D1219mm×27.5mm	L555M	23.2kg	16kg	145%
	D1016mm×26.2mm	L485M	19.8kg	12kg	165%
	D914mm×23.5mm	L485M	15.3kg	9kg	170%
	D813mm×21mm	L485M	12.4kg	6kg	206%
	D711mm×20mm	L485M	9.9kg	5kg	198%
	D610mm×20mm	L415M	8.5kg	4.5kg	189%

但由于手工焊和自动焊所用焊材的差异，仅对比耗材消耗存在一定的偏差，因此根据表 2 的消耗测算数据得出了对应的单道焊口费用(表 3)。可以从表 3 的费用对比中直观的看出，自动焊在 L485M D813×21mm 以上管件焊接费用方面有明显优势，对比手工电弧焊分别节省 229%、188%、183%、166%。但对于 L485M D711×20mm 及以下管件自动焊无法发挥出优势，手工焊成为较优选择，对于 D813-D711 之间的管件的焊接方法选择上则需要进一步测算，但目前的数据已经能够说明：自动焊在大直径管道焊接上的优势十分明显。

表 3　手工电弧焊与自动焊焊接费用对比

名称	管道规格	填充、盖面		焊材费用对比
		手工焊(焊条)	自动焊(焊丝)	
单道焊口费用	D1219mm×27.5mm	2204 元	1328 元	166%
	D1016mm×26.2mm	1822 元	996 元	183%
	D914mm×23.5mm	1408 元	747 元	188%
	D813mm×21mm	1141 元	498 元	229%
	D711mm×20mm	144 元	415 元	-65%
	D610mm×20mm	123 元	342 元	-64%

六、结论及建议

1. 结论

中俄东线天然气管道工程(永清—上海)安平—泰安段站场自动焊的实施，在实现以往站场大口径管道直管对直管自动焊接的基础上，首先实现了站场大口径管道直管对弯头、直管对三通的自动焊焊接技术应用，基本实现了站场大口径管道所有环焊缝的现场自动焊焊接。根据站场自动焊实施的情况，站场大口径管道在焊接效率、焊接质量、人工成本、焊材成本等方面相对于以往手工焊优势明显。

中俄东线天然气管道工程(永清—上海)安平—泰安段站场自动焊的实施，进一步验证了站场采用氩弧焊加气保护药芯焊丝组合自动焊的方式对于站场自动焊实施较为合适且技术成熟，可大面积推广。此外设计方面依据线路自动焊的标准要求，首次提出了适用于站场自动焊焊接工艺评定的具体要求，经过相关专家讨论确认，形成了一整套适用于站场自动焊的焊接工艺评定和焊接工艺规程，且经过实践证明该套体系文件的正确性和可实施性。

2. 建议

油气管道站场管道自动焊在现场实际应用过程中，因其受到作业场地、焊接位置等多方面因素的限制，难以做到像油气管道线路自动焊接那样，进行流水化施工作业，导致现场实际应用过程中造成焊接设备、焊接防风棚频繁转场，一定程度上降低了焊接工效；

油气管道站场管道坡口加工多采用火焰切割+人工打磨方法，加工精度没有线路管道坡口加工精度高。此外由于管径和施焊位置限制，难以使用内对口器进行组对，而使用外对口器组对又会与自动焊机位置产生冲突，管道组对依赖工人水平。未来油气管道自动焊应当着力解决设备转场频繁、管道坡口打磨、管道组对精度等问题，进一步提高站场自动焊的机械化施工水平和焊接效率。

参 考 文 献

[1] 周高奇. 自动焊技术在石油化工管道施工中的应用与发展前景[J]. 中国石油和化工标准与质量，2019，39(06)：235-236.

[2] 孙亮. 管道自动焊工艺焊接参数的匹配与实践[J]. 电焊机，2014，44(11)：43-46.

卧式热虹吸重沸器安装高度的计算与分析

安永胜[1]　王中山[2]

（1. 中国石油天然气管道工程有限公司工艺所；
2. 中国石油管道局工程有限公司国际分公司）

摘　要：基于压力平衡原理，介绍了卧式热虹吸重沸器安装高度的计算方法。并结合工程实例，对某净化厂脱酸单元再生塔重沸器进行了安装高度的计算，确定了最低安装高度，对相关设计有一定的借鉴意义。

一、引言

重沸器是工业上用于实现沸腾传热的设备，常用于精馏塔塔釜，用来气化一部分液相产物返回塔内作为气相回流，为塔内气液两相间的接触传质传热提供能量。目前，除了易结垢、黏度高以及间歇蒸馏或间歇出料等条件下不宜使用外，热虹吸式重沸器已成为广泛采用和首选的重沸器类型[1]。

热虹吸式重沸器为自然循环式重沸器，运行过程中无需额外添加动力，重沸器与精馏塔之间由管线连接，构成物料循环系统，来自精馏塔釜的液体进入重沸器被加热部分气化，使上升管内气液混合物的相对密度明显低于入口管液体的相对密度，重沸器入口和出口产生静压差，塔釜液体不断被吸入重沸器形成虹吸过程[2]。重沸器的液体循环量取决于驱动这个系统的静压差。因此，在设计重沸器时，应进行压力平衡计算，以确定塔和重沸器之间的标高差和进出管尺寸，保证重沸器操作的正常循环。重沸器安装高度设置若不合理，将直接影响精馏塔的供热和塔的分离效果，从而影响产品质量[3]。

本文以某净化厂脱酸单元再生塔卧式重沸器为例，介绍其安装高度的计算和影响因素，从而为相关设计提供借鉴。

二、卧式热虹吸重沸器安装高度计算

卧式热虹吸重沸器通常属于壳侧沸腾，处理的物料在壳侧气化，管内为加热介质，常用壳体形式有 H 和 J 两种，J 壳体适用于较高的压力，为一进两出式；H 壳体大多在操作压力较低的工况下使用，为两进两出式，壳体中心线需有一块多孔的分配板。卧式热虹吸重沸器能得到中等程度的传热系数，处理的物料在加热区内停留时间短，不易结垢，调节容易，维修和清理方便，但其安装占地面积大，出口管线较长，阻力大，不适用于低压和真空操作工况[4]。

根据工艺条件，卧式热虹吸重沸器的设计选型基本确定后，需要校核重沸器壳程的压力平衡，以确定重沸器和精馏塔之间的高度差，可以满足正常的虹吸循环操作。热虹吸重沸器运行过程为自然循环过程，循环推动力为重沸器进出口侧静压差，在设计重沸器时，除了进行重沸器传热计算，还应进行压力平衡计算，以确定塔和重沸器之间的安装高度及各项安装尺寸，保证重沸器操作时正常循环。卧式重沸器安装示意图如图 1 所示。

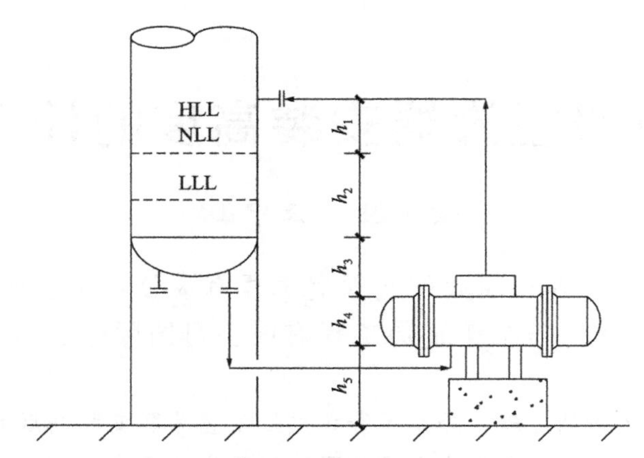

图1　卧式热虹吸重沸器安装示意图

h_1—塔釜液位高度与重沸器返回口高度，m；h_2—塔釜正常液位高度，m；

h_3—塔釜切线与重沸器上表面高度，m；h_4—重沸器设备高差，m；

h_5—地面与重沸器下表面距离，m

1. 系统阻力的计算

系统阻力主要由五部分组成，分别为重沸器入口管线压力降 Δp_1，重沸器出口管线压力降 Δp_2，重沸器壳程压降 Δp_3，重沸器壳程流体的静压头 Δp_4，重沸器出口管线的静压头 Δp_5。重沸器入口管线和出口管线的阻力损失主要是单位质量流体的机械能损失，产生机械能损失的根本原因是流体内部的黏性损耗。流体在直管中的流动因摩擦和流体中的涡旋导致的机械能损失称为直管阻力，流体通过各种管件因流道方向和截面的变化产生大量漩涡而导致的机械能损失称为局部阻力。流体在管道中的阻力是直管阻力和局部阻力之和。其中，局部阻力可通过管线当量长度转换为直管阻力进行计算。

1）重沸器入口管线的压力降 Δp_1

重沸器入口管线摩擦损失见式(1)。

$$\Delta p_1 = \frac{\lambda_1 u_1^2 l_1}{19.62 d_1} \tag{1}$$

式中　Δp_1——重沸器入口管线的压力降，m(液柱)；

u_1——重沸器入口管线内的流速，m/s；

d_1——重沸器入口管线内径，m；

l_1——从塔底出口到重沸器入口处的所有管线、管件、阀门等的当量长度，包括设备出口的收缩、钢管，弯头，阀门，仪表等，m；

f_1——管线的摩擦系数，当 $Re \leqslant 1000$ 时，$f_1 = 67.63Re^{-0.9873}$，当 $1000 < Re < 4000$ 时，$f_1 = 0.496Re^{-0.2653}$，当 $Re \geqslant 4000$ 时，$f_1 = 0.344Re^{-0.2258}$。

2）重沸器出口管线的压力降 Δp_2

重沸器出口管线摩擦损失见式(2)。

$$\Delta p_2 = \frac{1}{19.62} \cdot f_2 \cdot u_2^2 \cdot \frac{l_2}{d_2} \cdot \frac{\rho_{LV}}{\mu_{LV}} \tag{2}$$

式中　Δp_2——重沸器出口管线的压力降，m(液柱)；

u_2——重沸器出口管线内的流速，m/s；

d_2——重沸器出口管线内径，m；

l_2——从重沸器出口处的所有管线、管件、阀门等的当量长度，包括设备出口的收缩、钢管，弯头，阀门，仪表等，m；

f_2——管线的摩擦系数，计算方法同上；

ρ_{LV}——重沸器出口气液混合物的平均密度，计算方法见式(3)；

μ_{LV}——重沸器出口气液混合物的平均黏度，计算方法见式(4)。

$$\rho_{LV}=1/\left(\frac{y}{\rho_V}+\frac{1-y}{\rho_L}\right) \tag{3}$$

$$\mu_{LV}=1/\left(\frac{y}{\mu_V}+\frac{1-y}{\mu_L}\right) \tag{4}$$

式中 y——气化率，取20%[5]；

ρ_V——重沸器出口管线的气相密度，kg/m^3；

ρ_L——重沸器出口管线的液相密度，kg/m^3；

μ_V——重沸器出口管线的气相液黏度，cP；

μ_L——重沸器出口管线的液相液黏度，cP。

3）重沸器壳程压降 Δp_3

重沸器壳程压降见式(5)。

$$\Delta p_3=\frac{\Delta p}{9.81\rho_L} \tag{5}$$

式中 Δp_3——重沸器壳程压降，m(液柱)；

Δp——重沸器壳程压降，kPa。

4）重沸器壳程流体静压头 Δp_4

重沸器壳程流体静压见式(6)。

$$\Delta p_4=h_4\frac{\rho}{\rho_L},\qquad \rho=\frac{\rho_L+\rho_{LV}}{2} \tag{6}$$

式中 Δp_4——重沸器壳程流体的静压，m(液柱)；

ρ——重沸器内流体的平均密度，kg/m^3。

5）重沸器出口管线的静压头 Δp_5

重沸器出口管线的静压头见式(7)。

$$\Delta p_5=(h_1+h_2+h_3)\cdot\frac{\rho_{LV}}{\rho_L} \tag{7}$$

式中 Δp_5——重沸器出口管线的静压，m(液柱)。

2. 系统推动力的计算

系统推动力主要由三部分组成，分别为塔釜液位高度 h_2，塔釜下切线与重沸器上表面高度 h_3，重沸器设备高差 h_4。

3. 重沸器安装高度计算

压力平衡计算遵循的原则是推动力 Δp_0 大于等于热虹吸系统的压力降 Δp_f。

$$\Delta p_0=h_2+h_3+h_4\geqslant\Delta p_f=\Delta p_1+\Delta p_2+\Delta p_3+\Delta p_4+\Delta p_5 \tag{8}$$

通过式(8)，将各参数带入就能得到指定输量下的重沸器的最小安装高度 h_3。由于压力平衡对重沸器的正常操作非常重要，设计时应留出一定的安全余量。

三、设计实例计算

某天然气净化厂脱酸单元再生塔采用卧式热虹吸重沸器，吸收剂循环量为 $11.75m^3/h$，需要确定重沸器的安装高度。

1. 基础参数

相关基础参数见表 1 至表 3。

表 1 重沸器入口管线流体基础参数

参数或物性	液相	参数或物性	液相
质量流量/(kg/h)	$W_1=11330$	黏度/cP	$\mu_1=0.518$
密度/(kg/m^3)	$\rho_1=964.6$	入口管线管径/m	$d_1=0.08$
体积流量/(m^3/h)	$Q_1=11.75$	入口管线流速/(m/s)	$u_1=0.65$

表 2 重沸器出口流体基础参数

参数或物性	气相	液相	参数或物性	气相	液相
质量流量/(kg/h)	$W_V=1506$	$W_L=9824$	黏度/cP	$\mu_V=0.014$	$\mu_L=0.57$
密度/(kg/m^3)	$\rho_V=1$	$\rho_L=964$	出口管线管径/m	$d_1=0.25$	
体积流量/(m^3/h)	$Q_V=1506$	$Q_L=10.20$			

表 3 双相流管线和设备内流体的基础参数

参数或物性	两相	参数或物性	两相
气液混合物密度/(kg/m^3)	$\rho_{LV}=4.98$	气液混合物流速/(m/s)	$u_{LV}=12.89$
气液混合物黏度/cP	$\mu_{LV}=0.064$	重沸器内流体的平均密度/(kg/m^3)	$\bar{\rho}=484.49$

2. 阻力和推动力计算

重沸器入口管线和出口管线的管路系统计算结果见表 4。从表中可以看出重沸器入口管线摩阻 Δp_1为 0.237m，重沸器出口管线摩阻 Δp_2为 0.222m。

表 4 重沸器进出口管路系统计算结果

项目	入口管线	出口管线	项目	入口管线	出口管线
直管长度/m	12	16	管线流速/(m/s)	0.65	12.89
90°弯头/个	6	7	雷诺数 Re	9674.71	251605
三通/个		1	局部阻力系数	0.043	0.0207
管线阻力当量长度/m	20.4	61.13	管线压降/m	0.237	0.222

重沸器壳程压降为 30kPa，带入式(5)中，可得出重沸器壳程压降 Δp_3为 0.0032m。

通过式(6)和式(7)计算，重沸器壳程流体的静压头 Δp_4为 0.352m。重沸器出口管线的静压头 Δp_5为 0.037m。系统阻力 $\Delta p_f=\Delta p_1+\Delta p_2+\Delta p_3+\Delta p_4+\Delta p_5=0.237+0.222+0.0032+0.352+0.037=0.851m$。

塔釜液位高度 $h_2=0.7m$，重沸器设备高差 $h_4=0.7m$，重沸器下表面管嘴距离地面的距离 $h_5=1.2m$。推动力 $\Delta p_0=h_2+h_3+h_4=1.4+h_3$。由压力平衡原理，可得出 $h_3=-0.549m$，考虑留有 1.5~2

倍的设计裕量，故塔釜切线与重沸器上表面高度为1m。

四、结束语

本文以某净化厂脱酸单元再生塔重沸器为例，介绍了安装高度的计算方法，确定了重沸器的安装高度，对同类装置设计有一定的借鉴意义。

卧式热虹吸重沸器的安装高度，应使重沸器的压力平衡能够满足设计循环量的要求，通过上述计算，可以看出对安装高度的影响因素主要为重沸器内部压力降和进出口管线的管径，由于热虹吸重沸器壳程传热系数一般都较大，因此增大进出口管线的管径也可以使管线压力降降低，使得循环推动力增大，此外重沸器的配管在满足应力要求的情况下也应力求简化，以降低压力降，保证重沸器的稳定运行。

参 考 文 献

[1] 刘成军. 热虹吸式重沸器循环回路的设计探讨[J]. 化工设计，2008，18(6)：24-26.
[2] 于娜，仇汝臣，刘新新. 卧式热虹吸再沸器设计及核算软件开发[J]. 山东化工，2013，42(4)：140-141，145.
[3] 夏必霞，陶长剑. 再沸器与精馏塔的工艺设备布置及管路设计[J]. 化肥设计，2011，49(4)：27-29.
[4] 王二东. 浅谈热虹吸再沸器安装高度的合理设计[J]. 化工设计，2020，30(2)：16-19+41+1.
[5] 张祥光，苏海平，林亮，等. 脱硫脱碳装置卧式热虹吸式重沸器出口管线安装高度计算[J]. 石油与天然气化工，2015，44(4)：28-32.

储气库工艺设计中低温低应力校核方法探讨

郝　翰[1]　何绍军[1]　刘英杰[1]　李盛楠[1]　高起龙[1]　许洋铭[2]

（1. 中国石油天然气管道工程有限公司；
2. 中国航空油料有限公司吉林省分公司）

摘　要：储气库放空管道在放空作业时会因压降产生瞬时低温，这种低温可能会导致管道发生脆性断裂。为保证管道的安全同时兼顾项目的经济性，设计人员需对低温管道进行低温低应力工况的核算，以保证常温碳钢管道在低温状态下不发生脆性断裂。以往论文中多是对规范进行解读，以及对低温低应力的理论进行探讨，对工程实践中的应力校核方法及实际设计中优化管线布置则较少论述和讨论。本文将以某储气库放空管线设计为例，进行应力分析并提出自己的见解。

一、引言

目前，在储气库工艺设计过程中，经常会遇到低温工况，例如放空管线在放空作业时处于低温状态。较低的温度会使管道材料脆性增大，给管道性能和生产安全带来不利影响，在低温下必须选择合适的材料来保证设备和管材的安全与稳定。

对于低温管道，设计人员可以选用低温材料或通过低温夏比冲击试验的材料。这两种材料均能满足管道在低温工况下限以上时不会发生脆性断裂。这样选择材料虽可以满足管道在低温下的韧性要求，但是在工程实际应用中仍存在一些问题。

首先，根据规范 GB/T 20801. 2—2020 的表 6 和表 A. 1，除"小截面"试样和低温低应力工况外，GB/T 20801. 2—2020 规定 GB/T 9711—2017 材料的最低使用温度是 -30℃。同时，GB/T 9711—2017 和 GB/T 20801. 2—2020 也允许采用不低于设计温度的低温冲击试验，冲击试验合格后仍可使用。但是在项目实际中，放空管道常常会出现低于-30℃的低温工况，而低于-30℃的材料要通过低温冲击试验则需改变生产工艺，不具备经济性。

同时，低温钢材的采购价格又会比普通钢材贵 50%。而有些项目所在地区很难找到低温钢生产厂家，只能采用不锈钢进行代替，这样做既增加了采购成本，同时不锈钢与碳钢管线的连接也带来腐蚀风险。

基于以上原因，若管道能符合低温低应力工况，则设计人员可选用普通管材，既能满足规范要求，又能节省项目投资，便于施工。

以往资料中多是对规范进行解读，以及对低温低应力的理论进行探讨，对工程实践中的应力校核方法及实际设计中优化管线布置则较少论述和讨论。本文将以某储气库放空管线设计为例，从这两个方面进行分析并提出自己的见解。

二、储气库设计中低温低应力的校核准则及校核方法

1. 低温低应力工况的定义和判定准则

（1）GB/T 20801. 2—2020《压力管道规范　工业管道　第二部分　材料》第 3. 1 节中对"低温低

应力工况”的定义是要同时满足以下两个条件：1)低温下的最大工作压力不大于常温下最大允许工作压力的30%；2)管道由压力、重力及位移产生的轴向拉应力总和(计算位移应力时，不计入应力增大系数)不大于材料常温许用应力值的30%，且不大于50MPa[1]。

结合规范GB/T 20801.2—2020第8.1节中对“最低使用温度及冲击试验免除”的规定：“符合低温低应力工况的GC2级管道，最低使用温度不低于-104℃，且适用的碳钢材料中不包括碳素结构和螺栓材料，管道系统中不准许存在铁素体与奥氏体的异种金属焊接接头[1]。”

(2) GB 50316—2000(2008年版)《工业金属管道设计规范》第4.3.4.2款对“低温低应力工况”的定义为：设计温度不大于-20℃的受压的管道组成件，其环向应力不大于钢材标准中屈服点的1/6，且不大于50MPa的工况[1]。

同时规范规定了管道材料免做冲击试验的条件为：除了抗拉强度下限值大于540MPa的钢材及螺栓材料外，使用的材料在低温低应力工况下，若设计温度加50℃后，高于-20℃时，管道材料可免做低温冲击试验。

2. 低温低应力工况的应力校核方法

在通过应力分析对项目进行低温低应力的计算过程中，笔者查阅了大量的论文和规范，也与相关专家进行了讨论，提出了对于低温低应力的校核方法。该方法与以往的习惯做法略有不同。

有论文中作者对计算管道由压力、重力及位移产生的轴向拉应力总和(计算位移应力时，不计入应力增大系数)的表述为：“计算位移应力时，不计入应力增大系数，而CAESAR II中默认计算结果中计入了应力增大系数SIF，故需要进行一定的转化。

$$L_1(\mathrm{OPE})=W+T_1+P_1$$

$$L_2(\mathrm{SUS})=W+P_1$$

$L_3(\mathrm{EXP})=L_1-L_2=T_1$，除开应力增大系数SIF，即为所需位移应力，故轴向(拉)应力总和$=(L_3/\mathrm{SIF})+\mathrm{L2}$。[1]”

根据笔者的思考，认为有以下两点需要注意：

(1) 应力增大系数设置。

根据GB/T 20801中计算位移应力的要求，计算位移应力时不计入应力增大系数。若选择先在CAESAR II软件中默认计入应力增大系数，然后在计算结果中再除以应力增大系数。则忽略了一个关键问题，那就是不同管线位置的管件其应力增大系数是不一样的。应力增大系数是根据规范GB/T 20801.3中的附录G来计算，这个系数的取值与管件的种类和壁厚相关，对于不同壁厚的三通及弯头，应力增大系数是不一样的。故而，在默认应力增大系数的情况下选取的应力最大值不等于不计入应力增大系数时的应力最大值。

例如：假设应力模型中有a/b两个节点。a节点的计算值为100MPa，应力增大系数为2.1，则软件显示该节点的应力值为100×2.1=210MPa。b节点的计算应力为150MPa，应力增大系数为1.2，则软件显示应力值为150×1.2=180MPa。

如果只看软件显示的应力值，则会认为a节点的应力值更大，除开应力增大系数后得到该点的计算应力值为100MPa，但是实际上却是b节点的计算应力值150MPa更大。

所以先按照软件默认计入应力增大系数的方式建模计算，然后再在计算结果中除开应力增大系数，以满足规范GB/T 20801中对位移应力不计入应力增大系数的要求的做法是不正确的。

笔者认为应该在管道建模阶段就取消应力增大系数，或者手动将应力增大系数改为1。这样计算出来的结果才能保证满足规范要求，如图1所示。

(2) 轴向拉应力总和计算方式。

规范GB/T 20801中所规定的管道由压力、重力及位移产生的轴向拉应力总和这个值，有些论文中作者采用管道的一次应力最大值与二次应力最大值相加，即SUS(MAX)+EXP(MAX)=管道由

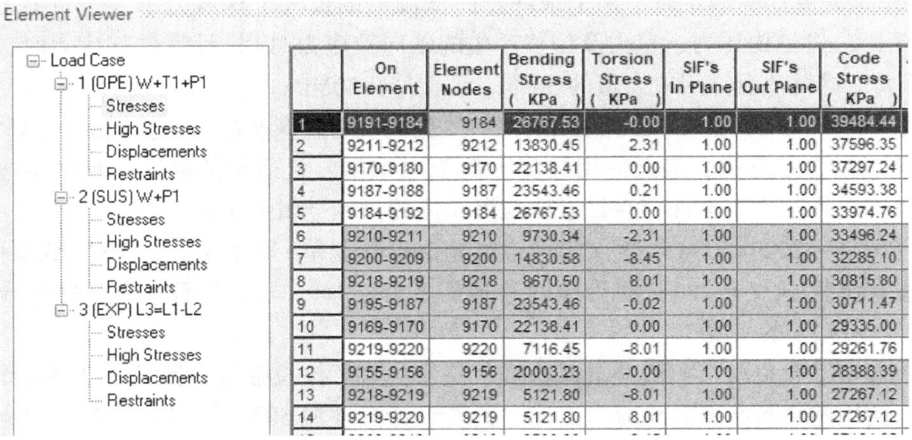

Element Viewer

- Load Case
  - 1 (OPE) W+T1+P1
    - Stresses
    - High Stresses
    - Displacements
    - Restraints
  - 2 (SUS) W+P1
    - Stresses
    - High Stresses
    - Displacements
    - Restraints
  - 3 (EXP) L3=L1-L2
    - Stresses
    - High Stresses
    - Displacements
    - Restraints

	On Element	Element Nodes	Bending Stress (KPa)	Torsion Stress (KPa)	SIF's In Plane	SIF's Out Plane	Code Stress (KPa)
1	9191-9184	9184	26767.53	-0.00	1.00	1.00	39484.44
2	9211-9212	9212	13830.45	2.31	1.00	1.00	37596.35
3	9170-9180	9170	22138.41	0.00	1.00	1.00	37297.24
4	9187-9188	9187	23543.46	0.21	1.00	1.00	34593.38
5	9184-9192	9184	26767.53	0.00	1.00	1.00	33974.76
6	9210-9211	9210	9730.34	-2.31	1.00	1.00	33496.24
7	9200-9209	9200	14830.58	-8.45	1.00	1.00	32285.10
8	9218-9219	9218	8670.50	8.01	1.00	1.00	30815.80
9	9195-9187	9187	23543.46	-0.02	1.00	1.00	30711.47
10	9169-9170	9170	22138.41	0.00	1.00	1.00	29335.00
11	9219-9220	9220	7116.45	-8.01	1.00	1.00	29261.76
12	9155-9156	9156	20003.23	-0.00	1.00	1.00	28388.39
13	9218-9219	9219	5121.80	-8.01	1.00	1.00	27267.12
14	9219-9220	9219	5121.80	8.01	1.00	1.00	27267.12

图 1　工况 L_1 的应力值界面

压力、重力及位移产生的轴向拉应力总和。

这样的计算方法有一个问题，通常应力模型中一次应力最大值 SUS(MAX)与二次应力最大值 EXP(MAX)并不在同一个节点上，如果仅仅将整个模型中一次应力与二次应力的最大值简单相加，则会造成计算数值较大，轴向拉应力总和计算结果过于保守，低温低应力校核不通过。

笔者认为，规范中要求的轴向拉应力总和，应选取操作工况，即 OPE 工况下的计算应力值。操作工况下的计算应力值即有管道由压力、重力等持续载荷产生的一次应力，也包括由温度引起的位移应力。规范中所描述的轴向拉应力总和就是操作态下管道产生的总应力。

规范 B31.3 中规定：由内压引起的轴向应力为 PD/4t，由重力和外载荷引起的轴向应力为 Fa/Ap，由温度引起的位移应力则采用有限元计算得到。应力分析软件 CAESAR II 是知名的有限元计算软件，通过软件的计算，可以准确得到管道在操作状态下，包含了内压，重力及位移的轴向应力。虽然规范并未给出此工况下的应力许用值，但是在低温低应力的校核中，设计人员可以按照规范要求手动计算出低温低应工况的应力的许用值，自行对管道的应力情况进行判断。

三、低温低应力工况的应力校核案例

1. 参数设置及工况编辑

以某储气库项目放空系统管道设计为例，管道介质为：天然气；设计温度为：-60～70℃；最大允许工作压力为：4MPa。管道规格为：D323.9mm×14.2mm；材质为：L360N GB/T 9711—2017；放空管线限流孔板后操作温度为：-60℃；操作压力为：1.05MPa。

放空管线采取全线埋地敷设的方式，仅在放空阀门及放空立管处地上安装，由于本文主要讨论低温管道的低温低应力工况，截取放空管线中间 100m 管道，不再模拟放空立管和节流截止放空阀。该项目属于 GC 类管道，按照 GB/T 20801.2 对国标材料 L360N GB/T 9711—2017 进行低温低应力校核。

为计算管道系统中由压力、重力及位移产生的轴向(拉)应力总和，采用专业的应力分析软件 CAESAR II 对管道进行建模。模型如图 2 所示。

建模参数：

Dia = 323.9mm　　wall = 14.2mm　　insul = 0mm　cor = 0mm

T_1 = -60℃　　p_1 = 1050KPa　　Mat = (331) API 5L X52(材料屈服强度等同于 L360)

工况编辑：

$L_1(OPE) = W+T_1+P_1$

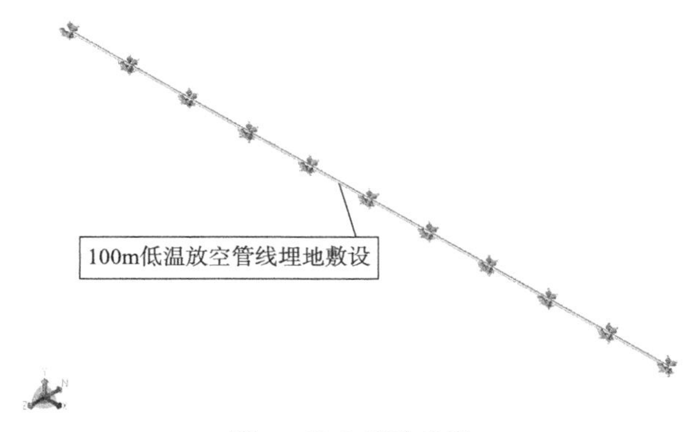

图 2　放空管道建模

$L_2(\mathrm{SUS})=W+P_1$

$L_3(\mathrm{EXP})=L_1-L_2$

工况编辑界面如图 3 所示。

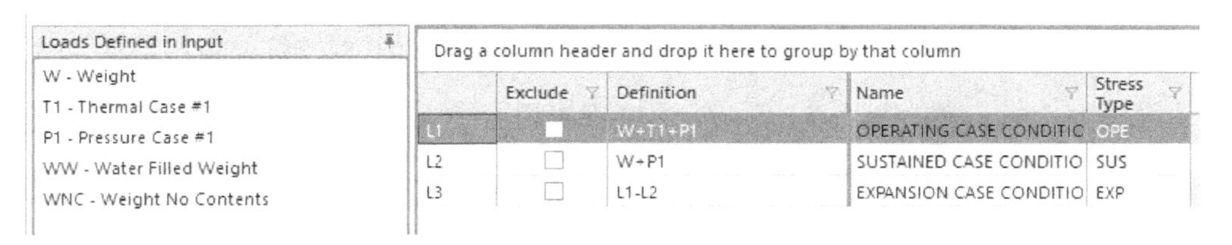

	Exclude	Definition	Name	Stress Type
L1		W+T1+P1	OPERATING CASE CONDITIC	OPE
L2		W+P1	SUSTAINED CASE CONDITIO	SUS
L3		L1-L2	EXPANSION CASE CONDITIO	EXP

图 3　管道系统工况列表界面

2. 初始安装方案和应力校核

先对初始设计方案中放空管道做低温低应力工况的应力校核，校核结果如图 4 所示。

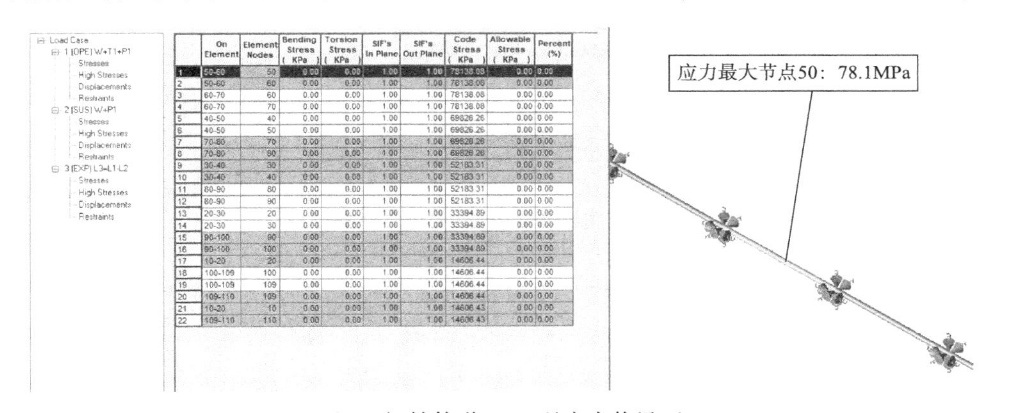

	On Element	Element Nodes	Bending Stress (KPa)	Torsion Stress (KPa)	SIF's In Plane	SIF's Out Plane	Code Stress (KPa)	Allowable Stress (KPa)	Percent (%)
1	50-60	50	0.00	0.00	1.00	1.00	78138.08	0.00	0.00
2	50-60	60	0.00	0.00	1.00	1.00	78138.08	0.00	0.00
3	60-70	60	0.00	0.00	1.00	1.00	78138.08	0.00	0.00
4	60-70	70	0.00	0.00	1.00	1.00	78138.08	0.00	0.00
5	40-50	40	0.00	0.00	1.00	1.00	69826.26	0.00	0.00
6	40-50	50	0.00	0.00	1.00	1.00	69826.26	0.00	0.00
7	70-80	70	0.00	0.00	1.00	1.00	69826.26	0.00	0.00
8	70-80	80	0.00	0.00	1.00	1.00	69826.26	0.00	0.00
9	30-40	30	0.00	0.00	1.00	1.00	52183.31	0.00	0.00
10	30-40	40	0.00	0.00	1.00	1.00	52183.31	0.00	0.00
11	80-90	80	0.00	0.00	1.00	1.00	52183.31	0.00	0.00
12	80-90	90	0.00	0.00	1.00	1.00	52183.31	0.00	0.00
13	20-30	20	0.00	0.00	1.00	1.00	33394.89	0.00	0.00
14	20-30	30	0.00	0.00	1.00	1.00	33394.89	0.00	0.00
15	90-100	90	0.00	0.00	1.00	1.00	33394.89	0.00	0.00
16	90-100	100	0.00	0.00	1.00	1.00	33394.89	0.00	0.00
17	10-20	20	0.00	0.00	1.00	1.00	14606.44	0.00	0.00
18	100-109	100	0.00	0.00	1.00	1.00	14606.44	0.00	0.00
19	100-109	109	0.00	0.00	1.00	1.00	14606.44	0.00	0.00
20	109-110	109	0.00	0.00	1.00	1.00	14606.44	0.00	0.00
21	10-20	10	0.00	0.00	1.00	1.00	14606.43	0.00	0.00
22	109-110	110	0.00	0.00	1.00	1.00	14606.43	0.00	0.00

图 4　初始管道 L_1 工况应力值界面

OPE(L_1)工况下应力值最大节点为 50，该节点应力值为 78.1MPa。按照本文 1.2 中的说明，模型的应力增大系数已设置为 1。

按照 GB/T 20801.2—2020 的要求进行低温低应力校核：

(1) 最大工作压力为 1.05MPa。30%最大允许工作压力为 4×0.3＝1.2MPa。最大工作压力小于 30%最大允许工作压力，满足要求。

(2) 管道由压力、重力及位移产生的轴向拉应力总和最大值为 78.1MPa，材料 L360 的常温许用应力值的 30%为 151.6×0.3＝45.48MPa。轴向拉应力总和大于材料的常温许用应力的 30%，不满足要求。

结论：根据分析结果可得，原设计方案不满足低温低应力工况要求。若想满足低温低应力工况，需减小管道的轴向拉应力总和。

3. 柔性设计方案下的工况校核

笔者与配管专业结合，结合应力设计工作的经验，采用增加管道自然补偿的方式对管道进行柔性设计。柔性设计后的管道模型如图 5 所示。

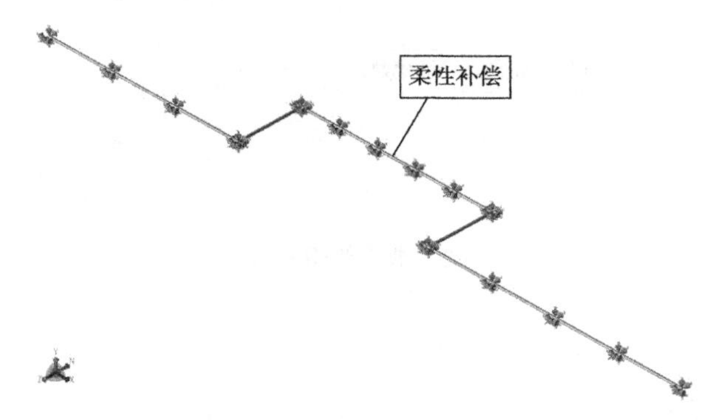

图 5　放空管道柔性设计建模

通过柔性设计，使管道整体应力下降，再对管道进行低温低应力校核。校核结果如图 6 和图 7 所示。

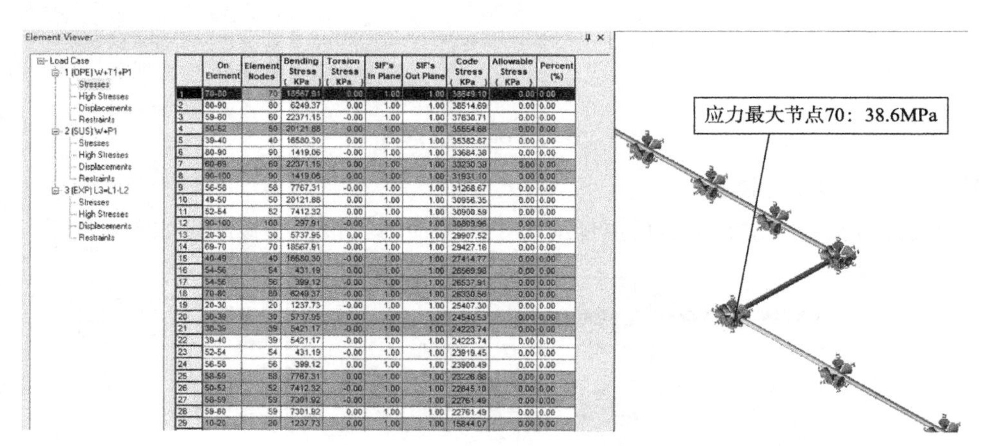

图 6　柔性设计后 L_1 工况应力值界面

Node	Axial Stress KPa	Bending Stress KPa	Torsion Stress KPa	Hoop Stress KPa	Max Stress Intensity KPa	SIF/Index In-Plane	SIF/Index Out-Plane	Code Stress KPa	Allowable Stress KPa	Ratio %	Piping Code	Element Name
56	26138.8	399.1	-0.0	10925.2	27552.9	1.000	1.000	26537.9	0.0	0.0	B31.3	
56	23501.4	399.1	0.0	10925.2	24915.5	1.000	1.000	23900.5	0.0	0.0	B31.3	
58	23501.4	7767.3	-0.0	10925.2	31637.6	1.000	1.000	31268.7	0.0	0.0	B31.3	
58	15459.6	7767.3	0.0	10925.2	23595.8	1.000	1.000	23226.9	0.0	0.0	B31.3	
59	15459.6	7301.9	-0.0	10925.2	23171.2	1.000	1.000	22761.5	0.0	0.0	B31.3	
59	15459.6	7301.9	0.0	10925.2	23171.2	1.000	1.000	22761.5	0.0	0.0	B31.3	
60	15459.6	22371.1	-0.0	10925.2	37830.7	1.000	1.000	37830.7	0.0	0.0	B31.3	
60	10859.2	22371.1	0.0	10925.2	33230.4	1.000	1.000	33230.4	0.0	0.0	B31.3	
69	10859.2	1901.6	-0.0	10925.2	13644.1	1.000	1.000	12760.9	0.0	0.0	B31.3	
69	10859.2	1901.6	0.0	10925.2	13644.1	1.000	1.000	12760.9	0.0	0.0	B31.3	
70	10859.2	18567.9	-0.0	10925.2	29427.2	1.000	1.000	29427.2	0.0	0.0	B31.3	
70	20081.2	18567.9	0.0	10925.2	38649.1	1.000	1.000	38649.1	0.0	0.0	B31.3	
80	20081.2	6249.4	-0.0	10925.2	26832.6	1.000	1.000	26330.6	0.0	0.0	B31.3	
80	32265.3	6249.4	0.0	10925.2	39016.7	1.000	1.000	38514.7	0.0	0.0	B31.3	
90	32265.3	1419.1	-0.0	10925.2	34610.0	1.000	1.000	33684.4	0.0	0.0	B31.3	

图 7　L_1 工况下节点 9184 应力详细界面

OPE(L_1)工况下应力值最大节点 70 进行分析：

通过软件计算可得，该节点的轴向应为 20.08MPa。

该节点的弯曲应力为 18.56MPa。

则管道由压力、重力及位移产生的轴向拉应力总和为 38.6MPa。

此时按照 GB/T 20801.2—2020 的要求进行低温低应力校核：

(1) 最大工作压力为 1.05MPa。30%最大允许工作压力为 4×0.3=1.2MPa。最大工作压力小于30%最大允许工作压力，满足要求。

(2) 管道由压力、重力及位移产生的轴向拉应力总和最大值为 38.6MPa，材料 L360 的常温许用应力值的 30%为 151.6×0.3=45.48MPa。轴向拉应力总和小于材料的常温许用应力的 30%，满足要求。

4. 结论

通过上述应力分析结果可知，柔性设计可有效降低管道的轴向拉应力总和。通过增加自然补偿的设计方式，库区放空管线管道应力已满足规范 GB/T 20801.2—2020 对于低温低应力的要求，应力校核通过。管线材料可选择普通碳钢材质并免除低温夏比冲击试验。这样的设计即满足规范要求，又可以节省投资。

四、结束语

在运用“低温低应力工况”对管道进行应力计算时，不仅要满足规范要求，还需在实际计算中正确的建模和计算，以达到用准确的计算结果指导设计方案的目的。本文中的计算方法和设计方案不仅可以应用到储气库设计中，同样也可以应用到其他的 GC 类输气管道项目中。应注意的是，结合项目的实际情况，从安全性和经济性综合考虑。并非所有项目在低温工况下做低应力设计都是最优解，要结合介质的危险性、介质压力和所在地区的防护等级等需求综合判断。

参 考 文 献

[1] 阳东升，费珂，何旭东，等.“低温低应力工况”下管道材料的应用[J]. 化工设计，2019，29(3)：29-31.

[2] 赵建峰.“低温低应力工况”的分析与应用[J]. 科技与生活，2012，12(1)：147-148.

[3] 黄兴军.“低温低应力工况”的认识和应用[J]. 化工设备与管道，2005，42(2)：13-14.

[4] 李群，李丽新，董清坤. 低温低应力工况管道的设计浅析[J]. 大氮肥，2019，42(3)：164-166.

[5] 王炜. 低温低应力设计方法的判定及应用[J]. 工业技术，2016，77(2)：77-78.

[6] 刘洪佳，田德永，吴广增. 压力管道低温低应力工况判定方法及应用[J]. 山东化工，2017，46(8)：119-120.

[7] 熊从贵，何静，金琦. 冷库制冷压力管道的自然补偿设计[J]. 化工设备与管道，2020，57(3)：72-75.

[8] 赵建平，张秀敏，沈士明. 材料韧脆转变温度数据处理方法探讨[J]. 石油化工设备，2004，33(4)：29-32.

[9] 熊从贵，何静，宋玲丽，等. 冷库制冷压力管道“低温低应力工况”的判定[J]. 化工设备与管道，2022，19(5)：91-97.

[10] 黄劲松. 氨制冷系统低温压力管道材料问题的探讨[J]. 冷藏技术，2006，06(2)：17-21.

[11] 崔庆丰，陆戴丁，陈勇. 压力容器低温低应力工况原理及其温度调整准则研究[J]. 压力容器，2021，38(6)：61-69.

[12] 王民锋. 低温压力容器及低温低应力容器的设计与分析[J]. 科技成果纵横，2020，29(3)：267-268.

[13] 许靖宇，邵国亮，康慧珊，等. 清管站进出站管道应力分析与设计优化——以中压天然气管道为例[J]. 油气储运，2016，35(9)：1-5.

[14] 陈霖. 输气管道工程山岭隧道内外管道应力分析与安装设计[J]. 石油工程建设，2012，6(6)：44-48.

[15] 刘亮，姜晗，陆美彤，等. 高压长输天然气管道站场管线全地上敷设的应力分析[J]. 油气田地面工程，2020，349(8)：43-48.

[16] 李治衡，刘海龙，王文，等．海上高温高压井套管应力分析[J]．石油钻采工艺，2018，40(S1)：129-132.
[17] 陈俊文，徐境，邱星栋，等．埋地管道自然锚固规律研究[J]．天然气与石油，2015，33(3).
[18] 唐永进．压力管道应力分析[M]．北京：中国石化出版社，2009.
[19] 刘仕鳌，蒲红宇，刘书文，等．埋地管道应力分析方法[J]．油气储运，2012，31(4)：274-278.
[20] 宋岢岢．压力管道设计及工程实例[M]．北京：化学工业出版社，2007.
[21] 宋岢岢．工业管道应力分析与工程应用[M]．北京：中国石化出版社，2011.
[22]《长输油气管道工艺设计》编委会．长输油气管道工艺设计[M]．北京：石油工业出版社，2012.

液化天然气真空管道(PIP)技术发展研究

田明磊　马　尧

(中国石油天然气管道工程有限公司阿布扎比分公司)

摘　要：在当今快速增长的液化天然气供应市场，各大运营商正在研究多种解决方案，来提升运行效率，降低运营成本，而管道保冷无疑是液化天然气管道设计方面关注的重点。国内大多数接收站均采用聚异氰脲酸酯(PIR)或泡沫玻璃(GC)的方式进行管道隔热处理。该种隔热方式施工工期长，同时存在材料老化，保冷失效，增加运营成本的风险。而真空管道在液化天然气领域的应用可以很好地解决上述问题。

一、引言

天然气作为清洁能源已经被广泛地应用，而液化天然气接收站作为天然气能源储备的重要终端已经在国内大力推广并建设。但由于其超低温的设计，液化天然气管道及设备需要做好隔热设计，避免管道漏冷、结冰、介质大量气化，增加运行成本及运营风险。

近年来随着超低温介质管道行业的不断发展，各种保冷形式层出不穷，以聚异氰脲酸酯(PIR)或泡沫玻璃(GC)材料为主的保冷材料不断占据保冷行业的市场。但由于材料本身性质的问题，在运营期间 PIR 总会出现老化或漏冷的风险，对业主后续的运营维护造成一定的困扰。

2005 年真空管道首次被应用到项目中，产生了良好的应用效果，在极大地程度上解决了后期保冷失效、漏冷的风险。同时由于其特殊的结构形式，缩短了一次建设周期，在一定程度上节约了建设成本。

二、常规的管道保冷形式

常规的液化天然气管道保冷，一般采用聚异氰脲酸酯(PIR)或泡沫玻璃(GC)的材料进行设计(图 1)。PIR 材质为有机化合物，随着时间的推移存在老化、性能衰退的风险，而 GC 虽为无机材料，但由于其保冷性能导致管道保冷厚度较大，占用管廊及装置区内的空间较多。目前国内大多数接收站，采用内层 PIR+外层 GC 的形式进行管道保冷，该种保冷形式既能保证隔热效果又能降低保冷层厚度。但是也难免会受到施工的影响，保冷层进入水蒸汽，存在老化、漏冷的风险。同时、其保冷层厚度依然在 200mm 以上，同样占据更大的管廊和装置区的空间。

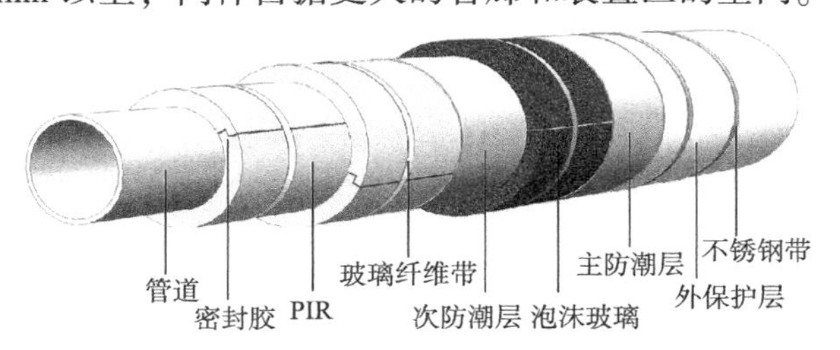

图 1　液化天然气接收站常规的管道保冷形式

气凝胶因其超低的导热系数、极强的抗老化能力，具备更好的隔热性能及使用寿命。但因为造价较高，导致其未被普及应用。据了解新型的廉价气凝胶及相关的辅助产品正在被各大厂商联合开发，如果一旦成型，将是未来管道隔热材料的一个不错的选择。

当前国内的一些 EPC 承包商，考虑到建设成本的问题，依然会直接选用 PIR 材料进行管道保冷设计，导致运营期间检维修费用增加，运营成本增高。

三、真空管道(PIP)

真空管道又称“管中管”(Pipe in pipe)，当前在欧美国家超低温介质管道输送领域已经得到了大量应用。其典型的结构形式如图 2 所示。

(1) PIP 管道是由内管、保冷材料和外管组成，保冷材料在内外管之间形成连续的环形空间。该环形空间通过抽真空处理，降低内管中液化天然气介质的蒸发损耗量。该管道采用波纹管的设计方式，解决了管道由于温度变化引起的收缩或者膨胀产生的应力超限的情况，减少场站的补偿弯设计。同时由于 PIP 管道环形空间仅有 35mm，也极大的减少了管廊及装置区内的空间，节约建设用地，节约建设成本。

(2) PIP 内外管的设计保证在 LNG 输送时，当内管发生泄漏时，可以提供一个“完全封闭”的环隙空间，保护液化天然气和蒸发气不发生泄露。

(3) PIP 管道的内外材质可根据设计要求自由组合，内管可采用“不锈钢”、“因瓦合金“(UNS K93603)”等，外管可以采用“不锈钢”“碳钢”等材料，适用于各种不同的环境和工况条件。

(4) PIP 管道支架的设计方式也不同于常规的液化天然气管道设计(HD-PIR 分半到场)，其支架可直接预制到 PIP 管道的外管上，节省了整个项目的建设周期。

(5) PIP 管道由于其特殊的构造形式，厂家需要根据设计图纸进行逐段预制。因此，PIP 管道的制造对于设计的精细化程度较高。

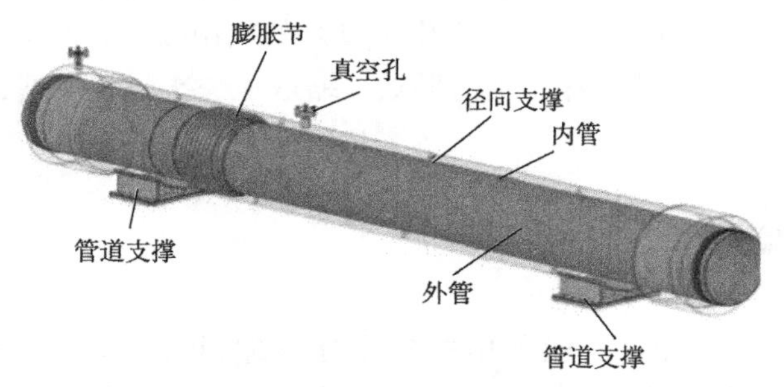

图 2　PIP 管道技术模式

四、PIP 管道技术和传统的管道保冷技术的对比

PIP 管道和传统管道保冷技术参数对比见表 1。根据对比，PIP 管道和传统保冷技术相比，无论从安全、性能、施工和投资方面都具有很大优势。

表 1　PIP 管道和传统保冷技术对比表

主要参数	PIP 管道	传统保冷技术
导热系数	k=0.0001W/(m·K)	k=0.04W/(m·K)
管道日蒸发率	0.1%/d	1%/d
来船间隙管道保冷	LNG 温度维持 30d，不需要保冷循环	LNG 温度维持 3d，需保冷循环

续表

主要参数	PIP 管道	传统保冷技术
设计寿命	40a	10~15a
绝热层厚度	35mm	200~300mm
占用空间	占用空间小	保冷层厚度大，占用空间大
腐蚀	无腐蚀(1)	易产生绝热层下腐蚀(1)
维修和维护	免维护	需要定期更换绝热层 (有机保冷材料使用寿命 10~15 年)
施工	节省建设周期，工厂预制	人工成本高，施工周期长
投资	一次投资高，可减少钢结构和土地成本	一次投资低，维护成本高
橇装化和工厂预制	可以实现工厂预制及橇装化	钢结构和管道只能单独施工，保冷只能现场施工
泄漏检测	泄漏检测更可靠，可以采用光纤、压力表和温度检测	泄漏检测手段少，无法实现泄漏检测

备注：(1)管道腐蚀性对比如图 3 和图 4 所示。

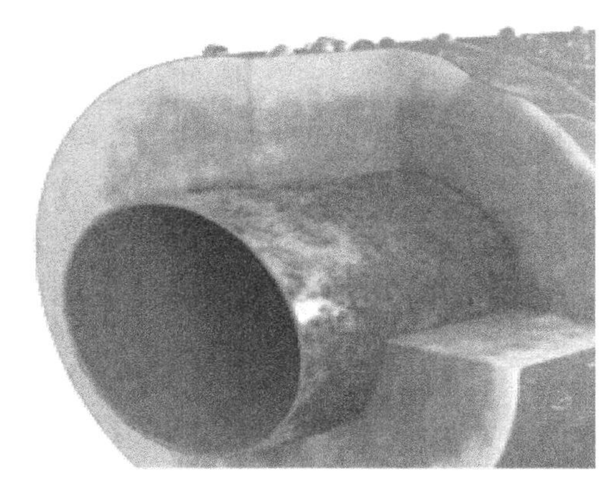

图 3　管道腐蚀对比

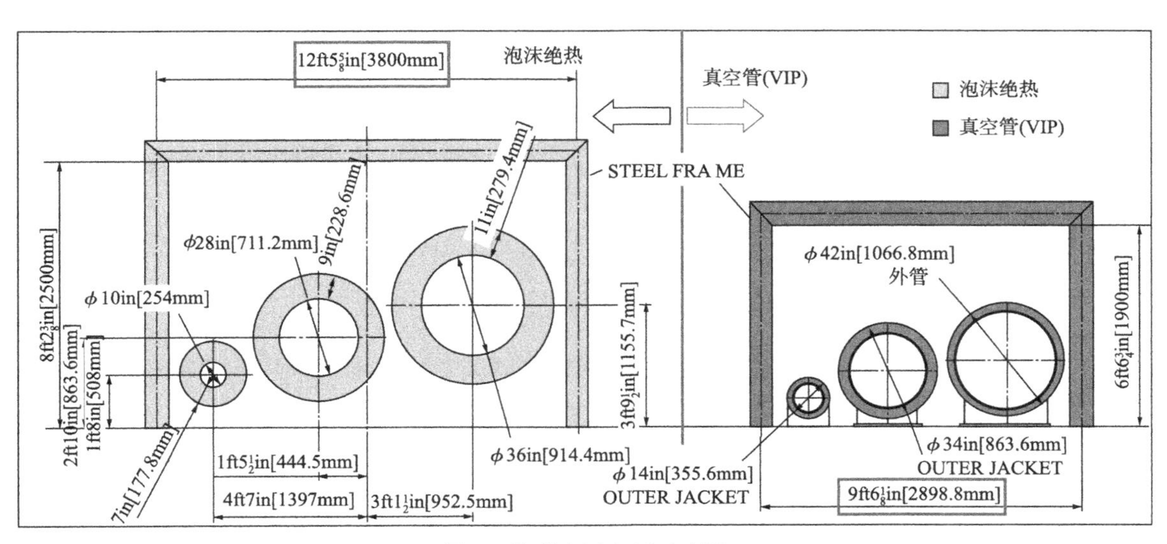

图 4　管道占用空间对比图

通过表 1 对比不难发现，PIP 的管道优势明显，无论从技术参数到施工、投资均具有明显的优势。尤其内管采用“因瓦合金“(UNS K93603)”可大幅度提高低温管道的撬装化和预制化水平，减少现场安装成本，提升模块化建设的优势。其优秀的保冷性能，也降低了运营漏冷的风险，减少了保冷循环的次数，变相的降低了运营成本。

PIP 管道虽然优势明显，但也存在一定的缺点和不足。一是，PIP 管道当前更适用于管廊、场际管道等长直管道建设。对于装置区内较为复杂的管道，PIP 管道存在一定的局限性，尤其旁路管、支路管、仪表原件较多的管道，由于其特殊的构造形式，增加了现场施工的难度。二是，限于当前计算软件无法准确的模拟 PIP 管道的计算模型，因此也无法统筹的考虑管道系统的稳定性。三是，大口径 LNG 卸船总管的水击力对于管道系统的作用力较大，PIP 内管膨胀节的可靠程度是否能够得到保障，目前暂无数据支撑。

在整体的投资方面，PIP 管道由于其特殊的构造形式，采购费用会有所增加，但结合项目整体建设周期来看，节约用地、节约管廊、节约保冷施工的人工成本等均会降低建设费用。按当前成本估算，采用 PIP 管道的整体建设费用大概率会与当前建设模式拉齐。但考虑到全生命周期内的运营成本，PIP 管道的经济优势明显。

五、PIP 管道在液化天然气领域的技术发展

液化天然气行业想要得到长足的发展，需要多学科的共同努力。如航空液氢领域，装置区域内工艺被优化，减少了大量的仪表及支路管线，使真空管道得到了大面积的普及应用。国内液化天然气接收站想要大面积应用 PIP 管道，待解决的问题较多，当前主要聚焦的矛盾点，如“装置区内的工艺如何优化、内外管道的应力如何计算，大口径真空管道的水击力如何考虑”等，待解决的问题较多，需要各专业学科共同努力去突破关键技术壁垒，使行业技术得到真正的发展。

真空夹套管在液氧、液氮、液氢和液氦领域中的应用已经超过了 50 年，近年来逐步应用在液化天然气工程中。2005 年，在澳大利亚 APLNG 液化工厂投入应用后，迅速获得市场认可，陆续在接收站中得到应用，随后在澳大利亚多个液化工厂投入使用。2019 年，PIP 管道系统获得了美国政府的批准，在 Freeport LNG、Cameron LNG 和阿拉斯加 LNG 项目管道中相继投入使用。

六、结论及建议

目前，国内液化天然气接收站工程暂没有使用新型管材、PIP 管道应用的案例。但在液氢领域、液化工厂得到了较好的发展。

PIP 管道的应用前景可观，未来液化天然气接收站可尝试采用该种形式进行管道设计，欧美国家已经开始陆续使用，当前国内的技术发展应聚焦国际业务，应联合行业内其他产业共同开展相关技术的研究和突破，提升行业发展水平，提升国际竞争力，助力打造一流的国际能源企业。

参 考 文 献

[1] 王强，李纪虎，高文智，等 . LNG 低温真空管道真空度测试试验台设计与应用[J]. 真空科学与技术学报，2023，43(11)：925-930.

[2] 高超，严日华，武斌，等 . 大气环境变化对真空管道温度场影响的研究[J]. 实验流体力学，2023，37(1)：72-81.

[3] 唐莹，张鹏 . 基于 FLUENT 计算的 LNG 真空管道泄漏安全分析[J]. 真空科学与技术学报，2021，41(4)：363-368.

[4] 姜陆 . 低温介质工艺特性及配管研究[J]. 当代化工，2020，49(10)：2351-2354.

[5] 谢元华，韩进，张志军，等 . 真空输送的现状与发展趋势探讨(六)[J]. 真空，2018，55(6)：28-32.

[6] 康志远，林洁 . 真空多层绝热管道技术现状[J]. 机电产品开发与创新，2018，31(2)：17-19.

CAESAR Ⅱ软件在收发球筒支撑受力分析的应用示例

张　硕　周东霞

(中国石油天然气管道工程有限公司沈阳分公司工艺室)

摘　要：CAESAR Ⅱ软件是一款在工程领域广泛应用的管道应力分析软件，通过CAESAR Ⅱ软件研究人员可以对收发球筒进行详细的建模和支座的受力情况分析，评估其强度和稳定性是否符合设计要求。本文以某天然气管道工程输气站场为例，对发球筒进行建模及应力分析，在发球筒2个支座均设置螺栓，螺栓固定在支座底部长圆孔范围内，探讨基础支撑的设置(滑动支撑、圆孔、长圆孔)对基础受力分析成果的影响，用于指导结构专业及配管专业设计，为工程设计和实施提供重要的技术支持和指导。

一、引言

CAESAR Ⅱ是国际公认的管道应力分析程序应用最广泛的软件之一，也是进入中国市场最早、应用最广泛的管道应力分析软件[1]。清管器收发球筒是输气站场的重要设备之一，而收发球筒的支撑受力是管道和结构设计中不可忽视的重要问题，在设计中应尽可能地将集中载荷分散布置[2]，以增强其稳定性，使支撑基础受力合理。通过对不同设计方案进行模拟和分析，研究人员可以找到最优的管道设计方案，以满足工程项目的要求并提高设计效率，这些优化设计的研究成果也可以应用于实际工程项目中，为工程设计提供参考和借鉴。本文以某天然气管道工程输气站场为例，通过建模及应力分析，开展支撑位移和受力方案比选研究，对发球筒支撑位移进行控制，制定合理的改进方案，可为收发球筒支撑基础的设计提供参考。

二、工程实例

1. 工程实例

以某天然气管道工程输气站场为例，该站场主要由收发球筒、干线进出清管站管道、放空管道、阀门等组成，进站干线管径711mm，壁厚20mm，出站干线管径813mm，壁厚21mm，材质均为L485M，站场与线路连头采用过渡管规格：L485M-D813×17.5mm，直缝埋弧焊钢管长度12m，清管器发送筒前干线管道出围墙后向北敷设约180m，之后向东敷设约850m，依据最终线路走向模拟至站外1000m，线路钢管采用直缝埋弧焊钢管。输气管道的设计压力为10MPa。以该站作为研究实例，基于其气象资料、勘察资料以及工艺参数，利用应力分析软件CAESAR Ⅱ对该站配管工艺安装方案进行了应力分析，并对发球筒支撑形式的影响进行校核比对。

2. 模型建立及应力分析

CAESAR Ⅱ软件在建模过程中需要的主要参数，包括管道、设备及其管道所在地的土壤参数等(表1)。将工艺参数输入软件中，得到该输气站及发球筒的应力分析模型(图1和图2)。

利用CAESAR II软件，根据ASME B31.8—2017[3]《天然气输配管道系统》对新边界条件下最为苛刻的工况，即水试压工况和事故偶然工况下的管道进行了校核，应力分析工况简称见表 2，根据本工程特点，选取表 3 工况组合进行应力分析。

表 1　主流程(介质类型为 NG)工艺管线输入参数

内容		单位	类别	数值
安装温度(环境温度)		℃	—	-6(该地最冷月平均最低气温)
计算温度	最高设计温度(T_1)	℃	地上管系	70
			埋地管系	30.4
	最低设计温度(T_2)		地上管系	-15.8
			埋地管系	13.2
	运行温度(T_3)	℃	地上管系	正常运行管路：30.4
			埋地管系	30.4
计算压力(p_1)		MPa	—	10
水试压压力(HP)		MPa	—	15
摩擦系数		—	地上管系	0.3(钢对钢)
			埋地管系	0.1(钢对 PTFE)
土壤类型		—	埋地模型	粉质黏土
土壤密度		kg/cm^3	埋地模型	0.00197
管顶埋深		mm	埋地模型	线路管线：3438
				进站干线埋地管线：1194
				出站干线埋地管线：2349
土壤内聚力		kPa	埋地模型	38.9
轴向屈服位移(dT)		mm	埋地模型	7.5
横向屈服位移(dp)		mm	埋地模型	0.15
上方屈服位移(H 的倍数)(dQ_u)		mm	埋地模型	0.15
上方屈服位移(D 的倍数)(dQ_u)		mm	埋地模型	0.2
下方屈服位移(dQ_d)		mm	埋地模型	0.2

表 2　工况简称

工况简称	说明	工况简称	说明
WW	管道充水重	T	计算温度
W	管道自重(充介质)	U	地震工况
HP	水试压压力	HYD	水试压工况
P	计算压力	OPE	操作工况

表 3　工况组合

序号	工况组合	工况类型	组合方法	备注
L1	WW+HP	HYD		水压试验工况
L2	W+T1+P1	OPE		最高温度下操作工况
L4	W+T2+P1	OPE		最低温度下操作工况
L6	W+T3+P1	OPE		运行温度下操作工况

续表

序号	工况组合	工况类型	组合方法	备注
L9	W+T1+P1+U1	OPE		考虑地震荷载的操作态工况(+X 方向)
L10	W+T1+P1-U1	OPE		考虑地震荷载的操作态工况(-X 方向)
L11	W+T1+P1+U3	OPE		考虑地震荷载的操作态工况(+Z 方向)
L12	W+T1+P1-U3	OPE		考虑地震荷载的操作态工况(-Z 方向)
L13	W+T2+P1+U1	OPE		考虑地震荷载的操作态工况(+X 方向)
L14	W+T2+P1-U1	OPE		考虑地震荷载的操作态工况(-X 方向)
L15	W+T2+P1+U3	OPE		考虑地震荷载的操作态工况(+Z 方向)
L16	W+T2+P1-U3	OPE		考虑地震荷载的操作态工况(-Z 方向)
L17	W+T3+P1+U1	OPE		考虑地震荷载的操作态工况(+X 方向)
L18	W+T3+P1-U1	OPE		考虑地震荷载的操作态工况(-X 方向)
L19	W+T3+P1+U3	OPE		考虑地震荷载的操作态工况(+Z 方向)
L20	W+T3+P1-U3	OPE		考虑地震荷载的操作态工况(-Z 方向)
L35	L2，L4，L6，L9，L10，L11，L12，L13，L14，L15，L16，L17，L18，L19，L20	OPE	Max	最大操作工况

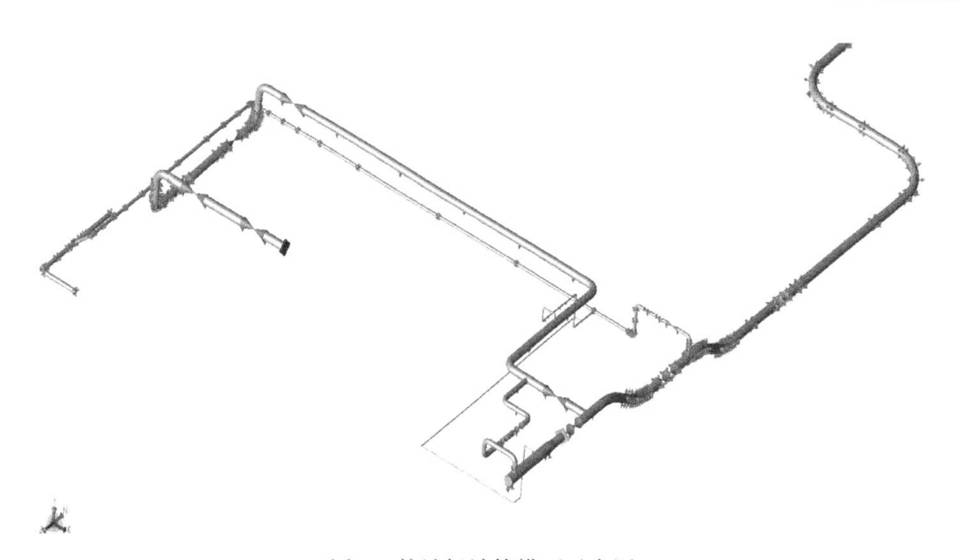

图 1　某站场计算模型示意图

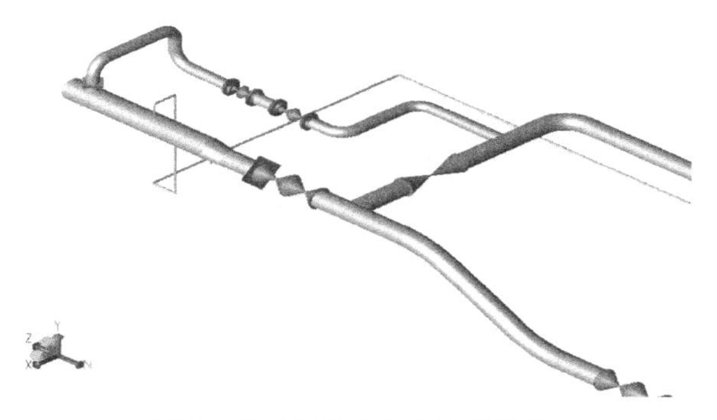

图 2　发球筒应力分析模型示意

3. 发球筒支撑方式方案比选

在发球筒支撑处设置两个节点进行应力和节点位移分析，即235和265(图3和表4)，为保证在操作工况下发球筒的安全运行，提出如下三种解决方案对支撑受力进行分析，并给出在OPE工况下发球筒两个节点的支撑位移情况。

方案一，前端支撑方式设置为圆孔(设为ANC固定点)，后端设置为长圆孔。

方案二，设置支撑方式无轴向限位，仅有径向限位(GAP：2mm)，发球筒支撑形式为轴向滑动支撑(图4)。

方案三，设置支撑方式均为两个长圆孔(图5)，并设置轴向限位(GAP：25mm)及径向限位(GAP：2mm)。

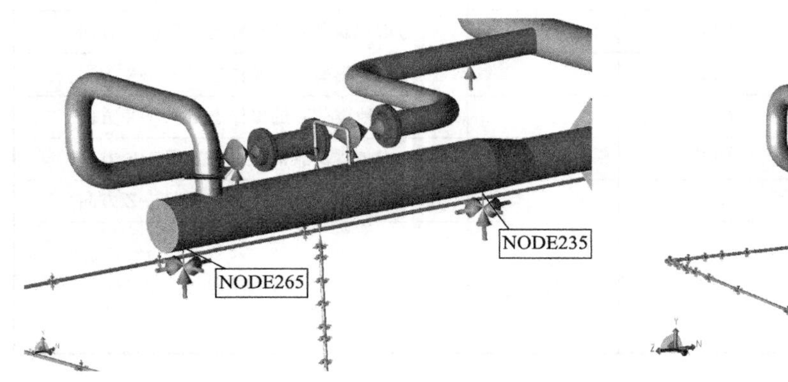

图3 发球筒支撑形式示意

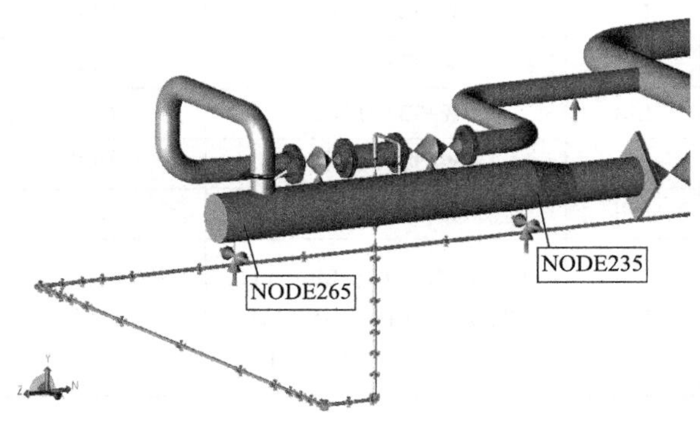

图4 发球筒支撑形式示意

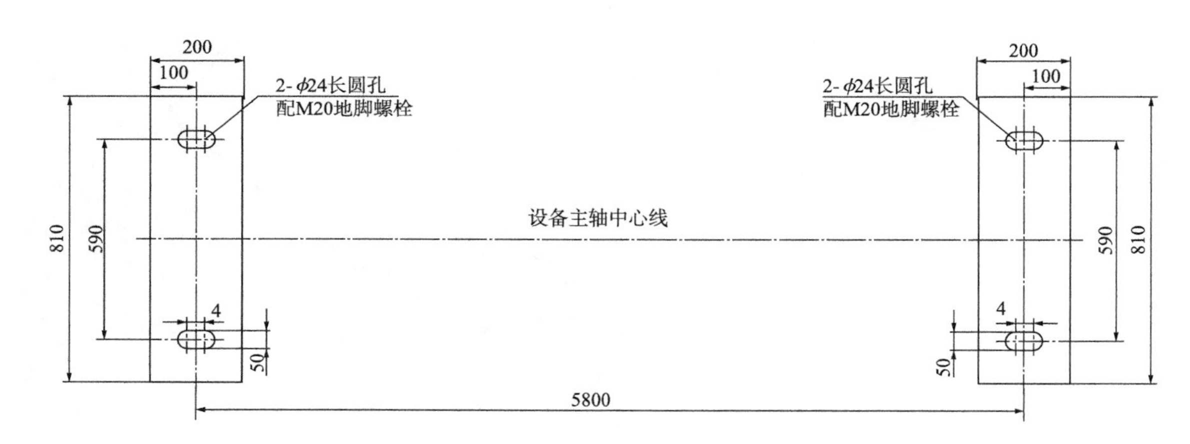

图5 方案三发球筒支撑底板安装示意图(mm)

表4 发球筒支撑位移(L35：OPEmax)

序号	方案	节点号	最大位移量/mm		
			DX	DY	DZ
1	方案一	235	0	0	0
2		265	0.006	0	0.028
3	方案二	235	2.000	0	16.763
4		265	-2.000	0	22.068
5	方案三	235	2.000	0	16.730
6		265	-2.000	0	22.034

经计算，在OPE工况下三种方案下发球筒的位移量均在可控范围内。通过表5可以看出，相较于方案一，方案二节点235在OPE操作工况下，基础推力由120375N降至28984N，节点265的基础推力由8989N降至8789N，因此将发球筒前端支撑由圆孔改为径向限位轴向滑动(无螺栓固定)，其前端和后端支撑的基础受力及螺栓的剪切力均显著下降，前端下降最为明显，可以保证发球筒的安全运行。方案三为螺栓预埋，设备底板长圆孔的支撑方式，长圆孔圆心间距为50mm，螺栓对中安装，轴向限位取25mm，径向限位不变，计算结果方案三与方案二对基础的推力相当，从计算结果看，方案二与方案三均可行。但方案三使得发球筒的两个支座均设置螺栓，螺栓固定在支座底部长圆孔范围内，可保证位移在可控范围内，当面临极端工况时，如特殊地质条件及自然灾害导致的滑移、漂管等，对支座螺栓底板的限制可避免设备翘起及轴向滑落，便于管道进行通球作业、保证管道系统的安全。

表5 发球筒基础受力表

序号	方案	工况组合	工况类型	节点号	FX/N	FY/N	FZ/N
7	方案一	L1	HYD	235	-448	-72941	2258
8				265	1027	-47817	4938
9		L35	OPEmax	235	45239	99508	1203890
10				265	3800	-29976	8989
11	方案二	L1	HYD	235	499	-78230	-1792
12				265	925	-51038	6850
13		L35	OPEmax	235	5579	-96647	28984
14				265	-4518	-29464	8789
15	方案三	L1	HYD	235	5305	-83974	-1275
16				265	864	-50245	6553
17		L35	OPEmax	235	4901	-96654	28923
18				265	-5035	-29454	8782

三、技术普及及展望

在具有清管功能长输管道站场设计中，清管器收、发球筒的基础受力是应力分析的重点内容。运用应力分析软件，通过不同支撑形式方案对输气站场进行了应力校核，结果表明：收发球筒鞍座底板设计为圆孔会大大增加前端基础的受力。因此，为保证清管站管道运行安全，结合应力分析结果所得的最大位移量，提出了在有限范围内将发球筒前端支撑由圆孔改为径向限位轴向滑动(方案二和方案三)，这两种方案最大位移和受力情况相当，且经过应力校核，均满足B31.8标准要求和基础支撑设计的需要。方案三增加了对轴向限位的约束，可为设备的安全运行增添保障，也为同类型的具有清管功能的长输管道站场设计提供参考。

参考文献

[1] 唐永进. 压力管道应力分析[M]. 北京：中国石化出版社，2003.
[2] 马强，谢超，王新超，等. 清管器发球筒橇装化设计及橇座应力分析[J]. 化工设备与管道，2022，59(3)：1009-3281.
[3] American Society of Mechanical Engineers. ASME B31.8—2017. Gas Transmission and Distribution Piping Systems 天然气输配管道系统[S]. 2017.

基于 PDMS 设备材料统计软件的开发

仲召滨　李春森

(中国石油天然气管道工程有限公司沈阳分公司)

摘　要：在近年来的数字化设计项目中，利用 PDMS 软件开展站场数字化设计已逐渐成为常规设计手段，也是国内外建设方、业主的基本要求，在掌握 PDMS 软件设计技术的前提下如何进一步提升设备材料统计的效率与质量，是利用 PDMS 软件开展多专业协同设计的一个难点。本文描述的开发过程以提升设计效率与设计质量为导向，选择优化、改进利用 PDMS 软件开展设计时设备材料统计方法为研究目的，通过开发(依托第三方单位采用 C#及 PML 语言)标准格式设备材料表生成工具 CPPETools、定制相关专业标准等级库、定制项目级开料配置文件、形成利用 PDMS 软件统计设备材料整体工作流程统一规定等各项举措，最终实现利用 PDMS 软件开展站场数字化设计时高效准确的一键统计设备材料。

一、引言

本次开发主要针对问题：人为手动干预多导致设备材料表统计质量差；三维设计属性录入后重复利用率差导致人工统计效率低；人工统计导致各项目设备、材料表格式不统一；项目使用的 PDMS 等级库标准化程度低。

采用多种手段相结合：出料相关数据库及属性标准化；相关工作流程统一化；软件二次开发。做了以下 4 方面工作：

(1) 将利用 PDMS 软件统计设备材料整体工作流程进行标准化，形成统一规定；

(2) 统计设备材料软件 CPPETools 进行开发；

(3) 根据 PDMS 项目使用特点优化统计设备材料用自定义属性库架构；

(4) 更新带有自定义属性设置的标准化设备库、元件库、等级库(含防腐保温)。

取得以下 4 方面成果文件：

(1) 统计设备材料软件-CPPETools 使用手册(修订版)；

(2) 基于 PDMS 统计设备材料 CPPETools 软件；

(3) 形成设备材料统计专用自定义属性参考标准化项目；

(4) 更新了自定义属性设置后的标准化设备库、元件库、等级库(含防腐保温)。

解决了利用 PDMS 设计项目设备材料表统计操作复杂、格式不正确需要手动调整、部分设备、管件自定义属性不能满足需求需要二次赋值属性才能出料的几类问题。达到了大幅度提升设计质量、大量节约人工成本、提升设计效率的目的。

二、开发过程

1. 基本目标

在软件项目管理员、数据库管理员根据项目需求在后台进行相应设定和输入及设计人员按要求进行三维建模后，可以实现设计人员一键出整个单体材料表、设备表。

2. 软件功能需求

软件功能基本要求：材料表包含防腐开料输出功能，输出文件格式为 Excel，操作按钮集成在 PDMS 的 Design 中。

（1）管理员设置设备表和材料表的初始参数，发布到项目后，设计人员可以修改。

（2）在材料表防腐保温设置中，如果设置了某一项及相关参数，但计算结果为 0，则不录入进料表。

（3）指定空行位置：设计人员在出料时可以指定某页从某行开始空几行，如指定第 2 页第 4 行开始空 3 行，那么从第 7 行开始继续出料，可以设置多处。

（4）选取目标：设计人员在此菜单里选择出料的范围，如 zone 或 site，可以为多项。

（5）模板位置：设计人员在此菜单里可以选择指定路径下的出料模板。

（6）分割点高度：设计人员在此输入地上、地下分割点位置高度，当分割点在管件上时，管件的中心高度在分割点之上，就将管件划到地上管线中，反之划到地下管线。

（7）名称：材料名称，可输入字符不小于 30 字。

（8）管材系数：管道长度开料系数。

（9）分割保存：设计人员在此菜单里可选择开料后，是否保存分割管线，如不保存计算完后，恢复原样，如保存计算完后，在地上 pipe 或 branch 名字加后缀-AG，在地上 pipe 或 branch 名字加后缀-UG。

（10）分割目标：在此菜单中可选择分割 branch 还是 pipe。

（11）单位：在此菜单中可选择计算单位，可选择的有 kg，m^3，m^2，m，口这五种单位，单位可根据实际情况追加。

（12）算法：此菜单中将所有相关的算法罗列出来，可根据需要选择，如在地上设置中的算法菜单中将地上防腐开料的所有算法都列上，供设计者选择。

（13）管径-规格：在此菜单中可添加某种防腐保温材料在不同管径时的规格，如设置了 DN100mm 和 DN200mm 管径的规格，在计算时凡是小于等于 DN100 的管道材料规格都按 DN100 的管道材料规格计算，大于 DN100 的小于等于 DN200 的按 DN200 的管道材料规格计算。如果此项未输入，计算结果不考虑规格的影响。

3. 设备表统计功能开发定制

1）操作界面

图 1 为软件统计设备表操作界面示意图。

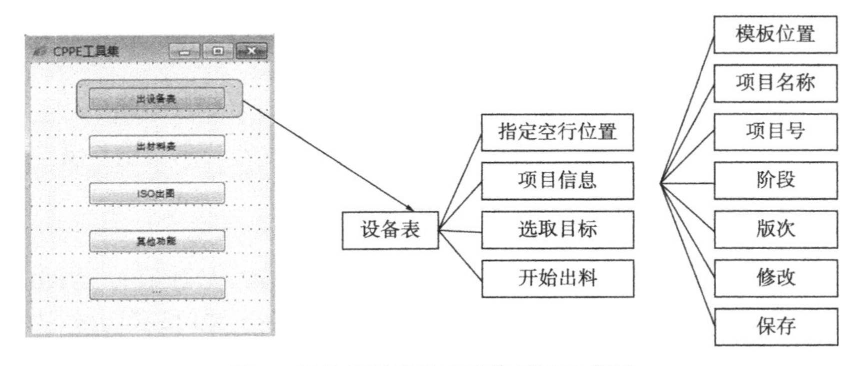

图 1　软件统计设备表操作界面示意图

2）模板调用

设备表首页、设备表次页；在出料过程中调用表格的模板作为底表，设备材料按指定要求写入表格模板中，模板更换后不影响开料；在设备表或材料表出料中，首页和次页都生成在一个 XLS 文件中；设备表材料表底部信息为设计人员手动输入。

3）输出内容定制

图 2 为设备表输出内容示意图。

7	序号	名称、规格及型号	单位	数量	单台质量/Kg	总质量/kg	备注
8	—	设备					
9	1	描述	台	总台数			
10		编号					
11		厂家配带要求1					
12		厂家配带要求2					
13		厂家配带要求3					
14		厂家配带要求4					
15		厂家配带要求5					
16		厂家配带要求6					
17		厂家配带要求7					
18		厂家配带要求8					

图 2　设备表输出内容示意图

（1）标准设备开料要求。

① 对设备(EQUIPEMNT)添加自定义属性 CPPE＊＊＊，如果此值是 BZ，就将此项开在“设备”项中，如果此值是 FBZ，就将此项开在“非标设备”项中。

② 描述(名称、规格及型号)列调用设备(EQUIPEMNT)的描述(DESC)。

③ 数量列的总台数时对对设备(EQUIPEMNT)描述相同的进行累加。

④ 设备编号之间加顿号(、)，此格写满后换行。

⑤ 对设备(EQUIPEMNT)添加 8 个自定义属性 CPPE＊＊＊，按属性顺序调用厂家配带要求，如自定义属性为空，停止调用。

⑥ 设备描述中出现 X104、m2 或 m3 自动转换为$\times10^4$、m^2或 m^3。

⑦ 增加自定义属性 CPPE＊为单位属性，开料单位调用此值。

（2）阀门开料要求。

① 对阀门(CATA)添加自定义属性 CPPE＊＊＊，如果此值是 BZV，就将此项开在“阀门”项中，如果此值是 FBZV，就将此项开在“非标设备”项中。

② 名称、规格及型号列调用阀门(CATA)的 B 描述(Stext)。

③ 数量列的总台数时对阀门 name(catref)相同的进行累加。

④ 阀门编号之间加顿号(、)，此格写满后换行。

⑤ 阀门 name(catref)不相同时，分开列出。

⑥ 对阀门(CATA)添加 8 个自定义属性 CPPE＊＊＊，按属性顺序调用厂家配带要求，如自定义属性为空，停止调用。

⑦ STYPE 相同的阀门按口径从大到小顺序排列。

⑧ STYPE 中包含阀门顺序，最后一位按字母为 STYPE 排序。如球阀的 STYPE 最后一位为 A，板阀为 B，截止阀为 C，以此类推。统计中无某一种阀门时，在出料时跳过，如统计中无板阀，球阀开完料后，就开始开截止阀，以此类推。

⑨ 属性 mtocomponent 不为空的阀门不参与开料。

⑩ 自定义 CPPE＊为单位属性，开料单位调用此值。

⑪ 上下游接管调用 Stext(暂定)，调用参数位置(待定)。

（3）非标准设备开料要求。

① 对设备(EQUIPEMNT)添加自定义属性 CPPE＊＊＊，如果此值是 BZ，就将此项开在“设备”项中，如果此值是 FBZ，就将此项开在“非标设备”项中。

② 对阀门(CATA)添加自定义属性 CPPE＊＊＊，如果此值是 BZV，就将此项开在“阀门”项中，如果此值是 FBZV，就将此项开在“非标设备”项中。

③ 非标设备中设备和管道元件开料要求详见设备和阀门章节要求。

④ 非标设备中先出设备后出管道元件。

4. 材料表统计功能开发定制

1）操作界面

图 3 为软件统计材料表操作界面示意图，图 4 为软件统计材料表项目参数录入界面示意图。

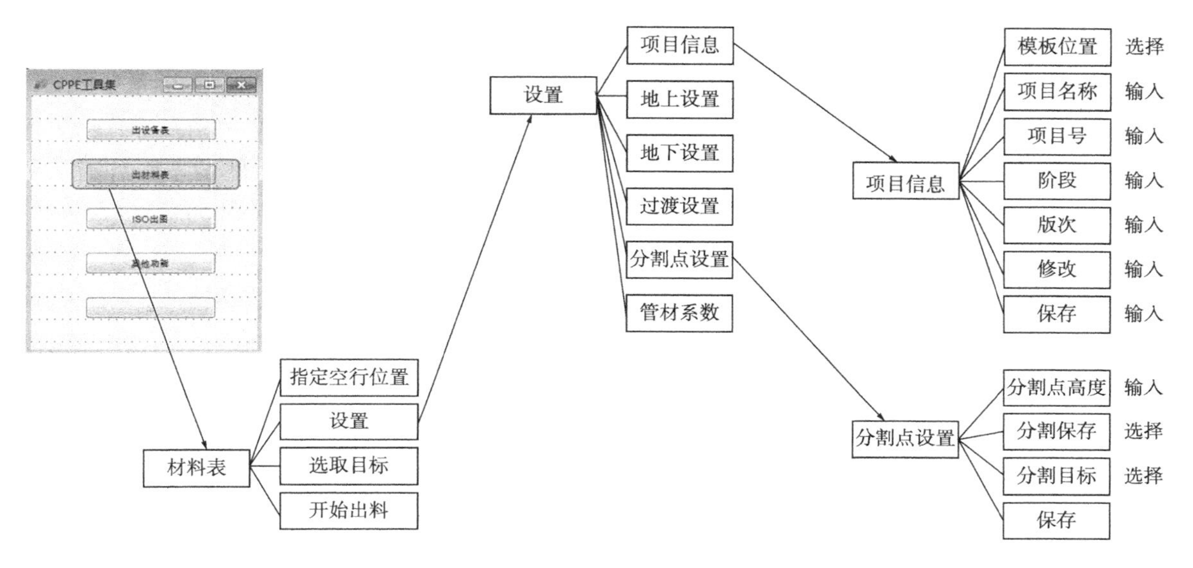

图 3　软件统计材料表操作界面示意图

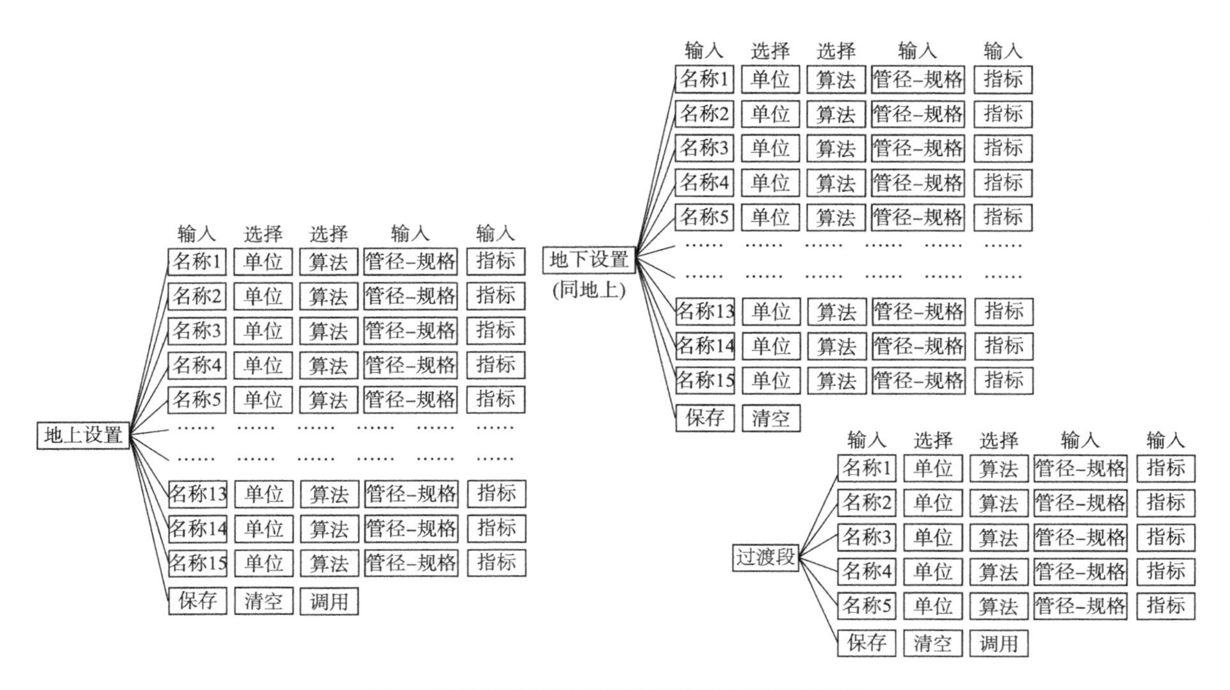

图 4　软件统计材料表项目参数录入界面示意图

2）模板调用

在出料过程中调用表格的模板作为底表，设备材料按指定要求写入表格模板中，模板更换后不影响开料。在设备表或材料表出料中，首页和次页都生成在一个 XLS 文件中。设备表材料表底部信息为设计人员手动输入。

3）输出内容定制

通用要求：如某一小项或某一大类统计结果为 0 时，跳过此类，继续下一项或下一类开料；同一类型的 Stype 元件需要来自同一个 cata；Stext 描述为料表开料使用，相对 Rtext 描述要简要；元件 Mtocomponent 和 Mtotube 有赋值的不参与出料。

（1）管材开料。

对管道元件(SCOM)添加自定义属性 CPPE * * * 赋值钢管类型，相同的归为一类。管道类型排位顺序要求如下，如果某一类型中最大管径大于其他钢管类型中的最大管径，则此钢管类型排在第一位，其他管道类型也按此要求排序。材质-外径-壁厚，材质和壁厚从等级库中读取，外径从元件库中读取。数量列需要对同一规格各段管道长度进行累加。单件质量：管道单重计算公式：$0.0246615\times(D-t)\times t$。$D$ 为管道外径从数据库中调用，t 为壁厚从等级库中路径调用，计算结果保留到小数点后两位。总质量为单重×长度，计算结果圆整到整数。备注列：元件 SCOM 自定义属性 CPPE * 赋值为钢管执行标准，仅在钢管类型行列出，一种钢管类型只列一次(图 5)。

序号	名称、规格及型号	单位	数量	单件质量(kg)	总质量(kg)	备注
一	管材					
1	钢管类型1					
	材质1-外径1×壁厚1	m				
	材质2-外径2×壁厚2	m				
	材质3-外径3×壁厚3	m				
2	钢管类型2					
	材质1-外径1×壁厚1	m				
	材质2-外径2×壁厚2	m				

图 5　材料表中管材界面示意图

（2）管件开料。

在统计管件不为 0 后，大类型“二管件(。。。)”以固定格式写入料表中。弯头、同心异径接头、偏心异径接头、等径三通、异径三通、管帽以等级库中的 Stype 归类(归类范围为 scomp 属性 type 项的 eblow，tee，reduce，cap，tee 中 SKEY 为 TESO 的除外)，末位字母作为排序依据，名头(弯头)调用 cata 自定义属性 CPPE * * * *。同类 Stype 按管径，由大到小排序，弯头描述调用 Stext。如果两侧均接钢管后面调用等级库中相应材料地址+“-”管材 Stype，如果其中一侧接非钢管，调用此元件的 Stext。输出一侧接(管) * * *，另一侧接(管) * * * * *。管件的单位都为“个”，数量为同 Stype 同管径累加。单件质量和总质量不统计。“对焊管件(≥400)”为自定义 CATA 属性 CPPE * * *，同属性的元件归类到此项下，此分类项名称调用此属性赋值，如“对焊管件(≥400)执行标准 GB 12459 和 GB 13401”。同心异径接头和偏心异径接头筛选和排序统计要求与弯头一致。如果大端接钢管后面调用等级库中相应材料地址+“-”管材 Stype，如果接非钢管，调用此元件的 Stext。小端接管要求与大端相同。等径三通和管帽开料要求同弯头一致。异径三通开料要求同大小头。“无缝管件(≤350)”为自定义 CATA 属性 CPPE * * *，同属性的元件归类到此项下，此分类项名称调用此属性赋值，如“无缝管件(≤350)执行标准 GB 12459 和 GB 13401”。“无缝管件(≤350)”和“对焊管件(≥400)”项的排序按各项中最大管径排序，如第一项中最大是 DN700mm，第二项中是 DN350mm，则第一项排在前位。如出现多项以此类推。“无缝管件”中各类管件出料要求同“对焊管件”要求相同(图 6)。

管托开料、支管座及开孔开料、垫铁开料、法兰及法兰盖开料、特殊件开料及防腐保温开料等

序号	名称、规格及型号	单位	数量	单件质量/kg	总质量/kg	备注
二	**管件（管件壁厚不得小于接管壁厚，管件壁厚大于接管壁厚时其坡口应做内减薄）**					
1	对焊管件（直径≥400mm）					
1）	弯头					
（1）	弯头1描述	个				
	两侧接管均为****					
（2）	弯头2描述	个				
	两侧接管均为****					
2）	同心异径接头					
（1）	同心异径接头1描述	个				
	大端接管为****					
	小端接为****					
（2）	同心异径接头2描述	个				
	大端接管为****					
	小端接为****					
3）	偏心异径接头					
（1）	偏心异径接头1描述	个				
	大端接管为****					
	小端接为****					
（2）	偏心异径接头2描述	个				
	大端接管为****					
	小端接为****					

图 6　材料表中管件界面示意图

与上述管件开料逻辑类似，不在此赘述。

5. PDMS 等级库、自定义属性库标准化

1）PDMS 等级库标准化

本部分工作内容主要为针对常用等级进行口径补全、描述标准化、CATE 对应自定义属性赋值、STEP 属性按规则赋值等操作。

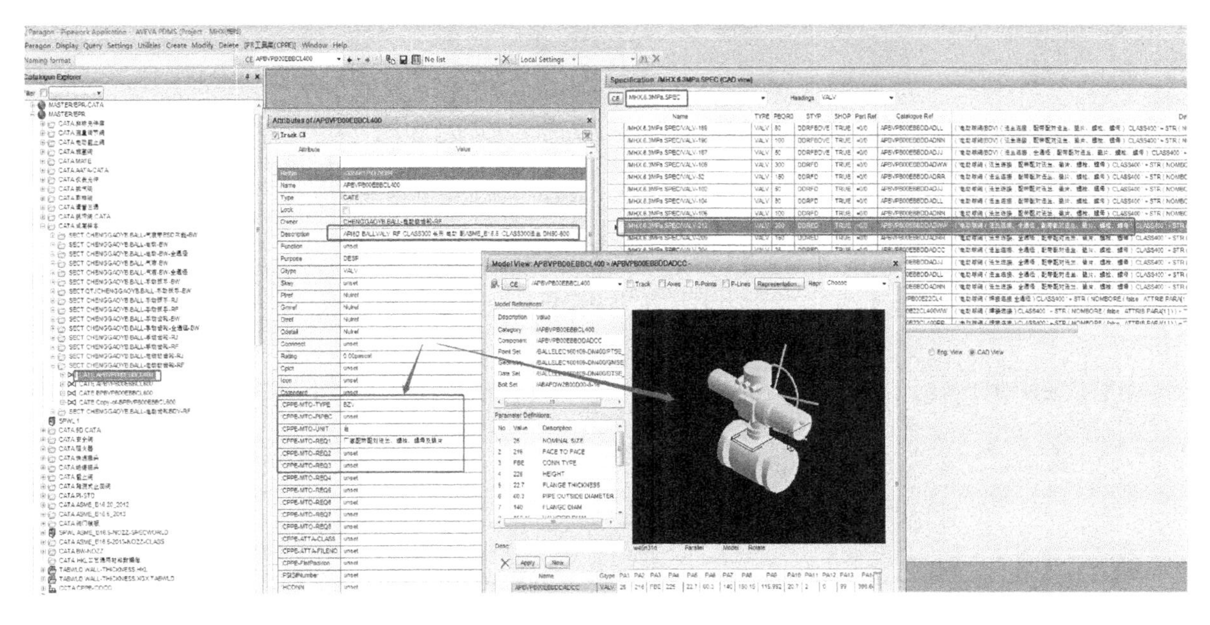

图 7　PDMS 等级库标准化示意图

2）PDMS 自定义属性库标准化

本部分工作内容为定制设备表、材料表专用自定义属性集(图 8)。

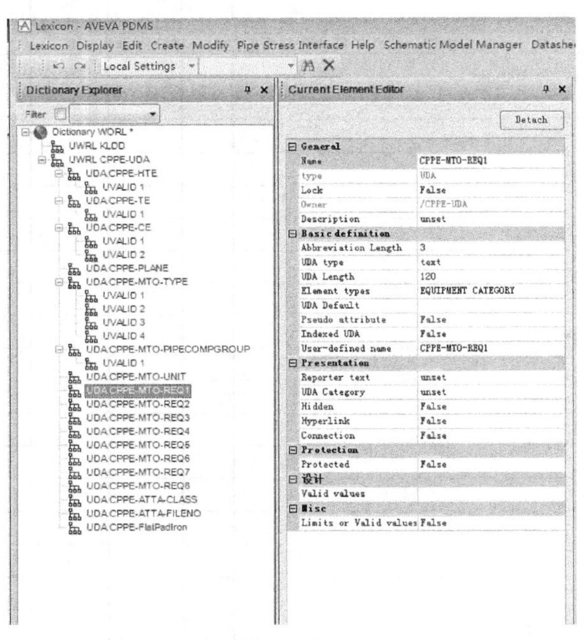

图 8　PDMS 自定义属性库标准化示意图

三、应用效果及前景

1. 应用效果

以配管专业为例，PDMS 完成模型搭建后，应用本软件主要工作内容：软件管理员配置好参考项目及软件环境；设计者根据项目实际需要微调防腐保温开料参数、录入必要的设备属性；一键输出设备表材料表。

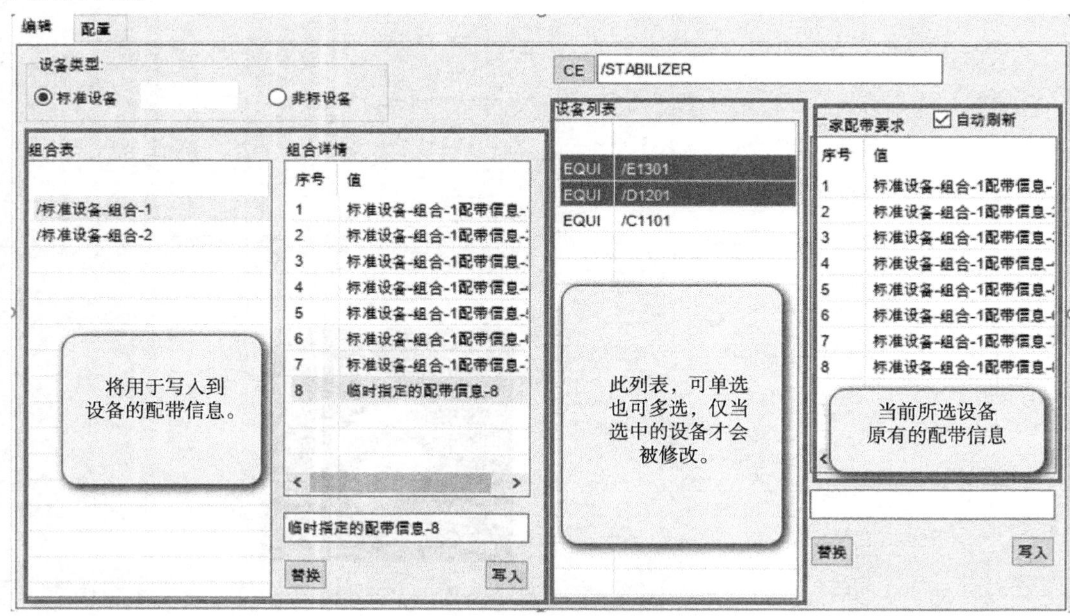

图 9　设备表输出批量赋值界面

软件中设备、材料计算部分经过算法重构、关键代码经过二次开发优化、配套了专用参考项目(含开料参考数据库及自定义属性库)，设备、材料表可一键生成，数量、整体格式无需要后期调整，不需要管理员二次赋值属性，效率提升非常大，设计质量提升明显。

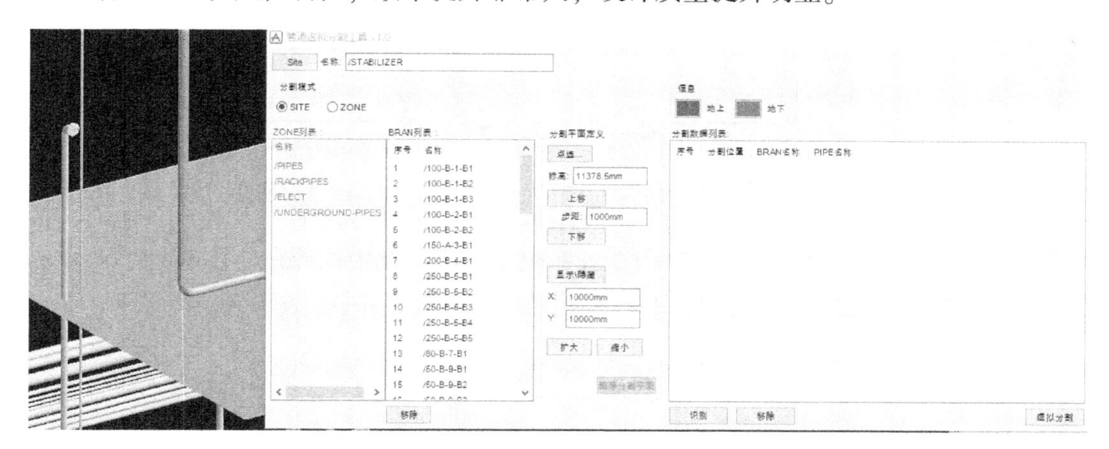

图 10　材料表输出设置界面

2. 应用前景

经过对设计人员的培训后，在双台子、梅桦线、岚山至新海石化、嫩江支线等多个项目中进行了应用验证，本成果具有广泛的适用性和良好的普及性，适用于我院输油、输气、储库等各类场站设计多专业应用。

中国石油天然气管道工程有限公司 China Petroleum Pipeline Engineering Corporation
工程设计综合甲级证书编号 A113016099
工程勘察综合甲级证书编号 B113016099

设　备　表

山东管网西干线工程
济宁枢纽站
工艺安装

项目号：ZBGPE202000608
文件号：SD07T01-SP007-A01#EPI-ML-0101
版次：A
阶段：施工图
第 1 页　共 10 页

序号	名称、规格及型号	单位	数量	单台质量(kg)	总质量(kg)	备注
一	设备					
1	收发球筒DN1000	台	1			机械专业开料
	033PR(PL)1101					
	PN100 DN1000					
	厂家配带配对法兰、紧固件、垫片					
	天然气进口接管 L485M-D1016×26.2					
	天然气出口接管 L360N-D355.6×12.5					
	排污口接管 L245N-D168.3×8.8					
	放空口接管 L245N-D88.9×5					
	注水注氮口接管 L245N-D60.3×5					
2	旋风分离器	台	2			机械专业开料
	033CYC2201、033CYC2101					
	P10.5MPa DN1000					
	$Q=1250\times10^4 m^3/d$					
	厂家配带配对法兰、紧固件、垫片					
	天然气进口接管L415M-D508×16					
	天然气出口接管L415M-D508×16					
	排污口接管L245N-D114.3×6.3					

中国石油天然气管道工程有限公司 China Petroleum Pipeline Engineering Corporation
工程设计综合甲级证书编号 A113016099
工程勘察综合甲级证书编号 B113016099

材　料　表

双台子储气库双向输气管道工程
盘锦联络站
工艺安装

项目号：DQE20162-3
文件号：ZE06B08-SP001-A01#EPI-ML-0102
版次：0
阶段：施工图
第 1 页　共 7 页

序号	名称、规格及型号	单位	数量	单件质量(kg)	总质量(kg)	备注
一	管材			DEC-OGP-S-PR-008-2020-1		
1	直缝钢管					
	直缝埋弧焊钢管L555M-D1219×22（常温型加强级3LPE防腐）	m	385	649.44	250035	工厂预制
	直缝埋弧焊钢管L555M-D1219×22	m	18	649.44	11690	
	直缝埋弧焊钢管L485M-D1016×21	m	210	515.31	108216	
	直缝埋弧焊钢管L415M-D610×20	m	140	291.01	40742	
	直缝埋弧焊钢管L415M-D508×16（常温型加强级3LPE防腐）	m	173	194.14	33587	工厂预制
	直缝埋弧焊钢管L415M-D508×16	m	10	194.14	1942	
2	无缝钢管					
	无缝钢管L360Q-D406.4×14.2	m	112	137.35	15384	
	无缝钢管L360Q-D323.9×12.5	m	5	96	480	
	无缝钢管L245N-D219.1×12.5	m	143	63.69	9108	
	无缝钢管L245N-D168.3×8.8	m	150	34.62	5193	
	无缝钢管L245N-D114.3×6.3	m	2	16.78	34	
	无缝钢管L245N-D88.9×5	m	30	10.35	311	
	无缝钢管L245N-D60.3×5	m	420	6.82	2865	
二	管件					
	[illegible]					
(一)	通清管器管件					
1	清管弯管					
(1)	热煨弯管 30° R=6D PN100 DN1200 IB555-PSL2	个	2	DEC-OGP-S-PL-001-2020-1		

图 11　通过软件一键生成的设备材料表

序号	项目名称	项目阶段	采用平台	设备材料生成方式	软件管理员工作内容	设计者工作内容	校审工作内容	单站(设备材料表)消耗人工时（含校审）
	铁大线（鞍山-大连段）	施工图	PDMS	PDMS自带Report	项目发布 调试配置文件	建模、属性录入、输出Report 手动粘贴调整设备材料表 手算防腐保温材料（升版需重做）	检查模型 检查所有计算过程 和整个开料手动修改部分 复核最终成果	40~60
	锦州港二期-PDMS-（施工图）	施工图	PDMS					
	烟淄管道-干线扩能	施工图	PDMS					
	烟淄管道-干线延伸	初设-施工图	PDMS					
	烟淄管道-支线加压	初设-施工图	PDMS					
	柳河站改造-PDMS-（施工图）	施工图	PDMS					
108	西干线数字化-（施工图）	施工图	PDMS	CPPETools1.0	项目发布 设备材料软件培训	建模、属性录入、输出车被材料表 手动调整主料，手算防腐保温材料	检查模型 检查所有手动修改部分 复核最终成果	30~50
109	普庄线数字化-（施工图）	施工图	PDMS	CPPETools2.0				
110	梅桦线-（初设-施工图）	初设-施工图	PDMS	CPPETools3.1		建模、属性录入、输出车被材料表 手动调整主料及防腐保温材料		
111	双台子双向管道-（初设-施工图）	初设-施工图	PDMS					
112	双6联络站增输扩容改造-（施工图）	施工图	PDMS					
117	嫩江支线	初设-施工图	PDMS	CPPETools3.4	参考标准化项目 项目发布 设备材料软件培训	建模、属性录入、根据防腐专业 返回资料确认本项目采用的配置文件中 防腐保温材料算法、一键生成设备材料表	检查模型 检查出料配置文件	8~10
118	库鄯线	初设-施工图	PDMS					
119	乌鄯线	初设-施工图	PDMS					
120	普庄二期	初设-施工图	PDMS					
121	裕龙岛	初设-施工图	PDMS					
122	岚新线	施工图	PDMS					

图 12　本软件应用前后类似规模场站设备材料表消耗人工时对比

本软件的开发对输油、输气项目 PDMS 输出设备材料表准确度、速度有大幅提升。在 PDMS 站场设计过程中达到全专业设备表、配管相关专业(工艺配管、水暖配管)材料表的一键输出功能的实现，当前设计要求下完全不需要手动调整数量及格式，对公司设计文件质量提升作用显著，同类工作或文件消耗人工时下降 60%以上，尤其在多版本设计文件中，设计周期缩短 80%以上，具有良好的应用前景。

参 考 文 献

[1] 娇玲玲. 以 PDMS 软件为核心的数据库体系在海洋工程中的应用[J]. 中国造船，2007，48(S)：515-517.
[2] 万金发. PDMS 三维软件在工程设计中的运用[J]. 钢铁技术，2002(6)：49-51.
[3] 车向前，闫飞，李凤娇，等. PDMS 软件在化工设计中的应用[J]. 石化技术，2024，31(08)：188-190.
[4] 黄波. PDMS 二次开发在数字化站场设备设计中的应用[J]. 化工设计，2024，34(03)：39-42+2.

线路与勘察

片麻岩各向异性及对洞室稳定性数值模拟的影响

郭书太　徐大宝　张　帅

（中国石油天然气管道工程有限公司勘察与地下储库工程事业部）

摘　要：片麻岩岩体力学性质在垂直于层理面、平行于层理面，或者成一定角度的方向上存在各向异性特征。本文基于东北某地下水封洞库场区片麻岩岩体，通过真三轴压缩试验、多方向剪切试验构建各向异性材料的本构模型，扩展的希尔模型能更好地描述片麻岩实际的力学特征，相对于各向同性介质，各向异性本构模型提高了与实际情况的符合性。

一、引言

地下水封洞库一般建设在坚硬完整的块状岩体内，在进行稳定性分析模拟计算时，可采用连续等效均质模型来近似，其结果能够基本表征工程的实际情况。但在片麻岩等具有明显的层状构造的岩体中，岩石的力学性质在垂直于层理面、平行于层理面，或者成一定角度的方向上存在各向异性特征。近年来，众多学者对不同类型岩石试验后得出相同的结论[1-6]。刘卡丁等[7]对层状岩体剪切破坏面方向的影响因素进行了探究。吴秋红等[8]在岩石力学参数的基础上，对花岗岩各向异性相关性进行了总结。冯馨等[9]对各向异性片麻岩进行单轴试验、点荷载及波速试验，探究不同层理角度下点荷载强度和单轴抗压强度之间的转换关系。王哲等[10]总结了片岩的点荷载强度随片理面倾角的变化特性。吴章雷[11]发现了板岩的湿抗压强度、变形模量在垂直和平行板理面方向上存在较大区别。该类研究成果均表明岩石各向异性对工程建设影响深远。地下工程与各向异性岩石的不同组合关系会表现出明显的不同，因此在地下水封洞库建设中应考虑片麻岩各向异性特征对工程的影响。

本次研究以东北某地下水封洞库为工程依托，该洞库选择在以太古宙花岗片麻岩为主的变质岩体中，由于矿物组成和含量、变质程度的不同，工程场区主要分布有均质黑云母花岗质片麻岩、含条带黑云母的花岗质片麻岩、云母片岩等。本文以含条带黑云母的花岗质片麻岩作为研究对象，进行不同方向的特征和相关参数的试验，以分析各向异性对洞室稳定性数值模拟的影响。

含条带黑云母的花岗质片麻岩，主要矿物组合是石英、斜长石、钾长石和黑云母，中细粒片状粒状变晶结构，片麻状构造，黑云母呈现条带状或者斑杂状/团块状产出。矿物组分分布不均且呈现一定的定向排列，具有明显的各向异性特征。

二、试样与试验方法

1. 试样制备

为了获得工程场区片麻岩在真三向地应力条件下的强度，采用真三轴压缩试验和直剪试验方法。在工程场区采取新鲜的岩石，在试验室进行试样加工，获得的不同变质岩试块，用于真三轴压缩试验的试样制成 25mm×25mm×50mm 立方体试样，用于直剪试验的试样制成 20mm×20mm×20mm

立方体试样，参数求解试验中假设岩样的正交各向异性主轴与应力主轴重合，为测量该岩样的正交各向异性轴，采用超声波测速法。试样如图1所示。

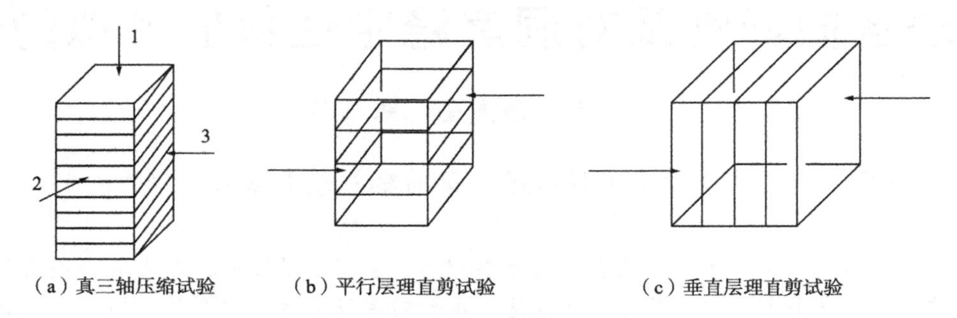

（a）真三轴压缩试验　（b）平行层理直剪试验　（c）垂直层理直剪试验

图1　试样示意图

假设对于正交各向异性材料，存在3个材料主轴方向，在弹塑性参数求解的实验中，真三轴压缩试验采用应力主轴与材料主轴重合的方式。在直剪试验中，剪切面分别为各平面的中心面。

真三轴压缩试验按不同层理角度与不同应力水平分类，直剪试验按照垂直层理与平行层理分类。根据工程场区背景地应力分布及洞室开挖后应力集中的影响，试验中应力水平的设置参考洞室150~200m埋深的地应力条件，加载的最小主应力σ_3设置在3.75~5.6MPa，中间主应力σ_2则重点考虑洞址区开挖后应力集中的影响，设置为10~15MPa。

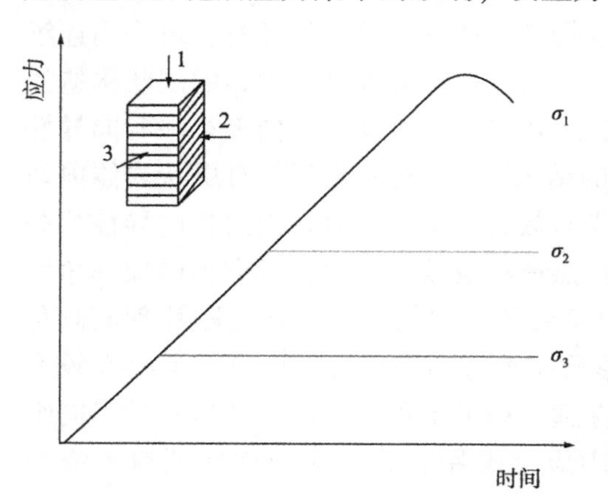

图2　真三轴压缩试验加载路径

2. 真三轴压缩试验

为获得岩石的弹性模量，泊松比，内摩擦角，黏聚力参数，需要得到全应力-应变曲线。在压缩过程中，静水压力加载阶段和中主应力加载阶段采用应力控制。在最大主应力加载阶段，当试样应力达到70%~80%的峰值强度时，从应力控制转为位移控制，得到试样的峰后曲线，如图2所示。首先，以0.5MPa/s的加载速率施加静水压力，直到达到目标值，此时$\sigma_1=\sigma_2=\sigma_3$。然后，保持$\sigma_3$恒定，以0.5MPa/s的加载速率同时将$\sigma_1$，$\sigma_2$增加到目标值，此时$\sigma_1=\sigma_2$。最后在保持$\sigma_3$和$\sigma_2$不变的情况下，施加$\sigma_1$。为了获得峰后变形曲线，在应力达到峰值强度70%~80%时，采用位移控制，位移速度为0.007mm/min。

具体试验方案见表1。

表1　真三轴压缩试验方案

岩石名称	编号	试验类型	层理角度/(°)	加载/围压/MPa		
				材料1轴	材料2轴	材料3轴
2类-1(条带状黑云母花岗质片麻岩)	3#1	真三轴压缩（图示标注：1、2、3）	30	加载(最大主应力)	10(中主应力)	7(最小主应力)
	3#2		45	加载(最大主应力)	10(中主应力)	5(最小主应力)
	3#3		60	加载(最大主应力)	15(中主应力)	7(最小主应力)
	3#4		70	加载(最大主应力)	5(最小主应力)	10(中主应力)

3. 直剪试验

首先，以 2kN/min 的加载速率施加静水压力，直到达到最小主应力水平，此时$\sigma_1=\sigma_2=\sigma_3$。然后，保持$\sigma_3$和$\sigma_2$恒定，以 1.6kN/min 的加载速率把试样剪切破坏。

具体试验方案见下表 2。

表 2　直剪试验方案

岩石名称	编号	试验类型	层理角度	加载/围压/MPa
2 类-1(条带状黑云母花岗质片麻岩)	3#A	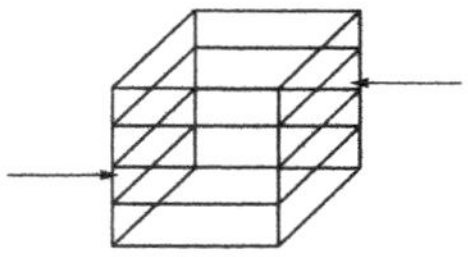	平行	5
	3#B	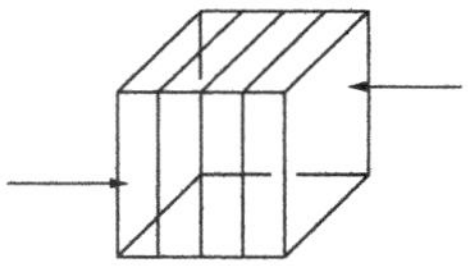	垂直	5

三、试验结果分析

1. 声波测速结果

试样网格划分如图 3 所示，测试过程如图 4 所示，波速测试结果见表 3。

由图表可知，波速平均值为 4397.079m/s，4164.439m/s。轴向与径向的波速差别较大，比值在 4164.439/5045.872~4397.079/4824.561 之间，约为 0.825~0.911，说明平行层理面与垂直层理面方向性质差异较大，具有典型的各向异性。

图 3　试样网格划分

图 4　测试过程

表 3　波速测试结果/(m/s)

取样位置		岩石名称			岩样编号			
SZK6-144m		条带状黑云母花岗质片麻岩			2 类-1		3#	
3#1	垂直	0°	30°	60°	90°	120°	150°	180°
	4316.547	4621.849	4621.849	4104.478	4104.478	4263.566	4621.849	4621.849

续表

取样位置		岩石名称			岩样编号			
SZK6-144m		条带状黑云母花岗质片麻岩			2类-1		3#	
3#2	垂直	0°	30°	60°	90°	120°	150°	180°
	4316.547	4824.561	4661.017	4435.484	4198.473	4435.484	4435.484	4824.561
3#3	垂直	0°	30°	60°	90°	120°	150°	180°
	4477.612	4621.849	4263.566	4198.473	4545.455	4435.484	4435.484	4621.849
3#4	垂直	0°	30°	60°	90°	120°	150°	180°
	4477.612	4824.56	4104.47	3846.15	3900.70	4104.47	4824.56	4824.56

2. 真三轴压缩试验结果

真三轴压缩试验每组共做4块试样，选取3个合理结果，根据试验结果真三向应力作用下片麻岩的应力—应变关系曲线如图5所示。

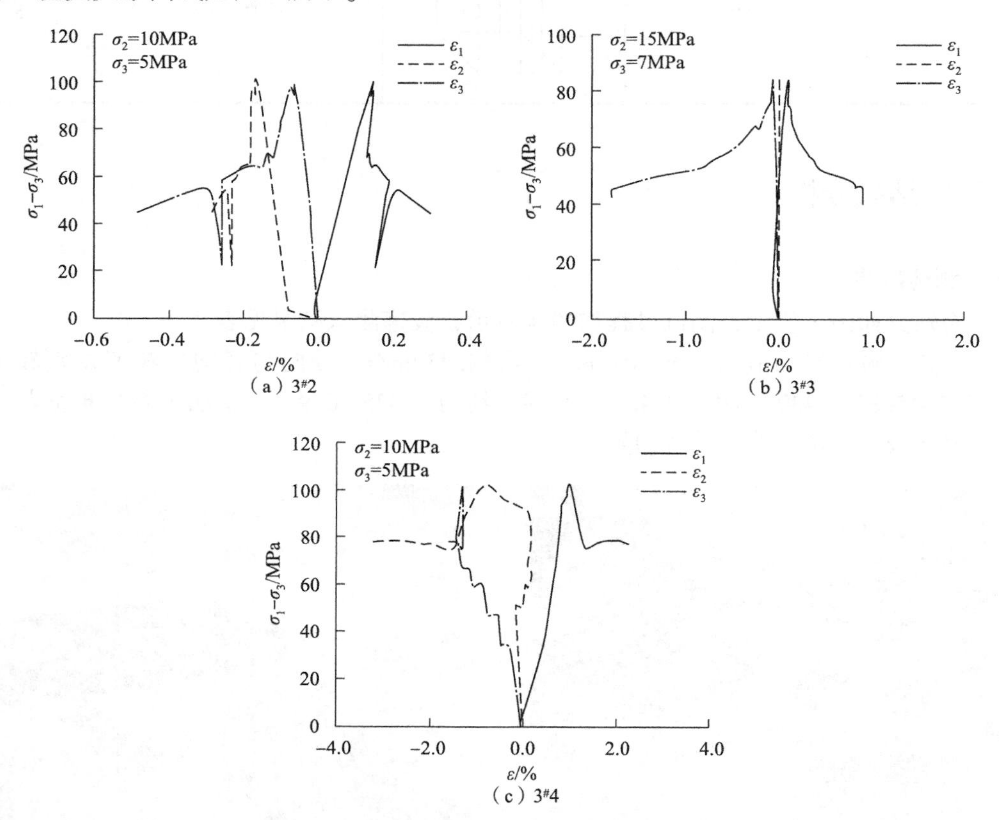

图5 真三向应力作用下2类-1(条带状黑云母花岗质片麻岩)岩石应力—应变曲线

试验所得应力—应变曲线符合一般规律。从图中可得，三组实验中，2类-1(条带状黑云母花岗质片麻岩)最大抗压强度分别为114.2MPa、105.4MPa、90.7MPa，平均值为103.4MPa。与现场单轴抗压强度相比真三轴应力下的抗压强度平均值约大2倍，原因是真三轴应力状态下岩石所受的应力状态更接近于原岩的应力状态，增加了另外两方向的约束，使得抗压强度增大1.3~2倍左右，强度增大的效果会随埋深的增大而更为明显。

2类-1(条带状黑云母花岗质片麻岩)的数据中，图5(a)和(c)表明在同一应力水平下，中主应力作用在层理倾斜面的强度小于最小主应力作用在层理倾斜面的强度；由图5(a)和(b)可以看出，在不同的应力水平下，随着应力水平的提高，抗压强度反而减小，可能是由于层理角度的变化而引起的差异，体现出了明显的材料层理引起的各向异性；由图5(b)和(c)可以看出，在较高的应力水平下，由于中主应力作用在层理倾斜面，导致所得到的抗压强度比较低应力水平下还要低，原因是因为在前者的情况下，应力诱导作用与层理的结构效应叠加，促进微裂纹沿层理萌生。在后者的情况下，增大了层理面上的正应力，进而增大了沿层理剪切滑移的摩擦力，抑制了层理结构中微裂纹的萌生、扩展。并且屈服应变也有较大差异，在前者的情况下，中主应力对微裂纹扩展有很大的诱导作用，试件主要发生以拉为主的破坏，屈服应变小，体现出了明显的材料层理引起的各向异性。破坏样式如图6所示。

图6　真三轴压缩试验中岩样破坏图

3. 直剪试验结果

根据试验结果，直剪作用下片麻岩的应力—应变关系曲线如图7所示。

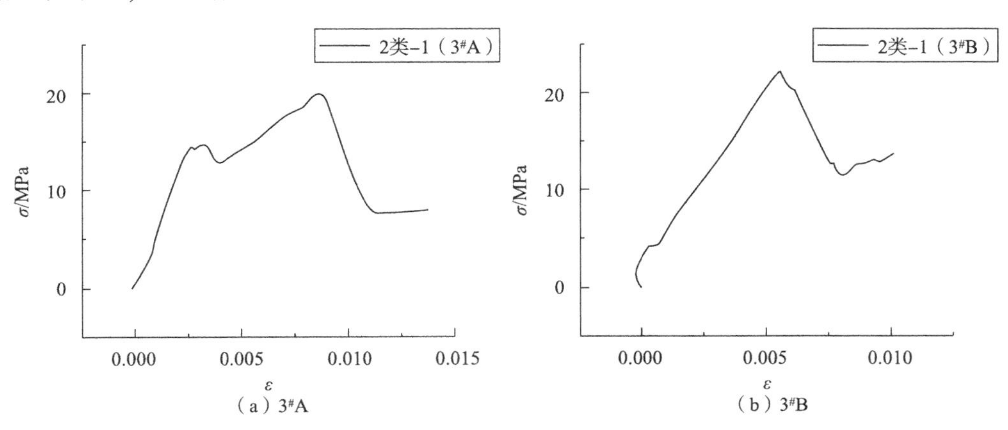

图7　直剪作用下2类-1(条带状黑云母花岗质片麻岩)岩石应力—应变曲线

试验所得应力—应变曲线符合一般规律。从图中可得，三组实验中，2类-1(条带状黑云母花岗质片麻岩)最大抗剪强度分别为20.04MPa(平行层理)，22.59MPa(垂直层理)，两者相差约12%(图8)。

四、本构模型与参数确定

1. 本构模型选取

由于片麻状的变质岩在垂直于层理面方向和平行于层理面方向的物理、力学性质表现出明显的差异性，因此考虑采用扩展的希尔(Hill)模型对含明显层理的岩体进行本构分析。

假设层理状岩石的层理面内各项同性，可以视为横观各向同性材料。由广义胡克定律可知起具有5个独立的弹性参数，横观各向同性材料本构方程如下所示：

图 8　直剪试验中岩样破坏图

$$\begin{bmatrix}\Delta\varepsilon_x\\ \Delta\varepsilon_y\\ \Delta\varepsilon_z\\ \Delta\gamma_{yz}\\ \Delta\gamma_{zx}\\ \Delta\gamma_{xy}\end{bmatrix}=\begin{bmatrix}\frac{1}{E_h} & -\frac{V_{hh}}{E_h} & -\frac{V_{vh}}{E_v} & 0 & 0 & 0\\ -\frac{V_{hh}}{E_h} & \frac{1}{E_h} & -\frac{V_{vh}}{E_v} & 0 & 0 & 0\\ -\frac{V_{vh}}{E_v} & -\frac{V_{vh}}{E_v} & \frac{1}{E_v} & 0 & 0 & 0\\ 0 & 0 & 0 & \frac{1}{G_{vh}} & 0 & 0\\ 0 & 0 & 0 & 0 & \frac{1}{G_{vh}} & 0\\ 0 & 0 & 0 & 0 & 0 & \frac{1}{G_{vh}}\end{bmatrix}\begin{bmatrix}\Delta\sigma_x\\ \Delta\sigma_y\\ \Delta\sigma_z\\ \Delta\tau_{yz}\\ \Delta\tau_{zx}\\ \Delta\tau_{xy}\end{bmatrix} \tag{1}$$

希尔屈服准则:

$$f(\sigma)=\sqrt{F(\sigma_{22}-\sigma_{33})+G(\sigma_{33}-\sigma_{11})+H(\sigma_{11}-\sigma_{22})+2L\sigma_{23}^2+2M\sigma_{31}^2+2N\sigma_{12}^2} \tag{2}$$

其中 E_v 是垂直于各向同性平面的弹性模量，E_h 是平行于各向同性平面的弹性模量，V_{vh}是垂直于各向同性平面的泊松比，V_{hh}是各向同性平面内的泊松比，G_{vh}是垂直于各向同性平面的剪切模量，$\Delta\varepsilon$ 是正应变增量，$\Delta\sigma$ 是正应力增量，$\Delta\gamma$ 是切应变增量，$\Delta\tau$ 是切应力增量。

大量实验证实，岩土材料屈服不仅与剪应力相关，还与平均主应力相关，而希尔表示的屈服准则显示材料屈服不受平均主应力影响，因此，为描述各向异性岩土材料，将式(2)扩展为推广的希尔屈服准则:

$$f(\sigma)=\sqrt{F(\sigma_{22}-\sigma_{33})+G(\sigma_{33}-\sigma_{11})+H(\sigma_{11}-\sigma_{22})+2L\sigma_{23}^2+2M\sigma_{31}^2+2N\sigma_{12}^2}-\beta I_1-D \tag{3}$$

F、G、H、L、M、N 为模型参数，D 为与屈服相关的黏聚力，β 为与摩擦角相关，$I_1=\sigma_{11}+\sigma_{22}+\sigma_{33}$。

假设应力增量主轴与应力主轴始终共轴，不考虑应力主轴旋转，则 $d\sigma_1$，$d\sigma_2$，$d\sigma_3$，$d\tau_{12}=d\tau_{23}=d\tau_{13}=0$，式(3)简化为

$$f(\sigma)=\sqrt{F(\sigma_{22}-\sigma_{33})+G(\sigma_{33}-\sigma_{11})+H(\sigma_{11}-\sigma_{22})}-\beta I_1-D \tag{4}$$

流动法则：

$$d\varepsilon_{ij}^{p}=d\lambda\ \frac{\partial g(\sigma)}{\partial\sigma_{ij}} \tag{5}$$

势函数：

$$g(\sigma)=\sqrt{F(\sigma_{22}-\sigma_{33})+G(\sigma_{33}-\sigma_{11})+H(\sigma_{11}-\sigma_{22})}-\alpha I_1 \tag{6}$$

式中 $\alpha=\dfrac{\sin\varphi}{\sqrt{3}\sqrt{3+\sin^2\varphi}}$，$\varphi$ 为剪胀角。

2. 参数求解

对于水平层理试样的E_v和V_{vh}可由图 9 所示真三轴实验获得，E_h和V_{hh}可通过如图 10 所示真三轴实验获得，剪切模量则可通过直剪实验获得。

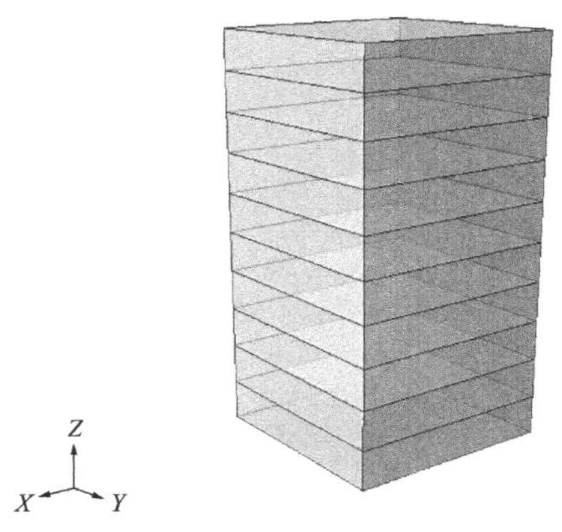

图 9　水平层理岩石试样

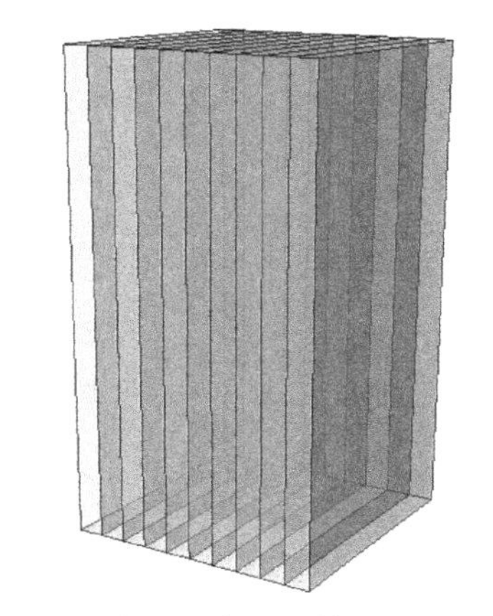

图 10　垂直层理岩石试样

$$E_v=\frac{\Delta\sigma\ v}{\Delta\varepsilon_v} \tag{7}$$

$$V_{vh}=-\frac{\Delta\varepsilon_h}{\Delta\varepsilon_v} \tag{8}$$

$$E_h=\frac{\Delta\sigma_{h_1}}{\Delta\varepsilon_{h_1}} \tag{9}$$

$$V_{hh}=-\frac{\Delta\varepsilon_{h_2}}{\Delta\varepsilon_{h_1}} \tag{10}$$

$$G_{vh}=\frac{TL}{I_p\phi} \tag{11}$$

式中　T——施加的扭矩；

L——试样的长度；

ϕ——扭转角度；

I_p——极惯性矩。

塑性流动法则：

$$d\varepsilon_{ij}^{p}=d\lambda\ \frac{\partial g(\sigma)}{\partial\sigma_{ij}} \tag{12}$$

式中:

$$\mathrm{d}\lambda=\frac{\left|\mathrm{d}\varepsilon_{11}^{\mathrm{p}}\right|+\left|\mathrm{d}\varepsilon_{22}^{\mathrm{p}}\right|+\left|\mathrm{d}\varepsilon_{33}^{\mathrm{p}}\right|}{3} \tag{13}$$

令势函数为

$$g_0(\sigma)=\sqrt{F(\sigma_{22}-\sigma_{33})+G(\sigma_{33}-\sigma_{11})+H(\sigma_{11}-\sigma_{22})} \tag{14}$$

对势函数求导:

$$\begin{cases}\dfrac{\partial g(\sigma)}{\partial\sigma_{11}}=-\dfrac{G}{g_0(\sigma)}(\sigma_{33}-\sigma_{11})+\dfrac{H}{g_0(\sigma)}(\sigma_{11}-\sigma_{33})-\alpha\\ \dfrac{\partial g(\sigma)}{\partial\sigma_{22}}=\dfrac{F}{g_0(\sigma)}(\sigma_{22}-\sigma_{33})-\dfrac{H}{g_0(\sigma)}(\sigma_{11}-\sigma_{33})-\alpha\\ \dfrac{\partial g(\sigma)}{\partial\sigma_{33}}=-\dfrac{F}{g_0(\sigma)}(\sigma_{22}-\sigma_{33})+\dfrac{G}{g_0(\sigma)}(\sigma_{33}-\sigma_{11})-\alpha\end{cases} \tag{15}$$

写成应变增量式:

$$\begin{cases}\mathrm{d}\varepsilon_{11}^{\mathrm{p}}=\mathrm{d}\lambda\dfrac{\partial g(\sigma)}{\partial\sigma_{11}}=\mathrm{d}\lambda\left[-\dfrac{G}{g_0(\sigma)}(\sigma_{33}-\sigma_{11})+\dfrac{H}{g_0(\sigma)}(\sigma_{11}-\sigma_{33})-\alpha\right]\\ \mathrm{d}\varepsilon_{22}^{\mathrm{p}}=\mathrm{d}\lambda\dfrac{\partial g(\sigma)}{\partial\sigma_{22}}=\mathrm{d}\lambda\left[\dfrac{F}{g_0(\sigma)}(\sigma_{22}-\sigma_{33})-\dfrac{H}{g_0(\sigma)}(\sigma_{11}-\sigma_{22})-\alpha\right]\\ \mathrm{d}\varepsilon_{33}^{\mathrm{p}}=\mathrm{d}\lambda\dfrac{\partial g(\sigma)}{\partial\sigma_{33}}=\mathrm{d}\lambda\left[\dfrac{F}{g_0(\sigma)}(\sigma_{22}-\sigma_{33})+\dfrac{G}{g_0(\sigma)}(\sigma_{33}-\sigma_{11})-\alpha\right]\end{cases} \tag{16}$$

在对同一类岩石进行三组真三轴实验后得到三组数据代入应变增量式即可得出参数 F、G、H。

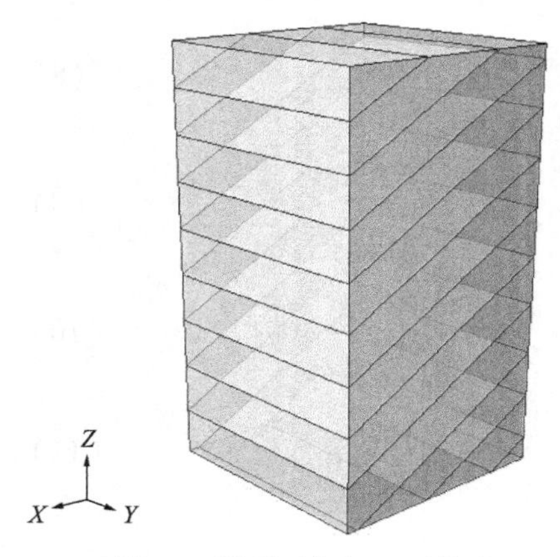

图 11 层理面与加工面关系

通过真三轴实验得到的岩石物理力学参数，与实际的岩体参数有一定差距。岩体峰值强度可以根据岩体质量特征(RMR，Q 或 GSI 等)以及岩石实验室测量强度确定，岩体峰值强度可根据 Barton 提出的经验公式来估算:

$$\sigma_{\mathrm{c}}=5\gamma\left(\frac{Q\sigma_{\mathrm{ci}}}{100}\right)^{\frac{1}{3}} \tag{17}$$

3. 坐标转换

由于试件加工过程中难以做到层理与加工方向的绝对垂直关系，需要对实验获得的参数进行坐标转换(图 11)。假设加载方向坐标轴为 1、2、3 方向，垂直层理坐标轴为 11、22、33 方向，两个坐标间存在一个 θ 夹角，则有如下关系。

$$\begin{cases}\sigma_{11}=\sigma_1\cos\theta+\sigma_2\sin\theta\\ \sigma_{22}=\sigma_1\sin\theta+\sigma_2\cos\theta\\ \sigma_{33}=\sigma_3\end{cases} \tag{18}$$

$$\begin{cases}\varepsilon_{11}=\varepsilon_1\cos\theta+\varepsilon_2\sin\theta\\ \varepsilon_{22}=\varepsilon_1\sin\theta+\varepsilon_3\cos\theta\\ \varepsilon_{33}=\varepsilon_3\end{cases} \tag{19}$$

$$E_v=\frac{\Delta\sigma_v}{\Delta\varepsilon_v}=\frac{\Delta\sigma_{11}}{\Delta\sigma_{11}}=-\frac{\Delta\sigma_1\cos\theta+\Delta\sigma_2\sin\theta}{\Delta\varepsilon_1\cos\theta+\Delta\varepsilon_2\sin\theta} \tag{20}$$

$$V_{vh}=\frac{\Delta\varepsilon_h}{\Delta\varepsilon_v}=\frac{\Delta\varepsilon_{22}}{\Delta\varepsilon_{11}}=-\frac{\Delta\varepsilon_1\sin\theta+\Delta\varepsilon_2\cos\theta}{\Delta\varepsilon_1\cos\theta+\Delta\varepsilon_2\sin\theta} \tag{21}$$

$$E_h=\frac{\Delta\sigma_{h_1}}{\Delta\varepsilon_{h_1}}=\frac{\Delta\sigma_{22}}{\Delta\varepsilon_{22}}=\frac{\Delta\sigma_1\sin\theta+\Delta\sigma_2\cos\theta}{\Delta\varepsilon_1\sin\theta+\Delta\varepsilon_2\cos\theta} \tag{22}$$

$$V_{hh}=-\frac{\Delta\varepsilon_{h_2}}{\Delta\varepsilon_{h_1}}=-\frac{\Delta\varepsilon_{33}}{\Delta\varepsilon_{22}}=-\frac{\Delta\varepsilon_3}{\Delta\varepsilon_1\sin\theta+\Delta\varepsilon_2\cos\theta} \tag{23}$$

$$G_{vh}=\frac{TL}{I_p\phi} \tag{24}$$

4. 试验结果应用

由上述计算公式可知弹性参数（E_1、E_2、E_3、v_{12}、v_{13}、v_{23}）需要三个三轴试验和两个水平层理直剪试验即可获得（G_{vh}、G_{hh}），由三轴试验可以得到 F、H，α 通过剪胀角算出，需要两个三轴试验得到的参数算出 β。

5. 模拟计算

可采用 ABAQUS 模拟软件对不同断面的围岩稳定性进行模拟，采用 ABAQUS 子程序 UMAT 对 ABAQUS 进行二次开发并将得到的扩展希尔本构模型输入计算。通过真三轴实验得到岩石强度数据后经过坐标变换和公式转换成岩体数据，可用于对不同跨度、形状、间距和深度的洞室稳定性进行数字模拟。通过模拟计算有效解决了岩石各向异性对洞室稳定性的影响，相对于各向同性介质，各向异性本构模型提高了与实际情况符合性。

五、结论

（1）根据真三轴压缩试验和平行/垂直层理方向的剪切试验，可知片麻状变质岩具有明显的各向异性特征，沿层理方向的岩石强度明显比垂直层理方向的强度小，与常见的各向同性均质岩石力学特性具有明显的区别，在稳定性分析时应重视片麻层理和各向异性特性对洞室稳定的影响。

（2）通过真三轴实验得到条带状黑云母花岗片麻岩各向异性的物理力学参数，假设岩石是横观各向同性的，通过理论推导弹性参数：三个方向的弹性模量、三个方向的泊松比、垂直层理与平行层理的剪切模量。带入扩展的希尔模型，求得塑性参数：与摩擦角有关的 β、与屈服相关的黏聚力 D，并通过 ABAQUS 的 UMAT 二次开发的希尔计算模型，可用于对不同工况围岩的力学响应进行模拟计算。

（3）所采用的扩展希尔模型能更好地描述片麻岩实际的力学特征，反映了片麻理结构对岩石各向异性力学特性的影响，而常用的摩尔库伦模型无法描述岩石各向异性力学特性。因此，针对片麻理变质岩进行模拟分析时，应该采用能反映岩石各向异性的力学模型，以更好地指导实际工程。

参 考 文 献

[1] 席道瑛，陈林．岩石各向异性参数研究[J]．物探化探计算技术，1994，16(1)：16-21.

[2] 赵文瑞．泥质粉砂岩各向异性强度特征[J]．岩土工程学报，1984，6(1)：32-37.
[3] 郑达，巨能攀．某水电站坝址千枚岩的岩石强度各向异性特征[J]．成都理工大学学报(自然科学版)，2011，38(4)：438-442.
[4] 许强，黄润秋．岩体强度的各向异性研究[J]．水文地质工程地质，1993(6)：10-12.
[5] 侯振坤，杨春和，郭印同，等．单轴压缩下龙马溪组页岩各向异性特征研究[J]．岩土力学，2015，36(9)：2541-2550.
[6] 衡帅，杨春和，张保平，等．页岩各向异性特征的试验研究[J]．岩土力学，2015，36(3)：609-616.
[7] 刘卡丁，张玉军．层状岩体剪切破坏面方向的影响因素[J]．岩石力学与工程学报，2002，21(3)：335-339.
[8] 吴秋红，尤明庆，苏承东．各向异性花岗岩的力学参数及相关性[J]．中南大学学报(自然科学版)，2015，46(6)：2216-2220.
[9] 冯馨，代领，姚华彦，等．片麻岩各向异性力学特性试验研究[J]．科学技术与工程，2019(19)：233-239.
[10] 王哲，马淑芝，席人双，等．云母石英片岩强度的各向异性特征研究[J]．安全与环境工程，2018，25(2)：160-165.
[11] 吴章雷．粉砂质板岩各向异性特性研究[J]．地下空间与工程学报，2017，13(增2)：513-517.

水压对盾构穿越岩溶区域安全距离影响分析

詹胜文　铁明亮　张　磊

（中国石油天然气管道工程有限公司）

摘　要：油气管道盾构隧道穿越岩溶区域，需要分析岩溶的大小、与盾构的相对位置、岩溶的特性等因素，综合分析对隧道掘进及运行的影响。此处仅分析某一盾构隧道下方一定距离处，一定大小溶洞，选取溶洞内不同承压水水压对盾构隧道的影响做一个分析，通过分析可得出岩溶处的水压大小会影响盾构隧道开挖与溶洞的安全距离。

一、工程概况

某天然气管道工程采用泥水平衡盾构法穿越某河流，盾构隧道内径 2.44m，外径 2.94m，隧道长 468m。内部敷设一条 D813mm 天然气管道，管道设计压力为 10MPa，采用 D813mm×16.8mm L485M SAWL 钢管。

河流穿越处在下部基岩区岩性种类较多，分布较复杂，主要为石灰岩、白云岩及泥灰岩，石灰岩及白云岩在整个测区内均有分布，岩体较破碎，富含裂隙水，溶洞发育。

二、边界条件及地层参数

此处选取Ⅴ级围岩条件，溶洞与盾构隧道距离设定为 1.5D（D 为隧道外径），溶洞位于隧道下部，按照此模型进行规律探究，通过改变溶洞充填水水压进行计算，以探究不同的充填水水压是否会增大溶洞的安全距离，计算模型和工况见表 1 及如图 1 所示。

表 1　工况信息

工况	工况 1	工况 2	工况 3	工况 4
溶洞洞径/m	3			
充填水压/MPa	0.3	0.4	0.5	0.6

计算模型采用不同的材料分别模拟地层、围岩、管片等。边界条件除上部为自由边界，不施加约束，其余各侧面和底面施加法向约束边界。计算时先计算初始自重地应力场，并施加渗流场进行流固耦合模拟开挖，然后分析隧道开挖与支护对管片及溶洞的变形、受力影响。

根据现场钻孔水位观测资料确定盾构隧道围岩的地下水水压力为 0~0.4MPa。极端暴雨条件下考虑到地下水来不及排泄，会导致暗河中地下水瞬间快速抬升，根据地质勘察报告，取极端最大水压力 0~0.6MPa。

模型围岩为Ⅴ级围岩，盾构隧道埋深取 20m，隧道内径 2.44m，外径 2.94m，管片厚度 0.25m，溶洞洞径取 3m，位于盾构隧道正下方 1.5D 处，模型隧道左右均取 20m，下部取 20m，开挖长度取 20m。计算中围岩采用摩尔库伦本构，盾构管片和同步层采用弹性本构。

对于盾构机盾壳结构，考虑其内部机械设施的重量及盾壳支护作用，采用 shell 单元模拟盾壳并将盾构机的自重换算为盾壳材料的等效重度；对于上部同步注浆层，将其概化为均质、等厚、弹性的等代层；对于拼装式管片衬砌，将其视为均质圆环结构，并考虑接头存在对管片刚度降低的影响引入抗弯刚度有效率 $\eta=0.75$ 对管片的刚度进行折减。模型中盾构隧道盾壳、管片衬砌、壁后注浆填充层均被视为具有线弹性变形特征的材料，服从弹性变形特征。计算模型中，盾构掘进过程产生的施工荷载主要包括掘进推力，注浆压力和千斤顶推力，其中掘进推力作用于盾构隧道开挖面。

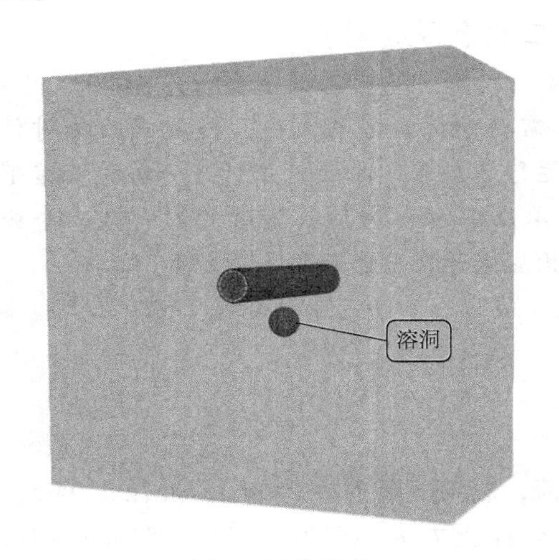

图1 计算模型

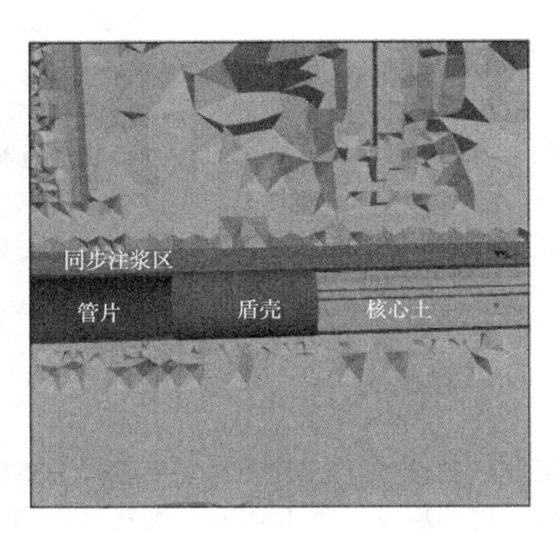

图2 隧道掘进局部模型图

表2 地层参数

名称	黏聚力 c/MPa	内摩擦角 ϕ/(°)	重度/(kN/m³)	泊松比	弹性模量 E/GPa	渗透系数/10^{-5}
V级围岩	0.09	21	18.5	0.43	1	2.5
管片C50	—	—	25	0.2	24.5	—

利用数值模型进行数值计算，根据施工阶段对盾构隧道的施工全过程进行模拟。相应的施工模拟过程及计算步骤如下：

Step1：计算初始地应力场。根据隧道埋深对模型施加地层自重应力场，设置模型边界条件，进行平衡计算；

Step2：初始地应力平衡后，对溶洞位置施加孔隙压力，用孔隙压力模拟相应大小的充填水压，然后再次进行地应力平衡。

Step3：盾构进洞计算模拟。打开渗流进行流固耦合，在模型中进行盾构掘进和土体开挖模拟，施加掌子面推力并激活盾壳单元与盾壳处接触面单元，模拟盾构机的进洞行为。

Step4：盾构隧道正常掘进施工模拟。待盾壳完成进入地层即盾构机完成进洞行为后，模拟盾构机向前推进过程，同时激活盾构管片和上部注浆层单元。

Step5：盾构隧道出洞模拟。待模型中盾壳到达模型边界时，盾构继续推进，并在盾尾激活管片和注浆层单元直至完成全部管片拼装模拟。

三、计算结果及分析

分别选取充填水压力0.3MPa、0.4MPa、0.5MPa、0.6MPa，四种工况进行计算分析。

1. 溶洞充填水压 0.3MPa

（1）地层变形。

溶洞所在隧道开挖截面围岩的变形云图如图 3 和图 4 所示。

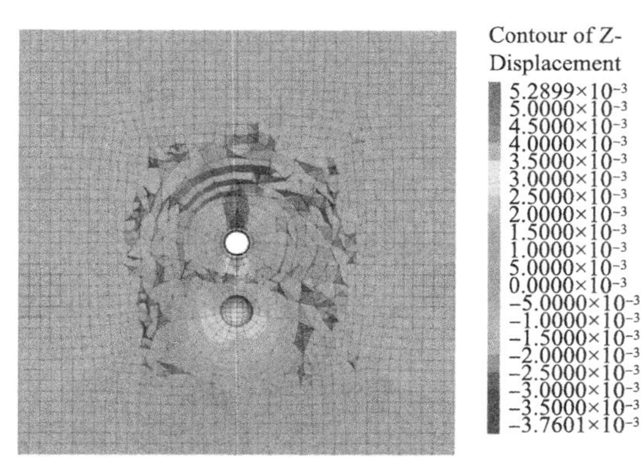

图 3　隧道主线施工完后地层及溶洞竖向变形/m

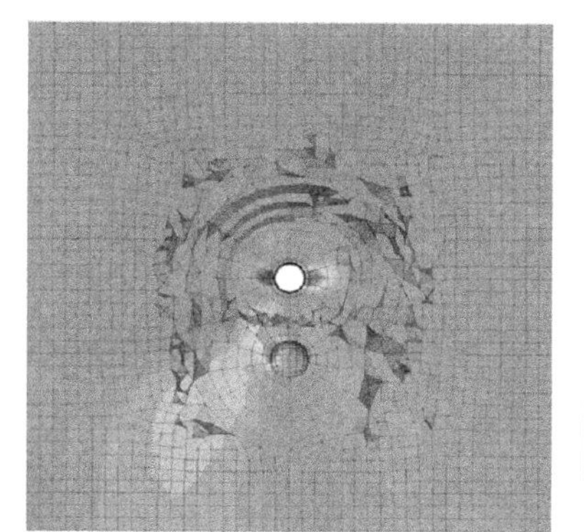

图 4　隧道施工完成后地层及溶洞水平位移分布图/m

由图可知，在开挖面处拱顶沉降最大为 3.76mm，拱底最大隆起为 5.28mm。在开挖面处隧道左部围岩水平位移最大为 2.04mm，隧道右部围岩水平位移为 2.06mm。

（2）管片变形及内力。

隧道贯通后管片，管片变形及内力如图 5 至图 8 所示。

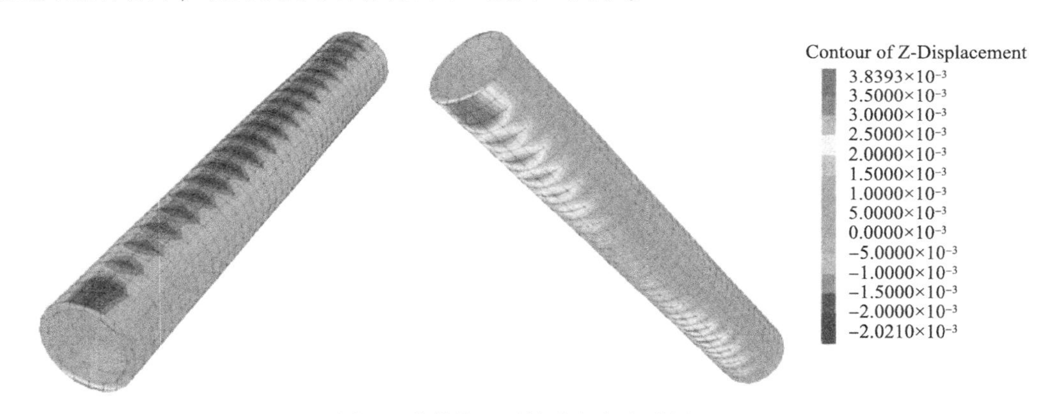

图 5　隧道贯通后管片竖向变形图/m

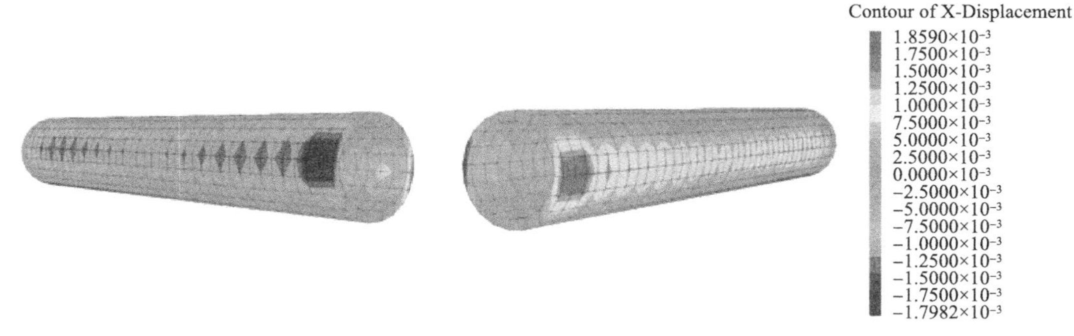

图 6　隧道贯通后管片横向变形图/m

由图可知，管片拱顶发生径向向内变形，最大变形值约为 2.02mm；拱底发生径向向内变形，最大变形值为 3.83mm；管片左拱腰最大变形值为 1.79mm，右拱腰最大变形值为 1.85mm。由应力云图可知，管片小主应力极值为 1.29MPa，大主应力极值为 3.16MPa。C50 混凝土的抗拉强度与抗

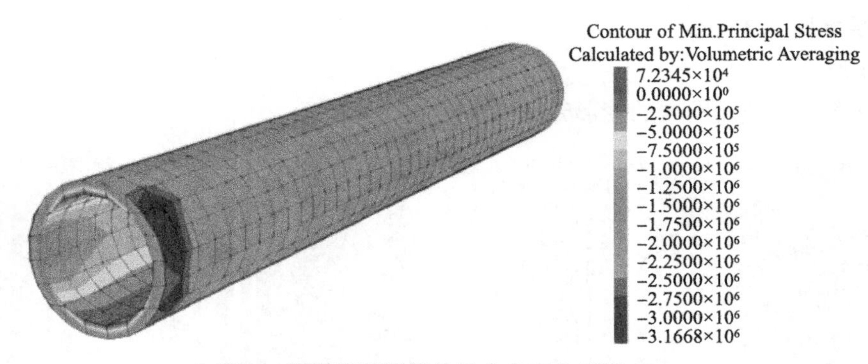

图 7 隧道贯通后管片最小主应力云图/Pa

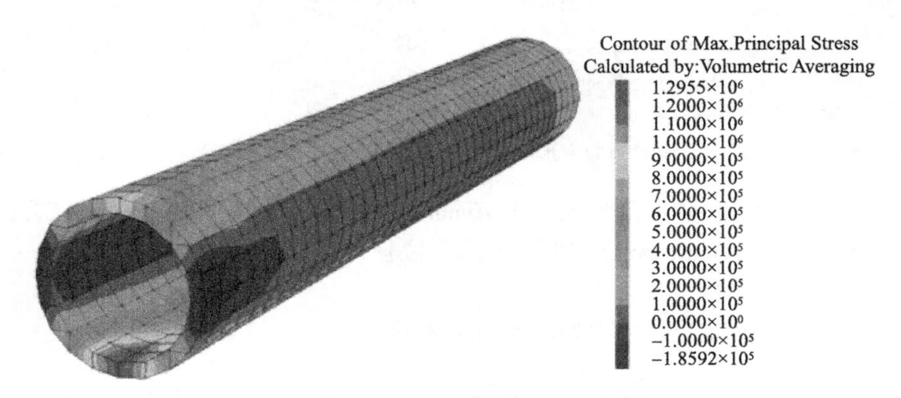

图 8 隧道贯通后管片最大主应力云图/Pa

压强度设计值分别为 1. 89MPa、23. 1MPa，可知管片强度满足要求。

(3) 溶洞顶部岩板竖向位移。

隧道施工至距溶洞不同距离处引起的溶洞沉降如图 9 至图 16 所示。

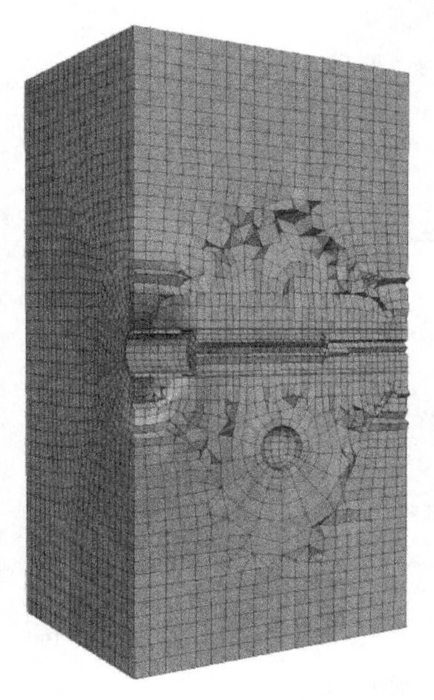

图 9 隧道施工至距溶洞 2D 处引起的溶洞沉降云图/m

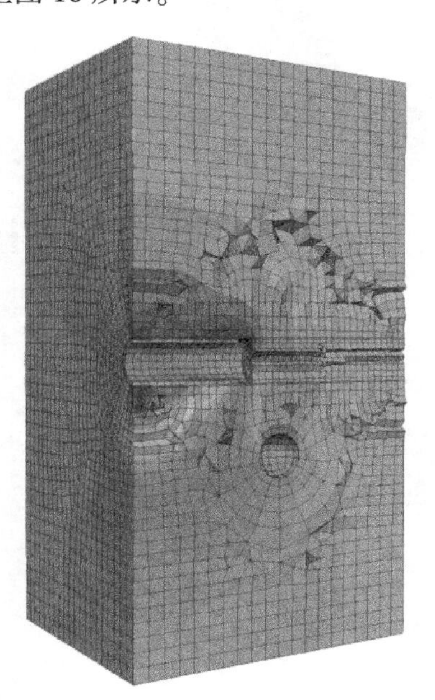

图 10 隧道施工至距溶洞 1D 处引起的溶洞沉降云图/m

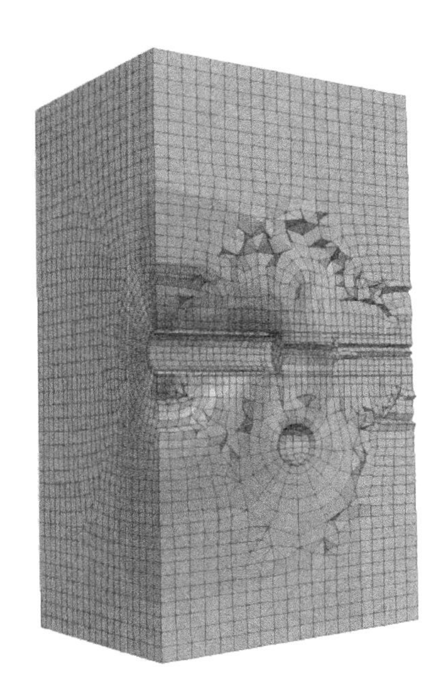

图 11　隧道施工至距溶洞 0.5D 处引起的溶洞沉降云图/m

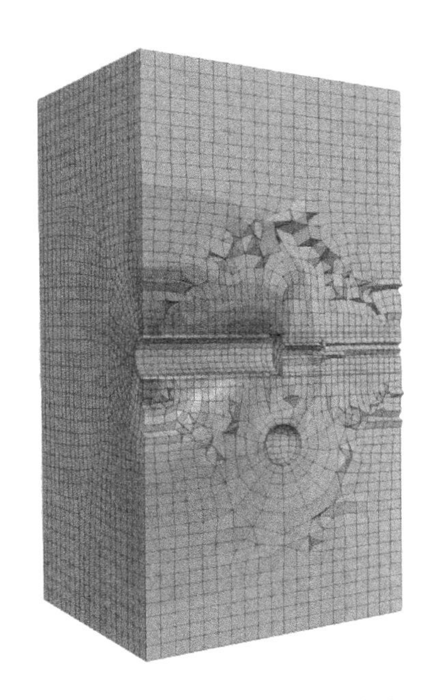

图 12　隧道施工至溶洞正上方处引起的溶洞沉降云图/m

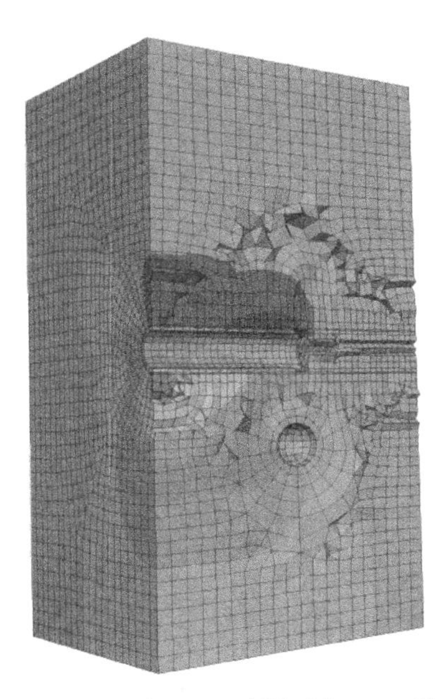

图 13　隧道施工至溶洞后方 0.5D 处引起的溶洞沉降云图/m

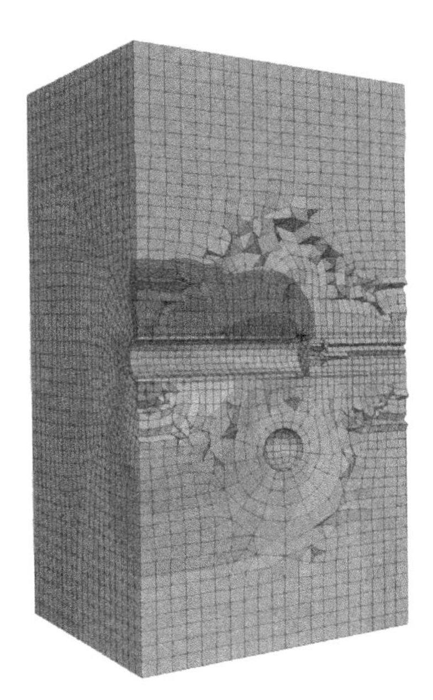

图 14　隧道施工至溶洞后方 1D 处引起的溶洞沉降云图/m

由图可知，当隧道开挖施工至距溶洞 2D 处时，引起溶腔顶部岩板沉降为 1.25mm，其变形量还较小；当隧道开挖施工至距溶洞 1D 处时，引起溶腔顶部岩板沉降为 1.83mm，其变形量开始增大；当隧道开挖施工至距溶洞 0.5D 处时，引起溶腔顶部岩板沉降为 2.32mm，其变形量继续增大；当隧道开挖施工至距溶洞正上方处时，引起溶腔顶部岩板沉降为 2.65mm，其变形量基本达到峰值；当隧道开挖施工至溶洞后方 0.5D 处时，引起溶腔顶部岩板沉降为 2.56mm，其变形量开始略微减小；当隧道开挖施工至溶洞后方 1D 处时，引起溶腔顶部岩板沉降为 2.41mm，其变形量继续减小；当隧道开挖施工至溶洞后方 2D 处时，引起溶腔顶部岩板沉降为 2.36mm，其变形量已基本稳定；当隧道开挖施工完成时，引起溶腔顶部岩板最终沉降为2.34mm，在整个开挖过程中，溶洞顶部岩板沉降均处在安全范围内。

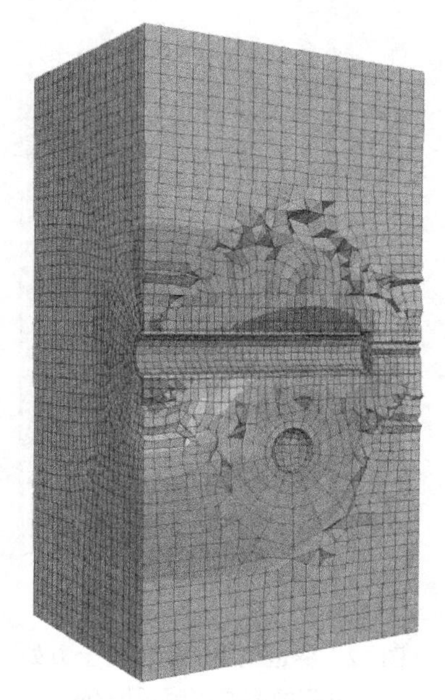

图15 隧道施工至溶洞后方2D处引起的溶洞沉降云图/m

图16 隧道施工完成后引起的溶洞沉降云图/m

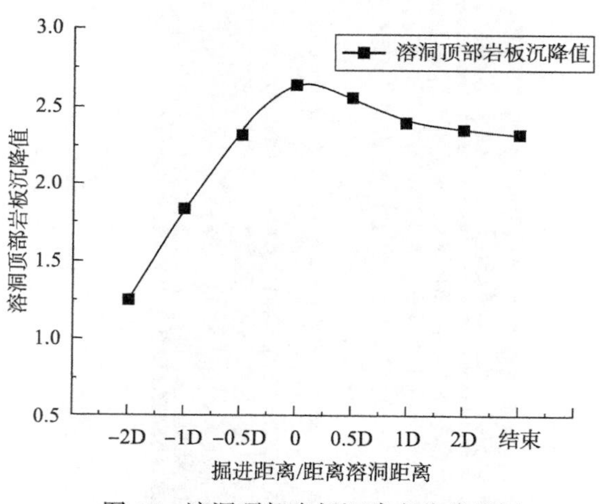

图17 溶洞顶部岩板沉降变化曲线图

通过溶洞顶部岩板沉降变化曲线图17可以直观地看出其沉降值的变化趋势，当盾构隧道开始开挖时，溶洞顶部岩板开始沉降，当开挖面距离溶洞所在位置越来越近时，顶部岩板沉降越来越大，在开挖面到达溶洞所在位置正上方时，沉降值基本达到最大值。当开挖面挖过溶洞所在位置时，沉降值开始略微减小，开挖面距离溶洞越远，沉降值虽略微减小，但基本处于稳定状态。

(4) 地层渗流场分析。

隧道开挖不同进程下地层渗流水压力如图18所示。

如图18所示，可以看出随着隧道推进，土体的渗流场和应力场受到扰动并重新向新的应力平衡转化，隧道周围土体的孔压由于开挖卸荷作用而降低，由于远处高水压与隧道临界面形成压力差，在渗透力的作用下向隧道四周流动，形成一个类似于漏斗形状的孔压的分布形式，隧道下部的孔压大于上部，且隧道中心一定范围外的孔压和初始水压力保持一致。但由于溶洞中充填水压的存在，溶洞中的水压比周围地层水压要高，高水压会向周围地层扩散，所以溶洞周围水压呈略微隆起，但并未对盾构隧道开挖造成不利影响。隧道所穿越地层及周边水压力总体保持在0.1~0.2MPa左右，隧道开挖只对其前方掌子面有较大影响，而对周边地层渗流场影响较小，开挖过程中溶腔渗透压力未产生较大变化。

(5) 地层塑性区分析。

隧道开挖不同进程下地层塑性区分布如图19所示。

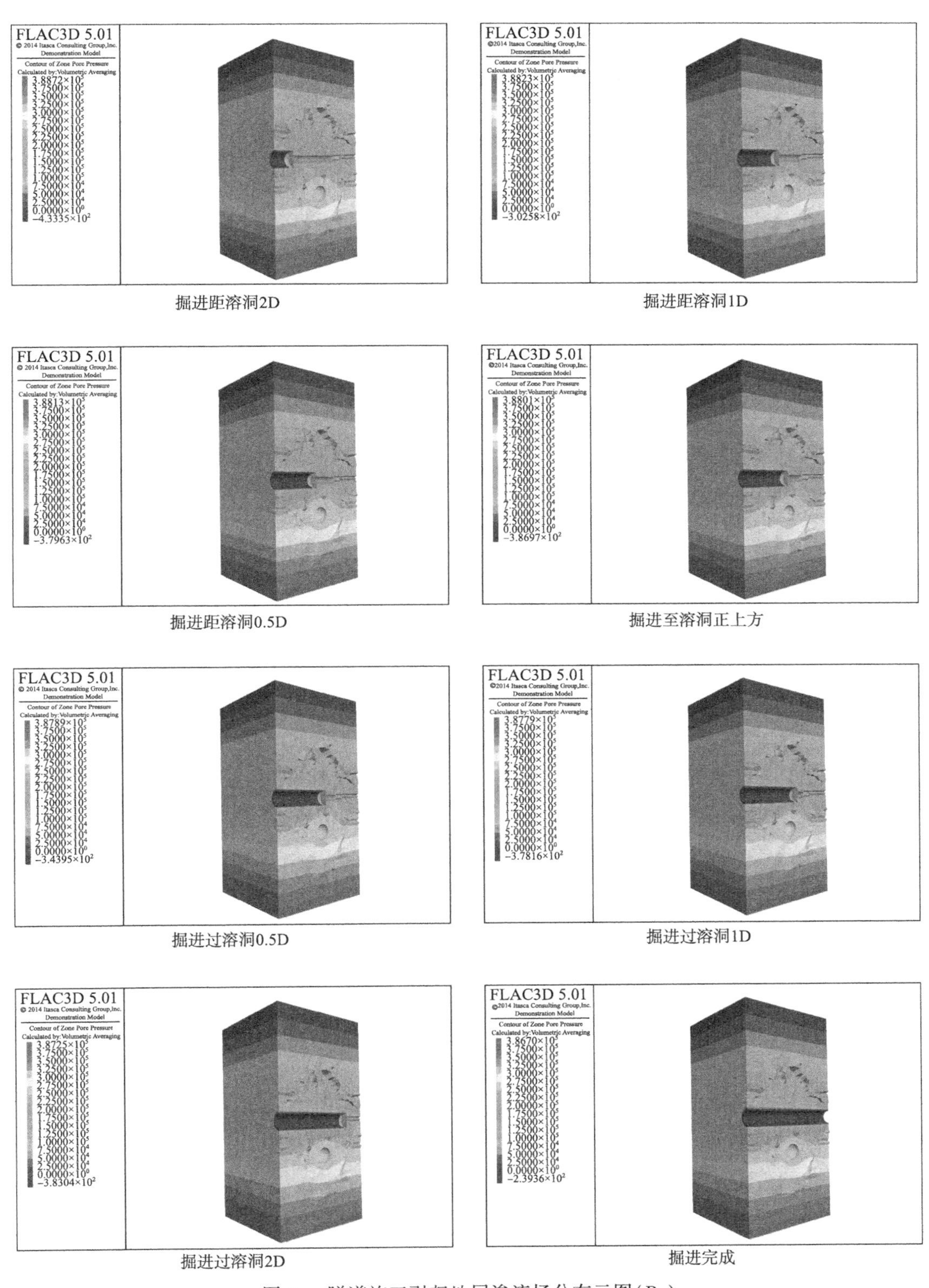

掘进距溶洞2D　掘进距溶洞1D

掘进距溶洞0.5D　掘进至溶洞正上方

掘进过溶洞0.5D　掘进过溶洞1D

掘进过溶洞2D　掘进完成

图 18　隧道施工引起地层渗流场分布云图(Pa)

如图 19 所示，当隧道未开挖时，地层中未出现塑性区。当隧道开始施工后，由于隧道施工会对开外面周围地层产生扰动，打破其原有平衡，使隧道周围地层出现部分塑性区。并且由于溶洞的存在，溶洞周围地层相对较弱，隧道的施工会使距离较近的溶洞周围地层也会产生扰动并出现塑性区，当隧道周围地层塑性区和溶洞周围地层塑性区连通时，在计算中通常认为其间的岩板可能已经发生破坏。图中显示在隧道开挖后，地层中开始出现塑性区，随着隧道持续施工，塑性区的大小并几乎未发生变化，且于溶洞充填水压 0.3MPa 的工况下，从施工开始到结束，隧道与溶洞间岩板塑性区从未连通，处于安全状态。

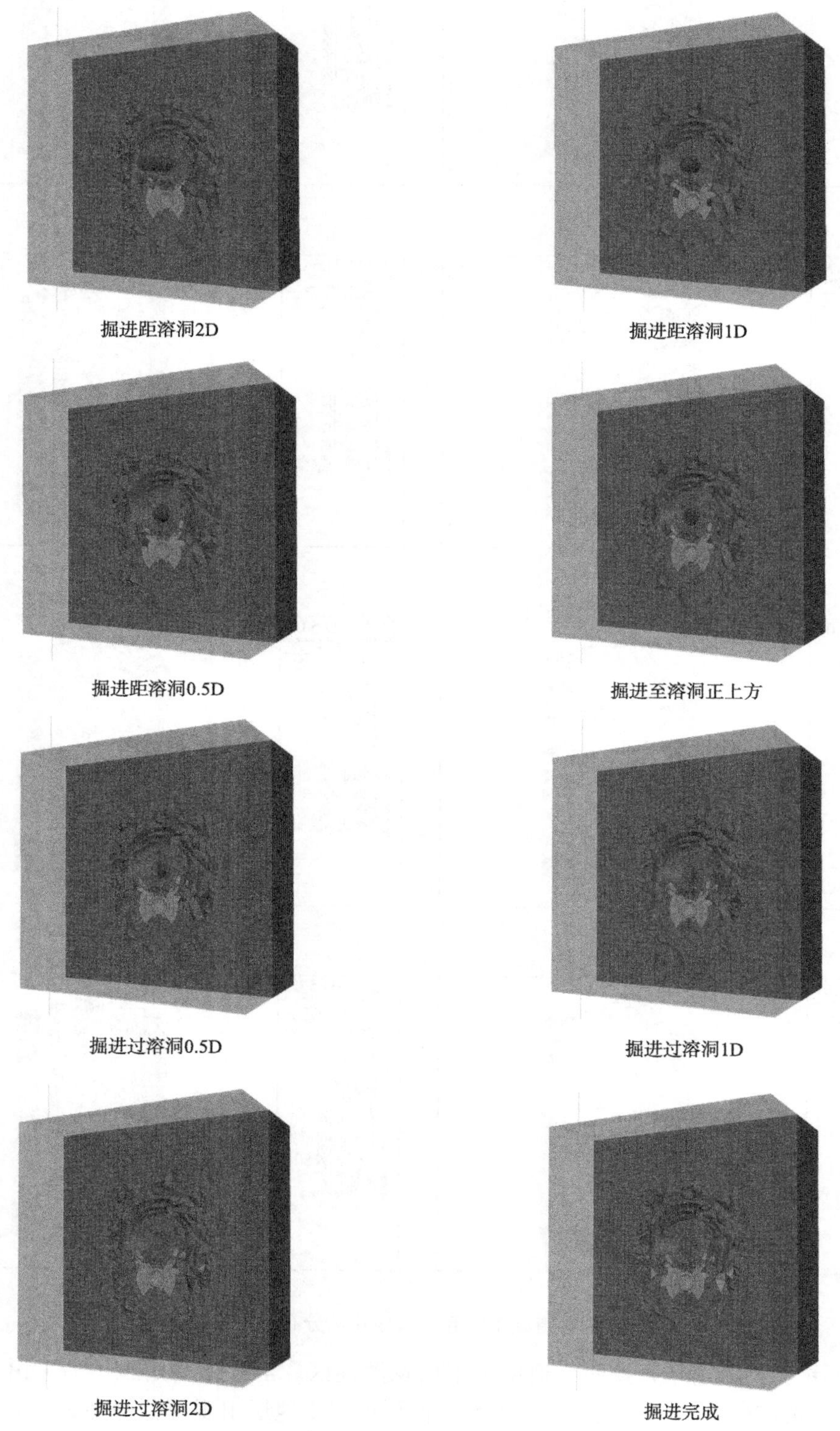

图 19　隧道施工引起地层塑性区分布云图(Pa)

2. 溶洞充填水压 0.4MPa

（1）地层变形。

按照上述理论，通过有限元模拟计算，在开挖面处拱顶沉降最大为 3.94mm，拱底最大隆起为 5.46mm。在开挖面处隧道左部围岩水平位移最大为 2.25mm，隧道右部围岩水平位移为 2.23mm。

（2）管片变形及内力。

管片拱顶发生径向向内变形，最大变形值约为 2.32mm；拱底发生径向向内变形，最大变形值为 3.99mm；管片左拱腰最大变形值为 2.01mm，右拱腰最大变形值为 1.98mm。管片小主应力极值为 1.28MPa，大主应力极值为 3.17MPa，管片强度满足要求。

（3）溶洞顶部岩板竖向位移。

当隧道开挖施工至距溶洞 2*D* 处时，引起溶腔顶部岩板沉降为 1.63mm，其变形量还较小；当隧道开挖施工至距溶洞 1*D* 处时，引起溶腔顶部岩板沉降为 2.18mm，其变形量开始增大；当隧道开挖施工至距溶洞 0.5*D* 处时，引起溶腔顶部岩板沉降为 2.77mm，其变形量继续增大；当隧道开挖施工至距溶洞正上方处时，引起溶腔顶部岩板沉降为 3.03mm，其变形量基本达到峰值；当隧道开挖施工至溶洞后方 0.5*D* 处时，引起溶腔顶部岩板沉降为 2.89mm，其变形量开始略微减小；当隧道开挖施工至溶洞后方 1*D* 处时，引起溶腔顶部岩板沉降为 2.83mm，其变形量继续减小；当隧道开挖施工至溶洞后方 2*D* 处时，引起溶腔顶部岩板沉降为 2.81mm，其变形量已基本稳定；当隧道开挖施工完成时，引起溶腔顶部岩板最终沉降为 2.79mm，在整个开挖过程中，溶洞顶部岩板沉降均处在安全范围内，整体沉降相比溶洞充填水压 0.3MPa 时略有增加(图 20)。

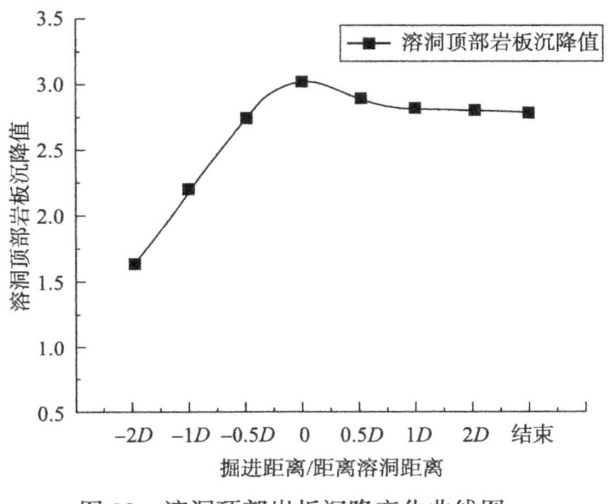

图 20　溶洞顶部岩板沉降变化曲线图

（4）地层渗流场分析。

地层渗流场分布与 0.3MPa 压力下类似。隧道所穿越地层及周边水压力总体保持在 0.1~0.25MPa 左右，隧道开挖只对其前方掌子面有较大影响，而对周边地层渗流场影响较小，开挖过程中溶腔渗透压力未产生较大变化。

（5）地层塑性区分析。

地层塑性区分布与 0.3MPa 压力下类似。隧道开挖后，地层中开始出现塑性区，随着隧道持续施工，塑性区的大小并几乎未发生变化，且于溶洞充填水压 0.4MPa 的工况下，从施工开始到结束，隧道与溶洞间岩板塑性区从未连通，处于安全状态。

3. 溶洞充填水压 0.5MPa

（1）地层变形。

最大沉降处为开挖面拱顶处，沉降值最大为 4.57mm，最大隆起点依旧为开挖面拱底处，隆起值最大为 5.85mm。水平位移最大处由开挖面隧道左右部围岩变为溶洞左右部围岩，溶洞左部围岩水平位移最大值为 2.52mm，溶洞右部围岩水平位移为 2.57mm。

（2）管片变形及内力。

管片拱顶发生径向向内变形，最大变形值约为 2.87mm；拱底发生径向向内变形，最大变形值为 4.63mm；管片左拱腰最大变形值为 2.13mm，右拱腰最大变形值为 2.15mm。管片小主应力极值为 1.43MPa，大主应力极值为 4.28MPa，管片受力变大，仍满足强度要求。

(3) 溶洞顶部岩板竖向位移。

当隧道开挖施工至距溶洞 2D 处时，引起溶腔顶部岩板沉降为 2.23mm，其变形量还较小；当隧道开挖施工至距溶洞 1D 处时，引起溶腔顶部岩板沉降为 2.55mm，其变形量开始增大；当隧道开挖施工至距溶洞 0.5D 处时，引起溶腔顶部岩板沉降为 2.91mm，其变形量继续增大；当隧道开挖施工至距溶洞正上方处时，引起溶腔顶部岩板沉降为 3.47mm，其变形量基本达到峰值；当隧道开挖施工至溶洞后方 0.5D 处时，引起溶腔顶部岩板沉降为 3.39mm，其变形量开始略微减小；当隧道开挖施工至溶洞后方 1D 处时，引起溶腔顶部岩板沉降为 3.34mm，其变形量继续减小；当隧道开挖施工至溶洞后方 2D 处时，引起溶腔顶部岩板沉降为 3.35mm，其变形量已基本稳定；当隧道开挖施工完成时，引起溶腔顶部岩板最终沉降为 3.31mm，在整个开挖过程中，溶洞顶部岩板沉降均处在安全范围内，整体沉降相比溶洞充填水压 0.4MPa 时继续增加，且此时整个模型的最大沉降值开始由盾构隧道开挖面正上方变为溶洞顶部岩板(图 21)。

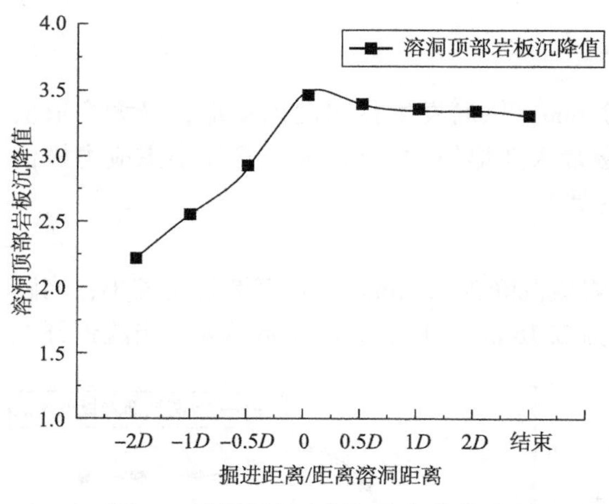

图 21　溶洞顶部岩板沉降变化曲线图

(4) 地层渗流场分析。

地层渗流场分布与 0.3MPa 压力下类似。隧道所穿越地层及周边水压力总体保持在 0.1～0.3MPa 左右，隧道开挖只对其前方掌子面有较大影响，而对周边地层渗流场影响较小，开挖过程中溶腔渗透压力未产生较大变化。

(5) 地层塑性区分析。

地层塑性区分布与 0.3MPa 压力下类似。隧道开挖后，地层中开始出现塑性区，随着隧道持续施工，塑性区的大小并几乎未发生变化，且于溶洞充填水压 0.5MPa 的工况下，从施工开始到结束，隧道与溶洞间岩板塑性区从未连通，处于安全状态。

4. 溶洞充填水压 0.6MPa

(1) 地层变形。

最大沉降处由开挖面处拱顶变为溶洞顶部岩板处，沉降值最大为 9.74mm，最大隆起点为开挖面拱底处，隆起值最大为 10.67mm。水平位移最大处由开挖面隧道左右部围岩变为溶洞左右部围岩，溶洞左部围岩水平位移最大值为 3.79mm，溶洞右部围岩水平位移为 3.83mm。

(2) 管片变形及内力。

管片拱顶发生径向向内变形，最大变形值约为 3.83mm；拱底发生径向向内变形，最大变形值为 5.14mm；管片左拱腰最大变形值为 3.02mm，右拱腰最大变形值为 2.98mm。管片小主应力极值为 1.65MPa，大主应力极值为 5.63MPa，管片受力较 0.5MPa 充填水压工况继续变大，仍满足强度要求。

(3) 溶洞顶部岩板竖向位移。

当隧道开挖施工至距溶洞 2D 处时，引起溶腔顶部岩板沉降为 4.30mm，其变形量还较小；当隧道开挖施工至距溶洞 1D 处时，引起溶腔顶部岩板沉降为 5.17mm，其变形量增幅较大；当隧道开挖施工至距溶洞 0.5D 处时，引起溶腔顶部岩板沉降为 6.63mm，其变形量继续增大；当隧道开挖施工至距溶洞正上方处时，引起溶腔顶部岩板沉降为 7.84mm，其变形量基本并未达到峰值；当隧道开挖施工至溶洞后方 0.5D 处时，引起溶腔顶部岩板沉降为 8.58mm，其变形量继续缓慢增长；当隧道开挖施工至溶洞后方 1D 处时，引起溶腔顶部岩板沉降为 9.11mm，其变形量继续缓慢增长；当隧道开挖施工至溶洞后方 2*D* 处时，引起溶腔顶部岩板沉降为 9.59mm，其变形量继续缓慢增长；当隧道开挖施工完成时，引起溶腔顶部岩板最终沉降为 9.74mm（图 22）。

（4）地层渗流场分析。

地层渗流场分布与 0.3MPa 压力下类似。隧道所穿越地层及周边水压力总体保持在 0.12~0.34MPa 左右，隧道开挖只对其前方掌子面有较大影响，而对周边地层渗流场影响较小，开挖过程中溶洞周围渗透压力未产生较大变化。

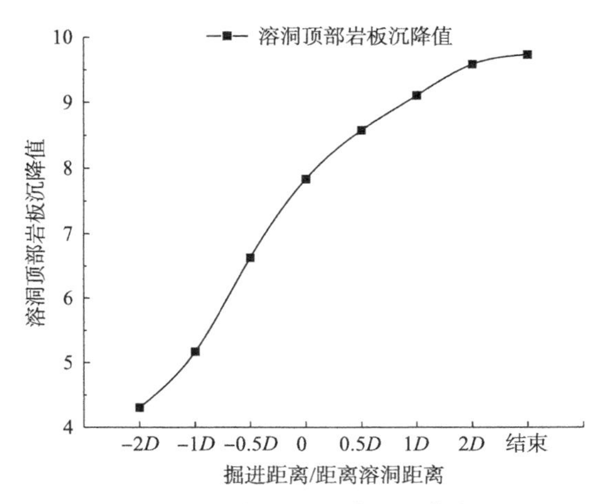

图 22　溶洞顶部岩板沉降变化曲线图

（5）地层塑性区分析。

当隧道未开挖时，地层中未出现塑性区。当隧道开始施工后，由于隧道施工会对开外面周围地层产生扰动，打破其原有平衡，使隧道周围地层出现部分塑性区。并且由于溶洞的存在，溶洞周围地层相对较弱，隧道的施工会使距离较近的溶洞周围地层也会产生扰动并出现塑性区，当隧道周围地层塑性区和溶洞周围地层塑性区连通时，在计算中通常认为其间的岩板可能已经发生破坏。在隧道开挖后，地层中开始出现塑性区，随着隧道持续施工，塑性区的面积逐渐增大，当开挖面距溶洞正中心 1*D* 时，盾构隧道与溶洞间塑性区开始贯通，并在后续的开挖过程中直至开挖完成都处于贯通状态，说明溶洞与隧道间岩板可能发生破坏。

四、结论

在不同的压力下，地层变形、管片受力、管片变形如图 23 至图 25 所示。

地层变形、管片变形和受力都与溶洞内充填水压呈正相关，其都随溶洞充填水压的增高而增大。由地层变形量图可知，当充填水压由 0.5MPa 增大到 0.6MPa 时，地层变形增大幅度变快，且地层塑性区也由连通变为不连通，分析原因可能为当溶洞充填水压还较小时，充填水压的存在不会对盾构隧道的开挖造成过大影响，地层的水平和竖向变形、管片的变形和受力以及溶腔的变形虽较无充填水压时略有增大，但增大后的数值均处在安全范围内，并且都与充填水压呈正相关，充填水压越大，地层的水平和竖向变形、管片的变形和受力以及溶腔的变形越大；地层的渗流并未受到很大影响，在隧道开挖过程中渗透压力比较稳定。但当溶洞内充填水压增大到一定程度后，由于隧道开挖在围岩中形成了新的临空面，溶洞顶部岩板受到溶腔中过大的充填水压进而受到较大的挤压作用；促进了溶洞顶部岩板中裂隙的发展，岩溶水在裂隙中不断流动汇集，更加促进了裂隙的发展，最终可能会在在隧道开挖面与溶腔间形成贯通破坏，进而造成岩板逐渐破裂、掉落，难以支撑盾构机的重力，发生机头栽落的危险。所以溶洞内填充水压的大小会影响盾构隧道开挖与溶洞的安全距离。

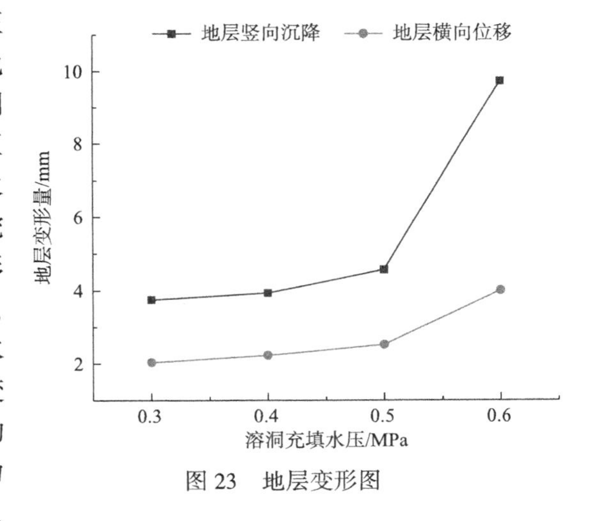

图 23　地层变形图

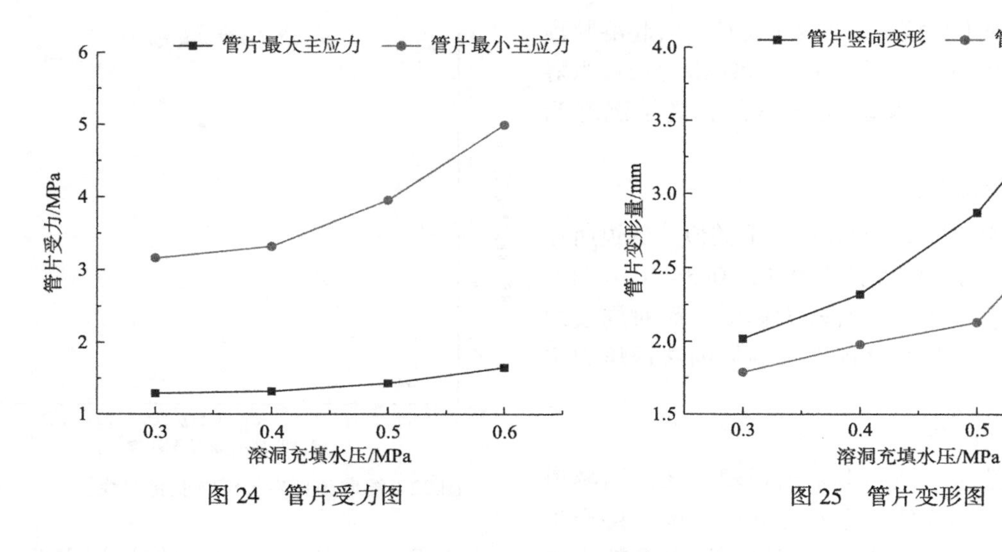

图24 管片受力图

图25 管片变形图

参 考 文 献

[1] 黎新亮．盾构隧道穿越湘江区工程风险分析及应对措施探讨[J]．铁道标准设计，2014，58(2)：64-70.

[2] 李萍，李威，文武双，等．下伏溶洞对穿越上砂下黏地层隧道管片变形影响分析[J]．施工技术，2018，47(24)：29-33.

[3] 王辉．盾构穿越江底溶洞区施工技术探讨[J]．资源信息与工程，2018，33(5)：2.

[4] 潘青，张清照，赵璟璐，等．岩溶分布规律对盾构隧道稳定性影响分析[J]．现代隧道技术，2018(A02)：9.

[5] 马福东．盾构隧道穿越江底溶洞发育区若干关键技术探析[J]．铁道标准设计，2018，62(1)：6.

[6] 代永文，李建强，梁杰，等．岩溶区溶洞分布对盾构隧道围岩稳定性影响研究[J]．铁道建筑技术，2020(8)：6.

[7] 谢琪．盾构隧道与溶洞安全距离及溶洞处治技术研究[D]．广西大学，2017.

[8] 杨雪冬．不同岩溶条件下盾构隧道受力数值模拟研究[J]．辽宁省交通高等专科学校学报，2022，24(6)：13-16.

[9] 赵勇．盾构隧道与隐伏溶洞的安全距离研究[J]．湖南文理学院学报：自然科学版，2020，32(4)：8.

邻近已建管道爆破的临界质点峰值振速的确定

余志峰

（中国石油天然气管道工程有限公司　总工办）

摘　要：本文首先介绍岩石爆破机理及对周围的影响，然后分析邻近已建管道爆破对管道的影响，并比较了控制影响的常用做法，最后通过采用合理的做法，根据并行管道参数适用范围，计算控制爆破影响的临界质点峰值振速，为石油行业标准《油气输送管道并行敷设技术规范》（SY/T 7365—2017）相关规定提供依据。

一、引言

为了满足国内经济快速发展和改善环境的需求，国内建设了大量的油气管道。以四大能源通道为骨干的横贯东西、纵跨南北的管网系统基本建成，并正在通过互连互通，织密"全国一张网"。由于地形、地方规划等原因，出现了油气管道并行敷设的情况，在石方、冻土地段，新建管道需要采用爆破方式邻近已建管道开挖管沟。另外，开采矿产、建设公路等也会邻近已建管道进行爆破作业，为了保证已建管道的安全，应合理控制和规范爆破施工作业。石油行业标准《油气输送管道并行敷设技术规范》（SY/T 7365—2017）[1]针对已建管道50m范围内的石方管沟爆破作业进行了规定，要求20m以外采用爆破方式施工引起的质点峰值振速为14cm/s来控制爆破的影响。本文介绍上述指标确定的依据，以便于统一认识，并在工程中实施。

二、岩石爆破机理及对周围的影响

1. 岩石爆破机理

由于炸药的爆炸反应是高温、高压和高速的瞬态过程，岩体性质和爆破条件复杂多变，加之爆破工作具有较大的危险性，因此给直接观测和研究岩体的爆破破坏过程造成了极大的困难。迄今为此，人们对岩体爆破作用过程仍然了解得不透彻，尚不能形成一套完整而系统的爆破理论。尽管如此，随着长期实践经验的积累和现代科学技术的发展，借助先进的爆破测试技术以及模拟爆破试验，对爆破作用原理的研究取得了较大的进展，提出了多种岩体爆破机理的观点，在一定程度上反映了岩体的爆破破坏规律。

爆破破坏作用的观点大致可归纳为如下四种。

（1）爆轰气体破坏作用的观点。

从静力学的观点出发，认为药包爆炸后，产生大量的高温、高压气体。这种气体膨胀产生的推力作用在药包周围的岩壁上，引起岩石质点的径向位移。当药包埋深不大时，在最小抵抗线方向（即地表方向），岩石移动的阻力最小，运动速度最高。由于存在不同速度的径向位移，在岩体中形成剪切应力，当这种剪切应力超过岩石的动态抗剪强度时就会引起岩石破裂。在爆轰气体膨胀推力作用下，自由面附近的岩石隆起、开裂，并沿径向方向抛出。这种观点不考虑冲击波的破碎作用。

(2) 应力波破坏作用观点。

从爆炸动力学的观点出发，认为药包爆炸产生强烈的冲击波，冲击、压缩周围的岩体，造成邻近药包的岩体局部压碎，之后冲击波衰减为压应力波继续向外传播。当压应力波传播到岩体界面(自由面)时，产生反射拉应力波，若此拉应力波超过岩石的动态抗拉强度时，从界面开始向爆源方向产生拉伸片裂破坏。这种观点不考虑爆轰气体的膨胀推力作用。

(3) 应力波和爆轰气体共同作用的破坏观点。

这种观点认为岩体破裂是爆炸应力波和爆轰气体膨胀推力共同作用的结果。爆破作用有两个过程：①应力波的动态作用过程。药包起爆后，爆轰波首先作用于孔壁，在岩石中激起强烈的冲击波。在固体介质内，这种冲击波以应力波的形式从孔壁向周围速传播，它的作用时间很短，波峰应力值高，当其强度大于岩石的动载强度时，岩石便产生破坏，所以属于动态破坏的作用过程；②爆轰气体的似静压作用过程。应力波过后，是爆轰气体在密闭空腔内沿着破坏的裂隙持续膨胀的作用过程。该过程的压力相对较低，但变化较慢，作用时间较长，在岩体中产生似静应力场，当其应力大于岩石的强度时，岩石破坏，甚至沿径向抛掷，所以属于似静压作用过程。

(4) 损伤力学观点。

这种观点认为岩体在成岩过程不可避免存在初始损伤，例如各种结构面(节理、裂隙、层理等)，岩体结构面的力学强度决定了岩体的整体强度，应采用损伤力学来解释爆破对岩体的破坏过程。岩体的动态损伤和演化是个能量耗散过程，岩体的损伤程度反映了爆破能量耗散的大小。

2. 爆破对周围的影响。

在应力波和爆轰气体的作用下，岩体将形成粉碎区、破裂区或爆破漏斗等质点位移显著地带(小于等于 150 倍孔径)以及地震波传播的影响地带(大于 150 倍孔径)。爆轰气体压力足够大时，可以使岩体发生抛掷，即飞溅物。不同性质的岩体和炸药，爆破作用过程是不同的。在坚硬岩石、高猛度炸药、偶合装药或不偶合系数较小的装药的条件下，应力波破坏作用是主要的；而在松软岩石、低猛度炸药、装药不偶合系数较大的条件下，爆轰气体破坏作用是主要的。

不同类型的对象在爆破作用下的响应是不同的，其影响的程度也不一样。爆破引起的振动包含不同类型的波，这些波的频率和幅度不同，当频率与周围建构筑物的固有频率接近时，会导致放大效果。国家标准《爆破安全规程》(GB 6722—2014)[2]在规定振动对周围建构筑影响的允许值中考虑了频率的因素。

三、控制邻近已建管道爆破影响的做法

邻近爆破对埋地管道的影响主要包括地震波和飞溅物。由于爆破管沟的药量有限，难以形成一定体积的飞溅物，所以飞溅物对管道的地面附属设施有直接的影响，但是对埋地管道自身的影响很小，可以不予以考虑。地震波对埋地管道的影响应该是考虑的重点。

爆破是释放能量的过程。伴随着能量释放产生了地震波。地震波在传播的过程中引起了土体振动和位移，从而对埋地管道产生附加应力和变形。当附加应力超出管道的承载能力时，管道发生大的截面变形，甚至破裂。图 1 是爆破引起的管道环向附加冲击荷载分布的示意图。

为了保证邻近爆破对已建管道的安全，国内外学者进行了大量的研究，主要的做法有：

(1) 参考地面建构物的做法，采用质点峰值振速(PPV)来控制爆破影响。

① Oriard[3]认为爆破不要使管道暴露在爆炸坑或使管道周围的岩体破裂即可，临界 PPV 取 12ips(inch per second，即 30.48cm/s)。他认为这个数值是保守，但没有理论依据，而且没有说明是地面还是管体上的 PPV。

② 国内中国石油在建设西部原油成品油管道时，与在役的西气东输管道并行。为了保证西气东输

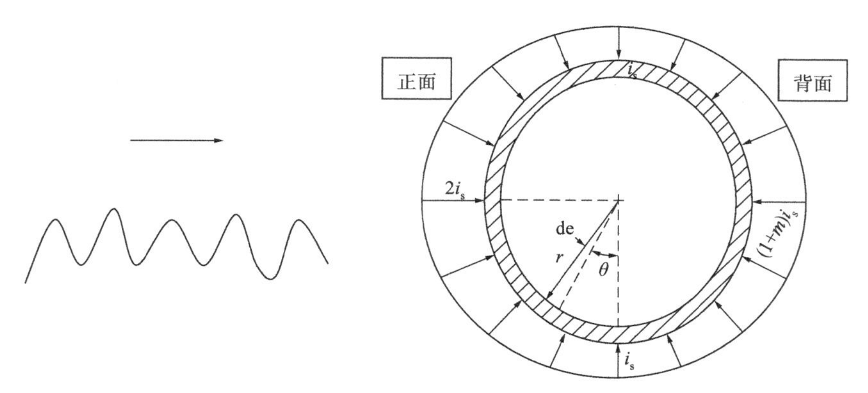

图 1 爆破引起的管道环向附加冲击荷载分布的示意图

管道的安全运行，西部管道 EPC 项目部对爆破工程安全给予高度重视，特委托中国石油天然气管道第三工程公司西部管道工程项目部实施模拟爆破试验。为确保试验数据的准确、科学，管道三公司西部管道工程项目部选择了中国人民解放军理工大学结构爆炸研究实验室作为模拟爆破试验合作者。

模拟爆破位置选择在甘肃柳园镇。将与西气东输管道一致的 6m 长的管段(管径 1016mm，壁厚 21.0mm，管材为 X70 钢)，两端开放不密闭埋入沟中，使其顶部与地面平齐。在其顶部水平放置一块厚 25mm 的钢板，装药置于钢板中央并对准管子顶部轴线，钢板与钢管之间用垫土层相隔。顶部装药由 0.2kg 开始作第一次起爆，而后逐渐增大直至测试到管体振动出现“突跃值”为止。认为“突跃值”之前的应变为管道应变弹性极限，在取一定的安全系数后确定管道应变的安全值。

确定安全应变值后，又通过试验来建立质点峰值振速与应变的关系，从而由安全应变对应找出临界质点峰值振速。试验选取了与西气东输管道材料、结构相同、两端有相同约束条件、长 11.6m 的管道并密封加压至 10MPa。该模拟管道的埋设条件与西气东输管道埋设条件一致，在与现实施工相一致的各结构点设置类似振源进行模拟试验。先后进行了 4 次试验，结果如表 1 所示[4]。

表 1　4 次模拟试验结果

试验序号	药量 Q/kg	距离 R/m	V 值/(cm/s)	ε 文件名	ε 值
1	900	80.4	6.32	ep31#7	263.40
			5.89	ep31#8	54.40
			6.02	ep31#9	321.90
2	1130	50.3	11.55	ep32#7	800.20
			11.94	ep32#8	374.20
			10.32	ep32#9	566.40
3	792	33.7	13.88	ep33#7	1944.30
			13.47	ep33#8	876.60
			14.24	ep33#9	1504.80
4	733	34.4	14.12	ep34#7	2134.70
			12.00	ep34#8	984.00
			14.00	ep34#9	1869.60

在表 1 中选取 2000$\mu\varepsilon$ 左右的应变值，计算对应的质点峰值振速的平均数，之后圆整得到 14cm/s。

(2) 参考地震对埋地管道的影响，采用质点峰值振速(PPV)来控制爆破影响。

Rucker and Dowding (1998)[5] 根据地震震后调查的结果，当地震引起的 PPV 大于 8ips (20.32cm/s)后，管道的失效概率比没有经历地震的管道高，所以将临界值定为 8ips(20.32cm/s)。因为上述调查的对象最要是铸铁管、预应力混凝土管、石棉水泥管，而且地震波的波速一般小于岩石爆破引起的波速，所以将该值用于控制焊接管道受爆破振动的影响是保守的。

(3)国家标准《输气管道工程设计规范》GB 50251—2015。

国家标准《输气管道工程设计规范》GB 50251—2015[6]有两条涉及爆破控制：

“4.3.18 埋地输气管道与民用炸药储存仓库的最小水平距离应符合下列规定：……”；

“4.4.5 石方地段不同期建设的并行管道，后建管道采用爆破开挖管沟时，并行净距宜大于20m且应控制爆破参数。”

但是正文中均未提及采用什么参数来控制爆破，只是在条文说明中提到采用质点峰值振速参数，并建议采用14cm/s。这些推荐做法主要参照西部管道建设时的研究成果。

(4) 采用组合应力来控制爆破影响[7]。

① 1964年Battle提出了未经试验验证的计算爆破导致的环向应力理论模型，如公式(1)。该模型不考虑地震波绕过管道背后，只考虑正面的冲击，且爆破距离要求在30m以外。

$$\sigma_{\mathrm{cir}}=4.26\frac{KEh\sqrt{W}}{RD^{2}} \tag{1}$$

式中 K——场地有关的系数；

E——钢管的弹性模量；

h——管道壁厚；

W——爆破药量；

R——爆破距离；

D——管径。

② 1975年PRCI资助SWRI开展埋地爆破对管道的影响，特别是小于30m的情况(间距至少2D)。通过收集已有的爆破试验数据，并补充完成了103组模拟和全尺寸试验，SWRI采用相似理论按点源、线源和网格源分类提出了计算爆破导致的质点峰值振速和位移，以及环向和轴向应力的计算公式。点源爆破的质点峰值振速按公式(2)计算：

$$\frac{U}{c}\left(\frac{p_0}{\rho c^2}\right)^{0.5}=\frac{0.00617\left(\frac{W_e}{\rho c^2R^3}\right)^{0.852}}{\tanh\left[26.0\left(\frac{W_e}{\rho c^2R^3}\right)^{0.30}\right]} \tag{2}$$

式中 U——质点峰值振速；

c——冲击波在介质中的传播速度；

p_0——大气压强；

ρ——土体或岩石的密度；

W_e——爆破药量；

R——爆破距离。

为了简化计算，认为爆破引起的环向和轴向应力同时达到最大值，并采用公式(3)计算。

$$\frac{\sigma}{E}=4.44\left(\frac{nW}{\sqrt{Eh}R^{2.5}}\right)^{0.77} \tag{3}$$

式中 σ——环向或轴向应力；

E——钢管的弹性模量；

n——炸药的当量值；

W——爆破药量；

h——管道壁厚；

R——爆破距离。

③ 组合应力及其允许值。

需要考虑的应力包括内压、温差、覆土等荷载引起的应力，并折算为环向和轴向两个方向，再根据强度理论进行组合。允许值需要根据管道的具体情况调整，如老管道可以取小值，新管道可以取大值。一般情况可以根据规范来确定，如美国生命线联盟(ALA)的指南[8]取0.9SMYS。

④ Siskind and Stagg(1996)[9]采用一些管道公司的做法，认为爆破引起的附加应力最大取18% SMYS，即把爆破荷载类似于交通引起的瞬时环境荷载。根据此允许应力，他们推荐Grade B的PPV为5ips，X42的PPV为6ips，X56的PPV为8ips，如果要涵盖所有钢级且没有更好的做法，他们推荐地面的PPV=5ips(12.7cm/s)。

(5) 其他做法。

Lagasco，Manfredini，and Vassallo(1998)[10]分析了爆破对埋地管道影响的现有做法，认为没有考虑以下因素：①弯管、三通；②管道缺陷；③管道强度的动力响应；④没有考虑土体的非均匀性，以及其他参数的影响；⑤地形的影响等。因此，建议采用结构-介质相互作用模型(structure medium interaction，SMI)来确定管道周围的压力以及管道的响应，但是没有看到后续的研究成果。

四、邻近爆破对埋地管道影响的临界质点峰值振速的确定

从已有的研究资料及相关标准来看，控制邻近爆破对埋地管道的影响的主要做法有两种：(1)采用质点峰值振速；(2)采用组合应力。

尽管质点峰值速度不能完全体现管道在爆破振动下的响应，但是从趋势上看，管道质点振动速度越大，其应力(应变)越大，如图2所示。而且在实际工程中容易控制(在地面设置振动速度监测设备)，所以可以采用此参数作为控制爆破影响的控制参数。

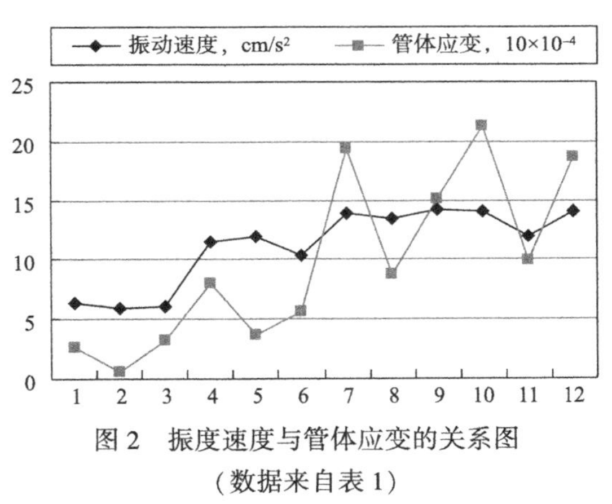

图2 振度速度与管体应变的关系图

(数据来自表1)

但是从理论上更加合理的是组合应力控制法，其中SWRI的研究成果基本上能反映技术发展的方向。因此，可以根据该研究成果来控制爆破对埋地管道的影响。该成果已经建立了管道应力与爆破方案的关系，质点峰值振速与爆破方案的关系，所以可以根据管道允许的应力，计算出给定距离和管道参数的最大爆破药量(公式3)；再根据最大爆破药量计算质点峰值振速(公式2)，以此速度作为控制爆破的临界质点峰值振速。

(1) 管道允许应力。

管道允许应力可根据国标或ALA标准，组合应力不大于0.9SMYS。假设管道只受环向应力，设计系数为0.72，所以最大环向应力0.72SMYS，则爆破引起的应力最大为0.18SMYS，也就是Siskind and Stagg(1996)采用的允许应力。钢级越低，允许应力越小。目前钢材标准中的最低钢级为L245，其允许应力是44.1MPa。

(2) 其他参数的确定。

联合公式(2)、公式(3)，当允许应力一定时，对各参数进行增减趋势分析得：

① 壁厚增加，允许的振动速度增加；

② 间距减少，允许的振动速度增加；

③ 地震波传播速度增大，允许的振动速度增加；

④ 岩石的密度减少，允许的振动速度增加；

因此，为了确定最大的允许振动速度，主要参数的取值如下：

① 壁厚取小值，按焊接要求最小 6mm；

② 间距取大值，《油气管道并行敷设技术规范》规定的范围为 50m，所以取 50m；

③ 地震波速取小值，取软岩(如泥灰岩)：500m/s

④ 岩石密度取大值，取硬岩(如中粒花岗岩)：2.68×10^3kg/m^3

(3) 计算结果。

对于 L245，壁厚 6mm，弹性模量 2.06×10^5MPa，并行间距 50m，地震波速 500m/s，岩石密度为 2.68×10^3kg/m^3 的保守工况，允许的振动速度为 6.78cm/s，即临界质点峰值振速取 6.78cm/s。而地面与埋地的振动速度大概是 2 倍，将计算的结果折算到地面为 6.78×2=13.56cm/s，约为 14cm/s。

这个计算结果与 Siskind and Stagg(1996)的结论基本一致，他们推荐的是地面 PPV = 5ips (12.7cm/s)，对于西气东输管道参数，钢级 L485，最小壁厚 14.6mm，弹性模量 2.06×10^5MPa，并行间距 50m，地震波速 500m/s，岩石密度为 2.68×10^3kg/m^3 的工况，允许的振动速度为 19.17cm/s。

五、结论和建议

(1) 邻近爆破对已建管道的影响主要是爆破引起的地震波。

(2) 早期人们参照爆破对地面建构筑物的影响，采用质点峰值振速来评价，并根据经验来确定临界质点峰值振速值。

(3) 目前管道行业已开发出评估爆破对埋地管道的模型，并经过了大量的模型和全尺寸爆破验证。尽管这些模型还不能考虑全部的影响因素，但是基本能满足工程的使用要求。

(4) 根据管道行业的评估模型，按涵盖所有工况的保守估计，管道埋深处的临界质点峰值振速取 6.78cm/s，折算到地面为 13.56cm/s。对于西气东输工况，管道埋深处保守估计的临界质点峰值振速取 19.17cm/s。

(5) 为了便于工程使用，石油行业标准《油气输送管道并行敷设技术规范》(SY/T 7365—2017)规定管道上方的地面临界质点峰值振速取 14cm/s。

参 考 文 献

[1] SY/T 7365 油气输送管道并行敷设技术规范[S]. 北京：石油工业出版社，2017.

[2] GB 6722 爆破安全规程[S]. 北京：中国标准出版社，2015.

[3] Oriard, Lewis L. Explosive Engineering, Construction Vibrations and Geotechnology. s. 1. : International Society of Explosive Engineers, 2005.

[4] 初宝民等，模拟爆破试验在西部管道工程中的成功应用[J]. 石油工程建设，2006(5)：14-18.

[5] Rucker, M. L. , & Dowding, C. H. (1998). Blasting near segmented pipelines: Damage potential assessment. ASCE Geotechnical Earthquake Engineering and Soil Dynamics III(Special Technical Publication 75, pp. 518-529.

[6] GB 50251 输气管道工程设计规范[S]. 北京：中国计划出版社，2015.

[7] Esparza, ED, Westine PS and Wnezel, AB. Pipeline Response to Buried Explosive Detonations Volume I and II. S. 1. : The Pipeline Research Committee AGA, August 1981. PRCI Catalog No. L51406.

[8] American Lifelines Alliance. Guidelines for the Design of Buried Steel Pipeline.

[9] Siskind, DE, et al. Surface Mine Blasting Near Pressurized Transmission Pipelines. s. 1. : US Department of the Interior, Bureau of Mines, 1994. RI9523.

[10] F. Lagasco, G. M. Manfredini, G. P. Vassallo. Trenching by Explosives nearby an Existing Pipeline: charge size charts. Transactions on the Built Environment vol 32, © 1998 WIT Press, www. witpress. com, ISSN 1743-3509.

采空区油气管道站场隐患治理案例

李　朝

（技术质量发展部）

摘　要： 油气管道经过煤矿采空区时，地面沉陷对管道安全影响很大，目前这种隐患问题主要集中在管道线路上，对采空区管道站场安全隐患问题经历不多，治理经验相对欠缺。本文以山西天然气有限公司所属洪长线长子分输站采空区隐患治理为例，介绍天然气管道站场遭遇采空区沉降威胁时所采取的应对措施。针对长子分输站输气规模小，运行压力低，治理期间暂时没有分输用户，很多功能尚未利用的实际情况，管道单位经过多方案比选论证，确定对长子站进行临时工艺改造，采用越站方式，隔离停运站内工艺系统，拆分站内相互连接的设施设备，使其能够随着采空区地面自由沉降而不致受到破坏。该方案简便灵活、易于实施、整体工程费用较低，对一些规模较小、功能简单的管道站场采空区隐患治理具有较好的启示和借鉴作用。

一、引言

煤矿采空塌陷对管道的危害非常突出，轻则引起管道弯曲变形，重则可能导致管道破裂。天然气介质具有易燃、易爆、有毒等特性，一旦管道发生沉降受损，将会给周边人民群众生产生活及社会稳定带来较大影响。管道管理单位对采空区管道安全运行高度重视，积极开展相关研究[1,2]和探索实践，在采空区天然气管道隐患治理上积累了丰富的、可操作性强的经验，目前这些经验和方法都主要集中在管道线路上，如开挖露管释放应力、原位抬管释放应力、断管、换管释放应力、管道改线等，而对采空区输气管道站场安全隐患问题经历不多，治理经验相对欠缺。2016年山西天然气有限公司所属洪洞—安泽—长子线的长子分输站即遭到下方霍尔辛赫煤矿开采的影响，站场隐患治理难度很大，以前没有成熟的经验可以借鉴，结合本站场特点，管道管理单位反复研究论证，确定采用对长子站进行临时工艺改造的方案，经济合理，经过实施取得成功。下面以该管道站场隐患治理为例，介绍分享煤矿采空区管道站场隐患治理方面的一些做法和经验。

二、长子分输站面临的采空区问题

洪洞—安泽—长子输气管道设计压力为4.0MPa、管径为ϕ355mm，其长子分输站位于长治市长子县宋村乡王郭村，2011年12月4日建成投产。具备对天然气分离、计量、调压，收发清管器等功能，同时具备天然气“三进四出”功能，“三进”即从煤层气长子站来气、洪洞—长子线屯留方向来气、三晋公司长子站来气；“四出”即天然气输送至洪洞—长子线屯留方向、输送至煤层气长子站、输送至三晋公司长子站、输送至工业用户（下游暂无用户），目前系统运行压力不超过3.0MPa。2016年4月霍尔辛赫煤矿给管道方来函说明2017年1月将开始在长子站下方开采煤矿，预计50天左右开采面将出现沉降现象，沉降量每日约5mm左右，80天左右达到沉降活跃期，沉降活跃期间最高沉降量每天可达50mm，预计2~3年后沉降稳定[3]。为防止地面沉降对管道及站场的产生破坏、酿成事故，管道方应提前做好安全应对措施。

山西天然气有限公司长子分输站与霍尔辛赫煤矿开采区位置关系如图1所示。

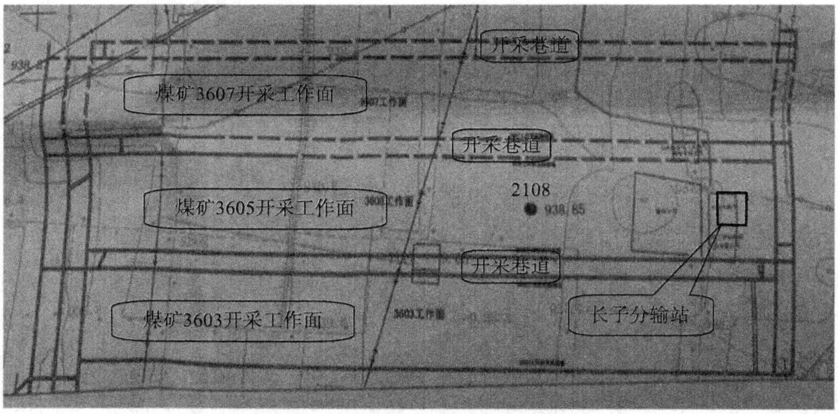

图1 山西天然气有限公司长子分输站与霍尔辛赫煤矿开采区位置关系图

霍尔辛赫煤矿属于大型矿区，井田面积71.4km^2，煤层埋深500m，煤层厚度5.7m，开采速度6m/d，开采方式为大采高和综采放顶煤回采。长子分输站与三晋新能源长子站位于煤矿3605开采作业面正上方，煤层气公司长子末站位于开采巷道上方。

三、隐患治理方案比选确定

为保证长子分输站在煤矿开采期间安全运行，管道管理单位组织管道和煤矿方面相关部门、并邀请专家多次召开技术研讨会，结合长子站目前运行状况(输气量小、运行压力低、下游暂时没有工业用户)提出四个方案进行比选论证：

方案一是长子站迁改，考虑该站规模较小，且下游目前没有用户，很多功能尚未发挥利用，若再找新的站址迁改，征地手续办理、征地协调难度和工程费用都很大，因此不推荐此方案；

方案二是在长子站下方开采区域预留煤柱[4]，经与矿主协商，该方案占压煤矿较多，煤矿开采损失费用甚至大于迁站方案，因此也不予推荐。

方案三是对站场地基灌注水泥浆进行整体加固，以形成一个稳固的整体地基平台，避免站内各设备设施基础不均匀沉降而出现破坏[5]。该方案实施难度较大，工程费用较高、对站场正常运行有一定影响，以前没有类似工程经验，治理效果不明确，因此也不推荐。

方案四是对长子站进行临时工艺改造，采用越站方式，隔离停运站内工艺系统，拆分站内相互连接的设施设备，使其能够随着采空区地面自由沉降而不致受到破坏。该方案充分考虑到长子站规模较小、下游暂时没有工业用户，部分功能尚未利用的特点，具有可实施性，整体工程费用较低(节省费用约1500万)，管道运营和煤矿开采企业都一致认可，临时越站工艺流程如图2所示。

四、方案实施

1. 临时越站管线安装

根据确定的临时越站工艺流程，在上游煤层气南陈分输站反输进站的2103球阀和去下游屯留方向的2501球阀(如上图所示)处断开与站内原有系统的连接，临时制作安装一段长40m，管径DN200的越站管线(直接敷设于地面)，在煤矿开采期间及采空区发展稳定以前一直利用越站管线输气。

临时管线安装施工包括：作业前准备→天然气放空及氮气置换→拆卸旧管线及焊接、安装新管

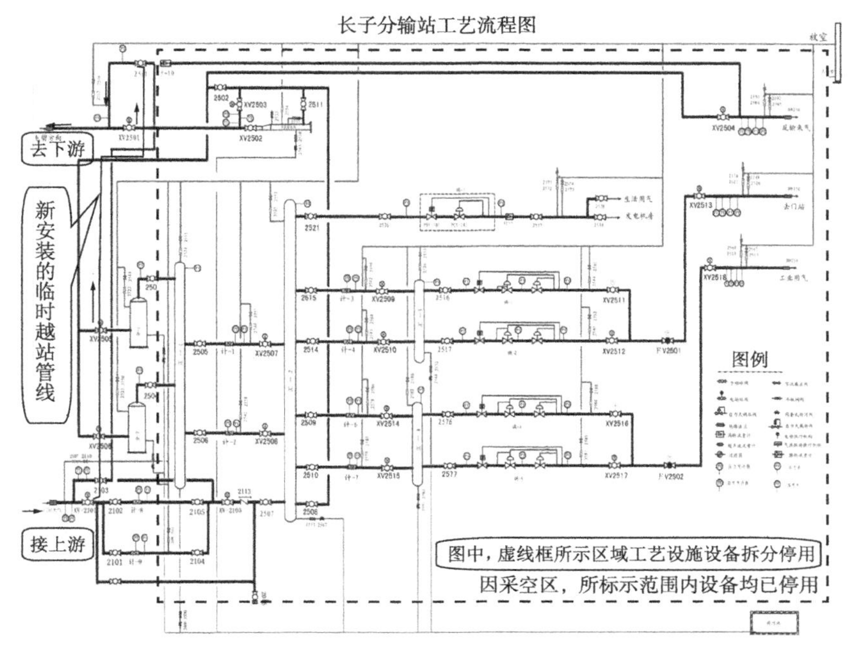

图 2　长子分输站临时越站工艺流程改造示意图

线→氮气置换空气、天然气置换氮气→恢复通气等工序，为保证施工安全顺利进行，施工单位制定了详细的施工方案，对整个施工过程组织机构、人员安排、物资准备、作业方案、风险识别、事故预案等进行了科学、合理的安排。

2. 站内外埋地管道开挖释放应力

对采空区沉降影响范围内的站内外埋地管道开挖露管（图 3），解除土壤约束，释放地面沉降产生的附加应力[6]。针对管沟裸露的管道采取了以下保护措施。

（1）管道上方铺设草垫，防治日照；

（2）管沟铺设塑料布，防止雨水从土体裂缝下渗；

（3）管沟采取截排水措施，雨季对管沟积水及时抽排；

（4）定期对管沟查看，并进行修整、回填沉降部位空隙；

（5）对受力较大弯头处安装管道应变监测设施，及时掌握采空区发展过程中的管道受力情况，以便采取更进一步应力释放措施。

图 3　长子分输站外管道开挖管释放应力

3. 站内原有工艺设备、设施拆分

临时越站工艺流程启用输气后，开始对长子站内各种大型工艺设备进行拆除，主要包括收发球筒和分离器，对其他一些轻型管件、阀门也都分段拆分，拆分部位尽可能都选择在法兰连接处（图 4），对已拆除设备实施进行妥善储存和保护。

图 4　长子分输站原工艺设备、设施拆分

4. 站内其他附属设施防护对策

(1) 砖砌围墙更换为彩钢板围墙：由于采空区沉降塌陷，导致长子站已有砖砌围墙出现裂缝，局部坍塌，为不影响站内及行人安全，对砖砌围墙全部更换为彩钢板围墙(图 5)。

图 5　长子分输站砖砌围墙更换为彩钢板围墙

(2) 受损房屋加固处理：对站内房屋建筑结构出现的裂缝密切观察，根据受损情况，进行必要的结构稳定性分析，并采取必要的临时支撑措施对围墙和房屋结构进行加固处理。对受损的屋顶防水结构，及时采取柔性防水结构进行修复。从目前情况看，长子站在采空区发展期间，房屋结构未出现大的裂缝，受损情况不太严重，仅是屋内吊顶和屋内外地砖局部受到损坏，如图 6 所示。

图 6　长子分输站房屋结构受损情况

(3) 电、光缆设施监测处理：采空区沉降活跃期间，站场管理人员密切跟踪、监测站内电缆、光缆等设施的运营情况，对发现的问题及时解决处理，目前尚未发现电缆、光缆等受损问题。

5. 治理效果

长子分输站下方采空区自 2017 年 1 月开采以来，对管道和站场有影响的煤矿 3603、3605 作业面已开采完毕，通过将 2019 年 12 月 23 监测数据与 2017 年 3 月 6 监测数据进行对比，发现：

（1）站外南北管道向西最大偏移 39cm，向南最大偏移 28cm，整体沉降 34cm；

（2）站外东西管道向西最大偏移 47cm，向南最大偏移 38cm，整体沉降 30cm；

（3）站内工艺区主要监测点西最大偏移约 45cm，向南最大偏移 37cm，整体沉降 38cm。

采空区整体沉降较大，通过采取临时越站工艺方案，对站内原有工艺设备、设施拆分停运方式成功解决了长子分输站面临的采空区问题，既保证了整个管道系统的安全运行，又保证了长子分输站原有设备、设施的完好。至 2020 年 6 月，长子分输站经过三年的持续监测表明，站场地面沉降和站内设备设施应变监测数据已经稳定，站场工艺设施重新恢复连接，站外开挖出露管道恢复回填，站场恢复正常运行。

五、结论和建议

通过对长子分输站采空区隐患治理案例总结分析，对输气管道类似问题有以下几点启发和建议：

（1）由于采空区站场隐患治理难度很大，建议输气管道建设期间，一定要深入研究论证，扎实做好站场选址、土地核准等工作，确保站场选址避开矿产开采区，从源头上消除采空区安全隐患问题。

（2）长子分输站作为一个特殊的工艺站场，规模小，运行压力低，治理期间暂时没有分输用户，很多功能尚未发挥利用，具有采用临时越站工艺的便利条件，但对一些规模较大，功能齐全的重要站场，采取临时越站工艺不一定具备条件，因此长子分输站的治理经验对一些规模较小、功能简单的站场具有更好的启示和借鉴作用。

（3）管道运行期间，对遇到的站场采空区问题，管道运营和矿产开采企业应通力合作，积极主动，深入论证分析解决问题的办法，对隐患治理方案应进行多方案技术经济比选，以确定更加安全可靠、经济合理的治理方案。

参 考 文 献

[1] 郭文朋，杜德荣，袁玉，等．煤矿采动/采空区天然气管道受损规律研究[R]．太原：山西天然气有限公司．2016.

[2] 郭文朋，颜宇森，雷海英，等．采空塌陷区干线输气输送管道沉降防治技术研究[R]．太原：山西天然气有限公司．2016.

[3] 何国清，杨伦，等．矿山开采沉陷学[M]．徐州：中国矿业大学出版社，1994.

[4] 国家安全监管总局，国家煤矿安监局，国家能源局．建筑物、水体、铁路及主要井巷煤柱留设与压煤开采规范[S]．北京：煤炭工业出版社，2017.

[5] 李日辰．地下管道地基的注浆加固[J]．山西建筑，2010. 1(2).

[6] 吴张中，刘锴，韩冰，等．采空区油气管道安全设计与防护技术规范(Q/SY 1487)[S]．北京：石油工业出版社，2012.

超声相控阵全聚焦检测技术在油气管道中的应用

钟桂香[1]　白　芳[2]

(1. 中国石油天然气管道工程有限公司总工办；
2. 中国石油天然气管道工程有限公司线路室)

摘　要：介绍了基于全矩阵数据采集(FMC)的全聚焦(TFM)相控阵超声检测技术，并分析了该技术在油气管道行业的应用情况，从技术的可靠性和检测功效两方面对该技术与常用AUT检测和PAUT检测进行了全面的对比分析，指出了该技术的优点以及缺点，为其推广应用提供借鉴。

一、引言

无损检测技术主要是运用某种常规化的物质(像是声、光、磁与电等)的物理特征，在确保被检对象使用性能完备的基础之上，针对试件表面和内部结构实施检测，以确定是否存在超标缺陷。针对油气管道环焊缝内部焊接缺陷的检测最常用的就是射线和超声波检测两种技术。其中超声检测具有适用性强、穿透力好、设备便携、操作安全等优势得到了广泛的应用，目前超声波检测技术已经发展出比较多的类别，主要包括手动超声波(UT)、常规相控阵超声波检测(PAUT)和全自动超声波检测(AUT)。各个技术均很成熟并已在管道建设中进行了大规模的应用，但每种检测技术都有各自的优点和缺点。近年来随着科技的迅猛发展，许多相关技术，如压电复合材料、纳秒级脉冲信号控制、数据处理与分析、计算机软件技术等在相控阵超声检测技术中的综合运用，使得相控阵超声检测技术得到快速发展，具备了二维或三维的成像、高分辨率及强大的信号处理的能力，进而推动了超声相控阵全聚焦检测技术的应用。

二、超声相控阵全聚焦技术

常规的超声相控阵检测技术，是通过聚焦延迟算法对声束进行合成，实现声束的聚焦和偏转，从而对检测对象进行扫描，该方法只能对检测区域的某一深度形成线聚焦。超声相控阵全聚焦技术其原理是基于后处理的思维，先利用阵列中的各个阵元发射—接收信号实现全矩阵数据采集(full matrix capture，FMC)，而后再运用全聚焦法(total focusing method，TFM)实现被检测缺陷的高质量成像。TFM成像算法是对检测区域内的每一个像素点都进行类似于相控阵技术的延迟聚焦计算，使得每个晶片都接收所有晶片的声场回波信号，然后进行叠加。超声相控阵全聚焦法在整个检测区域都能够达到点点聚焦效果在成像区域每个位置进行聚焦，TFM技术具有近场区灵敏度高和分辨强、表面盲区小等优势。

全矩阵数据是指将相控阵换能器内所有阵元依次作为发射单元和接收阵元，所采集到的超声回波时域信号，是发射阵元序列、接收阵元序列和时间采样点数的三维数据，原理如图1所示。

TFM成像技术是基于虚拟聚焦算法实现的，在实现成像以前需要先获取全矩阵数据，即获取成像区域内每个单元格的超声A扫信号。获取信号的过程为：依次激励每一个阵元发射超声波，所有的阵元并行接收回波信号，将接收到的信号定义为 S_{ij}，其中 i，$j=1$，2，…，N（N 为阵元数量），采集完成后共获取 $N×N$ 组数据，形成一个如图 2 所示的 $N×N$ 全矩阵[1]。

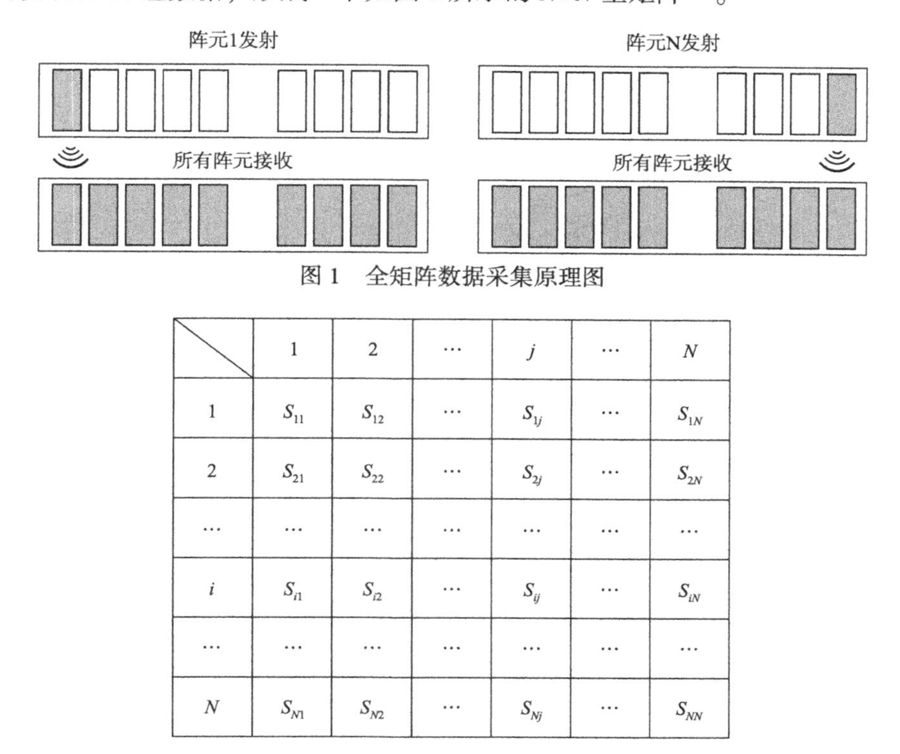

图 1　全矩阵数据采集原理图

	1	2	…	j	…	N
1	S_{11}	S_{12}	…	S_{1j}	…	S_{1N}
2	S_{21}	S_{22}	…	S_{2j}	…	S_{2N}
…	…	…	…	…	…	…
i	S_{i1}	S_{i2}	…	S_{ij}	…	S_{iN}
…	…	…	…	…	…	…
N	S_{N1}	S_{N2}	…	S_{Nj}	…	S_{NN}

图 2　全矩阵数据

获取全矩阵数据后，针对需要聚焦的单元格位置，利用延时法则对数据进行叠加后处理，获得该相应点处的幅值信息，依次对成像区域内的每一个单元格位置进行上述处理，然后在设定的成像区域内实现全聚焦成像。如图 3 所示，聚焦点 $P(x, y)$ 的幅值计算式为

$$A(x, y) = \sum_{i=1}^{N} \sum_{j=1}^{N} S_{ij}(t_{ij} = t_{ip} + t_{pj})$$

式中　t_{ip}、t_{pj}——信号发射阵元 i 和信号接收阵元 j 到聚焦点 p 之间的超声波渡越时间；

t_{ij}——信号 S_{ij} 需要延迟的时间。

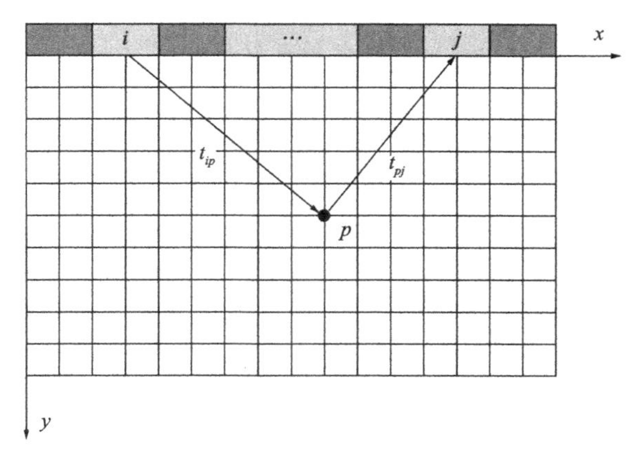

图 3　全聚焦原理示意图

按照上述过程对图像中的每个像素点进行幅值计算，按数值大小填上对应的颜色，得到全聚焦成像图[2]。

相控阵全聚焦超声成像检测技术与常规相控阵超声检测相比，其在成像区域内的聚焦效果更好，成像分辨率更高，可优化缺陷的定位、定量、表征，此外该技术既可检测薄壁工件，也可检测厚壁工件，且一次波检测焊缝的盲区很小，因此在化工行业、船舶行业、核电行业以及水电行业均已经开展了大量应用。

三、在油气管道中应用情况分析

为了推动该项技术在油气长输管道领域的应用，国家管网集团依托中俄东线泰兴—泰安段对焊口开展了相控阵超声全聚焦检测。为了验证该技术的可靠性并与其他检测结果(AUT、PAUT和DR)进行了对比，包括对缺陷检出率和缺陷尺寸定量的对比。同时对检测功效开展测算。

1. 缺欠检出率情况

针对D1219管道开展了335道全自动焊焊口的AUT和TFM检测，TFM检测共发现线状缺欠86处，其中未熔合84处，未焊透2处；AUT共发现线状缺欠86处，其中未熔合84处，未焊透2处；从对比可知，针对全自动焊接出现的未熔合和未焊透等典型缺陷，两种检测方法的检出率是一致的。具体统计见表1。

表1　全自动焊焊口AUT和TFM缺欠检出统计表

检测方法	未熔合	未焊透	条形	合计
AUT	84	2	0	86
TFM	84	2	0	86

针对D1219管道开展了65道全自动焊焊口的PAUT和TFM和AUT检测，其中PAUT发现缺欠17个，其中未熔合15处，未焊透2处；TFM发现缺欠18个，其中未熔合16处，未焊透2处；其中1个缺欠TFM发现而PAUT未能发现。具体统计见表2。

表2　全自动焊焊口TFM与PAUT、AUT缺欠检出统计表

检测方法	未熔合	未焊透	合计
PAUT	15	2	17
TFM	16	2	18

针对D813管道252道组合自动焊焊口开展了TFM和PAUT检测。TFM检测共发现缺欠154个，其中现状缺欠44处，点状缺欠110；PAUT检测共发现缺欠154个，其中现状缺欠44处，点状缺欠110。两种检测方法的检出率是一致的。具体缺欠检出统计见表3。

表3　组合自动焊焊口缺欠检出统计表

检测方法	线状缺欠	点状缺欠	合计
PAUT	44	110	154
TFM	44	110	154

从统计结果看，TFM与AUT、PAUT各类超声波检测技术对自动焊口和组合自动焊口出现的常见缺欠均有很高的检出率，其中TFM与AUT缺欠检出率一致，且略高于PAUT的检出率。

2. 缺欠尺寸定量情况

将TFM和AUT共同发现的86处缺欠的高度进行对比，TFM高度大于AUT的共45处，AUT高度大于TFM的共30处，TFM与AUT相等的(偏差值为0或小数点后1位数为0的认为高度相等)共11处。86处缺欠的最大偏差为1.72mm，平均偏差为0.195mm。将偏差分为6个等级，偏差数量和占比分布如表4及图4。

表4 全自动焊焊口TFM与AUT缺欠高度偏差统计表

偏差范围	≤0.3	≤0.6	≤1	≤1.5	≤2
数量	32	25	16	8	5
比例	37.5%	29.5%	18.2%	9.1%	5.7%

从统计可以看出，TFM和AUT检测缺欠高度的偏差主要集中在0.6mm以下，占比66.28%，1mm以下占比84.88%，TFM和AUT所检测缺欠的高度非常接近，两种方法在缺欠高度上的偏差非常小，具有比较接近的精度。

将TFM和PAUT共同发现的137处缺欠的高度进行对比发现，TFM比PAUT高度大的共26个，最小为0.1，最大1.44，平均0.32mm。PAUT高度大于TFM的共111个，最小偏差0.1mm，最大6.3mm，平均偏差为0.88mm。将偏差分为5个等级，偏差数量和占比分布见表5和如图5所示。

表5 组合自动焊焊口TFM与AUT缺欠高度偏差统计表

偏差范围	≤0.5	≤1	≤2.0	≤3.0	>3
数量	71	41	19	3	3
比例	51.82%	29.93%	13.87%	2.19%	2.19%

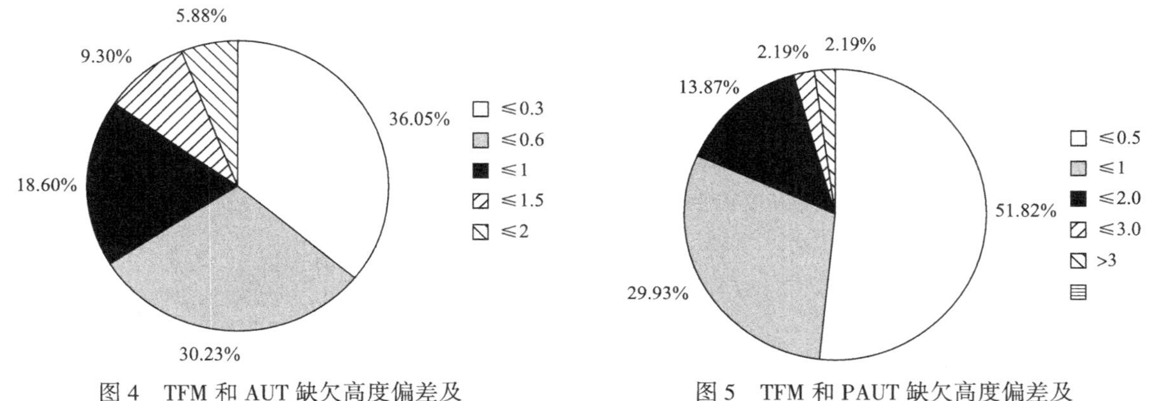

图4 TFM和AUT缺欠高度偏差及占比分布统计图

图5 TFM和PAUT缺欠高度偏差及占比分布统计图

从统计可以看出，TFM和PAUT检测缺欠高度的偏差主要集中在1mm以下，总数占比81.75%，但相比于AUT而言，TFM和PAUT所检测缺欠的高度变化相对较大，特别是PAUT检测时当不能采用TOFD测高情况下，PAUT扇扫测高对点状缺欠的误差超过3mm。可以看出，TFM比PAUT检测缺欠高度有更高的精度。

3. 检测功效情况

无损检测的相关工序包括仪器检查、仪器调试和校准、工艺验证、焊缝表面清理、轨道安装、设备安装、焊缝扫查、图像预览、设备拆卸、焊口间移动、工艺验证、图像评定等环节。其中仪器检查每月进行一次，仪器调试和校准每周一次，工艺验证每天一次。表面清理、轨道安装、设备安装、焊缝扫查、设备拆卸为每道口一次。从D1219管道项目无损检测实施情况统计，全聚焦相控阵检测各环节所需要时间如表6所示。

表6 TFM检测各工序检测时间统计情况

序号	步骤	操作时间/min	备注
1	仪器检查	30	探头和品片核查
2	仪器调试和校	34	每星期一次设置和灵敏度校准，约需240min，每天摊34min

续表

序号	步　骤	操作时间/min	备　注
3	工艺验证	30	每天检测前工艺验证，包括设备卸车、设备微调、试块扫查和图像确认等内容
4	表面清理	5	
5	轨道安装	3	
6	设备安装	3	
7	焊缝扫查	4.25	最大扫查速度 15mm/s
8	图像预览	3	
9	设备拆卸	3	
10	轨道拆卸	2	
11	焊口间移动	3	
12	工艺验证	30	每天检测后工艺验证，包括试块扫查、图像确认、设备调整等
13	出场路途	60	
14	图像评定	15	1 道口 15min

计算单口检测时间时仅计算与焊口扫查直接相关的工序，并且剔除流水作业重叠的工序，纯焊口扫查工序包括设备安装、焊缝扫查、图像预览、设备拆卸和焊口间移动，合计时间为 15.25min，每小时可检测 3.9 道口。不考虑路途往返时间，每天的工效计算按照现场检测 8h 计，计算方法为在单口检测的基础上增加两个工艺验证时间。两个验证时间合计为 1h，每天可检测口数=(8-1)×3.9=27.35 道口。

而根据统计统计 AUT 每天可检测焊口 56.7 道，TFM 的效率低于 AUT 的检测效率，约为 AUT 检测功效的一半，但可保证焊接进度需要(焊接按每天 20 道计算)。

四、结论

全聚焦相控阵检测技术可描绘真实环境中的形状和特征，缺欠图像显示直观，缺欠定性、定位和定量更加直观，更高易于评定人员对缺陷的识别和判读极大降低了人为因素的影响。同时检测数据更有利于实现自动化缺陷识别、自动化评定。其缺陷的检出率及缺陷尺寸的定量与 AUT 检测即使高度一致，且高于 PAUT 检测。从功效来看，由于其需要大量的数据处理时间，其检测功效要低于 AUT 检测，约为 AUT 检测功效的一般，但仍能够全自动焊接速度相匹配，此外由于该技术所需数据量太大，需要更大的存储空间，同时对现场数据上传要求要配置更高的网速。

参　考　文　献

[1] 周红明. 基于超声相控阵全聚焦修正技术的焊接缺陷定量检测方法[J]. 丽水学院学报，2023，45(5)：82-87.
[2] 周正干，相控阵超声检测技术中的全聚焦成像算法及其校准研究[J]. 机械工程学报，2015，51(10)：1-7.

地下水封洞库岩体结构面空间表达和建模

徐俊科　何晨辉　刘　洋

（中国石油天然气管道工程有限公司）

摘　要：地下水封洞库岩体结构面识别和信息提取是贯穿地下洞室工程整个施工周期的重要工作。本文先介绍了岩体结构面的相关概念；然后介绍了结构面的数据模型、结构面空间表达和建模平台的数据模型；最后详细分析了三维结构面要素空间建模的两个核心算法和应用效果。

一、引言

岩体结构面是漫长地质年代中，在岩体内部形成的具有一定的延伸方向和长度，厚度相对较小的地质界面或带，包括分异面和不连续面[1]。若干结构面组合构成网络，成为地质学中研究岩体的一项重要内容。

结构面可导致岩体物理力学性能的不连续性、不均匀性和各向异性。结构面的几何特征直接控制岩体中岩块的大小，同时控制岩质边坡的稳定性分析和地下洞室危岩稳定性分析中的边界条件，即控制滑体的形状、规模及其趋势。同时，结构面网络又是风化、地下水等地质活动强烈的部位，与岩体的渗透性相关，是影响地下水封洞库密封性的核心因素。岩体的结构特征通过岩体的结构面特征体现，贯穿于水封洞库项目选址、设计、施工和运营的各个阶段。

2023 年，中国石油天然气管道工程有限公司（简称 CPPE）使用 Context Capture（CC）、AutoCAD 为平台开发了《地下水封洞库岩体智能识别软件》，实现了从洞室施工过程的 SLAM 点云采集、点云预处理、迹线 AI 人工智能识别、三维迹线和结构面管理、素描图绘制到 EVS 应用的全流程业务，很好地支撑了水封洞库的动态勘察、设计及施工。本文就涉及的结构面空间表达和建模两个核心问题进行阐述。

二、岩体结构面空间描述的几个基本概念

要表征一个结构面的空间的延伸方位及其倾斜程度，通常用到走向（Strike）、倾向（Dip）和倾角（Dip Angle）的表示，又称为产状三要素，如图 1 所示。

岩层产状有两种表示方法：（1）方位角表示法（地质常用表示法）。一般记录倾向和倾角，如 205°∠65°，即倾向为南西 205°，倾角 65°，其走向则为 NW295°或 SE115°。（2）象限角表示法（水电常用表示法）。走向和倾向，以北 N 或南 S 放前面，东 E 或西 W 方后面来表示，即北东向，北西向，南东向，南西向。具体示例如：N65°W/SW∠25°，即走向为北偏西 65°，倾向南西，倾角为 25°。

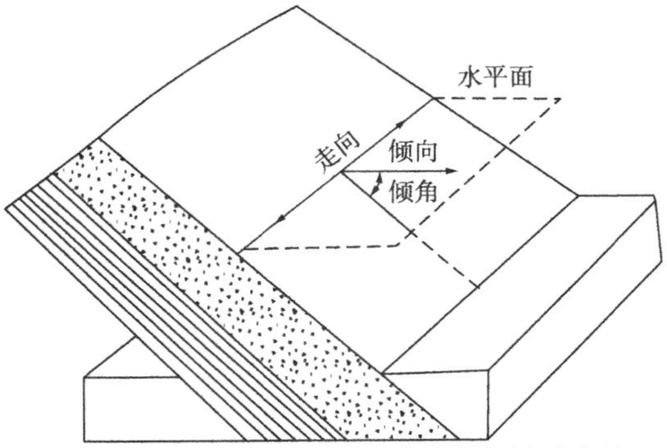

图 1　结构面产状三要素：走向、倾向和倾角

结构面的识别一般是通过节理实现。节理是岩石受力而出现的裂隙。区别于断层，其特征是裂开面的两侧没有发生明显的位移。在洞室工程中，通过识别和测量同名结构面的若干节理，然后再推算出该结构面的产状。少数情况下结构面的形成特征也有劈理、软弱层、岩脉和断层等。其产状的计算方法可以参考节理方法。

优势组的概念源自于中国科学院地质研究所岩土结构控制论，是指一组具有共同空间几何和地质特征的结构面的组合，能够很好地表征这一组结构面的特征。地下洞室研究的主要对象为优势组结构面。下边计算方法和数学模型均以优势组结构面为目标进行阐述。

三、优势组结构面的数学模型

最终需要用计算机实现“地下水封洞库结构面”的数学建模。先从需求角度分析其数学模型应考虑如下信息。

（1）空间描述数据：包括走向、倾向、倾角、节理间距、张开度、延伸情况等信息。

（2）Q 评价数据：包括 RQD、J_n、J_r、J_a、SRF、J_w 等参数。

（3）描述信息：节理组数、包括节理粗糙程度描述、蚀变充填胶结程度描述、渗流水发育程度描述、延展性、起伏度、岩性描述等。

（4）其他：如编码、识别方法、坐标系等信息。

依据以上信息可以建立核心的岩体结构面的数学模型。

地下洞库岩体结构面智能识别软件开发中，还需要考虑其他如巷道、点云、迹线、出水点和特殊事件等对象。它们共同构建本软件数据模型如图 2 所示：

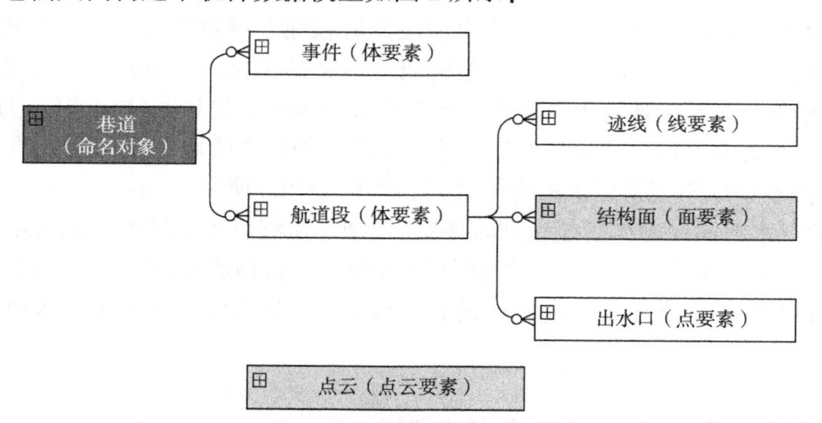

图 2　地下洞库岩体结构面智能识别软件数据模型

四、优势组结构面的计算方法

1. 优势组结构面产状计算

在一个小范围，如巷道断面上，可以将优势组结构面抽象成一个平面。要求当前优势组结构面所涉及的所有迹线偏离优势组结构面的距离平方和最小，即使用最小二乘法构面来确定其产状。

结构面的产状可简化为倾向和倾角两个要素。依据结构面上不共线的特征点测定产状，需要先确定结构面所在平面的法向量。

定义结构面方程为

$$z=Ax+By+C$$

则法向量：

$$\boldsymbol{n}=(-A,\ -B,\ 1)$$

测量同一结构面上 n 个($n\geqslant 3$)不共线特征点坐标，如：

$$(x_1,\ y_1,\ z_1),\ (x_2,\ y_2,\ z_2),\ \cdots,\ (x_n,\ y_n,\ z_n)$$

应用最小二乘法可以计算出结构面参数方程的系数 A、B、C。在这里要提前排除所有计算点共线的特例。

$$\begin{bmatrix} A \\ B \\ C \end{bmatrix}=\left(\begin{bmatrix} X_1 & Y_1 & 1 \\ X_2 & Y_2 & 1 \\ \vdots & \vdots & \vdots \\ X_n & Y_n & 1 \end{bmatrix}^T \begin{bmatrix} X_1 & Y_1 & 1 \\ X_2 & Y_2 & 1 \\ \vdots & \vdots & \vdots \\ X_n & Y_n & 1 \end{bmatrix}\right)^{-1} \times \begin{bmatrix} X_1 & Y_1 & 1 \\ X_2 & Y_2 & 1 \\ \vdots & \vdots & \vdots \\ X_n & Y_n & 1 \end{bmatrix}^T \begin{bmatrix} Z_1 \\ Z_2 \\ \vdots \\ Z_n \end{bmatrix}$$

由法向量 $\boldsymbol{n}$ 可计算出倾角 α 和倾向 β。

应特别注意，以上公式中的坐标系为测量的左手坐标系，本程序调用过程中要注意 X、Y 恰好是相反的。

(1) 当 $A=0$ 时，

$$\begin{cases} \alpha=|\arctan B| \\ \beta=\begin{cases} \dfrac{\pi}{2}, & B<0 \\ \dfrac{3\pi}{2}, & B>0 \\ \forall, & B=0 \end{cases} \end{cases}$$

(2) 当 $A\neq 0$ 时，

$$\begin{cases} \alpha=\left|\arctan\sqrt{A^2+B^2}\right| \\ \beta=\begin{cases} \arctan(B/A), & A<0,\ B\leqslant 0 \\ \arctan(B/A)+2\pi, & A<0,\ B>0 \\ \arctan(B/A)+\pi, & A>0 \end{cases} \end{cases}$$

2. 求结构面在巷道上的截面四角坐标。

要在三度空间去表征优势组结构面，求取结构满与巷道的交点坐标。我们先要建立沿巷道方向，四角的四条特征三维直线参数方程；再计算每条线的参数方程以及与结构面的交点坐标。

设每条直线通过 2 个特征点，$(x_0,\ y_0,\ z_0)$，$(x_1,\ y_1,\ z_1)$。这 2 个特征点我们首先获得的是其巷道段坐标系的坐标。通过工具将其转换为对应的世界坐标系坐标。这样的特征直线我们要计算至少 4 条，巷道的左下角线、右下角线、左上顶线和右上顶线。为了能够更清晰地突出结构面，这些线被统一向外偏置 2m。

设每条特征直线的点向式方程为

$$\frac{x-x_0}{m}=\frac{y-y_0}{n}=\frac{z-z_0}{p}$$

其中 m、n、p 为特征线的一组方向数。

$$\begin{cases} m = x_1 - x_0 \\ n = y_1 - y_0 \\ p = z_1 - z_0 \end{cases}$$

$\boldsymbol{s} = (m, n, p)$ 表示方向向量。

引进参数 t 后，由直线对称方程很容易导出直线的参数方程：

$$\begin{cases} x = x_0 + mt \\ y = y_0 + nt \\ z = z_0 + pt \end{cases}$$

将参数方程带入结构面方程得到

$$z_0 + pt = A(x_0 + mt) + B(y_0 + nt) + C$$

$$t = \frac{z_0 - Ax_0 - By_0 - C}{Am + Bn - p}$$

将参数代回参数方程即可得到特征线与结构面交点坐标。

五、程序实现和应用效果

构建优势组结构面程序完成四个步骤：Q 值计算、删除旧的结构面、创建结构面和产状计算。程序实现流程图如图 3 所示。

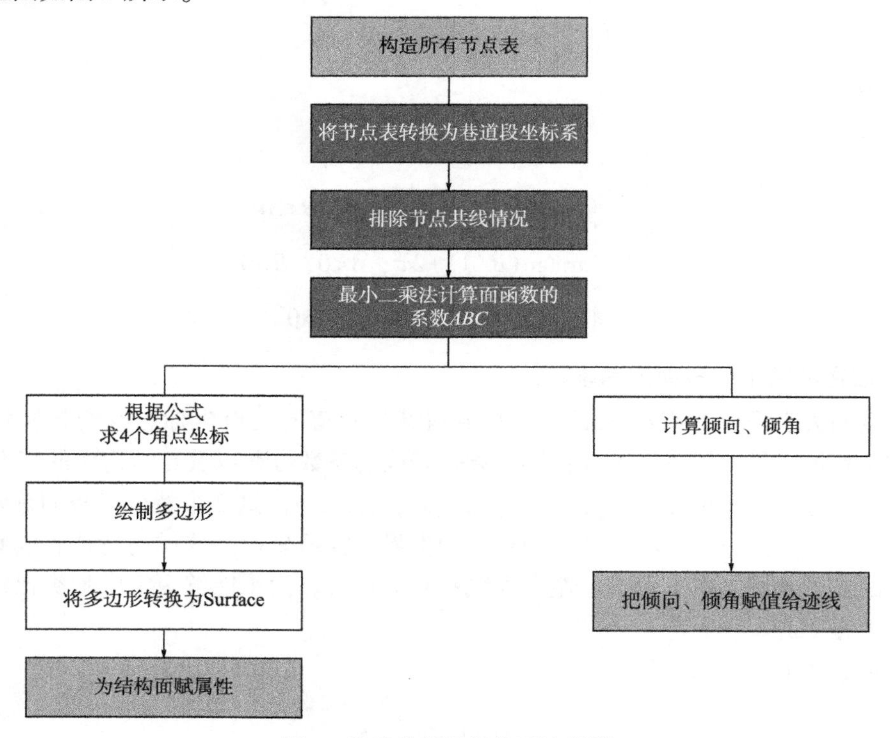

图 3　构建优势组结构面流程图

实际编程中还有很多注意的细节，包括：

（1）4 个交点理论上位于一个平面上。由于解方程取位问题，有可能不完全位于一个平面上，最终造成构建结构面失败。所以可以选择三个点方程计算；第四个点根据前三个点计算的策略。

（2）需要提前排除方向线与结构面平行的可能性。

（3）解方程的同时完成倾向、倾角、Q 值计算，它们直接添加到结构面的对应属性字段；也要更新对应迹线的属性字段。

图 4 为部分结构面创建效果。

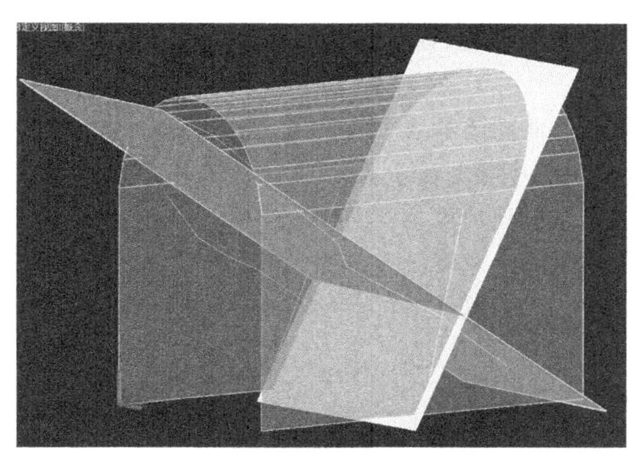

图 4　结构面效果

本文介绍的结构面空间和建模是整个地下水封洞库岩体结构面识别软件开发的技术难点。使得了三度空间绘制和管理结构面数据成为现实，在国内若干洞库项目中表现出良好的使用效果。

参　考　文　献

[1] 刘佑荣．岩体力学[D]．武汉：中国地质大学出版社，2010.

[2] 王凤艳，等．基于免棱镜全站仪的岩体边坡控制测量及结构面产状检验测量[J]．吉林大学学报(工学版)，2013，43(6)：1607-1614.

基于 AutoCAD 的岩土工程参数化设计软件开发

徐俊科[1]　郑斯文[2]

（1. 中国石油天然气管道工程有限公司；
2. 中国石油管道局工程有限公司第三工程分公司）

摘　要：岩土工程设计涉及的构筑物类型众多，包括桩、板、墙、锚杆、锚索、格构等。本文使用 CAD 二次开发的方法对常见的设计对象采用参数化图件绘制、标注和工程量统计等工作，既能够提高设计的效率；又保证了图件的一致性和质量。本文对该软件的设计开发过程进行了总结。首先介绍了整体功能设计；并以抗滑桩为例阐述了几个关键技术点；最后对整个软件开发工作做了总结。

一、引言

常见的岩土工程设计软件功能以分析和计算为主，如理正岩土工程计算分析软件，其成果是一套参数和计算报告书。如何使用这些参数制作详尽的设计图纸成为行业的一件耗时耗力的工作。本软件的开发就是为了填补这个空白地段，实现从参数计算到图纸设计的快速自动设计；设计中采用开放平台的思路，随着工作中设计项目的变更，实现快速扩展。

本软件采用 AutoCAD 的二次开发的方法实现。AutoCAD 的二次开发是指利用其编程接口（API）来开发自定义功能和工具的过程。AutoCAD 提供了多个 API，其中最常用的是 Visual LISP、C++、. NET 和 VBA。这些 API 提供了对其对象模型和功能的访问，使用户能够通过编程方式与其交互，扩展其功能。它可以让用户根据自己的需求定制 AutoCAD 的功能，提高设计效率，实现更加专业化的设计，是行业设计软件的通行做法。

二、软件功能设计

本软件是基于 AutoCAD 的二次开发的工具软件，涉及 OpenDCL 和 AutoCAD 两套 API 组件。其中前者主要应用于窗体设计，实现参数录入、编辑、存储；后者则实现参数化绘图功能。从功能上本软件策划了 3 组功能。

（1）配置：主要目的是布局设置、绘图比例尺设置等。

（2）图件绘制：包括岩土工程常用的 13 类设计对象的图件绘制。后续如果需要增加可以按照软件结构，很方便的追加。

（3）辅助功能：主要是尺寸标注、引线标注和附件绘制等。

软件功能结构图如图 1 所示。

岩土工程设计采用的构筑物类型众多，包括桩、板、墙、锚杆、锚索、格构、排水沟和护面等。每一种构筑物类型虽然参数形式不同，设计的内容不同，但是他们的设计流程基本相同，共同点如图 2 所示。

以方抗滑桩例，其设计的步骤如下：

（1）方抗滑桩输入参数：设计参数数据录入界面，实现参数数据的录入、编辑、存储。其存储应该包括文件存储和 DWG 内部存储。

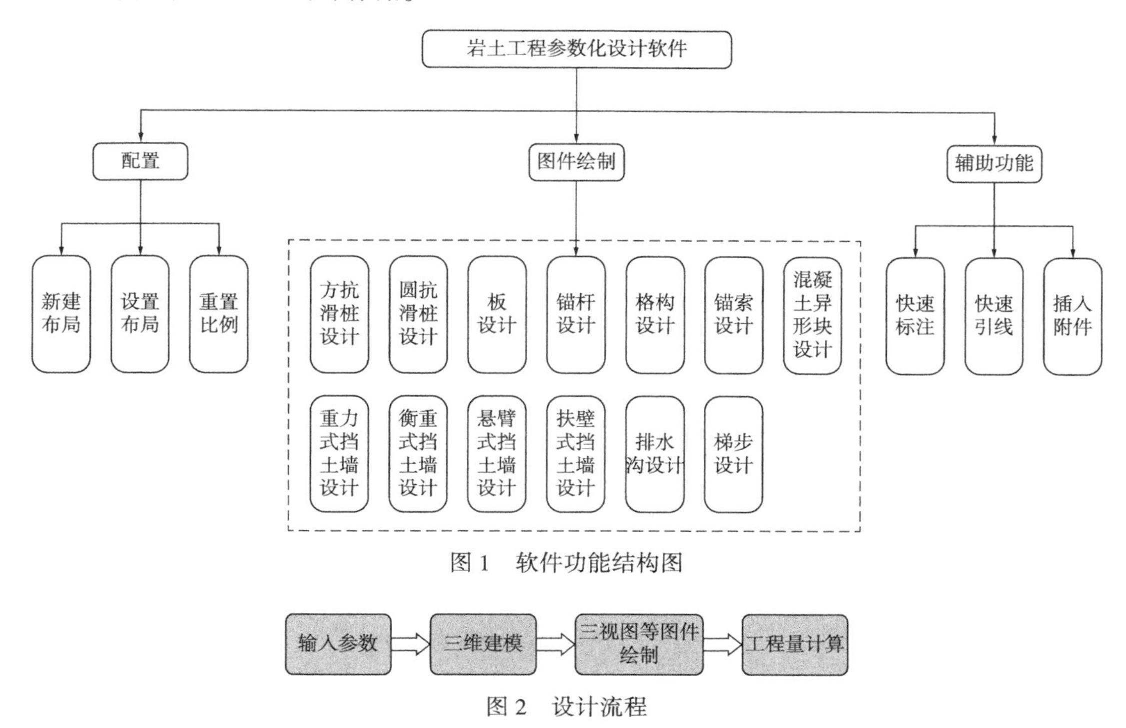

图 1　软件功能结构图

输入参数 ⇒ 三维建模 ⇒ 三视图等图件绘制 ⇒ 工程量计算

图 2　设计流程

（2）模型空间方抗滑桩建模：在模型空间实现三维真实建模，包括桩体和配筋。

（3）图纸空间绘制各种图件：图纸空间进行剖面、立面等图件制图、标注和说明等。

（4）图纸空间统计工程量：统计并绘制工程量表。

详细设计工序分解如图 3 所示。

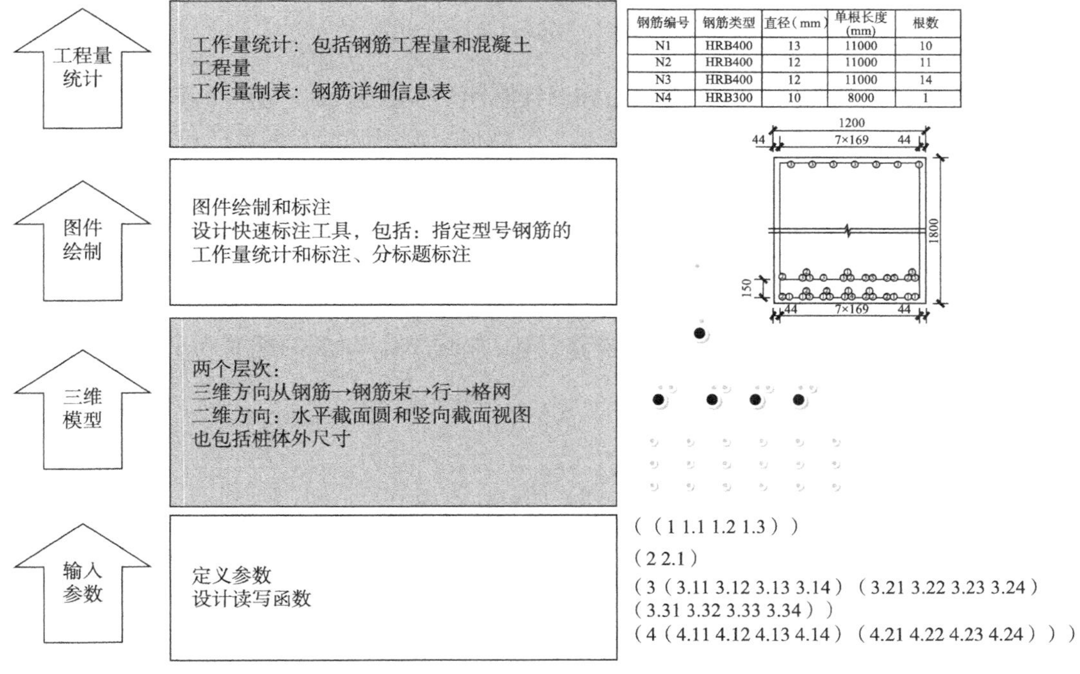

图 3　方抗滑桩设计步骤

三、技术要点

1. OpenDCL 窗体设计和参数录入算法

OpenDCL 是一款基于 ObjectDCL 开发的开放对话框设计软件。AutoCAD 二次开发中可以用其实现灵活的窗体对话框设计。它不仅能够设计复杂的窗体结构，并能够嵌入 AutoCAD，实现对话框交互的目的。软件到目前已经开发了 13 项设计，即对应需要开发 13 个参数录入窗体。

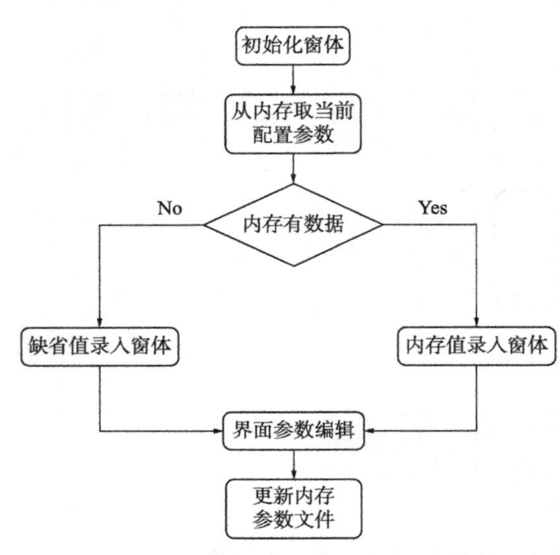

图 4 参数录入对话框通用流程图

比如我们要实现方抗滑桩参数录入，将原始参数按照类型分为 4 组，分别是：

(1) 断面尺寸：1800 1200 32088

(2) 保护层厚度：44

(3) 钢筋配置：

2 150 169 N2N1，N1N3N2，N1N3N2，N1N2N1，N2N2N1，N2N1，N1N1；N2，N3N2N2，N3，N3N2N1，N3N1，N3N1，N2N1N3

1 150 169 N1N2N3，N3，N1N2N3，N2，N1N2，N3，N1N2N3

(4) 钢筋型号：

N1 HRB400 13 32000 12 384 6. 32 2426. 88

N2 HRB400 12 32000 11 352 6. 32 2224. 64

N3 HRB400 12 32000 14 448 6. 32 2831. 36

程序设计通用流程如图 4 所示。

对应窗体界面如图 5 所示。

虽然每一个构筑物的参数不一样。可以按照自身特点进行分组；设计对应的界面；执行相同的程序流程。

2. 模型空间和图纸空间分开

在 CAD 软件中，模型空间(Model Space)和图纸空间(Paper Space)是两个不同的概念。模型空间用于设计和建模；其中对象按 1 : 1 比例绘制；是单一的绘图区域；侧重于设计和修改。图纸空间用于图纸的布局和打印准备；通过视口可以按任意比例显示模型空间的对象；图纸空间可以包含多个布局；每个布局又可以有不同的页面设置和视图，侧重于展示和打印。

在岩土工程参数化设计软件开发中，我们严格区分两个空间。在模型空间以三维的形式绘制设计模型；在图纸空间则实现设计图，包括三视图、工程量表、说明等图件绘制。下图为模型空间实现的部分设计模型。方便设计者在三度空间操作设计、检查设计对象的配筋和尺寸等设计项。图 6 为模型空间设计对象：

图 7 为图纸空间设计的图件示意图。

3. 比例尺

前边提到图纸空间制图时使用了比例尺的概念。各图件比例尺基本一致，又不尽相同。这一特征使得比例变得特别复杂。为此我们准备了文件比例尺、推荐比例尺和图件比例尺三个比例尺的概念。

首先是文件比例尺。它以 Xrecord 对象的形式存储在 DWG 当前文件的命名对象词典中。它可以在配置中设置，一旦设置则伴随着 DWG 文件长期存在。该比例是本设计对象的通用比例，也是多数图件绘制使用的比例。

其次推荐比例尺。在每个图件绘制时，程序都参考文件比例尺，提供一个推荐的最佳比例，通常与文件比例一致。用户缺省选择时，将会使用推荐比例尺。

最后是图件比例尺。是用户最后绘制图件时选用的比例。

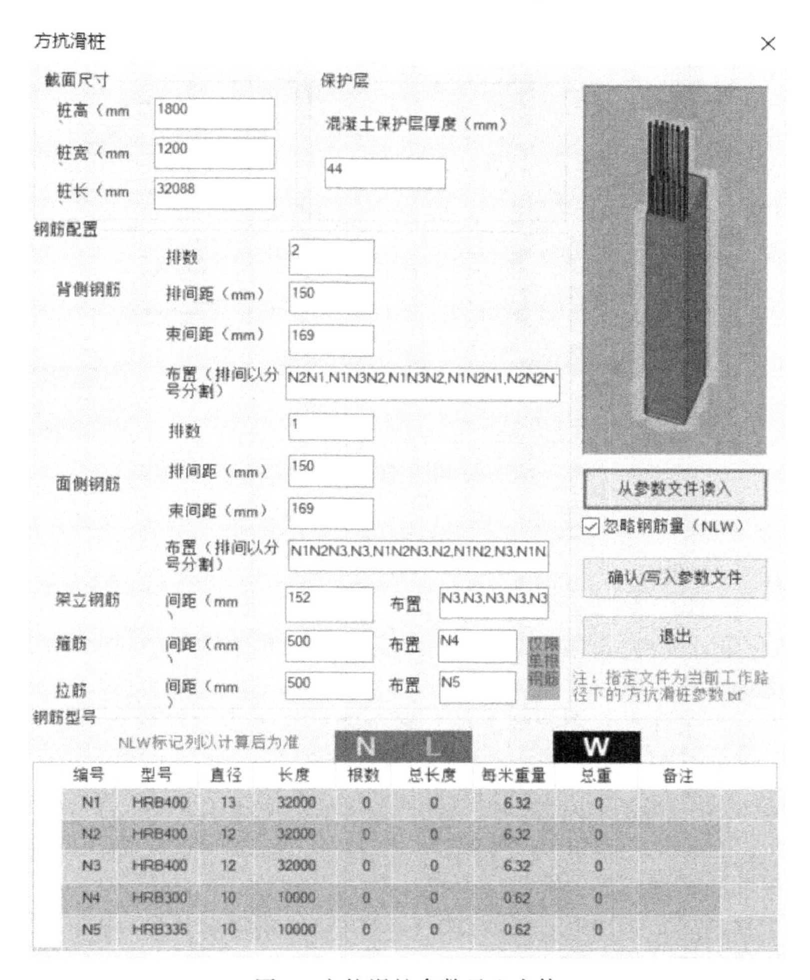

图 5　方抗滑桩参数录入窗体

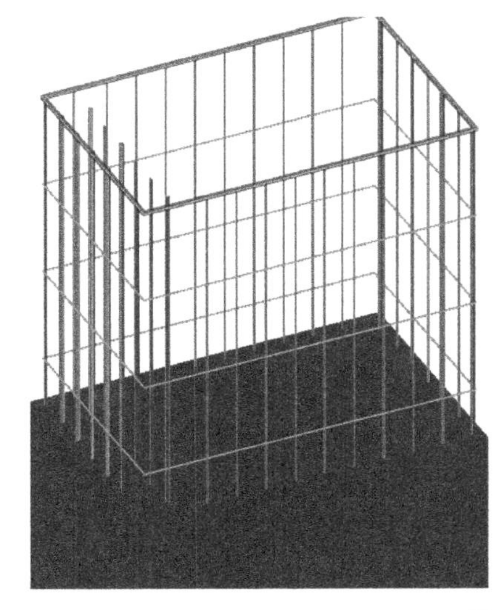

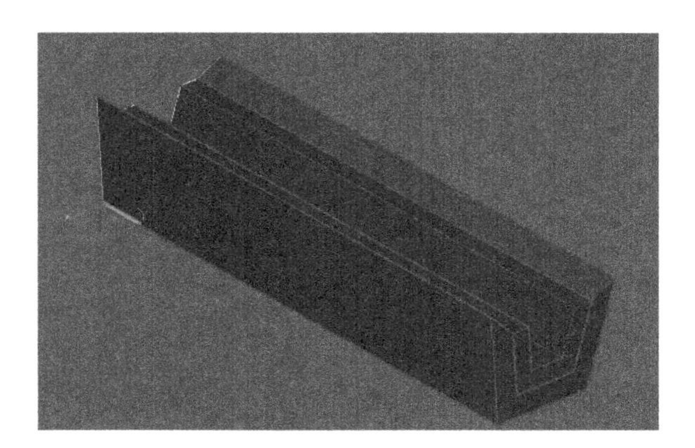

图 6　模型空间设计对象

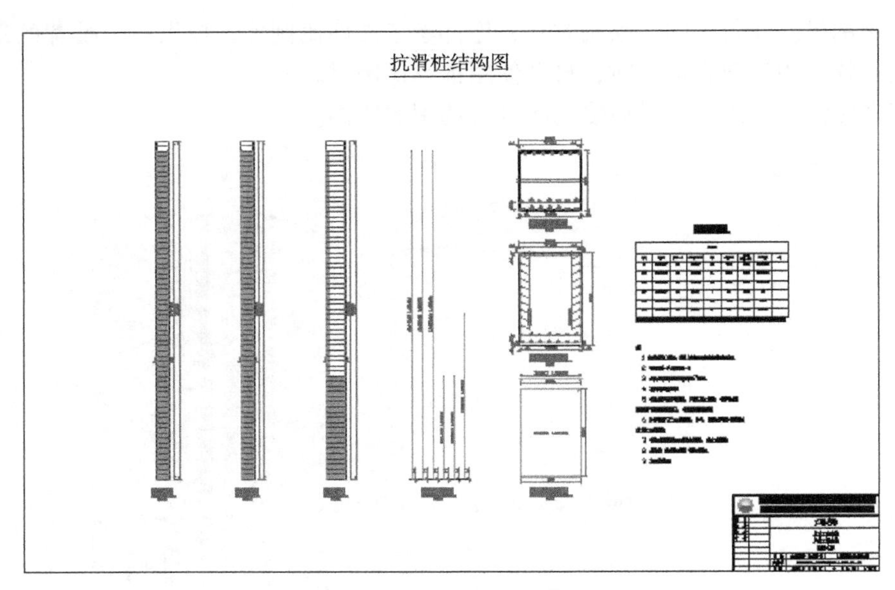

图7　图纸空间设计图件

四、总结

《岩土工程参数化设计软件》开发于2022年10月。在工作中按照相同的逻辑方法，不断在增加新的设计模块，其优势主要表现在：

(1) 提高了效率。在未开发专用软件之前，各个图件基本上是采用基于模板修改的作业模式；开发软件之后，则可以调参数，自动完成后续的工作。注记、工程量统计都可以根据实际情况动态实现。

(2) 提高了质量。自动化处理可以大大减少人工操作的错误和重复劳动，提高工作效率的同时带来的是成果的一致性和图纸质量的提高。

(3) 可扩展性。基于现有的逻辑，新的设计项只需要复制和调整代码就可实现软件的升级。岩土工程参数化设计软件保持很好的可扩展性特征。

总之，基于Autocad二次开发岩土工程参数化设计软件具有很多优点，可以帮助用户实现更高效、更灵活、更安全的计算机辅助设计。

参 考 文 献

[1] T/CAGHP 003—2018，抗滑桩治理工程设计规范[S].

[2] 17 J008，挡土墙(重力式、衡重式、悬臂式)[S].

油气管道非开挖穿越大中型黄土冲沟可行性探讨

高剑锋[1]　张志广[2]　任陆庆[3]

（1. 总工办；2. 穿跨越室；3. 勘察与地下储库工程事业部）

摘　要：中国黄土分布地区冲沟发育，大中型黄土冲沟下切深、边坡陡立，且常伴有不良地质现象发生，油气管道如何通过大中型黄土冲沟是管道建设的主要难点之一。从可实施性和经济性分析，一般情况下，管道采用开挖穿越小型黄土冲沟无疑是最优的方式，但对于大中型黄土冲沟宜进行多方面综合研究确定穿越方式，本文根据大中型黄土冲沟的特点，结合近二十年来的工程实践的经验，论述管道采用斜井、定向钻等非开挖方式穿越大中型黄土冲沟的可行性。

一、黄土冲沟的特点

1. 黄土的主要特性

中国的黄土主要分为四种：午城黄土（Q_1）、离石黄土（Q_2）、马兰黄土（Q_3）和新近堆积黄土（次生黄土，Q_4），其中午城黄土和离石黄土的颗粒成份主要为黏粒，一般不具湿陷性，工程特性较为稳定；马兰黄土和新近堆积黄土的颗粒成份主要为粉粒，具有湿陷性，对水敏感，易形成冲沟、陷穴和塌陷，对管道建设影响较多，危害性大。天然状态下的黄土含水量低而承载力较高，具有中等及以上压缩性；黄土水稳性差，抗冲蚀能力弱。

2. 黄土冲沟规模划分

按照《油气田及管道岩土工程勘察标准》GBT 50568—2019 划分，黄土冲沟穿越工程等级可按表 1划分。

表 1　冲沟穿越工程等级

工程等级	冲沟特征	
	冲沟深度/m	冲沟边坡
大型	>40	>25°
中型	10~40	>25°

按《建筑边坡工程技术规范》GB 50330—2013 中相关内容要求，管道穿越大中型黄土冲沟的边坡安全等级均应按一级考虑，并进行相应的勘察评价和防护设计。

3. 黄土冲沟的地质特征

黄土冲沟多狭而深，深度一般由数米到十几米，有的达数十米至上百米，冲沟长度从数百米到数千米，冲沟断面多呈 V 形或楔形，少量为 U 形。

黄土高原地区的冲沟地层自上而下一般为马兰黄土、离石黄土、午城黄土、沉积岩等，冲沟底部多为新近堆积黄土。由于黄土多发育竖向节理，冲沟岸坡较陡，加之降水和侵蚀影响易发生崩塌；雨季时，冲沟岸坡常发生崩塌、滑塌、滑坡等地质灾害；受降水和浇灌影响，岸坡顶部易形成陷穴、落水洞等不良地质现象。

二、以往工程实践总结

近二十多年以来，中国在黄土高原区已敷设了陕京输气管线(一线、二线、三线)、西气东输(一线、二线、三线、四线)、兰郑长成品油管线、中贵输气管线、靖西输气管线等多条长输油气管道。以往管道工程通常采用开挖降坡敷管穿越黄土冲沟，少量采用跨越方式，近年来也有多条管线采用非开挖穿越方式穿越大中型土黄土冲沟，积累了较好的实践经验。

中国石油天然气管道工程有限公司在兰郑长成品油管道工程采用单边斜井隧道设计方案穿越了100多处黄土冲沟高陡边坡。通过与中国石油大学石油天然气工程学院合作，马兰平、曾志华等人开展了《油气管道井式穿越黄土冲沟陡坡敷设技术研究》专项课题研究，研究了黄土的物理力学性能、边坡稳定性和斜井稳定性，分类整理多种方案的计算结果，开发了油气管道斜井穿越黄土高陡边坡的设计与施工辅助设计系统。在兰郑长管线采用斜井方式穿越大中型黄土冲沟高陡边坡，不仅克服和避免了常规开挖降坡敷设方式带来的种种不利因素和可能产生的工程后患，同时节省了土方工程、土地占用费用和较大的水工保护设施费用，其社会效益、环境效益、经济效益和工程效益都十分显著。

洛阳—驻马店成品油管道工程管道规格为直缝钢管 D355.6mm×7.1mm，管道所经过的洛阳、巩义、荥阳、新郑等地地形复杂，沿线分布着为数众多的大型黄土冲沟，这些黄土冲沟大多陡而深，深度一般在 30~100m，坡度在 75°以上，冲沟宽度 40~150m，部分陡崖高差达 100m 左右。中国石化华东管道设计研究院在该项工程中首次采用单边定向钻设计方案进行冲沟边坡穿越，取得了良好的效果，赵文明等人认为单边定向钻具有施工效率高、安全可靠、坡度控制方便准确等优点。

毕研军等人总结了在山西煤层气管道工程成功应用定向钻与开挖相结合管道穿越黄土冲沟、陡坡的施工工艺，代替完全大开挖施工方案，避免了大开挖对于水土资源及原生植被带来损害，有效地保护了生态环境，取得了一定的社会效益和经济效益。其认为：(1)采用定向钻直接对冲沟一侧(或者两侧)进行穿越，可减少对黄土塬本身及植被的破坏，极大地降低了对生态环境的伤害程度；(2)采用定向钻穿越能充分发挥管道机械化施工的优势，在缩短施工周期的同时，还可提高施工质量；(3)采用定向钻与开挖相结合穿越大型冲沟，与单独采用大开挖穿越大型冲沟相比，提高了施工作业中的安全系数，节省了人工及机械设备的投入，降低了施工成本。

张海燕等人总结了兰郑长管线的单边定向钻施工经验，认为：(1)定向钻成孔后应及时进行主管道安装施工，以免孔洞长期暴露，造成斜井内的黄土风干硬化，不利于主管线防腐层的保护；(2)清孔的质量一定要做到万无一失，如果清孔不合格主管道将无法顺利发送到斜井内，送入部分管道的取出也将非常困难；(3)定向钻入土的角度一般控制在 25°~35°，角度太小不利于主管道的发送，角度太大不能保证入土点距冲沟边缘的距离；(4)对于大口径管线随着主管道管径的增大，光缆硅管套管的固定难度和费用将增大，建议光缆硅管套管单独穿越，有利于主管道防腐层的保护；(5)对于大口径管线在扩孔过程中要尽量减少用水量，因为随着孔径的增大，塌孔的几率在增加，减少用水量可以保证黄土的强度，避免塌孔。

李剑钊等人对单边定向钻穿越与水平定向钻穿越的施工工艺技术进行分析总结，见表2。

表2　单边定向钻穿越与水平定向钻穿越对比

对比项目	单边定向钻穿越	水平定向钻穿越
工作原理	利用小型定向钻机的部分功能，只进行钻导向孔和扩孔作业，形成斜井，然后将管一次或分段焊接下溜发送至斜井内，不进行管道回拖作业，管线从入土点发送进斜井	利用定向钻机进行钻导向孔和扩孔作业，孔洞达到管线回拖要求时进行管道回拖作业，管线从出土点回拖至入土点

续表

对比项目	单边定向钻穿越	水平定向钻穿越
场地条件	①冲沟两侧或单坡坡顶上具有布设钻机、钻井液池、材料堆放和管道组焊的要求的场地；②不需要回拖场地，管道预制场地可考虑分段焊接；③湿陷性黄土地区高陡边坡，两岸坡度较大，沟较深的季节性冲沟；④土质适宜钻进	①冲沟一侧坡顶上具有布设钻机、钻井液池、材料堆放；②冲沟高地另一侧具有穿越段管线预制场地；③根据管径大小，一般适合于沟深小于100m；④土质适宜钻进
穿越轨迹	直线或弹性敷设范围内近似直线的曲线	“U”形曲线，有入土直线段，曲线，直线段，曲线，出土直线段等5段轨迹组成
参数选取	一般入土角6°~45°范围内，最经济合理范围为20°~35°，直线出土角不受限制	规范规定入土角6°~20°范围内，出土角4°~12°范围内
相同场地优缺点对比	优点：①穿越距离长，但穿越段内定向钻钻进长度比水平定向钻穿越短；②高差大；③施工避免高空作业，安全可靠；④施工效率高，周期短；⑤坡体干扰小；⑥边坡水工保护少，后期维护费用低；⑦投资较低；⑧坡度控制方面准确；⑨场地灵活 缺点：①沟底需要连头作业，施工便道较大；②对冲沟底部植被或水域破坏较大，有少量水工保护；③沟底钻井液处理难度较大	优点：①坡体干扰小；②边坡水工保护少，后期维护费用低；③施工避免高空作业，安全可靠；④沟底不需要连头作业，施工便道较少；⑤水工保护工程量少。 缺点：①穿越距离长，且穿越段内定向钻钻进长度比单边定向钻穿越长许多；②施工效率较单边定向钻低，周期长；③投资高
施工难度	施工难度小	施工难度大，风险高
施工周期	周期短	周期长
总投资	低	高
安全性	高	低
水工保护及后期维护	边坡水工保护少，后期维护费用低	边坡水工保护少，后期维护费用低

备注：优缺点对比是建立在场地满足两种穿越技术要求的前提下

西气东输三线中段(中卫—枣阳)在甘肃、陕西段穿越多处大中型黄土冲沟，主要采用了开挖降坡方式通过，如下图1和图2所示。该管线所穿越的黄土冲沟地层主要为马兰黄土和次生黄土，地形较破碎。从工程实施结果分析，冲沟高差小于15m、坡度缓于40°，或岸坡为多级台级地形时开挖施工较容易实施；而坡度较陡、高差大时开挖施工对地形破坏大、地貌恢复困难，管线安装施工难度较大，水工保护和边坡支护工程量大。

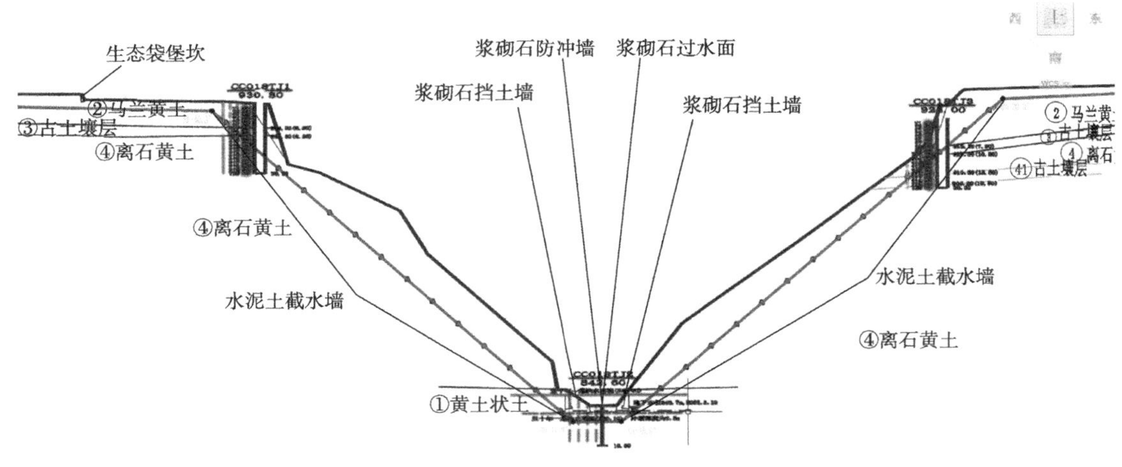

图1 黄土冲沟开挖穿越设计断面图

图2　管道穿越黄土冲沟地形地貌

总结以往工程经验，取得了较为一致共识，采用开挖穿越大中型黄土冲沟具有以下不利因素：

(1) 不可避免地对黄土沟壑多年自然形成的原始边坡地貌产生较大的扰动和破坏，对环境、植被破坏大、工程占用耕地面积大、施工土方量大；

(2) 冲沟岸坡较坡，地形破碎，地貌恢复和水工防护设施的设置相当困难，并且难以完全恢复到原始状态，大大地增加了穿越管段水工防护、水土保持和地貌恢复的难度和工程量；

(3) 大口径管道安装施工较为困难，不利于自动焊接实施；

(4) 由于开挖施工对地形地貌和地质条件破坏较大，易受降水冲刷侵蚀影响，可能给运营期维护带来安全陷患，将形成较大的运行维护管理工作量和较大的维护工程费用投入。

三、黄土冲沟非开挖穿越实施可行性分析

1. 几种非开挖穿越方式对比分析

目前管道工程常用的非开挖穿越方式有定向钻、钻爆隧道、顶管隧道和盾构隧道等四种方式，通过分析可知全断面采用非开挖穿越大中型黄土冲沟的经济性较差，高差越大经济合理性越差，但如果是黄土冲沟位于黄土梁中部，可以采用水平定向钻或顶管等方案从黄土梁两侧穿越通过，视具体情况综合分析确定穿越方案，本文不做进一步讨论。对于宽阔的黄土塬上的大中型冲沟，而两岸边坡采用非开挖穿越+沟底开挖穿越的方案具有较好经济合理性和可实施性，本文仅对后者进行定性分析，见表3。

表 3　黄土冲沟穿越方案对比分析

方案组合 评价因素	全断面开挖穿越	岸坡定向钻穿越+ 沟底开挖穿越	岸坡斜井隧道穿越+ 沟底开挖穿越
地形地貌影响	岸坡坡度小于40°、高差小于15m、或边坡存在宽台阶地貌时开挖方案有优势	如果有较适合的施工场地，则不受高差影响	基本不受地形地貌影响
地质条件可行性	黄土地层易于开挖施工	黄土地展层适合定向钻施工	黄土地层适合人工开挖，且地层稳定性好，无地下水
施工场地要求	无特殊要求	坡顶上应具有布设钻机、钻井液池、材料堆放和管道组焊的要求的场地	隧道进口场地无严格要求，但要有一定施工安装场地
对环境影响程度	破坏地形地貌和植被，环境影响大	出、入土点和沟底对地形和地貌有扰动，范围较小	洞口和沟底对地形和地貌有扰动，范围较小
水工保护	沟底和坡面设水保工程、边坡设支护工程，工程量大	坡脚出土点设支挡结构，沟底设护底结构，进口设封闭措施，工程量较小	坡脚洞口设支挡结构，沟底设护底结构，坡顶进口设封闭措施，工程量较小
管道安装施工	难度较大	地面安装，管线顺孔下滑就位，难度小	地面安装，管线顺孔下滑就位，难度小
施工安全风险	施工安全风险较大，可能诱发地质灾害	施工安全风险较小	斜井开挖过程中有人员安全风险
工期	影响因素较多，工期长	工期可控，相比工期最小	工期较长
工程费用(假设沟深大于60m)	较高	低(管径越小，优势越明显)	较高

综上所述，在工程设计中，设计人员可综合考虑黄土冲沟地形、地质特点，工程环境影响及穿越管道管径，合理选择穿越方案。对于岸坡坡度小于40°、高差小于15m的中、小型、或边坡存在宽台阶的冲沟，优先选用开挖穿越，对大型冲沟及高差大于15m的中型冲沟，应经经济、技术、环境、安全等方综合比选后确定穿越方案。对于非开挖穿越，优先选用岸坡定向钻穿越+沟底开挖穿越方案；当地质条件复杂，定向钻穿越施工难度较大、但地层稳定性好，无地下水时，可考虑岸坡斜井隧道穿越+沟底开挖穿越方案。

2. 非开挖穿越勘察设计要点

大中型黄土冲高穿越应首先进行工程勘察，查清地形地貌、地层结构、边坡稳定性和不良地质现象，为确定穿越设计方案提供基本参数。

穿越轴线应低于岸坡潜在滑动面，平面位置也应尽量避开可能产生滑坡的区域。根据兰郑长管线几处斜井穿越黄土陡坡的数值模拟分析结果，当采用边坡稳定性分析确定出边坡潜在最危险滑动面位置，并确保穿越轴线在其影响之外时，井口/入土点越接近坡肩，施工方案愈佳，最理想的方案就是穿越轴线与边坡潜在最危险滑动面平行相切，但过大的倾角设计会穿越边坡潜在滑动面，可能扩大对坡脚潜在屈服区的扰动影响，还存在一旦发生滑坡而被冲切的危险，同样不利于油气管线的长期运营安全，而过小的斜井倾角不仅工期长、费用高，而且不利于管道安装发送。采用岸坡定向钻穿越+沟底开挖穿越方案时，定向钻入土角尽量控制在20°~35°；采用岸坡斜井隧道穿越+沟底开挖穿越方案时，斜井宜为直线型，倾角尽量控制在10°~25°。在斜坡段，穿越轴线与坡肩距离根据边坡稳定性分析确定，不宜小于10m。与沟底开挖段管道相接部位，宜采取防护措施。岸坡定向钻穿越+沟底开挖穿越方案如图3所示。

施工期间防雨、施工结束后洞口封堵和场区的水工保护也是设计阶段应考虑的要点。湿陷性黄土对水敏感，无论哪种非开挖穿越方案，都应有防水设计方案。结合以往工程经验，施工期间可在上部洞口作业范围设防雨棚，如果场区有汇水可能，在作业区周边设置截排水沟。

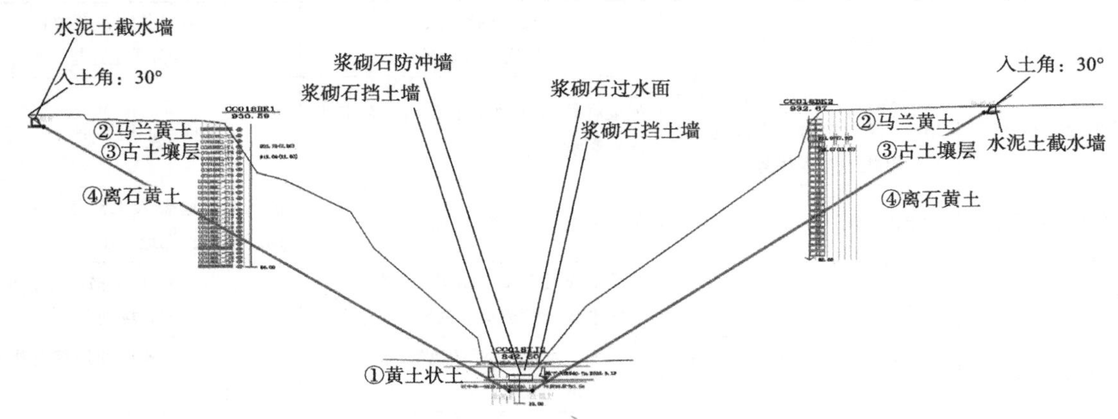

图 3　岸坡定向钻穿越+沟底开挖穿越方案示意图

施工完成后，根据情况对孔洞进行填充和封堵。对岸坡定向钻穿越+沟底开挖穿越方案，在主管道下管完成之后，首先对下部洞口采用水泥土夯填进行封堵(厚度不小于 2m)，然后在管道与扩孔之间空隙应进行复合浆液填充，一般采用水泥+膨润土+黄土+速凝剂复合浆液。对岸坡斜井隧道穿越+沟底开挖穿越方案，斜井隧道应进行回填处理，其中上部回填材料可采用 3∶7 灰土夯实；完成回填后，自地表沿管道向下再开挖约 3m 深度基坑，宽度以洞口为中心向外 2～3m，基坑内分层回填 3∶7 灰土，并夯实，厚度约 2m，灰土顶部应预留 lm 厚的原状土回填，以满足植被生长的需要，如下图 4 所示。下方洞口可采用护脚墙或抗滑挡墙封堵。

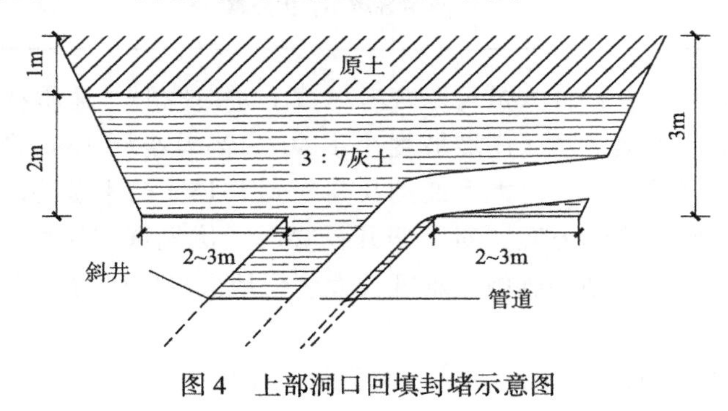

图 4　上部洞口回填封堵示意图

四、结论

(1) 采用非开挖方式穿越大中型黄土冲沟克服了开挖降坡方式穿越黄土冲沟高陡边坡所带来的种种不利，更加符合环保要求；

(2) 综合多方面因素，在场地许可情况下采用单边向钻穿越高陡边坡能充分发挥管道机械化施工的优势，施工效率高，安全风险小，还可提高施工质量。入土角为 20°～35°时穿越最为经济合理。

(3) 大中型黄土冲沟穿越方案的确定要经过多方面因素综合研究、比选方可确定，不能简单化、以偏盖全。

参　考　文　献

[1] 赵文明，等．单边定向钻在大型黄土冲沟管道施工中的应用[J]．石油工程建设，2008(1)：62-63.
[2] 陈勤功，等．管道施工的单面坡定向钻穿越[J]．油气田地面工程，2008(4)：57-58.

[3] 张海燕，等．定向钻斜井在兰郑长管道施工中的应用[J]．工程技术，2009，31(5)：71-74.
[4] 毕研军，等．定向钻与开挖结合穿越黄土塬冲沟的施工技术[J]．管道技术与装备，2013(2)：41-43.
[5] 王怡，等．管道穿越黄土陡坡斜井工程稳定性分析[J]．岩土力学，2008，29(S1)：267-271.
[6] 梁国俭．黄土塬地区管道施工方法——斜井穿越法[J]．石油工程建设，2007(3)：23-25.
[7] 王怡，等．坡高对斜井穿越黄土冲沟工程的稳定性影响研究[J]．石油天然气学报(江汉石油学院学报)，2008，30(5)：356-358.
[8] 李佳．探析黄土地区斜井施工的处理措施[J]．城市建设理论研究(电子版)，2013(9)：1-3.
[9] 马兰平，等．油气管道采用斜井穿越黄土冲沟高陡边坡的理论研究和工程应用[C]．第三届石油天然气管道安全国际会议论文集，2009.
[10] 邹勇．油气管道穿(跨)越黄土冲沟的岩土工程问题[J]．天然气与石油，1997(3)：40-42.
[11] 唐明明，等．油气管道穿越黄土冲沟的管线设计参数研究[J]．岩土力学，2010，31(4)：1314-1318.
[12] 孙毅力，等．穿越黄土陡坡管道斜井支护方式[J]．油气储运，2009，28(4)：67-70.

油气管道穿越黄土陡坡段一种经济实用的管沟开挖及回填处理方式——以西三线陕西段工程实际为例

朱 州[1] 李 朝[2]

（1. 中国石油天然气管道工程有限公司线路室；
2. 中国石油天然气管道工程有限公司总工程师办公室）

摘 要：黄土地区沟壑纵横，地形破碎，陡坎陡坡遍布，油气管道经过黄土地区时，不可避免要穿越陡坎陡坡地段，陡坎陡坡段管沟开挖及管沟回填、地貌恢复是长输管道施工中的重难点。为确保施工期间，水土流失及环境问题受控，工程经济合理，且后期管道安全平稳运行，需要选择合理的管沟开挖及管沟回填方式。本文以西三线(陕西段)管道穿越黄土陡坡工程实际为例，介绍说明油气管道穿越黄土陡坡段一种经济实用的管沟开挖及回填处理方式，为其他类似工程项目提供参考借鉴。

一、引言

西气东输三线是我国具有战略意义的能源运输大动脉，管道途径陕西黄土高原、关中断陷盆地、秦岭山地等地貌，而特殊地貌的管沟开挖是油气管道工程施工的重要工序，对工程建设、环境保护等方面有重要影响[1]。大口径管道经过陡坡段时，通常采用大开挖降坡开槽方案，会对原始地貌和环境造成严重的破坏，弃土弃渣工程量大，水土流失问题严重，管道安装就位后地貌恢复、水工防护工程量巨大，整体费用较高[2]。西三线项目陕西段一处陡坡穿越施工时，摈弃以往做法，因地制宜采用了长臂挖掘机对陡坡段管沟进行开挖，形成一道恰好满足管道安装的窄小管沟，管道安装就位后，采用二八水泥土分层回填夯实方式对窄小管沟进行回填和地貌恢复，取得较好的效果。这种方式克服了以往大开挖施工的各种缺点，高效经济地完成了陡坡上管沟开挖、回填及地貌恢复，具有较大的推广优势。

二、穿越工程概况

1. 西三线(陕西段)工程基本情况

西气东输三线中段(陕西段)起自陕西省麟游县，止于陕西省商南县与河南省西峡县交界，共1个省、14个(区、县)，总长度为514.48km，设计压力10MPa。拟穿越场地所在地区等级为二级地区，一般线路管径采用D1219mm×22.0mm，钢材等级L555M(X80M)级的直缝埋弧焊钢管，热煨弯管采用26.4mm的直缝埋弧焊钢管，防腐型式及等级采用常温型3LPE普通级防腐。拟穿越场地为“两坡夹一沟”地形，采用四个大角度热煨穿越，陡坡两侧及沟底管道平均埋深为5m，采用开挖敷设方式通过。

2. 穿越场地地形地貌

管道穿越黄土冲沟处，地形整体呈“U”形，河沟底宽约 36m，两侧沟坡陡峭，坡高约 50m，相对高差约 1.50m，沟坡角度约 50°。沟坡顶为农田，种植农作物，沟底为旱地，种植果树，现场情况如图 1 所示。

图 1　拟穿越场区地形地貌

3. 场地地质条件

穿越场地及其附近区域内主要出露地层第四系中、上更新统风积层，其中：

(1) 中更新统(Q_2)：浅黄色黄土，较密实，夹 3~5 层古土壤。黄土结构较上部致密，常见针孔及较多的黑色斑点，底部钙质结核呈层状。该层厚度 45m；(2)上更新统(Q_3)：淡黄、淡灰黄色黄土，夹 1~2 层古土壤。土质疏松，垂直节理发育，具孔隙、孔洞，厚度 10~15m。

结合地层形成的地质时代、成因、岩性、物理力学性质等特性，场地的地层可分为 3 个工程地质层，由上至下分述如下：

(1) 层黄土状土(Q_4^{al+pl})：黄褐色，硬塑—坚硬，以粉质黏土为主，结构疏松，空隙发育，表层 0.3m 含植物根系，土质较均匀。该层主要分布于沟道内，揭露层厚 7.60m。

(2) 层粉质黏土(Q_4^{al+pl})：褐灰色、褐黄色，硬塑，切面光滑，干强度高，韧性中等，偶见姜石，姜石粒径 3.0mm 左右，土质较均匀。该层主要分布于沟道内，最大揭露厚度 7.40m。

(3) 层马兰黄土(Q_3^{eol})：褐黄色，坚硬，以粉质黏土为主，结构疏松，虫孔、针状孔隙发育，孔径 0.5~1.5mm，表层 0.50m 含植物根系，土质均匀，具强烈湿陷性。该层主要分布于两岸处钻孔，揭露层厚 6.3~9.5m。

拟穿越地层地形地貌平剖面如图 2 和图 3 所示，物理力学性质及承载力特征值见表 1。

表 1　土层物理力学及承载力特征值指标

地层岩性	天然密度/(g/cm^3)	干密度/(g/cm^3)	黏聚力/kPa	内摩擦角/(°)	承载力特征值f_{ak}/kPa
黄土状土	1.91	1.62	41.40	19.51	100
粉质黏土	1.97	1.63	24.19	13.01	120
马兰黄土	1.43	1.28	46.41	25.42	120

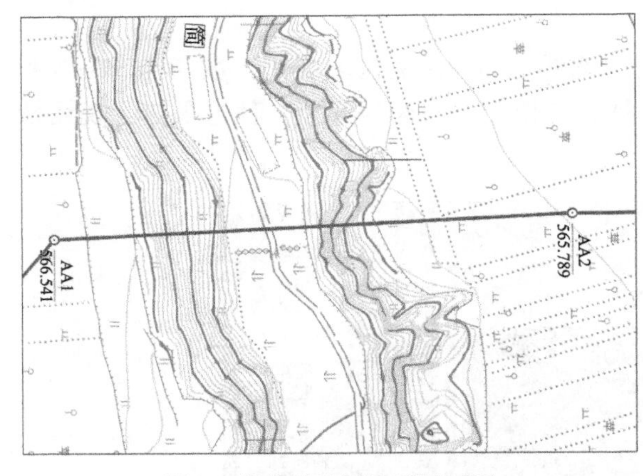

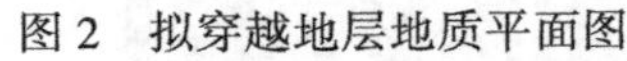
图2 拟穿越地层地质平面图

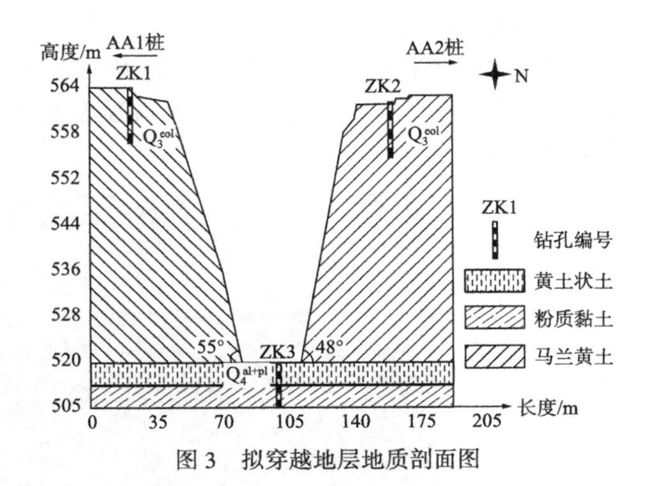

图3 拟穿越地层地质剖面图

三、陡坡段管沟开挖方案

1. 大开挖降坡开槽方案

大开挖降坡开槽方案即在黄土陡坡上开挖一道供机械设备行走及管道布置的深槽作业带，以方便设备通行和管道安装。要满足机械设备从陡坡上通行，势必对陡坡进行深度开挖降坡，造成大量的土方开挖、堆放、超占地和地貌破环，从而带来一系列水土流失、环境影响问题。后期管沟回填，水工保护、地貌恢复施工难度和工程量较大，总体费用较高。此方案的主要优点是能满足施工设备沿陡坡上下通行，避免绕行多修施工便道，同时方便施工过程中的管沟开挖和管道安装。

如图4所示，某陡坡段管沟开挖采用大开挖降坡开槽，施工后该处地形地貌破坏极为严重，大量土方堆放至沟道下游，使原有沟道彻底堵塞，造成大量堆土超占地，对环境破坏相当严重，成为了水土保持监管和环境监督的一个重点部位，受到监管部门的处罚。后期管沟回填、水工保护、地貌恢复工作量及难度较大。

图4 某陡坡大开挖降坡前后地貌变化图

2. 采用长臂挖掘机开窄沟方案

采用大开挖降坡开槽方案，将对原始地貌和环境造成严重的破坏，且水工防护工程量及整体费用较高。因此，建设单位、设计单位、监理单位和施工单位代表进行多次现场踏勘并充分讨论，最终确定采取以长臂挖掘机进行管沟开挖的方案。长臂挖掘机由于其特有的臂长优势，可站在沟底、沟顶分两段完成陡坡段窄沟开挖，无需站在管沟两侧(不降坡则无法实现)靠近管沟开挖。长臂挖掘机开挖可保证管沟顺直，在满足最低挖深的情况下，减少管沟开挖工程量和对原始地貌及环境的破坏，降低管沟回填难度和工程量，实现总体工程费用降低。

(1) 如图 5(a)和图 5(b)所示，管道拟穿越处两岸场地施工通道受地形条件限制尽量在原有道路基础上与施工作业带连通，满足施工材料、机具进场需要。

(2) 如图 5(c)所示，长臂挖掘机到达坡顶整治平台后，按既定线位开始开沟。开沟过程中现场施工人员全程观察和指挥，以便及时发现潜在安全隐患。产生的少量土方量堆砌于作业带内。

(3) 如图 5(d)所示，坡顶作业完成后，长臂挖掘机进而转场至沟底坡脚处，按管道既定线位继续开挖管沟。产生的部分土方量置于进场道路另一侧，部分土方量夯实置于挖掘机下方用于抬升自身高度，以便继续对陡坡中部管沟进行开挖。

(a) AA1桩方向陡坡原始地貌

(b) AA2桩方向陡坡原始地貌

(c) 长臂挖机坡顶作业

(d) 长臂挖机沟底作业

图 5　拟穿越场区管沟开挖工作界面

(4) 两侧陡坡均采用长臂挖掘机进行坡顶—坡底管沟开挖作业，形成的开挖管沟现状如图 6 所示。该管沟开挖方法形成的破坏面小，无须大规模放坡，对环境影响较小，取得了良好的工程效果，为类似工程提供一定的参考价值。

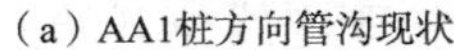
(a) AA1桩方向管沟现状

(b) AA2桩方向管沟现状

图6　两侧陡坡开挖管沟现状

四、管沟回填方案

管道在坡顶整体预制安装完成后，采用溜管法安装就位，随后进行管沟回填。管沟回填时，结合开挖管沟现状、地质条件及以往过程经验[3]，提出采用二八水泥土满沟夯填、生态袋满沟夯填两种回填恢复方案进行比选。

1. 二八水泥土满沟回填方案

水泥土作为一种常用建筑材料，施工工艺简单，可就地取材，物理力学性能稳定，具有一定的强度，抗雨水冲刷能力较强，是黄土地区斜坡管沟回填恢复理想的回填材料[4]。由以往的工程经验可知，二八水泥土与管沟两侧土质边坡较好地结合在一起，高陡边坡管沟采用水泥土回填也可较好地解决管沟防冲问题，一定程度避免雨水冲刷和渗漏造成的损坏，从而有效的保证管道长期平稳运行[5]。

(1) 如图7(a)所示，考虑管沟回填及沟底破坏程度，首先在两侧坡脚处各设置一道宽为25m的浆砌石挡土墙。由于沟底地层主要为黄土状土，力学性质一般，且沟底管沟处存在积水，淤泥。因此需要抽干管沟内的积水淤泥等，并采用二八水泥土进行换填夯实。二八水泥土自管底起，分层夯实至管顶1m位置处。并由表1可知，黄土状土的地基承载力特征值100kPa，两侧浆砌石挡土墙高度设置3m为宜。

(2) 如图7(b)和图7(c)所示，针对该处两陡坡管沟恢复，采用二八水泥土自沟底向上坡顶顺序进行满沟夯填，夯实系数不应小于0.95。施工期间，施工人员应遵循高空作业要求，按规定绑定安全绳，戴好安全帽，同时管沟外部应设置安全防护网，防护网固定在两侧稳定坡体中。施工人员从管底向上夯填水泥土，同时每隔2m，在管沟沟底内打入一排(每排两根)长度为1.2m的ϕ20mm插筋，在两侧沟壁内打入一排(每排一根)长度为1.2m的ϕ20mm插筋。每间隔6~8m，在管沟两侧未扰动坡体开槽，开槽方向垂直于管沟，槽长、宽和深均为0.5m，槽内用二八水泥土分层夯填。插筋和槽的设置可进一步利于二八水泥土与周围坡体结合的稳定性。

(3) 水泥土夯实至坡顶处，可继续采用二八水泥夯实5m长水平段管沟范围，坡顶处再采用高1.2m，宽1.5m、长24m的二八水泥土拦水堤，防止坡顶汇水从管沟附近流下冲刷坡面。

2. 生态袋满沟码砌回填方案

生态袋是以聚丙烯为原材料制成的生态合成材料，既能有效防止内部填充物(土壤、营养物等)流失，又可使得植物正常生长，生态袋之间采用连接口相连，从而形成一个整体的柔性结构[6]。

生态袋取材简单，便于施工，可有效的降低建设费用。因此该处也可考虑采用生态袋满沟码砌回填方案进行管沟回填恢复(图8)。即在管道就位后，从坡脚至坡顶满沟范围内分层码砌生态袋，至坡顶后，在顶坡处采用生态袋码砌拦水堤，防止坡顶汇水从管沟附近流下冲刷坡面，此方案的整体施工工序与二八水泥土满沟回填方案类似，不再赘述。

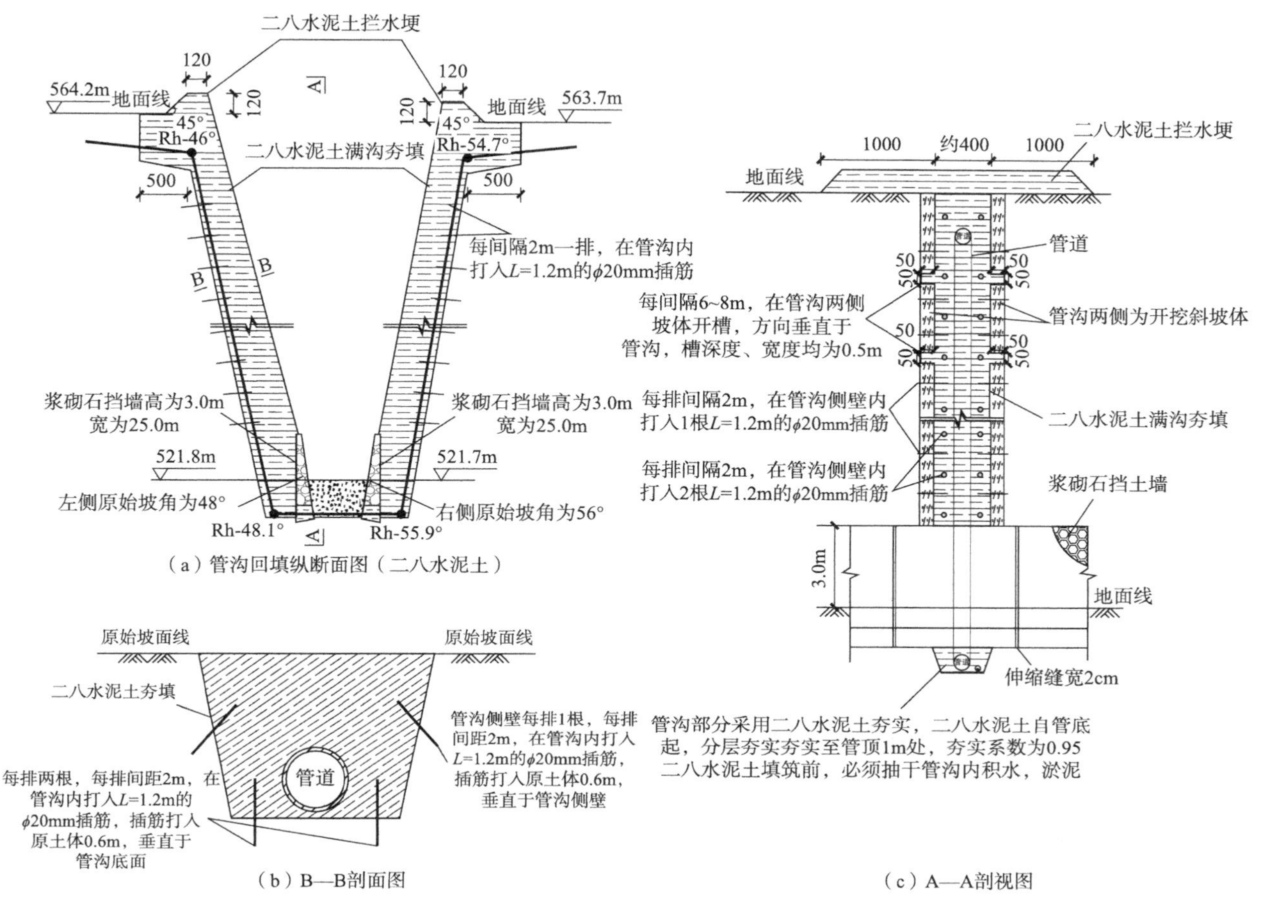

（a）管沟回填纵断面图（二八水泥土）

（b）B—B剖面图

（c）A—A剖视图

图 7　管沟二八水泥土回填示意图

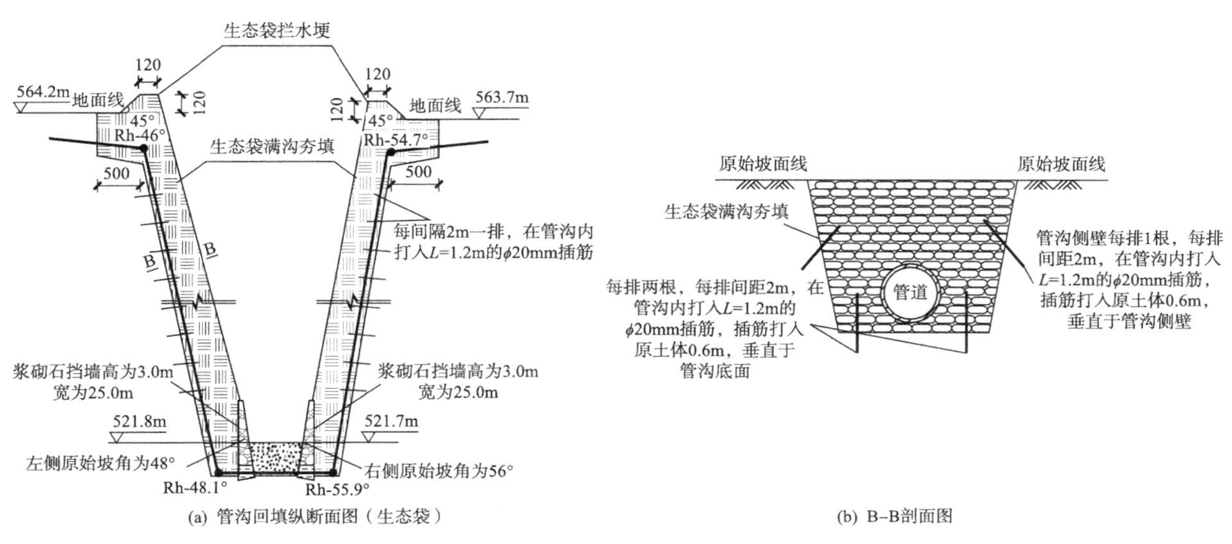

(a) 管沟回填纵断面图（生态袋）

(b) B–B剖面图

图 8　管沟生态袋回填示意图

该处陡坡坡度较大(50°左右)，采用二八水泥土满沟分层夯填方案，能够与管沟周围土层结合紧密，整体稳定性比较好。陡坡窄沟采用生态袋满沟回填，由于其更偏向柔性结构，其稳定性相对较弱，易发生整体倾倒或局部滑塌。此外，生态袋施工技术要求相对较多，在高陡边坡管沟回填中对施工人员的技术要求更为严格，如不能严格按要求执行，则会降低其稳定性。除此之外，生态袋与二八水泥土在施工报价中价格接近，但陡坡施工中二八水泥土施工所需的人工、机械成本要低于生态袋施工成本。

结合该处坡陡、管沟窄小特点，经综合比选后，确定采用二八水泥土满沟分层夯填方案，满沟水泥土夯填完成后，表面不能长草。因此，拟在水泥土两侧自然坡面栽种爬藤类植物实现坡面复绿。

五、结论和建议

(1) 油气管道穿越黄土陡坡(坡度大于45°)时，采用大开挖降坡开槽方案，将对原始地貌和环境造成严重破坏，弃土弃渣工程量大，水土流失问题严重，管道安装就位后地貌恢复、水工防护工程量巨大，整体费用较高。建议尽可能采用对原始破面扰动较小、便于地貌恢复的施工方案，如长臂挖掘开挖管沟。长臂挖掘机臂长可达20m以上，适用于黄土地区中坡长20~50m、坡度大于45°的陡坡，且管沟成型时间较一般大开挖方案大大缩短。

(2) 长臂挖掘机开窄沟方案能够避免大开挖降坡开槽方案带来的和各种不利因素，在设备进场方便、坡高适宜的条件下，可推广使用。对于坡高较大，长臂挖掘机无法完全覆盖的高陡坡，可考虑采用单边定向钻穿越方式。

(3) 对于高陡边坡(坡度大于45°)，采用二八水泥土满沟分层夯填方案，能够与管沟周围土层结合紧密，整体稳定性比较好，适应性较好。对坡度小于45°的缓坡，也可采用生态袋满沟码砌或生态袋截水墙+素土回填压实的方式进行管沟回填、地貌恢复。

(4) 黄土地区，陡坎陡坡管段管沟回填、地貌恢复完成后，必须在坡顶面设置拦水堤或截水渠，防止坡顶汇水从管沟附近流下冲刷坡面。

(5) 水泥土夯填的实施工质量非常关键，必须严格按照设计和相关规范要求进行施工。

(6) 黄土陡坡段管沟开挖、回填施工过程中，应因地制宜采取有效可靠、经济合理的安全措施。

参 考 文 献

[1] 庞伯贤．油气长输管道管沟开挖技术[J]．管道技术与设备，2003，(5)：19-21.
[2] 雷礼斌，尹番，廖福林，等．山区陡坡段大口径管道的施工技术[J]. 2011，油气储运，30(4)：273-275+235.
[3] 李义祥．狭窄河谷段天然气管道开挖施工方法应用研究[J]．化工设计通讯，2022，48(5)：43-45+59.
[4] 范志强．输水管线高陡边坡管沟水泥土回填研究与应用[J]．中国水利，2021，(14)：42-44.
[5] 苏曼．水泥拌合土在黄土区域高陡边坡管沟回填段的应用研究[J]．山西水利科技，2020，(2)：11-13.
[6] 姜学田．生态袋在管道水工保护中的应用[J]．油气田地面工程，2015，34(8)：13-14.

茶树根系对埋地天然气管道的影响研究

韩俊杰　周　昊

（中国石油天然气管道工程有限公司线路室）

摘　要：本文通过对广东省某埋地天然气管道周边茶树根系的调查，分析研究了茶树根系的生长特性以及根系对管道防腐层的影响，研究结果表明：人工培育茶树根系主要分布在较浅的表层土内，深度一般不会超过1.2m，水平生长距离一般不会超2.0m；对于采用3PE外防腐层的埋地天然气管道，茶树根系生长扩展及根系分泌物不会对管道防腐层造成影响；在保证天然气管道埋深不小于1.2m的情况下，可不考虑茶树种植根系对天然气管道的影响。

一、引言

随着我国经济的快速发展和能源供给需求的提升，天然气管道的建设规模不断扩大。管道在建设过程中不可避免地会经过植被覆盖率高的区域，植被对管道的影响主要是其根系可以穿透管道外防腐层。目前国内管道行业对于深根植物的管理执行《中华人民共和国石油天然气管道保护法》第三十条规定“在管道线路中心线两侧各五米地域范围内，禁止下列危害管道安全的行为：（一）种植乔木、灌木、藤类、芦苇、竹子或者其他根系深达管道埋设部位可能损坏管道防腐层的深根植物”。法规中的“深根性植物”在植物学中并无准确定义，亦无量化标准。根据管道保护法的规定要求土地权属人在管线左右五米内禁止相关种植作业很难获得支持。因此研究植物根系对管道的影响，对于保护管道安全，减轻管道建设负担和保护地方经济与资源具有重要意义。

二、研究现状

埋地管道深度大多处于植物根系可达范围内，植物根系极有可能使管道防腐层遭到破坏，增加油、气管道腐蚀穿孔风险，不仅使运输中断，而且会污染环境，甚至可能引起火灾造成更大危害。因此，众多学者对植物根系与管道防腐的关系展开研究。黄海等[1]针对川渝地区各种植物对埋地天然气管道石油沥青覆盖层的危害进行了调查和统计分析，指出黄角树、泡桐、刺桐、香樟、竹类等均会对管道防腐层产生严重影响。石锦安等[2]对四川、重庆两地天然气输气管线上24个树种及其根系进行调查，发现松、楠竹、玉兰、芭茅等均存在穿入涂层的现象。王书浩等[3]在对秦京输油管道防腐层外检测过程中，发现部分管体由于芦苇根穿透防腐层发生腐蚀。

上述研究案例中管道防腐层均为早期的石油沥青防腐层，目前天然气长输管道主要采用3PE防腐层，尚未发现被植物根系破坏的事件。罗锋等[4]针对防腐层外层PE材料在土壤环境中由于植物根系生长发育所产生的顶压状况开展压痕试验测试，结果表明：23℃时，5MPa顶推压力对PE防腐层产生不足2%的压深比，10MPa顶推压力对PE防腐层产生的最大压深比为3.32%；50℃时，10MPa顶推压力对PE材料防腐层产生的压深比为5%。而植物根系生长适宜温度通常在5℃以下，因此对于采用3PE为管道外防腐层，可不必过多考虑植物根系生长扩展及根系分泌物对管道防腐层的影响。陈晓飞等[5]基于植物学范畴讨论了深根植物的分类及其基本形态，分析了植物根系对管道防腐层的破坏形式，通过综述植物根系对PE材料影响的相关研究，得出植物根系仅对石油沥青管道防腐层具有破坏作用，而3PE防腐层具有良好的抗生物化学损伤性能和抗机械物理损伤能力，可不必过多考虑植物根系及其分泌物的影响。季寿宏等[6]通过对浙江省4地不同地形状态下38处探坑现场开挖，调查研究了管道5m范围内18种典型植物对天然气管道3PE防腐层的影响。仅部分植物，如水杉、木荷等根系伸展较深，随着生长年限增加存在触及管道3PE防腐层的风险。

目前关于茶树根系对管道的影响鲜有研究，仅有部分学者对茶树根系的生长特性进行研究。余立华等[7]对安徽枞阳县间作茶和单作茶的根系研究发现，茶树根系主要分布在0~30cm的土层中，占所有根系的75%。茶树根系主要分布在离根桩0~40cm区域内，在土层10~40cm、离根桩40~60cm区域内有少部分分布。卢华兴等[8]在滇南地区普洱茶树根系对土壤优先路径形成的影响中发现，茶树根系主要分布在0~10cm表层土壤中，40~50cm深层土壤根系分布较少。

三、茶树根系调查和分析

1. 项目概况

某埋地天然气管道项目途经广东省、福建省，线路长度192km，管径813mm，材质L485M，设计压力10.0MPa。管道全线采用常温型3LPE加强级防腐层，一般线路段管顶埋深不小于1.2m，高后果区段管顶埋深不小于1.5m。线路经过区域地形地貌比较复杂，植物覆盖率高，其中茶树广泛分布，多是以培育单枞茶叶为目的的茶园，群落外貌常绿，林相整齐，但物种非常单一，基本只有茶树，高约1~1.5m，行间距2m×1.5m。茶叶为当地百姓的主要经济来源，管线左右5m内禁止茶树的种植很难获得百姓的支持。

图1　管道沿线茶园

2. 调查方法

本研究采用室外调查和室内统计分析相结合的方法。树木根系的形态与分布首先是由树木本身的遗传特性所决定的，同时受土壤生态环境条件，尤其是水分、通气状况的强烈影响。本研究选出适合开挖作业且具有代表性的样本对根系生长状况调查，在样本垂直管道中心线上方的一侧，从树干基部向下部挖掘，挖掘深度1.2m以上，开挖过程中在土层深度20cm、50cm、80cm、120cm、160cm处分别测量记录根系的粗度、数量、走向等，并绘制根系垂直分布图和水平分布图。同时取土样采用土壤烘干法对土壤含水量测定，采用环刀法对土壤容重进行测定。

3. 根系分布情况

本研究开挖调查不同海拔茶树样本3株。样本具体根系垂直分布和水平分布情况数据汇总见表1。

表1　植物根系调查记录表

序号	树种名称	树龄/a	土壤含水量/%	土壤容重/(g/cm³)	生长深度/m	水平生长长度/m	水平生长宽度/m	>1.0cm根径根数	最大根径/cm
1	茶树1	20	15.44	1.25	0.30	0.57	0.67	8	2.5
2	茶树2	35	18.64	1.32	0.58	1.1	1.52	11	4
3	茶树3	35	19.21	1.21	0.64	0.77	0.81	8	3.7

1）茶树 1

（1）立地与土壤：海拔 195m；地形部位为农田；土壤类型为水稻土，土层较厚，松软；有灌溉条件。开挖穴不同土层平均土壤含水量 15. 44%；土壤容重 1. 25g/cm^3。

（2）树木概况：树龄 20 年；树高 2. 0m；地径 7. 1cm；冠幅 2. 0m×2. 0m，属中幼龄期树。样本距管道中心线地面水平距离 0. 1m。

（3）根系生长情况：根系垂直向下生长深度 0. 30m（以下称生长深度），垂直管道中心线地面水平生长长度 0. 57m（以下称水平长度），平行管道中心线地面水平生长宽度 0. 67m（以下称水平宽度）；根径大于 1. 0cm 的根有 8 条，最大根径 2. 5cm。

（4）根系分泌物：现场测定根系分泌物 pH 值为 6，为弱酸性，对管道 3PE 防腐层腐蚀性影响微弱。

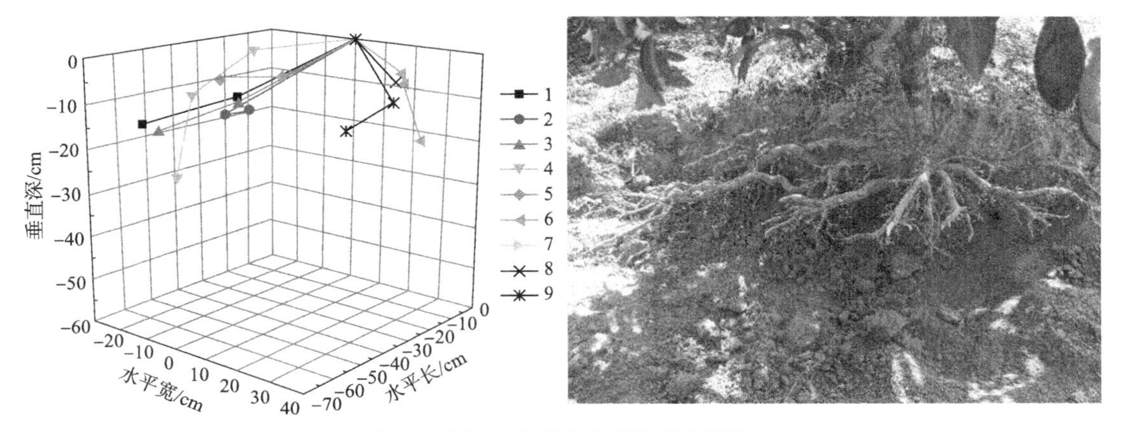

图 2　茶树 1 根系分布图及现场照片

2）茶树 2

（1）立地与土壤：海拔 396. 98m；地形部位为农田；土壤类型为黄土，土层较厚，松软；有灌溉条件。开挖穴不同土层平均土壤含水量 18. 64%；土壤容重 1. 32g/cm^3。

（2）树木概况：树龄 35 年；树高 1. 3m；地径 16cm；冠幅 1. 76m×1. 6m，属中幼龄期树。样本距管道中心线地面水平距离 1m。

（3）根系生长情况：生长深度 0. 58m，水平长度 1. 1m，水平宽度 1. 52m；根径>1. 0cm 的根有 11 条，最大根径 4cm。

（4）根系分泌物：现场测定根系分泌物 pH 值为 6，为弱酸性，对管道 3PE 防腐层腐蚀性影响微弱。

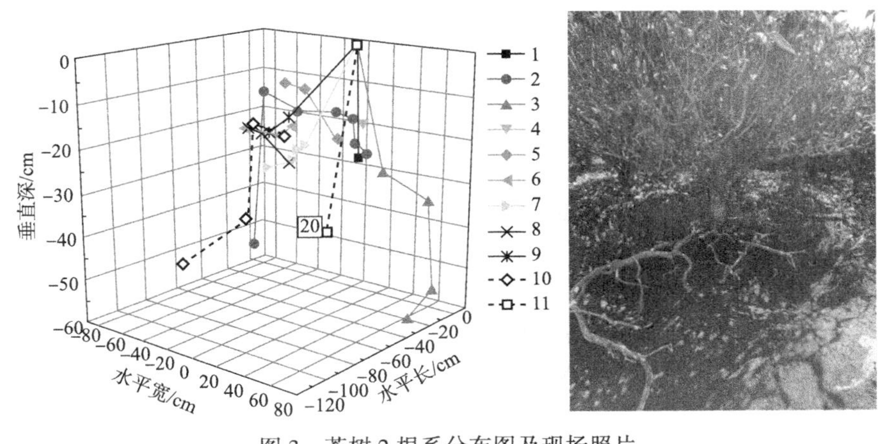

图 3　茶树 2 根系分布图及现场照片

3）茶树3

（1）立地与土壤：海拔410.90m；地形部位为农田；土壤类型为黄土，土层较厚，松软；有灌溉条件。开挖穴不同土层平均土壤含水量19.21%；土壤容重1.21g/cm^3。

（2）树木概况：树龄35年；树高1.25m；地径14cm；冠幅1.07m×1.1m，属中幼龄期树。样本距管道中心线地面水平距离1m。

（3）根系生长情况：生长深度0.64m，水平长度0.77m，水平宽度0.81m；根径大于1.0cm的根有8条，最大根径3.7cm。

（4）根系分泌物：现场测定根系分泌物pH值为6，为弱酸性，对管道3PE防腐层腐蚀性影响微弱。

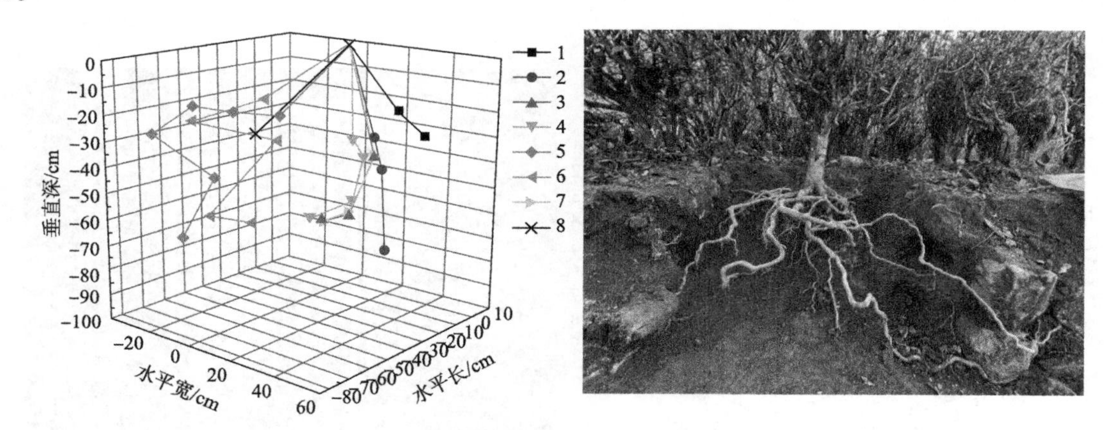

图4　茶树3根系分布图及现场照片

4. 根系分布规律分析

对现场开挖根系调查获取的数据分析发现：茶树根系的垂直分布深度均小于1.2m，水平分布距离均小于2m，根系主根生长弱化，侧根生长一般，毛根比较发达，而且未来根系向下生长趋势不明显。在没有开挖、疏松管道上方和边侧土壤的情况下，茶树根系很难生长到1.2m且根系下扎点一般不会超过树干垂直中心点外围水平距离的2.0m处。

四、茶树根系对管道影响分析

1. 对管道防腐层的影响分析

本项目管线防腐层均采用3PE防腐层。3PE防腐一般由3层结构组成：第一层(底层)环氧粉末层(FBE>100μm)；第二层(中间层)为带有分子结构功能团的共聚粘合剂(胶粘剂)170~250μm；第三层(外层)聚乙烯(PE)2.5~3.7mm。根据罗峰等[4]研究，3PE外层为聚乙烯材料，具有良好的抗渗透及抗光氧老化、热氧老化性能，可耐大多数酸碱及油脂的侵蚀，可有效消除各种介质及温度变化的影响，同时在土壤环境中具有很好的抗生物降解性能。因此，在茶树适宜生长的温度范围内(一般不超过45℃)，茶树根系分泌物很难对聚乙烯材料产生溶胀、溶解等破坏作用。同时根据罗锋等[4]对防腐层外层PE材料开展的压痕试验测试，23℃时，5MPa顶推压力对PE防腐层产生不足2%的压深比，10MPa顶推压力对PE防腐层产生的最大压深比为3.32%；50℃时，10MPa顶推压力对PE材料防腐层产生的压深比仅为5%。而茶树根系生长适宜温度通常在35℃以下，生长发育产生的扩展力最大为3MPa，因此，对于采用3PE为管道外防腐层，可不必过多考虑茶树根系生长扩展及根系分泌物对管道防腐层的影响。

2. 生长趋势对管道的影响分析

茶树根系生长具有向水性、向肥性，根据环境条件调整其形态和结构，如在干旱条件下，根可能伸展得更深以寻找深层水源；在土壤表层富含营养物质的情况下，根系则可能更倾向于水平扩展。由于项目地主要位于南亚热带气候区，高温多雨，同时茶树属于大规模种植的经济植物，人工种植干预措施多，所以茶树主要根系具有沿着水平方向生长的趋势，向下生长趋势较弱，对管道影响较小。

3. 现场调查根系分布对管道的影响分析

通过现场开挖根系调查数据分析：茶树根系的垂直分布深度均小于 1.2m，水平分布距离均小于 2m，不会对埋深不小于 1.2m 的管道造成影响。

五、结论和建议

（1）根据文献，茶树根系生长扩展的范围有限，一般位于地表层内。

（2）通过对某天然气管道周围人工培育茶树根系的现场调查，经统计分析因采取浇水、施肥等措施，茶树根系主要分布在较浅的表层土内，深度一般不会超过 1.2m，水平生长距离一般不会超 2.0m。

（3）当天然气管道埋深不小于 1.2m 时，可不考虑茶树种植根系对采用 3PE 外防腐层管道的影响。

（4）埋地管道穿越茶树种植园区时，可依据管道防腐层的属性，采取本文的做法来判断茶树根系对管道的影响，以确定合理的敷设方案。

参 考 文 献

[1] 黄海．深根植物对天然气管道石油沥青覆盖层的影响[J]．油气储运，2005(1)：46-48+61-65.

[2] 石锦安，廖明安，汪志辉，等．深根植物对埋地天然气输气管沥青涂层的影响[J]．四川林业科技，2005(2)：55-57.

[3] 王书浩，孟力沛，肖铭，等．秦京输油管道腐蚀机理分析及腐蚀检测[J]．油气储运，2008(2)：36-39+62+67-68.

[4] 罗锋，王国丽，刘俊峰，等．植物根系对管道防腐层的影响及对策[J]．油气储运，2013，32(11)：1175-1178.

[5] 陈晓飞，赵德旺，贾志强，等．植物根系对管道防腐层的影响研究进展[J]．中国石油和化工标准与质量，2023，43(23)：78-80.

[6] 季寿宏，范文峰，宋祎昕，等．深根植物对浙江省级天然气管道 3PE 防腐层的影响[J]．浙江农业科学，2017，58(7)：1223-1226+1230.

[7] 余立华，刘桂华，陈四进，等．栗茶间作模式下茶树根系的基础特性[J]．经济林研究，2006(3)：6-10.

[8] 卢华兴，段旭，赵洋毅，等．滇南地区普洱茶树根系对土壤优先路径形成的影响[J]．水土保持学报，2021，35(4)：80-87.

高寒高海拔地区油气管道建设重难点分析

王建访[1]　关雪涛[2]

（1. 中国石油天然气管道工程有限公司线路室；
2. 中国石油管道局工程有限公司国际事业部）

摘　要： 高寒高海拔地区低温、缺氧、生态脆弱的环境特征给人员、材料、设备、施工作业、地貌恢复等都带来了极大的挑战。冻土地区管道敷设、管道断裂控制设计、人员防寒保暖供氧及设备冬防改造、水压试验、草甸剥离是高寒高海拔地区油气管道建设需要特别重视的要点。为确保管道全生命周期安全运营和保障建设期顺利推进，本文对高寒高海拔地区油气管道建设关键技术进行总结分析，并结合气候条件推荐相应的解决方案，为高寒高海拔地区油气管道建设提供借鉴和参考。

一、引言

高寒地区指由于海拔高或者因为纬度高而形成的特别寒冷的气候区。地理学意义上的高寒是指的一种气候特征，它一般来描述由于海拔高或者因为纬度高而形成的特别寒冷的气候区，纬度每升高 1 度，年均温降低 0.63℃，海拔平均每升高 100m，气温要下降约 0.6℃。高海拔地区随着海拔的升高大气压降低，大气中的含氧量和氧分压降低。高寒地区大致分为 3 种类型：高纬度地带的平原地区和高海拔河谷地区，如黑龙江北部地区和雅鲁藏布江；高原盆地，如藏北高原、柴达木盆地；高原山地，如西藏、新疆等高山地域。按照国际通行的海拔区域划分标准，海拔 1500～3500m 为高海拔区域、海拔 3500～5500m 为超高海拔区域、海拔 5500m 以上为极高海拔区域。本文的高寒高海拔地区是指海拔超过 1500m 且兼具有高寒地区特征的区域，即高原山地地区。高寒高海拔地区一般具有低压缺氧、低温干燥、强风、水文地质条件差、冻土广布、生态环境脆弱等特性，在此地区进行管道工程建设将面临工作环境恶劣、劳动强度大、设备工作效率折减、冻土冻胀融沉、草甸恢复、低温环境试压等诸多困难和问题。

二、冻土地区管道敷设

高寒高海拔地区首先面临的问题是管道沿线需要通过冻土。由于管道与冻土直接接触，不可避免地会发生管土之间的相互作用，冻土区油气管道的运营安全性主要取决于其所处冻土环境的冻胀和融沉，管道冻胀隆起可能会使局部管道向上拱出地面现象示意图如图 1 所示。管道融沉沉降示意图如图 2 所示。可能使管道产生向下的挠曲，使管道产生应力和应变。上述变形超过极限状态时，就会造成管道的失效。

为了降低冻土的融沉、冻胀作用对管道产生不利影响，在线路选线时尽量避让冻土地区冻胀丘、泉眼、沼泽等地带，线路无法避让时，尽量缩短线路经过上述地带的长度。在确定管道敷设方案时应根据管道沿线冻土分布及其特性、气象条件、工程水文地质、输送工艺等综合确定。对于采用负温输送埋地管道以及管道投产前应根据沿线气象资料、冻土区域土物理力学参数、地下水迁移、管道埋深和输送温度等参数进行温度场分析，获得差异冻胀量，然后采用有限元软件 ANSYS 建立管土作用的冻胀模型，设置边界条件和输入计算参数，计算冻土区管道应力和应变；也可以采用温度场、水分迁移场以及管土作用场耦合的计算模型进行管道应力和应变分析，其结果应满足规范规定的应力或应变准则。对于正温输送埋地管道，应采用与冻胀类似的方法进行融沉段管道应力或应变校核。

冻胀融沉段管道失效风险较大时，应对冻土区管道温度场及管道变形进行监测。

图 1　Norman Wells 管道冻胀隆起示意图[1]

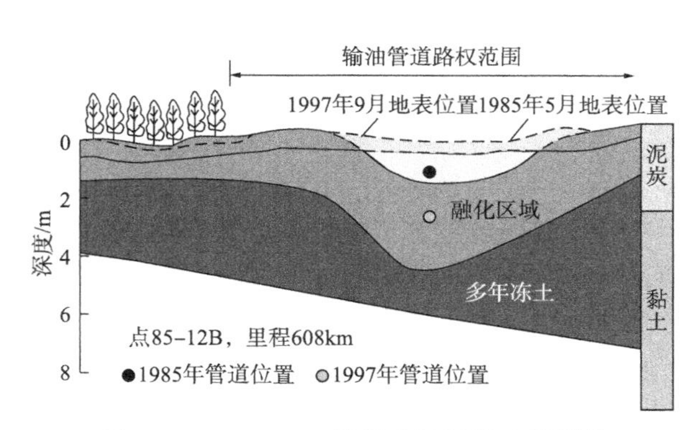

图 2　Norman Wells 管道融沉沉降示意图[1]

1. 季节性冻土地区管道敷设

季节冻土区埋地管道主要受冻胀作用的影响。油气管道是否受季节冻结土层的影响，取决于管底之下的地基土在冬季是否会被冻结，即管底以下的土壤在冬季温度是否小于 0℃，当≤0℃时，存在发生冻胀的可能性，冻胀发生的三要素见表 1。

表 1　发生冻胀三要素

冻胀要素	可能发生冻胀	不发生冻胀
土性	管底之下存在冻胀敏感性土，如粉土，细砂等	管底下土性为基岩、卵砾石土、碎石土、粗砂等
含水量	管底之下的土壤含水量大于 18%，如富冰、饱冰冻土和含土冰层	管底之下含水量 18% 以下的弱冻胀土，冻胀量很小
温度	冬季管底之下土壤温度≤0℃	正温输送(年均输送介质温度>0℃)，管底土壤冬季全年>0℃

如果季节冻深较浅，可以将管道埋设与季节最大冻深以下，这样对于正温输送管道和投产前管道管底温度都不会小于 0℃，所以不用考虑冻胀作用对管道的影响。对于负温输送管道，则需要进行冻胀的影响，具体的敷设方案应进行温度场、水分迁移场以及管土作用场等综合分析后确定。

如果季节冻深较大，则可能将管道埋设在季节冻深内，投产前无介质热输入情况下，见图 3，需要考虑冻胀作用。对于正温输送管道可根据投产后输送介质温度和沿线环境气温通过工艺计算分析确定管道埋深处地温，图 4 为为模拟已建油气管道建设后大地温度场变化(最大冻深线)模拟结果，可知管底下土壤受管道年均正温输送介质的散热影响，投产后管底的

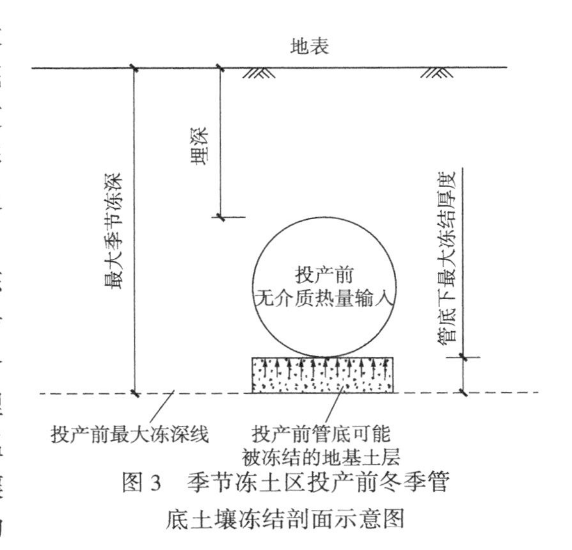

图 3　季节冻土区投产前冬季管底土壤冻结剖面示意图

土壤冻深线往上抬升，管底下土壤不冻结，管道不受上拱作用。

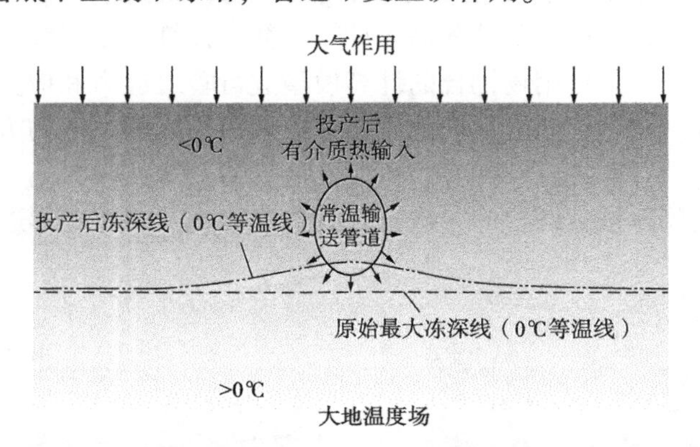

图 4　投产后(冬季)管周土壤冻深线变化示意图

对于负温输送管道，管底会小于0℃，需要考虑冻胀的影响。因此，埋设在季节性冻土层内的管道投产前以及采用负温输送工艺时，需要进行冻胀的影响分析，具体的敷设方案应进行温度场、水分迁移场以及管土作用场等综合分析后确定。

2. 多年冻土地区管道敷设

在确定多年冻土区管道敷设方案时，首先要掌握多年冻土的状态，即稳定的还是不稳定的，对于不稳定的、分布范围小的多年冻土一般采取融化的方案，对于稳定的、分布范围较广的多年冻土，则多采取保护的方案。保护多年冻土的方案主要有负温输送、正温输送+隔离+冷却(热棒降温)、正温输送+隔离等，其中隔离的主要方式是地面敷设和管道保温层。负温输送工艺对多年冻土的保护方案需要考虑冻胀的影响，其敷设方案的确定可以参考季节冻土区管道的做法。采用正温输送工艺的管道，无论采用哪种隔离措施或冷却方案都会导致多年冻土的融化，其中地面敷设隔离方案对多年冻土的影响很小，在设计中重点是支撑结构对冻土影响，这种影响往往可以忽略，而采用埋地管道敷设方式时，主要考虑融沉作用的影响。

正温输送的油气管道通过多年冻土区时，管道散热，管周土壤中的冰融化，冰水相变之后体积减小，同时引起土颗粒下沉，管底下出现一定的变形空间，管道受自重和上覆土作用发生下沉变形，此时管道叠加了融沉附加应力。

多年冻土区管道发生融沉取决于管底之下土壤的性质，融沉发生的三要素见表 1。管道融沉量通过公式(1)计算。

$$S=\Delta h_1+\Delta h_2=A_0h+m_vhp \tag{1}$$

式中　Δh_1——冻土中的冰融化变成水后的瞬时沉降量；

Δh_2——管底下融深范围内的土壤受管重及其上覆土载作用下的体积压缩沉降量；

A_0——无荷载作用时的冻土融沉系数，按饱冰冻土，取23%；

h——冻土地基的融化深度，50 年内最大融深；

m_v——融化地基土的体积压缩系数，取 0.8；

p——管道中心下的平均附加应力。

根据计算的融沉量，然后建立管土作用的融沉模型获得管道的应力和应变，最后判定计算结果是否满足规范要求，以确定最终的设计方案，并明确相应的结构措施(壁厚、隔热保温、抗漂浮、地下支墩、管沟换填等)。

3. 冻土区管道温度场及管道变形监测

由于各种不确定和未知因素的存在，即使采取各种工程措施，管道系统结构整体性、安全可靠性、管基长期稳定性仍然存在一定的风险。因此，在管道沿线的高风险地段，需要建立长期监测体系，并在灾害发展初期采取工程措施以减小或消除隐患。

温度及位移监测可有效监测管道融化圈的变化及管道融沉情况，对高含冰量冻土重点段和不良冻土现象重点段管道进行温度及变形监测，辅以冻土灾害预警信息系统，分析管道的融沉变形情况，视典型地段的监测情况进行管道变形内检测，并确定内检测的周期。以分布式光纤传感技术、振弦传感技术和半导体传感技术为基础，利用有线或无线数据通讯技术，实现监测数据采集、传输和处理的自动化、智能化。

温度场监测可选用耐候性好、工况适应性强、技术较为成熟的数字温度传感器，采用总线技术实现多点测温，监测管道周围温度场的变化，每个监测位置设置 1 个监测断面安装 6 条测温传感链，温度场监测系统示意图见图 5。

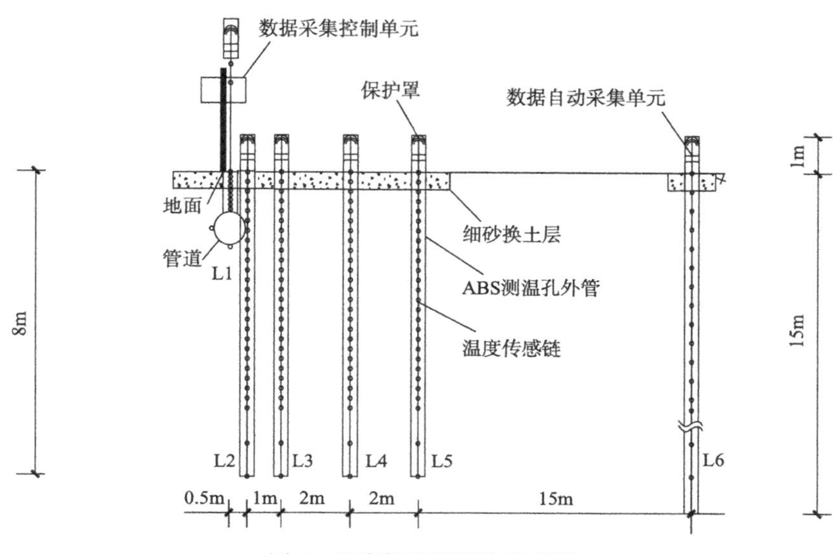

图 5　温度场监测系统示意图

管道变形监测采用管道应变传感器获取管道的不同方向的应力或应变变化数据，并与设计许用应力值或应变值进行比较，定量掌握管道实时的应力应变状况，使管道的运营处于安全可控状态。管道应变传感器的选择应考虑管道应变的变化范围、通信条件等因素。常用的传感器有振弦式应变计、分布式光纤、同轴电缆等。典型的管道变形监测系统如图 6 所示，图中采用振弦式应变计传感器，采集的数据通过 GPRS 网络进行传输。

三、管道断裂控制设计

高寒高海拔地区气候寒冷、温度低，需对钢管和管件运行期和施工期的冲击韧性、原材料要求、拉伸要求、环焊缝冲击数值和试验温度、吊装下沟温度、管道连头碰死口温度等关键指标提出具体要求，防止低温下脆断，保障管道的本质安全和施工安全。管道的断裂控制设计的流程如图 7 所示，管道断裂控制设计原则如下：

（1）如果发生管道破裂，其断裂性质应控制为延性断裂，不允许发生脆性断裂；

（2）钢管(包括管体焊缝及热影响区)应具有足够的韧性，以保证管道在使用条件下的缺陷容限；

（3）钢管管体应具有足够的能力吸收断裂能量，以保证对延性裂纹扩展的止裂；

（4）钢管和环焊缝的断裂韧性满足管道运行期安全的基础上，还要考虑管道低温施工要求。冲击韧性试验温度可依据相关的标准或指南确定，如国家管网公司的《油气管道工程设计温度选取指南》DEC-OGP-G-GE-001-2020-1。

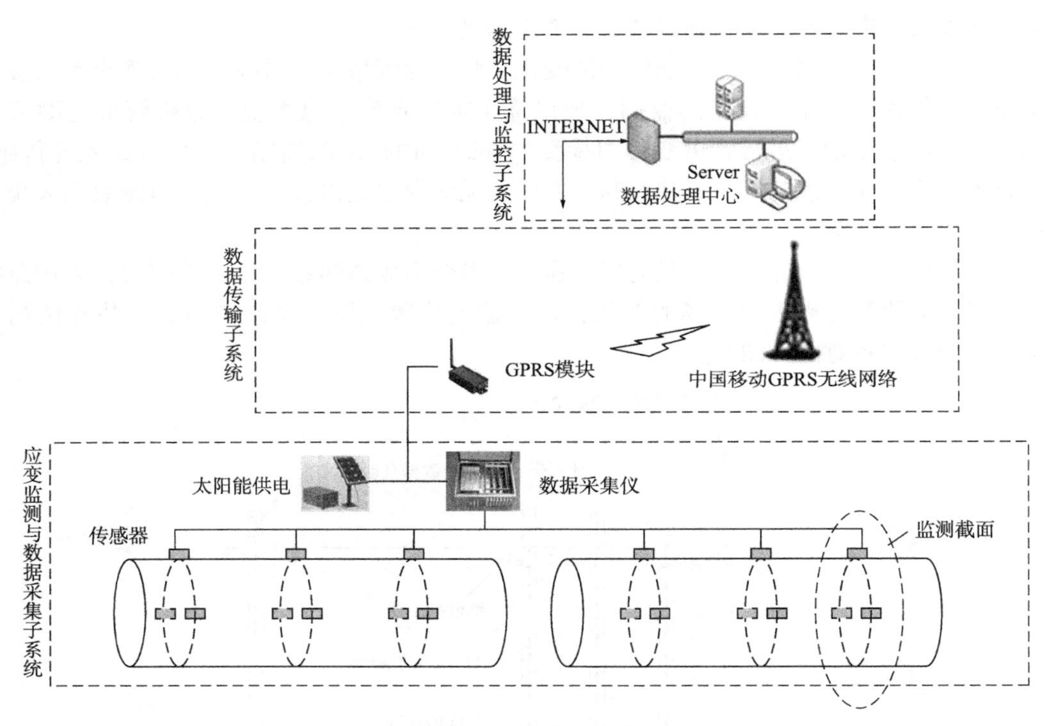

图6 管道变形监测系统示意图

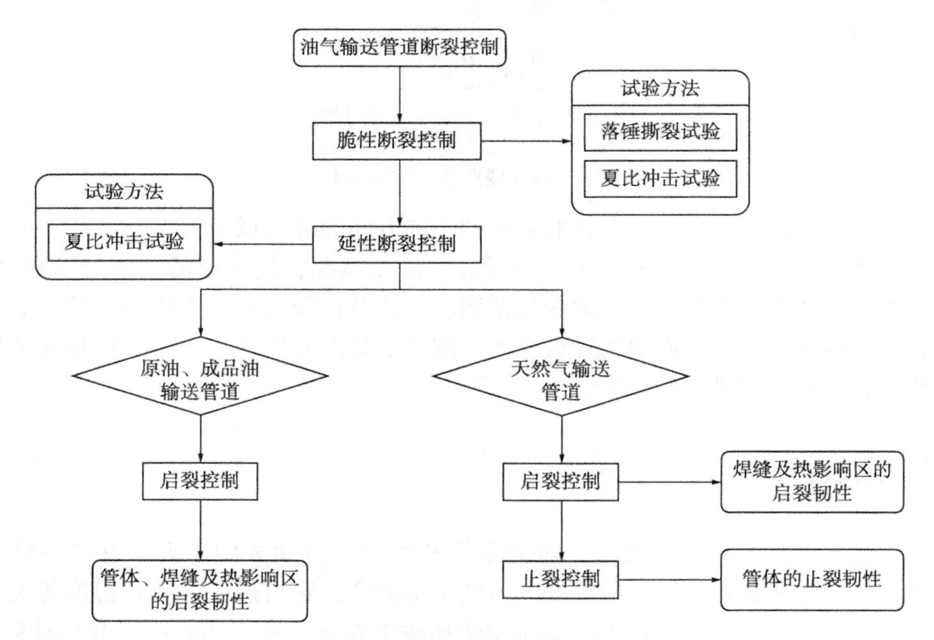

图7 油气管道断裂控制流程

中俄东线天然气管道工程(黑河—长岭)途径高纬度寒冷地区，为了有效地保障低温环境下管道施工和高效运行，开展了断裂控制设计，针对管材和环焊缝性能制定了详细的指标，详见表2。

表2 中俄东线天然气管道工程(黑河—长岭)管材性能指标

钢管管体夏比冲击	试验温度	-10℃
	冲击功指标要求(壁厚21.4/25.7/30.8mm)	单值≥185J；均值≥245J
	断面剪切率	单值≥70%；均值≥85%

续表

制管焊缝夏比冲击	试验温度	-10℃
	冲击功指标要求(壁厚 21.4mm)	单值≥60J；均值≥80J
DWTT	试验温度	-5℃
	断面剪切率	单值≥70%；均值≥85%
环焊缝夏比冲击韧性	试验温度	-10℃
	指标要求	单值≥38J；均值≥50J
环焊缝韧脆转变温度要求	≤-30℃	

四、高寒高海拔地区管道试压

高寒高海拔地区的严寒给管道水压试验带来很大困难，冬季试压会出现试压水结冰现象，试压时环境温度不宜小于 5℃；若环境温度低于 5℃，宜采取防冻措施，如添加乙二醇防冻液[2]、设置试压帐篷、内置成套电热系统的管体保温等措施。由于线路试压段长度较长，用水量多，取水、加热保温等工程量大，如果在冬季试压需要采取的防冻措施费用很高，即使采取保温措施也难以保证试压稳定性，因此建议在非冻结季节进行试压。对于其中的铁路、高速公路、二级及二级以上公路穿越单独试压段，在管道安装完成后对管端做严密封堵，在非冻结季节单独试压完成后再与两侧一般线路连头。试压头及连接示意图如图 8 所示：

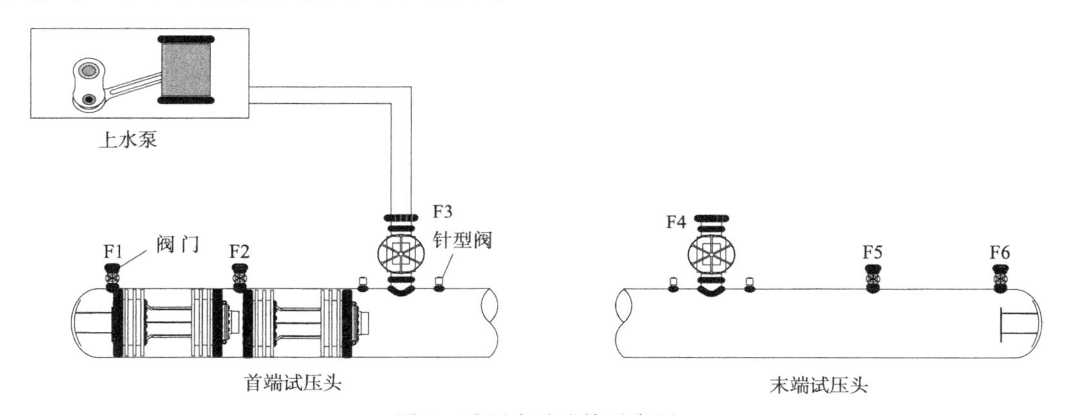

图 8　试压头及连接示意图

高海拔地区往往伴随着山地及高低起伏落差较大的情况，只有管道试压时的压力足够大，才能让管道中的各种缺陷暴露出来，而过大的试压压力容易导致落差较大的低点处管道爆裂。因此，高海拔地区管道选择适当的试压压力是试压环节重要的关键点，为此需结合现场地形地貌，综合考虑进场条件，连头施工难度等因素，合理划分试压段落。首先应当检查每个试压管段的最低点，最高点，起点和终点的实际标高。根据水压试验段上每种壁厚管道的最低点的实际试验压力产生的环向应力必须保持低于 90%最小屈服强度的压力(最大不超过 95%)；在水压试验段每种壁厚(每种地区等级)管线的最高标高点的实际试验压力必须保证高于强度试压压力值，管道允许高差计算见公式(2)

$$\Delta H=\frac{2\times0.9\times\sigma_s\times\delta_n-p\times d}{\rho\times g\times d}\tag{2}$$

式中　ΔH——最高点最低点允许高差，m；

σ_s——钢管最小屈服强度，MPa；

p——管道强度试验压力，MPa；

ρ——水的密度，kg/m^3；

g——重力加速度，N/kg；

d——管子内径，mm；

δ_n——管子公称壁厚，mm。

管道试压分为强度试压与严密性试压两阶段进行，严密性试压应在强度试压合格后进行。分段水压试验管段长度不宜超过35km，宜与阀室间距保持一致。

五、管道在高海拔草甸生态区敷设

高海拔地区管道敷设沿线常常生长着较多的草甸，草甸是由多年生的中生植物构成的植物群落组织。草甸破坏后，可能会造成永久破坏，或者多年难以恢复。

草甸草场的分布和一个地区的水文条件、气候环境有着密切的联系，其可以分布在不同植被带中，因此不容易被发现，常常被忽视[3]。特别是正在退化的高原草甸草场应进行封育、施肥、牧草品种改良和植物群落优化配置，消灭杂草等人工措施，这样才能有效避免高原草甸草场继续退化，若管道敷设过程中对沿线周围草甸进行了破坏，将很难自行恢复。对于高原草甸，设计过程中应给予高度重视，并在图纸中准确的标出草甸范围，做好专题设计；在施工过程中，需要圈定草甸范围并剥离、集中码放、保护好草皮层后开展各工序施工，待施工完成后，对草甸进行恢复如图9所示。

图9　高海拔地区草甸剥离、集中码放、恢复

六、人员防寒、保暖及设备冬防改造

高寒高海拔地区，气候条件恶劣，可施工工期较短，人工及机械降效严重。为保证现场施工人员安全生产，实现以人为本、科学管理，设计过程中应考虑人员防寒、保暖及设备冬防改造费用，

人员防寒、保暖方面主要体现在以下 4 个方面，人员防寒设施如图 10 所示。

（1）为员工提供适合极寒条件下的棉衣棉服等温保措施，对物资进行统一采购与发放。

（2）建立详细的劳保领用制度，根据员工工作岗位和工作环境，为不同员工配发不同类型的劳保工装。

（3）统一购置劳保棉手套、暖贴、暖壶等保暖物品，为员工发放。

（4）施工现场安置暖房、电暖气、水壶及食品等物品，以供员工随时取用。

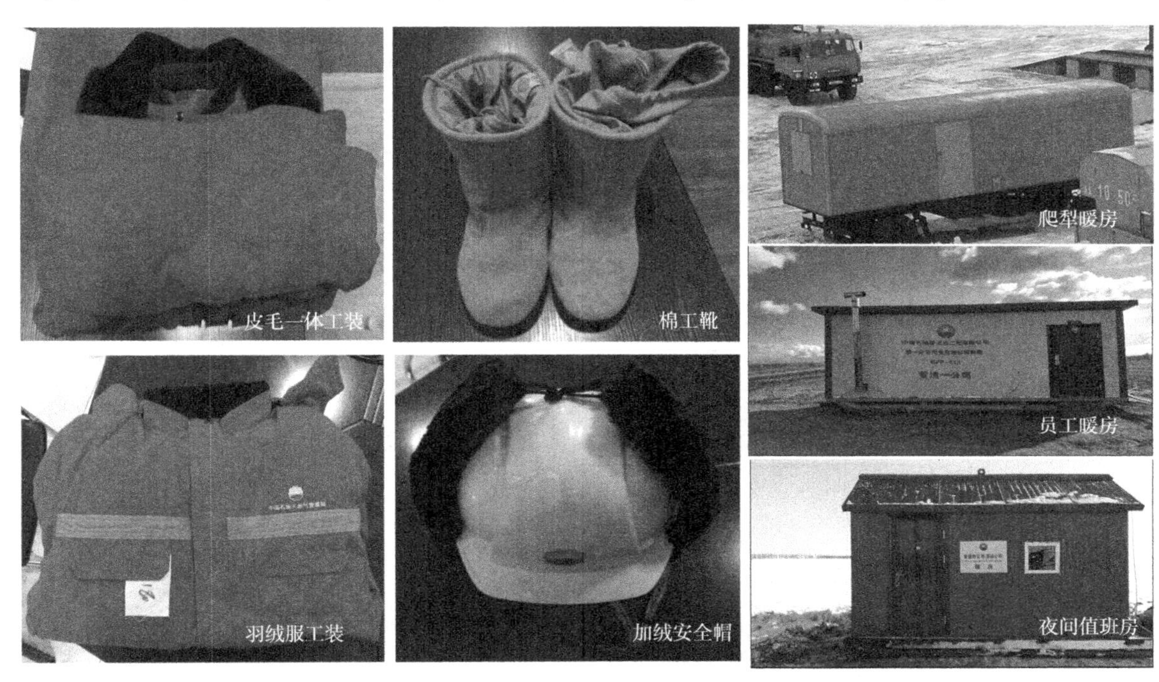

图 10　人员防寒保暖措施

为保证施工设备在极寒低温环境下能够正常运转，需要对常规施工设备进行冬防改造[4]，冬防改造主要设备如图 11 所示。

图 11　设备冬防改造

建立健全机械设备管理的各项制度，带有液压系统的施工设备，先在空载状态下运转设备，使液压系统的液压油升温，并缓慢动作，使各液压部件运转几次，让所有的执行元件都动作几下，各个液压元件内都有液压油经过，避免因控制阀发生卡滞造成机械故障；及时更换设备所用的油料，同时对设备排放污物处进行检查和清理，防止有凝积水现象而造成设备冻坏的情况，确保在极寒低温条件下设备运转正常。

七、弥散供氧舱在高海拔环境中应用

缺氧寒冷是人类进入高海拔地区临的最大生存考验，为确保作业人员在高海拔环境中拥有敏捷的判断力和充沛的体力，是决定高海拔作业人员战斗力的关键。研究表明[5]，建立富氧室有助于高海拔作业人员明显改善睡眠质量、提高机体的有氧代谢能力、加快疲劳恢复、提高高海拔环境下作业能力。弥散供氧舱可有效缓解高原缺氧、寒冷环境对机体的影响，预防高原病发生及降低高原病发病率，是保障人员的生命安全、健康水平的重要举措。

目前高海拔地区供氧方式主要有鼻吸式供氧和弥散式供氧，鼻吸式供氧由于对鼻黏膜有较强的刺激，并且需要佩戴导管，对人员有较强的束缚性，弥散供氧是氧源通过管路输送到密封性较好的房间，蔓延至房间的每个角落，将房间内空气的氧浓度提升至合理的范围内。相比于传统吸氧方式，弥散供氧是直接提高人体所处环境的氧含量，且不需要佩带各种吸氧装备，以此来解除传统吸氧方式的各种束缚。而移动富氧室具有方便灵活的特性，单帅[6]结合帐篷与高原弥散富氧机，研制出气肋型弥散富氧充气帐篷，冉庄[7]研发了一种弥散供氧住宿方舱，由住宿舱和设备舱组成。高海拔地区常见的弥散供氧设备见图 12 和图 13。

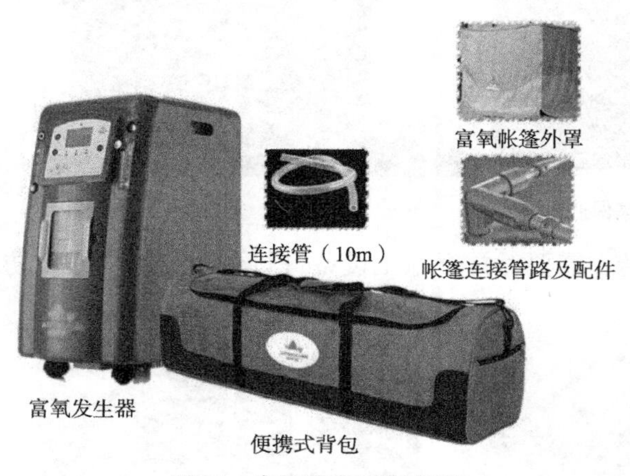

图 12　高原弥散富氧帐篷

图 13　弥散供氧舱

格拉线在青藏高海拔地区采用了弥散高压氧舱供员工休息、补氧等，满足了日常工作的需要，有力的保障了项目建设的顺利推进，现场高压氧舱见图 14。

图 14　格拉输油管道扩建工程高海拔地区高压氧舱

八、结论

高寒高海拔地区特殊的环境决定了在该地区建设管道的难度，并需要根据工程的具体情况采取相应的措施。

（1）冻土地区管道路由选线时尽量避让冻胀丘、泉眼、沼泽等地带，线路无法避让时，尽量缩短线路经过上述地带的长度。在确定管道敷设方案时应根据管道沿线冻土分布及其特性、气象条件、工程水文地质、输送工艺等综合确定。必要时，可对冻土区管道温度场及管道变形进行监测。

（2）高寒高海拔地区施工和运行期间都将经历低温工况，需要制订合理的断裂控制方案。

（3）高寒高海拔地区水压试验尽可能安排在暖季进行，若必须在冬季进行水压试压应添加防冻液或者采取搭建试压帐篷、内置成套电热系统的管体保温等防冻措施。

（4）高寒地区生态脆弱，做好专题设计，施工中圈定草甸范围并剥离、集中码放、保养、保护好草皮层后开展各工序施工。

（5）做好低温环境下人员防寒、保暖及设备冬防改造，确保设备正常运转和人员安全。

（6）建立健全供氧系统，条件具备的情况下建议建立弥散供氧舱，可有效预防高原病发生及降低高原病发病率。

参 考 文 献

[1] Pipeline Permafrost Interaction：Norman wells Pipeline Research [EB/OL]. http：//sts. gsc. nrcan. gc. ca/permafrost/pipeline. html，2003-01-09.

[2] 胡军印，赵红涛，等．乙二醇防冻液在陕北地区冬季管道试压中的应用．大氮肥，2015，38(5)：319-321.

[3] 索南江才，青海高原草甸草场类型特点及利用改良，农业开发与装备，2017 年第 11 期．

[4] 楼剑军，白海涛，杜根伟，等．高寒地区 D 1 422mm 管道自动焊接作业工效及成本研究[J]．石油工程建设，doi：10. 3969/j. issn. 1001-2206. 2018. S. 026.

[5] 张禹，肖宏，孟祥恩，等．高压氧舱设备的发展概况[J]．中国医疗装备，2010，25(2)：1-4，15.

[6] 单帅，申广浩，安军防，等．气肋型弥散富氧充气帐篷的研制及性能测试[J]．医疗卫生装备，2017，38(2)：6-10.

[7] 冉庄，王伟帅，孙徐川，等．新研发弥散供氧住宿方舱在高原高寒环境下实地应用效果评价[J]．军事医学，2021，45(4)：246-250.

黄土地区管沟回填压实方案探讨

刘忠胜[1]　张　科[2]

（1. 中国石油天然气管道工程有限公司线路室；
2. 中国石油天然气管道工程有限公司线路室）

摘　要：油气长输管道连接资源产地与沿线市场用户或储库，具有输送压力高、距离长的特点，由于我国黄土地区分布广，长输管道经常会经过黄土地区，黄土特有的湿陷性对于管道施工、运行带来一定不利影响。为确保管道安全运营，本文对黄土地区分布、湿陷性成因、标准规范方面进行论述，结合西三中项目甘宁段具体情况、黄土地区管沟回填压实试验的成果及分析，提出对黄土地区管沟回填压实要求的建议，为建设单位修改 DEC 相关规定，以及后续类似工程设计施工提供参考。

一、黄土地区分布及湿陷性成因

1. 黄土地区分布情况

湿陷性黄土在我国分布很广，约占世界黄土分布总面积的 4.9%，根据《湿陷性黄土地区建筑标准》GB 50025—2018 附录 B 中的中国湿陷性黄土工程地质分区图[1]，我国的湿陷性黄土主要分布在Ⅰ陇西地区和Ⅱ陇东—陕北—晋西地区，Ⅲ关中地区、Ⅳ山西—冀北地区、Ⅴ河南地区、Ⅵ冀鲁地区以及Ⅶ边缘地区。

从地貌上看，主要分布于黄土塬、梁、卯及河流高阶地区，多具有自重湿陷性。尤其在黄河流域最为广泛，全国分布面积达 $31\times10^4km^2$，约占全国黄土面积的 72%，土层厚度薄者从几米到几十米，厚者可达 80~120m[2]。甘肃省中、东部地区为黄土高原，黄土分布面积约为 $12\times10^4km^2$[3]，西三中甘宁段管道通过甘肃省平凉市、庆阳市境内。

2. 黄土湿陷性的成因分析

黄土结构特征及其物质组成是产生湿陷的内在因素，水的浸润和压力式产生湿陷的外部条件。

构成黄土结构体系是骨架颗粒，它的形态和连接形式影响到结构体系的胶结程度，它的排列方式决定着结构体系的稳定性。湿陷性黄土一般都形成粒状架空点接触或半胶结形式，湿陷程度与骨架颗粒的强度、排列紧密情况、接触面积和胶结物的性质和分布情况有关。

黄土在形成时是极松散的，靠颗粒的摩擦和少量水分的作用下略有连接，但水分逐渐蒸发后，体积有所收缩，胶体、盐分、结合水集中在较细颗粒周围，形成一定的胶结连接。经过多次的反复湿润干燥过程，盐分积累增多，部分胶体陈化，因此逐渐加强胶结而形成较松散的结构形式。季节性的短期降雨把松散的粉粒黏结起来，而长期的干旱气候又使土中水分不断蒸发，少量的水分连同溶于其中的盐分便集中在粗粉粒的接触点处。可溶盐类逐渐浓缩沉淀而形成为胶结物。随着含水量的减少，土粒彼此靠近，颗粒间的分子引力以及结合水和毛细水的连接力也逐渐增大，这些因素都增强了土粒之间抵抗滑移的能力，阻止了土体的自重压密，形成了以粗粉粒为主体骨架的多空隙结构。

当黄土受水浸湿时，结合水膜增厚楔入颗粒之间，于是结合水连接消失，盐类溶于水中，骨架强度随着降低，土体在上覆土层的自重压力或在自重压力与附加压力共同作用下，其结构迅速破坏，土粒向大孔滑移，粒间孔隙减小，从而导致大量的附加沉陷[4]，这就是黄土湿陷现象的内在过程。

二、黄土相关标准规范

根据目前的国家标准、行业标准资料检索和国外管道施工现状，长输管道目前没有管沟回填夯实密实度的要求，也没有相应的夯实方法。

国家石油天然气管网集团有限公司的企业标准《油气管道工程黄土地区线路敷设技术规定》(DEC-OGP-G-PL-003-2020-1)中，第6.1.7.2条规定：黄土地区管沟回填应符合下列要求：a)黄土梁峁、黄土塬、黄土沟谷台地地段管沟回填宜采用素土分层压实回填，压实系数不应小于0.85[5]。

通过对管沟回填土分层压实，可以改善土的物理力学性质，挤密并破坏黄土的多孔隙结构，增加土体密度，降低可压缩性，提高承载能力，消除黄土的湿陷性，减少浸水引起的湿陷变形，进而确保管道本体的安全性，因此，管沟回填土分层压实在黄土地区的管道施工中得以广泛应用。

三、西三中甘宁段沿线黄土段情况

1. 西三中甘宁段管道通过黄土地区情况

西三中甘宁段管道长度455.9km，通过黄土地区长度约358.8km，黄土地区长度占甘宁段全长78.7%，黄土地貌多为黄土塬、黄土梁，局部为沟壑，地表多为耕地，间有果园林地，其中：湿陷性等级Ⅰ级～Ⅱ级长度141.2km，湿陷性等级Ⅲ级～Ⅳ级长度173.3km，剩余44.3km无湿陷性(表1)。

表1　沿线黄土湿陷性统计表

序号	黄土湿陷性等级	长度/km	备　注
1	Ⅰ级～Ⅱ级	141.2	
2	Ⅲ级～Ⅳ级	173.3	
3	无湿陷性	44.3	
	合计	358.8	

根据以往项目在黄土地区的工程经验，参照《油气管道工程黄土地区线路敷设技术规定》(DEC-OGP-G-PL-003-2020-1)要求，按照项目业主组织的初步设计审查会专家意见，设计提出西三中项目黄土段管沟开挖回填要求。

2. 黄土段管沟回填要求

(1) 黄土段管沟回填要求及工序与一般段相同，黄土梁峁、黄土塬、黄土沟谷台地地段管沟回填宜采用素土分层压实回填，压实系数不应小于0.85。

(2) 在湿陷性黄土地段管沟回填土应分层夯实或压实，根据沿线地形地貌情况及勘查结果，确定管沟夯填主要区段，其他区段黄土段农田地带采取分段夯填方式，湿陷等级Ⅲ级及以上地段的管沟全部进行夯填。施工阶段，须根据详细勘察结果和现场实际情况，进一步核实后最终确定夯填区段范围。

(3) 管沟回填分层夯实或压实应在最优含水量下夯实回填，夯填时应从管道两侧对称进行。人工夯填时每层厚度不大于20cm，机械夯填时每层厚度不大于30cm，且检查数量不少于20处/km。

(4) 管沟回填完毕后，将事先堆到作业带边缘的表层土恢复到地表，场地要清理干净，平整恢复地貌。

(5) 黄土段管沟在回填完成前，除一般段检查要求外，还应在回填完成后进行如下检查：

① 表层土已平铺于回填土上层。

② 横坡敷设段开劈作业带的土方回填至原地面，地貌恢复完成。

四、黄土地区管沟回填压实试验方案

1. 黄土地区管沟回填压实试验背景

湿陷性黄土地基处理多采用挤密桩或换土垫层、强夯等方法[6]，但前述方法多用于建筑工程地基处理，并不适用于油气管道工程，管道及光缆硅芯管下沟后若使用大型机械按传统方法夯实，有可能损坏钢管或硅芯管。

随着国家管网将 DEC 重要性提高到空前的高度，初步设计阶段评审时，专家在 DEC 的规定基础上，又提高了夯填检查的频次。西三中项目现场施工开始后，各施工单位反馈黄土地区管沟回填压实系数难以达到 0.85，若采用特殊设备、人工夯填等方式来满足压实系数要求，可能对管道本身或光缆硅芯管造成损伤，大大降低管沟回填施工进度，同时增加工程投资。

为此，项目业主国家管网集团建设项目管理分公司甘宁项目部组织参建各方多次进行分析讨论，并邀请国内管道施工方面专家召开专题会议，确定进行西三中线路工程黄土地区管沟回填压实试验。

2. 试验方案编制及审查

按照国家管网集团建设项目管理分公司甘宁项目部要求，设计单位参与西三中线路工程黄土地区管沟回填压实试验方案及验段管沟回填压实施工方案的编制及修改工作。2022 年 11 月 16 日，国家管网集团建设项目管理分公司甘宁项目部在宁夏中卫市以线上线下方式，组织召开了西三中线路工程黄土地区管沟回填压实试验方案及试验段管沟回填压实施工方案审查会，设计单位对黄土地区管沟回填压实试验方案进行了汇报，为验证黄土地区管沟回填压实效果，在四标段沿线选取湿陷性等级Ⅱ级、Ⅲ级、Ⅳ级三种区段各 100m 进行压实试验。

审查专家组认为因振动引起的管道疲劳和共振对焊缝的影响不清楚，目前不考虑机械振动夯实的方法，采用人工夯实考虑人工造价及大面积实施问题，不具备工程可实施性，拖拉机带动碾磙在管顶上碾压的方法不宜在在建管道上实施。

按照审查会意见，试验段管沟回填压实施工方案修改后可以用于下一步指导试验，并根据此方案和专家意见编写试验手册供管沟回填压实时使用。依据试验手册进行管沟回填压实密实度试验，并填写相应记录，试验资料报国家管网建管分公司和 DEC 标准编写委员会。

施工单位根据审查意见对压实施工方案进行了修改并编制了试验手册，经上报建设单位审批后开展现场试验。

3. 试验段落的选择

第四标段黄土湿陷性等级有Ⅱ级、Ⅲ级、Ⅳ级三种，沿线选取湿陷性等级Ⅱ级、Ⅲ级、Ⅳ级三种区段各 100m 进行压实试验，具体试验段为：

(1) 湿陷性Ⅱ级试验段选择在泾川县 BB048-BB049 桩。

(2) 湿陷性Ⅲ级试验段选择在镇原县 BA149-BA150 桩。

(3) 湿陷性Ⅳ级试验段选择在泾川县 BB143-BB144 桩。

4. 试验点位选取

每个试验段每次压实每隔 20m 设置一处检测点，检测点位于夯填区域的中间位置(图 1)。

5. 管沟回填压实步骤

试验段管沟回填过程中共分三轮进行压实，具体步骤如图 2 所示。

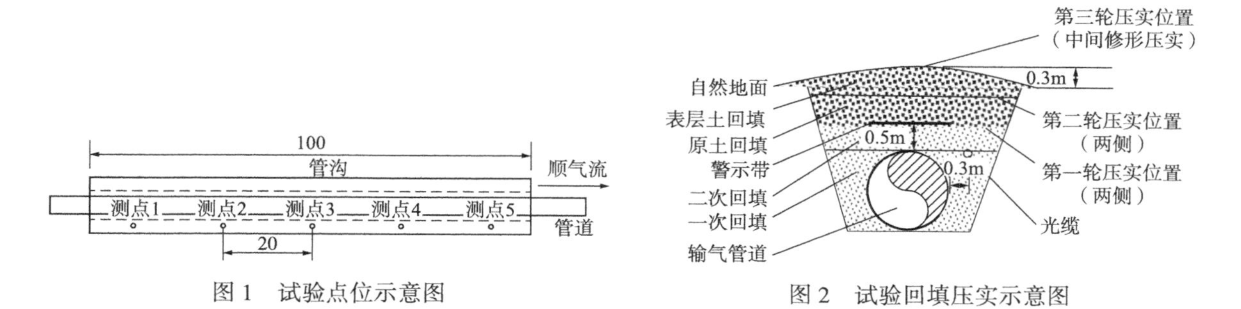

图 1　试验点位示意图

图 2　试验回填压实示意图

（1）第一轮压实。

第一轮压实在二次回填后采用挖掘机挖斗压实，用挖掘机挖斗外部下侧平面部分对管道两侧回填土进行压实，挖斗压实次数以测点布置进行划分：测点 1 左右两侧 10m 挖斗压实 5 次，测点 2 左右两侧 10m 挖斗压实 6 次，测点 3 左右两侧 10m 挖斗压实 7 次，测点 4 左右两侧 10m 挖斗压实 8 次，测点 5 左右两侧 10m 挖斗压实 9 次。压实后委托试验室现场取样，取样点按测点布置选取，试验后出具检测报告。

（2）第二轮压实。

第一轮压实完成后铺设警示带，进行原土回填。第二轮压实在原土回填后，采用挖掘机在管道两侧两次碾压压实。压实完成后委托试验室现场取样，取样点按测点布置选取，试验后出具检测报告。

（3）第三轮压实。

第三轮压实在表层土回填后采用挖掘机挖斗修形压实（挖掘机铲斗压实 2 次）。压实后委托试验室现场取样，试验后出具检测报告。

试验数据表格整理后，由运行单位、业主、监理、施工单位各方签认。整理施工方案、试验手册、试验室报审资料、见证取样记录等试验记录资料报国家管网建管分公司和 DEC 标准编写委员会。

五、管沟回填压实现场试验过程

1. 试验设备

湿陷性Ⅱ级试验段 BB048-BB049、Ⅳ试验段 BB143-BB144 试验设备为徐工 215DA 挖掘机（图 3）。湿陷性Ⅲ级试验段 BA149-BA150 试验设备为小松 PC360 挖掘机（图 4）。

图 3　徐工 215DA 挖掘机

图 4　小松 PC360 挖掘机

2. 压实试验

压实试验按不同湿陷性等级分段进行，现场压实试验过程基本一致，对湿陷性Ⅲ级地区压实试验段 BA149-BA150 具体试验过程详细说明。

2022 年 12 月 12 日，在甘陕输气分公司、平凉分部、吉林梦溪监理的见证指导下，在黄土湿陷性Ⅲ级地区，庆阳市镇原县 BA149-BA150 桩采用小松 360 挖掘机进行了回填压实试验。

1）第一轮压实

第一轮压实在二次回填后，管顶 500mm 位置，试验前已完成了一次回填、二次回硅管填及硅管的敷设并经过了运营、业主、监理及施工单位的管沟四方验收，敷设位置在顺气流管道右侧 300mm，与管顶平齐。试验过程中按照甘陕输气分公司意见，对湿陷性Ⅲ级地区压实试验段(BA149-BA150)采取单侧压实。对湿陷性Ⅱ级地区压实试验段(BB048-BB049)、Ⅳ级地区压实试验段(BB143-BB144)采取双侧对称压实，压实后随机抽取一处对硅管进行开挖验证是否弯曲变形。

根据试验手册，每个试验段设置 5 个测点，20m 为一段，每个测点左右 10m 范围内分别压实 5 次、6 次、7 次、8 次、9 次，试验过程中根据甘陕输气分公司意见，每个测点左右长度范围对试验结果没有实质影响，现场实际按 10m 划分为一段(每个测点左右各 5m 进行压实)。

试验开始后，测量人员先将 5 个测点确定，并按 10m 划分为一段(每个测点左右各 5m)，一台小松 360 挖掘机在顺气流管道左侧进行压实，5 个测点及左右 5m 范围内分别压实 5 次、6 次、7 次、8 次、9 次。按照《建筑地基工程施工质量验收标准》GB 50202—2018 要求[7]，素土地基压实系数采用环刀法检验，压实完成后，试验室取样人员根据测点位置进行环刀取样(图 5)。

图 5　二次回填后第一轮压实及环刀取样

2）第二轮压实

第一轮压实、环刀取样完成后，开始铺设警示带并进行原土回填，原土回填后，地表以下 300mm 位置开始进行第二轮压实，第二轮压实采用两台挖掘机，履带在管道垂直投影两侧进行来回碾压压实，碾压次数为 2 次(一来一回)。压实完成后，试验室取样人员根据测点位置进行环刀取样(图 6)。

3）第三轮压实

第三轮压实在表层土回填后采用挖掘机挖斗修形压实(铲斗两次压实)，压实完成后，试验室取样人员根据测点位置进行环刀取样(图 7)。

3. 压实试验结果

在现场压实试验过程中，在各方见证下由具备检测资质的单位取样后进行试验室检测，并出具了相应的检测报告，湿陷性Ⅱ级、Ⅲ级、Ⅳ级试验段压实试验结果汇总见表 2。

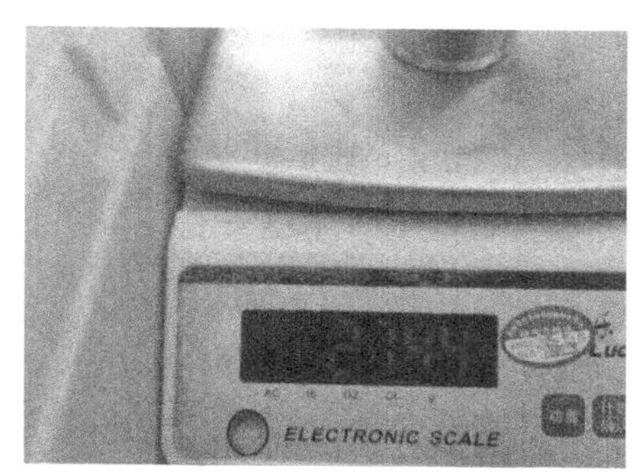

图 6　原土回填后第二轮压实及环刀取样

图 7　表土回填后进行第三轮压实及环刀取样

表 2　各试验段试验结果汇总表

序号	试验段及试验设备名称	测点	第一轮压实次数	第二轮压实次数	第三轮压实次数	第一轮压实系数	第二轮压实系数	第三轮压实系数
1	湿陷性Ⅱ级 BB048-BB049 徐工 215DA	BB048+110m	铲斗压实 5 次	履带碾压 2 次	—	0.743	0.743	—
2		BB048+134m	铲斗压实 6 次			0.766	0.713	—
3		BB048+152m	铲斗压实 7 次			0.731	0.760	—
4		BB048+174m	铲斗压实 8 次			0.713	0.766	—
5		BB048+192m	铲斗压实 9 次			0.713	0.708	—
6	湿陷性Ⅲ级 BA149-BA150 小松 360	BA149+26m	铲斗压实 5 次	履带碾压 2 次	铲斗压实 2 次	0.680	0.860	0.650
7		BA149+37m	铲斗压实 6 次			0.750	0.760	0.680
8		BA149+47m	铲斗压实 7 次			0.770	0.850	0.770
9		BA149+55m	铲斗压实 8 次			0.830	0.820	0.760
10		BA149+65m	铲斗压实 9 次			0.850	0.760	0.790
11	湿陷性Ⅳ级 BB143-BB144 徐工 215DA	BB144+261m	铲斗压实 5 次	履带碾压 2 次	—	0.782	0.782	—
12		BB144+279m	铲斗压实 6 次			0.764	0.764	—
13		BB144+300m	铲斗压实 7 次			0.764	0.752	—
14		BB144+321m	铲斗压实 8 次			0.811	0.782	—
15		BB144+340m	铲斗压实 9 次			0.782	0.790	—

注：湿陷性Ⅱ级、Ⅳ级试验段，由于现场村民不允许对表层土压实，未进行第三轮压实，土质较松散未取样。

通过上表试验结果可看出以下几点：

（1）第一轮压实在二次回填后，管顶 500mm 位置，在第一轮压实试验中，只有 1 个点达到油气管道工程黄土地区线路敷设技术规定》（DEC-OGP-G-PL-003-2020-1）要求的压实系数不应小于 0.85，压实系数为 0.85。其余 14 个点均未达到，最小压实系数为 0.68。

(2) 第二轮压实在原土回填后，地表以下 300mm 位置，在第二轮压实试验中，只有 2 个点达到油气管道工程黄土地区线路敷设技术规定》(DEC-OGP-G-PL-003-2020-1)要求的压实系数不应小于 0.85，压实系数分别为 0.85、0.86。其余 13 个点均未达到，最小压实系数为 0.708。

(3) 第三轮压实在表土回填后，湿陷性Ⅱ级 BB048-BB049、湿陷性Ⅳ级 BB143-BB144 试验段由于村民耕种，不允许压实，现场未进行试验。湿陷性Ⅲ级 BA149-BA150 试验段 5 个点均未达到油气管道工程黄土地区线路敷设技术规定》(DEC-OGP-G-PL-003-2020-1)要求的压实系数不应小于 0.85，最小压实系数为 0.65，最大压实系数为 0.79。

(4) 根据试验报告结果反映出第一轮压实系数与铲斗压实次数并不成正比，分析原因为铲斗压实并不均匀，铲斗下压时，挖掘机铲斗的水平度并不一定是完全水平，下压力的方向也不是完全垂直。

(5) 湿陷性Ⅲ级 BA149-BA150 试验段采用的是小松 PC360 挖掘机，铲斗压实力实测平均为 75068N，湿陷性Ⅱ级 BB048-BB049、湿陷性Ⅳ级 BB143-BB144 试验段采用的是徐工 215DA 挖掘机，铲斗压实力实测平均为 38383N。根据试验结果，小松 PC360 挖掘机压实效果好于徐工 215DA 挖掘机。

4. 压实试验对光缆硅芯管的影响

试验过程中，根据甘陕输气分公司意见，为验证压实施工对光缆硅芯管的影响，BA149-BA150 试验段采用单侧压实，压实范围在管道垂直投影及管道介质前进方向右侧垂直投影 500mm 以外，BB048-BB049、BB143-BB144 试验段采用管沟两侧对称压实，二次回填后压实范围在管道垂直投影以外，进入了管道介质前进方向右侧垂直投影 500mm 以内，覆盖了光缆硅芯管敷设位置。

压实试验完成后，线路施工单位与通信施工单位对 BB143-BB144 试验段硅芯管进行了开挖验证，开挖检查后，硅芯管无弯曲、变形(图 8)。

图 8　压实试验后硅芯管开挖验证情况

六、试验结论及建议

根据以上压实试验结果，西三中项目对黄土地区管沟回填压实施工提出了具体建议：

(1) 国家管网集团企业标准 DEC 中规定黄土地区管沟回填压实系数不应小于 0.85，按照目前工程投资和工期要求难以实现，甘宁项目部将试验成果报国家管网建管分公司和 DEC 标准编写委员会，建议修改 DEC 相关规定，将黄土地区一般段管沟回填压实系数控制在 0.7 为宜。

对于黄土地区的重点局部位置，如：高陡边坡恢复、水工保护下部管沟回填、黄土微地貌处理、易受汇水冲刷地段等，若回填压实不足极易发生水土流失，造成漏管、悬空的险情，此类重点局部位置仍应按 DEC 规定进行分层夯实，采用人工或机械夯实，压实系数不小于 0.85，并结合适当的水工保护措施，以确保管道安全。

(2) 黄土地区管沟回填压实位置，建议在管顶 500mm 及地表以下 300mm 进行 2 轮压实。由于表层耕植土回填厚度较浅，考虑农作物种植、植被恢复等因素，不建议对表层土压实系数提出要求。

(3) 建议压实设备采用小松 PC360 或类似吨位的挖掘机。

(4) 通过压实试验开挖验证，压实施工对硅管未产生损坏，建议压实施工可在管道垂直投影外两侧对称进行。

参 考 文 献

[1] GB 50025—2018，湿陷性黄土地区建筑标准[S].
[2] 孙立尧．大面积湿陷性黄土地基处理[J]. 矿山技术，1991(1)：67-70.
[3] 管频．甘肃省湿陷性黄土的分类与区域评价[J]. 兰州交通大学学报(自然科学版)，2004(12)：52-55.
[4] 李华文．浅谈湿陷性黄土的特征及预防措施[J]. 煤炭科学技术，2003(6)：58-60.
[5] DEC-OGP-G-PL-003-2020-1，油气管道工程黄土地区线路敷设技术规定.
[6] 周明．湿陷性黄土地基的处理压实控制[J]. 河北建筑工程学院学报，2000(12)：71-74+77.
[7] GB 50202—2018，建筑地基工程施工质量验收标准[S].

国内外管道抗震标准规范对比分析

姜永庆　刘玉卿

（中国石油天然气管道工程有限公司线路室）

摘　要： 油气管道作为关系到国计民生的重要工程，一旦在地震中发生破坏，将会严重影响人民群众的日常生活和工业生产的正常运转。近些年国内多发地震灾害，推动了地震学科的发展，管道抗震规范等相关标准规范也都相应进行了完善，管道抗震设防标准、设计方法和措施也相应有了调整。因此，本文从抗震设防目标、抗震设计方法、通过活动断层设计方法三个方面对管道及相关行业进行了分析与对比，为后期规范的调整提供参考。

一、引言

地震是地壳快速释放能量过程中造成的震动，期间会产生地震波的一种自然现象。地球上板块与板块之间的互相挤压碰撞，造成板块边缘及板块内部产生错动和破裂，是引起地震的主要原因。我国地震带因受到环太平洋和欧亚地震带的影响，地震活动较为频繁[1-4]。油气管道在运输过程中因常常要跨越超长距离，同时也受到规划线路的影响，常常需要穿越地震活跃区域以及断裂带活动区域。对于穿越地震活跃区域以及断裂带活动区域的管道，应充分考虑地震影响因素，提高管道抗震等级，做好防御。

油气管道作为关系到国计民生的重要工程，一旦在地震中发生破坏，将会严重影响人民群众的日常生活和工业生产的正常运转，甚至可能引发一系列的次生灾害，如火灾、爆炸、中毒和地面塌陷等。近些年国内多发地震灾害，推动了地震学科的发展，管道抗震规范等相关标准规范也都相应进行了完善，管道抗震设防标准、设计方法和措施也相应有了调整。

二、抗震设防目标对比

抗震设防目标是指管道、建筑物等遭遇不同水准的地震影响时，对结构、构件、使用功能、设备的损坏程度及人身安全的总要求。

1. 国内油气管道抗震设防目标

《油气输送管道线路工程抗震设计规范》(GB/T 50470—2017)中对管道线路工程的抗震设防目标做出如下四条规定：(1)在基本地震动作用下，管道主体可以继续使用；在罕遇地震动作用下，管道主体不破裂；(2)管道通过活动断层及地震时可能发生液化、软土震陷等地质灾害地段，当发生设防位移时，管道主体不破裂；(3)在基本地震动作用下穿跨越结构不发生损坏或经一般性修复可继续使用；在罕遇地震动作用下跨越结构主体不倒塌；(4)对于有特殊要求的线路工程，可采用基于性能的抗震设计[5]。

2. 国外管道抗震设防目标

美国《Pipeline Seismic Design and Assessment Guideline》的抗震设防目标为：(1)将应变限制在可

以继续不间断运行的水平；(2)保持管道的压力完整性，但可能需要维修。

欧洲《Euro code 8：Design of structures for earthquake resistance—part 4：Soil，tanks，and pipelines》(BS EN 1998-4：2006)的抗震设防目标为：10%(10 年内超越概率)对应地震下，保持完整性或部分供给能力；10%(50 年内超越概率)对应地震下，修复后可继续使用。

日本《高压气体导管耐震设计指南》的抗震设防目标为：(1)假设在管道使用期间发生概率为 1~2 次的一般地震(等级 1 地震)，要求地震对管道没有损害，即使不进行修理不影响正常使用。(2)虽然在燃气导管使用期间发生的概率很低，但可以假设为非常强烈的地震，即内陆型地震和海沟型地震(等级 2 地震)，要求地震管道可以发生变形，但不会发生泄漏。

印度《IITK-GSDMA GUIDELINES for SEISMIC DESIGN of BURIED PIPELINES》(2007)的抗震设防目标为：管道系统的设计和建造应尽可能保持供应能力，即使在高强度地震造成的相当大的局部破坏下也是如此。

通过对比可以发现，国标与欧日基本理念基本一致，为二级设防原则，美印规范中抗震设防目标未通过不同等级地震对管道提出不同的性能目标。

3. 小结

对比我国管道抗震设计规范与国外管道抗震设计规范可知，中国、欧洲、日本均采用了分级设防原则，但是欧洲、日本抗震设防目标均低于我国；美国、印度未采用分级设防原则。

三、抗震设计方法对比

1. 需要验算的条件

国标中规定，当管道所在地区的基本地震动峰值加速度不小于 0.20g 时，应对其进行抗拉伸和抗压缩验算，考虑地震动作用下管道轴向的组合应变，包括地震动引起管道最大轴向应变和内压、温差等操作荷载引起的轴向应变[5]。

美国规范中计算出的纵向压缩应变和拉伸应变的限值应适用于以下三种情况：(1)强加的地面位移产生的应变，目的是保持管道的压力完整性，并且地震后很有可能修复管道；(2)为维持管道正常运行而强加的地面位移产生的应变，地震后修复管道的可能性很小；(3)由于管道位移不受地面位移限制的负载条件而产生的应变。

欧洲规范未明确规定埋地管道在何种条件下需要对管道抗震设计进行验算，但给出了一种对埋于稳定土壤中的管道进行地震下应变计算的方法。

日本规范中指出管道在抗震设计时，需要对管道在地震作用下的应变情况进行求解，并与容许应变进行对比。

印度规范明确规定Ⅳ类管道(地震事件后不需要快速维修的管道)不需要考虑地震作用，无须进行抗拉伸和抗压缩验算。随后给出了拉伸和压缩应变的验算公式。

2. 验算参数取值

国标中对管道线路工程的抗震设计和抗震校核规定：(1)管道应按基本地震动参数进行抗震设计，其中重要区段内的管道应按 1.3 倍的基本地震动峰值加速度及速度计算地震作用；(2)管道应采用罕遇地震动参数进行抗震校核[5]。

美国规范中并未提及重要区段及重要性系数。

欧洲规范中对 10%(50 年内超越概率)对应地震动参数考虑了可靠性区别的重要性系数 γ_1，重要性系数的不同取决于不同国家地震活跃程度。

日本规范在抗震设计中，对不同地区的设计参数，均采用抗震设计重要性系数以及区域修正系数来调整管道在设计时的计算参数。其中，抗震设计重要性系数为市区街道等公共场合系数为 1.0，其他地区系数为0.8；区域修正系数则是根据《高压气体设备等的耐震设计相关基准(2019)》为基准来划定不同地区的重要性系数。

印度规范根据管道重要级别的不同，划分了四个等级。对应赋予了重要性系数，详见表1。

表1　印度规范管道重要性等级及系数

管道重要性等级	管　道	地震波系数
Ⅰ	要求在设计地震期间和之后保持功能的高压油气管道(如果发生故障或损坏，会造成大量生命损失或对环境产生重大影响的管道)	1.5
Ⅱ	中压油气管道(重要的能源服务设施)，允许在小修之前服务短暂中断的管道	1.25
Ⅲ	低压油气管道	1.0
Ⅳ	地震事件后不需要快速维修的管道	*

3. 计算方法

国标中分别给出了地震作用下直管道和弯管的轴向组合应变计算公式。

美标通过有限元分析对管道最大轴向应变进行求解。欧标通过假设对管道产生特殊影响的波型只由一种最不利的波组成，同时由管道和土壤相互作用而产生的惯性力远小于由土壤变形产生的力(即不考虑管土之间的相互作用)，进而将管道与土壤相互作用问题简化成静态问题，认为管道变形是由位移波的传输引起的。日标根据地震等级的不同，给出了地震波带来的管道直管和弯管应变的计算公式，考虑了地震波、区域重要性、弯管系数以及地表覆盖层类型的影响。印标并未区分弯管和直管的不同，直接给出了管道由于地震波作用产生的轴向应变。

4. 允许应变

国标中直接给出了埋地管道抗震动的直管段容许拉伸应变，并规定了设计和校核容许压缩应变的计算方法。对于弯管规定其应采用直管段的校核容许应变。

美国规范中给出了管道在三个性能目标(保持压力完整性、保持正常运行和荷载控制条件)下的纵向压缩应变和拉伸应变的限值计算公式。

欧洲规范中给出了焊接钢管在设计地震作用下产生的轴向拉应变限值(3%)有以及压应变容许值计算公式。

日本规范中根据校核地震等级的不同来确定容许应变的取值，分别给出了直管、直管连头处及弯管的计算公式。

印度规范中直接给出了管道由于地震波作用产生的轴向拉伸应变以及压缩应变计算公式。

5. 小结

对比国内外管道抗震设计规范可知：(1)美欧日印等国外管道抗震规范中设计准则均与国标相同，为应变设计准则，通过对拉伸应变和压缩应变进行求解，然后与容许应变进行对比，确定管道性能情况；但仅有印度规范考虑了无需地震验算的情况。(2)美标中并未提及重要区段及重要性系数，欧、日、印标中通过对不同管道设定区域修正系数或重要性系数来对地震动参数进行修正。(3)在容许应变方面，美标计算公式最为复杂，综合考虑了管道壁厚、外径、内压、屈服应力、材料弹性模量、环焊缝管道接头处偏移量、爆裂时初始缺陷壁厚百分比等参数，欧日印虽取值不同，但计算方法类似，均考虑了管道壁厚和外径的影响，但均未考虑材料钢级带来的差异。

四、通过活动断层设防目标对比

1. 国内管道通过活动断层设防目标

《油气输送管道线路工程抗震设计规范》(GB/T 50470—2017)中对管道通过活动断层的设防目

标规定如下：管道通过活动断层及地震时可能发生液化、软土震陷等地质灾害地段，当发生设防位移时，管道主体不破裂。

2. 国外管道通过活动断层设防目标

国外管道设防目标中均未提及活动断层设防目标要求。

3. 小结

对于该管道通过活动断层设防目标，国标有专门要求，国外管道抗震规范在设防目标中均未提及相关要求。

五、管道通过活动断层设计方法对比

1. 活动断层定义

国标中活动断层为晚第四纪(10 万年)以来有过活动，且经评价在工程使用年限内可能继续活动的断层[5]。

日标中活动断层指的是第四世纪(约 200 万年前到现在)活动的活动断层。

美欧印标准中并未对活动断层进行单独定义。

2. 设防位移

《油气输送管道线路工程抗震设计规范》(GB/T 50470—2017)规定：(1)位于重要区段的管道，其设防位移应为预测的最大位移；(2)位于一般区段的管道，其设防位移应为预测的平均位移。

美、欧、日标准在对管道通过活动断层设防位移方面并未给出单独要求。

印度规范根据管道重要级别的不同，划分了四个等级。对应赋予了重要性系数。

3. 设计方法

国标规定，通过活动断层的埋地管道应采用应变设计方法进行抗拉伸和抗压缩验算，应采用应变设计方法。

美欧日印规范中设计方法均为应变设计方法[5]。

4. 应变计算方法

国标规定了对通过活动断层的管道，采用有限元方法计算的条件以及不符合条件时的计算步骤和公式。

美标给出了管道通过活动断层有限元计算方法。

欧标并未给出活动断层计算的相关内容。

日标在地震动等级 2 时，给出了活动断层有时计算方法。

印标则是给出了管道通过活动断层的有限元计算方法以及计算步骤和公式。

5. 容许应变

国标中单独规定了管道通过活动断层的容许应变计算公式，其中拉伸容许应变采用 CSA Z662—2005 版计算公式，压缩容许应变采用 CRES 计算模型。

美欧日印规范中并未对管道通过活动断层容许应变进行单独规定，容许应变与埋地管道地震作用下容许应变相同。

6. 小结

对比国内外管道抗震设计规范可知：(1)美欧印等国外管道抗震规范中对活动断层并无明确定义，日本规范与包含的活动断层年限更长。(2)美日欧规范，并未单独明确活动断层设防位移、计算方法、容许应变等内容，印度管道规范对这三方面有单独规定。(3)国外规范与国标在设计方法方面，均为应变设计方法。

六、结论

(1) 抗震设防目标方面，通过与国外管道抗震设计标准对比，中国、欧洲、日本均采用了分级设防原则，但是欧洲、日本抗震设防目标均低于我国；美国、印度未采用分级设防原则。

(2) 抗震设计方法方面，美国、欧洲、日本、印度等国外管道抗震规范中设计准则均与国标相同，为应变设计准则，但仅有印度规范考虑了无需地震验算的情况。美标中并未提及重要区段及重要性系数，欧洲、日本、印度标中通过对不同管道设定区域修正系数或重要性系数来对地震动参数进行修正。容许应变方面，美标计算公式最为复杂，综合考虑多种因素，其余标准计算方法类似，但仅国标考虑了材料钢级带来的差异。

(3) 在管道通过活动断层设防目标方面，国标有专门要求，国外管道抗震规范在设防目标中均未提及相关要求，但在计算方法中均有涉及。

(4) 在管道通过活动断层抗震设计方面，美国、欧洲、印度等国外管道抗震规范中对活动断层并无明确定义，日本规范与国标规范包含的活动断层年限更长。国内外管道规范设计方法均为应变设计方法。美日欧规范，并未单独明确活动断层设防位移、计算方法、容许应变等内容，印度管道规范对这三方面有单独规定。

从上述成果上看，《油气输送管道线路工程抗震设计规范》(GB/T 50470—2017) 对油气管道抗震以及通过活动断层的设计理念最为先进，体现了国内外相关行业的先进做法和最新研究成果，目前可继续使用其进行油气管道抗震设计及通过活动断层设计。但是在管道抗震容许应变、通过活动断层应变设计拉伸容许应变等方面，需要开展进一步的研究。

参考文献

[1] 张艳青，符瑞安，韩石，等. 中美欧建筑结构抗震设计对比[J]. 应用力学学报，2020，37(5)：2288-2296+2339-2340.
[2] 夏子祺，吕西林，蒋欢军. 中国抗震规范与欧洲规范 8 的对比研究[J]. 结构工程师，2020，36(2)：102-111.
[3] 缪惠全. 地下管线中日美三国抗震设计规范的对比与转换[J]. 工程力学，2022，39(S1)：229-238+249.
[4] GB 50011—2010，建筑抗震设计规范[S].
[5] GB/T 50470—2017，油气输送管道线路工程抗震技术规范[S].

油气管道并行敷设段土体位移风险分析

李　超　张　科

（中国石油天然气管道工程有限公司线路室）

摘　要：近年来，管道的安全管控更加严格。特别是国家管网成立后，对在役管道并行段施工提出了更高的要求。某工程途径天津市，在高地下水位、软土地质情况下，在建管道两侧均有已投产天然气管道，需要充分论证施工对在役管道的影响，以获取施工许可。本文主要针对廊带中管道施工时两侧土体位移对在役管道的影响，采用 FLAC 3D 6.0 数值模拟软件对两侧土体的位移特征、在役管道的位移以及管道的应力云图来判别在役管道的安全性，通过分析在一定开挖深度范围内，在役管道最大 MISES 应力均小于许用应力。本文提供的分析方法可有效的判别管道施工对于并行段管道的影响，对于并行段管道施工采取的安全措施及论证方法提供借鉴。

一、引言

随着经济的发展，土地资源越来越宝贵，长输管道的建设占用大量土地资源，特别是对于发达地区，对管道建设存在一定的限制。某工程管道途径天津市，政府部门将管线路由纳入管廊规划中，对于廊带中管道施工对其他管道的影响分析尤为重要。特别是国家管网成立后，对管道安全管控更加严格，管道的施工没有充分的安全论证难以获得施工许可[1-3]。拟建管道管径为 D1422mm，规划管廊带中管道中心距为 11m，管道两侧邻近管道分别为 D1219mm 和 D660mm 天然气管道。工程途径区域地下水位高，地质主要为粉质粘土，因距离在役管道较近，管沟的开挖与支护、堆土、穿越施工等均影响在役管道的安全。为了分析施工过程中的影响，采用 FLAC 3D 6.0 数值模拟软件，建立管沟开挖支护模型，通过分析两侧土体的位移特征、在役管道的位移以及管道的应力云图来判别在役管道的安全性。

二、模型建立

拟建管道管沟采用钢板桩进行支护(图 1)。支护管沟宽度为 7.5m，在役管道距离管沟支护的钢板桩为 6.25m。D1219mm 一侧管道采用 12m 长拉森Ⅳ型钢板桩，D660mm 一侧管道采用 9m 长拉森Ⅳ型钢板桩支护。选取管沟基坑开挖典型断面，采用 FLAC 3D 6.0 数值模拟软件计算不同基坑开挖深度影响下的管道侧向位移，管沟基坑开挖深度分别为 2.5m、3.5m、4.5m 和 5.5m。

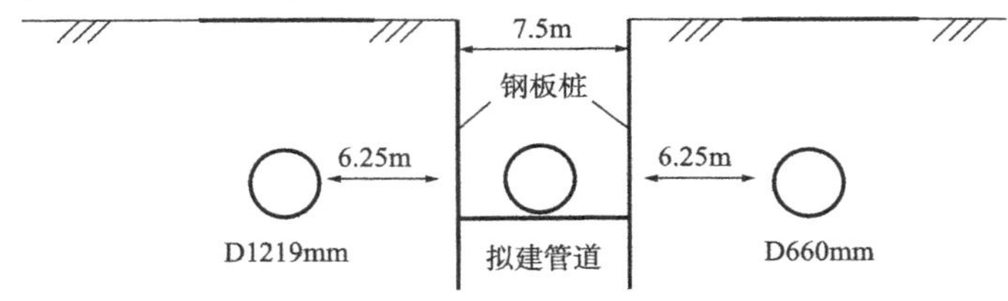

图 1　拟建管道管沟支护图

1. 管道断面参数

管道基本断面情况见表 1。

表 1 管道基本断面情况表

开挖深度/m	基坑宽度/m	围护结构类型	桩(墙)长度/m	厚度/mm	地面超载/kPa	坑外水位/m
2.5、3.5、4.5、5.5	7.5	钢板桩	一侧 12，一侧 9	15.5	0	0.5

2. 地层参数

依据地勘报告，地貌为冲击平原，地形较平坦，地层主要为粉质粘土，黄褐色，土质较均匀，可塑，局部为硬塑，地下水 0.5~1.5m。参考《工程地质手册》，综合选取岩土体的强度力学参数见表 2。

表 2 地 层 参 数

土层名称	γ/(kN/m^3)	c/kPa	ϕ/(°)	E/MPa	泊松比
粉质黏土	19.5	15	21	18	0.3

3. 支护参数

表 3 支 护 参 数

支护结构	长度/m	厚度/mm	每延米惯性矩/(cm^4/m)	等效厚度/mm	弹性模量/GPa	泊松比
拉森Ⅳ型钢板桩	12、9	15.5	38600	166.7	206	0.3

4. 管道参数

表 4 管 道 参 数

名称	钢级	最低屈服强度/MPa	埋深/m	坑边距/m	壁厚/mm	弹性模量/GPa	泊松比	内压/MPa
D1219mm	X80M	555	1.5	6.25	18.4	206	0.3	10
D660mm	X65M	450	1.5	6.25	8.7	206	0.3	8

5. 计算模型

为研究不同基坑开挖深度的影响，基坑开挖深度最大为 5.5m，为消除边界影响，建立模型长度为 47.5m，高度 22m，宽度 2m，数值模型如图 2 所示。其中基坑长宽高为 7.5m×2m×5.5m，管道管顶距离地面 1.5m，两侧管道与基坑平行。

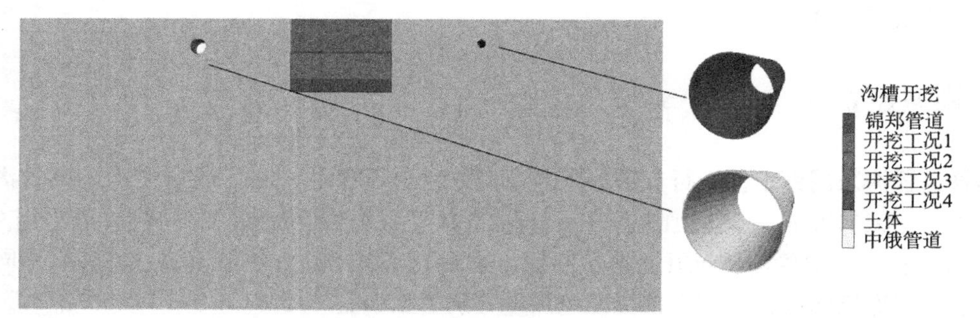

图 2 基坑开挖数值计算模型

假定管道为等直径、等壁厚的材料，且不考虑管道接头的影响。岩土体材料采用摩尔—库仑弹塑性本构模型；管道采用实体单元进行模拟，弹性本构模型，管道与土体之间的滑动使用 Interface 单元进行模拟，摩擦角 15°；钢板桩采用 Liner 结构单元进行模拟，考虑钢板桩与土体之间的滑动，取摩擦角为 15°。计算模型位移边界条件取为：模型上表面为自由面，底部约束全部位移，左右边界约束法向位移，考虑二维问题，约束其垂直于纸面方向的全部位移[4-5]。

根据基坑开挖过程和研究内容，定义计算步骤：(1)模拟管道运行，施加管道内压，计算初始地应力平衡；(2)清除步骤1产生的位移，施做钢板桩；(3)清除步骤2产生的位移，开挖第一层土体，深度-2.5m；(4)开挖第二层土体，深度-3.5m；(5)开挖第三层土体，深度-4.5m；(6)开挖第四层土体，深度-5.5m。

三、计算结果分析

1. 开挖2.5m和5.5m位移特征

开挖2.5m和5.5m时，基坑两侧和管道均以水平位移为主，整体向基坑内发生侧向移动。基坑竖向沉降最大值为2.03mm和19.67mm，左侧基坑水平位移最大值5.05mm和31.63mm，右侧基坑水平位移最大值为35.42mm，右侧水平位移大于左侧，这是由于右侧钢板桩长度9m，小于左侧的12m；D1219mm管道的竖向位移最大值为0.52mm和1.27mm，水平位移最大值为2.34mm和6.74mm，D660mm的竖向位移最大值为0.15mm和1.31mm，水平位移最大值为2.30和4.31mm，管道整体呈现向基坑内侧向位移趋势。随着开挖深度的增大，基坑和管道的位移不断增大，如图3至图8所示。

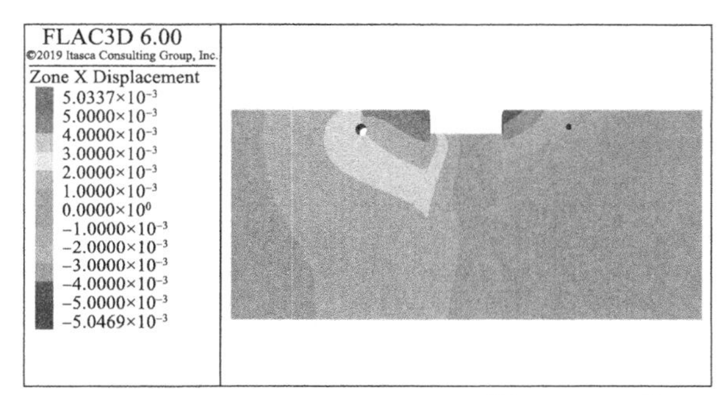

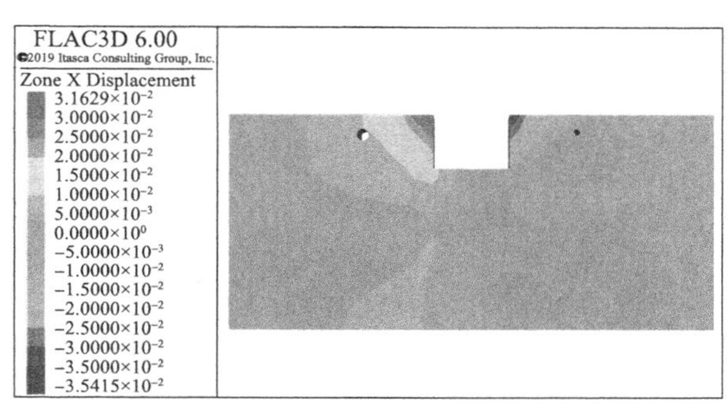

图3　2.5m和5.5m基坑水平位移云图

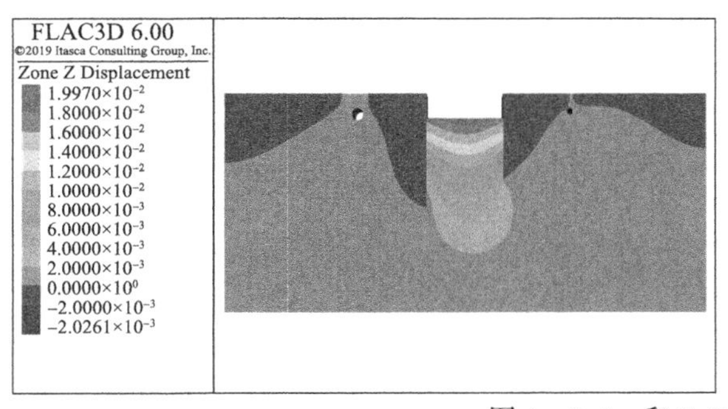

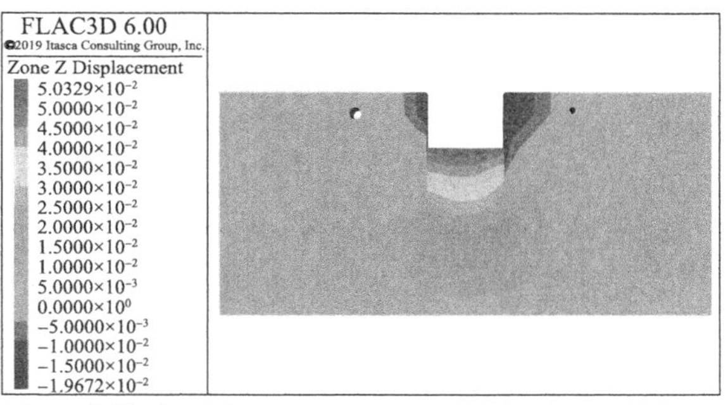

图4　2.5m和5.5m基坑竖向位移云图

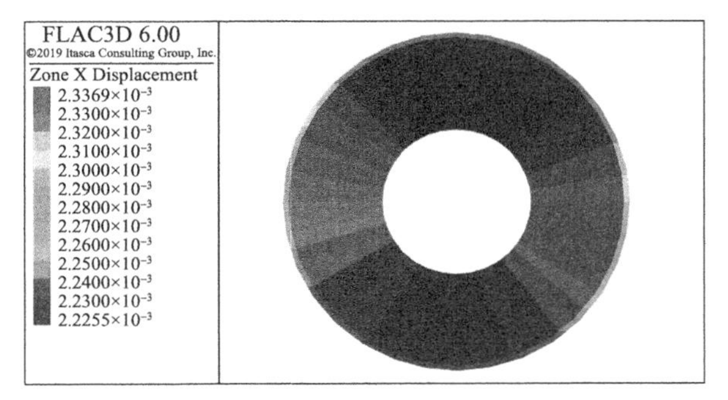

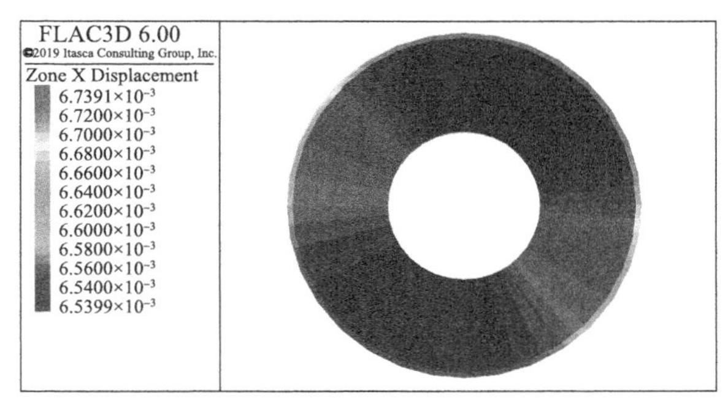

图5　2.5m和5.5m时D1219mm管道水平位移云图

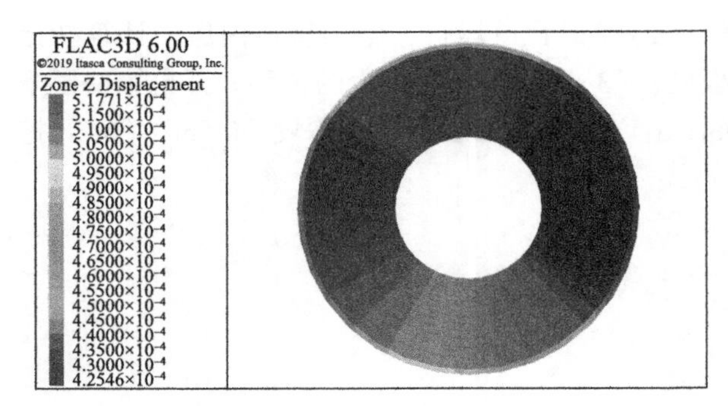

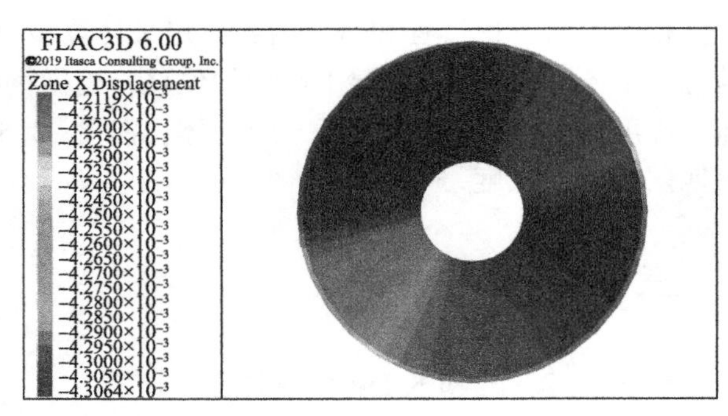

图6　2.5m 和 5.5m 时 D1219mm 管道竖向位移云图

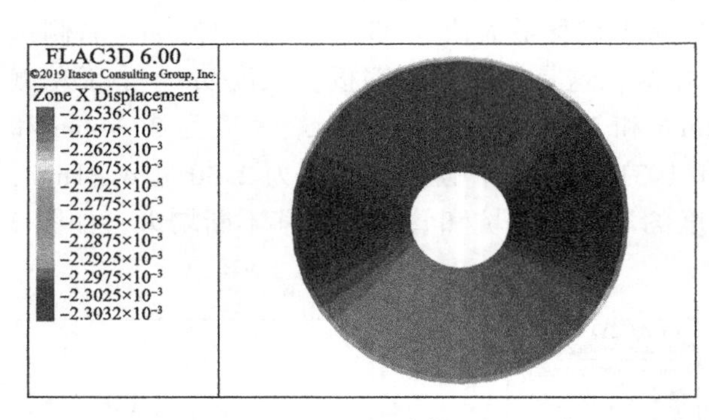

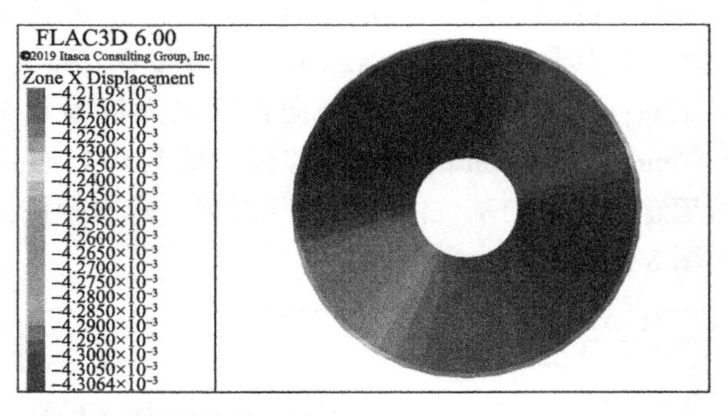

图7　2.5m 和 5.5m 时 D660mm 管道水平位移云图

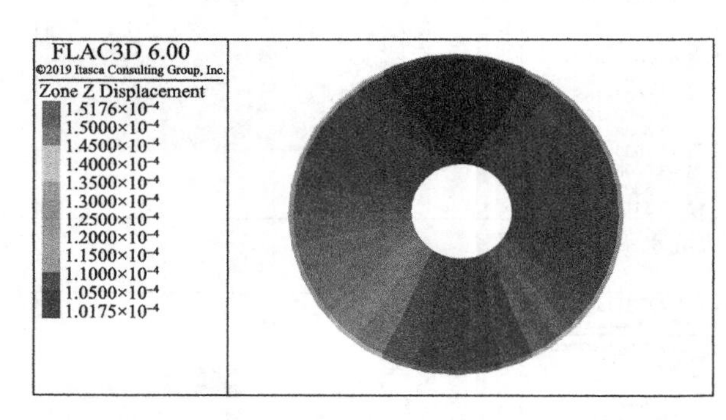

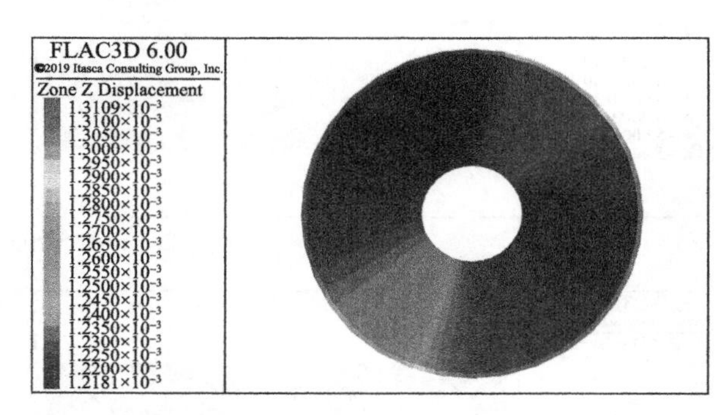

图8　2.5m 和 5.5m 时 D660mm 管道竖向位移云图

2. 开挖 2.5m 和 5.5m 应力特征

基坑开挖 2.5m 和 5.5m 时，D1219mm 管道承受最大 MISES 应力为 291.26MPa 和 292.12MPa，小于管道许用应力 399.6MPa；D660mm 管道承受最大 MISES 应力为 268.77MPa 和 268.80MPa，小于管道许用应力 324MPa，如图 9 至图 10 所示。

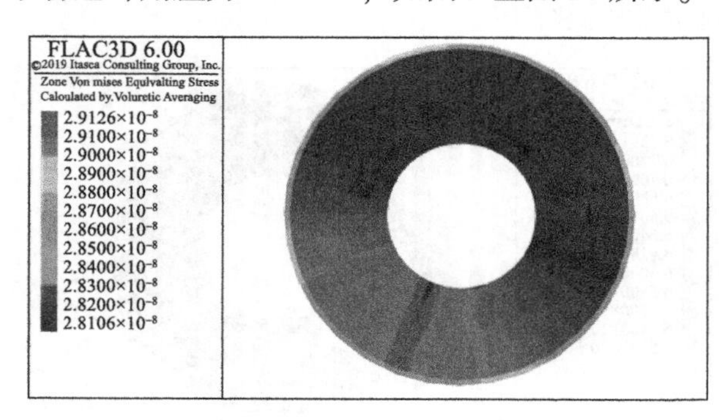

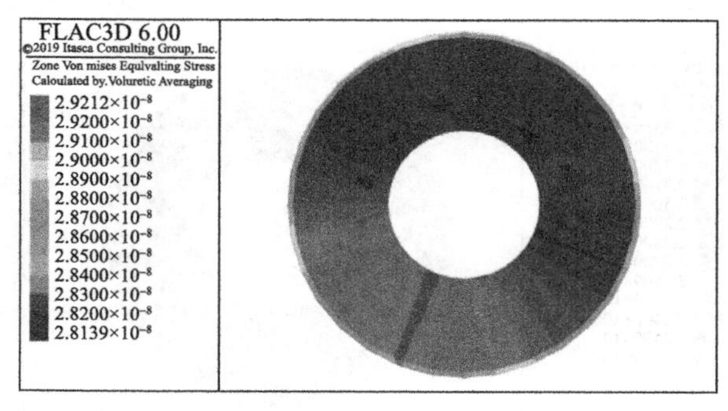

图9　2.5m 和 5.5m 时 D1219mm 管道 VON MISES 应力云图

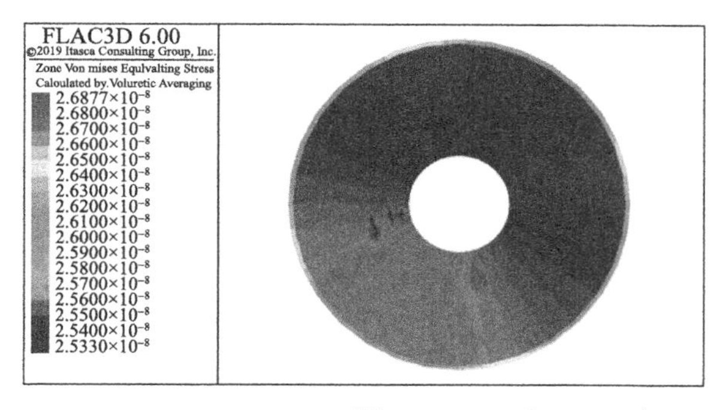

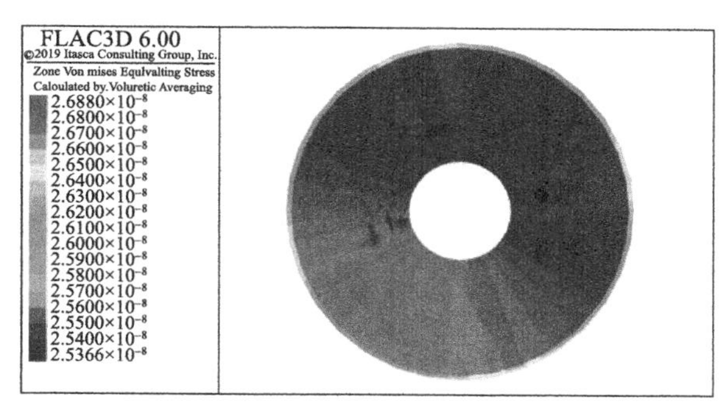

图 10　2. 5m 和 5. 5m 时 D660mm 管道 VON MISES 应力云图

3. 并行段位移的评估

（1）基坑位移的评估。

根据《建筑基坑工程监测技术标准》GB 50497—2019，钢板桩支护时基坑顶部水平位移预警值取 20~30mm 和 0. 2%~0. 3%倍基坑设计深度中的较小值，顶部竖向位移预警值取 10~20mm 和 0. 1%~0. 2%倍基坑设计深度中的较小值。

计算结果如图 11 所示：当基坑开挖深度不大于 3. 5m 时，基坑顶部水平位移位于预警值之内；当基坑开挖深度大于 3. 5m 时，基坑顶部水平位移值分别为 15. 13mm、35. 42mm，超过结构预警值；当基坑开挖深度不大于 4. 5m 时，基坑顶部竖向位移位于预警值之内；当基坑开挖深度大于 4. 5m 时，基坑顶部竖向位移值最大 19. 67mm，超过结构预警值。

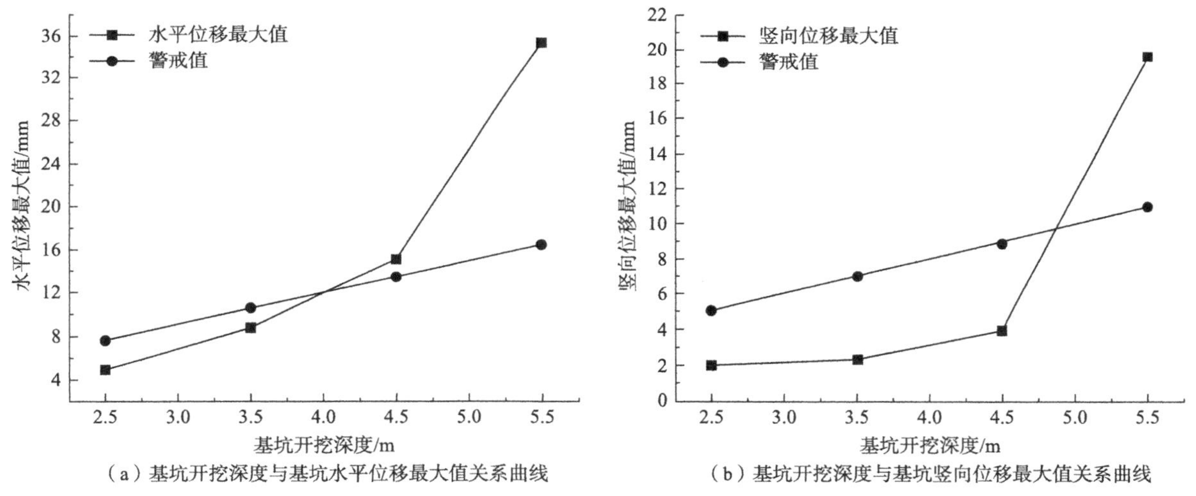

（a）基坑开挖深度与基坑水平位移最大值关系曲线　（b）基坑开挖深度与基坑竖向位移最大值关系曲线

图 11　基坑开挖深度与基坑位移最大值关系图

（2）管道位移评估。

根据《建筑基坑工程监测技术标准》GB 50497—2019，对应 D1219mm 和 D660mm 管道位移监测预警值累计值要求 10mm~20mm，选取管道位移控制标准为 10mm，变化速率 2mm/d。计算结果表明并行段管沟基坑开挖管道位移计算值小于 10mm 控制值，满足标准规范要求。

四、结论

针对并行段管沟基坑开挖后管道和土体变形，采用数值模拟方法对管沟基坑支护方案进行评估，计算不同开挖深度下土体和管道的侧向位移，评估基坑开挖对管道的影响。计算结果表明：

（1）基坑两侧和管道均以水平位移为主，整体向基坑内发生侧向移动。基坑右侧水平位移基本大于左侧，这是由于右侧钢板桩长度9m，小于左侧的12m；管道整体呈现向基坑内侧向位移趋势，随着开挖深度的增大，基坑和管道的位移不断增大；

（2）当基坑开挖深度不大于3.5m时，基坑顶部水平位移位于预警值之内；当基坑开挖深度大于3.5m时，基坑顶部水平位移值分别为15.13mm、35.42mm，超过结构预警值；当基坑开挖深度不大于4.5m时，基坑顶部竖向位移位于预警值之内；当基坑开挖深度大于4.5m时，基坑顶部竖向位移值最大19.67mm，超过结构预警值，根据计算结果，当基坑开挖深度大于3.5m时，应采用钢板桩+横撑的方法进行支护或提高钢板桩支护长度；并行段管沟基坑开挖管道位移计算值小于10mm控制值，满足标准规范要求；

（3）随着开挖深度的增大，管道承受的MISES应力也不断增大。基坑开挖5.5m时，D1219mm管道承受最大MISES应力为292.12MPa，小于管道许用应力399.6MPa；D660mm管道承受最大MISES应力为268.80MPa，小于管道许用应力324MPa。

（4）通过FLAC 3D 6.0软件数值模拟，分析管道两侧土体的位移特征、在役管道的位移以及管道的应力云图，可有效的判别管道施工对于并行段管道的影响，对并行段管道施工采取安全措施及论证方法提供借鉴。

参 考 文 献

[1] 牛振宇，李倩．河西走廊多条油气管道并行敷设的探讨[J]．石油和化工设备，2011，(11)．37-38.
[2] 许砚新，马学海，庞宝华，等．天然气管道与原油管道并行敷设的安全间距[J].
[3] 马学海，许研新，董浩．并行油气管道保护措施研究[J]．石油工程建设，2010，(6)．33-35.
[4] 周涛，张志文．基于FLAC3D的深基坑开挖模拟分析[J]．建材发展导向(上)，2021，19(5).
[5] 郑毅，施鑫竹．FLAC3D及其在基坑开挖数值模拟中的应用[J]．有色金属设计，2016，(2)．33-36.

天然气管道点火放空过程中安全间距的确定

钟　军[1]　于婷婷[2]

(1. 中国石油天然气管道工程有限公司线路室；
2. 中国石油管道局工程有限公司国际分公司)

摘　要：本文通过经典计算公式及仿真模拟，对天然气管道点火放空过程中的辐射热及噪音强度进行了定量计算，进而确定了点火放空时人与放空点之间的安全间距。本文为天然气管道改线、管道应急放空、动火连头等涉及到天然气点火放空的工况提供了安全间距的确定方法，对于相关的设计、施工方案具有一定的指导意义。

一、引言

点火放空通常用于已建天然气管道改线工程、管道应急放空等情况，尤其适用于建成时间较长、具备点火功能的老管道，该放空方式具有放空时间短、费用低、安全性高等优点。然而，在点火放空过程中天然气燃烧会产生大量的热和噪声，对放空点周边的人、动植物、建筑等会产生较大影响和危害，特别是对人的影响较大，危害性较高。解决上述问题最有效的方法就是确保放空点与周边的人或物有一定的距离，即安全间距。通常情况下，点火放空安全间距是指人与放空点之间的安全间距。

二、安全间距的确定方法

从工程经验判断，安全间距的影响因素主要来自两方面，一是点火放空产生的辐射热，二是放空过程中气体与放空立管摩擦产生的噪声。本节将对上述两方面分别进行安全间距的计算并得出最终的安全间距。

1. 辐射热安全间距的计算

辐射热通常采用 Brzustowski-Sommer 计算法[1]，计算模型如图 1 所示。

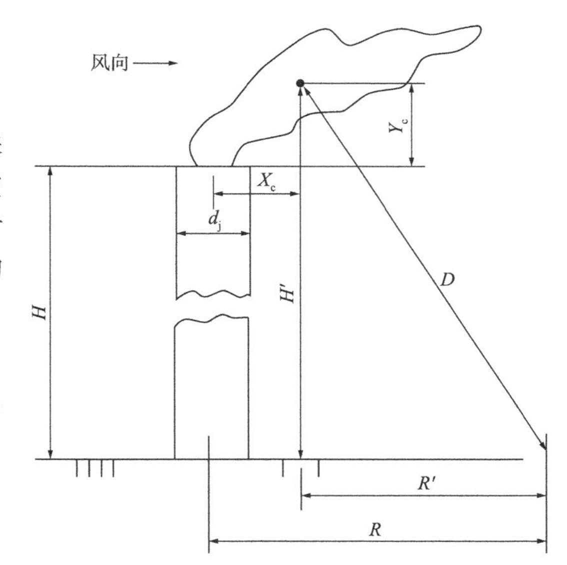

图 1　Brzustowski-Sommer 计算法火炬示意图

根据计算模型，得出计算公式如下[2]：

$$R=[D^2-(H+Y_c)^2]^{0.5}+X_c \tag{1}$$

$$D=\sqrt{\frac{\tau FQ}{4\pi K}} \tag{2}$$

$$系数\ \tau=0.79\times\left(\frac{100}{r}\right)^{1/16}\times\left(\frac{30.5}{D_h}\right)^{1/16} \tag{3}$$

式中　R——考虑的物体与放空火炬中心的水平距离，m；

D——从火焰中心到考虑的物体的距离，m；

H——火炬筒高度，m；

Y_c、X_c——风使火焰在垂直方向、水平方向产生的偏移量，m；

τ——火焰辐射在穿过大气时的减小系数；

F——热辐射系数，通常取 0.3；

Q——火焰热辐射功率，kW；

K——最大允许热辐射强度，kW/m^2，按操作人员长时间暴露区域的安全热辐射强度选取，取 $1.58kW/m^2$，工程实践中还应考虑阳光辐射强度 K_s，即 $K=1.58kW/m^2-K_s$；

r——大气相对湿度；

D_h——火焰到照射区的距离，m。

式中，Y_c、X_c 可根据$\overline{C_L}$(火炬处可燃气体的低爆炸极限浓度)和 d_jR(喷射推力和风推力参数)的值通过查询图 2 和图 3 得到。

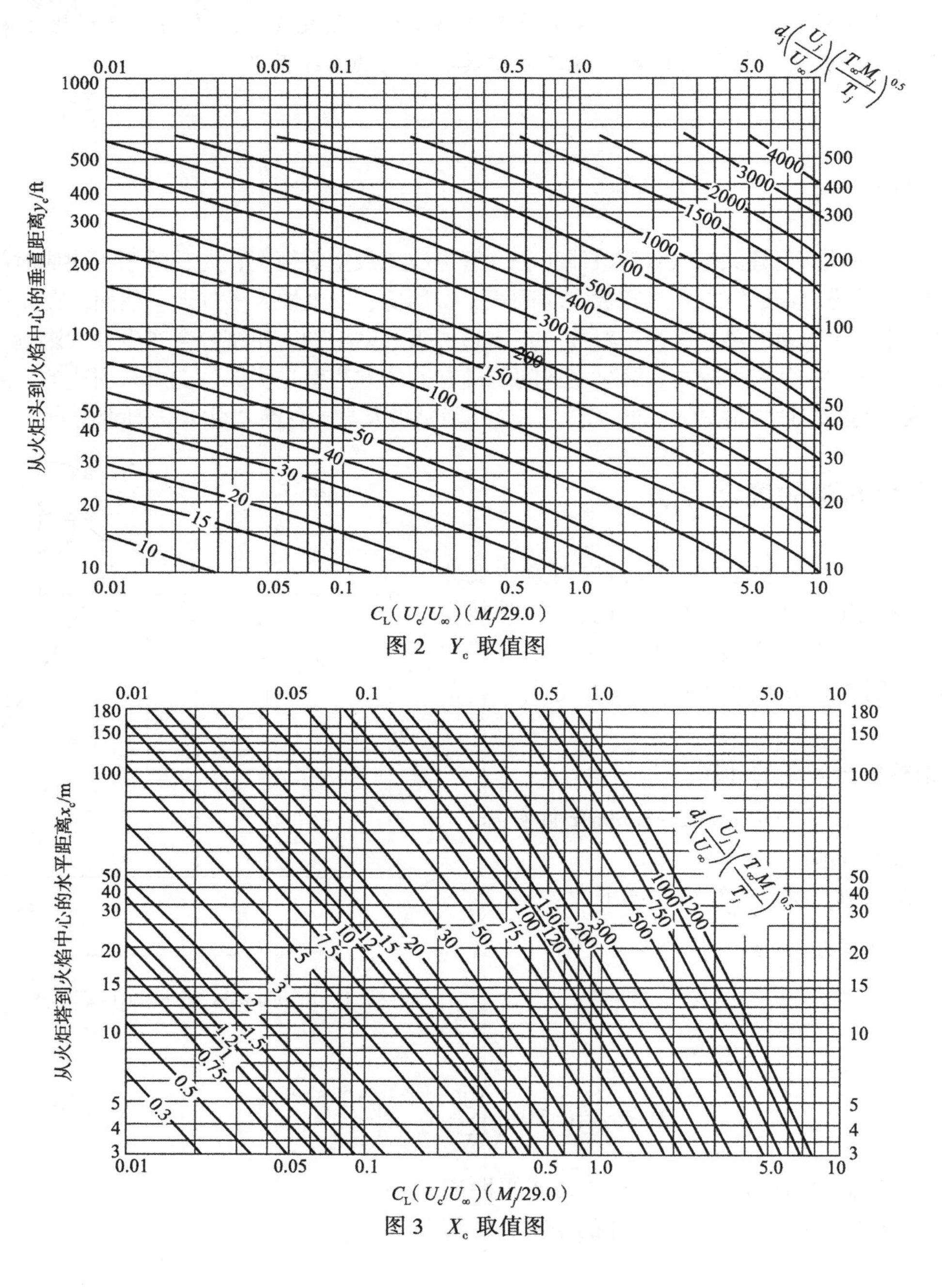

图 2 Y_c 取值图

图 3 X_c 取值图

关于最大允许热辐射强度 K，$\overline{C_L}$及 d_jR 计算公式如下：

$$\overline{C_L}=C_L\left(\frac{U_j}{U_\infty}\right)\left(\frac{M_j}{M_\infty}\right) \tag{4}$$

$$d_jR=d_j\left(\frac{U_j}{U_\infty}\right)\left(\frac{T_\infty M_j}{T_j}\right)^{0.5} \tag{5}$$

$$U_j=MaC \tag{6}$$

$$Ma=3.23\times10^{-5}\frac{W}{P_jd_j^2}\sqrt{\frac{zT_j}{kM_j}} \tag{7}$$

$$C=91.2\left(\frac{kT_j}{M_j}\right)^{0.5} \tag{8}$$

式中 C_L——静态下可燃气体的低爆炸极限浓度，天然气取5%；

U_∞——放空期间风速，m/s；

M_∞——空气平均相对分子质量，取29；

T_∞——空气的绝对温度，K；

W——天然气放空流量，kg/h；

p_j——火炬头上火炬气体绝对压力，kPa；

d_j——火炬头内径，m；

z——压缩系数，取1.0；

T_j——火炬气的绝对温度，K；

k——气体比热容比，取1.1；

M_j——天然气平均相对分子质量，取18；

U_j——火炬头处天然气出口速度，m/s；

Ma——天然气喷出马赫数；

C——音速，m/s。

2. 放空噪音强度计算

管线在放空过程中会产生较大的“啸鸣”噪声，按照《噪声控制工程》[3]的记载，当噪声强度达到或超过90dB时会对部分人群的听力造成损害，因此需要计算出噪声影响范围。通常认为噪声强度不超过85dB时，噪声对人体不造成危害。本文采用Flaresim模拟软件说明书中的公式进行放空噪声计算，公式如下：

$$W_a=\frac{1}{2}\eta q_m V^2 \tag{9}$$

$$\eta=5\times10^{-5}\left(\frac{T_j}{T_\infty}\right)\left(\frac{\rho}{\rho_0}\right)M^5 \tag{10}$$

$$\mathrm{PWL}=10\times\lg W_a+120 \tag{11}$$

$$\mathrm{SPL}=\mathrm{PWL}+DI-10\times\lg(4\pi R_m^2) \tag{12}$$

$$R_m^2=H^2+R_H^2 \tag{13}$$

$$f_p=\frac{0.2V}{D_i} \tag{14}$$

$$SPL_i = SPL_{tot} - 10\times\lg\left\{\left[1+\left(\frac{f_i}{2f_p}\right)^2\right]\times\left[1+\left(\frac{f_p}{2f_i}\right)^4\right]\right\} - 5.3 + A_i \quad (15)$$

$$SPLA = 10\times\lg(\sum 10^{\frac{SPL_i}{10}}) \quad (16)$$

式中 W_a——总声功率，W；

η——声效率；

q_m——放空质量流量，kg/s；

V——放空火炬排放口气体流速，m/s，即(5)式中的 U_j；

ρ——放空火炬排放口气体密度，kg/m³；

ρ_0——大气密度，kg/m³；

M——放空气体流速与空气声速之比；

PWL——放空时气流喷注的总声功率级，dB；

SPL——放空时观察点处的声压级，dB；

DI——指向性指数，dB；

R_m——观察点距放空排放口的距离，m；

R_H——观察点与放空火炬的水平距离，m；

f_p——噪声峰值频率，Hz；

D_i——放空立管内径，m；

SPL_i——各中心频率对应的频带声压等级，dB；

f_i——倍频带各中心频率，Hz；

A_i——调整系数，使 10log10(∑10SPLi/10)＝SPL；

SPLA——放空时观察点处的 A 计权声压级，dB。

公式(10)声效率计算适用于放空立管末端气体流速为亚临界流的情况，当放空立管末端气体流速为临界流时，声效率由图 4 查取。倍频带各中心频率对应的 A 计权声压级可通过表 1 的修正系数加和计算得到。

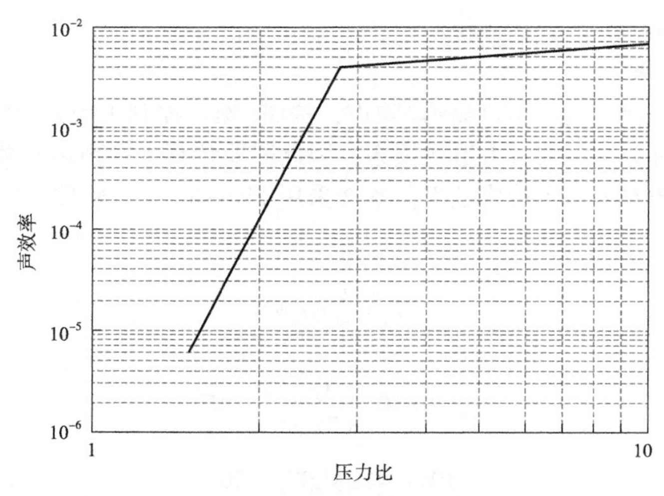

图 4　放空立管末端气体流速为临界流时声效率和压力比的关系

表 1　倍频带各中心频率对应的 A 计权声压级修正系数

倍频带中心频率/Hz	31.25	62.5	125	250	500	1000	2000	4000	8000	16000
校正值/dB	-39.4	-26.2	-16.1	-8.6	-3.2	0	1.2	1	-1.1	-6.6

三、工程案例分析

以某天然气管道为例：火炬筒高度25m，放空速率11.11m^3/s，天然气低热燃值为34.7MJ/m^3，放空期间阳光辐射强度约0.14kW/m^2，放空期间风速10m/s，空气与火炬气的绝对温度278K，天然气放空流量2.92×10^4kg/h，火炬头上火炬气体绝对压力108kPa，火炬头内径0.257m，放空期间大气相对湿度约50%，放空质量流量8.11kg/s，放空火炬排放口气体流速214.2m/s，放空火炬排放口气体密度1.128kg/m^3，大气密度1.29kg/m^3，指向性指数取0。

按照辐射热公式进行计算，得到人与放空火炬最小水平安全距离为77m。一般情况下，辐射热安全间距除采用经典公式计算外，还应结合仿真模拟软件的模拟结果共同确定。目前该方面的模拟软件较多，主要以PHAST、Flaresim为代表，本文采用PHAST对上述案例进行辐射热模拟，模拟结果如图5所示。

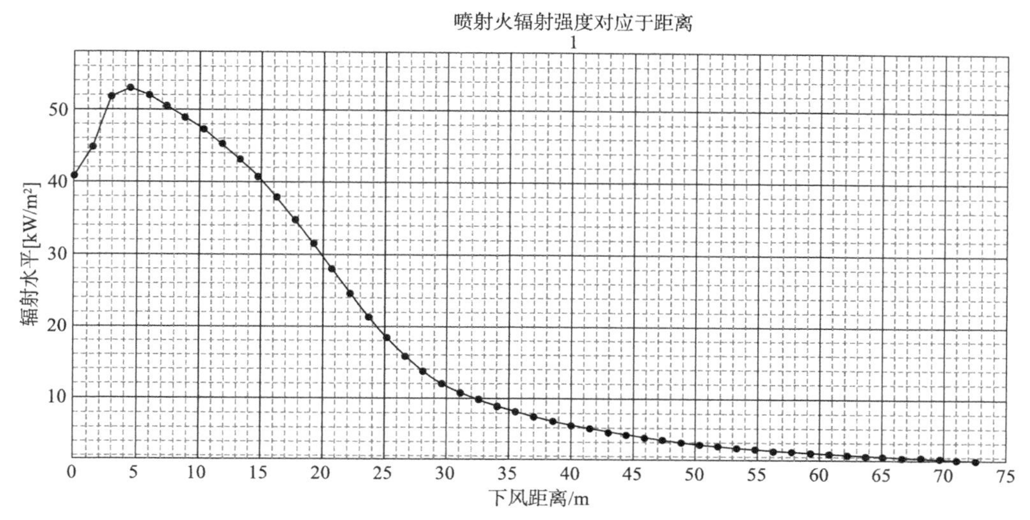

图5 PHAST热辐射模拟结果

模拟结果显示，辐射强度1.58kW/m^2处与火炬筒水平距离为73m，与Brzustowski-Sommer计算法计算结果相差不大，误差产生的主要原因在于采用Brzustowski-Sommer计算法查表取值时会存在误差。在实际工程中，通常选取二者之中较大者作为辐射热安全间距，即辐射热安全间距为77m。

根据噪音强度计算公式，计算不同R_H得到对应的SPL的值，结果见表2。

表2 SPL计算结果

地面与立管中心水平距离R_H/m	地面与立管出口距离R_m/m	火炬高度H/m	声压级SPL/dB
0	25.00	25	80.12
20	32.02	25	77.97
40	47.17	25	74.60
60	65.00	25	71.82
80	83.82	25	69.61
100	112.81	25	67.81

由表2可知，R_H取值为0时(即人员位于放空立管处时)的声压级为80.12dB，小于拟定的噪声强度上限，放空噪声强度在人体可接受范围之内。根据辐射热确定的安全距离为77m，该距离处放空噪声强度约为70dB。

根据以上案例分析并结合工程实际经验，一般情况下点火放空热辐射的安全间距通常大于放空噪声确定的安全间距，辐射热为确定放空安全间距的主要因素。在不点火放空(冷放空)情况下，放空噪声成为确定放空安全间距的主要因素。

在实际应用中，从安全的角度考虑，在对点火放空进行辐射热计算和模拟的同时仍需要对噪声强度进行计算。

四、结语

本文通过经典计算公式及与仿真模拟相结合的方式，为天然气管道点火放空时安全间距提供了一种较为可靠的确定方法。值得一提的是，本文所述的安全间距为人与放空点之间的安全间距，这也是一般情况下认为的安全间距。而对于一些特殊情况，比如植物、建筑等的安全间距更多的是采用点火放空时不同位置的温度确定安全间距。此外，本文所述安全间距的确定方法不仅适用于天然气管道，对点火或不点火、可燃气体或非可燃气体的金属管道均适用。

参 考 文 献

[1] SY/T 10043—2002 卸压和减压系统指南[S].

[2] 秦琴，王玮，张磊．长输天然气管道放空火炬热辐射距离计算方法探讨[J]．化工机械，2009，36(6)：566-569.

[3] 高红武．噪声控制工程[M]．武汉：武汉理工大学出版社，2003.

中等口径薄壁管道全自动焊在油气长输管道工程中的应用分析

赵世扬　马宏伟

(中国石油天然气管道工程有限公司沈阳分公司；山东港源管道物流有限公司)

摘　要：随着国内中等口径油气长输管道工程不断发展，对于管道线路焊接技术在效率、质量方面的要求不断提高。目前对于DN550mm以上口径线路长输管道，一般采用全自动焊接方式；而对于DN200mm～DN500mm线路长输中等口径管道，一般采用组合自动焊或者手工氩电联焊的方式，全自动焊方式应用较少，但可选择的全自动焊焊接方式有铜衬垫GMAW外自动焊、内对口器+GMAW外自动焊、自动氩弧外自动焊等方式。本文从中等口径薄壁长输管道可选择的三种全自动焊方式进行质量、效率、成本方案对比分析，给出适合全面推广的全自动焊接方式，并对相关设计指标提出要求。

一、引言

自动焊是指借助设备进行电弧焊，焊接过程无须焊机操作工对电弧或焊丝进行操作，焊机操作工只起引导和调节作用的焊接方式。与半自动焊和焊条电弧焊相比，自动焊具有施焊速度快、焊接效率高，焊接质量稳定可控、焊缝质量高等特点，被广泛应用于长输油气管道的环焊缝施工过程中。

二、全自动焊接技术与应用

目前，按照管径与适用的全自动焊工艺类型等因素可将长输管道分为小口径管道、中等口径管道与大口径管道三种类型，具体如下：

(1) 小口径管道，即管径DN25mm～DN150mm，全自动焊工艺采用自动氩弧焊工艺进行根焊、填充、盖面焊接。

(2) 中等口径管道，即管径DN200～DN500mm，由于目前没有相匹配的内焊机，全自动焊工艺通常采用带铜衬垫内对口器组对、气保护实心焊丝自动焊工艺(GMAW)进行根焊、热焊、填充、盖面。

(3) 大口径管道，即管径DN550～DN1400mm，全自动焊工艺首选内焊机根焊+气保护实心焊丝自动焊工艺进行热焊、填充、盖面焊接。

可用于中等口径薄壁管道(如：DN200～500mm)的全自动焊工艺可分为3种类型，即铜衬垫GMAW外自动焊工艺、自动氩弧外自动焊工艺与内对口器+GMAW外自动焊工艺。3种不同类型的焊接工艺在坡口设计、组对要求、自动焊设备选择等方面存在差异。

1. 铜衬垫GMAW外自动焊

(1) 工艺介绍。

采用铜衬垫内对口器组对，组对完成后采用GMAW进行自动外根焊。该工艺在海洋管道工程与国外中等口径管道工程中都有较成功的应用经验。坡口形式通常为U形窄坡口，组对间隙0～0.5mm，错边量要求不大于1/8T，且且连续50mm范围内局部最大不应大于1.0mm，错边沿周长应均匀分布。焊接工艺为 GMAW(根焊/热焊/填充/盖面)，保护气体为混合气($Ar—CO_2$)。自动焊设备采用成套自动焊机，焊缝外观成型良好，无损检测合格率高，现场综合应用效果良好。

(2) 应用案例。

国内青藏某中等口径(D323.9mm)长输管道工程的无间隙带衬垫全自动焊工艺采用双 V 形坡口，错边量要求不大于 1/8T，且最大不大于 1.0mm。根焊采用实心焊丝自动外根焊工艺(GMAW)，热焊、填充、盖面采用气保护药芯焊丝自动焊工艺(FCAW-G)，保护气体为混合气($Ar—CO_2$)。下部 V 形坡口面角度设置为 50°±1°，这种大角度坡口配合 0~0.5mm 的组对间隙，可以保证根焊焊缝金属完全熔透，避免未熔合缺陷产生。同时焊缝背面的铜衬垫对根焊焊缝熔池起到支撑作用，避免烧穿缺陷产生，且有助于获得背面成型良好的根焊焊缝。铜衬垫较高的熔点与其所处与焊缝背面的特殊位置，避免了根焊焊缝金属熔铜的风险。铜衬垫内对口器工艺在该工程中累计焊接 821km，无损检测(AUT、RT)合格率为 97%。

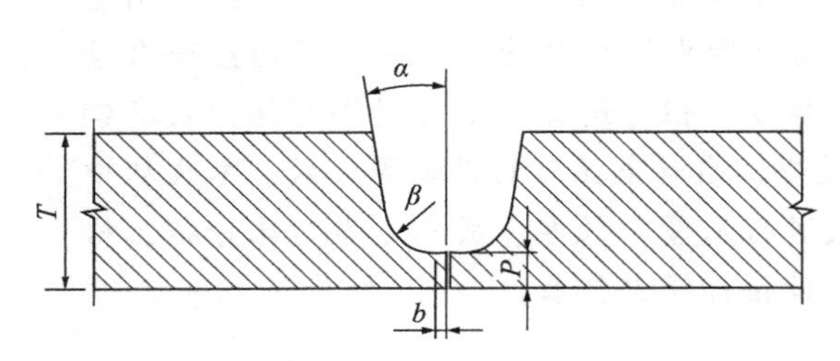

图 1　铜衬垫内对口器工艺 U 形窄坡口

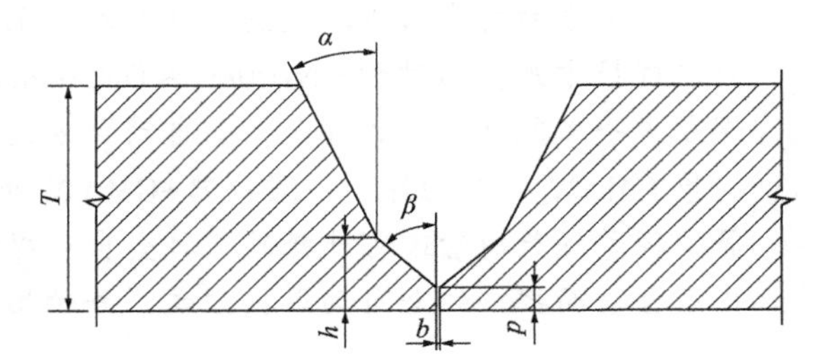

图 2　铜衬垫内对口器工艺双 V 形宽坡口

(3) 优缺点。

主要优点为自动焊程度高，焊工劳动强度低，操作要领易掌握，焊接效率高、焊缝外观成型均匀、美观，焊接质量稳定性高。

主要缺点为对内部直管焊缝打磨要求高，受地形影响因素大，地势必须平坦，焊机对工艺参数、焊接材料适应性不高，对环境风速要求高，需定期清理或更换铜衬垫，铜垫未贴合内壁，有缝隙时会出现铁水流到内壁上急冷致熔合不良，错边的存在会加大内部熔合不良风险，根焊处射线底片疑似未熔合难界定。该工艺最突出的缺点为控制不当会存在渗铜、粘铜风险。见表 1。

表 1　无间隙带衬垫全自动焊工艺特点

	优点	缺点
无间隙带铜衬垫全自动焊工艺特点	自动焊程度高，焊工劳动强度低，对焊工操作技能要求不高，新焊工培训 2~3 周基本就能掌握操作要领	组对时对钢管内部支管焊缝打磨要求较高
		气动部分涨力不足容易造成错边
	焊接效率高	焊接质量对焊接保护气体质量依赖很大
		受地形影响因素大，地势必须平坦
	焊缝外观成型均匀、美观	焊机对工艺参数、焊接材料适应性不高
		机头易出现卡顿现象
	焊接质量稳定性高	对环境风速要求较高，不能大于 2m/s
		与手工焊相比，设备投入成本略高，且需要定期清理或更换铜衬垫

2. 自动氩弧外自动焊

(1) 工艺介绍。

自动氩弧外自动焊在小管径管道(DN25mm~DN150mm)工程中有较成功的应用案例，采用卡钳式钨极氩弧外自动机进行圆周焊接，焊缝成型、焊接质量、焊接劳动强度、焊接效率等方面较传统手工钨极氩弧焊具有明显的提升。小口径卡钳式自动氩弧焊机相对成熟，有较多可选择的设备厂家。

自动氩弧外自动焊工艺可采用U形窄坡口(实心焊丝下向填充、盖面)或U形款宽坡口(药芯焊丝上向填充、盖面),组对间隙为0~0.5mm,错边量要求不大于1/8T,且最大不大于1.0mm。针对中等口径薄壁管道的无衬垫钨极氩弧外自动焊工艺,根焊焊接速度可达到15~20cm/min。自动氩弧焊外根焊+实心焊丝自动焊工艺下向热焊、填充、盖面见图3,自动氩弧焊外根焊+药芯焊丝自动焊工艺上向热焊、填充、盖面如图4所示。

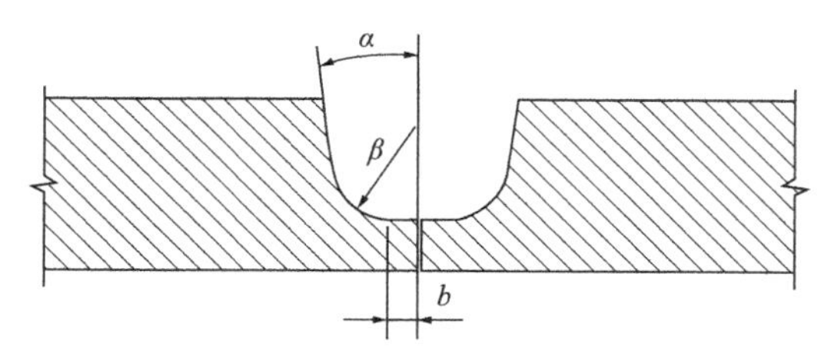

图3 自动氩弧外根焊U形窄坡口

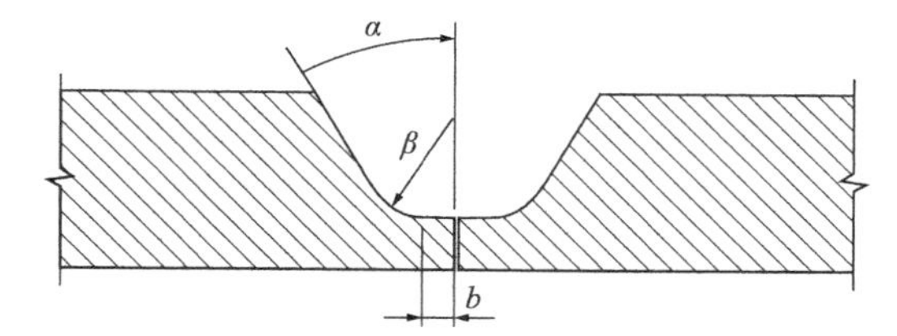

图4 自动氩弧外根焊U形宽坡口

(2)应用案例。

锦郑成品油管道项目华北输入支线,管径为D457mm,壁厚为6.4mm,施工单位在工艺评定中增加了采用自动氩弧外自动焊根焊+气保护药芯焊丝电弧焊自动焊填充盖面。该焊接工艺采用CPP900-TWR轨道式自动氩弧焊根焊设备进行360°圆周焊接,采用热丝技术,无衬垫、0间隙组对。试验过程中共计完成焊口157道,每道口的焊接速度为9.5min/台,其中RT检测焊口80道,PAUT检测焊口64道,不合格5道,经判断,不合格焊口均为填充盖面缺陷,根焊合格率为100%。

中俄东线嫩江支线,管径为D508mm,壁厚为7.1mm,项目首次长距离应用自动氩弧外自动焊方式,应用距离为50km,同样采用CPP900-TWR轨道式自动氩弧焊根焊设备进行360°圆周焊接,采用热丝技术,无衬垫、0间隙组对。采用100%AUT+10%RT的检测方式,焊接一次合格率为98%。

(3)优缺点。

表2 无间隙带衬垫全自动焊工艺特点

	优　　点	缺　　点
自动氩弧外自动焊工艺特点	减少人工、焊材成本的同时,大幅提升根焊质量和焊接效率	对于管端尺寸(不圆度与直径偏差等)要求较高,坡口尺寸精度与组对质量是影响根焊焊接质量的重要因素,错边量、钝边偏差或对口间隙较大时,易出现未熔合、未焊透或烧穿缺陷
	U形坡口,大大节约焊口组对时间,焊接机头通过国内领先的短直径角摆机构,确保焊口根部完全熔合,可得到较好的根焊质量,且内外根焊道外观成型良好	
	自动引弧方式,实现弧长自动跟踪,保障起弧的成功率和一致性,减少人工干预,提升自动化程度	
	接触引弧技术,克服高频引弧造成的电磁干扰,小电流接触引弧后利用弧长跟踪技术迅速提升电弧,实现全自动引弧的同时,消除了起弧点夹钨缺陷的可能性	

相比组合自动焊,自动氩弧外自动焊的优势为,一次焊接合格率高、焊接效率高。

对于中等口径薄壁管道的管端尺寸要求基于全自动焊技术对于管端尺寸的特殊要求,建议从钢管数据单中对钢管管端尺寸提出明确要求。

3. 内对口器+GMAW外自动焊

(1)工艺介绍。

采用连续等速送进可熔化的焊丝与被焊工件之间的电弧作为热源来熔化焊丝和母材金属,形成熔池和焊缝的焊接方法。为了得到良好的焊缝应利用外加气体作为电弧介质并保护熔滴、熔池金属及焊接区高温金属免受周围空气的有害作用。

内对口器+GMAW 外自动焊工艺坡口形式为 U 形窄坡口，组对间隙为 0~0.5mm，错边量要求不大于 1/8T，且最大不大于 1.0mm。无衬垫 GMAW 外自动焊工艺根焊焊接速度可以达到 25~40cm/min，焊缝质量与焊接效率高。

(2) 应用案例。

西气东输三线中段(中卫—吉安)项目中卫—枣阳段八标段采用熊谷 A-808 内焊机、填充及盖面采用 A-610 双炬外焊机，该项目管道直径为 D1219mm，壁厚为 18.4mm/22mm，焊接口数共计 378 道，焊接工效为 6.3 道/日，焊接合格率为 98.15%。

管道局科技信息中心牵头对焊接设备进行了改进升级并进行了中等口径(D508mm)根焊的工艺探索，设备采用 CPP900-W1N，共计完成焊口 16 道，背面成形满足要求焊口 12 道，10 道焊口进行了无损检测 100%AUT，合格率 100%。

(3) 优缺点。

表 3　无间隙带衬垫全自动焊工艺特点

	优　点	缺　点
内对口器+GMAW 外自动焊工艺特点	焊缝质量与焊接效率高	对于管端尺寸(不圆度与直径偏差等)要求较高，坡口尺寸精度与组对质量是影响根焊焊接质量的重要因素，错边量、钝边偏差或对口间隙较大时，易出现未熔合、未焊透或烧穿缺陷

相比铜衬垫 GMAW 外自动焊，内对口器+GMAW 外自动焊的优势为，一次焊接合格率高、焊接效率高，无需有衬垫，焊接材料损耗小，成本相对较低。但目前国内对于中等口径采用内对口器+GMAW 外自动焊无工程推广应用实例，目前工艺成熟度较铜衬垫 GMAW 外自动焊低。

对于中等口径薄壁管道的管端尺寸要求基于全自动焊技术对于管端尺寸的特殊要求，建议从钢管数据单中对钢管管端尺寸提出明确要求。

三、焊接质量、效率和成本对比

1. 焊接质量对比

表 4　自动根焊焊接接头质量对比表

序号	全自动根焊焊方法	应用项目	管径/mm	焊接口数/长度	焊口合格率	备注
1	铜衬垫 GMAW 自动根焊	中俄东线天然气管道工程(永清-上海)	1422	15 口	RT 射线检测和 AUT 检测 4 道口均合格	
		某项目	323.9	47566 口/621.182km	93.77%	
2	自动氩弧外自动根焊	新气广西支干线	813	约 3.4km	焊接一次合格率 97.6%	未进行直管-热煨焊接
		山东管网东干线	1219	约 2.2km	焊接一次合格率 98.3%	未进行直管-热煨焊接
		锦郑管道华北支线 360° 自动氩弧焊外根焊实验	457	157 口	合格率 100%	0 间隙
		中俄东线嫩江支线 360° 自动氩弧焊外根焊应用	508	50km	焊接一次合格率 98%	0 间隙
3	内对口器+GMAW 外自动焊	西气东输三线中段(中卫—吉安)项目中卫—枣阳段八标段	1219	378 口	合格率 98.15%	
		管道局实验	508	16 口	合格率 100%	0 间隙

通过以上 3 种全自动焊焊接接头质量对比分析表可知，自动氩弧外自动根焊及内对口器+GMAW 外自动焊焊接质量最高。

2. 焊接效率和成本对比

自动氩弧外自动焊、内对口器+GMAW 外自动焊、铜衬垫 GMAW 外自动焊(分别简称机组类型 1、机组类型 2、机组类型 3)。

现场试验采用 D508×7.1mm 螺旋焊管，满足全自动焊组对要求(错边≤1/8 壁厚 0.9mm)的前提下，鉴于目前没有上述 3 种自动焊相应施工定额，按照一般业主方对机组人员设备配置要求，并考虑国内现行设备租赁价格及实际人工单价进行了测算。L415M D508×7.1mm 螺旋焊管组合自动焊与全自动焊成本对比分析如下。

1）焊接机组设备及人员配置

（1）机组类型 1(自动氩弧焊根焊+GMAW 自动焊填盖)。

表 5　自动氩弧焊根焊+GMAW 自动焊填盖资源配置表

序号	工序	设备				人员		
		设备	型号	单位	数量	岗位	单位	数量
一	机组管理	皮卡车		辆	1	机组长	名	1
		中巴车	18 座	辆	2	副机组长	名	1
		智能工地数据采集		套	1	技术员	名	1
						质量员	名	1
						安全员	名	1
						数据采集员	名	1
						电工	名	1
						司机	名	3
						厨师	名	1
						帮厨	名	2
						打更	名	2
二	布管	挖掘机	20t	台	1	挖掘机操作手	名	1
		吊管机	40t	台	1	吊管机操作手	名	1
						起重工	名	1
						普工	名	1
三	坡口加工	吊管机	40t	台	1	吊管机操作手	名	1
		坡口机	D508	台	1	坡口工	名	1
						普工	名	1
四	组对	吊管机	40t	台	2	吊管机操作手	名	2
		挖掘机	20t	台	1	挖掘机操作手	名	1
		内对口器	D508	台	1	管工	名	2
		气泵	0.8m^3/min	台	1	起重工	名	1
		管口校圆装置	D508	台	1	普工	名	2
		预热装置		套	1			
五	根焊	自动焊防风棚	D508	个	1	设备操作手	名	1
		折臂吊	140kW	台	1	自动氩弧焊工	名	2
		自动氩弧焊		台套	2	普工	名	2

续表

序号	工序	设备				人员		
		设备	型号	单位	数量	岗位	单位	数量
六	热焊	自动焊防风棚		个	1	设备操作手	名	1
		折臂吊	140kW	台	1	自动焊工	名	1
		GMAW 单焊炬自动焊		台套	1			
		层间加热装置		套	1			
七	盖面	自动焊防风棚		个	1	设备操作手	名	1
		折臂吊	140kW	台	1	自动焊工	名	1
		GMAW 单焊炬自动焊		台套	1			
		层间加热装置		套	1			
八	返修	自动焊防风棚		个	1	设备操作手	名	1
		折臂吊	140kW	台	1	返修焊工	名	1
		直流焊机		台	1			
		半自动切割机		台	1			
		预热装置		套	1			
		小计						41

(2) 机组类型2(无衬垫型内对口器 GMAW)。

表6 无衬垫型内对口器 GMAW 资源配置表

序号	设备				人员		
	设备	型号	单位	数量	岗位	单位	数量
一	皮卡车		辆	1	机组长	名	1
	中巴车	18座	辆	2	副机组长	名	1
	智能工地数据采集		套	1	技术员	名	1
					质量员	名	1
					安全员	名	1
					数据采集员	名	1
					电工	名	1
					司机	名	3
					厨师	名	1
					帮厨	名	2
					打更	名	2
二	挖掘机	20t	台	1	挖掘机操作手	名	1
	吊管机	40t	台	1	吊管机操作手	名	1
					起重工	名	1
					普工	名	1
三	吊管机	40t	台	1	吊管机操作手	名	1
	坡口机	D508	台	1	坡口工	名	1
					普工	名	1

续表

序号	设备				人员		
	设备	型号	单位	数量	岗位	单位	数量
四	吊管机	40t	台	2	吊管机操作手	名	2
	挖掘机	20t	台	1	挖掘机操作手	名	1
	内对口器	D508	台	1	管工	名	2
	气泵	0.8m³/min	台	1	起重工	名	1
	管口校圆装置	D508	台	1	普工	名	2
	预热装置		套	1			
五	自动焊防风棚	D508	个	1	设备操作手	名	1
	折臂吊	140kW	台	1	自动焊工	名	2
	GMAW 单焊炬自动焊		台套	2	普工	名	2
六	自动焊防风棚		个	1	设备操作手	名	1
	折臂吊	140kW	台	1	自动焊工	名	1
	GMAW 单焊炬自动焊		台套	1			
	层间加热装置		套	1			
七	自动焊防风棚		个	1	设备操作手	名	1
	折臂吊	140kW	台	1	自动焊工	名	1
	GMAW 单焊炬自动焊		台套	1			
	层间加热装置		套	1			
八	自动焊防风棚		个	1	设备操作手	名	1
	折臂吊	140kW	台	1	返修焊工	名	1
	直流焊机		台	1			
	半自动切割机		台	1			
	预热装置		套	1			
	小计						41

（3）机组类型3(铜衬垫型 GMAW)。

表7 铜衬垫型 GMAW 资源配置表

序号	工序	设备				人员		
		设备	型号	单位	数量	岗位	单位	数量
一	机组管理	皮卡车		辆	1	机组长	名	1
		中巴车	18座	辆	2	副机组长	名	1
		智能工地数据采集		套	1	技术员	名	1
						质量员	名	1
						安全员	名	1
						数据采集员	名	1
						电工	名	1
						司机	名	3
						厨师	名	1
						帮厨	名	2
						打更	名	2

续表

序号	工序	设备				人员		
		设备	型号	单位	数量	岗位	单位	数量
二	布管	挖掘机	20t	台	1	挖掘机操作手	名	1
		吊管机	40t	台	1	吊管机操作手	名	1
						起重工	名	1
						普工	名	1
三	坡口加工	吊管机	40t	台	1	吊管机操作手	名	1
		坡口机	D508	台	1	坡口工	名	1
						普工	名	1
四	组对	吊管机	40t	台	2	吊管机操作手	名	2
		挖掘机	20t	台	1	挖掘机操作手	名	1
		铜衬垫型内对口器	D508	台	1	管工	名	2
		铜靴修磨装置		套	1	起重工	名	1
		气泵	0. 8m³/min	台	1	普工	名	2
		管口校圆装置	D508	台	1			
		预热装置		套	1			
五	根焊	自动焊防风棚	D508	个	1	设备操作手	名	1
		折臂吊	140kW	台	1	自动焊工	名	2
		GMAW 单焊炬自动焊		台套	2	普工	名	2
六	热焊	自动焊防风棚		个	1	设备操作手	名	1
		折臂吊	140kW	台	1	自动焊工	名	1
		GMAW 单焊炬自动焊		台套	1			
		层间加热装置		套	1			
七	填盖	自动焊防风棚		个	2	设备操作手	名	2
		折臂吊	140kW	台	2	自动焊工	名	2
		GMAW 单焊炬自动焊		台套	2			
		层间加热装置		套	2			
八	返修	自动焊防风棚		个	1	设备操作手	名	1
		折臂吊	140kW	台	1	返修焊工	名	1
		直流焊机		台	1			
		半自动切割机		台	1			
		预热装置		套	1			
		小计						43

2）不同焊接机组类型施工费用对比分析

(1) 机组类型 1(自动氩弧焊根焊+GMAW 自动焊填盖)。

按 3 站 3 棚自动焊配置，工效 18 道口/工日，每月有效工日 22 天计算，焊接成本 3683 元/道口。其中人工费 1387 元，机械费 1554 元，住宿 126 元，油耗 389 元，焊材 54 元，气体 51 元，配件及其他 123 元。

按每千米 83 道口计算，每千米成本 305687 元。

(2) 机组类型 2(无衬垫型内对口器 GMAW)。

按 3 站 3 棚自动焊配置，工效 24 道口/工日，每月有效工日 22 天计算，焊接成本 2837 元/道口。其中人工费 1040 元，机械费 1096 元，住宿 95 元，油耗 379 元，焊材 54 元，气体 51 元，配件及其他 123 元。

按每千米 83 道口计算，每千米成本 235491 元。

（3）机组类型 4（铜衬垫型 GMAW）。

按 4 站 4 棚自动焊配置，工效 30 道口/工日，每月有效工日 22 天计算，焊接成本 2616 元/道口。其中人工费 852 元，机械费 998 元，住宿 79 元，油耗 394 元，焊材 54 元，气体 51 元，配件及其他 188 元。

按每千米 83 道口计算，每千米成本 217149 元。

表 8 焊接方式成本测算表

序号	项目	单位	数量	工效/（口/工日）	人工		机械		住宿		单口油耗	单口焊材	单口气体	单口其他材料及配件	单口金额/元	单公里金额/元	有效工日
					单日	单口	单日	单口	单日	单口							22
1	机组类型 1（无衬垫型自动氩弧焊根焊＋GMAW 自动焊填盖）	口	1	18	18007	1387	20171	1554	1640	126	389	54	51	123	3683	305687	
2	机组类型 2（无衬垫型 GMAW）	口	1	24	18007	1040	18971	1096	1640	95	379	54	51	123	2837	235491	
3	机组类型 3（铜衬垫型 GMAW）	口	1	30	18435	852	21601	998	1720	79	394	54	51	188	2616	217149	

注：（1）机组类型 3-铜衬垫全自动焊配件材料消耗较其他类型增加铜衬垫损耗，按每 200 道口消耗 1 套计算，单价 13000 元/套。

（2）机组类型 1：按 3 站 3 全自动焊配置，工效 18 道口/工日，按 83 道口/km，每月有效工日 22 天计算。

（3）机组类型 2：按 3 站 3 全自动焊配置，工效 24 道口/工日，按 83 道口/km，每月有效工日 22 天计算。

（4）机组类型 3：按 4 站 4 全自动焊配置，工效 30 道口/工日，按 83 道口/km，每月有效工日 22 天计算。

经测算比对，采用机组类型 3（铜衬垫型 GMAW）施工工效最高，单千米成本最低。经济型及工效比对最优。对工期控制较为有利。

采用机组类型 1（自动氩弧焊外根焊+GMAW 自动焊填盖），施工效率最低、成本最高。

3. 全自动焊接技术小结

（1）铜衬垫 GMAW 外自动焊在海洋管道建设、国外长输管道建设中有较成熟的应用案例。焊接过程中，铜衬垫与管内壁紧密贴合，可以为整个根焊熔池提供稳定的支撑，有利于焊缝背面成型与根焊缝质量。但诸多业内专家对该工艺是否渗铜引发焊缝开裂存在质疑。

（2）自动氩弧外自动焊，虽然在国内外无中等口径薄壁管道的应用案例，且在近期国家管网北方管道的项目中进行了试验，合格率 100%，并在中俄东线嫩江支线进行了 50km 的焊接应用，一次合格率 98%，同时可在减少人工、焊材成本的同时，大幅提升根焊质量和焊接效率。但对钢管的技术条件要求较严，经过与钢管厂家沟通，提高要求后，厂家均能满足。

（3）内对口器+GMAW 外自动焊目前在国内外应用较少，因此虽然工厂试验的结论是焊缝质量、焊接效率高，但该工艺相比带铜衬垫工艺由于缺少衬垫衬托电弧稳定性差，易出现未焊透或烧穿缺陷，相比自动氩弧外根焊熔池深、飞溅特性明显，根焊质量不易保证。

综合考虑，自动氩弧外自动焊综合优势显著，具备全面推广的可行性。

四、自动氩弧外自动焊设计要求

1. 焊接坡口加工要求

坡口应为短舌 U 形，坡口加工情况如图 5 所示。

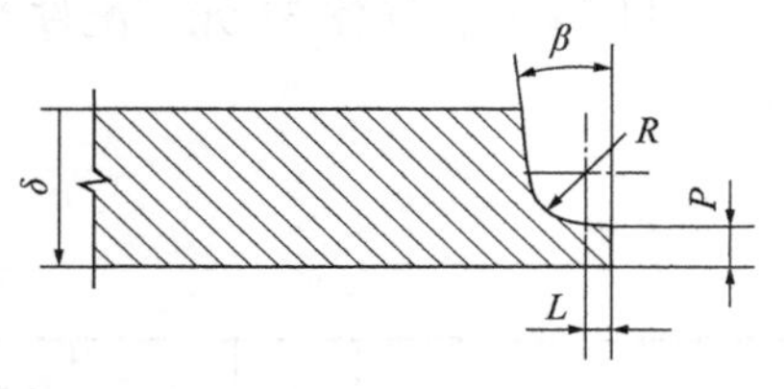

图 5　U 形坡口加工图

U 形坡口需要施工单位现场进行加工，坡口尺寸以合格的焊接工艺评定为准。

2. 管材要求

(1) 管端直径偏差：±0.5%D，最大±0.75mm。

① 螺旋缝、直缝每一类钢管管端直径偏差最大为±0.75mm；

② 无缝管每一类钢管管端直径偏差最大为±0.5D。

(2) 管端不圆度偏差：≤1.0%D；其中 70%的管材不得大于 0.8%D。

(3) 管体不圆度偏差：≤1.5%D。

(4) 内外焊缝打磨要求：应将距每个管端至少 110mm 范围内的内、外焊缝余高去除；制管焊接接头内外表面应用机械方法打磨至与母材齐平，打磨后余高应为 0~0.3mm，且应与母材圆滑过渡。

(5) 撅嘴要求：制管焊缝两侧 100mm 弧长范围内的局部区域与钢管理想圆弧的最大径向偏差不大于 1.0mm。

(6) 在钢管两端标记钢管椭圆度的长轴和短轴准确位置，以降低现场组对难度，减小组对错边量。

五、结束语

本文对铜衬垫 GMAW 外自动焊、自动氩弧外自动焊、内对口器+GMAW 外自动焊等 3 种全自动焊方式进行了质量、效率、成本方案对比分析比选。自动氩弧外自动焊根焊缺点较少，同时焊接质量高，焊接一次合格率能达到98%以上，焊接效率可达到常规组合自动焊的 1.5~2 倍，同时自动氩弧外自动焊根焊不需要铜衬垫，不存在渗铜情况，且在中俄东线嫩江支线已经进行了 50km 的成功应用，工艺成熟度高，优点明显，在管材订货方面提出设计要求后，可进行应用，是油气长输管道工程中等口径薄壁管道全自动焊接的趋势。

参 考 文 献

[1] GB/T 9711—2023 石油天然气工业　管线输送系统用钢管.
[2] GB/T 31032—2023 钢质管道焊接及验收.

已建输油站场区域阴极保护方案优化及效果分析

幸卓筠　范　琦

（中国石油天然气管道工程有限公司珠海分公司）

摘　要：我国早期建设投产在役的管道、站场及油库工程，存在站场、库区无区域性阴极保护设计，同时站内埋地管网采用环氧煤沥青等防腐结构，整体存在较大的腐蚀穿孔导致泄漏等的安全隐患。本文为缓解站场埋地管道腐蚀破坏及其降低损伤管道的安全隐患及风险，对已建4座站场的埋地管道增加区域性阴极保护系统，分别采用不同的阴极保护系统和不同的辅助阳极地床形式进行分析对比，为后续对已建输油站场增加区域性阴极保护设计提供参考依据。

一、引言

近三四十年来，随着越来越多的石油和天然气管道工程的建设，人们对长输管道的腐蚀控制已经给予了足够的重视，管道防腐层和阴极保护设计、施工及运营管理均达到了较高的水平，管道腐蚀泄露事故越来越少；然而，国内对于输油气站场内埋地管道系统的阴极保护的重视程度却由于缺少行业标准规范，远远滞后于站外管道的阴极保护，腐蚀的事例不断地发生。国内的管道工程，除中石油系统的部分大型管道工程外[1]，在《石油天然气站场阴极保护技术规范》（SY/T 6964—2013）发布之前，国内的相当数量的管道工程的站内埋地管道缺少区域性阴极保护系统。

华南地区某成品油管道工程于2012年开工建设，2016年投油运行，管道沿线设有7座输油站，其中依托油库的站场3座，所有站场及油库均未设置区域性阴极保护系统。本文对已建输油站场其中4座（1#～4#）埋地管道增加区域性阴极保护系统进行试点设计，其中2座（1#站、2#站）站场依托油库。

4座输油站场站内进站、出站主管道埋地管线（Φ457mm，厚度9.5～12.5mm，L415MB）采用3LPE防腐，其余管径埋地管道防腐层采用环氧煤沥青。站内表层土壤电阻率71.59Ω·m、33.91Ω·m、47.72Ω·m、141.93Ω·m，采用氧化锌避雷器进行绝缘接头保护；站内无阴极保护措施。4座站场均为线路阴极保护站并设置有阴保间，内置阴极保护设备恒电位仪机一台。

根据外检测报告等数据分析，站内埋地管道防腐层存在较多漏点，埋地管道和储罐实测的电位数据均在-0.7～-0.5V之间，根据GB/T 21448标准[2]判定该站埋地管道和储罐处于未保护状态。

为缓解站场埋地管道腐蚀情况，该管道工程未采取区域性阴保的输油站场，对站内埋地部分管道增加区域性阴极保护是非常有必要的。本文针对华南地区不同已建站场，综合实际埋地管网敷设情况，实际场站地质情况等进行不同区域性阴极保护系统的设计及分析。为1#站场和2#站场保护范围为主管道、排污管道等地下综合管道，采用强制电流法进行区域阴极保护，3#站场和4#站场保护范围为站内的主管道，采用牺牲阳极进行区域阴极保护。在基本相同的在地域环境中，采用不同的阴极保护方式、不同辅助阳极地床的试验设计，进行阴极保护效果对比分析，为后续其他已建站场增加区域阴极保护系统提供参考。

二、站场区域性阴极保护方案优化

1. 工程难点及解决措施

1）工程难点

针对已建输油站场增加区域性阴极保护设计，本次改造工程存在以下工程难点：

（1）已建站场建设时间跨度较大，存在各类资料图纸不全，现有图纸资料与现场实际管道路由不一致；

（2）依托油库的输油站，目前分属不同集团公司运营管理，因运行主体不同，故本项目仅对站场埋地管道进行设计，但存在库区管道与站场管线交叉、并行敷设的情况，各类设施设备众多，埋地综合管网复杂，与库区间无法进行完全的电绝缘；

（3）所有站场均为线路阴极保护站，可能存在区域性阴极保护与线路阴极保护系统相互干扰问题；

（4）新增辅助阳极和电缆敷设路由尽量避开硬化路面，但依旧存在无法避开硬化路面的情况，涉及敷设路由区域包括防火堤外侧地坪、水泥地面、草坪、站内道路等。

2）解决措施

（1）为了解决能够准确探明埋地管线位置，我方安排现场经验丰富的工程师现场搜集各已建站场管网平面资料，与站场运营人员在现场确定每一条管道的起止点，指明地下管线的数量和类型；

（2）为避免由于埋地管线与接地系统搭接或直接连接造成各阴极保护系统相互影响。本项目将依托油库建设的站场，进行设计时充分考虑所选辅助阳极地床敷设位置，避免与库区管线搭接，同时选择大功率阴保设备，增大输出电流。并且要求边施工边调试投产，对于调试中发现欠保护的管段，通过调整问题管段辅助阳极安装位置或增加阳极密度的方式，达到均衡阴极保护电位的目的；

（3）所有站场新增辅助阳极地床设置均尽量远离线路干线管段阴极保护系统的参比电极，同时可以考虑站外阴极保护系统的控制参比外移至非影响区，避免两套阴极保护系统的干扰；

（4）综合已建电缆桥架和电缆沟，尽可能依托已建电缆路由敷设，同时尽可能避开破坏硬化地坪，防止破坏已建设施设备。

2. 设计推荐方案

1）1#站场和2#站场

1#站场和2#站场站内埋地管道较长，电流需求量大，考虑综合投资性价比、现场施工条件和后期运营管理，采用强制电流法进行阴极保护。1#站场和2#站场设计范围如图1和图2所示。

图1　1#站场设计范围示意图

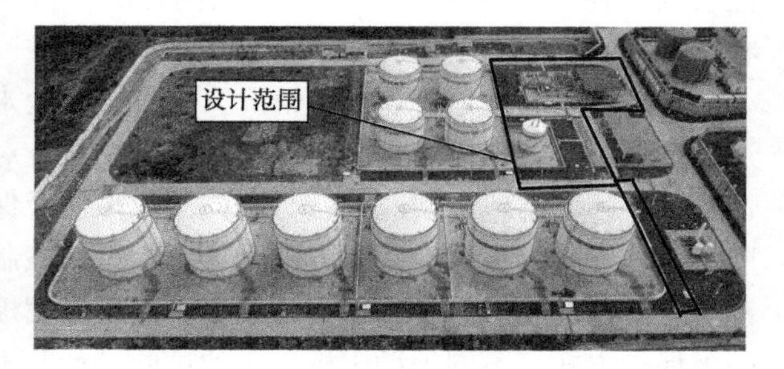

图2　2#站场设计范围示意图

如图框内为本文1#站场和2#站场设计范围，因已建站场，排污管道等埋地综合管道多位于硬化地面以下，附近地上、地下建构筑物众多，靠近管道开挖施工困难，难以采用线性阳极进行保护；结合深井阳极施工作业面小，输出电流大，保护范围大等优点，综合考虑场地条件及施工便捷性，1#站场和2#站场区域阴极保护系统在地质条件允许的情况下首选深井阳极作为辅助阳极地床，并采用浅埋高硅铸铁阳极作为补充。

但根据前期调研，1#站场曾进行过线路深井阳极的应用，根据现场实测数据，该区域深层电阻率过高，导致深井阳极接地电阻值过大(阳极接地电阻>20Ω)，难以满足技术要求；因此1#站场保护主管道、排污管道等地下综合管道的方案选用多回路恒电位仪，选择浅埋硅铁阳极作为辅助阳极。2#站场保护主管道、排污管道等地下综合管道的方案选用多回路恒电位仪，站内进出主干线埋地管道区域，采用浅埋分布式高硅铸铁阳极地床；对地下管线密集的区域采用深井阳极。其中，深井阳极提供主保护，高硅铸铁阳极提供热点保护。

2）3#站场和4#站场

3#站场和4#站场站内埋地管道较少，电流需求量较小，考虑投资及现场施工便捷性，因此采用牺牲阳极进行阴极保护。3#站场和4#站场设计范围如图3和图4所示。

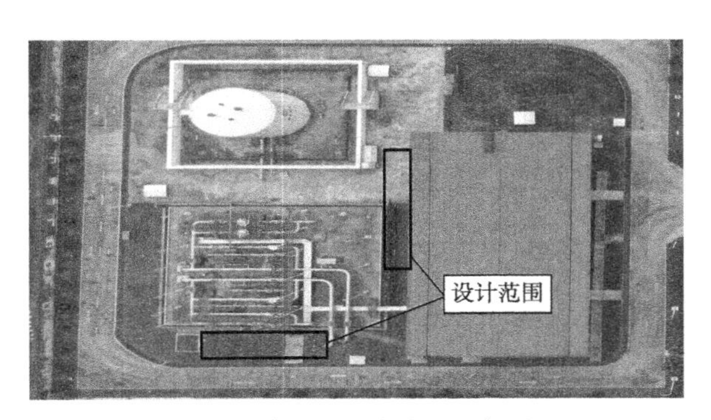

图3　3#站场设计范围示意图

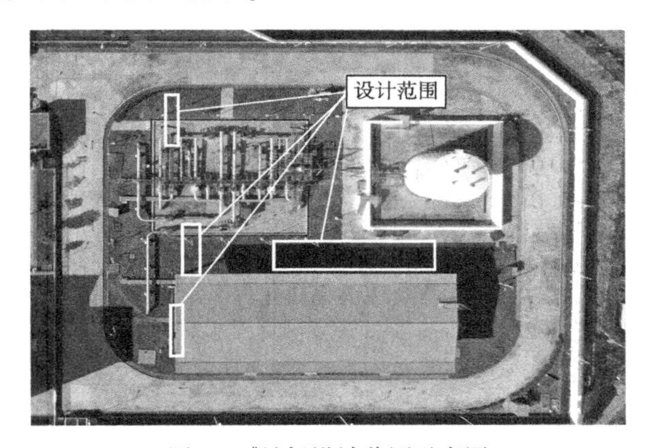

图4　4#站场设计范围示意图

如图框内为本文3#站场和4#站场设计范围，考虑到工艺站场内已建管道的走向、部分已建小管径管道、阴极保护电流的均匀性、牺牲阳极的实际使用寿命及现场施工可操作性等因素，本工程拟推荐采用预包装镁合金牺牲阳极进行阴极保护。

同时结合4#站场因为站场地质条件限制，土壤电阻率较大，现场实测土壤电阻率大于100Ω·m，本工程施工回填时应对阳极敷设位置进行换土回填、增加降阻剂等措施，将土壤电阻率降低。

3.4 座站场阴极保护设计方案的计算

1）需要保护电流量计算

$$I = \sum_{i=1}^{n} S_i J_i$$

式中　I——站场内保护电流，A；

S_i——被保护结构的表面积，m^2；

J_i——被保护结构设计所需保护电流密度，A/m^2。

2）牺牲阳极阴极保护计算

（1）单支阳极接地电阻。

$$R_v = \frac{\rho}{2\pi l_g}\left(\ln\frac{2l_g}{D_g}+\frac{1}{2}\ln\frac{4t_g+l_g}{4t_g-l_g}+\frac{\rho_g}{\rho}\ln\frac{D_g}{d_g}\right)(l_g \gg d_g,\ t_g \gg l_g/4)$$

式中 R_v——立式牺牲阳极接地电阻，Ω；

ρ——土壤电阻率，Ω·m；

l_g——裸牺牲阳极长度，m；

D_g——预包装牺牲阳极直径，m；

t_g——牺牲阳极中心至地面距离，m；

ρ_g——填包料电阻率，Ω·m；

d_g——牺牲阳极等效直径，m。

（2）单支牺牲阳极输出电流计算。

$$I_0 \frac{\Delta E}{R}$$

式中 I_0——牺牲阳极输出电流，A；

ΔE——阳极有效电位差，0.63V；

R——回路总电阻，Ω。

（3）阳极支数计算。

$$n = f\frac{I}{I_0}$$

式中 n——阳极支数量(支)(取整数)；

I——保护管段需要的保护电流；

I_0——牺牲阳极输出电流；

f——备用系数，取2倍。

3）强制电流阴极保护计算

（1）浅埋硅铁阳极数量计算。

$$N = \frac{TgI}{GK}$$

式中 G——单支硅铁阳极的重量，取50kg；

N——硅铁阳极的数量；

g——阳极的消耗率，取0.5kg/(A.a)；

I——阳极工作电流，A(取每回路所需的保护电流的计算值)；

T——阳极设计寿命，取30a；

K——阳极利用率，取0.7~0.85。

（2）浅埋硅铁阳极接地电阻。

$$R_V = \frac{\rho}{2\pi L}\ln\left[\frac{2L}{d}\sqrt{\frac{4t+3L}{4t+L}}\right] \quad (d \ll t,\ d \ll L)$$

立式埋设

$$R_A = F\frac{R_V}{n}$$

式中 R_V——单支立式辅助阳极接地电阻，Ω；

L——带填料的阳极长度，取2.0m；

d——带填料的阳极直径，取0.3m；

t——阳极顶埋深，取2m；

ρ——土壤电阻率，Ω·m；

R_A——阳极组接地电阻，Ω；

n——阳极数量；

F——电阻修正系数，取 1.2(阳极间距按 10m 考虑)。

(3) 深井阳极接地电阻。

$$R_d = \frac{\rho}{2\pi L_a}\left(\ln \frac{2L_a}{d}\right)(t \gg L_a)$$

式中 R_d——深井阳极接地电阻，Ω；

L_a——辅助阳极长度(含填料)，m；

d——辅助阳极直径(含填料)，m；

ρ——阳极区的土壤电阻率，Ω·m；

t——埋深，m。

(4) 回路电阻计算。

$$R_T = R_P + R_A + R_L$$

式中 R_P——保护管段接地电阻，Ω；

R_A——保护管段阳极接地电阻，Ω；

R_L——导线电阻，Ω。

(5) 设备输出电流电压。

$$I_T = I \times 110\%$$

$$V_T = R_T \times I_T + V_0$$

式中 I_T——设备最小输出电流量，A；

V_T——设备最小输出电压值，V；

V_0——阴、阳极间反向电压降，一般取 2V。

4) 计算结果

采用牺牲阳极站场的阴极保护计算结果见表 1：

表 1 牺牲阳极阴极保护计算

序号	名　称	单位	3#站场	4#站场
1	单支阳极接地电阻 R_V	Ω	25.11	70.03
2	单支牺牲阳极输出电流 I_0	A	0.025	0.009
3	阳极支数 n	支	10	10
4	阳极工作寿命	年	>15	>15

采用强制电流法进行阴极保护的计算结果统计详见表 2：

表 2 各阴极保护站阳极数量、接地电阻和回路总电阻计算结果

<table>
<tr><th>序号</th><th>规格、单位</th><th>1#站场</th><th colspan="2">2#站场</th></tr>
<tr><td>1</td><td>所需保护电流/A</td><td>24.609</td><td colspan="2">7.723</td></tr>
<tr><td>2</td><td>硅铁阳极支</td><td>35</td><td>—</td><td>20</td></tr>
<tr><td>3</td><td>深井阳极/支</td><td>—</td><td>9</td><td>—</td></tr>
<tr><td>4</td><td>回路总电阻/Ω</td><td>1.004</td><td>2.038</td><td>0.912</td></tr>
<tr><td>5</td><td>输出电流 I_T/A</td><td>27.071</td><td colspan="2">8.495</td></tr>
<tr><td>6</td><td>输出电压 V_0/V</td><td>29.182</td><td colspan="2">19.321</td></tr>
</table>

4.4座站场阴极保护设计方案的对比情况

各站场设计方案的对比详见表3：

表3　4座站场区域阴极保护方案对比表

序号	项目	1#站场	2#站场	3#站场	4#站场	备注
1	阴极保护种类	强制电流	强制电流	牺牲阳极	牺牲阳极	
2	阴极保护方案	四回路恒电位仪1台	三回路恒电位仪1台	—	—	
		浅埋辅助阳极地床：预包装高硅铸铁阳极阳极35支	1)浅埋辅助阳极地床：预包装高硅铸铁阳极阳极20支； 2)深井阳极地床1口(井深60m)	预包装镁合金牺牲阳极20支	预包装镁合金牺牲阳极18支	
		测试点3处	测试点2处	测试点2处	测试点2处	
3	阴极保护方案优点	保护电流输出量可以调节，而且系统使用寿命长，浅埋辅助阳极地床，可在特定局部区域提供大电流，电位负偏移程度局部影响强度高。具有较为明显的经济优势，且施工简单	保护电流输出量可以调节，而且系统使用寿命长。 浅埋辅助阳极地床，可在特定局部区域提供大电流，电位负偏移程度局部影响强度高。具有较为明显的经济优势，且施工简单。 深井阳极地床无须沿管道等埋地金属设施敷设，施工作业面小。输出电流大，消耗率低，保护范围大	对外界无干扰，无须外部电源，施工简单。有明显经济优势。埋地管道较少，地质条件适宜。对于其他阴保系统无干扰影响	对外界无干扰，无须外部电源，施工简单。有明显经济优势。埋地管道较少，地质条件适宜。对于其他阴保系统无干扰影响	
4	阴极保护方案缺点	需要外部电源。 浅埋辅助阳极地床地电位升影响范围大，可能对临近的线路管道或周围其他金属构筑物产生干扰；允许的输出电流和接地电阻受土壤电阻率影响大	需要外部电源。 深井阳极地床不适合于深层土壤电阻率高的区域，电流扩散范围广，使总保护电流消耗量增大。 浅埋辅助阳极地床地电位升影响范围大，可能对临近的线路管道或周围其他金属构筑物产生干扰；允许的输出电流和接地电阻受土壤电阻率影响大	寿命短，需要定期更换；后续增加经济投资。不适用于土壤电阻率高的地方	寿命短，需要定期更换；后续增加经济投资。不适用于土壤电阻率高的地方	

三、站场区域性阴极保护效果

1.1#站场验收阴极保护电位

1#站场采用4回路恒电位仪设备，辅助阳极为三路浅埋硅铁阳极，区域性阴极保护系统建设完成对恒电位仪设备进行调试，经调试设备具体数据见表4：

表4　1#站场恒电位仪规格型号及输出参数

机号/测试数据	预置电位/V	保护电位/V	输出电压/V	输出电流/A	阳极接地电阻/Ω
1路	-1.25	-1.252	14.586	1.745	1.6
2路	-1.55	-1.551	21.876	2.326	4.2
3路	-1.55	-1.551	6.497	2.022	5.2
4路	备用				

根据标准规范[3]要求对 1#站场管地电位选点 47 处进行管地电位测试。经测试站内区域管线管地电位显示，所有管线自然电位-0.5233～-0.673V，通电电位在-0.701～-2.005V 之间，断电电位在-0.693～-1.2V 之间，1#站场区域管线自然电位、通断电位测试数据如图 5 所示：

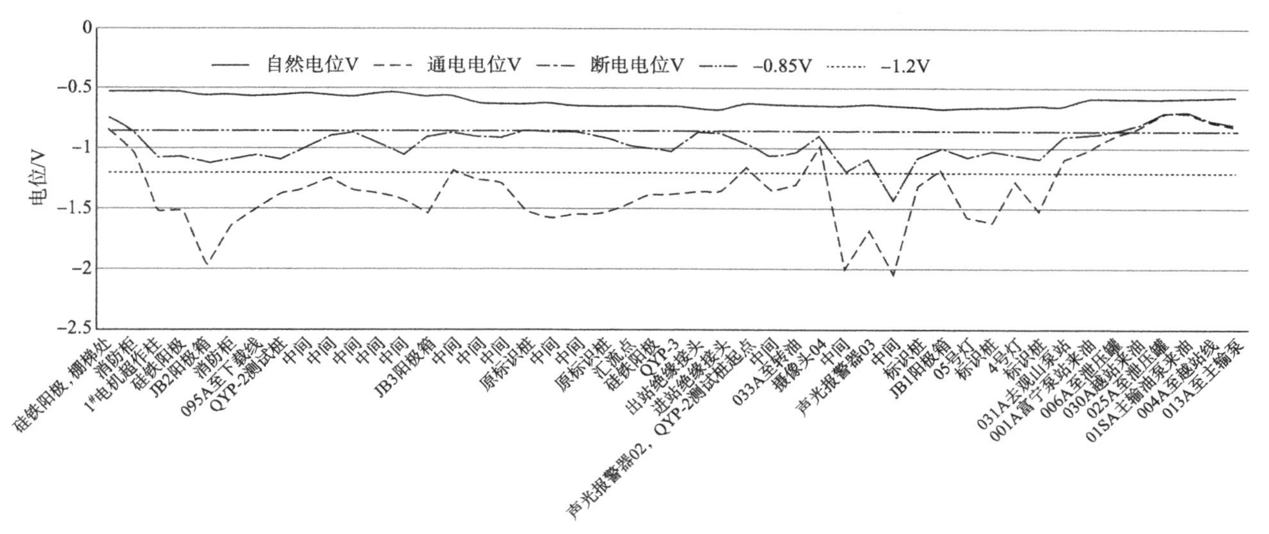

图 5　1#站场区域管线自然电位、通断电位测试数据曲线图

根据图 5，1#站场除了计量棚和露天管汇区外，埋地管线断电电位均在-1.2～-0.85V 之间，处于有效保护状态；计量棚和露天管汇区埋地管线接地较多，断电电位正于-0.85V，依据“$-100mV_{CSE}$”阴保准则。本站所测断电电位均负与-0.693V，经对比断电电位与自然电位负向偏移大于 100mV。

2. 2#站场验收阴极保护电位

2#站场采用 3 回路恒电位仪设备，辅助阳极为深井阳极地床+浅埋硅铁阳极，区域性阴极保护系统建设完成对恒电位仪设备进行调试，经调试设备具体数据见表 5：

表 5　2#站场恒电位仪规格型号及输出参数

机号/测试数据	预置电位/V	保护电位/V	输出电压/V	输出电流/A	阳极接地电阻/Ω
1 路	-1.05	-1.049	21.704	17.292	1.39
2 路	-2	-2	5.432	3.517	3.5
3 路	备用				

根据[3]标准规范要求对 2#站场管地电位选点 43 处进行管地电位测试。经测试站内区域管线管地电位显示，所有管线自然电位-0.673～-0.5233V，通电电位在-2.47～-0.836V 之间，断电电位在-1.13～-0.79V 之间，2#站场区域管线自然电位、通断电位测试数据如图 6 所示：

根据图 6，2#站场除了计量棚和露天管汇区埋地管线断电电位均在-1.2～-0.85V 之间，处于有效保护状态；计量棚至泄压罐之间的管线断电电位在-0.85V 左右，处于临界值；露天管汇区、计量棚区部分管段接地较多，断电电位正于-0.85V，依据“$-100mV_{CSE}$”阴保准则。本站所测断电电位均负与-0.77V，经对比断电电位与自然电位负向偏移大于 100mV。

3. 3#站场验收阴极保护电位

3#站场采用 20 支预包装镁合金牺牲阳极，分 3 组，保护 4 段管道，分别为：过滤器后置主输油泵至右口汇管管段、主输油泵出口汇管至 MOV306 前管段、进出站管线埋地管线。

根据[3]标准规范要求对3#站场管地电位选点22处进行管地电位测试。经测试站内区域管线管地电位显示，区域管线自然电位在-0.677~-0.573V之间，通电电位在-1.256~-0.835V之间，断电电位在-1.15~-0.758V之间，3#站场区域管线自然电位、通断电位测试数据如图7所示：

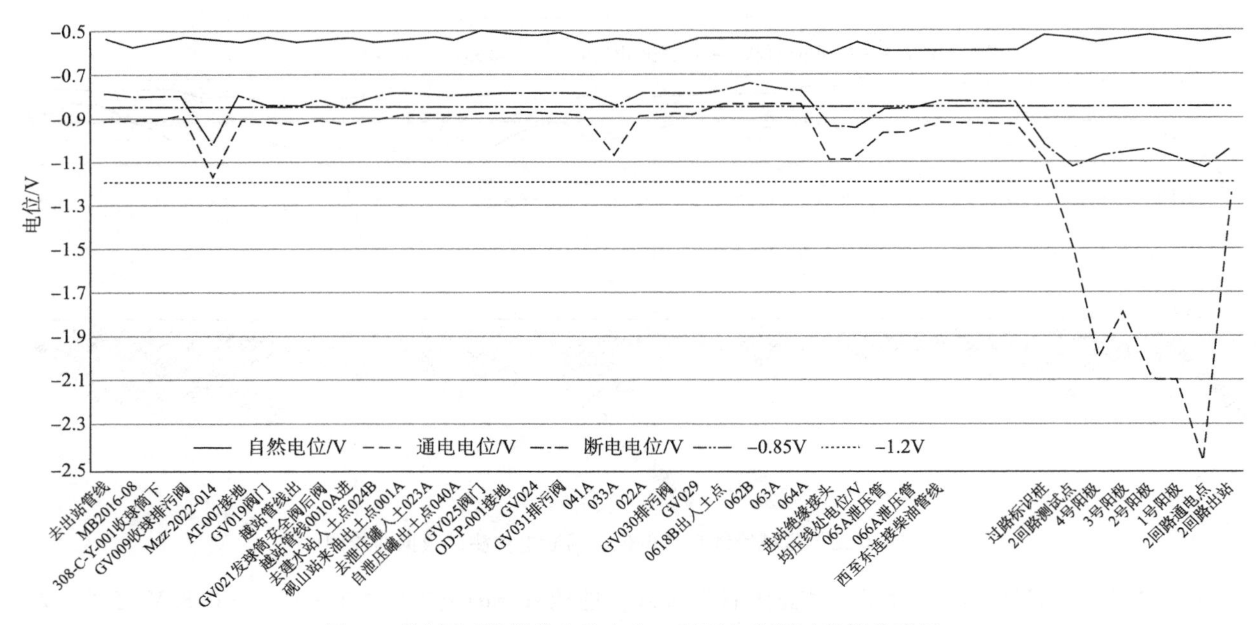

图6 2#站场区域管线自然电位、通断电位测试数据曲线图

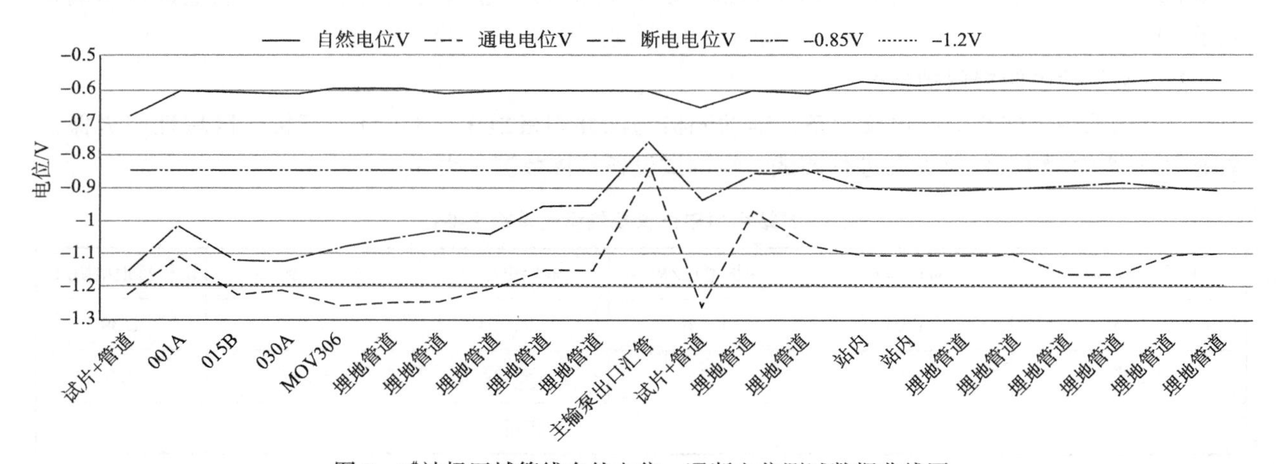

图7 3#站场区域管线自然电位、通断电位测试数据曲线图

根据上图，3#站场牺牲阳极组输出电流10~25mA，输出较小；接地电阻3.97~6.6Ω；其中21处断电在-1.2~-0.85V之间，处于有效保护状态；主输泵出口汇管出入土端断电电位为-0.758V，相比较此处自然电位-0.605V负向偏移大于100mV。

4.4#站场验收阴极保护电位

4#站场采用18支预包装镁合金牺牲阳极，分4组，保护4段管道，分别为：进站绝缘接头(JY2)至进站管线出入土点之间管段、出站绝缘接头(JY1)至出站管线出入土点之间管段、去出站调节阀—自主输泵出口汇管出入土点之间管段、主输过滤器—主输泵入口出入土点之间管段。

根据[3]标准规范要求对4#站场管地电位选点18处进行管地电位测试。经测试站内区域管线管地电位显示，区域管线自然电位-0.467～-0.423V之间，通电电位在-0.931～-0.569V之间，断电电位在-0.83～-0.544V之间，4#站场区域管线自然电位、通断电位测试数据如图8所示：

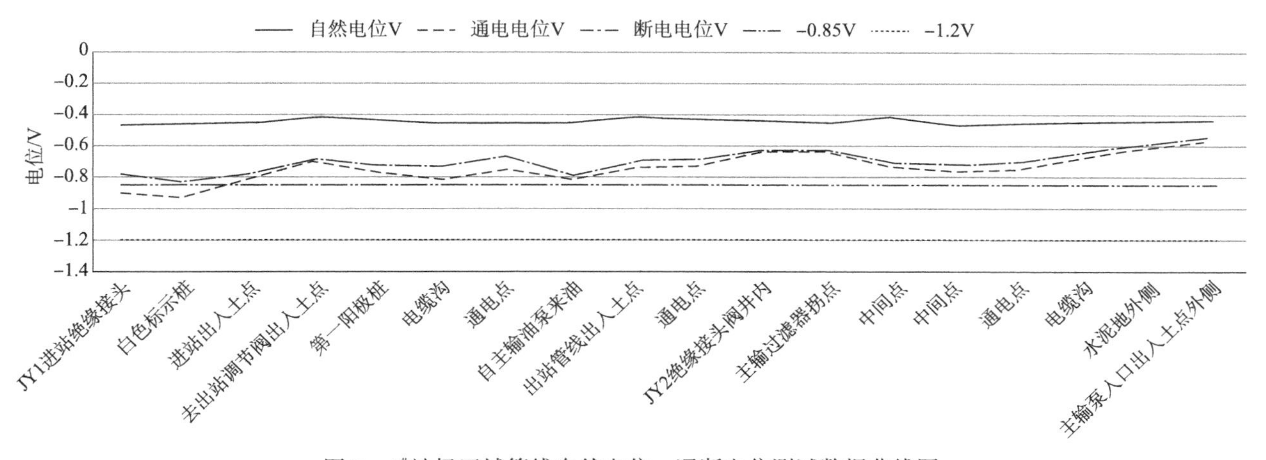

图8　4#站场区域管线自然电位、通断电位测试数据曲线图

根据上图，4#站场牺牲阳极组输出电流0.02mA，输出较小；接地电阻5～16Ω；其中18处断电在-0.83～-0.544V之间，相比较每处自然电位负向偏移大于100mV。

5.4座站场阴极保护效果汇总

1#站场和2#站场同为强制电流系统，1#站场采用浅埋分布式高硅铸铁阳极地床，2#站场采用深井阳极地床+浅埋分布式高硅铸铁阳极地床，根据以上数据，1#站场的输出电流、保护电位效果较为理想，4座站场验收阴极保护效果对比详见表6：

四、结论

通过对已建4座输油站场增加区域性阴极保护的项目总结可以得出以下结论：

（1）4座站场均达到相关国标对于阴极保护准则的要求。从投资分析，强制电流法两种辅助阳极地床形式，投资差别不大，同时牺牲阳极的投资远远小于强制电流法。

（2）从保护范围及验收效果分析，强制电流法的保护范围、保护效果及后续运营便捷性远大于牺牲阳极法，强制电流法对于站场综合管网复杂具有较好的保护效果，阴极保护电位满足国标中阴极保护准则的要求，牺牲阳极对于已建站场内的管道阴极保护电位提升较小，复杂管网的站场牺牲阳极安装位置受限，若站内接地系统复杂，则无法提供足够的输出电流且牺牲阳极消耗较快，后续存在二次开挖更换的情况。

（3）对于后续类似工程，结合本项目经验，建议根据不同的辅助阳极地床形式对比，对于被保护管道复杂，接地系统复杂的站场，站场管网涉及较为分散，不适合深井阳极地床的集中电流保护，建议采用强制电流法的站场辅助阳极地床采用分布式阳极，安装位置尽量靠近被保护管道，减少电流被屏蔽的情况。对于站场占地较大，设备较多，地下管网密集且安装集中的站场，采用深井阳极地床供主保护，部分末端管道采用分布式阳极提供热点保护，灵活性较强，输出电流可以较多的降低接地网过密集的影响。

（4）要达到理想的保护效果和最大限度的降低对不同阴极保护系统的干扰，施工和调试阶段应与设计密切结合，及时根据调试测试结果对设计方案进行优化和调整。

（5）任何一种保护方式都不是万能的，要根据保护站场的埋地管道规模、分布情况以及土壤电阻率等因素综合考虑后选择一种或者多种保护方式相结合的保护方式。

表6　4座站场阴极保护效果汇总表

序号	项目名称	1#站场	2#站场	3#站场	4#站场	备　注
1	自然电位/V	-0.673~-0.5233	-0.673~-0.5233	-0.677~-0.573	-0.467~-0.423	
2	通电电位/V	-2.005~-0.701	-2.47~-0.836	-1.256~-0.835	-0.931~-0.569	
3	断电电位/V	-1.2~-0.693	-1.13~-0.79	-1.15~-0.758	-0.83~-0.544	
4	输出电流/A	1.745~2.326	3.517~17.292	10~25mA	0.02mA	
5	阳极接地电阻/Ω	1.6~5.2	1.39~3.5	3.97~6.6	5~16	
6	防护效果概述	47处测试点中，39处断电电位在-0.85~-1.2V之间，占全部测试点的83%；剩余8处断电电位正于-0.85V，但满足阴极电位负向偏移至少100mV的判定准则，占全部测试点的17%，管道整体处于保护状态	43处测试点中，16处断电电位在-0.85~-1.2V之间，占全部测试点的37.2%；剩余27处断电电位正于-0.85V，但满足阴极电位负向偏移至少100mV的判定准则，占全部测试点的62.8%，管道整体处于保护状态	22处测试点中，21处断电电位在-0.85~-1.2V之间，占全部测试点的95.5%；剩余1处断电电位正于-0.85V，但满足阴极电位负向偏移至少100mV的判定准则，占全部测试点的4.5%，管道整体处于保护状态	所有18处测试点的断电电位正于-0.85V，但满足阴极电位负向偏移至少100mV的判定准则，管道整体处于保护状态	
7	防护效果分析	整体防护效果较为理想，大部分测试点断电电位都位于-0.85~-1.2V区间；断电电位不在保护区间的8处测试点主要位于计量棚和露天管汇区位置，原因主要为计量棚和露天管汇区位置存在大量埋地管网且涉及去往库区的综合管网，全部位于硬化路面，不能开挖此范围安装硅铁阳极，且区域周边接地系统庞大	整体防护效果较差，62.8%的测试点断电电位不在-0.85~-1.2V区间内，原因主要为该站场被保护管道分布区域较为分散，接地系统密集，且站场与库区并未绝缘，存在部分电流流向接地系统、库区等情况，中间被非保护范围内的密集埋地综合管网分隔，计量棚和露天管汇区分别位于保护管道末端，深井阳极地床提供局部大电流，部分保护电流被屏蔽，造成部分管道保护效果较差	整体防护效果较为理想，只有1处断电电位不在-0.85~-1.2V区间，位于主输泵出口汇管位置，原因主要为此处位于保护管道末端且其余管道为计量棚和露天汇管区地面硬化，阴保电流输出受限	整体防护效果较差，所有测试点断电电位均不在-0.85~-1.2V区间内，原因主要为被保护管道分布区域较为分散，牺牲阳极安装位置受限，被计量棚、露天汇管区地面硬化断开，且周边接地系统复杂，同时该站土壤电阻率过大，造成牺牲阳极管道保护效果较差	所有测试点电位满足100mV电位偏移的判定准则

参 考 文 献

[1] 陈航．长输油气管道工艺站场的区域性阴极保护[J]．腐蚀与防护，2008，29(8)：485-487.
[2] GB/T 21448—2017 埋地钢质管道阴极保护技术规范．
[3] GB/T 21246—2020 埋地钢质管道阴极保护参数测量方法．

建筑、结构与总图

油气储运站场建筑节能低碳技术

张红霞　王汉庄

（中国石油天然气管道工程有限公司　技术质量安全部、土建室）

摘　要：本文通过对油气储运站场建筑的特点分析，结合建筑行业的节能减排技术路径，提出了站场建筑"能碳双控"的发展目标，给出了节能减排技术路径、适用技术以及发展建议。

一、引言

近年来，我国建筑领域不断探寻高能效的节能减排实施路径。建筑的未来发展趋势，一方面是向着超低能耗、近零能耗、零能耗，甚至是产能建筑方向发展；另外一方面，在双碳战略下实现"能碳双控"，向着低碳建筑、近零碳建筑，以及零碳建筑方向发展。所以，站场建筑也要从满足通用规范标准的"基本达标"向实现"能碳双控"的高级目标发展。

二、建筑行业节能低碳技术路径

1. 建筑领域能耗与碳排放现状

据国际能源机构（IEA，International Energy Agency）全球建筑物跟踪报告数据，建筑行业直接或间接地对全球约三分之一的与能源和流程相关的 CO_2 排放负有责任。所以，要解决建筑物和建筑施工对二氧化碳排放的影响，需要在其整个价值链中实施排放限制。

清华大学建筑节能研究中心对于中国建筑领域（不仅包含民用建筑，还包括生产性建筑建造和基础设施建设，例如公路、铁路、大坝等的建设）用能及排放的核算结果指出：在能耗方面，2021年我国民用建筑运行能耗占全社会能耗的比例为21%；民用建筑建造隐含能耗占全社会能耗的比例为10%，如果再加上生产性建筑和基础设施建造的隐含能耗，占全社会能耗的比例将达到26%。在碳排放方面，2021 年我国建筑业的建造隐含 CO_2 排放和运行相关 CO_2 排放占全社会 CO_2 排放总量（包括能源相关和工业过程排放）的比例约为 33%，其中建筑建造占比为 14%，建筑运行占比为 19%（图 1）。

可见，建筑行业迫切需要寻找一条更高能效、减缓能耗上升和排放的节能减排的实施路径。

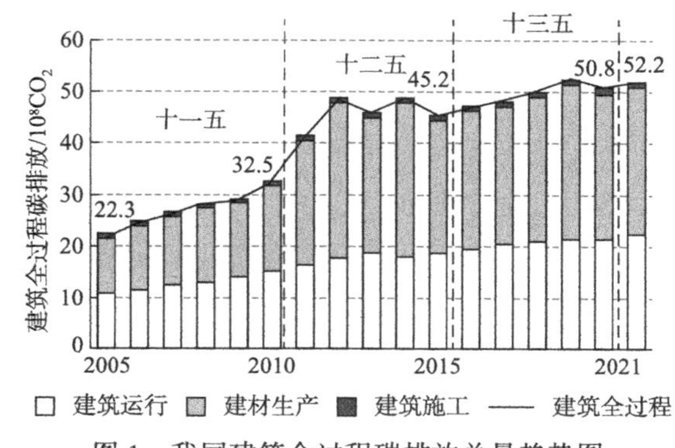

图 1　我国建筑全过程碳排放总量趋势图

2. 建筑碳排放的边界和范围

建筑全过程碳排放的边界包括了建材生产及运输、建筑施工、运行、拆除以及建材回收各阶段。其中，建材生产和回收的碳排放量已计入工业领域，建材运输计入交通领域，建筑本身的施工、运行和拆除是建筑行业的边界。但是，建筑是建材生产、运输和回收的需求方，只有从设计源头对材料的用量、距离、碳足迹以及施工方法进行控制，才能有效减少建筑碳排放量。所以，建筑碳排放应遵循全生命期原则(LCA)，分阶段计算(核算)碳排放量，全面控制建筑活动的相关碳排放。

建筑碳排放的范围包括直接排放和间接排放。直接排放是指建筑物化及运行阶段使用燃煤或天然气等化石能源满足建造、运输、供暖、炊事、生活热水等所燃烧产生的碳排放；间接排放是指建筑用电以及城镇热电联产供热等产生的碳排放。

3. 建筑行业节能减排技术路径

通过以上建筑碳排放边界和范围的宏观分析，可总结出建筑行业碳排放的计算模型：

$$建筑碳排放=建筑面积\times能耗强度\times化石能源占比\times能源排放因子-碳汇$$

也就是说，建筑碳排放与建筑面积、建筑能耗强度、化石能源的消耗占比、能源排放因子以及碳汇等因素相关。其中，建筑面积的控制、化石能源占比以及碳排因子、碳汇都需要全社会多部门协调实现系统性优化，建筑能耗强度则是建筑行业的责任范围；并且，建筑的能耗强度和非化石能源占比也可以通过建筑本身的设计和设备材料的技术优化达到节能低碳的目的。所以，建筑行业应从降低建筑能耗强度、提高非石化能源占比、控制建筑面积和增加建筑碳汇四个方面寻求节能低碳的关键技术路径(图2)。

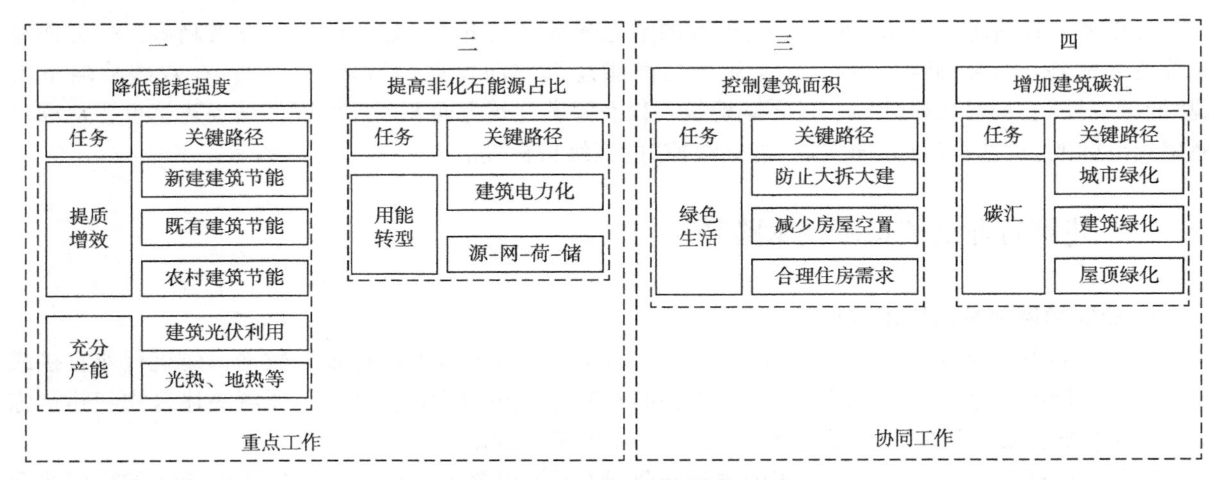

图2　建筑行业双碳目标实施路径

其中，降低建筑能耗强度和提高非石化能源占比是建筑行业节能低碳发展的重点。

三、站场建筑节能低碳技术

1. 站场建筑类型及特点

站场建筑是在油气储运项目中，建设在各类站场内满足人员办公、值班、操作，以及工艺及辅助设备运行和维护的建筑物。站场建筑的主要建筑类型，及其结构形式、节能设计性质分类和产生能源消耗的设备系统详见表1。

表1　典型站场建筑节能设计性质分类表

序号	建筑名称	结构形式	节能设计分类	耗能设备(系统)	备注
1	综合值班室	钢筋混凝土框架结构或装配式钢结构	甲类公建	照明、生活热水、空调、采暖	仅寒冷、严寒地区设置采暖系统
2	门卫		乙类公建	照明、空调、采暖	
3	综合设备间、110kV变电所、变频设备间	钢筋混凝土框架结构	一类工业建筑	照明、空调、采暖	

续表

序号	建筑名称	结构形式	节能设计分类	耗能设备(系统)	备注
4	压缩机厂房		二类工业建筑	照明、通风	
5	维修厂房	门式钢架结构	一类工业建筑	照明、采暖、空调、通风	仅厂房内小型维修间设空调
6	输油泵房、设备库房、车库		一类工业建筑	照明、采暖、通风	严寒、寒冷地区
			二类工业建筑	照明、通风	其他气候区

表1中，综合值班室和门卫是小型的公共建筑，有较高的节能设计标准，耗能的设备系统较多，同时需要兼顾人员在建筑内美观舒适的感受。其余均为工业建筑，节能标准较低，耗能设备系统少(表中仅列出了影响建筑本体能耗及碳排放的设备系统，未考虑厂房内工艺设备的运行能耗)。

和一般的工业和民用建筑的功能组织、运行管理模式不同，各类站场建筑的功能、规模和建设标准相对统一，具有共性的特点和局限。站场建筑一般建设在较偏远的地区，而且建设规模较小，往往市政依托不完备，施工水平不高，建设投资有限。所以在现阶段，站场建筑的节能低碳不能好高骛远，盲目追求“高大上”的技术和材料，必须立足于站场建筑的使用特点和建设条件，找到影响站场建筑能耗和碳排放强度的主要因素，进而确定适用、经济的站场建筑节能低碳技术路径。

2. 站场建筑节能低碳技术

结合建筑行业节能低碳的关键技术路径，基于上文对站场建筑的特点分析，站场建筑可以从降低建筑本体能耗、提高可再生能源利用率、降低建筑隐含碳三个方面制定节能低碳技术路径。

1）降低建筑本体能耗

站场建筑的本体能耗主要包括供暖、通风、空调、照明和生活热水的终端能耗量。一般来说，建筑围护结构的热工性能以及设备系统选型决定了建筑的本体能耗。

(1) 围护结构。

建筑围护结构主要包括地面、外窗、外墙和屋面。其中，调整地面保温层厚度对建筑本体节能率影响较小，所以地面设计 K 值满足规范要求即可，不作为建筑节能的重点部位(图3)。

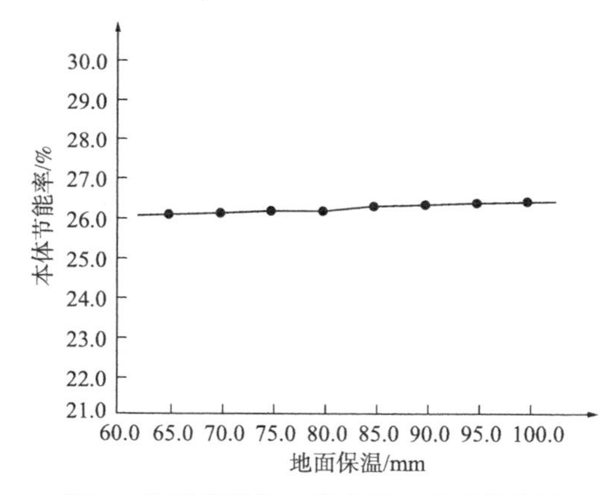

图3 地面保温与本体节能率关系曲线图

站场建筑的窗墙比一般不会超过0.3，也就是说，外墙面积的70%以上都是不透明的实体结构。所以，外窗性能的提升对降低建筑能耗的贡献不显著。同时，根据调研，外窗传热系数达到1.5W/(m^2·K)之后，再继续降低外窗传热系数，其造价会翻倍增加，每平米约增加1000~13000元。所以一般情况下，外窗传热系数 K 值满足规范要求的低限指标即可。在建设标准较高的项目中，可采用GB/T 51350《近零能耗建筑技术标准》中的推荐传热系数1.5W/(m^2·K)。

站场建筑外墙、屋面最常用的保温材料有岩棉板、挤塑聚苯泡沫塑料板两种形式。其中，岩棉板(燃烧性能为A级)的厚度区间一般为30~150mm，挤塑聚苯泡沫塑料板厚度区间一般为30~200mm(燃烧性能为B1级)，厚度超过区间内最大数值时需进行定制。

岩棉板的耐水差、抗拉强度低、表观效果和耐久性较差，挤塑聚苯板防火性能差，都具有明显的短板。站场建筑的外保温宜采用A级耐火产品，并满足住建部对建筑保温提出的综合目标“安全、耐久、低碳、防火、保温、经济”的要求。表2为目前市场上几种常见的A级保温材料的性能对比情况。

表 2　典型站场建筑节能设计性质分类表

	岩棉保温板	高密度型热固复合聚苯乙烯泡沫保温板	无机塑化微孔保温板
防火	符合 GB 8624—2012 中 A1 级要求	符合 GB 8624—2012 中 A2 级要求	符合 GB 8624—2012 中 A2 级要求
保温	横丝岩棉导热系数 0.044；竖丝岩棉导热系数 0.048	导热系数≤0.060	导热系数≤0.045，最低实测 0.042
强度	—	抗压强度≥0.15MPa；抗拉拔强度≥0.1MPa	抗压强度≥0.3MPa；抗拉拔强度≥0.1MPa
容重	140~180KG/m^3	140KG/m^3±14	≤130KG/m^3，水泥制品全球最轻
吸水率	—	体积吸水率≤10%	体积吸水率≤6%，实测 4%，与憎水的发泡聚苯板相当
平整度	保温板平整度差，外墙装饰难以平整	保温板平整一般	保温板尺寸偏差小、平整度好，外墙装饰施工效果好
耐候性	耐候性、耐冻融性能差	耐候性、耐冻融性、抗冲击性差	耐候性、抗冲击性、耐候性等型式检验符合标准要求

其中，无机塑化微孔保温板同样为 A 级防火保温材料，导热系数与岩棉基本相当，但在生产过程中消纳大量工业固废，生产过程的碳排放不足岩棉的 1/8，是集防火、绿色、保温、安全、耐久于一身的创新型绿色低碳材料，在国内、国际均属于领先材料(图 4)。可替代岩棉、挤塑聚苯板，用于外墙薄抹灰系统、保温装饰一体化系统等站场建筑常用保温体系。

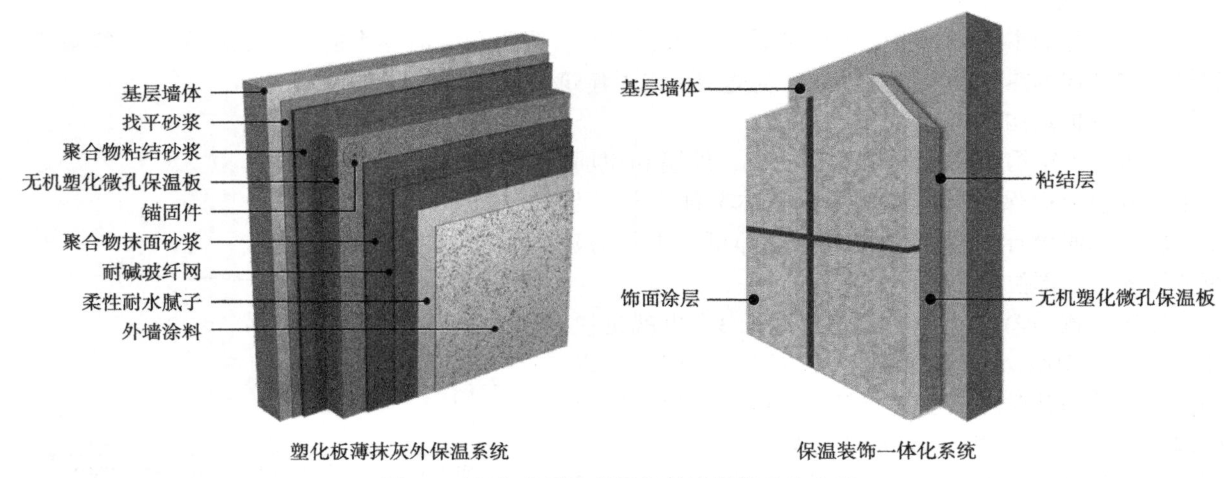

图 4　无机塑化微孔保温板外墙保温系统应用

(2) 采暖系统。

站场建筑可采用的采暖系统形式主要有散热器系统和地暖系统，各系统按热源介质又可分为水暖和电采暖两类。其中，受国家节能政策和规范制约，在站场建筑中，电采暖仅可用于不能采用水暖系统的电气仪表用房、无可依托热水热源的小型站场等情况，或者当可再生能源发电量可满足电直接加热的采暖用电量时方可采用。

与传统的散热器系统相比，低温热水地暖系统的供回水温度低，散热面积大，更加节能和舒适，在同样舒适感条件下，室内设计温度可比传统对流采暖室内设计温度低 2~3℃，耗能量可节约 15%左右。可见，低温热水地暖系统可适用于站场内的公共建筑，特别是与装配式地板的适配性很强。但站场内的工业建筑由于地面承重、设备安装等要求，不适合采用地暖系统。

但考虑到站场建筑的施工条件、建设投资、维修维护难度，以及装配式装修的应用程度，目前站场建筑还是以散热器系统为主。但在一些建设标准较高、应用了装配式装修的项目中，综合值班室、门卫推荐采用低温热水地面辐射供暖系统，同时搭配利用太阳能、空气能、地热等可再生资源的冷热源，可大大降低建筑的采暖能耗(图5)。

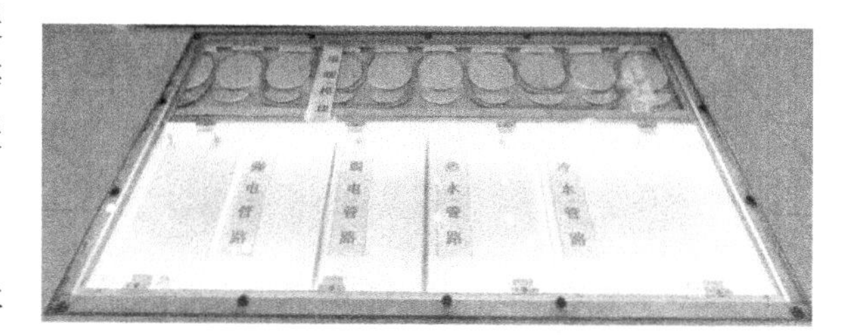

图5　装配式装修中地暖模块的应用

（3）空调系统。

目前，站场建筑的空调系统一般选用分体冷暖空调，可实现各房间分别控制，灵活使用，减少浪费，同时降低投资成本。在建筑节能减排的目标下，站场建筑可采用热泵型冷暖空调替代传统空调，把不能直接利用的低位热能(如空气、土壤、水中所含的热量)转换为可以利用的高位热能，从而达到节约部分高位能(如煤、燃气、油、电能等)的目的。

热泵型空调的冷热源可采用空气源、地源或水源，一般以空气源热泵和地源热泵运用较多。空气源热泵相比于地源热泵其安装更为简单，系统无需做室外的钻孔施工，造价相比于地源热泵较低。但是空气源热泵在北方地区，其冬季由于提取热量的条件受环境因素影响大，所以其主机的效率下降比较高。地源热泵由于采用的是提取地温的形式，所以在极端天气下系统工作更稳定。综上所述，空气源热泵施工及维护简单、投资少，更适用于站场建筑。

（4）生活热水系统。

站场建筑的生活热水主要用于卫生器具和洗澡用热水，主要集中在综合值班室和门卫，可采用传统能源(如煤、燃气、油、电能等)或可再生能源(如太阳能、空气能、地热能等)提供生活热水。站场建筑使用人员较少，相比于一般民用建筑的用水量不大，推荐采用太阳能热水或空气源热泵系统。其中，太阳能热水系统应与太阳能光伏系统进行对比论证，根据建筑功能需求和节能效果进行系统选用。

（5）照明系统。

站场建筑的房间均为简单装修，没有过多的装饰照明，故照明系统的节能主要考虑灯具选型和控制方式两个方面。目前站场建筑的灯具主要为LED光源，照度及照明功率密度满足规范要求。在照明控制方式方面宜注意以下细节：

① 公共场所宜采用感应自动控制，如有天然光的楼梯间、走道的照明，除应急照明外宜采用节能自熄开关；

② 采光区域(通常靠近外窗5m以内)内的灯具宜单独成组控制；

③ 局部照明灯具宜单独设置控制开关，如投影仪、屏幕等；

④ 每套休息室宜装设独立的总开关，控制全部照明、房间用电(不包括进门走灯和冰箱插座)，且宜采用钥匙或门卡钥匙连锁节能控制。

⑤ 宜采用智能照明控制系统，并按需采取调光或降低照度的措施。

另外，充分利用自然采光以减少人工照明使用率，以及提升建筑光伏发电占比，都是降低建筑电气节能的有效手段。

2）提高可再生能源利用率

站场建筑的可再生能源利用率为供暖、通风、空调、照明、生活热水中可再生能源利用量占其能量需求量的比例。通过上文对各设备系统的分析，适合于站场建筑的可再生能源主要为太阳能和空气能，利用形式主要为太阳能发电、太阳能热水以及空气源热泵。

（1）太阳能发电系统。

站场建筑应按GB 55015《建筑节能与可再生能源利用通用规范》的要求设置太阳能系统，通常在屋面上设置建筑附加光伏发电系统(BAPV)。由于站场所在地通常比较偏远，可用的建筑屋面面积有限，目前很难做到余电上网，基本采用全额自发自用的模式。

随着建筑与太阳能一体化理念的不断深入，建筑光伏构件产品的不断发展和推广，充分利用建筑立面、幕墙、遮阳等部位安装建筑集成光伏发电系统(BIPV)的技术不断成熟，成本不断下降。所以，深度挖掘太阳能利用潜力，充分应用 BIPV 系统，同时不断提高建筑的电气化率，是站场建筑节能降碳的发展方向(图 6)。

图 6　太阳能光伏构件立面安装效果图示

(2) 太阳能热水系统。

综合值班室等人员集中且有生活热水需求的建筑也可设置太阳能热水系统。除了传统的在建筑屋面安装的真空管型集热器之外，外观更美观的平板型集热器能够更好地实现与建筑的一体化。

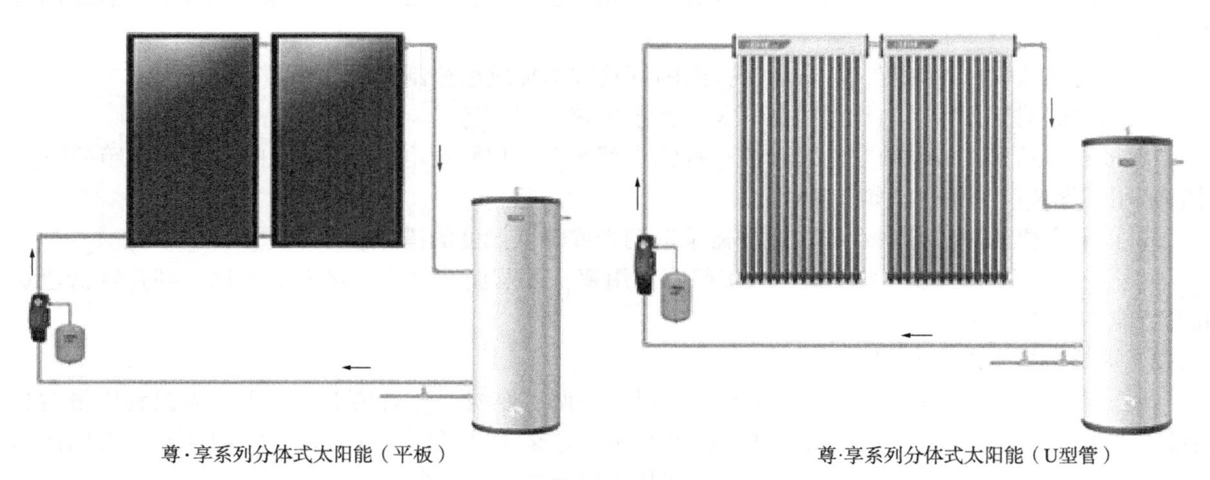

图 7　太阳能集热器类型示意图

站场建筑可充分结合建筑造型，利用墙面、栏板等部位设置太阳能系统。

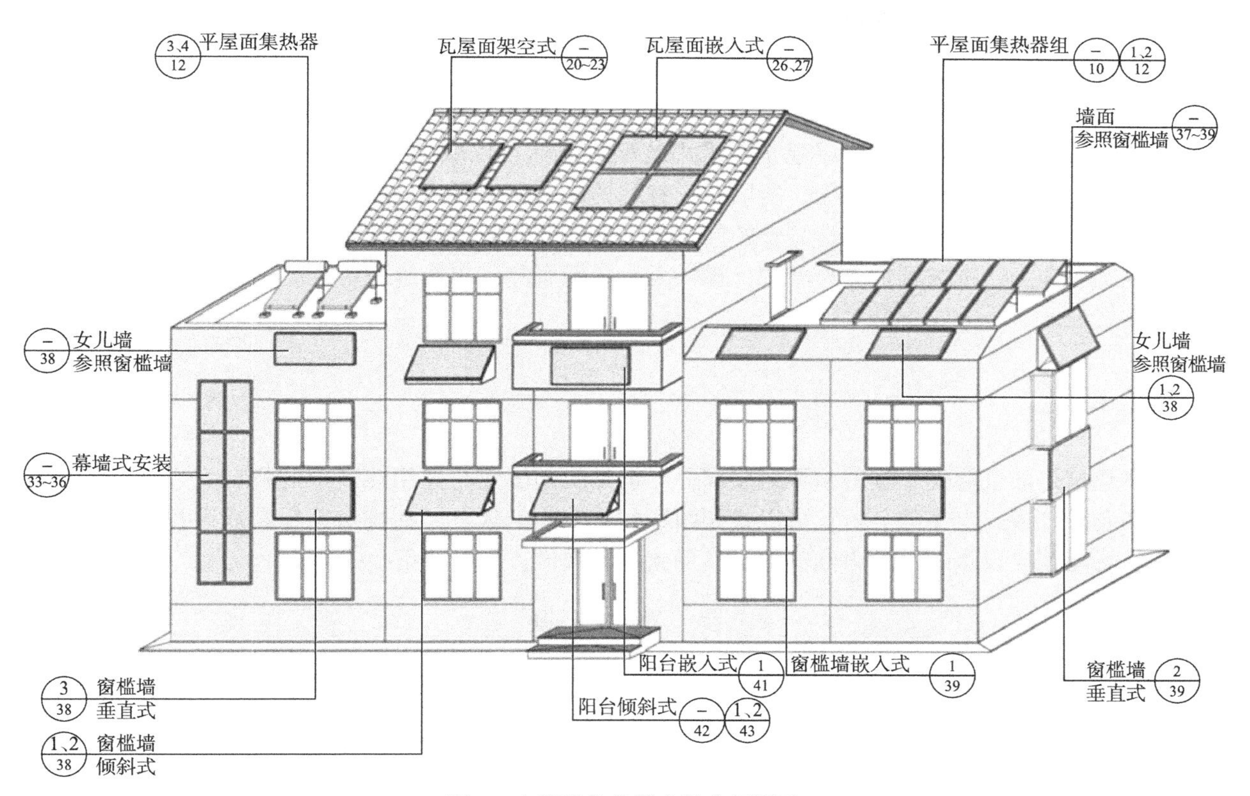

图 8　太阳能集热器安装位置图示

（3）空气源热泵系统。

空气源热泵相较于地源热泵或水源热泵，环境约束少、适用性强、施工难度小、投资造价低，更适用于站场建筑，可用于生活热水、供暖和空调系统，推荐在严寒以外地区的站场建筑进行应用(在寒冷地区应采用低温型机组)，可根据气候条件全年使用或与其他热源搭配使用。

3）降低建筑隐含碳

建筑隐含碳主要包括建材生产运输阶段以及建造及拆除阶段的碳排放量，其核心在于建筑材料的用量和碳排放指标，以及施工台班的能源消耗。其中，建材类型以及建造方式均与结构形式有关。一般情况下，建材生产阶段的碳排放中，混凝土、钢材、铝材等主要建材用量高，碳排放占比大。在建造和拆除阶段的碳排放中，相较于钢筋混凝土框架结构，装配式结构(含钢结构)采用的施工方案较简单，施工机械用量少、功率低，碳排放占比较低。

所以，降低建筑隐含碳排放量的技术路径主要有：

（1）减少建材用量或提高建筑使用寿命。

从建筑全生命周期的角度出发，延长建筑使用寿命，提高建筑建造品质，减少建筑维修维护工程量，可有效减少建筑隐含碳。

（2）选用绿色建材，提高建材回收利用率，降低建材碳排放因子。

建材生产阶段的碳排放占比仅次于运行阶段，可达 18%。所以，降低建筑材料的碳排放量至关重要。目前国家已将水泥、钢铁等建材相关行业列入碳排放重点监控范围，绿色建材的评价和认证正如火如荼，大量的绿色低碳建材层出不穷，如再生混凝土、再生陶瓷等，前文提到的无机塑化微孔保温板也取得了绿色建材的三星级认证，可在站场建筑中推广应用。

（3）采用装配式建造手段。

有研究表明，相对于现浇钢筋混凝土建筑，装配式混凝土建筑在建材准备和施工阶段均可减少碳排放 10%以上；而装配式钢结构建筑相对于装配式混凝土建筑又可降低 40%，可见采用装配式建造手段可有效降低建筑隐含碳排放量。但同时，装配式建筑的降碳效果与建设规模有关，建筑面积越小，降碳效果越不明显，并且建设成本增加较多。

站场建筑中大部分厂(库)房已经采取了钢结构，可视为装配式建造；其他钢筋混凝土框架结构建筑的面积规模较小，且多为单层建筑，采用装配式虽然可以减少部分碳排，但总量效果不明显，且造价增加显著，经济效益不理想。所以，只有站场建筑形成规模化的标准化生产、装配式建造以及整合式再利用，从宏观层面打造完整的产业链；从设计角度形成建筑标准化、模块化、集成化产品；从生产、施工、维护到拆除再利用，提供全生命期服务，才能进一步推动站场建筑装配式的健康、持续发展。

四、结语

站场建筑是油气储运工程的重要组成部分，也是我国工业与民用建筑中的特有类型，具有自身的特点和要求。通过上文的分析，可以找到站场建筑节能低碳发展的技术路径和适用技术，为进一步提升站场建筑建设水平，助力油气储运站场碳中和提供方向、储备技术。

参 考 文 献

[1] 图书：清华大学建筑节能研究中心、中国建筑节能年度发展研究报告 2023(城市能源系统专题)[M]. 北京：中国建筑工业出版社、2023.

[2] 全球建筑物能耗与碳排放现状分析 . 千家网 . 2023. 03. 08.

[3] 王玉，张宏，董凌 . 不同结构类型建筑全生命周期碳排放比较[J]. 建筑与文化，2015，(2)：110-111.

浅谈基桩超声波检测技术

朱俊岩

（中国石油天然气管道工程有限公司技术发展部）

摘　要：工程实践表明，声波透射法是检测混凝土灌注桩桩身缺陷、评价其完整性的一种有效方法。声速、波幅、频率以及波形的特性，与混凝土灌注桩桩身混凝土的强度、施工质量密切相关，准确测定声波经混凝土传播后各种声学参数的量值及变化，就可以推断混凝土的性能、内部结构与组成情况。本文总结了声波检测的原理、方法、检测步骤及实施要点，以期帮助设计人员全面掌握基桩超声波检测技术。

一、引言

桩基础作为应对不良地基或过高承载的有效方案，在工程界被广泛采用。油气站场建、构筑物在处理软土、杂填土、液化土、湿陷性土、冻胀性土、岩溶等不良地质，控制建、构筑物的不均匀沉降，以及解决诸如 LNG 全容储罐过高承载时，较多的采用桩基础。其中，混凝土灌注桩应用更为广泛。《建筑桩基技术规范》规定，桩基工程应进行桩位、桩长、桩径、桩身质量和单桩承载力的检验，桩基工程的检验按时间顺序可分为三个阶段：施工前检验、施工检验和施工后检验。声波透射法适用于已预埋声测管的混凝土灌注桩桩身完整性检测，判定桩身缺陷的程度并确定其位置。工程实践中，设计人员过多关注于桩基检测单位提供的检测报告结论性意见，对于检测方法以及数据的判定不熟悉。

为此，本文结合工程示例，对声波检测的原理、方法、检测步骤及实施要点进行了详尽的介绍，并就桩身的缺陷，提出了针对性的检测手段，以期对检测结果的判定更为准确。

二、检测原理和方法

在基桩成孔后，灌注混凝土之前，在桩内预埋若干根声测管作为声波发射和接收换能器的通道，在桩身混凝土灌注若干天后开始检测，用声波检测仪沿桩的纵轴方向以一定的间距逐点检测声波穿过桩身各横截面的声学参数，然后对这些检测数据进行处理、分析和判断，确定桩身混凝土缺陷的位置、范围、程度，从而推断桩身混凝土的连续性、完整性和均匀性状况，评定桩身完整性等级。

1. 基桩声波透射法完整性检测的基本原理

用人工的方法在混凝土介质中激发一定频率的弹性波，该弹性波在介质中传播时，遇到混凝土介质缺陷会产生反射、透射、绕射、散射、衰减，从而造成穿过该介质的接收波波幅衰减、波形畸变、波速降低等(图 1)。由接收换能器接收的波形，对波的到时、波幅、频率及波形特征进行分析，判断

1
2
3
4

图 1　桩身声测管示意

混凝土桩的完整性及缺陷的性质、位置、范围及缺陷的程度。

2. 反射波于透射波

当声波在传播过程中从一种介质到达另一种介质时，在两种介质的分界面上，一部分声波被反射，仍然回到原来的介质中，称为反射波；另一部分声波则透过界面进入另一种介质中继续传播，称为折射波(透射波)。

例：当平面波从混凝土入射到混凝土与水的交接面时，Z_1(混凝七)= 100×10^4g/(cm^{2}s)，Z_2(水)= 14.0×10^4g/(cm^2 *)，则声压反射率 = $(Z_2-Z_1)/(Z_2+Z_1)=-75.4\%$，声压透射率 = $2Z_2/(Z_2+Z_1)=24.6\%$。即反射声压为入射波声压的76.4%，负号表示反射波与入射波反相，透射声压为入射波声压的24.6%。

3. 检测方法

按照超声波换能器通道在桩体中的不同的布置方式，超声波透射法基桩检测有三种方法。

(1) 桩内单孔透射法。

在某些特殊情况下只有一个孔道可供检测使用，例如在钻孔取芯后，我们需进一步了解芯样周围混凝土质量，作为钻芯检测的补充手段，这时可采用单孔检测法，此时，换能器放置于一个孔中，换能器间用隔声材料隔离(或采用专用的一发双收换能器)。超声波从发射换能器出发经耦合水进入孔壁混凝土表层，并沿混凝土表层滑行一段距离后，再经耦合水分别到达两个接收换能器上，从而测出超声波沿孔壁混凝土传播时的各项声学参数(图2)。需要注意的是，当孔道中有钢质套管时，由于钢管影响超声波在孔壁混凝土中的绕行，故不能用此法。

(2) 桩外单孔透射法。

当桩的上部结构已施工或桩内没有换能器通道时，可在桩外紧贴桩边的土层中钻一孔作为检测通道，检测时在桩顶面放置一发射功率较大的平面换能器，接收换能器从桩外孔中自上而下慢慢放下，超声波沿桩身混凝土向下传播，并穿过桩与孔之间的土层，通过孔中耦合水进入接收换能器，逐点测出透射超声波的声学参数，根据信号的变化情况大致判定桩身质量。由于超声波在土中衰减很快，这种方法的可测桩长十分有限，且只能判断夹层、断桩、缩颈等(图3)。另外灌注桩桩身剖面几何形状往往不规则，给测试和分析带来困难。该方法在规范中均没有提及，不推荐使用。

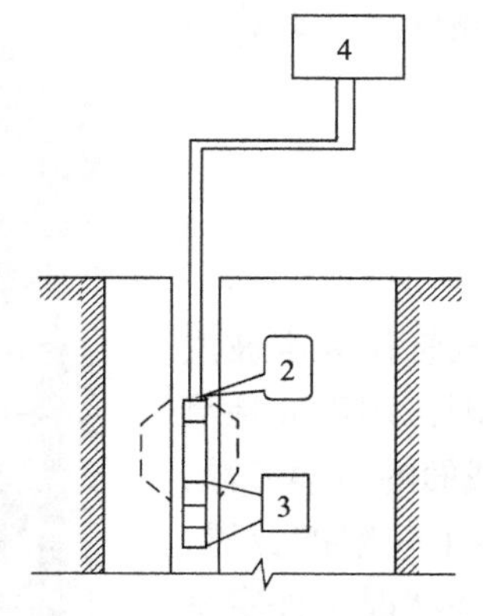

图2 桩内单孔透射法示意图

2—发射换能器；3—接收换能器；

4—声波检测仪

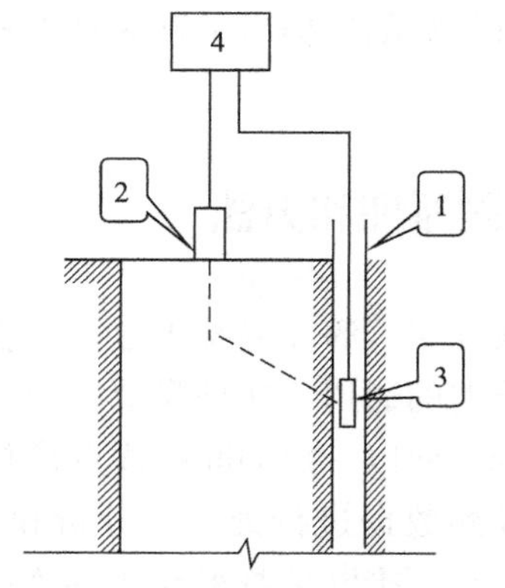

图3 桩外单孔透射法示意图

1—声测管；2—发射换能器；

3—接收换能器；4—声波检测仪

(3) 桩内跨孔透射法。

此法是一种成熟可靠的方法，是超声波透射法检测桩身质量的最主要形式，其方法是在桩内预埋两根或两根以上的声测管，在管中注满清水，把发射、接收换能器分别置于两管道中。检测时超声波由发射换能器出发穿透两管间混凝土后被接收换能器接收，实际有效检测范围为声波脉冲从发射换能器到接收换能器所扫过的面积。根据不同的情况，采用一种或多种测试方法，采集声学参数，根据波形的变化，来判定桩身混凝土强度，判断桩身混凝土质量，跨孔法检测根据两换能器相对高程的变化，又可分为平测(图4)、斜测(图5)、交叉斜测、扇形扫描测(图6)等方式，在检测时视实际需要灵活运用。

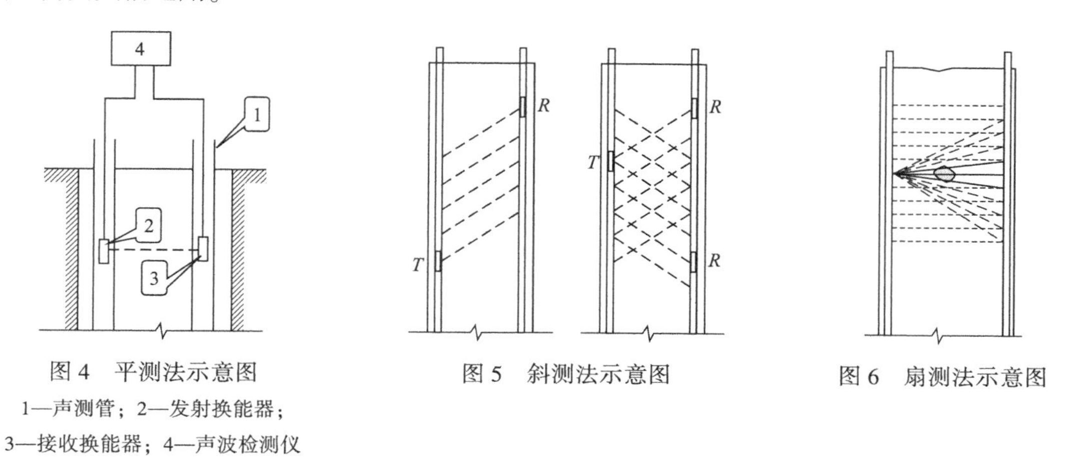

图4　平测法示意图

1—声测管；2—发射换能器；

3—接收换能器；4—声波检测仪

图5　斜测法示意图

图6　扇测法示意图

平测以相同的标高同步升降，完成整桩长度。斜测将发射换能器和接受换能器置于不同高度上同步提升，分析两次测试的声学参数异常的测线，来进一步更精确的确定缺陷范围。扇测一只换能器固定在某高程不动，另一只换能器逐点移动，测线呈扇形分布要注意的是，扇形测量中各测点测距是各不相同的，虽然波速可以换算，相互比较，但振幅测值却没有相互可比性(波幅除与测距有关，还与方位角有关且不是线性变化)，只能根据相邻测点测值的突变来发现测线是否遇到缺陷。

现场的检测过程一般首先是采用平测法对全桩各个检测剖面进行普查，找出声学参数异常的测点。然后，对声学参数异常的测点采用加密平测测试、斜测或扇形扫测等细测方法进一步检测，这样一方面可以验证普查结果，另一方面可以进一步确定异常部位的范围，为桩身完整性类别的判定提供可靠依据。

三、现场检测

声波透射法检测时要求换能器达到良好耦合，其目的是使尽可能多的声波能进入被测介质，并经介质传播后尽可能多的被接收。如果声测管中含水泥浆、砂等悬浮固体颗粒，会使声波产生较强的散射和衰减，影响测量结果。因此，声波透射法检测时，一般采用清水做耦合剂。用清水做耦合剂是水具有不可压缩性、均匀性，更好的传递能量。

1. 检测前的准备

(1) 搜集有关技术资料及施工资料。

主要了解桩的编号、设计强度、桩长、灌注日期等。现场实测时，往往存在堵管或管深不一致的问题，了解桩长是很有必要的，而了解强度及灌注日期，能对波速的情况有一个大概的了解。根据检测的目的，制定相应的检测方案。包括工程概况、目的与任务、方法与技术、仪器设备、检测场地要求、检测人员和时间安排、检测报告等，检测的时间应满足混凝土强度龄期的要求。为保证检测结果的可靠性，同时考虑到混凝土在龄期14天后的超声波波速等特性参数变化已经趋于平缓，一般要求超声波检测混凝土灌注桩的龄期应大于14天。

(2) 计算声测管及耦合水层声时修正值。

声波从探头里发射直到另一个管里的探头接收，实际上不仅是在桩中间传播有一段时间其实是在管内的水里和管里传播，为了准确的获得桩的波速，应该扣除掉这部分时间。

例如：声波换能器直径 $D=25\text{mm}$，钢质声测管外直径、内直径分别为 $d_1=45\text{mm}$，$d_2=41\text{mm}$，已知水的声速 $V_{水}=1500\text{m/s}$，钢的击速 $V_{钢}=5800\text{m/s}$，计算声波透射法检测时的声时修正值 $t'=11.4\text{s}$。

(3) 在桩顶测量相应声测管外壁间净距离。

由于已经在上一步工作中进行了修正，所以在测量跨距时，应该以两管内边距为准。将各声测管内注满清水，检查声测管畅通情况，换能器应能在全程范围内正常升降(图7和图8)。

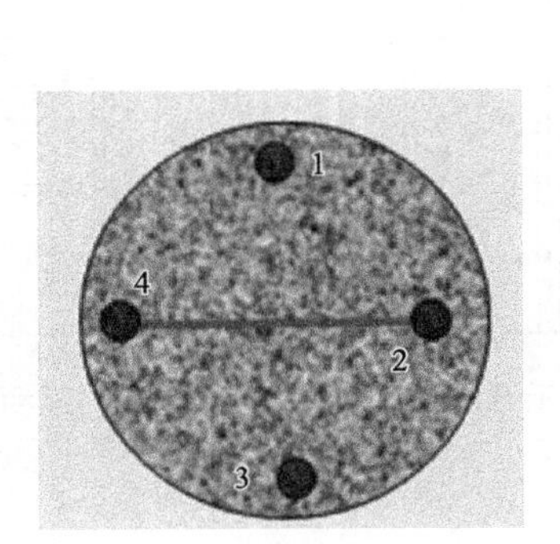

图7 声测管测距示意图

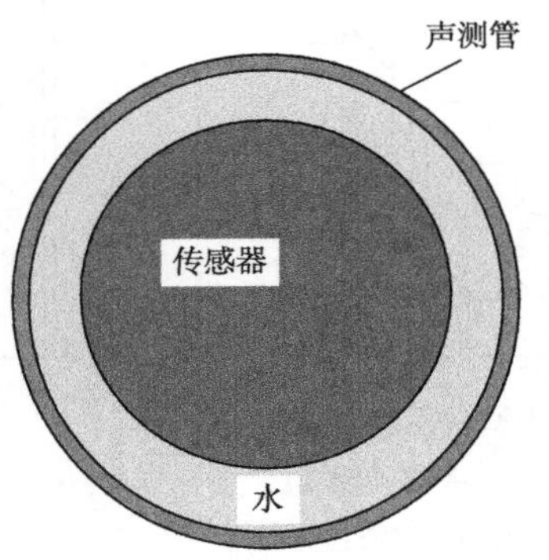

图8 声测管测试装置示意图

2. 现场检测

1) 测试样图

图9为现场测试图。

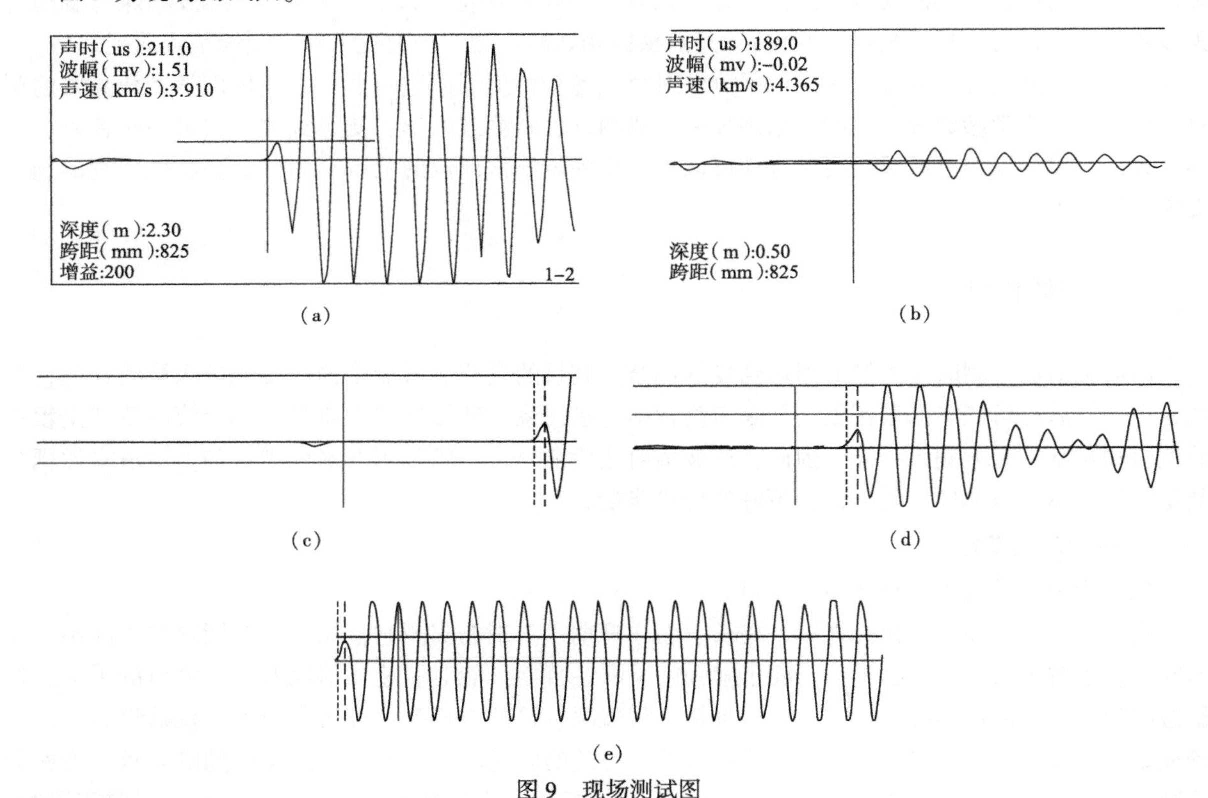

图9 现场测试图

从样图可见，图9(a)和(d)检测效果良好，(b)、(c)和(e)检测效果不好。

有时也会发生，无论怎么调整增益和延迟，总是不能得到很好的显示效果。此时有可能是由于桩底有沉渣或别的缺陷，可将探头同步向上提升一定的深度，观察采集效果，如效果变好，就可以以此设置为准进行检测。验证完设置后，应将探头重新放回桩底。

在桩身质量可疑的测点周围，可采用加密测点，或采用斜测、扇形扫测进行复测，进一步确定桩身缺陷的位置和范围。

2）现场采集

（1）当出现堵管时，可以让发射与接受换能器不在同一高度上，但水平夹角不能太大；

（2）如某一个管堵管较长，其他面的信号需要采集帮助判断的时候，可以将堵管的探头的深度在编码器端保持跟其他管一致，多余的电缆可暂时放置在地面；

（3）当堵管长度太长时，可以采用其他方法(如钻芯法)对桩的完整性进行检测；

（4）当平测发现桩身中有缺陷时，应采用加密测、斜测或扇测进一步确定。

3）缺陷检测方式

（1）局部缺陷。

如图 10 所示，在平测中发现某测线测值异常(图中用实线表示)，进行斜测，在多条斜测线中，如果仅有一条测线(实线)测值异常，其余皆正常，则可以判断这只是一个局部的缺陷，位置就在两条实线的交点处。

（2）缩颈或声测管附着泥团。

如图 11 所示，在平测中发现某(些)测线测值异常(实线)，进行斜测。如果斜测线中、通过异常平测点发收处的测线测值异常，而穿过两声测管连线中间部位的测线测值正常，则可判断桩中心部位是正常混凝土，缺陷应出现在桩的边缘，声测管附近，有可能是缩颈或声测管附着泥团。当某根声测管陷入包围时，由它构成的两个测试面在该高程处都会出现异常测值。

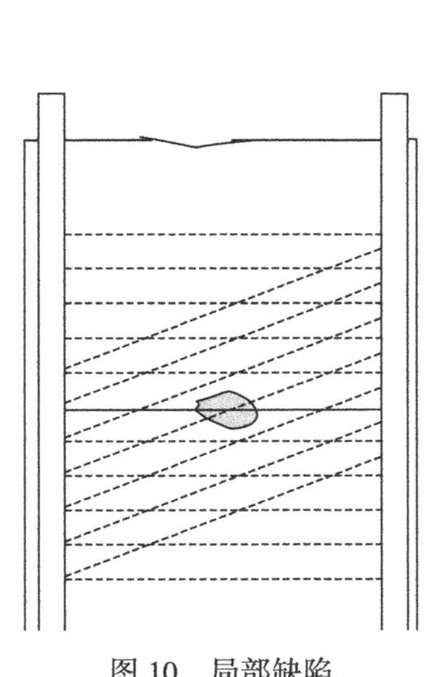

图 10　局部缺陷

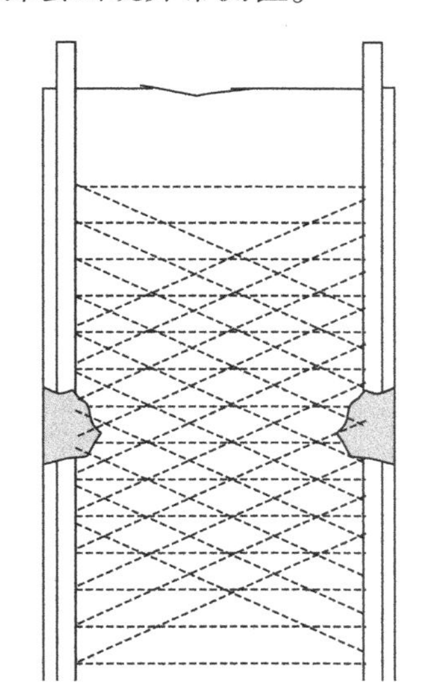

图 11　缩颈或声测管附着泥团

（3）层状缺陷(断桩)。

如图 12 所示，在平测中发现某(些)测线值异常(实线)，进行斜测。如果斜测线中除通过异常平测点发收处的测线测值异常外，所有穿过两声测管连线中间部位的测线测值均异常，则可判定该声测管间缺陷连成一片。如果三个测试面均在此高程处出现这样情况，如果不是在桩的底部，测值又低下严重，则可判定是整个断面的缺陷，如夹泥层或疏松层，既断桩。

（4）扇形扫测。

在桩顶或桩底斜测范围受限制时，或者为减少换能器升降次数，作为一种辅助手段，也可扇形扫查测量，如图 13 所示。

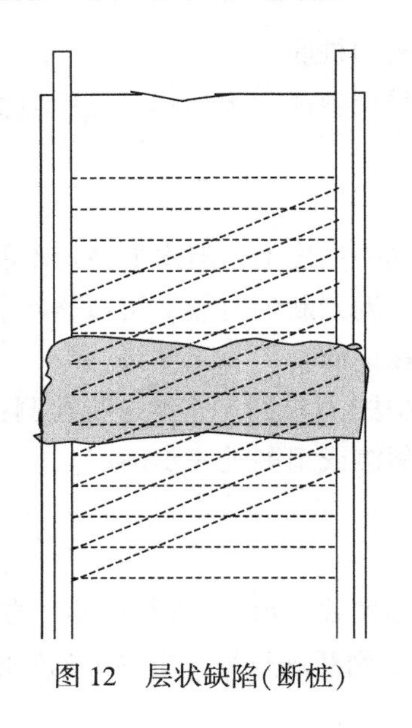

图 12　层状缺陷(断桩)

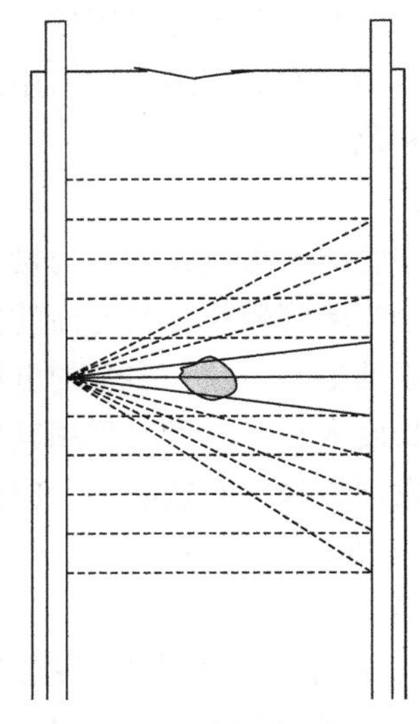

图 13　扇形扫测

四、检测参数与混凝土质量关系

混凝土灌注桩有其自身的特点，诸如施工难度大、工艺复杂、隐蔽性强等，硬化环境及混凝土成型条件复杂更易产生空洞、裂缝、夹杂局部疏松、缩径等各种桩身缺陷，对建筑物的安全和耐久性构成严重威胁。

声波透射法是检测混凝土灌注桩桩身缺陷、评价其完整性的一种有效方法，当声波经混凝土传播后，它将携带有关混凝土材料性质、内部结构与组成的信息，准确测定声波经混凝土传播后各种声学参数的量值及变化，就可以推断混凝土的性能、内部结构与组成情况。

混凝土质量检测中常用的声学参数为声速、波幅、频率以及波形。

1. 声波波速与混凝土强度的关系

声波波速反映了混凝土的弹性性质，混凝土的弹性性质与混凝土的强度具有相关性，因此混凝土声速与强度之间存在相关性。另一方面，对组成材料相同的构件(混凝土)，其内部越致密，孔隙率越低，则声波波速越高，强度也越高。但是用波速来推算混凝土强度是不可取的，规范也不要求推定强度。

2. 声幅与混凝土质量的关系

声幅是表征声波穿过混凝土后能量衰减程度。声幅强弱与混凝土的黏塑性有关，混凝土中存在低强度区、离析区以及存在夹泥、蜂窝等缺陷时，吸收衰减和散射衰减增大，声幅明显下降。

3. 声频与混凝土质量的关系

声波脉冲是复频波，具有多种频率成分。各频率成分穿过混凝土后的衰减程度不同，高频部分比低频部分衰减严重，因而导致接收信号的主频率向低频端漂移。漂移的多少取决于衰减因素的严重程度。接收波主频率实质上是介质衰减作用的一个表征量，当遇到缺陷时，由于衰减严重，使接收波主频率明显降低。

4. 波形与混凝土质量的关系

正常波形特征(图 14)：

(1) 首波陡峭，振幅大；

(2) 第一周期波的后半周即达到较高振幅，接收波的包络线呈半圆；

(3) 第一个周期的波形无畸变。

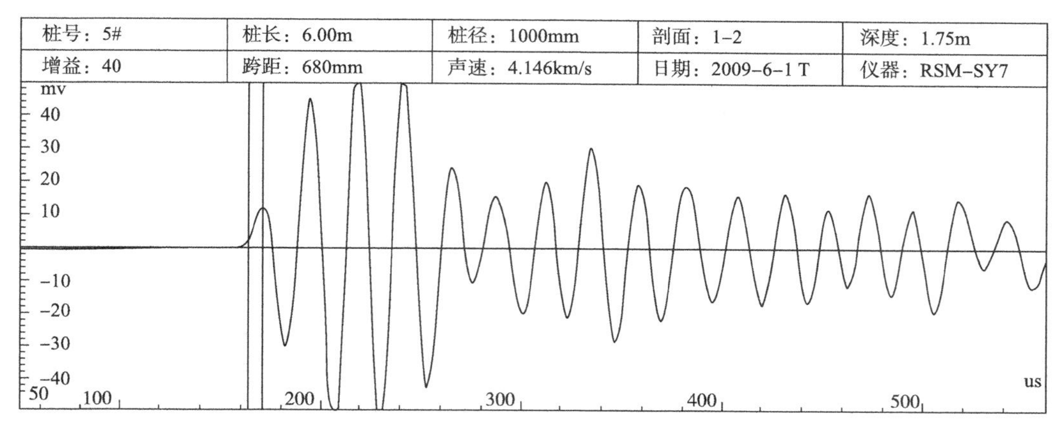

图 14 正常波形图

缺陷波形特征(图 15)：

(1) 首波平缓，振幅小；

(2) 后续周期幅度增加得仍不够；

(3) 波形有畸变；

(4) 缺陷严重时，无法接收声波。

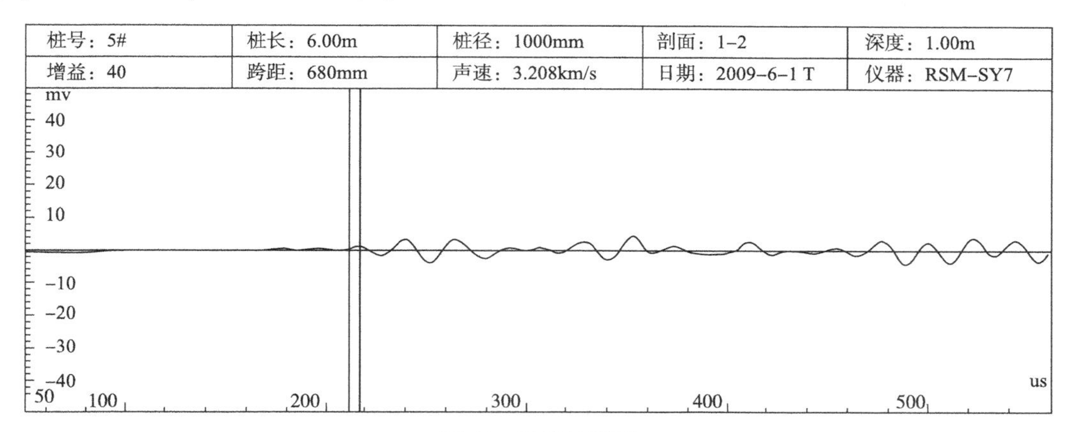

图 15 缺陷波形图

五、结语

声波透射法是检测混凝土灌注桩桩身缺陷、评价其完整性的一种有效方法。声速的测试值较为稳定，结果的重复性较好，受非缺陷因素影响小；声幅(首波幅值)对混凝土缺陷很敏感，它是判定混凝土质量的另一个重要参数；声频的变化能反映声波在混凝土中的衰减状况，从而间接反映混凝土质量的好坏；波形也是反映混凝土质量的一个重要方面，它对混凝土内部的缺陷也较敏感，在现场检测时，还应注意观察整个接收波形形态的变化，作为声波透射法对混凝土质量进行综合判定时的一个重要的参考。

参 考 文 献

[1] 顾晓鲁，钱鸿缙，刘惠珊，等．地基与基础(第二版)[M]．中国建筑工业出版社，2003.

[2] JGJ 94—2008，建筑桩基技术规范[S].

[3] JGJ 79—2012，建筑地基处理技术规范[S].

[4] JGJ 106—2003，建筑基桩检测技术规范[S].

浅谈冻土的危害及防治

张 滨

（中国石油天然气管道工程有限公司 土建室）

摘 要：对冻土进行了分类，分析了冻害的种类及其产生的原因，提出了冻土的处理方法，探讨了冻土地区设计和施工时应当遵守的一些原则，以解决冻土区工程病害，保证寒区工程建筑物的安全运营。

一、引言

含有冰的岩石和土体成为冻土。冻土在冻结时有较大的冻胀力，表现为冻胀性，融化时表现为融陷性。若建筑物地基为冻土，当外部环境(温度变化、荷载作用等)变化时，地基土的冻胀和融陷将引起基础和上部结构开裂破坏，影响结构的使用寿命及正常使用。冻土按土体处于冻结状态持续时间划分为不同的类型，冻结状态持续时间不到一年者为季节性冻土，持续时间在两年以上或常年者为多年冻土或永冻土[1]。近年来，随着我国建设规模和建设范围的不断扩大，冻土给工程带来的冻害时有发生，有些冻害是非常严重的，因此需要工程技术人员针对不同的冻害加以分析研究，并采取相应的工程技术措施进行经济、合理、可靠的处理。

二、冻害的种类及产生的原因

冻土给工程带来的冻害都是由冻胀和融沉来体现的。冻胀是指在冬天温度降低的时候，冻土体积发生剧烈膨胀，法向膨胀力和切向膨胀力常造成建筑物基础或路基的上拔和上抬，同时，因水平膨胀力的存在能引起建筑物的水平方向位移，使建筑物或路产生裂缝，严重的会造成路的扭曲变形断裂，造成房屋的歪斜甚至倒塌。而融沉是指由于在冻土区修建民用建筑及公路桥涵等结构改变了该地区的冻土环境，有时造成冻土区的温度相对升高，当升高到一定温度时，冻土就会逐渐融化，从而使上面的建筑物基础或路基也随之发生沉降，造成上面的建筑物产生裂缝，对路基或建筑物基础的承载力影响很大，严重者将会影响其使用性能。季节性冻土对路基或房屋基础的冻害主要表现为冻胀，而永冻土和多年冻土对路基或房屋基础的冻害主要表现为融沉[2]。

三、防治措施

1. 季节性冻土区

1）对建筑物基础可以采取的措施

（1）如果建筑物基础在地下水位以下，则可采用桩基础，自锚式基础，或采取其他有效措施。

（2）在季节性冻土区宜选择地势高、地下水位低、地表排水良好的建筑场地。对低洼场地，宜在建筑周围向外1倍冻深距离的范围内，使室外地坪至少高出自然地面300～500mm，并应采取排水措施。在强冻胀性和特强冻胀性地基上，应设置地圈梁和基础梁，并控制上部建筑的长细比，增强房屋的整体刚度。

（3）为防止因土的冻胀将梁或承台拱裂，混凝土基础联系梁或承台下应留有相当于该土层冻胀量的空隙。

（4）建筑平面应在保证使用的前提下力求简单，当土的冻胀性较强时，角端基础可适当加深；离室外暖气管沟 2m 之内不应建造非采暖建筑，以防止建筑物受单侧地基土影响而开裂。若非采暖建筑距室外暖气管沟较近时，应设置圈梁或在墙体及转角处做配筋砌体。

（5）建筑物在下列情况下应设置防冻变形缝，这种变形缝应从基础到屋顶全部断开，缝 20~30mm。①同一建筑物采用两种不同深度基础（即小于计算冻深的“浅基础”及大于计算冻深的“深基础”）的交接处；②采用两种不同形式的基础可能产生不均匀隆起的地方，例如室外门台阶、室外平台、落地式阳台、门坡道、散水等与建筑物连接处；③建筑物采暖与非采暖房间相连接处。

（6）有些建筑物基础可以采用换土的方法来处理，即采用砂砾垫层换掉部分冻胀土，使砂砾垫层厚度满足基础最小埋置深度的要求，砂砾垫层厚度应不小于 30cm。

（7）基础在冬季施工时，不得使地基土受冻，除了保证冬季施工措施外，要做到随挖、随砌、随回填，并用保温材料覆盖基础；做好排水设施，防止施工和使用期间的雨水、地表水、施工用水、生产废水和生活污水侵入地基。另外，在山区必须做好截水沟或在房屋下设置暗沟，排走地表水和潜水流，避免因基础堵水而造成冻害。

2）对路基可以采取的措施

（1）换土。

换土的目的是把冻土中敏感性土换成不敏感的土或其他非冻土，即消除构成冻土必要条件中的冻胀敏感性土。

（2）排水及隔水。

排水及隔水的目的在于排除地表水或降低地下水水位及与周围的水或地下的水隔离。具体措施包括：①地表排水，一般通过修建侧沟、排水沟、排水槽、截水沟等来实现；②基床排水，一般通过挖除道渣陷槽、路肩换渗水性土壤、架设横向盲沟、横向排水管等排水来实现；③排除地下水，一般通过截水明沟，渗水暗沟等排水来实现；④隔水，一般通过用塑料薄膜、聚苯乙烯板等来隔断毛细水的上升及冬季土冻结时所产生的水分向上迁移来实现。

（3）隔温。一般通过采用隔热材料 EPS，PU 板等来增加热阻，从而降低季节融化层的冻结深度或减少冻结时间来实现。

2. 多年冻土区和永冻土区

在多年冻土区及永冻土区，冻害主要以融沉破坏为主，针对这一特点，此类冻土区在处理上应把握三大原则，即保护冻土原则、允许融化原则和破坏冻土的原则。保护多年冻土原则即在建筑物施工和规定使用期间，使地基土一直处于冻结状态，这种原则适用于含冰丰富冻土或厚层地下冰地带；允许融化原则是在施工前或使用中冻土可以融化或局部融化，或控制融化速度，使冻土融化到计算深度；而破坏多年冻土的原则是可以采用预融或挖除的方式完全或部分破坏路基或楼房地基的下冰层。由于建筑物类型不同，各种路基所跨越的地理位置不同，冻害形式千差万别，所以，在这三个基本原则下采用的冻害防治措施各有千秋。譬如说，按保持冻结原则设计工业民用建筑基础时，常采用桩基础、填土与架空或辐射冷却设备结合的办法，而对于修建铁路和公路等路基工程而言，由于这些工程不仅受到人为活动和自然条件热平衡状态的影响，还受到深层地下水、热融沉陷、热融滑塌、冰丘、冰锥等不良地质条件的影响[3]。

四、总结

冻土作为一个世界性的科学难题，单一的措施很难取得好的效果，所以必须根据各地的自然气候条件、土壤地质条件采取相应的措施，进行合理的设计、施工与管理，才能保持工程结构物的稳定及其使用性能，在设计和施工时应当遵守一些原则。

（1）确定保护或破坏冻土的原则。在施工前应根据冻土的类型和具体情况以及工程造价等因素而决定采取保护冻土还是破坏冻土。

（2）环境保护的原则。任何的工程或措施都应尽量保护或恢复当地的地质地貌和生态环境。

（3）综合整治的原则。各种冻害都是因多个自然因素的变化和人为的破坏造成的，因此，应尽可能的采用多种配套的措施，相互补充来达到预防或治理冻害的目的。

（4）合理地选择施工季节。施工季节的合理选择对工程造价以及环境影响是很大的。另外，冻土区地基处理的发展应加大开展新型防冻胀、防融沉和防渗漏材料的研制，开展复合地基及新技术的推广和应用研究，为解决冻土区工程病害，保证寒区工程建筑物的安全运营开辟新的途径。只要我们坚持预防为主，防治结合的方针，认真分析、研究，不断总结防止冻害的技术措施和方法，定会把损失降到最低限度，确保安全。

参考文献

[1] 徐学祖，王家澄，冻土物理学[M]. 科学出版社，2001.

[2] 高大钊，袁聚明．土质学与土力学第3版[M]. 北京：人民交通出版社，2004.

[3] 薛宝科．浅析深季节冻土地区路基冻害的预防[J]. 山西建筑，2008，34（16）：2902291.

综合值班室外墙保温做法对比分析

张文扬[1]　王云龙[2]

(1. 中国石油天然气管道工程有限公司成都分公司；
2. 中国石油天然气管道工程有限公司土建室)

摘　要：随着我国建筑绿色节能标准的不断提高，油气管道工程中站场建筑的设计标准也相应提高。本文以不同结构形式的综合值班室为例，介绍了油气管道工程中，框架结构和装配式钢结构建筑适用的外墙保温类型及做法，并进行了优缺点分析和对比，提出了设计要点和注意事项。

一、引言

在我国严寒、寒冷及部分夏热冬冷地区，尤其在冬季供暖期，室内外温差过大，为避免热量散失，达到节能的目的，在近年实施的《建筑节能与可再生能源利用通用规范》(GB 55015—2021)[1]中，除了控制建筑物的体形系数(仅针对严寒、寒冷地区站场内公共建筑)外，还对屋面、外墙等部位的传热系数等提出了相应的要求。

上述地区居住建筑、公共建筑、工业建筑由于仅靠外墙体无法满足《建筑节能与可再生能源利用通用规范》(GB 55015—2021)中对外墙传热系数的要求，因此这些地区(除新疆建筑如无特殊要求外墙均采用自保温砌块)的建筑(主要针对采纳及空调工况)需要在外墙上设置保温系统。

本文将以油气管道站场综合值班室为例，对其外墙内、外保温的优缺点、设计和施工上的要求进行阐述。

二、综合值班室建筑特征

油气管道站场中的综合值班室多以单层或二、三层为主，体量不大，体型规则，结构型式以钢筋混凝土框架结构为主，部分单体采用装配式钢框架结构，外装修一般采用涂料或保温装饰一体板(铝板面层)。

针对不同的结构型式，综合值班室的外墙墙体材料不同。

1. 框架结构

如无地区限制或禁止使用要求，框架结构综合值班室的外墙墙体材料一般采用容重为600kg/m^{3}的加气混凝土砌块，其导热系数为0. 16W/(m·K)；

但近几年来，越来越多的省市均出台了外保温技术和产品的限制和禁止使用的规定。如新疆地区除砌体结构外，禁止采用保温装饰一体板外墙外保温系统、采用胶粘剂或锚栓以及两种方式组合的施工工艺外墙外保温系统，(如新疆、河北、重庆)框架结构建筑外墙推广采用自保温砌块，其干密度小于900kg/m^3，传热系数不大于0. 12W/(m·K)。

2. 装配式钢结构

综合值班室采用装配式钢结构时，墙体材料一般为ALC板(蒸压加气混凝土板)，干密度一般不大于 625kg/m^3，导热系数为 0.14 或 0.17W/(m·K)。

三、外墙外保温系统

外墙外保温，顾名思义是一种把保温层放置在主体墙外侧的保温做法，因其可以减少外界温度对建筑主体的影响，同时保护主体墙，使其所受温度变形应力在可控范围内，因此外墙外保温是应用最广泛的保温做法，也是国家大力倡导的保温做法。

1. 外墙外保温系统构造做法

根据图集 10J121《外墙外保温建筑构造》[2] 中介绍，外墙外保温系统主要有粘贴保温板外保温系统、胶粉 EPS 颗粒保温浆料外保温系统、EPS 板现浇混凝土外保温系统、EPS 钢丝网架板现浇混凝土外保温系统、胶粉 EPS 颗粒保温浆料贴砌 EPS 板外保温系统、现场喷涂硬泡聚氨酯外保温系统、保温装饰板外保温系统七大类。

综合值班一般为框架结构，墙体为填充墙，可采用的外墙外保温做法通常有两种：一种是粘贴保温板薄抹灰系统，即在外墙外侧粘贴保温板(如岩棉板、聚苯板等)，在表面抹保护层(如水泥砂浆或聚合物水泥砂浆等)并做涂料装饰层，详如图 1 所示；另一种是保温装饰一体板外保温系统，即在外墙干挂固定或粘贴、锚栓固定保温装饰一体板，详如图 2 和图 3 所示。

在以上两种外保温系统限制或禁止使用的地区，框架结构综合值班室外墙可采用自保温砌块，并在结构梁板处进行热桥处理，详如图 4。

2. 优缺点分析

外墙外保温系统具有以下的优点和缺点：

1) 优点

(1) 保温材料置于建筑物外墙的外侧，基本上可以消除建筑物各个部位的冷、热桥影响；

(2) 能充分发挥保温材料的保温效能，相对于外墙内保温和夹心保温墙体，在达到同样保温效果的情况下，使用相同保温材料时，需要保温材料的厚度更小，节能效果更佳；

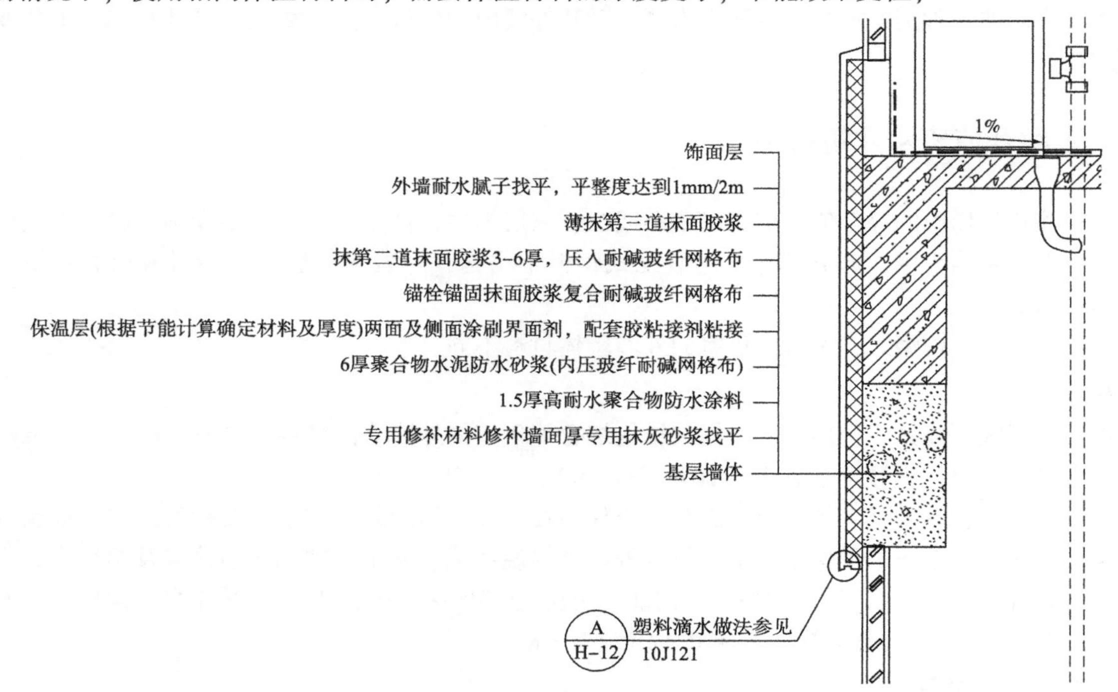

图 1 粘贴保温板外保温基本构造

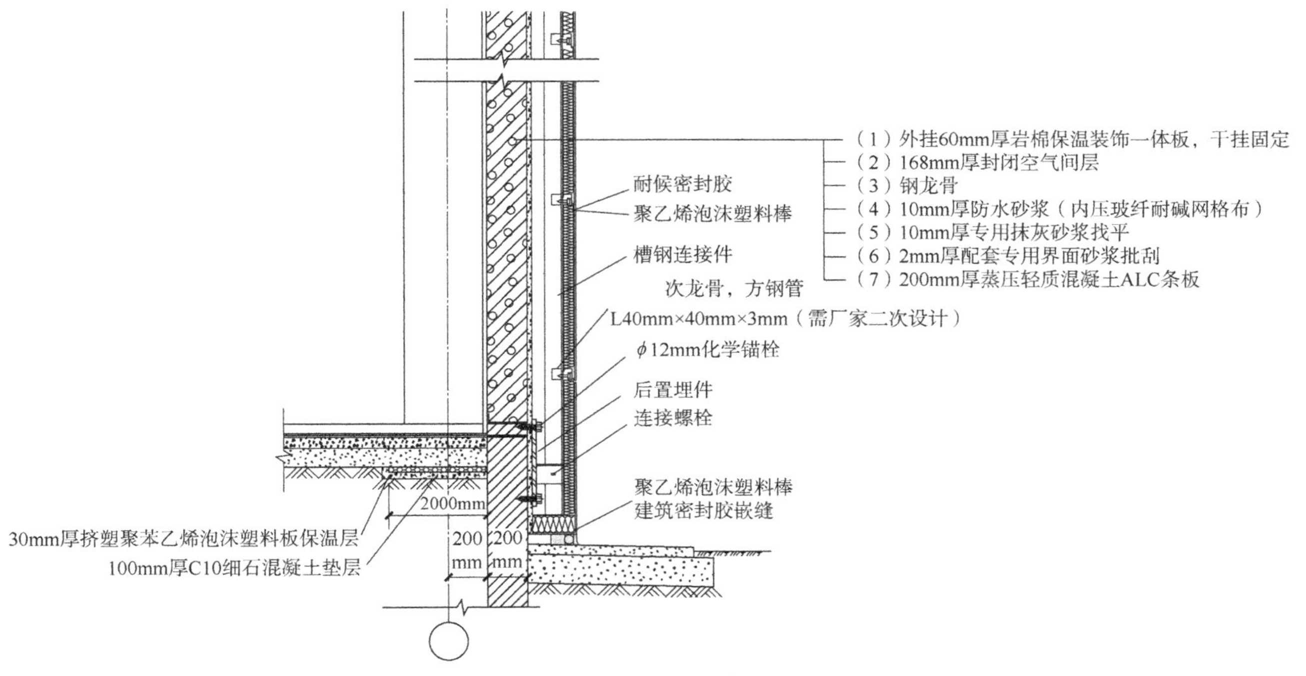

图 2　保温装饰一体板外保温构造(干挂固定)

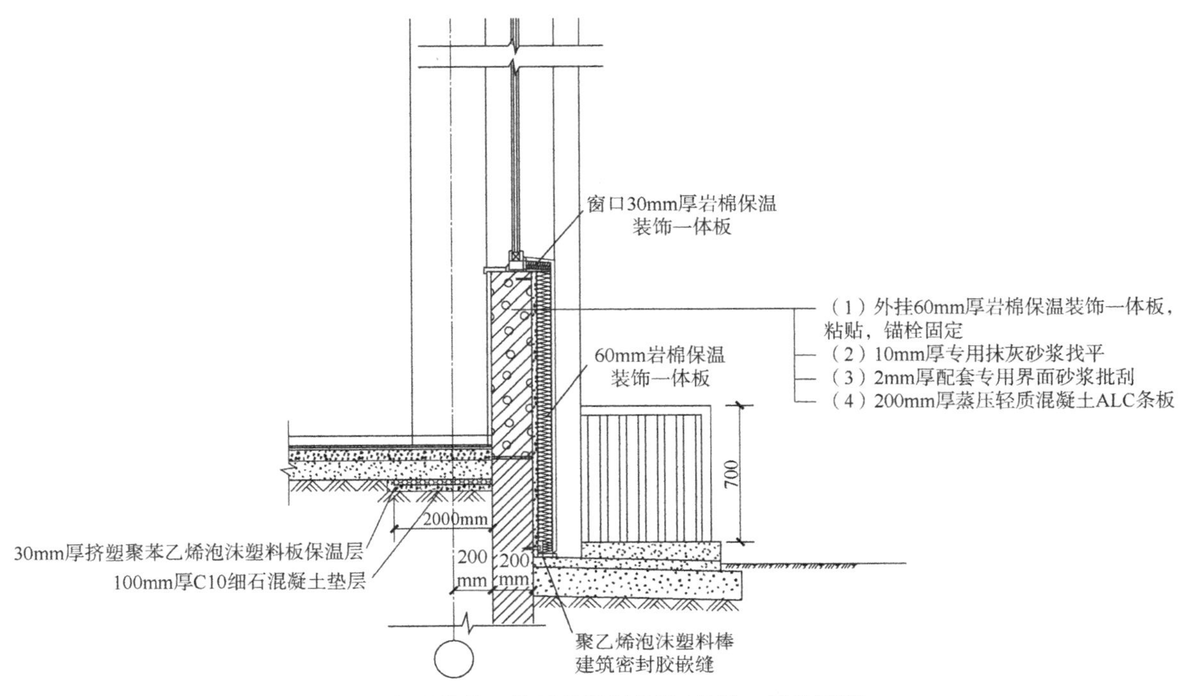

图 3　保温装饰一体板外保温构造(粘贴、锚栓固定)

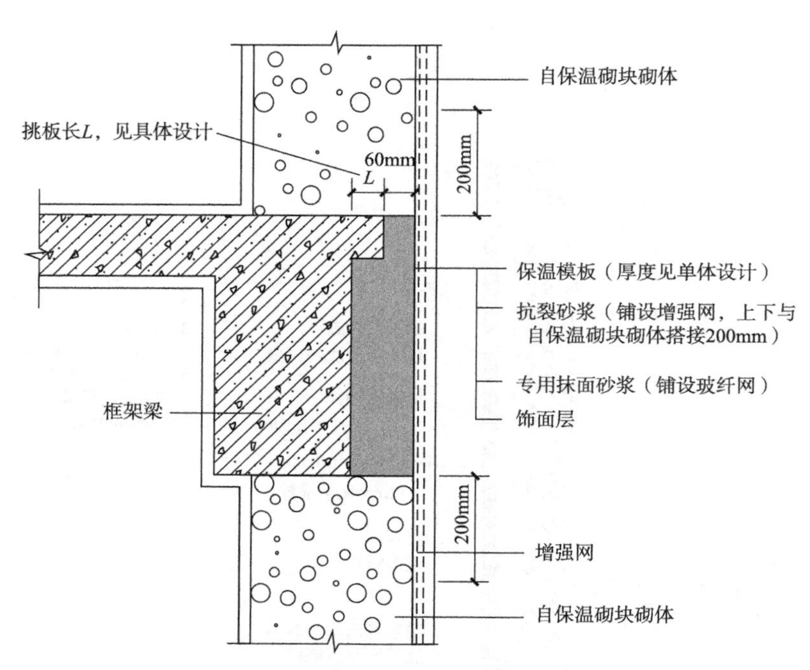

图 4　自保温砌块的墙体和梁板处的节点详图[3]

（3）有利于保障室内的热稳定性，内侧的实体墙体蓄热性能好，室内整体热惰性更大，室温变化更慢更稳定舒适；

（4）有利于高建筑结构的耐久性，保温层在外，内部的墙砖和混泥土墙得到保护，主体墙产生裂缝、变形、破损的危险性大大减轻；

（5）减少墙体内部冷凝现象，密实厚重的墙体更有利于阻止外部空气中水蒸气进入墙体；

（6）因保温材料铺贴于墙体外侧，避免了保温材料中易挥发的有害物质对室内环境的污染。

2）缺点

（1）保温层暴露在室外，耐久性差，相对容易脱落；

（2）在空气潮湿的地区，如果保温层防水性能不满足要求，会导致保温层受潮。

（3）施工复杂，施工难度和危险程度更大；

（4）对材料产品质量要求更高。

四、外墙内保温系统

外墙内保温体系也是一种传统的保温方式，它本身做法简单，造价较低，但是在热桥的处理上很容易出现问题，加上近年来由于外保温的飞速发展等原因，因此我国内保温应用范围有所减少。

1. 外墙内保温构造做法

根据图集 11J122《外墙内保温建筑构造》[4] 中的介绍，外墙内保温系统主要有复合板内保温系统、保温板内保温系统、保温砂浆内保温系统、喷涂硬泡聚氨醋内保温系统、玻璃棉、岩棉、喷涂硬泡聚氨醋龙骨内保温系统五大类。

综合值班室内保温建议做法有两种：一种是保温板内保温系统，即在外墙内侧粘贴保温板(采用 A 级保温板)，其构造做法详如图 5 所示；另一种是保温砂浆(采用 A 级保温砂浆)内保温系统，其构造做法详如图 6 所示。两种做法均在其表面加上抹面胶浆和耐碱玻璃纤维网布并做涂料装饰层。结构梁板处热桥处理主要做法详如图 7 和图 8 所示。

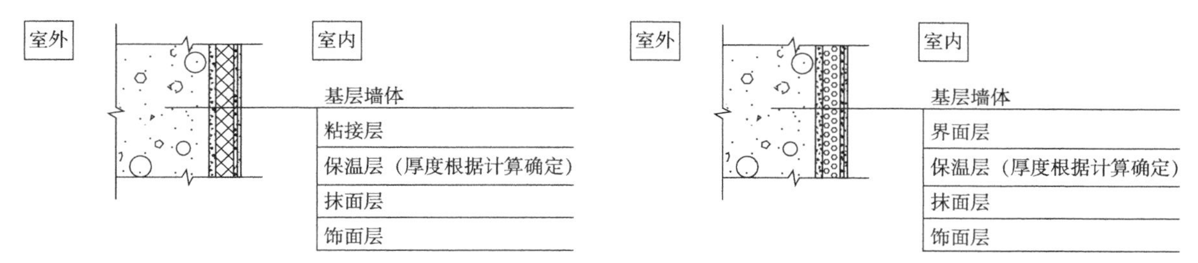

图 5　保温板内保温基本构造(保温板内保温)　　图 6　保温板内保温基本构造(保温砂浆内保温)

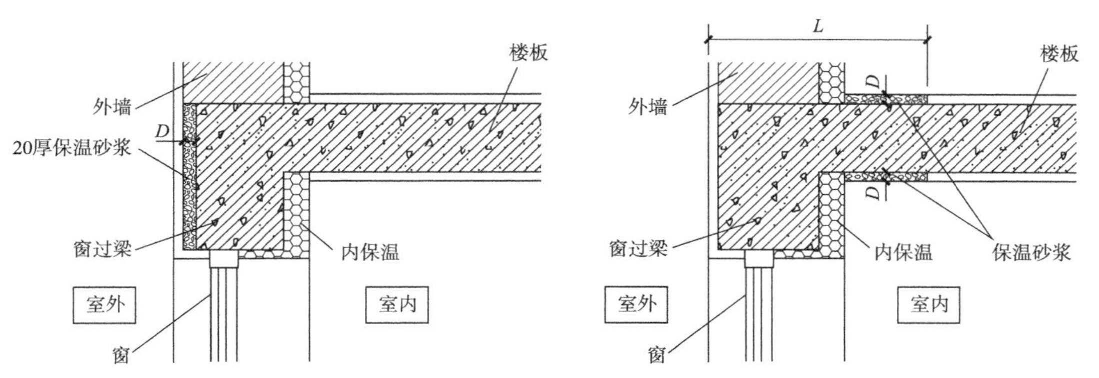

图 7　外墙内保温墙体和梁板处的节点详图(一)[4]　　图 8　外墙内保温墙体和梁板处的节点详图(二)[4]

2. 优缺点分析

1）优点

（1）外墙内保温的保温材料在楼板处被分割，施工时仅在一个层高内进行保温施工，施工时不采用脚手架或高空吊篮，施工比较安全方便，不损害建筑物原有的立面造型，施工造价相对较低；

（2）由于保温层在外墙内侧，在夏季的晚间墙内表面温度随空气温度的下降而迅速下降，减少闷热感；

（3）因不受室外风、雨天的影响，故耐久性好于外墙外保温，大大增加使用寿命；

（4）施工相对外墙外保温较安全。

2）缺点

（1）相对于外墙外保温，保温层做在室内，不仅占用室内空间，使用面积有所减少，并且二次装修或增设吊挂设施都会对保温层造成破坏，不易修复；

（2）难以避免热(冷)桥。使保温性能有所降低，在热(冷)桥部位的外墙内表面容易产生结露、潮湿甚至霉变现象；

（3）由于外墙未做外保温，受昼夜温差变化幅度较大的影响，热胀冷缩现象明显，在这种反复变化的应力作用下，内保温体系始终处于不稳定的状态，极易发生空鼓和开裂；

（4）如果外墙内保温采用燃烧性能等级为 B1 级及以下材料，如果在其墙上开槽或设置电插座时，有一定的防火安全隐患。

（5）如果外墙内保温(尤其是卫生间、厨房等用水房间)采用憎水性较差的材料，保温层容易因受潮导致影响其使用功能。

五、设计要点

油气管道工程中，综合值班的外墙保温设计可以采用外保温和内保温的做法，其各自的设计要点和注意事项如下。

1. 外墙外保温

(1) 综合值班室高度一般不大于24m，外墙外保温材料燃烧性能等级不应低于B1级[5][6]；

(2) 当外墙外保温采用燃烧性能等级为B1级材料时，应在每层楼板处设置防火隔离带(燃烧性能等级为A级)，高度不小于300mm；

(3) 当屋面、外墙均采用B1级材料时，除了在每层楼板处设置防火隔离带，还应在屋面与外墙交接处设置宽度不小于500mm的防火隔离带；

(4) 当外墙外保温采用干挂固定方式的保温装饰一体板(外墙外保温系统与基层墙体之间存在空腔)时，应在每一层楼板处采用防火材料(通常用岩棉)封堵，如果保温系统采用A级材料，封堵宽度不应小于100mm，如果保温系统采用B1级材料，则封堵宽度不小于300mm；

(5) 如果在外墙(带保温层)开洞或槽时，应注意洞槽上设备或构件与保温层之间的衔接。

2. 外墙内保温

(1) 如果采用外墙内保温，在卫生间、厨房等用水房间设置内保温时或需要在墙内预埋水管时，保温层应采用憎水材料，并做好相应的防水措施；

(2) 内保温应采用燃烧性能等级为A级材料，在墙面上开洞槽时应做好相应的防火构造措施以杜绝防火安全隐患。

六、结论

基于外墙内外保温系统的优缺点分析，外墙外保温系统在以综合值班室为代表的油气管道站场建筑中比较常用，主要原因有如下几点：

(1) 外墙外保温材料置于建筑物外墙的外侧，基本上可以消除建筑物各个部位的冷、热桥影响，节能效果更佳，而外墙内保温难以避免热(冷)桥。使保温性能有所降低，在热(冷)桥部位的外墙内表面容易产生结露、潮湿甚至霉变现象；

(2) 外保温选型比较方便，工程中外墙外保温一般选用A级岩棉板或B1级挤塑聚苯乙烯泡沫塑料板，而外墙内保温材料选型较麻烦(用水房间应避免采用憎水性较差的保温材料，设备房间或安装插座位置内保温材料应避免采用燃烧性能等级低于A级保温材料)；

(3) 外墙外保温不会占用房间内使用面积，而外墙内保温不仅占用室内空间，并且对建筑内墙面进行装修或改造可能会对保温层造成破坏，不易修复。

(4) 因部分工程中设有抗爆建筑，根据《石油化工建筑物抗爆设计标准》GB/T 50779—2022[7]中相关要求，为避免爆炸荷载对建筑外墙内保温材料的破坏而引起的飞溅物伤及室内人员或设备，故有抗爆要求的综合值班室宜采用外墙外保温，因此外墙外保温应用范围更广。

综上，在工程中推荐使用外墙外保温，外墙保温构造做法也可根据当地政策进行适当调整。

参考文献

[1] GB 55015—2021，建筑节能与可再生能源利用通用规范[S].

[2] 10J 121，外墙外保温建筑构造[S].

[3] XXJ 109—2019，自保温砌块应用技术标准[S].

[4] 11J 122，外墙内保温建筑构造[S].

[5] GB 50016—2014，建筑设计防火规范(2018年版)[S].

[6] GB 55037—2022，建筑防火通用规范[S].

[7] GB/T 50779—2022，石油化工建筑物抗爆设计标准[S].

电力、自控与通信

无外电工况橇装机柜间全天候适配应用研究

卜志军[1]　丁媛媛[1]　潘韧坚[2]　邵雪丽[2]

（1. 中国石油天然气管道工程有限公司仪表自动化室；
2. 上海绿筑住宅系统科技有限公司）

摘　要：本文介绍了在无外电工况下橇装机柜间在设计和集成过程中应关注的要点，针对不同气候带、地质条件和海拔情况，本文提供了在石油储运工程中的应用测试数据和实践经验，对橇装机柜间在各行业的推广应用均有借鉴意义。

一、引言

工程中采用橇装机柜间能大幅缩短设计和建设周期，同时有效提升工程质量，其应用领域也随着工业化和装配化的进程不断拓展，但却受到了极端环境且无外电等条件的制约。如果引入外电，则面临巨大的投资和节能环保的问题；如果采用太阳能供电，又面临光伏板数量与占地面积的矛盾。面对不同的极端工况，找到可复制的标准化解决方案，是橇装机柜间更广应用的前提。基于此，中国石油天然气管道工程有限公司联合上海绿筑住宅系统科技有限公司成立攻关课题组，针对油气储运工程中的应用工况进行技术攻关，并形成了设计、制造和验收的标准，按照上述标准交付的产品在国内外不同极端工况的多个工程中进行了应用。

二、橇装机柜间的设计要点研究

机柜间作为橇装化设备，需要参考传统综合机柜间建筑设计标准规范并进行合理集成优化，综合考虑阀室内仪表、电力、通信等多系统不同的功能实现需求，既要满足各类设备的通风散热要求，又要满足设备操作和检修的方便，以及升级或扩容的可能性，还要考虑不同设备的电磁屏蔽和接地的特殊要求。在条件成熟的情况下，打破专业间壁垒，统筹考虑对各专业设备进行模块化设计，充分节省空间，降低功耗。橇装机柜间的设计研究从以下六个方面开展。

1. 建筑及结构设计

鉴于橇装机柜间是工厂预制。外形尺寸受到运输条件限制，单个橇装机柜间高度和宽度方向外形最大尺寸不宜设计超过3m，长度不宜超过13m。为了提升机柜间空间利用率，原则上采用宽度和长度不小于750mm单通道外开门设计，各专业设备柜在不开门的三面墙围绕单通道靠墙布置，各专业设备也优先考虑选用面向单通道的前面板操作和前面板接线型号，设备柜宜采用透明面板，机柜间门设计500mm×500mm可开合观察窗，方便运维实现人员巡检。

考虑到橇装机柜间往往需要经过长途运输和多次吊装转场，而且有可能要经历海运和非铺装道路的颠簸，其受力往往远大于一般传统综合机柜间建筑在项目所在地可能遭受的地震和雨雪荷载[1]，所以橇装机柜间在结构设计时不仅要进行普通建筑的最不利组合结构验算，还要验算吊装和运输过程中节点和重心位置最大变形量，并判断是否超出了外围护体系和柱梁结构材料许可的最大变形量，以免因为运输吊装造成结构或围护系统失效。图1展示了利用有限元分析软件对某项目阀室再吊装过程中的最不利荷载组合进行变形量验算用以评估该阀室结构设计的合理性。

图 1　某橇装机柜间结构计算图

当橇装机柜间的供电需要依托自带风力或者光伏发电系统，宜在建筑设计阶段进行一体化设计(图 2)，减少占地，减少了风力和光伏发电系统的支撑材料，提高材料利用率，降低了成本。在结构验算时需要考虑由此增加的风雨雪荷载，带入最不利组合验算机柜间结构体系的受力和变形是否达标。

图 2　某管道工程橇装机柜间光伏一体化设计效果图

2. 围护体系设计

外围护体系的功能与传统建筑的墙板、地板和顶板的功能是类似的，主要需要在较为恶劣的自然环境中在规定的设计使用年限内达到设计要求的防水、防火、防腐、保温隔热、抗外力冲击等功能，从而为机柜间内部电器设备提供一个适宜的工作环境，使得各电器设备的维修保养频次处在一个正常的水平。由于橇装机柜间在设计的时候，主导受力因素是承受动荷载，所以很难用传统建筑材料或者单一材料同时实现上述全部功能要求，所以一般采用多种材料复合。并参考海运集装箱的相关技术要求，通常采用耐候合金钢整体焊接，达到足够的结构抗力，并且实现较好的防水和防腐能力。鉴于橇装机柜间运输安装动荷载较大，不宜设计使用硅酸盐类脆性材料作为外围护体系；也不宜设计使用结构胶作为外围护体系预制材料拼接缝主要密封工艺，以防运输使用过程中还未达到正常使用年限就脱胶老化。当机柜间位于沿海，沿河或酸雨区等高盐度、高湿度腐蚀风险较高地区，需要对金属结构表面外防腐进行专项设计。机柜间内墙板建议采用保温装饰一体板，兼顾装饰效果、防火、隔热和隔声性能。

同时，根据橇装机柜间所在地区冬季最低温度，夏季最高温度，内部设备散热功率和设备控温要求，选取一个合适的围护体系隔热保温性能指标[2]，然后选择防火保温性能较好的保温材料，试算几组保温材料厚度复合方案计算传热系数，计算公式[3]如下。

$$K=\lambda/\delta \tag{1}$$

式中 K——传热系数，W/(m^2·K)；

λ——材料的导热系数，W/(m·k)；

δ——材料的厚度，m。

计算各围护体系方案对应的理论保温性能，使得橇装化机柜间在全年大部分时间都能通过被动方式控温。例如在某管道工程采用了保温性能较好的围护体系，使得仅依靠功率为 40 W/h 的设备余热实现在-40℃的极寒环境中，橇装化机柜间内部最低温度不低于-20℃。

对于位于热带和亚热带夏季散热要求较高的橇装机柜间，采用外围护体系表面应用辐射制冷技术，降低空调用电负荷，提高设备运行稳定保障率。辐射制冷是指在地球表面温度环境和外太空之间，通过发射特定波段红外线的技术手段，搭设一个高效的热量输送通道，热量以红外辐射的方式，透过大气窗口向外太空(-270℃)源源不断传递，实现被动式制冷[4]。辐射制冷技术制冷功率好，即使在太阳直射下仍然能高效降温，大气窗口辐射率高达 90%以上，可实现 24h 无能耗持续制冷。

3. 供配电设计

无外电橇装机柜间没有外电供应，优先考虑采用太阳能光伏发电，在冬季光照时间有限的地区，可以考虑风光互补发电系统[5]，蓄电池的选型应重点考虑低温条件下充放电的性能，同时确保电池在冬季有多种方式充电，即使在无风无光的条件下，蓄电量至少可以满足 7 天设备供电需求。具体项目中应根据设备的工作功率，结合当地无日照的最长时间，以此来计算太阳能板和蓄电池的数量。

以下是计算的基本步骤和考虑因素：

(1) 确定设备功率需求·日均用电量计算：首先计算设备的日均用电量(Wh)。例如，如果设备每天工作 24h，功率为 100W，则日均用电量为 100W×24h=2400Wh。

(2) 计算发电光伏组件容量。

光伏组件容量计算如下：

$$P=N_s\times N_p\times W_p$$

其中，$N_s=U/U_{pv}$

$$N_p=\frac{\dfrac{P_{wh}}{U\times T_d\times\eta}+\dfrac{C_{wh}}{U\times T_d\times\eta\times D}}{I_0}$$

式中 P——太阳能电池组件的总容量，W；

N_s——太阳能电池组件的串联块数，块；

N_p——太阳能电池组件的并联数，块；

W_p——单块太阳能电池组件的峰值功率，W；

U——系统额定电压，V；

U_{pv}——太阳电池组件额定电压，V；

I_o——单块太阳能电池组件的峰值电流，A；

P_{wh}——负载日耗电量，W·h；

C_{wh}——在连续阴雨天期间，蓄电池放电的总容量，W·h；

T_d——日照最差季节每天的等效日照时间，h；

η——太阳能电池组件发电量的修正系数，考虑效率、线损、温度、衰减、污垢遮挡损失、光伏组件转换等对组件发电量的影响,%；

D——蓄电池深放电恢复周期，h。

(3) 计算蓄电池容量。

蓄电池容量计算如下:

$$C=\frac{p\times T\times f_{V}\times f_{C}\times f_{L}}{U_{N}\times f_{E}\times f_{M}\times K_{a}}$$

式中 C——所选电池的C10容量, A·h;

P——负载计算功率, W;

T——最长无日照期间用电时间, h;

f_{V}——温度折算系数, 为保证蓄电池在低温情况下的放电能力;

f_{C}——容量补偿系数, 考虑充放电运行时容量损失;

f_{L}——寿命折算系数(老化系数), 考虑到系统长期运行后自然损耗, 为保证寿命终期放电能力;

U_{N}——系统电压;

f_{E}——放电深度;

f_{M}——极板活化系数;

K_{α}——回路的损耗率。

(4) 并联与串联。

根据实际需求, 太阳能板可以通过并联增加电流, 通过串联增加电压, 以适应充电控制器和逆变器的输入要求。蓄电池则根据总容量需求进行串联或并联配置。确保逆变器的输出功率大于或等于设备的最大功率需求, 控制器应能匹配太阳能板的最大输出电流和电压, 同时具备过充、过放保护功能。通过上述步骤, 可以基本确定太阳能板和蓄电池的配置, 但实际应用中还需结合具体环境和设备要求进行细致调整。

4. 新风系统设计

由于橇装机柜间内存有大量电池, 无论夏天还是冬天, 基于安全的考虑, 都要求一体化机柜间具备氢气排放的能力[6], 但是采用传统的防爆风机无法实现对设备被动保温, 因此需要设计专门的无辅热换热式新风系统, 来实现低能耗排氢气。在冬季严寒条件下采用冬季机芯, 在无电辅热的条件下, 室外新风进入时, 被室内正压排出的热风充分加热, 既可以实现排氢气, 也可以实现冬季室内检修时有新鲜空气, 缓解了抢修作业过程中的热量损耗问题。在夏季炎热时, 采用夏季机芯, 能大幅提高新风系统换热效率, 在使室内获得新风的同时, 室内空气携带大量热量排出室内, 起到一定的降温效果[7]。

新风系统的最小设计新风最设计宜采用换气次数法, 并应按下式计算:

$$Q_{\min}=F*h*n$$

式中 $Q_{\min}$——最小设计新风量, m^3/h;

F——面积, m^2;

h——房间净高, m;

n——最小设计新风量设计换气次数, 次/h。

5. 被动液冷系统设计

被动液冷系统由室内外换热器、液体蓄冷箱和连接管路等组成, 被动式液冷系统的工作原理如下:

当白天外部环境较高, 且高于室内气温时, 由于外换热器与外部环境温度接近, 液体蓄冷箱液体温度低于外换热器温度, 外换热器中液体无法通过进入液体蓄冷箱, 所以外换热器中的热量基本不会传递至液体蓄冷箱。由于液体蓄冷箱中液体温度低于机柜间内空气温度, 液体通过室内换热器与机柜间进行热量交换，将热量传递给液体蓄冷箱，液体蓄冷箱液体温度上升，对机柜间进行降温。

夜晚随着环境温度下降低，当环境温度低于液体蓄冷箱中液体温度时，液体蓄冷箱中液体上升至外换热器，并不断循环将液体蓄冷箱中的热量散至外界大气中，直至液体蓄冷箱温度下降接近室外环境温度才会停止。

在上述过程中，如机柜间内温度高于液体蓄冷箱温度，机柜间内部的热量会持续通过室内换热器进入到液体蓄冷箱中，并进而通过液体蓄冷箱与外换热器之间的循环而扩散至大气中，进入次日循环。被动式液冷系统通过由流体密度差和高度差产生的重力循环的作用进行冷却被动液冷系统运行，被动液冷系统原理[8]如图 3 和图 4 所示。

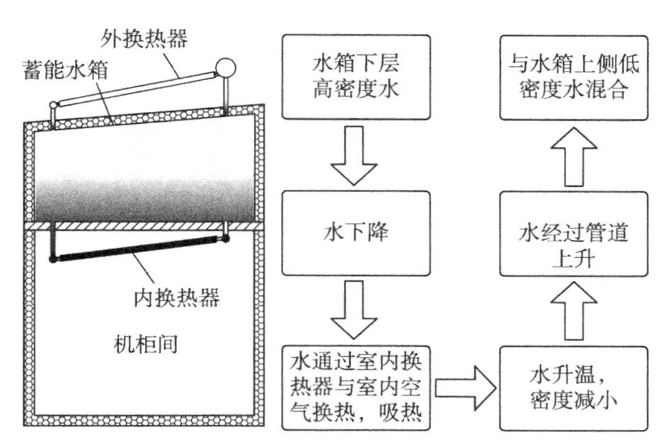

图 3　日间能流图(红色代表热流、蓝色代表冷流)

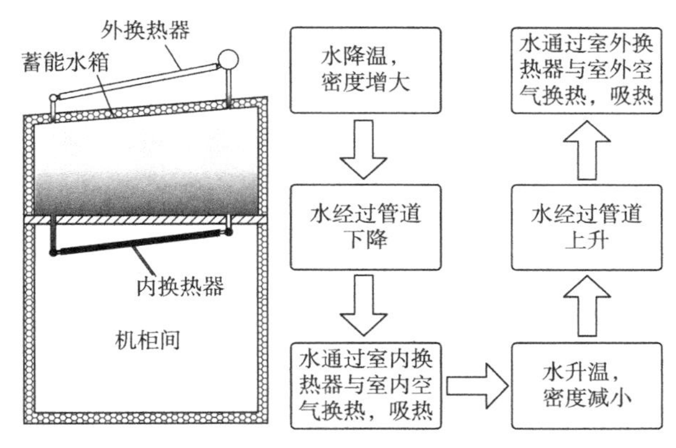

图 4　夜间能流图(红色代表热流、蓝色代表冷流)

被动液冷系统的液体的容量计算见式(2)：

$$V=\frac{Q}{c\cdot\rho\cdot\Delta t} \tag{2}$$

式中　V——所需液体的总容积；

Q——设备间内部总热量；

c——液体的比热容；

ρ——液体的密度；

Δt——设计的一天液体吸热升高的温度。

6. 智能控制设计

智能控制设计系统综合监控平台以“智能感知和智能控制”为核心，通过各种物联网技术，对设备间主要电气设备以及周围环境进行全天候状态监视和智能控制，完成环境、视频、火灾消防、采暖通风、照明、安全防范、门禁等子系统的数据采集和监控，实现集中管理和一体化集成联动，为机柜间的安全生产提供可靠的保障，从而解决了机柜间安全运营的“在控”、“可控”和“易控”等问题。

室内包含温湿度监测系统，根据房间尺寸来配置温湿度变送器数量，安装远离冷热源，侧墙壁挂式安装，可以实时监测机柜间内重要设备周围的温度和湿度，通过智能控制系统联动控制电动百叶窗、风机、电暖气及空调的启停，自动调节，保证室内设备的正常运行。

在实现风机、新风系统、对非重要负荷(例如监控摄像头)、空调以及辅热等设备的主动控制时，遵循的原则旨在提高能源效率、优化环境舒适度并确保系统的灵活性与可靠性。以下是一些关键的主动控制条件原则：

(1) 实时监测与分析：通过集成温湿度传感器持续监测室内环境参数，以及设备运行状态，为控制策略提供实时数据支持。

(2) 综合能效管理：根据实际需求动态调整设备负荷，如在低负荷时段降低空调功率或关闭非必要设备，实现能效最大化。

(3) 协同控制：新风系统与空调系统协同工作，根据室内温度自动调节新风量，同时调整空调输出以维持室内温度，减少能量浪费。

(4) 智能调度与响应：当检测到异常情况(如火灾、CO_2、H_2 浓度过高)时，立即启动应急响应程序，如加强新风、关闭非紧急设备，确保人员安全。

(5) 设备健康管理：通过设备运行数据分析，预测故障并安排预防性维护，减少突发故障，确保系统稳定运行。定期分析设备运行效率，优化控制策略，如调整风机转速以减少能耗同时保持足够的风量。

(6) 环境友好性：优先考虑使用节能设备和可再生能源，如太阳能辅助加热，以及在设计中融入绿色建筑理念，减少碳足迹。

三、橇装机柜间的集成和验收要点研究

1. 橇装机柜间工厂集成要点

设备成橇和集成是现代工业生产中的重要环节，对于提高设备性能、降低生产成本、提升生产效率具有重要意义。

(1) 功能集成：设备成橇的首要原则是功能集成。通过将多个功能模块集成到一个设备中，可以减少设备数量，简化生产流程，提高设备的整体效能。

(2) 结构紧凑：设备成橇应注重结构紧凑，尽量减小设备的体积和重量，以便于运输、安装和使用。紧凑的设备设计也有助于降低能耗，节约空间。

(3) 易于维护：设备成橇时应考虑设备的可维护性。易于拆装的设备设计可以降低维护成本，提高设备的可靠性。

(4) 可靠性：设备成橇应保证设备的可靠性。选用高质量的零部件，采取有效的防护措施，可以降低设备的故障率，保证设备的长期稳定运行。

(5) 安全防护：设备成橇应注重安全防护，确保设备在运行过程中不会对操作人员和周边环境造成伤害。采取必要的安全措施，如安装防护罩、设置安全警示标识等。

(6) 环保节能：设备成橇应遵循环保节能的原则。选用低能耗的零部件，优化设备运行方式，降低设备的能耗和排放，有利于实现绿色生产。

(7) 经济性：设备成橇应在保证功能、可靠性、安全和环保的前提下，尽可能降低制造，现场安装调试及最终运维成本。合理的成本控制有助于提高设备的市场竞争力。

（8）标准化与互换性：设备成橇应遵循标准化和互换性的原则。标准化可以使设备的零部件具有通用性，便于维修和替换；互换性可以提高设备的装配效率，降低生产成本。

2. 橇装机柜间工厂验收要点

橇装机柜间的优势在于通过在成橇工厂完成电力、通信、仪表等全系统的预安装和预调试，缩短了现场施工调试周期，降低了项目全生命周期成本。因此在成橇工厂 FAT 必须对各类系统进行专项测试以确认各系统均能在上电状态正常运行。对于无外电的橇装化机柜间选取一套在工厂进行全系统的预组装，以验证机柜间在自发电的情况下，各系统均能正常运行。

对于有保温要求的一体化机柜间，应将全尺寸设备间在近似的内部热源和外部环境下进行连续不少于 72 小时模拟保温测试，连续记录内外部温度变化曲线，核算在出现极端温度时内外部温差值，以验证保温性能是否达到设计要求。

对于有被动制冷要求的橇装一体化机柜间应将全尺寸设备间放入特种气候环境舱，在内部设置与实际设备散热功率相同的热源，环境仓模拟项目所在地类似的气候环境，按照出现历史最高温记录出现前一天夜间 6h 平均温度，当日最高温度及平均温度设定最不利的 24h 的温度曲线进行连续 7 天最不利气候条件模拟控温测试，以确认撬装机柜间的被动控温系统能在项目所在地相似的环境中正常工作。

3. 橇装机柜间现场安装要点

橇装机柜间基础采用混凝土条基形式，现场浇筑；基础高度一般为 600mm，并预留螺栓孔位，现场浇灌长螺栓与橇装机柜间连接。

橇装机柜间采用整体吊装，现场模块组装的方式，现场仅需将机柜间与基础连接。预制接线箱内接线端子均为快速接头，现场通信、仪表和电力线缆可与预制接线箱进行快速接线和调试。

综上所述，把握好上述集成、验收和安装的要点，可以充分的降低现场安装调试成本；可以大幅降提供工程施工质量，同时节省现场大量时间[10]。

四、橇装机柜间的工程应用

1. 寒带地区橇装机柜间

在国内穿越某极寒地区机柜间项目一共使用监视和监控阀室 29 座，该项目沿线基本气候条件为：冬季最低气温-48.1℃，最冷月平均气温-25.5℃，夏季最高温气温 39.8℃，最热月平均气温 23.4℃，年平均风速 2.6~4.1m/s，监视阀室基本无外电保障，设备余热约 40~90W，仪表及电池间控温要求为室内温度要求控制在-20~35℃，项目总工期为 100 天。基于本项目气候条件，监视阀室按纯被动控温理念设计，围护体系保温能力按照内外温差 20℃的情况下 40W 的能耗设计，电力供应采用风光互补，储电量 7 天，夏天采用 100W 低功耗新风系统夜间散热的方法，避免夏季过热，通过以上措施，在无外电及空调的情况下实现了实际控温能力为 0~35℃，该项目监视阀室如图 5 所示。该项目全部 29 套橇装化机柜间，工厂制作及设备安装约 50 天，预调试及 FAT 时间约为 15 天，现场吊装，联调联试和 SAT 约 35 天，工期及质量圆满地达成了项目实施目标。

图 5　某极寒地区管道工程无外电橇机柜间

2. 热带橇装机柜间

在国外某热带地区机柜间项目一共新建监控阀室6座，该项目沿线基本气候条件为：夏季最高温气温38.6℃，最热月平均气温高于28℃，冬季最冷气温-4.4℃，最冷月平均13℃，多年平均日照时数1927~2139H，内部设备余热约850W，仪表及电池间控温要求为夏季室内温度要求控制在24±3℃。冬季控温21±3℃。基于本项目气候条件，实际现场地表温度最高超过60℃，空调存在高温时段制冷量不足导致设备间内部温度超温设备宕机的情况，该地区的设备间控温的主导因素为外部环境得热，因此按辐射制冷+空调控温理念设计，围护体系隔热层按照内外温差10℃的情况下1000W的能耗设计，顶部采用辐射制冷膜，墙面采用辐射制冷涂料，通过以上措施，对比同地区未采用辐射制冷技术的阀室，在同期同条件测试中，在开启空调的情况下采用辐射制冷技术的阀室内温度始终控制在26±1℃，与未采用该技术的阀室最大温差达到了3.4℃(图6)，不开启空调的情况下最大温差达到了13.1℃(图7)，展示了该技术的有效性，达到了设计目标。

图6　某热带地区管道工程无外电橇机柜间

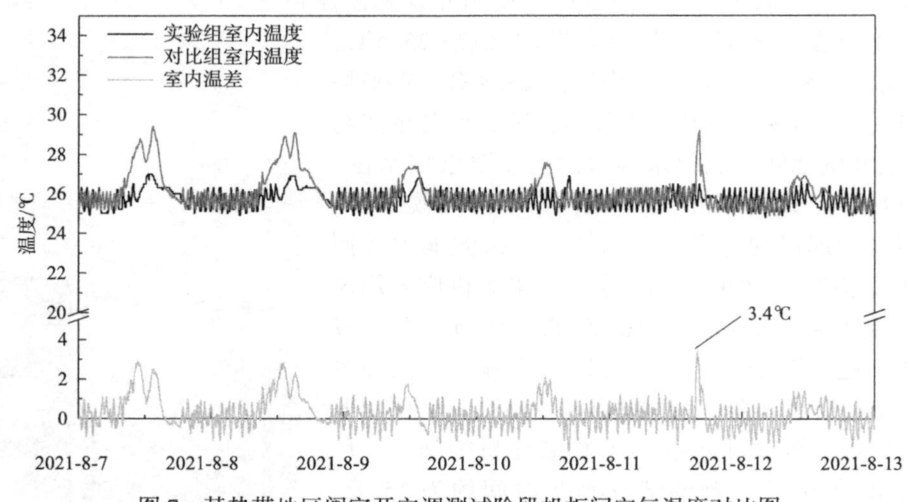

图7　某热带地区阀室开空调测试阶段机柜间空气温度对比图

五、结束语

油气储运工程中无外电工况下橇装机柜间成功的进行了全天候适配应用，很好地实践了国家关于“双碳”理念，实现了降低碳排放，缩短了项目工期，减少了项目投资，提高了工程质量，同时填补了国内技术和产品的空白。随着技术的进步，橇装机柜间将集成更多的“黑科技”，朝智能、节能、可靠的方向不断发展。

参　考　文　献

[1] 汪欣．基于动力响应的结构非线性单元模式识别和参数确定[D]．安徽：合肥工业大学，2019.
[2] 陈兵，王建平，张丰川，等．适宜夏热冬冷地区的近零能耗建筑围护体系关键技术探索[J]．中国建材科技，2022，31(1)：25-27.
[3] 张广宇，曹颖，王岩，等．太阳能季节蓄热供暖系统蓄热水箱的研究与模拟计算[J]．暖通空调，2019，49(3)：91-96.
[4] Yin X，Yang R，Tan G，et al. Terrestrial radiative cooling：Using the cold universe as a renewable and sustainable energy source[J]. Science，2020，370(6518)：786-791.
[5] 王振，张阳，吕林林，等．山地管道监视阀室风光互补供电改造研究[J]．油气田地面工程，2021，40(11)：62-65.
[6] 刘晓艳，江加福，黄懿赟，等．ITER 脉冲变电站镍镉蓄电池间通风设计[J]．蓄电池，2020，57(6)：278-281，294.
[7] 刘净兰，郭凯帆，荣彦．室内新风系统研究[J]．建材与装饰，2017(19)：181-182.
[8] 史玉峰，赵立前，郭小强，等．沙漠地区管道 RTU 阀室被动式冷却系统的设计[J]．油气储运，2016，35(1)：86-90.
[9] 刘艳峰，王登甲．太阳能地面采暖系统蓄热水箱容积分析[J]．太阳能学报，2009，30(12)：1636-1639.
[10] 樊曾．油气站场电控设备的橇装化设计及应用[J]．现代建筑电气，2014(z1)：4-7.

反无人机主动防御系统在石油储备库中的应用

高　帆　李　凡

（中国石油天然气管道工程有限公司通信室）

摘　要：随着无人机技术的高速发展，其在航拍、测绘、新闻报道等各个领域中广泛应用，但是，无人机的“黑飞”也给重点石油石化企业的安全防范工作带来了直接的影响。石油储备库在国家能源战略储备中具有重要的地位与作用，基于石油储备库的安全反恐要求，利用集成频谱探测及导航诱骗等模式构建符合石油储备库的反无人机主动防御系统，可以从根本上避免无人机“黑飞”带来的困扰和危害，充分提升石油储备库反恐防范的能力。

一、引言

随着国内无人机技术的迅猛发展，民用无人机在航拍摄影、快递物流、遥感测绘等方面得到广泛应用，但随之而来的无人机“黑飞”现象层出不穷，给社会公共安全造成了严重的威胁。石油储备库作为国家能源战略储备的重要组成部分，对国家能源安全及经济发展具有重要的作用，也是国家反恐防范重点保护对象，无人机“黑飞”现象石油储备库的安全运行带来了巨大的挑战。公安部于2022年12月28发布了《国家战略储备库反恐怖防范要求 第1部分 石油储备库》（GA1801.1—2022），文中提出了石油储备库“反无人机主动防御系统”建设要求，本文主要针对国内某地上大型石油储备库反无人机主动防御系统的建设方案进行分析研究。

二、无人机安全威胁影响

随着无人机的高度普及，其产生的安全威胁与隐患问题也日益凸显。无人机袭击、扰航事件、坠毁伤人、非法航拍、运送毒品等相关治安、恐怖事件问题层出不穷。无人机的出现也对国内大型石油储备库的安全防恐工作带来了严峻的挑战。一般情况下，“黑飞”无人机可对石油储备库产生不同程度的破坏，主要涉及以下几个方面。

（1）撞击破坏。通过无人机与储油罐或输送管道发生碰撞，导致设备损坏或操作失误，影响正常的生产活动，严重的造成油品泄漏、火灾或爆炸等危险情况。

（2）非法拍摄。石油储备库通常位于较为偏远的地区，周边环境复杂，安防工作难度较大，通过无人机进入到石油储备库生产区，对生产作业过程、状态进行偷窥，泄漏库区重要信息，或制作假新闻、散布谣言，制造社会恐慌等。

（3）网络破坏。通过无人机作为跳板或中继，对石油储备库通信网络进行入侵，破坏石油储备库的生产控制系统，导致系统出现混乱以及停顿等。

（4）投放爆炸物。通过无人机向石油储备库的重要区域投放爆炸物或其他危险物品，对石油储备库进行恶意攻击，造成火灾、爆炸等重大安全事故，给国家财产造成重大的损失。

三、反无人机主动防御系统设计

1. 设计理念

目前，反无人机主动防御系统建设应用的技术主要有探测技术、干扰技术以及毁伤技术。其中，探测技术的主要功能是进行发现探测、定位识别以及跟踪处理；干扰技术通过对导航系统、光电荷载等设备进行电子以及光学的干扰，降低无人机性能；毁伤技术利用常规性的捕获设施、武器弹药系统或激光设备等摧毁无人机。

探测技术可以精准地识别无人机，根据系统建立白名单数据库，利用专业的数据进行接入、分析处理，可以进行精准探测各类无人机信号，反无人机主动防御系统的建设离不开探测技术；毁伤技术在实际应用中会产生无序坠毁，会给周边的居民以及建筑结构产生不同程度的危害；干扰技术是反无人机防御系统的重要技术，其具有安全性能良好、附带损伤性小的特征，且技术成熟，在应用中可以通过导航信号诱骗进行防控干扰，进而实现对无人机的防御处理以及管控。

根据公安部《石油石化系统治安反恐防范要求 第2部分 炼油与化工企业》(GA1551. 2—2019)要求，综合石油储备库的行业特征、反恐防范的特点，在实际应用中主要采用频谱探测+导航诱骗类反无人机主动防御系统。

2. 工作原理

反无人机主动防御系统利用室外频谱探测设备进行无人机信号的探测，一旦探测到非法入侵的无人机，频谱探测设备将联动导航诱骗设备准备启动；导航诱骗设备启动后，通过发射虚假的卫星导航信号覆盖需要防御的区域，信号以在室外前端导航诱骗设备为圆心的范围内形成360°的球形防御范围，通过强大的干扰卫星导航信号，可以导致无人机忽略真实的卫星导航信号，达到导航诱骗设备对无人机进行防控处理的目的，这样则可以保障在空间范围中无人机无法达到入侵以及起飞的目的。其主要工作原理如图1所示。

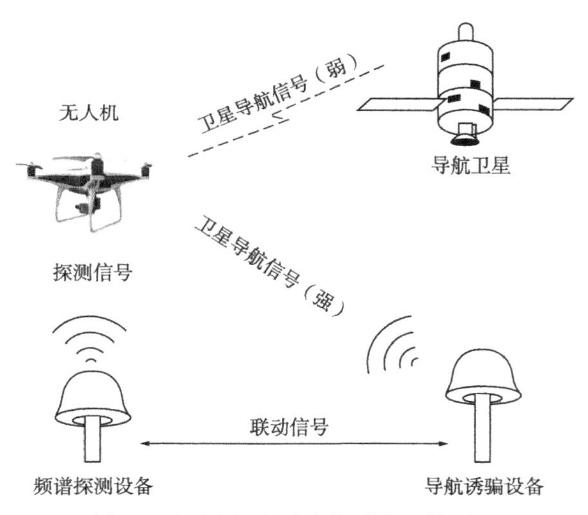

图1 反无人机主动防御系统工作原理

3. 系统组成

反无人机主动防御系统主要由前端频谱探测设备、导航诱骗设备和后端控制设备组成，频谱探测设备、导航诱骗设备可采用一体化集成设备，也可以分开设置；频谱探测设备可实现对无人机数传和测控信号实时搜索、探测和报警，对无人机定位及连续跟踪，并在地图上实时显示位置和航迹，导航诱骗设备可发射卫星导航干扰信号，导致无人机忽略真实的卫星导航信号，实现对无人机的管控驱离。反无人机主动防御系统组成如图2所示。

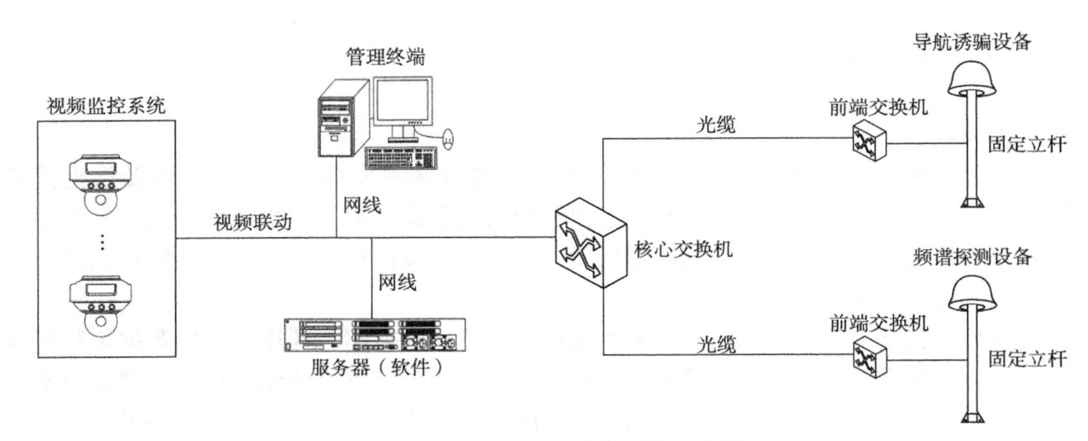

图 2　反无人机主动防御系统组成图

4. 信号覆盖范围

根据石油储备库总图设计方案，库区南北方向长约 1km，东西方向最宽处约为 2km，设计时结合频谱探测设备和诱骗防御设备的特点，布点时尽可能利用区域内的相对高点或空旷区域，主要在办公楼或建构筑物顶部进行布置。具体布置原则为频谱探测设备根据库区实际按探测半径 2km 进行设置，设置 1 套即可；诱骗防御设备按半径 600m 进行布置，共设置 2 套室外诱骗防御设备，均采用全向天线。前端设备布置及信号覆盖范围如图 3 所示。

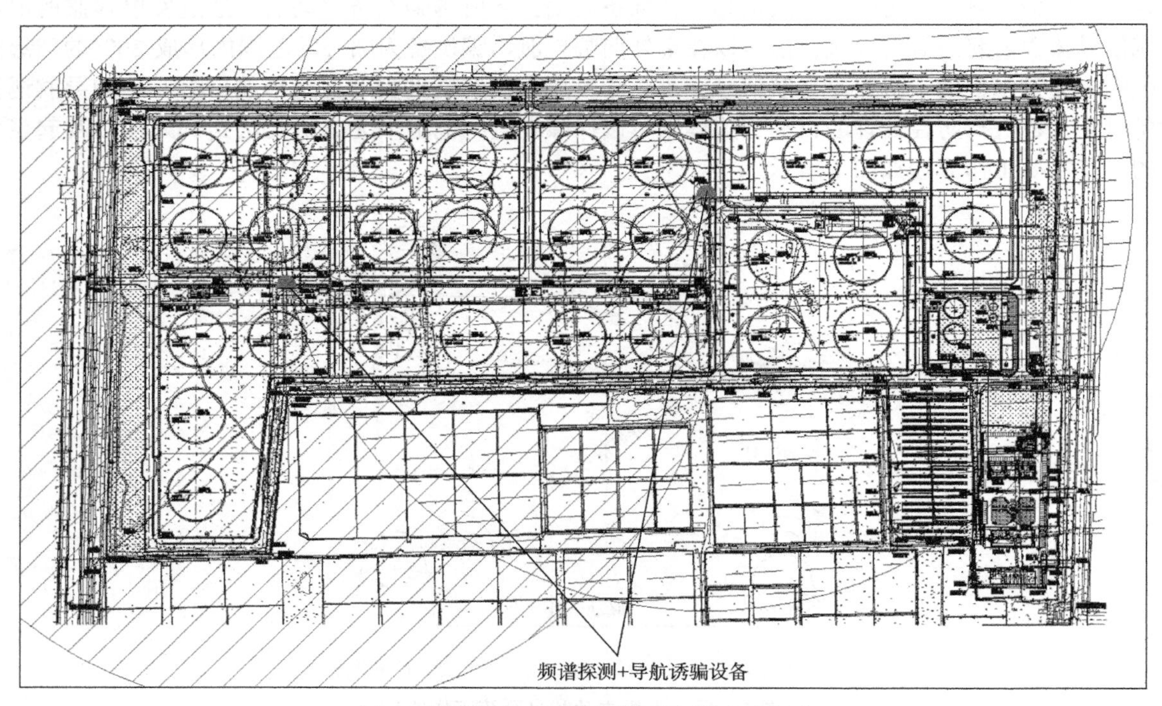

图 3　前端设备布置及信号覆盖范围示意图

5. 设备选型要求

根据《国家战略储备库反恐怖防范要求 第 1 部分 石油储备库》(GA1801. 1—2022)要求，反无人机主动防御系统发射功率和使用频段应符合国家有关规定，系统应能 24h 持续工作，无需人员值守，系统的应用不应对周边重要设施产生有害干扰，系统应取得具备无线电设备检测资质和能力的国家级检测机构出具的检测报告。

（1）频谱探测设备。

① 天线类型：全向天线；

② 探测频率：无人机常用飞行频段，840.5~845MHz、1430~1444MHz、2.4GHz、5.8GHz 等；

③ 作用半径：≥3000m，可根据需求调整；

④ 探测角度：全向 360°；

⑤ 最低侦测高度：5m；

⑥ 响应时间：≤8s；

⑦ 防爆等级：≥Ex db IIB T4 Gc；

⑧ 防护等级：≥IP65。

（2）诱骗防御设备。

① 作用半径：≥1000m，可根据实际调整；

② 导航诱骗频率：民用导航频段，GPS L1、GLONASS L1、北斗 B1 等，可根据需要选择；

③ 防御角度：全向 360°；

④ 工作时间：24h 全天候；

⑤ 发射功率：≤10mW（设备最大作用半径工作情况下）；

⑥ 启动时间：≤5min；

⑦ 防爆等级：≥Ex db IIB T4 Gc；

⑧ 防护等级：≥IP65；

⑨ 联动要求：自动与频谱探测设备联动，支持 TCP/IP 协议与视频监控系统联动。

6. 系统功能要求

反无人机主动防御系统用于发现非法入侵石油储备库的民用级无人机，及时将入侵无人机进行驱离，确保库区内重要设施的安全，至少应实现的以下功能要求。

（1）预警处置：可将出现的威胁事件进行告警、记录和存储，当出现“黑飞”无人机时，可及时以声光等形式进行预警提示，在手动或自动控制模式下，可操纵室外防御设备对入侵无人机进行驱离操作或诱骗至安全区域。

（2）无人值守：系统支持 24 小时工作，具备全自动无人值守模式，在自动防护模式下，系统可在地图中自动标记发现的黑飞无人机所在区域，并根据设定的值守规则自动调用防御设备进行驱离操作，完成值守功能，全程无需人工干预。

（3）定位识别：可识别多种卫星导航系统，包括 GPS、BeiDou（北斗）、Glonass（格洛纳斯）、Gllileo（伽利略）等卫星导航模块，系统支持根据需求配置识别一种或多种卫星导航系统。

（4）敌我识别：系统可在电子地图中可明确标识出加载机载电子身份识别系统的合法无人机所在位置，并可依据位置信息与“黑飞”无人机进行区分，在自动防护和手动控制两种模式下，都可以进行敌我识别，避免误伤的情况出现。

（5）统计分析：系统可存储历次“黑飞”事件和合法无人机工作信息，并可从时间维度、空间维度进行查询统计，并依据数据情况分析库区周边容易发生黑飞事件的区域方向。

（6）联动控制：系统支持通过 TCP/IP 协议实现与库区视频监控系统的联动，一旦发现“黑飞”无人机时，可通过视频监控画面进行确认。

（7）设备管理：系统具备设备管理功能，可灵活方便的添加、删除设备，并可对设备进行远程管理，减少工作人员的日常维护工作量。

（8）用户管理：系统具备用户管理功能，可根据不同的用户角色划分相应的权限，在用户登录时，系统会根据权限显示相应的内容，保障系统的使用安全。

四、结语

总体来讲，在国家对低空领域的政策放开和民用无人机价格下降等因素的驱动下，使得国内无人机保有量急剧扩张。但随着无人机的广泛应用，也带来了一系列社会公共安全问题。石油储备库是关系到国家能源安全的的重要能源设施，根据石油储备库的具体状况，构建符合实际需求的全方位、立体化的反无人机主动防御系统，可以有效地实现对入侵无人机的预警、驱离以及迫降，提升石油储备库的安全防御等级，为国家重要能源设施的安全防御以及防恐要求提供技术保障。

参 考 文 献

[1] 宋寅．低慢小目标无人机防御系统的设计与实现[J]．航空航天科学与工程，2018(6)：56.
[2] 张玉乾．无人机主动防御系统在成品油库区的安防应用研究[J]．工艺技术，2019(1)：204-206.
[3] 黄小宇．低空无人机防御系统技术解析[J]．工程技术，2016(1)：18-23.
[4] 倪玉伟，等反无人机主动防御系统在火电站反恐防范系统中的应用研究[J]．中国高新科技，2022(21)：146-148.

浅谈光纤在线监测技术在油气管道中的应用

高　帆　渠忠强

（中国石油天然气管道工程有限公司通信室）

摘　要：光纤通信作为国内长输油气管道的主要通信方式，为油气管道企业生产调度、信息化、应急指挥等提供了重要保障，管道光缆资源的重要性也日趋凸显；但是，国内油气管道光缆建设时间跨度大、敷设环境复杂，随着时间的推移，由于光缆老化、地质灾害、施工破坏等因素导致的断纤事件时有发生，由于缺乏有效的技术手段对光缆资源进行监控和预警，严重影响管道企业的生产运行。本文通过分析光纤在线监测系统组成、技术原理、功能特点等，为未来油气管道工程光纤在线监测系统建设提供参考和借鉴。

一、引言

油气管道作为我国石油天然气资源的主要运输方式，对于国家的经济发展以及能源保障十分重要，管道伴行光缆作为油气管道光纤通信系统的重要传输介质，光缆资源的好坏直接影响着管道企业通信网络的安全性和可靠性。国内油气管道伴行光缆建设时间跨度较大，敷设环境复杂，由于光纤老化、地质灾害、施工破坏等因素导致光缆故障事件时有发生，光缆线路的整体运行质量不高，由于缺少有效的技术手段对光缆资源进行监控和预警，导致光缆故障从发生到处理的时间跨度较长，给管道通信网安全平稳运行带来了隐患。

光纤在线监测技术优势在于可通过在线方式实时监测通信光缆纤芯资源状态，对光缆在运行工作中出现的异常问题进行及时报警，并对故障出现的位置进行精确定位，便于企业运维人员在最短时间内对故障问题进行处理，提高通信光缆故障应急抢修效率，因此，光纤在线监测系统的应用对于管道企业的生产运行具有重要的意义。

二、光纤在线监测系统概述

光纤在线监测系统通过运用自动化监测系统，实施对整个光缆线路传输质量的监测，可以高效、准确地对整个网络进行监测。对光缆发生故障时的各项信息进行分析记录，同时还能对当前时刻光缆的各项性能数据进行统计整合，从而推测出光缆中可能会发生故障并进行预警，根据此项功能可以实现对光缆进行点名测试、周期测试、信号传输网络报警触发的测试以及在线或跨时段的监测等多种监测功能。

光纤在线监测系统通过对光缆线路的纤芯进行实时监测，从而实现对光缆损耗情况进行实时监测，管理人员可将系统的检测结果与数据库中记录的结果进行分析比较，从而对光缆进行更好的管理；光缆在线监测系统还可以利用监测结果将光缆的光功率变化情况绘制成相应的曲线图，从而分析出光缆是否正常运行，是否存在潜在的隐患与问题；运用光缆在线监测系统，可以在光功率数据的挖掘过程中，将光功率的数值作为主要依据，并对系统发出的异常报警做出准确的判断，最终分析出油气管道通信系统的运行状况是否良好。

三、系统组成

光纤在线监测系统主要由远程监测站、服务器及软件、客户端、GIS 系统等组成。光纤在线监测系统图如图 1 所示。

(1) 远程监测站。

远程监测站是集成光时域反射仪(OTDR)、光开关、光功率计等模块于一体的多功能设备，可 24 h 在线监测光缆纤芯，记录监测状况并分析对比，当发现光纤异常时，可自动判断和分析故障信息，做出准确的故障定位。

(2) 服务器及软件。

服务器直接管理所辖的远程监测站，光缆自动监测软件部署在服务器上，通过光缆自动监测软件实现对采集的数据进行分析和处理，实时监测光缆的纤芯状态、运行情况等，并提供实时的告警和报告。

(3) 客户端。

客户端用于实现管理人员对服务器资源的远程访问，并根据登录人员的级别和管理权限提供相应的访问服务。

(4) GIS 系统。

GIS 系统包含了处理空间地理信息的各种功能，包括对光缆线路地理信息数据的采集、管理、处理、分析和输出，针对光缆线路故障的诊断，支持离线地图和在线地图定位功能，同时具备机房数据管理、光缆数据管理、光缆数据报表以及工程管理等功能。

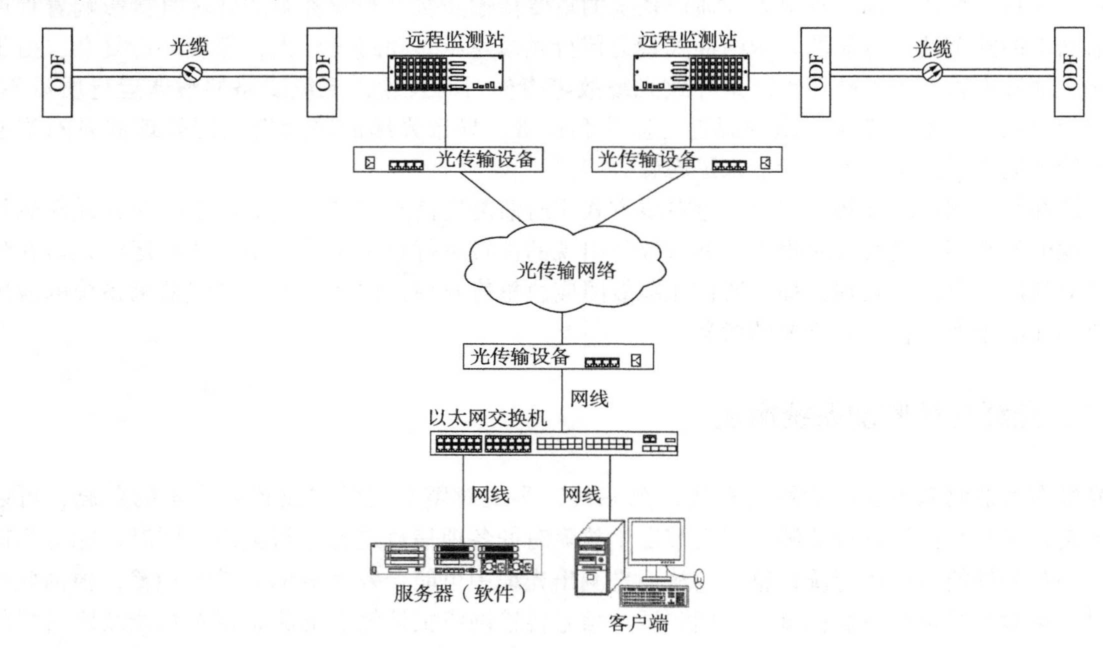

图 1 光纤在线监测系统图

四、光纤在线监测技术原理

光纤在线监测技术主要依靠远程监测站 OTDR 模块来实现，OTDR 模块实现对光纤故障点的定位主要利用了光纤的后向瑞利散射效应和菲涅尔反射效应。

1. 光纤后向瑞利散射效应

由于光纤自身在制造过程中存在密度分布不均匀，各处的折射率存在微小的差别，当探测光源在光纤中传播时，光的部分能量会改变其原有传播方向向四周散射，其强度与波长的四次方成反比，这种现象被称为瑞利散射。在瑞利散射光中又有一部分散射光沿与原来相反的方向传播，这部分瑞利散射光被称为后向瑞利散射光。传统脉冲型 OTDR 是利用一束功率较大的脉冲作为探测光源，用 $E(0)$ 表示，进入光纤的脉冲探测光的初始能量，光纤的损耗系数为 α，单位为 Np/km，则在空间位置 z 处脉冲的能量 $E(z)$ 可以表示为

$$E(z)=E(0)\mathrm{e}^{-\alpha z} \tag{1}$$

由于光纤的损耗，光脉冲的能量随着传播距离 z 而衰减。用 a_{rs} 表示瑞利衰减系数，其表示光纤因瑞利散射而引起衰减的大小，用 S 表示后向瑞利散射系数，表示向后瑞利散射光能量占总瑞利散射能量的比例。那么后向瑞利散射能量关于长度的微分量为

$$\mathrm{d}E_{brs}(z)=E(0)a_{rs}S\mathrm{e}^{-2\alpha z}\mathrm{d}z \tag{2}$$

由时间和距离的关系

$$\mathrm{d}t=\frac{2\mathrm{d}z}{v_{\mathrm{g}}} \tag{3}$$

其中，v_{g} 表示光在光纤中的速度，由式(2)、式(3)，接收端收到的后向瑞利散射光功率随空间位置变化可以表示为

$$P_{\mathrm{brs}}(z)=\frac{\mathrm{d}E_{\mathrm{brs}}}{\mathrm{d}t}=\frac{1}{2}v_{\mathrm{g}}E(0)a_{\mathrm{rs}}S\mathrm{e}^{-2\alpha z} \tag{4}$$

令

$$\eta=\frac{1}{2}Sa_{rs}v_{\mathrm{g}} \tag{5}$$

则后向瑞利散射功率 P_{brs} 和距离 z 的关系为

$$P_{\mathrm{brs}}(z)=P_0\tau\eta\mathrm{e}^{-2\alpha z} \tag{6}$$

式中 P_0——探测光脉冲的峰值功率；

τ——探测光脉冲的宽度；

η——后向瑞利散射因子，在单模光纤中的典型值约为 10W/J。

2. 光纤菲涅尔反射效应

在光纤断裂或者活接头处光纤纤芯和空气存在折射率差，光在传输过程中会由于折射率不同的介质而产生反射，这种反射称之为菲涅尔反射。光纤与空气的折射率差以及端面角度决定了菲涅尔反射的强度。如图 2 所示，若两侧的光纤端面与光纤的轴线垂直且端面平行，由于入射光线与光纤端面垂直，端面反射光会全部返回光纤。

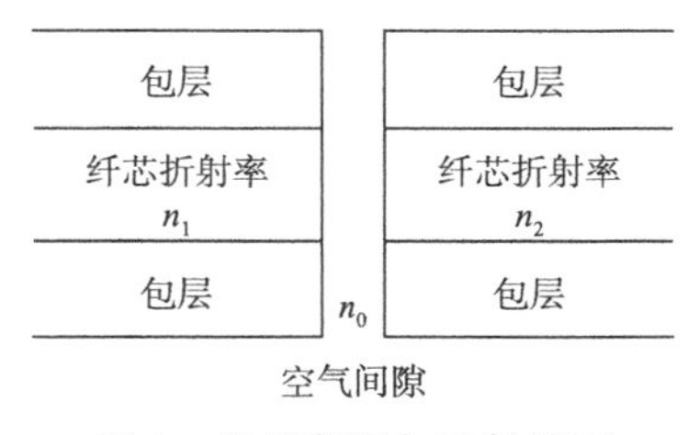

图 2 光纤菲涅尔反射端面

当光从左侧的光纤入射到空气时，若左侧光纤的折射率为 n_1，空气的折射率为 n_0，则界面处的反射系数分别为

$$R_{E1}=\frac{n_1-n_0}{n_1+n_0} \tag{7}$$

$$R_{H1}=\frac{n_0-n_1}{n_1+n_0} \tag{8}$$

透射系数为

$$T_{E1}=T_{H1}=\frac{2\,n_1}{n_1+n_0} \tag{9}$$

若光在左侧光纤端面处的功率为P_I，光从左侧光纤端面由光纤进入空气的时反射功光率用P_{f1}来表示，则有

$$P_{f1}=|R_{E1}R_{H1}|P_I=\left|\frac{n_1-n_2}{n_1+n_2}\right|2P_I \tag{10}$$

在左侧的光纤端面处，只有小部分光功率会发生反射，大部分光功率依然沿原传输方向传播，光经过空气到达右侧端面时，右侧光纤的折射率为n_2，可以得到右侧光纤端面的反射功率 P'_{f2}

$$P'_{f2}=|R_{E2}R_{H2}T_{E1}T_{H1}|P_I=\left|\frac{n_2-n_0}{n_2+n_0}\right|^2\left|\frac{2n_1}{n_1+n_0}\right|^2P_I \tag{11}$$

当右侧光纤端面的反射光到达左侧光纤端面时，此时左侧光纤端面的透射系数为

$$T'_{E1}=T'_{H1}=\frac{2\,n_0}{n_1+n_0} \tag{12}$$

那么进入左侧光纤的右侧端面的反射光功率P_{f2}为

$$P_{f2}=|T'_{E1}T'_{H1}|P'_{f2}=\left|\frac{2\,n_0}{n_1+n_0}\right|\left|\frac{n_2-n_0}{n_2+n_0}\right|^2\left|\frac{2n_1}{n_1+n_0}\right|^2P_I \tag{13}$$

这样总的反射光功率即为在左侧端面反射功率与右侧端面发射功率之和。在不考虑反射角度及二次以上反射的情况下，取两侧光纤的折射率相同$n_1=n_2$，空气的折射率n_0近似为 1，化简后可以得到P_f为

$$P_f=P_{f1}+P_{f2}=\frac{(n_1-1)^2}{(n_1+1)^2}\left|1+\frac{16\,n_1{}^2}{(n_1+1)^4}\right|P_I \tag{14}$$

通常情况下，光纤中的断点或者活接头的端面并非完全平行，所以实际反射光功率会小于上式中的理论计算值，但是反射点处的菲涅尔反射光功率依然远大于后向瑞利散射功率，这是发现并定位光纤故障点位置的主要理论依据，在 OTDR 曲线上故障点处会有一个较为明显的反射峰，通过 OTDR 曲线可准确定位故障点位置。

实际应用过程中，远程监测站 OTDR 模块通过光开关将光脉冲注入光纤作为探测信号，当探测光在光纤中传输时，由于光纤瑞利散射效应，部分光功率会反向传回到发射端。当探测光通过故障点时，由于光纤折射率和空气折射率不一致，就会产生菲涅尔反射，反射光会返回光纤入射端。在发射端通过高速响应的光电探测器来监测后向瑞利散射或者反射光功率随时间变化的规律，再根据光纤折射率和光速的等参数就可以计算得到光纤的长度、损耗和故障位置等信息，并生成 OTDR 曲线图。

远程监测站将测量出来的光缆信息数据传输至后端服务器，再利用 GIS 技术，把光缆相关数据信息在计算机软件中进行分析处理，并将光缆长度、损耗和故障位置等光缆资源信息以电子地图或表格的形式呈现出来，使企业管理人员及时掌握光缆运行状况与故障信息，便于通信检修工作顺利开展。

五、应用效果及展望

随着国内油气管道伴行光缆规模的不断扩大，传统人工巡视和抢修维护方式的实施难度日益增加，给管道企业的运维管理工作带来极大的挑战。光纤在线监测系统可实现对油气管道光缆资源的有效管理，提升光缆日常维护与检修效率，具有显著的应用效果。

（1）可实现光缆纤芯测试、分析与统计工作，解决由于通信站点分布广、线路长、芯数多等因素导致的光缆维护周期长的问题，为光缆线路维护与故障处理提供了强有力的手段。

（2）可实现光纤故障点远程定位和保护切换功能，对于通信线路发生的突出性故障，可在不影响其他业务的前提下将受损光路快速切换至备用光路，提高光通信网络运行的可靠性。同时实现对故障点准确定位，判断故障原因，缩短光缆故障排查时间，提高光缆故障应急抢修效率。

（3）可实现光缆线路长度、光纤衰减系数、传输损耗、后向散射曲线等参数的在线实时监测，为光传输网络的维护工作提供数据支撑，提高光缆纤芯资源的管理水平；同时具有强大的劣化分析功能，通过将实时数据与历史数据相比较，可以及时掌握光缆运行状况与故障信息，便于通信检修工作顺利开展。

（4）可实现自动巡检功能，及时掌握外部因素对光纤网络的影响，特别是针对光纤实时运行情况，系统提供点名测试、周期测试、障碍告警测试等多种测试方式，有利于通信光纤网络资源的管理和日常维护。

在油气管道中引进光纤在线监测技术具有重要的现实意义，通过在油气管道通信站场部署光纤在线监测系统，不仅可以实现对光缆资源的有效管理，提升企业光缆线路日常维护与检修效率，也可以提高油气管道光通信网络的可靠性，提升管道企业通信网络维护与管理水平，为管道的安全生产奠定坚实的基础。

参 考 文 献

[1] 陈军，尤政，周兆英．激光散射理论及其在计量测试中的应用[J]．激光技术，1996，20(6)：359-365.
[2] 杨军．强菲涅尔反射对光纤线路测试的影响分析[J]．电信技术，2004，(7)：60-63.
[3] 管世珍，靳艳丽，谢广东．南水北调中线光缆自动监测系统的设计与应用[J]．浙江水利科技，2023，(1)：5.
[4] 田洋，潘红．智能化光纤在线监测系统在电力通信网中的建设应用[J]．内蒙古电力技术，2019，37(5)：54.
[5] 朱波，王磊．光缆监测系统技术及应用[J]．邮电设计技术，2015，(7)：58-60.

国产化 PLC 控制系统应用现状及展望

张　皓[1]　王尔若[2]

（1. 中国石油天然气管道工程有限公司仪表自动化室；
2. 中国石油天然气管道工程有限公司阿布扎比分公司）

摘　要：长期以来，我国油气管道控制系统软件及设备采用进口设备，进口设备在供应保障、维护升级、系统安全及运行成本控制等方面存在巨大风险，制约我们油气管道行业安全高效发展，面临"卡脖子"风险。天然气管道控制系统对于国产化 PLC 产品的需求日益紧迫，满足信息安全要求的国产化 PLC 控制系统开始在油气管道行业应用。本文主要以中俄东线天然气管道工程安平-泰兴段为例，从系统选型、系统配置、投产运行情况等方面介绍了国产化 PLC 在该工程的应用实践现状。通过测试和现场运行情况，国产 PLC 完全满足油气管道行业生产运行需求。同时，也对国产化 PLC 的发展前景进行了展望。

一、引言

天然气站场设备的自动化、智能化集中控制与管理主要由站控 PLC 实现的，PLC 是整套系统的核心，用于实现数据的采集、命令的下达以及逻辑运算功能。目前，我国油气管道 PLC 市场中，欧美品牌和日系品牌占据主导地位，进口设备在供应保障、维护升级、系统安全及运行成本控制等方面存在巨大风险，制约我们油气管道行业安全高效发展。为了消除进口产品的"卡脖子"风险，在中俄东线天然气管道南段工程（安平—泰兴）部署高度国产化成熟产品替代进口产品，实施软硬件适配，提升站控系统的安全保障水平，为今后石油天然气管道行业全面国产化提供参考与借鉴。

二、国内 PLC 应用现状

1. 国内 PLC 现状

PLC 在我国的应用已有 30 年的历史，PLC 自 20 世纪 70 年代后期进入中国以来，应用增长十分迅速。由于当时收到资金、技术、人才等因素的限制，我国本土 PLC 产品依然发展缓慢，PLC/RTU 产品的技术水平较国外有一定差距。近年来，随着国家的重视和资金投入，以及各类工程的试点，PLC/RTU 技术发展迅速，在稳定性、可靠性、功能性上与国外产品的差距不断算短。因此，国产 PLC/RTU 越来越多地应用于石油化工领域。

2. 国内 PLC 应用情况

目前，国内油气管道 PLC 市场主要包括西门子、施耐德、ABB、GE、罗克韦尔、霍尼韦尔等，网络设备主要为思科、赫斯曼等产品，SCADA 系统软件主要采用 Viewstar、Oasys 等产品。进口设备在供应保障、维护升级、系统安全及运行成本控制等方面存在巨大风险，制约国内油气管道行业安全高效发展。为此，国家发改委、能源局于 2018 年在盖州压气站开展国产化控制系统试点，经过 2 年多的运行，系统运行平稳、安全、可靠，根据盖州站试点应用情况，在中俄东线全面推广控制系统国产化替代。

三、国产化 PLC 控制系统在中俄东线南段工程应用

中俄东线天然气管道工程安平—泰兴段设计管径 1219mm、设计压力 10Mpa，线路长度 1076km，工控系统建设包括 16 座站场的控制系统及配套调控中心的软、硬件建设内容。

控制系统主要包括：过程控制系统、安全仪表系统、工作站、服务器、交换机和网络安全设备等，典型输气站场控制系统配置图如图 1 所示。

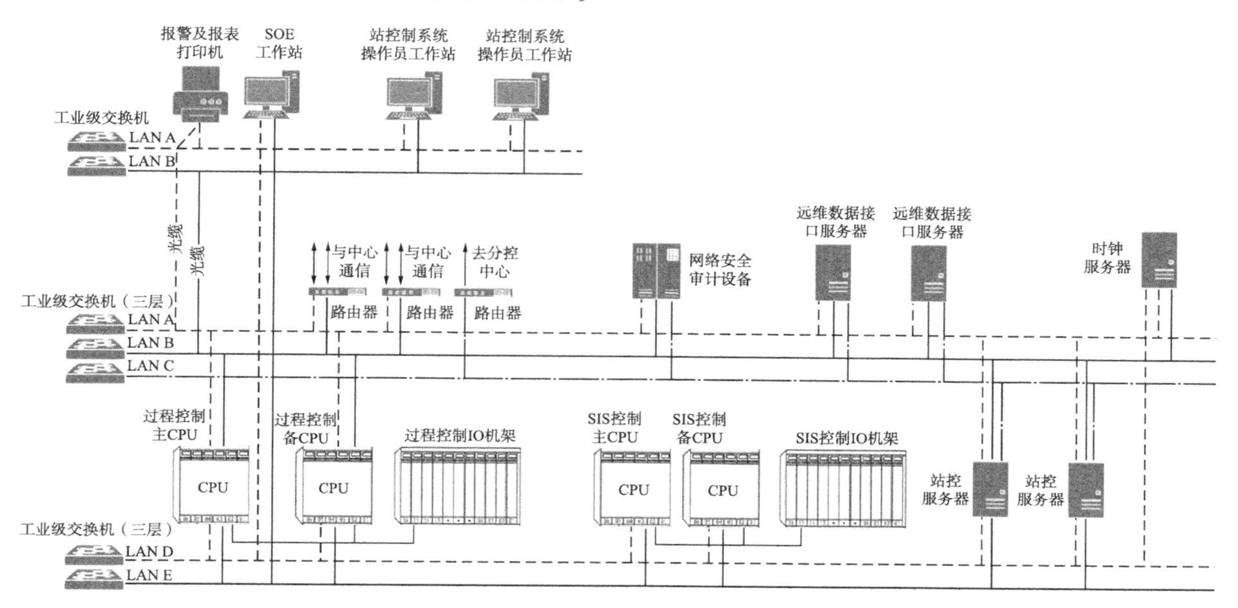

图 1　典型输气站场控制系统配置图

1. 系统设备选型

主要设备选型见表 1。

表 1　控制系统主要设备选型表

设备类型	品牌	型号	数量
PLC 系统	浙江中控	GCS-G5	16 套
ESD 系统	浙江中控	TCS-900	16 套
工作站	联想	ThinkStation P320	12 套
	浪潮	NP3020M5	36 套
服务器	华三	H3C UniServer R4900 G3	8 套
	浪潮	NF5280M5	24 套
交换机	东土科技	SICOM3028GPT	112 套
网络安全设备	360	IA-ISMA3000-C-HS	4 套
	绿盟科技	SAS-ICSNX3-1010A	10 套
	立思辰	xSecAudit V2. 0	2 套

2. 系统配置方案

1）过程控制系统方案

过程控制系统选用 GCS-G5 系列热备冗余 PLC 控制系统，采用双机架双 CPU 配置的双机热备

系统，两个机架中包括电源，CPU模块，通讯模件等配置完全相同，形成主机PLC和备用机PLC，两个系统通过专用的光纤进行热备通信。在主机PLC意外发生故障时，备用机PLC自动切换为主机，双机热备系统保证实现主备机之间平稳、无缝的切换，I/O网络采用Ethetnet IO环形数据网络，更快捷的把IO模块采集的数据上传到PLC处理器进行计算处理。

2）安全仪表系统方案

安全仪表系统选用TCS-900系列控制系统，具有国产自主知识产权的SIL3产品，控制器为三重化冗余结构。系统具有完整的自诊断功能，可以在运行中自动地诊断出系统的任何一个部件是否出现故障，并且在编程软件中及时、准确地反映出故障状态、故障时间、故障地点及相关信息。

3）网络解决方案

系统监控网络为标准局域网(LAN)，按冗余设置，支持网络上连接的所有设备的数据交换，采用TCP/IP协议。能与上级计算机系统联网并进行数据交换；局域网采用分布式服务器、总线拓扑结构。采用工业级网络交换机，速率不低于100Mbps，网线采用5类双绞线、超5类双绞线或光纤。

4）人机界面方案

站控人机界面选择了国产油气管道控制系统软件PCS软件，软件授权点数为无限点。每个站场配置了两台冗余站控服务器，操作系统为国产化Linux系统，两台操作员工作站，双屏显示，负责站场所有设备的参数及状态显示、控制以及报警点的显示，并完成与PLC所有数据的点对点调试安装。

5）系统功能

控制系统的主要功能是保证站内设备安全、可靠操作，监视和控制工艺过程及设备状态，确保输气生产的顺利进行。同时还要将有关信息传送给调控中心，并接受调控中心下达的指令。主要功能如下。

(1) 对现场的工艺变量进行数据采集、处理和上传；

(2) 逻辑控制和联锁保护；

(3) 接受调控中心下达的命令；

(4) 对压缩机组的监控，执行调度控制中心压缩机远控要求(适用于压气站)，应可以显示压缩机组特性曲线及实时工作点；

(5) 压缩机组负荷分配控制功能；

(6) 压气站一键启站：压气站站场正常/紧急停运，在现场相应的事故状态(紧急停机工况)解除后。站场可接受调控控制中心下达的一个启站命令，自动检测站场各设备系统故障状态、自动开启相应的工艺阀门，自动依次启动各台预选的工作压缩机组及相应的辅助系统实现加压输送功能；

(7) 压缩机组及橇内各辅助系统的监控(适用于压气站)；

(8) 提供人机对话的窗口，显示动态工艺流程及各种工艺变量和其他有关参数，显示实时趋势曲线和历史曲线；

(9) 报警、事件处理；

(10) 数据存储及处理；

(11) 时钟同步；

(12) 控制权限切换；

(13) 压力、流量控制；

(14) 接收调控中心日指定下发命令，实现自动分输；

(15) 计量数据处理；

(16) 站场火灾自动报警系统的监视和报警；

(17) 站场可燃气体及火焰探测器报警连锁ESD；

(18) 消防系统的监视；

（19）电力主要数据监视；
（20）阴保设备数据显示；
（21）能耗数据采集；
（22）接收调度控制中心的气质组分数据，并负责写入各台流量计算机；
（23）对所辖站场及阀室的数据监视；
（24）站场、阀室与调控中心数据中断监测；
（25）为地区公司远维系统提供数据；
（26）打印报警和事件报告；
（27）打印生产报表。

3. 与进口产品性能对比

目前在役管道如西气东输管道、陕京管道、川气东送管道等工程的站控系统采用进口设备，如施耐德 Quantum 系列，罗克韦尔的 ControlLogix 系列、西门子的 S7-400 系列等。结合现场运行情况，并且查询了相关资料和技术手册，将国产和进口 PLC 产品在性能上进行了对比，见表 2。

表 2　国产和进口 PLC 产品性能对比

		S7-400(CPU414)	Quantum(CPU 651)	ControlLogix(1756 L73)	和利时 LK210	GCS-G5/pro
整体功能	冗余功能	支持	CPU 冗余、网络冗余、电源冗余	CPU 冗余、网络冗余、电源冗余	CPU 冗余、电源冗余、网络冗余、I/O 冗余	CPU 冗余、电源冗余、网络冗余、I/O 冗余
	冗余方式	机架间冗余	机架间冗余	机架间冗余	机架内相邻 槽位冗余 机架冗余	机架内相邻 槽位冗余 机架冗余
	远程组态	不支持	不支持	支持	支持	支持
	热插拔	支持	支持	支持	支持	支持
CPU	扫描方式	循环扫描	循环扫描	循环扫描	周期扫描 循环扫描	周期扫描 循环扫描
	型号	TI DSP	Pentium	NXP ARM	--	ARM9
	主频	150 MHz	166 MHz	80 MHz	533MHz	800 MHz/10000MHz
	速度	0. 1μs/bool 0. 1μs/byte 0. 6μs/float	0. 3ms/kB	0. 04ms(布尔)、 0. 25ms(字)、 0. 25ms(浮点)	0. 013μs/bool 0. 013μs/byte 0. 2μs/float	0. 012μs/bool 0. 014μs/byte 0. 18μs/float
存储空间	RAM	384K BYTE	2M BYTE	8M BYTE	16M BYTE	32M BYTE/512M
	程序内存	384K BYTE	512K BYTE	1024K BYTE	1024K BYTE	16M BYTE/64M
整体规模		65535DI/65535DO 4096AI/4096AO	本地：1024 位/模块 远程：2048 输入/ 2048 个输出 分布式：500 个输入/ 500 个输出	128000 开关量/ 4000 模拟量	57344 开关量/ 3584 模拟量	65535DI/65535DO 4096AI/4096AO
任务数	总数	39	134	32	32	132
	循环任务	1	1	1	1	1
	周期任务	4	5	31(总数限制)	32	3/8
	事件任务	4	128	31(总数限制)	32	32
整体切换时间		60ms	30ms	60ms	50ms	20ms
外部存储器		64MB MMC 卡	7MB PCMCIA	1GB SD	512MB SD	32GB SD

续表

		S7-400(CPU414)	Quantum(CPU 651)	ControlLogix(1756 L73)	和利时 LK210	GCS-G5/pro
在线下载		支持(配置 400H 产品)	不支持	支持	支持	支持
远程化能力	支持方式	Modbus/Profibus-DP/AS-I/以太网	Modbus/AS-Interface/Profibus-DP/SERCOS MMS	ControlNet/DeviceNet/以太网	PROFIBUS-DP/以太网/Modbus	ModbusTCP 以太网，免交换机
	规模	127	31	250	120	512
IO 特性		丰富	丰富	丰富	不足	中等
运动控制功能		较好	较好	较好	无	无
诊断能力		诊断到功能模块	诊断到功能模块	诊断到 I/O 通道	诊断到 I/O 通道	诊断到 I/O 通道
环境适用性		0℃ to60℃	0℃ to60℃	0℃ to60℃	0℃ to60℃	-20℃ to70℃

通过比对，国产 PLC 产品在整体功能、存储空间、处理任务数以及诊断能力方面，都与进口设备保持相同水平，部分功能优于进口设备，在工艺制造水平、IO 特性、兼容性、运动控制方面和进口设备仍有一定差距。

4. 投产运行情况

目前，中俄东线天然气管道工程安平—泰兴段 16 座站场站控系统均顺利投用。在系统功能和控制逻辑测试中，均为合格，见表 3，满足使用要求。

表 3　系统功能和控制逻辑测试表

测试项	ESD 逻辑功能测试	站控画面验收	第三方数据通信测试	低压关断功能测试	爆管检测功能测试	控制权限切换测试	对所辖阀室数据监视
测试结果	合格	合格	合格	合格	合格	合格	合格

5. 存在问题及改进方向

目前，控制系统的硬件的整体技术参数基本满足管道工程的需要，仍存在内部核心芯片非国产的情况，国产产品性能水平较国外产品仍有着明显的差距，短期内攻克难度较大。根据国内芯片研发的进度，后续会采用国产芯片替代进口芯片，达到完全自主可控。

四、应用推广及展望

最终，中俄东线天然气管道(安平—泰兴)工控系统设备级国产化率实现 100%，单体设备元器件由于少量芯片采用进口，其国产化率不低于 95%，提升了系统的安全可控和网络安全水平。

中俄国产化 PLC 控制系统在中俄东线天然气管道工程安平—泰兴段的应用，可以指导后续油气长输管道新建工程和在役管道国产化替代改造工程。同时由于城镇燃气行业与长输管道的工业控制系统具有较高的相似性，国产控制系统的应用也可以为城镇燃气行业的控制系统实现安全自主可控提供实施参考，推动了城镇燃气行业国产化工业控制系统设备产业的技术进步和发展。

五、结束语

经过中俄东线的实际应用可见，国产 PLC 在质量、性能、稳定性等方面已满足天然气管道行业的应用需求，在后期服务、运行速度等方面更适应国内行业需求。后续随着工业 4.0 的推动和国家政策的鼓励，国产化 PLC 控制系统会得到更广泛的推广和应用。

参 考 文 献

[1] 王兆义．陈治川，等．PLC 发展的几个特点和国产化[J]．自动化博览，2007，z1：12-14.
[2] 周俊杰．站控 PLC 系统在天然气长输管线中的应用[J]．自动化应用，2019，3：152-153.
[3] 管文涌．王晓光，等．国产化 HMI 软件及 PLC 系统的测试评估方法[J]．化工自动化及仪表，2021，4：395-399.
[4] 廖常初．国产 PLC 的现状[J]．电气时代，2011，1：41~43.
[5] 姚红亮．朱桥梁．PLC 在天然气自动化管道运输中的应用[J]，石化技术，2017，24(6)：119，45.
[6] 王德吉．智能时代 PLC 应用及发展趋势[J]．自动化博览，2019，36(6)：34-36.

油气管道调控中心调度人员倒班方式研究

杨文涛

（中国石油天然气管道工程有限公司 仪表自动化室）

摘　要：油气管道调控中心调度员的倒班方式直接影响到调度员身心健康、社交生活和家庭生活，也是生产连续性及安全性的关键。调度员作为“人—机—环（境）”系统中的主导因素，直接影响着油气调控中心的生产运行效率。本文通过对比分析三种不同的倒班方式，从平均周工时、业余时间、疲劳程度、睡眠时间、睡眠质量、健康状况、工作满意度、使用条件、对管理的影响等因素综合分析，提出了“四班两倒”制，在保障调度员身心健康同时提高工作效率、保障了运行安全。

一、引言

油气管道调控中心作为调控指挥、生产运行和抢维修协调关键中枢，汇聚了大量的信息，调度人员需通过甄别这些信息，每天都要做出数百个决定——每一个都关乎生产、质量和安全。

调度员的主要任务是生产信息管理、运行监控管理、调度指令管理、生产计划管理、维检修作业协调、突发事件应急指挥和组织协调等，具有组织、协调、平衡、指挥、监督和各类信息的收集、反馈、处理等多项重要职能，对安全生产各个环节进行监控调节，使整个生产过程安全平稳有序进行。

由于油气管道调控中心人员调度活动要求是7×24h不间断运行，调度员工作时间很长而工作任务需要注意力只在很窄的范围，需要重复性的操作，工作环境变化很小，社会交往受限制，缺少体力活动，单一的声音刺激，单调和重复性的工作会使调度人员增加心理负荷，会使调度人员警觉性下降，人对事件反应和判断能力会下降，造成调度人员的工作疲劳和心理负荷，增加人为错误风险[1]。

倒班模式会在身体和精神两个方面对倒班作业疲劳度产生显著的影响。调度员的倒班方式直接影响到调度员与社会、家庭间交流以及对工作的满意程度，调度员作为“人—机—环（境）”系统中的主导因素，直接影响着油气调控中心的运行效率，选择合适的倒班方式是保障员工健康和提高工作效率的关键[2]。

二、调度员日常行为分析

油气管道调控中心调度人员日常行为：

（1）按照有关技术标准、操作规程、运行方案和管理规定对管道进行运行调度和操作控制；

（2）下达有关调度指令，并监督执行情况；

（3）通过SCADA系统实时监控分析全线运行状态，及时发现和处理解决运行中存在的问题，按照相关要求及时汇报，并作好记录；

（4）结合维检修作业计划，根据实际生产情况对管道进行运行调整；按规定记录运行参数、生产事件，完成相关报表。

综上所述，调度员的日常行为主要工作范围即调度台内，当运行中存在的问题时会向调度长或主管领导汇报，除工作外的日常行为为维持人的基本生理行为，如吃饭、喝水等。

在工作时调度员有需求时可离岗，一般情况下，值班调度离岗前需取得值班调度长同意方可离岗，离岗期间，不得安排清管(内检测)、一级动火、设备切换、实际操作、工艺流程调整等重要生产活动，夜班离岗期间还不得安排启停输。双岗调度台应至少保证一名值班调度在岗，三岗调度台应至少保证两名值班调度在岗。离岗时间一般不得超过 15min/次。

夜班期间，在保证双岗调度台至少一人、三岗台至少两人值守的情况下，值班调度长可安排夜班调度于 0：00—6：00 期间在指定调度工休间轮换休息，每人休息时间为 2h。

三、倒班方式

《中华人民共和国劳动法》第三十六条：国家实行劳动者每日工作时间不超过八小时、平均每周工作时间不超过四十四小时的工时制度。

《中华人民共和国劳动法》第四十一条：用人单位由于生产经营需要，经与工会和劳动者协商后可以延长工作时间，一般每日不得超过十小时；因特殊原因需要延长工作时间的，在保障劳动者身体健康的条件下延长工作时间每日不得超过三小时，但是每月不得超过三十六小时。从上述两项法规可以看出对于劳动者在总工作时长方面有着严格要求，倒班方式需要结合劳动法要求内容综合考虑。

目前应用最为广泛的倒班模式有：四班两倒、四班三倒和五班三倒。

1. 四班两倒

四班两倒模式可以概括为：四个班组(A、B、C、D)，每天二个班组上班，二个班组休息，每班次工作 12h(表 1)。

表 1　四班两倒模式

	第一天	第二天	第三天	第四天
白班	A	C	D	B
晚班	B	A	C	D
休班	CD	BD	AB	CA

按 30 天计算，四班两倒模式工作 15 班，共 180h，平均每周工作 45h，违反了“平均每周工作时间不超过四十四小时的工时制度”，可以采用调休和公休假解决，例如每月增加一日公休假。

2. 四班三倒

四班三倒模式可以概括为：四个班组，每天三个班组上班，一个班组休息，每班次工作 8h(表 2)。

表 2　四班三倒模式

	第一天	第二天	第三天	第四天
白班	A	D	C	B
中班	B	A	D	C
晚班	C	B	A	D
休班	D	C	B	A

按 30 天计算，四班三倒模式工作 22. 5 班，共 180h，平均每周工作 45h，违反了“平均每周工作时间不超过四十四小时的工时制度”，可以采用调休和公休假解决，例如每月增加一日公休假。

3. 五班三倒

五班三倒模式可以概括为：五个班组，每天三个班组上班，二个班组休息，每班次工作 8h (表 3)。

表 3　五班三倒模式

	第一天	第二天	第三天	第四天	第五天
白班	A	E	D	C	B
中班	B	A	E	D	C
晚班	C	B	A	E	D
休班	DE	CD	BC	AB	AR

按 30 天计算，五班三倒模式工作 18 班，共 144h，平均每周工作 36h。满足劳动法要求。

四、倒班方式分析对比

1. 平均周工时的比较

四班二倒和四班三倒作业方式的平均周工时都为 45h，与劳动法规定每周工作 44 小时相比多 1 小时。五班三倒作业方式的平均周工时为 36 小时。

四班制与五班三倒作业方式平均周工时相比多 8 小时。根据调研，调控中心普遍采用四班制轮班方式。四班两倒在作业准备时间和作业结束时间较四班三倒作业方式相比要少，更有利于生产运行的连续性。

2. 实际业余时间的比较

每种倒班方式业余时间的多少直接影响到调度员与社会、家庭间交流以及对工作的满意程度。然而调度员的实际业余时间与每次轮班间隔长短、上下班路程需要耽误的时间和准备上下班时间密切有关。

有分析显示，五班三倒与四班三倒相比，平均轮班间隔时间多 1/5。而由于四班两倒轮班方式交接班次数的减少，使员工总的用在上下班路程耽误的时间和准备上下班上时间都相对减少，从而使员工获得了较长的业余时间。

3. 不同倒班方式的工效学比较

调度员能否在轮班之后休息充分与员工对工作的满意程度成正相关。倒班的疲劳程度与睡眠时间、睡眠质量有着密切的关系。根据人类功效理论，五班三倒轮班方式在疲劳程度、睡眠时间、睡眠质量、健康状况、工作满意度等方面评价要优于四班两倒和四班三倒。

在作业强度中等以下的工作中，四班三倒与四班两倒在白班中疲劳强度没有明显差异，而在第一个夜班后，四班两倒的疲劳程度对于四班三倒呈下降趋势。由于人的睡眠禁区的存在(下午 3：00 到 9：00 难以入睡)，四班两倒的睡眠质量要高于四班三倒，四班两倒工作前的疲劳强度和员工身体健康状况较优，说明工作后休息较为充分，且四班两倒员工消化和循环系统疾病等状况好于四班三倒[3]。

在调控中心自动化较高的工作中，大部分操作都是由电脑远程控制，为中等强度劳动，员工认为四班两倒明显小于四班三倒，且四班两倒在下夜班的 3 个小时后疲劳程度明显上升[4]。

4. 不同倒班方式的使用条件

四班两倒轮班方式有一定局限性。这种轮班方式并不适合高体力劳动、长时间注意力集中的工作，而适合于调控中心自动化程度较高、生产连续性强、生产稳定的工作，时时监控和调节工艺参数。由于四班两倒轮班方式每班次工作时间较长，要求员工所处的工作环境对人体机能消耗较小，忌噪声、粉尘、高温、过冷等，且通过在夜间提供补充体力和提高注意力的饮料、高质量工作餐等方法为员工补充能量，保证作业员工的工作效率[3]。

而四班三倒由于日工作时间较四班两倒少 4 个小时，适合于重体力劳动或连续紧张的手工操作业。五班三倒轮班方式则适合高劳动强度、差环境的工作，也适合与人员过剩、人员需要安置、效率低、劳动力素质差、劳动力价位低的工作。

5. 倒班方式对管理的影响

四班两倒轮班方式每班次作业时间较四班三倒和五班三倒长，减少了班组间交接班次数，使生产作业保持良好的连续性和稳定性，减少了由于交接班而产生的作业失误；并且由于作业班次的减少，使管理层每天面对的员工数相对减少，生产指令的下达频率和漏传、误传频率下降。还使负责上下班交通的后勤服务部门的工作负荷降低，并由此节省人力和物力[5]。

同时四班两倒还有利于公司利用员工的业余时间进行短期的培训工作。虽然五班三倒作业方式和四班两倒在疲劳程度、睡眠时间、睡眠质量、健康状况、工作满意度、家庭满意度等方面较优，特别是连续夜班模式，员工难以调节工作休息节奏，难以适应公司从严管理的要求。

五、分析结论

从平均周工时、业余时间、疲劳程度、睡眠时间、睡眠质量、健康状况、工作满意度、使用条件、对管理的影响综合分析，四班两倒轮班方式相比四班三倒和五班三倒有以下优点：

（1）作业准备时间和作业结束时间较小；

（2）较长的业余时间；

（3）工作后休息较为充分；

（4）适合于调控中心生产运行；

（5）生产指令的下达频率和漏传、误传频率低；

（6）有利于短期培训。

因此建议油气管道调控中心调度员值班方式推行“四班两倒”制，即每日两班，每班时间为：白班 8：00—18：00，夜班 18：00—次日 8：00。

上大夜班的被调查对象的身体疲劳、精神疲度劳和修正后总体疲劳度均高于白班、前夜班和后夜班的人员，间歇式的短暂休息和睡眠很难缓解倒班工人的作业疲劳度。适当缩短后夜班时间，消减生物节律对于倒班作业疲劳度的影响。

夜班期间，在保证双岗调度台至少一人、三岗台至少两人值守的情况下，值班调度长可安排夜班调度于 0：00—6：00 期间在指定调度工休间轮换休息，每人休息时间为 2h。

参 考 文 献

[1] GB/T 22188.1—2008 控制中心的人类工效学设计 第 1 部分控制中心的设计原则

[2] 张广鹏，著．工效学原理与应用[M]．北京：机械工业出版社，2008.

[3] 项英华，著．人类工效学[M]．北京：北京理工大学出版社，2008.

[4] 王艳红．浅析人类工效学研究对职业健康管理工作的促进[J]．化工管理，2014(23)：32.

[5] 蔡佳妮，方卫宁．轨道交通控制中心人因工程设计[J]．都市快轨交通，2018，31(4)：69-76.

工业光总线技术在油气储运行业的应用及展望

李　麟[1]　孙向东[2]　高铭泽[1]

（1. 中国石油天然气管道工程有限公司仪表自动化室；
2. 杭州和利时自动化有限公司）

摘　要：随着通信技术的发展现场设备现有的电信号传输方式在成本投入、可维护性、传输带宽方面有着先天的不足，本文从现场总线技术入手对工业光总线技术进行介绍，并对目前油气储运行业设备厂商的光总线设备进行了简述及比较，结合油气储运行业的应用场景及标准规范要求给出了典型应用及进一步展望。

一、引言

工业现场数据通信的两种主要技术：模拟信号技术和现场总线技术这两种技术都是以电信号传输为基础，其传输介质都是采用传统的铜芯对绞电缆。结合近些年来铜价走势，可以看到铜作为主要传输介质，其价格受市场影响较大，截至2023年9月长江有色铜价月均价为70355元/t，较2022年同期上涨12.43%。

首先由于基础材料的价格的变化，油气储运工程中电缆的价格较去年也有较大增幅，根据国家安全监管总局相关通知要求，控制室面向具有火灾、爆炸危险性装置一侧的安全防护距离应符合标准《石油化工企业设计防火标准》[1]表4.2.12等条款提出的防火间距要求，且控制室、机柜间的建筑、结构应满足《石油化工控制室设计规范》[2]4.4.1等提出的抗暴强度要求。如果将控制室直接建设在生产装置附件，抗暴控制室的建设将会是一笔不小的投资；而如果将控制室建设在安全区，由于现场信号和控制室距离较远，则会大幅增加信号电缆的采购和敷设成本。

其次传统的电缆敷设及现有总线存在传输效率低、成本高、电信号容易受到干扰的问题。

二、工业总线技术

众所周知现场总线技术是一种全数字化、串行、双向通信系统，是数字化技术向智能化现场仪表设备的延伸。是信息技术与测量技术结合的典型成果，是新一代自动化和信息化集成系统的基础。总线的本质特征主要表现为：现场通信网络、现场设备互联、交互性、分散性、开放性。总线技术的主要优势如下：

（1）以数字信号取代传统的4~20mA模拟信号，智能设备管理更便捷、数据信息采集更丰富；

（2）简化软、硬件设计，对现场设备的管理和控制达到统一；

（3）优化了系统结构，采用标准总线结构，按需求挂接模块组网，便于扩充及设备更新替换；

（4）现场设备能完成过程的基本控制功能。

目前中国拥有世界领先的光通信技术，将光网络技术与工业数据传输设备相结合，具备天然的条件和优势，结合近些年来全球在光网络技术方面的发展，光纤作为光传输设备的主要传输介质用于搭建广域网、城域网、局域网。其主要优势如下：

（1）高带宽、低延时；

（2）低损耗、抗干扰；

（3）低成本、易运维；

（4）网络安全、便捷易用。

因此工业光总线技术在该背景下应运而出，工业光总线技术是将工业总线技术与光网络技术结合以提供控制器和现场仪表设备总线信号传输的网络技术，打破了工业现场为了解决传输距离问题的光纤“点对点”的传输模式，实现了以光纤为媒介的网络架构模式，真正实现光纤总线网络架构。该技术不只是将传统的工业现场总线与光纤媒质技术结合，而是为实现更高带宽、高灵活性和低时延的网络建设目标，采用光网络技术对数据传输方式和交互机制进行优化，从而为现场级数据传输提供更具竞争力的性能指标，解决了传统现场仪表信号传输的瓶颈问题，满足了企业数字化转型对网络提出的更高要求。现项目中常用的总线技术有 PF、FF、PHB、Modbus、HART 总线，现将光总线技术同上述总线进行对比，其特征参数如表 1 所示。

表 1　光总线与其他总线特征参数对标

	PF	FF	HART	Modbus	PHB	光总线
传输带宽	9. 6kbps～12Mbps	9. 6kbps～112kbps	9. 6kbps	31. 25kbps～2. 5Mbps	100Mbps	100Mbps～1000Mbps
传输距离	100m～1. 2km	100m～1km	1500m	500m～1000m	500m	11～20km
传输介质	双绞线	双绞线	双绞线	双绞线	双绞线/同轴电缆	光纤

从上表可以看出工业光总线技术在传输带宽、传输距离方面有着领先的优势，目前工业光总线技术国内外工控系统厂商均有涉及，国内以和利时“OCS”（工业光总线控制系统）、浙江中控“SmartEIO”为代表，国外以艾默生“CHARM”（电子布线）、横河“NIO”、霍尼“UIO”等产品为代表。本文将着重分析国内两大设备厂商的光总线技术并进行分析比对。

1. OCS 光总线技术

OCS 系统是和利时在现有控制系统技术以及对标国际先进技术的基础上，融合了智能 I/O 技术和工业光总线技术，实现了技术创新与突破，并于 2020 年 9 月份正式推出了 OCS 工业光总线控制系统，OCS 工业光总线控制系统可广泛的应用于石化、化工、海工、油气田、油气管线、液化天然气、城燃等行业。OCS 工业光总线控制系统融合了工业光总线技术和软件定义 I/O 技术，可以从根本上解决上文所说的所有问题。首先软件定义 I/O 技术的使用，可以仅用一种 I/O 模块，通过软件定义的方式来改变每个 I/O 通道的信号类型，从而适配于不同信号类型的现场设备（仪表或控制阀），这意味着可以从根本上消除传统工程设计中的现场设备和控制器之间的信号编排（Marshalling）环节，与之相对应的端子柜和繁琐的接线工作量也就不复存在了，可以降低项目成本并缩短施工周期。其次，工业光总线的应用可以提高现场信号在传输过程中的抗电磁干扰的能力和防雷击的能力，而且一根光纤可以传输至少 512 路现场信号，提高传输效率。更为重要的是，可以实现现场信号的冗余传输，光纤的敷设可以采用“一天一地”的方式，以进一步实现信号传输环节的高可用性，而且还可以大幅减少电缆桥架的数量和繁重的施工量。

OCS 工业光总线控制系统主要由监控子系统（包含工程师站、操作员站、历史数据站、设备管理站、控制站）和 OpticVIO 子系统（包含工业光总线-Onet，工业光总线连接单元-RJU，工业光总线智能数据传输单元-iDTU）等设备组成，其系统结构如图 1 所示。

（1）操作员站：用于进行生产现场的监视和控制，包括系统数据的集中管理和监视、工艺流程图显示、报表打印、控制操作、历史趋势显示、日志和报警的记录和管理等；

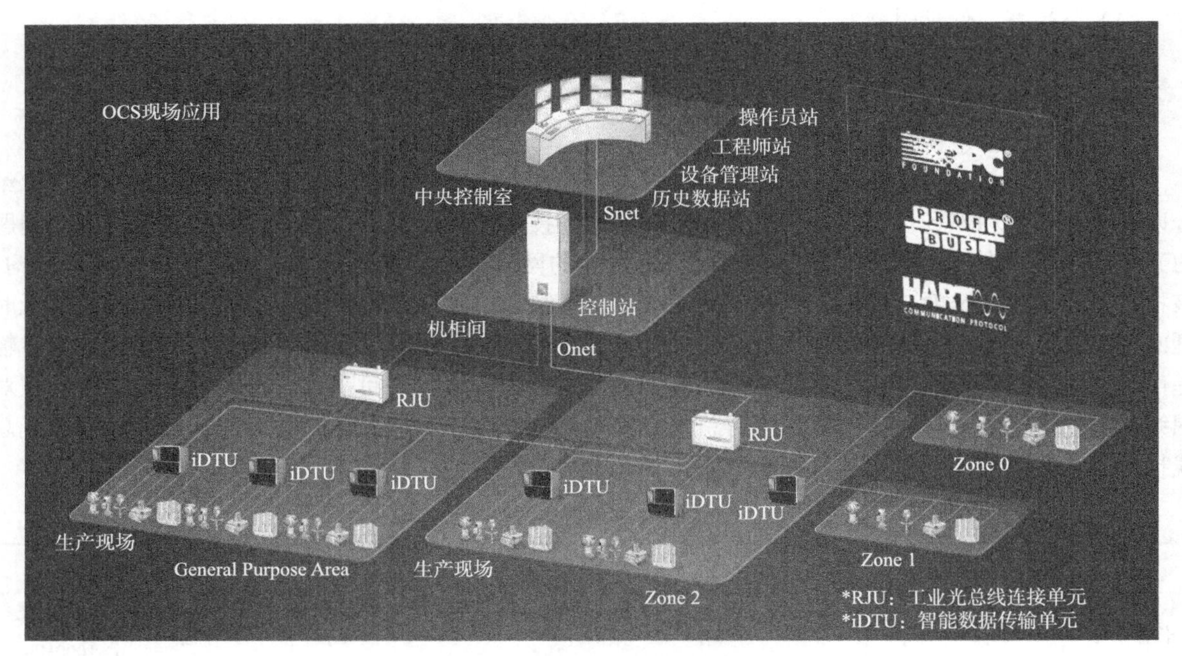

图1 OCS光总线系统结构

(2) 工程师站：用于完成系统组态，包括数据库、图形、控制算法、报表的组态、过程参数的配置、操作员站、现场控制站及IDTU的配置组态、数据下装和增量下装等；

(3) 设备管理站：用于对现场智能仪表的管理以及远程诊断、远程调试等，实现预测性维护；

(4) 历史数据站：用于完成系统历史数据的采集、存储于规定服务以及与工程管理网络信息交换等，冗余设置；

(5) 控制站：用于完成现场信号采集、控制和连锁保护，通过系统网络将数据和诊断结果上传到操作员站等功能。冗余控制站采用三重冗余链路，一对千兆以太网、一对RS-485链路和一组GPIO。保证了控制系统的冗余无扰、功能安全、控制稳定，冗余切换平均无故障时间方面相比其他系统的控制器可以提升22.2%；

(6) 工业光总线连接单元(RJU)：相当于工业交换机的作用，每个RJU可以星形连接16或者32个iDTU，而且采用无源光学器件技术，物理寿命可达无限大(MTBF近似+∞)；

(7) 工业光总线智能数据传输单元(iDTU)：用于连接现场设备，并通过Onet工业光总线与控制站进行通讯。iDTU采用模块化设计，主要由冗余的VIO模块、冗余的光总线接口模块以及冗余的电源模块组成。VIO模块支持AI(4-20mA输入/24VDC、HART、2线制)、AO(4-20m输出/24VDC、HART)、DI(干接点/24VDC/SOE/Namur)、DO(24VDC)、RTD(Pt100、Cu50，支持1-500电阻值电量程上传)、TC(J、S、E、K分度，支持其它分度电量程上传)、PI(0.1Hz-10kHz)七种信号类型。iDTU还支持Modbus、Profibus DP、Hart通讯协议，可以作为Modbus从站将现场数据传输至与第三方系统。

由于iDTU放置于现场，认证方面和利时目前取得的认证如下：CE认证、G3防腐测试、EMC 3级判据、本安认证、P66防护等级、IEC/ATEX/GB无火花增安防爆、CCC、CE等国际国内体系认证。TUV IEC/ATEX Ex ec nA nC [ia Ga] IIC T4 Gc，IP66，TUV IEC/ATEX Ex ec nA nC IIC T4 Gc，IP66满足振动标准：IEC 61131-2：2017，支持-40～+70℃宽温工作温度、-40～+55℃环境温度下防爆，并且模块自带温度和湿度监测功能，支持状态预诊断。

和利时OCS系统从推出到现在已经应用于多个工业现场，实施项目多达300个项目，例如：曹妃甸新天液化天然气有限责任公司LNG接收站项目、合肥市燃气集团$3.63\times10^8m^3/a$天然气高压管线工程、中石化南港 120t/a 乙烯项目等，目前实施的项目中最大的 IO 点数为新疆特变电工 10×10^4t 多晶硅 OCS 系统(33888 点)，在工业光总线技术应用方面迈出了宝贵的一步。

2. SmartEIO 光总线技术

SmartEIO 是浙江中控根据现场应用需求，最新推出的通用 I/O 解决方案。SmartEIO 既支持控制室部署，也支持远程部署。控制室部署时，SmartEIO 安装于标准 2100 * 800 * 800mm 机柜内，单个机柜最多可连接 576 个信号点；远程部署时，SmartEIO 防爆远程 I/O 机箱通过 CCC 防爆认证，可直接安放于 2 区危险区并可连接各个区域的本安或隔爆信号，远程部署时每个机箱最多可连接 96 个信号点。SmartEIO 产品通用 I/O 模块具有 16 个统一隔离的信号通道，各通道匹配直通型调理器模块即可实现多种信号的采集和输出，信号类型包括 AI、AO、DI、DI(SOE)、DO、PI、TC、RTD、NAMUR、HART 等。若匹配点点隔离型调理器模块，可实现通道间互相隔离。其系统结构如图 2 所示：

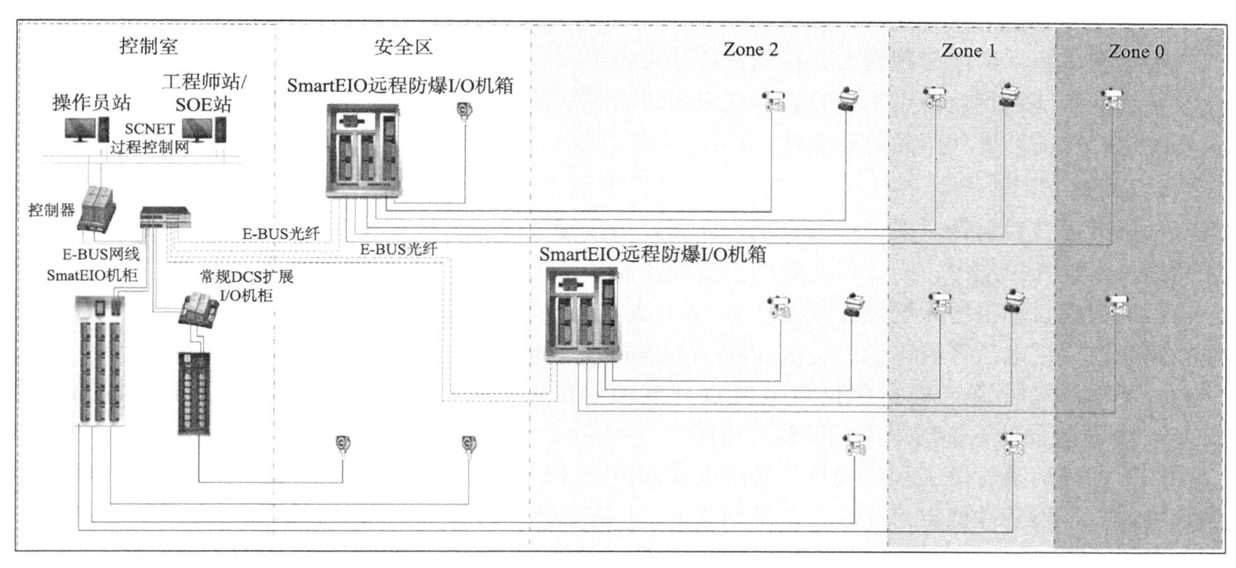

图 2　SmartEIO 光总线系统结构

SmartEIO 产品特性：

(1) 可直接安装在 2 区危险区的“n”型防爆通用 I/O 系统；

(2) 可通过软件对每个通道进行单独配置，支持所有信号类型；

(3) 可按机架配置支持本质安全和隔爆信号，一体化高密度集成；

(4) 支持系统隔离和通道隔离；

(5) 全冗余的供电、通信和 I/O 模块；

(6) 智慧化诊断和维护，环境监测和智能分析评估；

(7) 每通道独立 HART 通信控制器；

(8) 其主要参数为：运行温度：-40～+70℃、存储温度：-40～+85℃、运行湿度：10%～90% RH，无凝露、存储湿度：5%～95%RH，无凝露、满足 G3 防腐标准、抗振动能力±0.7g。

浙江中控技术股份有限公司自 2021 年推出 SmartEIO 到现在已经应用并实施于多个工业现场和项目，典型项目：北京燃气天津南港 LNG 应急储备项目、大庆汉光罐区工程、中石化海南炼化 100 $\times10^4$t 乙烯及炼油改扩建项目等，目前实施的项目中有多个项目达到万余 IO 点的应用，如：安徽保立佳丙烯酸乳液项目、浙江尚科医药化学药物产业化基地二期工程建设项目等，在该技术应用方面也取得了较大的成绩并不断的进行推进。

三、油气储运行业的特点及需求

油气储运行业是一个广义的概念，其包含了油气田地面工程(油气集输及处理)、长输管道、储库(储油库、储气库)等主要内容。

(1) 油气田地面工程。

为区域工程，各井口数据汇集至集输站、通过管道输送至处理厂/净化厂，处理合格后经管道、公路、铁路进行运输，区域面积较大、设备较为分散。

(2) 长输管道。

为线型工程，场站相对炼油、化工较小控制点数较少，大型的压气站、泵站 IO 点在 1000 点左右，分输站 IO 点数在 200 点左右，阀室 IO 点更少，站场面积相对小、设备较为集中。

(3) 储库(储油库、储气库)。

为点状工程，库区面积较大，检测设备分布较广。

结合油气储运行业特点工业光总线在应用时需要从标准及应用场景方面同时考虑，并结合行业需求推进标准的升级和产品的适应性。

1. 标准合规性

从标准而言目前针对安全仪表系统、火灾自动报警系统、消防等方面的标准及法规还未将新的光总线技术纳入标准中，因此仅能够用于过程控制系统。所涉及的部分标准规范如下：

(1) 火灾自动报警系统设计规范[3] 11. 1. 1 火灾自动报警系统的传输线路和 50V 以下供电的控制线路，应采用电压等级不低于交流 300V/500Vde 铜芯绝缘导线或铜芯电缆。

(2) 输油气管道工程安全仪表系统设计规范[4] 6. 7. 6 信号电缆宜采用耐火阻燃型屏蔽电缆 6. 7. 37 直埋敷设的电缆应采用铠装铜芯电缆。

(3) 油气田及管道工程仪表控制系统设计规范[5] 10. 1. 1 电线电缆的选择应根据传输信号类别、敷设方式、环境条件确定，并应符合下列要求：1 应选择铜芯电线电缆 6 仪表信号电缆宜选择对绞屏蔽电缆。

需要在未来的工作中从标准角度提升对新技术的接纳入，在保障安全的基础上提高新技术的应用合规性。

2. 应用场景匹配性

目前现场工业光总线系统为其防爆认证主要为本安认证，针对油气储运行业其应用场景多为隔爆分区，仪表检测设备多采用的为隔爆设备，因此接入现有工业光总线系统时需要进行信号转换增加限流设备。工业光总线设备制造商应不断提升其设备在防爆应用场景的匹配度。

四、总结及展望

总体而言现有的工业光总线系统的功能非常强大，能够接入多种类型的 IO 信号，兼容性强，易扩展，节省了电缆的使用，并且在防爆区的应用采用光通信方式提升了整套系统防爆的安全性。特别是针对油气田地面工程、管道大型压气站/泵站、库区都有很好的应用场景。但在目前阶段仍需要不断做好推广应用工作，积累应用经验和结合中国市场的需求，不断改进和提升产品的适用性，建议标准编制过程中考虑新技术手段的应用合规性，并降低小规模场站的整体应用成本。相信不久，随着工业光总线技术的发展其应用不仅仅限于过程控制系统，能够全面为工控系统的技术进步发展起到促进作用，工业光总线技术必将广泛的得到各行业验证、提升、应用和推广，油气储运行业自动化、数字化、智能化也将迎来新的技术革命和更快发展。

参 考 文 献

[1] GB 50160—2008 石油化工企业设计防火标准(2018 版)[S]. 北京：中国计划出版社，2018.

[2] SH/T 3006—2012 石油化工控制室设计规范[S]. 北京：中国石化出版社，2012.

[3] GB 50116—2013 火灾自动报警系统设计规范[S]. 北京：中国计划出版社，2013.

[4] SY/T 6966—2023 输油气管道工程安全仪表系统设计规范[S]. 北京：石油工业出版社，2023.

[5] SY/T 7700—2023 油气田及管道工程仪表控制系统设计规范[S]. 北京：石油工业出版社，2023.

PCS 系统在中俄东线的应用及思考

尹明路[1]　王尔若[2]　郭弈成[3]

（1. 中国石油天然气管道工程有限公司仪表自动化室；
2. 中国石油天然气管道工程有限公司阿布扎比分公司；3. 建设项目管理分公司）

摘　要：天然气作为一种高效、清洁、优质能源，是近几十年内发展低碳经济、实现节能减排的必然选择。中俄东线天然气管道是实现多元化的天然气进口格局，保障我国能源安全的重要工程，意义重大。调控中心 SCADA 系统是输油气管道能否安全、平稳运行的关键所在，PCS 系统作为国产化 SCADA 系统在输气管道的应用，有效的保证了输气管道的安全平稳运行。本文总结了 SCADA 系统基本结构，PCS 系统组成、软件特点，以及 PCS 系统在中俄东线的工程实践情况，对于今后国产 PCS 系统在长输管道中的推广应用、保障管道安全平稳运行，具有重要的战略意义。

一、引言

低碳经济与环境保护已成为当今世界发展主题，天然气作为一种高效、清洁、优质能源，对环境造成的污染远远小于石油和煤炭，是近几十年内发展低碳经济、实现节能减排的必然选择。发展低碳经济首先要构筑稳定、经济、清洁、安全的能源供应体系。中俄东线的建设将在我国东部地区开辟新的资源通道，将俄罗斯天然气资源与我国东北、环渤海和长三角等重点用气市场相连，同时我国天然气进口将形成东北、西北、西南及海上四大战略通道，实现多元化的天然气进口格局，对于保障我国能源安全意义重大。

SCADA 系统即监控与数据采集系统，是以计算机为基础的生产过程控制与远程调度相结合的自动化系统。在长输管道的生产过程中，SCADA 系统实时采集现场数据，对工业现场进行自动控制，实现顺序输送控制，设备、管道沿线及各站控系统运行状况监控，并为生产、调度和管理提供必要的数据。随着油气管道调控模式网络化、集中化的发展，油气管道 SCADA 系统已成为管道生产指挥的大脑和神经系统，操控整个输油气管道系统进行正常的运作，它关系着发生异常工况时，工艺系统能否实时地进行响应动作；关系着发生事故工况时，线路截断阀能否及时关闭；关系着发生火灾和泄漏时，能否快速地执行 ESD 停站并触发消防设备动作。因此，工业控制系统是输油气管道能否安全、平稳运行的关键所在，关系着国家能源供给安全和社会民生利益，是输油气管道行业的关键信息基础设施[1]。

SCADA 系统作为管道工程的“大脑”，在管道运行中扮演着至关重要的角色，以往工程中，多采用国外产品，这些产品或多或少都存在安全漏洞，并且关键技术掌握在国外厂商手里，我们无法知晓其技术细节，面对各种安全威胁我们无力抵御，越来越多信息安全方面的问题也随之暴露出来。国产化 SCADA 系统 PCS 软件在中俄东线天然气工程实践，保证了管道安全平稳运行。

二、SCADA 系统基本结构

中俄东线天然气管道采用集中统一调控指挥模式，实行天然气“全国一张网”建设与运行，由油气调控中心统一集中调控。管道的总体自动控制水平应实现“远程控制、无人操作、有人巡护”。“远程控制、无人操作”是指在功能上能够达到控制中心在正常工况下对天然气管道的站场和监控阀室主工艺流程实现远程操作，无需现场人工干预。一但控制中心控制出现故障，经授权由站内值班人员接管，转为站场控制级控制。同时，站内值班人员负责站内设备的就地巡检、日常维护和辅助设备操作。

一般 SCADA 系统由以下几部分组成[2-3]：

（1）数据采集与监视控制系统；

（2）高级应用；

（3）数据传输网络；

（4）站控制系统，包括基本过程控制系统和安全仪表系统；

（5）阀室控制系统。

典型 SCADA 系统图如图 1 所示。

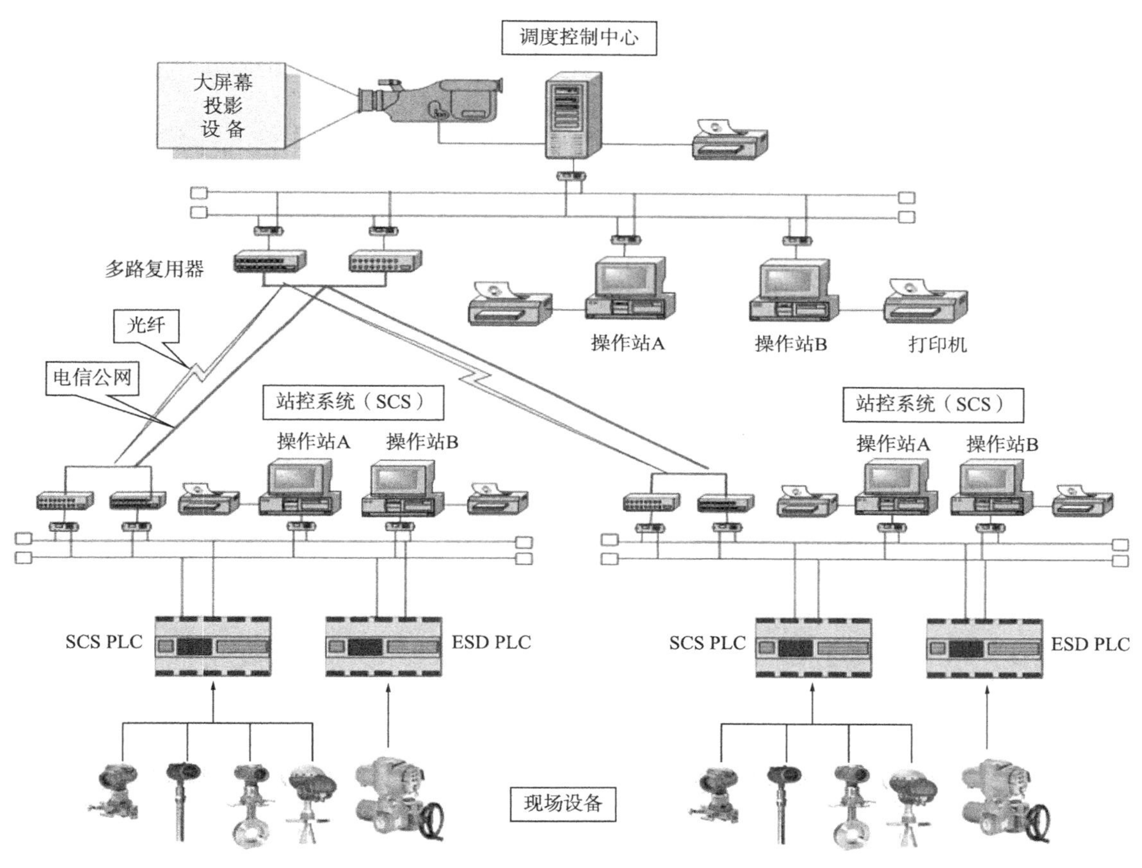

图 1　典型 SCADA 系统图

三、PCS 系统组成及应用

PCS 系统完全由国内自主研发，PCS 系统 V1.1 版本依托冀宁天然气管道苏北段和港枣成品油管道，组织开展生产现场工业试验：在调控中心部署 PCS 系统，在冀宁线扬州站与港枣线德州站部署站控试验系统。经过多年多的工业试验，结果表明，PCS 系统具有完备 SCADA 软件功能，采用多项特色技术，性能达到国内先进水平，能够替代国外同类软件，填补国内长输油气管道 SCADA 系统软件领域的技术空白。根据工业试验结果，结合油气输送行业自主可控的国家战略，中俄东线全面采用 PCS 系统软件。

PCS 系统作为调控中心 SCADA 系统软件，由调控中心 PCS 系统、站控制系统、阀室控制系统等几部分组成(图 2)。

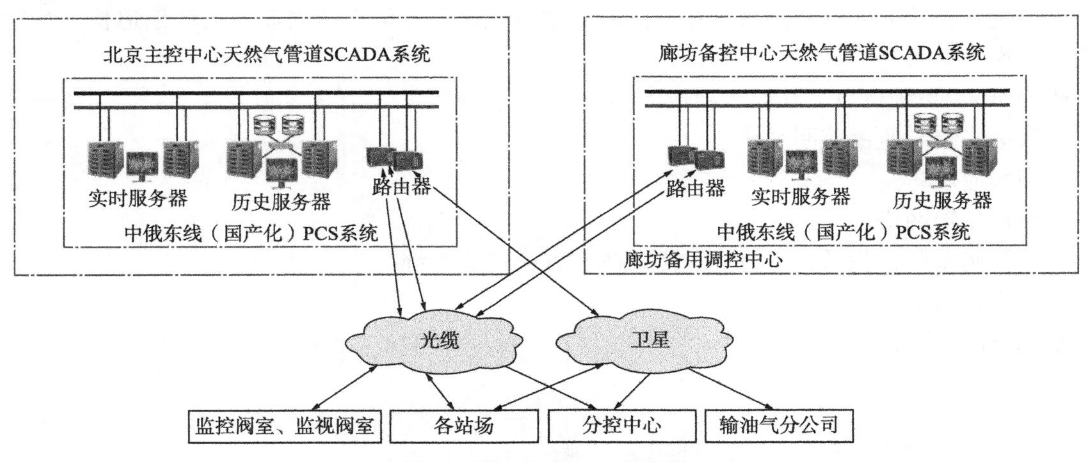

图 2　调控中心 PCS 系统图

1. 调控中心 PCS 系统硬件配置及功能

调度控制中心的 PCS 系统硬件，一般应配置实时服务器、历史服务器、网络设备、操作员工作站、工程师工作站、磁盘阵列等外部存储设备和网络打印机等。各硬件功能如下：

(1) 实时数据服务器负责处理、存储、管理从现场的控制设备采集的实时数据，并为其他服务器和工作站提供实时数据。实时数据存放在实时数据库中。实时数据服务器中运行通信管理软件，完成与沿线各站的 PLC 和 RTU 的通信链接、协议转换、网络管理等任务。实时服务器配置要求 CPU 不低于 4 颗，主频不低于 2.3GHz，内存应大于 256GB。

(2) 历史数据服务器主要完成历史数据的存储、管理，并为网络中的其他服务器和工作站提供数据。服务器运行标准数据库软件，提供开放软件接口和标准物理接口。历史数据服务器采用热备冗余配置。历史服务器配置要求 CPU 不低于 4 颗，主频不低于 2.3GHz，内存应大于 128GB。

(3) 网络设备主要包括路由器和交换机，用于 SCADA 系统路由分配、数据传输等。路由器采用模块化路由器。路由器应设置双引擎、双电源，带防火墙。调控中心设置 2 台 48 口网络交换机。交换机接口支持 100/1000Mbps 自适应。

(4) 操作员工作站是调度、操作人员与计算机监控系统的人机接口；程师工作站可进行系统及设备的组态、编程(离线、在线)、调试、修改、测试、装载等功能。因此应配置多路图形卡，至少 4 路输出，每路分辨率 1600 * 1200，色彩至少支持 32 位，支持内存虚拟显存功能；除键盘鼠标外，不设置多余 USB 接口。

(5) 在主、备控中心各国产化 SCADA 系统各配置一套磁盘阵列，用于存储系统的历史数据和其它数据，采用 SAN(存储区域网络)技术作为 PCS 应用服务器历史数据存储的解决方案，以满足现海量历时数据存储的可扩展性及易于集中管理等需求。

2. 调控中心 PCS 软件配置

调控中心软件由操作系统软件、PCS 系统软件、数据库管理软件、人机接口软件几部分组成。

(1) 操作系统软件。

操作系统软件能够实现实时多任务处理、符合国际标准和工业标准，支持多种计算机硬件设备和应用软件，通用性强，支持客户机/服务器结构，支持冗余服务器和网络，可采用标准简体中文输入法进行文字编辑。

实时服务器采用 X86 架构服务器 + Linux 系统，操作员工作站、工程师工作站采用标准的

Windows 操作系统。

（2）PCS 系统软件。

PCS 软件由集成服务平台（基础平台）、数据采集、HMI 和 Web 子系统三个子系统组成。

集成服务平台采用面向服务架构，主要包含系统管理、集成总线、实时数据库、历史数据库、模型管理、公共服务六大模块，各子系统在集成服务平台的支撑下，以服务或者组件方式集成到系统中。实现调控中心内相关业务系统、上下级和场站端相关业务系统的互联和一体化运作。

数据采集子系统主要包含采集管理、采集通讯、采集预处理三大模块。

HMI 和 Web 子系统主要包含插件与界面管理、画面浏览器、画面编辑器、Web 浏览、应用界面五个模块。

通过集成总线和数据访问接口，将管道应用集成在一起，实现应用间的数据交互和通信。人机接口和 Web 通过系统提供的服务进行一体化数据展示，实现对 SCADA 系统的监控。

（3）数据库软件。

数据库是 PCS 软件关键部分之一，各种类型的数据被存储其中，这些数据是系统运行的基础。灵活的、开放的、高效的数据库管理系统是衡量系统优劣的重要指标之一。PCS 系统数据库，从功能上，具有实时数据库、历史数据库和关系数据库。具有简单易行、方便用户的在线和离线编辑、维护、查找、修改、链接等功能，采用标准接口和语言与第三方数据库进行无障碍连接。

数据库提供了应用程序实现数据库的脱机管理。应用程序可以提供数据库的备份、恢复和报表打印的功能。备份和恢复功能允许业主把数据库备份到 CD 和磁带上，并可重建数据库和恢复选定的数据项。数据项的存取通过数据库和数据项的特征名称即可实现，而不必知道数据的格式和存储地址。采用简单易读的方式将对数据库的任何修改信息记录保存，信息记录包括修改内容和修改人。

（4）人机接口软件[4]。

人机接口是操作员、工程师与计算机系统的对话窗口，它们为有关人员提供各种信息，接受操作命令。人机接口软件的数据库通过标准接口与服务器的数据库连接。

（5）报警管理。

报警管理功能满足 SY/T 7631《油气输送管道计算机控制系统报警管理技术规范》要求。

无论报警及其响应和事件信息来自何处，它们均被保存在相关的数据库中，供系统随时查询和调用。系统具有滤波（死区、延时）及判断功能，以防止产生虚假报警和重复报警现象。一旦报警被证实，应以最快的速度发布。

根据数据和状态信息重要程度，报警等级分为三级：Ⅰ级（最高级）报警、Ⅱ级（中级）报警、Ⅲ级（低级）报警。每一级别的报警信息应使用唯一的颜色界面，I 级报警用红色表示，II 级报警用黄色表示，III 级报警用绿色表示。每一级别的报警应设置唯一的报警声音。

（6）调控中心高级应用。

以 PCS 系统数据为基础的多种高级应用系统，主要包括管道生产系统（PPS）、天然气管道在线仿真系统、离线仿真系统、能耗分析系统，利用 PCS 系统的中间数据库系统，采集和存储系统数据。

PCS 系统实时服务器负责将管道运行参数实时写入到中间数据库系统的数据采集接口计算机中，再由数据采集接口计算机写入 PCS 系统中间数据库服务器。系统与各应用系统无直接的数据接口，全部通过中间数据库系统为各种应用提供数据。

3. 调控中心 PCS 软件功能

PCS 软件满足油气管道调控业务需求，主要功能有：

（1）高并发、高实时性的实时数据处理与发布；

（2）灵活易用的报警与事件管理；

（3）支持海量历史数据存储与查询的历史数据库；

(4) 基于"角色—责任区"的用户权限管理;

(5) 支持均衡策略、单源多通道、数据缓存与回填的数据采集管理;

(6) 支持 IEC 60870-5-104、Modbus TCP/RTU、CIP、DNP 3.0 通信协议;

(7) 基于 SVG 的矢量图形人机界面;

(8) 跨系统一体化综合监控;

(9) 支持 Web 服务与浏览;

(10) 基于管道设备模型的图模库一体化组态与维护;

(11) 统一报表管理与发布;

(12) 集成顺序输送分析、水力坡降分析、管道输差分析、压缩机性能分析、管存计算等油气管道调控基础应用功能。

4. 调控中心 PCS 软件特点

PCS 系统软件基于 SOA(Service-Oriented Architecture, 面向服务架构)设计理念, 提出了适用于油气管道实时监控环境的面向服务的集成服务总线, 以及基于该集成服务总线技术的一体化集成服务平台。通过集成服务总线和数据访问接口将 SCADA 软件的基本应用和管道调控基础应用有机集成, 实现应用间的数据交互和通信, 人机界面和 Web 通过集成服务平台提供的服务进行一体化数据展示。

PCS 首次对油气管道调控基础应用功能实现集成, 并研发了图模库一体化、跨系统统一界面展示、事故追忆与反演等新技术(图 3)。

系统提供以下机制, 完成各个应用之间的信息交互:

(1) 数据访问接口: 各子系统的应用通过实时数据库、历史数据库、模型等提供的 API 函数和服务进行数据的访问和管理;

(2) 接口规范: 通过集成服务平台提供的应用接口规范和通信协议进行数据的交互。

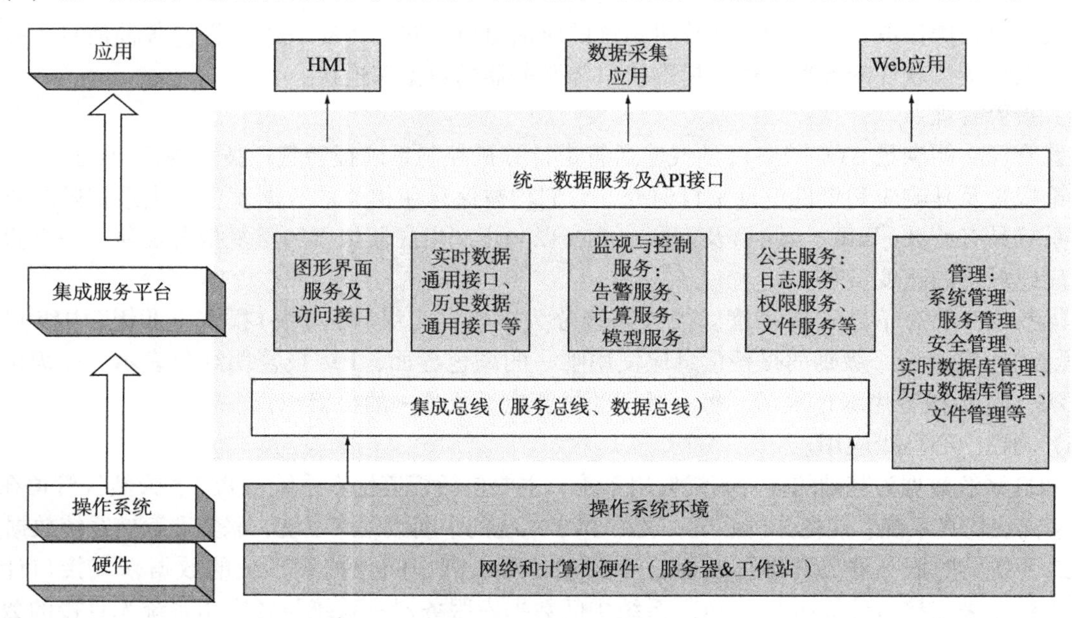

图 3 PCS 接口示意图

5. 现场端设备与软件

(1) 站场控制系统:

站场控制系统包括站控服务器、PLC、操作员工作站和网络设备等硬件, 硬件产品均采用国产化设备; 软件采用 PCS 系统。每个站场配置的两台冗余站控服务器, 操作系统为国产化 Linux 系统, 用于安装 PCS 系统。

（2）阀室控制系统：

阀室控制系统包括 RTU、显示屏和网络设备等硬件，软、硬件产品均采用国产化产品。阀室控制系统数据通过光纤分别将数据传送到相邻的上、下游工艺站场站控制系统中并在 HMI 中显示，再通过站场控制系统将数据上传到调控中心。

6. 数据通信

各站场与北京主控中心和廊坊备控中心的通信信道均采用一主一备的方式。其中主用通信方式均为光通信，与北京主控中心的备用通信方式采用卫星通信，与廊坊备控中心的备用通信方式采用光通信。

阀室通过光纤将数据传送到紧邻的上下游工艺站场站控制系统中，再通过上下游站场的站控制系统将数据上传到调控中心。

7. PCS 系统网络安全；

目前油气调控中心，已经按照工控系统安全防护设计要求完成了 SCADA 网络安全系统建设，中心与站场之间设置工业防火墙，PCS 系统区与办公应用区之间设置了单向网闸设备，具备了边界防护、入侵检测、终端防护、系统审计、身份认证、用户授权、回溯分析等功能，实现了对系统和设备的集中管控功能，达到可管、可控、可监视的目的[5]。

同时，PCS 软件设计时从以下方面考虑了安全性(图 4)：

（1）身份鉴别：通过身份识别、账户管理、口令管理、身份验证、数字签名等方式对系统管理人员、操作人员、维护人员进行管理；

（2）抗抵赖机制：对于调度员下发控制命令的操作，采用技术手段以保证数据不可抵赖，保证数据的完整性；

（3）资源控制：包括通信超时限定时间，系统最大并发会话连接数控制、单用户连接数限制、系统资源分配限额控制、系统资源监视及并发控制；

（4）操作控制：对一些关键控制命令进行严格限制，避免误操作发生的可能性；

（5）会话管理：服务器对用户名和口令进行验证后，根据该用户的角色和权限，给登录的用户分配相应的资源。

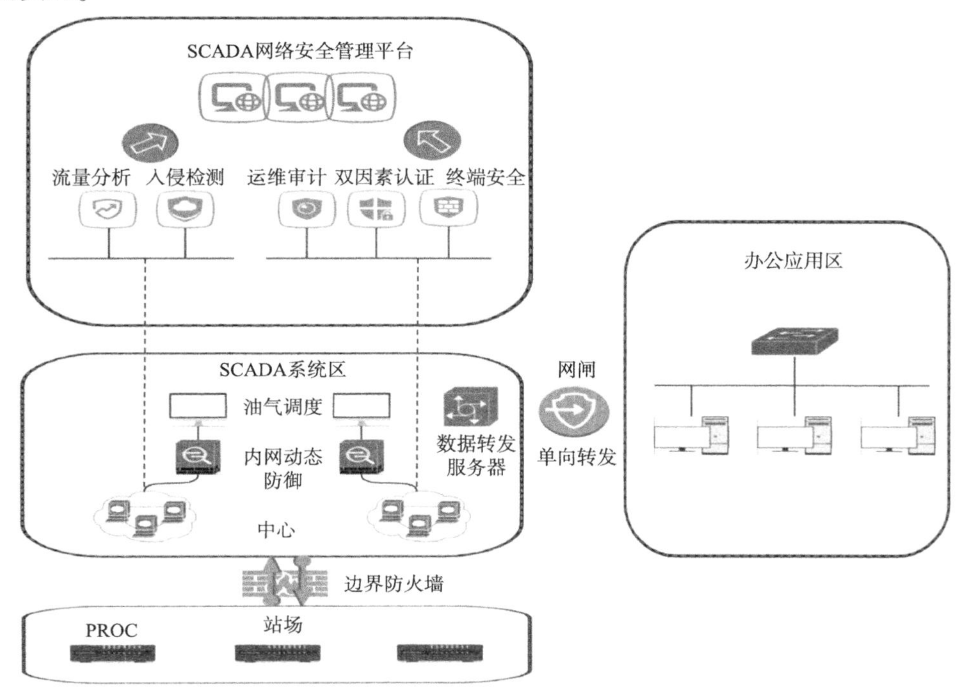

图 4　PCS 系统网络安全拓扑

中心以“一个中心，三重防护”为原则，建立以计算环境安全为基础，以区域边界安全、通信网络安全为保障，以安全管理中心为核心的信息安全整体保障体系。

四、结束语

PCS 软件在中俄管道的应用实现了国产长输油气管道 SCADA 系统软件“零”的突破，满足油气管道调控需求，并在数据管理规模、数据并发处理、可靠性架构等方面有所提高。截至 2023 年底，调控中心第八套天然气 SCADA 系统-PCS 软件，已在中俄东线全线、西三线闽粤支干线、西三中中卫二站工程等多条管线多条管线得到应用。覆盖了中俄东线、青宁线、冀宁线、西三中等管线，单套系统数据规模突破 10 万点，应用效果良好。

随着技术发展，持续优化迭代是保持软件生命力的最有效途径。PCS V1.1 软件已经实现了油气管道 SCADA 系统软件的基本功能，但伴随软件应用和调控业务需求的不断深入，以及智慧管网的运行需求，对于 PCS 软件提出了新的要求和挑战，PCS 软件需要进一步完善和优化，下一步 PCS 将结合典型场景工业试验以及国产软硬件深化适配，完善软件进而定型，最终形成功能有强化、性能有提升、兼容性良好、标准同步升级的 PCS V2.0，从而进一步推动油气管网控制系统全面国产化应用。

PCS 系统在中俄东线的成功应用，推进了输油气管道国产化设备应用的进程，保证了输气管道安全平稳有效运行，对于今后国产 PCS 系统在长输管道中的推广应用、保障管道安全平稳运行，展现了良好的示范效果，具有重要的战略意义。

参 考 文 献

[1] 李柏松，等．中俄东线北段关键设备与核心控制系统国产化[J]. 油气储运，2020，1(8)：1-6.

[2] 代玉杰．长输管道集中调控关键技术应用现状分析[J]. 石油化工自动化，2023，59，(6)：36-39.

[3] 吕长达．SCADA 系统调控中心设计要点[J]. 中国仪器仪表，2021，11(11)：86-88.

[4] 祁国成．油气管道 SCADA 系统跨平台人机界面的设计与实现[J]. 天然气工业，2013，33(11)：92-97.

[5] 李欣嵘．油气管道工控系统网络性能提升与隔离防护[J]. 油气田地面工程，2022，41(10)：51-58.

新能源技术与发展

长距离输氢管道标准建设探讨

何绍军

(中国石油天然气管道工程有限公司)

摘　要：国内已建的氢气长输管道，大多数都是结合各自研究成果，并参考了输气管道工程设计规范或国外标准，导致各工程设计水平和风格不统一，同时也缺少配套的统一施工、运维标准等，严重制约着国内输氢管道的大规模快速发展，本文将通过对输氢管道标准概况、典型项目建设情况、输氢标准编制情况等，结合我国的国情，提出关于构建输氢管道标准的合理化建议。

一、引言

全球已有 20 多个国家和地区发布了氢能发展战略，当前氢能产量约 7000×10^4t，主要为化石能源制氢。据国际主要能源机构的预测，到 2050 年氢能产量将达到 $5\sim8\times10^8$t，且基本为以蓝氢和绿氢为代表的清洁氢能。氢能在全球能源中的占比有望从目前约 0.1%上升到 2050 年 12%以上。

我国是世界上最大的制氢国，制氢产量约 3300×10^4t，据预计到 2030 年我国氢气的年需求量将达到约 3715×10^4t，在能源消费中占比约为 3%，到 2060 年碳中和的情境下，氢气的年需求量有望增至 1.3×10^8t，在终端能源消费中的占比约为 25%，主要为可再生能源制氢。

国内已建的氢气长输管道，大多数都是结合各自研究成果，并参考了输气管道工程设计规范或国外标准，导致各工程设计水平和风格不统一，同时也缺少配套的统一施工、运维标准等，严重制约着国内输氢管道的大规模快速发展，本文将通过对输氢管道标准概况、典型项目建设情况、输氢标准编制进展情况等，结合我国的国情，提出关于构建输氢管道标准的合理化建议。

二、输氢管道标准概况及国内典型项目建设情况

1. 氢气输送管道概况

1)输氢管道分为两类

一类是厂区氢气管道。用于场(厂)区内装置间或者系统内输送氢气，如企业场(厂)区内输氢管道、工业氢能园区内输氢管道、加氢站内输氢管道、车载供氢系统管道等；其特点是管道压力高、直径小；主要标准：GB 30177/GB 4962/GB 50516。

另一类是长输管道-氢气(掺氢天然气)。用于大规模、长距离输送。行标(在编)和团标(发布)，ASME B31.12/CGA G 5.6。

2)配氢管道

城镇用户等配气管道。小规模、短距离输送氢气，输氢对象为小规模用户(如民用氢能园区内连接供氢站和用户间的管道)；特点是管道压力较低、直径较小，(团标-在编制)。

2. 国外长距离输氢管道设计标准编制背景

1)氢行业发展历史简介

美国作为发源地，标准产生=政府+协会组织大量研究作为基础，形成的 ASME B31.12 是目前

全球输氢标准的基础；其他国家和地区的输氢管道标准基本以美国为基础，编制专门的标准或在现有管道标准中增加补充文件；根据 ASME TGP-1-2023 年发布的氢产业链 ASME 标准指南，新建纯氢、掺氢管道和已建油气管道改输氢气均有相应的规范参考(图 1)。

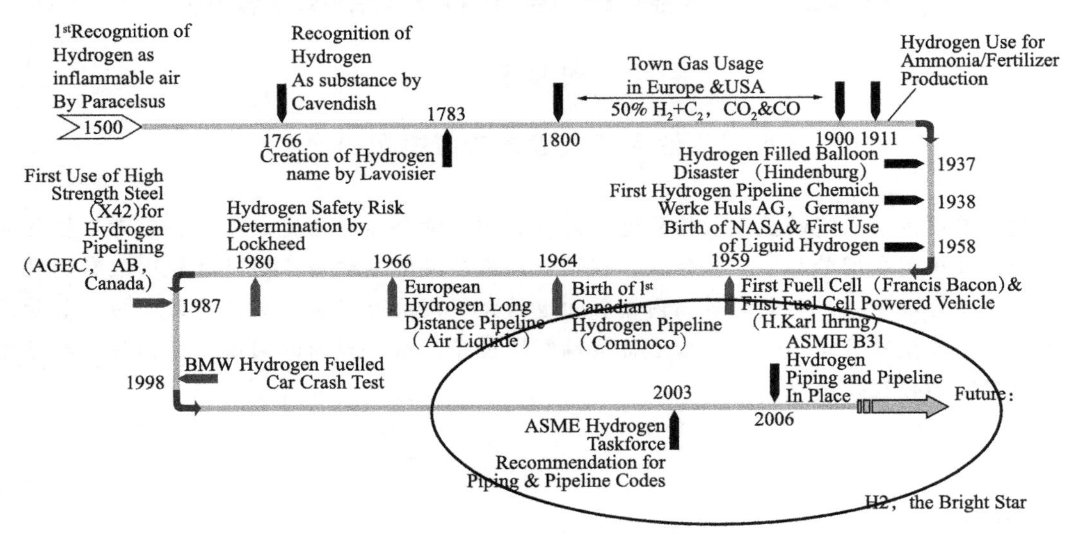

图 1　氢气及氢气管道的时间线

2）国外长距离输氢管道设计标准

国外长距离输氢管道设计标准主要包括美国、北美、欧洲、亚洲等气体协会标准，详细情况见表 1 国际输氢管道设计标准汇总。

表 1　国际输氢管道设计标准汇总

序号	规范号	规范名称	编制单位或国家	适用性	使用情况
1	ASME B31.12 2023 版	HYDROGEN PIPINGAND PIPILINES	ASME 美国机械工程 师协会	适用于： (1)气态氢和液态氢站内管线；气态氢的线路管道； (2)掺氢≥10%(体积)，含水≤20ppm 的管线系统[在 1atm 时的露点 = -55℃(-67℉)-2019 版要求，2023 版删除了。 (3)MAOP 不超过 3000psig(20.7MPa)新建、改输含氢输配管道。(改输针对金属管道、液体和输气管道改输氢气)	(1)沿用至 2023 年，2023 年 1 月已经升版； (2)但是 PRCl 协会正在准备将其分解到 ASME B31.8、ASME B31.3、ASME B31.1 中。 (3)各国基本参照执行或在此基础上进行编制
2	CGA G-5.6-2013	HYDROGEN PIPELINE SYSTEMS	北美压缩气体协会(CGA)	适用于： (1)气态氢； (2)纯氢或混合氢的金属管道 (3)水含量<20PPM (4)CO_2<100PPM (5)温度-40~175℃ (6)压力 1.0-21.0MPa，或者不锈钢管道氢分压 0.2MPa 以上。 (7)氢含量≥10%(摩尔)且含 CO 小于 200PPM 氢管道	(1)AlGA 亚洲各国沿用至今； (2)CGA G-5.6 北美各国参考使用； (3)IGC-欧洲各国使用，各国也用适用自己的标准，比如英国、德国等
3	IGC Doc 121/14/E	HYDROGEN TRANSPORTATION PIPELINES	欧洲工业气体协会(EIGA)		
4	AIGA 033/14	HYDROGEN PIPELINE SYSTEMS	IHC(由亚洲工业气体协会)(AIGA)、压缩气体协会(CGA)欧洲工业气体协会(EIGA)和日本工业和医疗气体协会(JIMGA 组成)		

续表

序号	规范号	规范名称	编制单位或国家	适用性	使用情况
5	CGA G-5.7-2014	CARBON MONODIDE ANDSYNGAS PIPELINE SYSTEMS	北美压缩气体协会(CGA)	适用于: (1)气态氢; (2)合成气和CO (3)水含量<20PPM (4)CO_2<100PPM (5)温度-40~175℃ (6)压力1.0~21.0MPa，或者不锈钢管道氢分压0.2MPa以上。 (7)氢含量≥10%(摩尔)且含CO大于200PPM合成气; (8)氢含量<10%(摩尔)且含CO≤200PPM合成气;	(1)CGA G-5.7各国参考使用，主要针对合成气和一氧化碳输送; (2)本标准掺氢针对材质选择，也进行了参考
6	CSA Z662-23	Oil adn ges pipeline systems	加拿大	适用于: (1)气态氢掺氢≥10%(体积)，含水≤20ppm的管线系统[在1atm时的露点=-55℃(-67℉) (2)MAOP不超过3000psig(20.7MPa)新建、改输含氢输配管管道。(改输针对金属管道、液体和输气管道改输氢气)	(1)2023年修订后，在输油气管道规范中增加了输氢内容，主要是按照ASME B31.12要求增加了关于输氢章节内容(第17章)

3）国内输氢管道设计标准现状

国内输氢管道设计标准主要参考输气管道设计规范和ASME31.12执行，2023年和2024年发布了团标，涵盖工业氢、纯氢管道或含氢不小于10%的天然气管道工程设计(表2)。

表2　国内输氢管道设计标准汇总

序号	课题/规范/规程名称	适用性
1	《氢气、氢能与氢能系统术语》GB/T 24499—2009	基本术语
2	《氢气 第1部分：工业氢》GB/T 3634.1—2006	工业氢
3	《氢气第2部分：纯氢、高纯氢和超纯氢》GB/T 3634.2—2011	不同纯度
4	《氢气使用安全技术规程》GB 4962	安全技术
5	《氢气站设计规范》GB 50177	氢气站
6	《氢系统安全的基本要求》GB/T 29729—2022	基本要求
7	《加氢站用储氢装置安全技术要求》GB/T 34583—2017	加氢站
8	《加氢站安全技术规范》GB/T 34584—2017	加氢站
9	《氢气储存输送系统 第1部分：通用要求》GB/T 34542.1—2017	通用要求
10	《氢气储存输送系统 第2部分：金属材料与氢环境相容性试验方法》GB/T 34542.2—2018	相容性试验
11	《氢气储存输送系统 第3部分：金属材料氢脆敏感度试验方法》GB/T 34542.3—2018	氢脆敏感度试验

4）国、内外施工研究现状—焊接及检测技术

输氢管道要从环焊接头氢环境的性能指标要求、环焊缝氢致裂纹、焊接及无损检测技术等方面开展研究，主要差异表现在：

（1）国外：开展氢损伤机理研究较早并形成相关理论，欧洲和北美有X42，X52等低钢级输氢管道近5000km，并形成相应施工规范；

（2）国内：起步较国外晚，在L245低钢级有输氢管道工程应用实践，未系统开展过大口径

X65 钢级输氢管道施工关键技术方面的研究。

详细比较情况见表 3。

表 3 抗氢管焊接性及环焊缝氢损伤行为研究

技术要求	抗氢专用管冷裂敏感性和抗氢性评价	基于氢损伤的环焊接头关键性能指标	环焊缝氢环境损伤行为
国外	(1) 针对管线钢材料焊接性通常有推荐做法; (2) 针对氢环境下的焊接热影响区的评价研究较少	(1) 国外适用于氢气长输管道的标准有 ASME B31. 12《氢用管道系统和管道》、CGA G - 5. 6—2005 (R2013)《氢气管道系统》和 AIGA 033/14《氢气管道系统》; (2) ASME B31. 12 焊接接头性能主要按照 API 1104 或 ASME BPVC IX 执行，并满足要求; (3) CGA G-5. 6 指向 API 1104，此外提出了输氢管道系统氢脆相关性试验	(1) 国际上对氢扩散行为的研究，普遍采用电化学充氢试验进行扩散行为的测试。目前国际上主要有两个氢扩散的分析模型，CC 模型和 CF 模型。 (2) ASME B31. 12 中推荐采用 X42、X52 钢管，同时规定必须考虑氢脆、低温性能转变、超低温性能转变等问题
国内	(1) 可参考材料及焊缝金属冷裂纹敏感性测试方法进行焊接性试验; (2) 未开展过氢环境下的焊接热影响区的评价	(1) 济源-洛阳输氢管道是目前国内已建管径最大、压力最高、输量最高的氢气管道，2015 年 8 月建成，管径 D508mm，采用 L245 级无缝钢管，焊接按照 NB/T 47014 执行，同时进行了 HIC(抗氢致裂纹)试验; (2) 巴陵—长岭氢气提纯及输送管线工程最大管径 D457mm，钢管材质为裂化碳素无缝钢管	(1) 国内中国石油大学通过高压氢扩散试验和慢拉伸试验，研究了焊缝中心、热区的氢扩散行为及对焊缝性能的影响; (2) 国内采用的工艺以氩弧焊根焊加焊条电弧焊填充盖面焊为主

5) 国内典型项目建设情况

目前，国内已规划布局部分输氢管道(纯氢及天然气管道掺氢，合计约 1827. 5km，最短 4. 7km，最长 400km，最大设计压力 6. 3MPa)，部分已经建成，其他项目已开展设计或正在建设，但国内还没有相关长距离输氢管道行业设计标准，同时也不便于运行和维护，严重制约了我国输氢管道的应用发展。

国内已建的氢气长输管道，大多数都是结合各自研究成果，并参考了输气管道工程设计规范或 ASME B31. 12，导致各工程设计水平和风格不统一，同时也缺少配套的统一施工、试验标准等。

目前，根据调研情况统计，国内已经或在建设长距离输氢管道 10 条，其中纯氢 5 条，掺氢 5 条，管道设计、施工、运行和维护，主要参考国内输天然气管道和氢气站标准、部分团标，并参考 ASME B 31. 12 等标准。

(1) 纯氢管道。

① 济源—洛阳输氢管道，2015 年 8 月建成，全长 25km，年输氢 10.04×10^4t，起自济源工业园区氢气首站，止于吉利区洛阳石化末站，其主要功能是为石化行业加氢反应器提供氢气原料;

② 巴陵—长岭输氢管道，全长 42km，2014 年建成，年输氢 4.4×10^4t，设计压力 4MPa，最大管径 457mm，主要输送纯度为 99. 5%的氢气，已安全运行了多年，我国运行时间最长的输氢管道;

③ 金陵—扬子氢气管道，2008 年建成，全长 32km，年输氢 4×10^4t，管径为 325mm，其中 17km 在南京化工园区内架空敷设，钢管材质为 20#石油裂化钢管;

④ 玉门油田水电厂氢气输送管道，2022 年 8 月建成，全长 5. 5km，设计压力 2. 5MPa，温度 40℃，管径 DN200，年输氢 7000t，中石油首条绿氢输送管道，是玉门油田 160 兆瓦可再生能源制

氢示范项目的重要配套工程，这也是国内首个绿氢输送管道；

⑤ 宝钢无取向硅钢产品结构优化标段三项目输氢管道，2022 年 11 月贯通，全长 3.97km，年输氢 5040t，全球第一个完全面向新能源汽车行业的高等级无取向硅钢专业生产线；

（2）掺氢管道。

① 乌海—银川焦炉煤气管道，2012 年建成，管径 610mm，全长 217.5km，设计压力 3.0MPa，氢气含量为 68%，L245 直缝双面埋弧焊钢管；

② 义马—郑州煤气管线工程，2001 年建成，全长 194km，设计压力 2.5MPa，输送介质为煤气，其中氢气比例为 60%~63%，管径 426mm；

③ 辽宁朝阳示范项目，2019 年建成，国内首个“绿氢”掺入天然气输送应用示范项目，将可再生能源电解水制取的“绿氢”与天然气掺混后供燃气锅炉使用，按 10%的掺氢比例；

④ 宁夏宁东掺氢中试平台，2022 年 8 月中试主体完工，项目包括 7.4km 的输氢主管线及一个燃气管网掺氢试验平台。由恒瑞燃气投资、投产运行的首个掺氢示范平台道。经过了 100 天的测试运行，这条 397km 的天然气管线，整体运行安全稳定。掺氢比例已逐步达到 24%。

⑤ 包头—临河输气管道工程，2023 年 3 月开工，全长 258km，项目位于内蒙古巴彦淖尔市，其中干线管道 235km、支线管道 23km，管道设计压力 6.3MPa，全线共建设 10 座阀室和 3 座场站，年度最大输气能力可达 $12\times10^8m^3$，掺氢比例已逐步达到 10%。

6）国内与长输管道输氢相关标准进展情况

国内与长输管道输氢相关标准进展情况见表 4。

表 4　国内与长输管道输氢相关标准情况汇总

序号	课题/规范/规程名称	适用性	使用情况
1	《输氢管道工程设计规范》	(1)适合陆上纯氢及含氢 3%以上的长距离输气管道，执行 GA； (2)行业设计标准； (3)国家能源局	(1)CPPE 正在编制阶段，修改送审稿； (2)送审稿，包含氢含量在 3%及以上的输气管道
2	《氢气输送管道工程技术规范》Q/SH 0858	(1)适用于陆上氢气(工业氢和纯氢等)管道，不适用于厂际管道； (2)中石化企业标准	已在中石化集团使用
3	《氢气管道工程设计规范》T/CSPSTC 103—2022	(1)适合纯氢及掺氢 10%及以上的输氢管道，执行 GA； (2)团体标准-CPP/CPPE-设计规范。 (3)中国科技产业化促进会	2023 年已经发布
4	《氢气管道工程施工技术规范》T/CSPSTC 112—2023	(1)适合纯氢及掺氢管道； (2)团体标准-管道三公司/CPPE； (3) 施工技术； (4)中国科技产业化促进会	2023 年已发布
5	《氢气输送管道完整性管理规范》T/CAS 847—2024	(1)适合陆上气态纯氢输送钢质管道； (2)团体标准-CPPE	2024 年已发布
6	《氢气输送工业管道技术规程》T/CAS 851—2024	(1)适合体积分数 50%及以上氢气工业管道；执行 GC； (2)适用于制氢工厂(站)、氢气分装站、氢气充装站、氢气储备站、天然气氢气混气站(气态氢气管道部分)、加氢站和工厂自备制氢装置等气态氢气使用的工业管道；不适用长输管道	(1)团体标准-北京公用工程设计监理有限公司/CPPE； (2)2024 年已发布

续表

序号	课题/规范/规程名称	适用性	使用情况
7	《氢气输送管道焊接技术规范》	(1)氢气管道焊接技术; (2) 行业标准—管道研究院/CPPE; (3)国家能源局	编制中,计划 2025 年完成
8	《天然气钢制管道材料掺氢输送适用性评价方法》	(1)掺氢; (2)行业标准; (3)国家能源局	2024 年底完成
9	《输氢管道泄漏检测导则》	(1)适合纯氢和掺氢; (2)团体标准	2024 年 4 月启动
10	《氢气长输管道线路用管设计技术规范》	(1)适合纯氢和掺氢; (2)团体标准	2024 年 4 月启动

(3) 已建管道调研情况。

审批监管	设计	建设质量	运维	定检
调研管道分别于2007年、2014年、2015年建成投产,项目核准及开工前相关手续按照主体项目配套工程办理,由所在地发改部门核准。管道建设以油建化建单位为主,建设过程接受安监(应急管理)质监部门监管,相关程序执行管道工程规定。	已调研国内输氢管道距离短,设计压力4.0MPa以内。管道路由设计主要参照油气管道工程和石油化工厂际管道的相关标准执行,站场设计参照氢气站设计规范,同时参照ASMEB31.12等国外标准进行管材选用。	已建管道最大管径DN500,主要分布于平原地区,管道焊接采用手工氩弧焊,配套RT和 UT双百检测;长距离输氢管道建设需储备中小口径(DN700 及以内)自动化焊接工艺与装备。	调研管道运维与油气管道相同,主要聚焦于管道的泄漏管理和应急响应,参照执行石油天然气管道保护法、危化品管道安全管理规定等要求。3条管道在运营中未发生重大人员财产伤亡。	目前3条管道自投产以来对管道定期进行了外观和壁厚检查,未进行过内检测。其中,济源-洛阳管道按压力管道长输 管道GA监检、巴陵-长岭管道按压力管道工业管道GC监检。

综上所述,目前我国只有少部分设计、焊接、完整性管理团标和企业标准已经发布,部分管材和泄漏检测等团标正编制,输氢管道设计和焊接等行业标准正在编制,而且氢含量比例和适用范围不尽统一,尚未形成配套的长距离输氢管道设计、施工、焊接、运行与维护、完整性管理等行业标准和国家系列标准,所以,继续强力推进国内输氢管道工程系列标准建设任务刻不容缓,实势在必行。

三、输氢管道标准建设展望和建议

基于国内长距离输氢管道标准发展现状,梳理、统一国内输氢管道建设标准,是当务之急。建议氢能标准委员会尽快组件项目组,推动体系建设,加快立项,选择实力和经验丰富的管道建设单位,根据现有的管道设计、焊接、施工、投产试运经验,与科研单位、设计单位、施工单位、运行单位制造等合作,建立氢气管道相关的标准体系-包括管道设计、施工、试运投产等内容的《输氢管道技术规范》,以便统一行业和国家的长距离输氢管道技术要求,确保输氢管道建设安全和质量。

参 考 文 献

[1] ASME B31. 12—2023. Hydrogen Piping and Pipelines[S].
[2] CGA G-5. 6—2005(R2013). HYDROGEN PIPELINE SYSTEMS[S].
[3] AIGA 033/14. Hydrogen pipeline systems[S].

输氢管道泄漏检测技术研究

李　麟[1]　高铭泽[1]　王尔若[2]

（1. 中国石油天然气管道工程有限公司仪表自动化室；
2. 中国石油天然气管道工程有限公司阿布扎比分公司）

摘　要：随着国际上对氢能的研究的推进，氢气对于未来社会发展有着很大的潜在研究价值，作为油气储运行业，输氢管道是一种高效的运输手段，能够大规模将原料或燃料氢气输送至目的地。但是氢气分子直径比甲烷小 25%，在管道接头处氢气的体积渗漏速率为天然气的 3 倍，泄漏后的高压氢气扩散形成的气云的危险云团较大且集中，其易泄漏性、易燃性和易爆炸性决定了氢气在长输管道纯氢送过程中需要严密关注氢气的泄漏，因此本文从氢气管道泄漏方面入手，给出了目前长输管道场站、线路可用的泄漏检测技术或方法，并采用模拟分析方式直观的展现了氢气泄漏后的扩散情况，为泄漏检测方式的研究和选择提供了支撑。

一、引言

氢在地球上主要以化合态的形式出现，是宇宙中分布最广泛的物质，它构成了宇宙质量的75%。但是，除了空气中含有少量的氢单质（氢气）之外，氢元素都主要以化合物的形态贮存，主要是储存在水中。氢能在 21 世纪有可能在世界能源舞台上成为一种举足轻重的能源，氢的制取、储存、运输、应用技术也将成为本世纪备受关注的焦点。由于水是地球上存在最广泛的物质，所以可以说氢能源是人类能够从自然界获取的储量最丰富的能源之一，同时又是最高效的能源之一，因此，氢能被认为在未来社会具有无与比拟的潜在研究开发利用价值。

我国作为世界第一产氢大国，兼具氢能大规模利用的供氢条件与用氢市场，氢能产业发展潜力巨大。中国标准化研究院和全国氢能标准化技术委员会联合发布《中国氢能产业基础设施发展蓝皮书（2016）》，首次明确我国氢能产业基础设施在近期（2016—2020 年）、中期（2020—2030 年）和远期（2030—2050 年）的发展目标和主要任务，其中预计到 2030 年，我国将建成 3000km 以上的氢气长输管道。氢气在很多领域被广泛使用，由于其具有高度易燃性的特性，氢气泄漏可能会引发严重的安全风险，其风险主要体现在以下几个方面。

（1）火灾和爆炸：氢气泄漏后一旦遇明火、静电火花或高温表面，就可能发生火灾或爆炸；

（2）窒息：氢气无色无味，在封闭或半封闭环境泄漏后聚集，会导致含氧量下降，造成人员窒息；

（3）毒性：高浓度氢气吸入后会导致头晕、恶心、呕吐等中毒症状。

因此作为油气储运行业，输氢管道有着输量大、泄漏影响应后果严重的特点，因此迫切需要针对输氢管道泄漏检测技术进行研究。

二、国内外输氢管道现状及泄漏检测技术

管道输送是实现氢能大规模、长距离输运的重要方式。氢气长距离管输已有 80 余年历史，美

国和欧洲是世界上最早发展氢气管网的地区。随着氢能产业的规模化发展，氢气输送管道规模越来越大。氢气管道包括长距离高压输送管道和段距离低压配送管道。目前，世界范围内的氢气管道的建设较少，随着氢能的发展，氢气管道的需求量预计在未来几十年会出现大幅的增长 Tzimas 等[1]针对氢气未来可能出现的三种不同的发展模式(快速发展、中速发展、和慢速发展)，对世界范围内的长距离高压氢气输送管道和短距离低压氢气配送管道的需求进行了预估(表 1)。

表 1　2050 年世界范围内输氢管道需求量[2]

管道类型	快速发展	中速发展	慢速发展
长距离输送管道	435000	75000	10000
短距离配送管道	4000000	1000000	250000

从表 1 可以看出输气管道在慢速、中速、快速发展阶段的增量相对于现有的输氢管道总里程是可观的，因此对于输氢管道泄漏检测技术研究的开展有着巨大的潜在市场和应用。

1. 国外氢气长输管道现状及泄漏检测技术

截至 2016 年，欧洲氢气管道总里程约为 1598km[3]，美国氢气管道总里程约为 2575km，输送氢气压力为 2～10MPa，管道直径为 0.3～1.0m。根据泄漏量的不同，一般分为小漏、中漏、大漏三类，小漏在是指泄漏量低于正常输量的 3%，中漏是指泄漏量在正常输量的 3%～10%之间，大漏则大于正常输量的 10%。目前代表性的泄漏检测方法主要有：(1)人工巡线检测；(2)美国 Spectratek 开发出航空测量和分析装置，用直升机对管道泄漏进行判断；(3)美国可再生能源国家实验室开发了一系列廉价、可靠的氢气传感器，其中有一种薄膜光学纤维传感器[6]，当空气中氢浓度达到 0.02%时，指示剂光学特性发生变化，可以通过读取光束在该薄膜上的反射率来确定，泄漏是否发生。但该设备经过现场实验后使用 3 年后响应时间略有滞后，但其功能性仍能够保持；(4)其他方面氢气泄漏固定点式探测器、声学探测器、视频检测设备等检测设备或技术也在输氢管道上得以应用，其检测技术的应用较为分散，没有提出系统性的解决方案。

2. 国内氢气长输管道现状及泄漏检测技术

国内氢气长输管线较少，但随着双碳政策的出台，输氢管道将经历由慢到快、由少到多的发展事态，根据初步统计，截至 2017 年底，我国纯氢气管道总里程约 400km，主要分部在环渤海湾、长三角等地，位于河南省济源市工业园区与洛阳市吉利区之间的济—洛输氢管道为我公司设计的，国内目前已建里程最长、管径最大、输送压力最高、输送氢气量最大的长输氢气管线，其管道里程为 25km，管道直径为 508mm，年输氢量达到 10.04×10^4t，按照《中国氢能产业基础设施发展蓝皮书(2016)[4]》，预计 2030 年，我国氢气长输管道将达到 3000km。针对上述输氢管道泄漏检测国内和国外做法基本一致主要有人工巡检、示踪法、泡沫检漏、设置固定氢气探测器、光纤传感器、声学探测器、压力检测等主要技术，并且针对并在不同场景下应用，但缺少统一的针对输氢管道场站、线路段的有效解决方案。

三、泄漏检测方案

氢气输送过程中需要传感器来探测氢气的泄漏和监测氢气管道的完整性。由于氢气是无色、无味的气体，点燃后白天状态下不可见，夜晚为蓝色火焰，仅靠人体嗅觉和感官无法识别。在氢气中加入有气味的示踪气体(类似城市燃气加臭)是探测氢气泄漏的一种方法。但受氢气特性影响，由于其密度很低，加入后的示踪气体，不能有效的进行掺混，不能够确保泄漏时掺混气体同时逸出，因此在现有的条件下示踪气体的方法不能够很好的作为泄漏监测的手段，所以可以借助安全检测有效性分析的思路，分析泄漏的场景、模拟出氢气泄漏扩散的分布、并结合其泄漏量、泄漏分布找寻合适的泄漏检测方案。

1. 输氢管道氢气泄漏及扩散特性

国内外对于输氢管道气泄漏均开展了大量的分析，其中有针对小孔、大孔、破裂泄漏事故的模拟、有针对泄漏失效后果的模拟，本文主要针对输氢管道 1.1MPa 、20cm 孔泄漏情况下进行分析，了解氢气的泄漏扩散特性，以便更直观的在设计过程中选择合适的探测器。

（1）泄漏场景搭建。

Wilkening[5]等通过 CFD 模拟分析，他们搭建了宽 240m，高 80m 的一个区域作为模拟区，在模拟区管道两侧有两座宽 30m、高 20m 的工业建筑作为环境影响因素，其中管道为 1m 直径的埋地管道，压力在 1.1MPa，泄漏孔径约为 20cm 孔径属于破裂型泄漏类型。划分网格按照 1cm～1.5m 尺寸考虑，中心处密集，区域周边释放方法，总计划分网格数量在 71300 个左右。氢气的泄漏速度约为 1340m/s，泄漏量约为 115kg/s。

（2）环境因素。

数值模拟过程中环境因素，特别是风速对扩散气云的成型及聚集有很大的影响，此外周边建筑物的存在在有风时也对扩散形式产生了影响也是重要因素之一，本次模拟初始化环境因素按照无风和 10m/s(风向为侧风)风速分别对氢气扩散进行数值模拟，进行状态对比，查看管线泄漏的工况。

（3）数值模拟结果。

在氢气泄漏的环境下，按照静态分析方法，有风状态，在 4s 后，泄漏气云已达到 40m 高度，此时气云的浓度已在 30%LFL，参考氢气在空气中燃烧范围 4%～74%，已达到燃烧条件(图 1)。

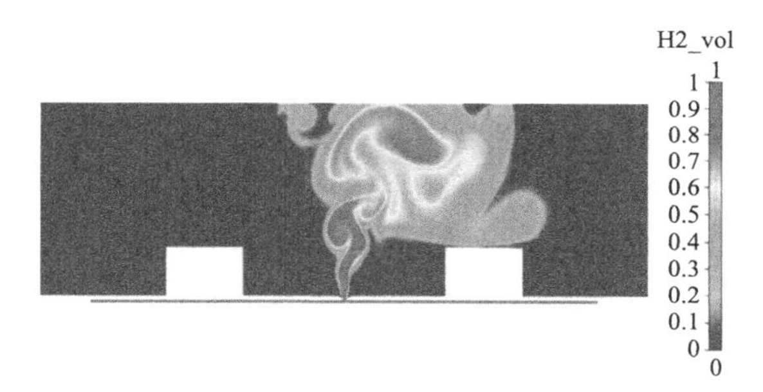

图 1　4s 后氢气泄漏在 10m/s 风速影响下的 2D 扩散

在氢气泄漏的环境下，按照静态分析方法，无风状态，仅考虑重力扩散因素，在 4s 后，泄漏气云扩散范围小于有风状态，但气云浓度更大，相比其扩散为受风力影响延伸至周边建筑物上方(图 2)。

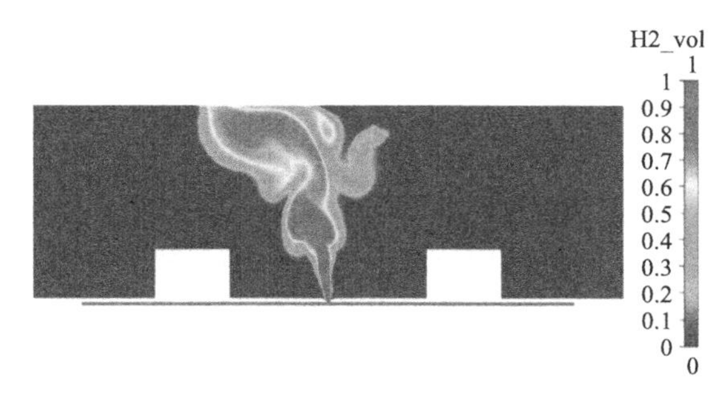

图 2　4s 后氢气泄漏在无风影响下的 2D 扩散

通过该泄漏模拟可以看到氢气泄漏量为 115kg/s 情况下其受环境影响其气云成向上或下风向扩散装分布，因此探测器在设置时需要尽可能靠近泄漏点，或针对封闭或半封闭空间布置在泄漏源上方，便于泄漏发生后第一时间发现泄漏。

2. 站场氢气泄漏检测方案

（1）定性氢气泄漏检测：适用于未采用安全监测有效性评估的项目。

输氢站场一般占地面积较小，多为露天工艺设备区，结合现有 GB 50493《石油化工可燃气体和有毒气体检测报警设计标准》4.2 章节 释放源处于露天或敞开式厂房布置的设备区域内，可燃气体探测器距离其所覆盖范围内的任一释放源的水平距离不大于 4m。因此传感器选择及布置是需要考虑其检测的灵敏度作为主要技术条件即可。

GB/T 50493—2019《石油化工可燃气体和有毒气体检测报警设计标准》中 5.2.3 氢气检测宜选用催化燃烧型、电化学型式、热传导型探测器。因此在工艺设备区推荐设置固定点式可燃气体探测器，满足标准规范要求。但是由于氢气的密度小，由于受风向、天气等影响较大，单一的探测手段无法有效对泄漏氢气进行检测。因此需要结合模拟仿真的方法以及安全监测有效性评估方法提升探测器覆盖率，确保探测器安装位置和检测的有效[7]。

对于泄漏可闻噪声检测原理的探测器，由于容易受到可闻背景噪声的影响，尤其是风声和雨声等露天环境常见的噪声会使得产品频繁误报或者是放弃部分较小分贝值的泄漏监测来减少产品误报警，可靠性仍未达到理想，故不考虑此类探测器。

激光对射式可燃气体探测器、云台扫描式激光可燃气体探测器两种探测器都是基于光谱吸收的原理而研发，且主要针对于天然气(主要成分是甲烷)，对于氢气这种单一介质及特性不适用。

超声波气体泄漏探测器是一种捕获超声波泄漏信号用于工业领域泄漏检测、气密性检测和预测性维护的设备。其具体检测原理为：当个容器或管道内充满气体时，其内部压强大于外部压强，由于内外压差较大，一旦漏孔，气体就会从漏孔冲出。当漏孔尺寸较小且雷诺数较高时，冲出气体就会形成湍流，湍流在漏孔附近会产生一定频率的声波，声波振动的频率与漏孔尺寸有关，漏孔较大时人耳可听到漏气声，漏孔很小且声波频率大于 20kHz 时为空载超声波。超声波具有指向性是高频短波信号，其强度随着传播距离的增加而迅速衰减。利用该特征，即可判断出泄漏点的大概位置。

超声波气体泄漏检测器即通过对泄漏声音中超声波部分声波的探测、采集和分析来对管道泄漏做出报警指示。超声波气体泄漏检测器适用于任何气体，其可靠性较高，但在布置时需要考虑背景噪声的影响，具体详见表 2，因此推荐为第二种氢气泄漏检测方法。

表 2　噪声区域、探测器报警阈值与监测范围分类[7]

声源	高背景噪声区域	中等背景噪声	低背景噪声
可闻背景噪声/dB	90~100	60~90	40~60
超声背景噪声/dB	<78	<68	<58
报警阈值/dB	84	74	64
检测范围/m	10	15	20

注：(1)超声探测器的报警阈值应考虑背景噪声，报警阈值至少要高于超声背景噪声 6dB。

(2) 检测范围为超声探测器的有效覆盖半径。

从上面可以看到站场方面可采用固定点式氢气探测器、超声波气体泄漏检测器两种方法相结合的手段进行泄漏检测，如有条件可采用模拟分析的方法。随着研究的深入后期在项目实施过程中可将薄膜光学传感器在泄漏检测方面进行试验测试其实际使用效果，实际运行过程中，特别是巡检时可采用气泡法对微量泄漏进行检测以满足现阶段的需求。

3. 线路氢气泄漏检测方案

造成管道泄漏事故的原因有来自客观因素诸如管道老化、腐蚀、外部机械撞击、自然灾害等。当气体泄漏后，由于的焦耳—汤姆逊效应，泄漏位置会迅速发展为低温点，伴随着该位置的温度变化(1~2m 长)，管道表面周围的土壤将形成温度梯度。冷却效应(与气体类型和压力直接相关)与土壤温度无关，并且无论环境土壤温度如何，冷却效应的量级保持不变。通过对沿光纤温度场进行分析可以确定发生泄漏的部位，一般可采用在线/离线仿真技术、流量平衡技术或基于布里渊散射的分布式光纤技术[8]，由于在线/离线仿真技术、流量平衡技术目前应用较为成熟因此本文不再赘述，对于分布式光纤技术采用管道伴行通信光缆就可实现温度的检测。但对于纯氢输送的管道氢气的节流过程温度反而会上升，属于逆焦耳效应，每降低 1bar 会使天然气温度降低 0.5℃而氢气温度上升 0.035℃，并且温度上升的并不明显[9]因此该技术方案并不适合。此外光纤光栅、光栅镀钯，吸收光谱等原理也很难解决长距离连续监测的问题要么光衰减严重无法满足长距离监测、要么探测器为一次性完成泄漏检测后需要低压释放氢气因此仍需要继续深入研究和实验。国内目前在研究过程中对于线路管道早期泄漏更多的推荐“振动/应变检测”的光纤传感手段，其既能够检测第三方破坏、管道泄漏、管道堵塞、清管器追踪引起的振动和应变，又可以定位，并且具有预警功能，其主要利用线路伴行光纤能够在满足安防需求的同时完成泄漏检测，其泄漏检测效果需要进一步在工程上进行验证。综上针对线路氢气泄漏检测方案推荐采用在线/离线仿真技术、流量平衡技术或“振动/应变检测”的光纤传感检测技术以满足工程需求。

四、结论

通过研究对于输氢管道场站可采用超声+点式探测器的组合泄漏检测技术，线路部分由于距离较长，对于纯氢管道线路泄漏检测可采用在线/离线仿真技术、流量平衡技术、光纤振动/应变检测方式，但是上述技术的应用目前还缺少足够的应用样本及效果返馈。因此随着研究的深入、输氢管道建设的发展，仍需要不断结合运行单位反馈的问题和意见调整优化对应的泄漏检测技术，并且将数值模拟、安全监测有效性评估技术进一步推进用于提升探测器的捕获率，整体提升泄漏检测技术的可靠性。

参 考 文 献

[1] Tzimas E, Castello P, Peteves S. The evolution of size and cost of a hydrogen delivery infrastructure in Europe in the medium and long term [J]. International Journal of Hydrogen Energy, 2007, 32(10): 1369-1380.

[2] USDRIVE. Hydrogen Delivery Technical Team Roadmap [R]. California: Hydrogen Delivery Technical Team (HDTT), 2017.

[3] 中国氢能联盟．中国氢能源及燃料电池产业白皮书[M]．北京：中国标准出版社，2019.

[4] 中国标准化研究院，全国氢能标准化技术委员会．中国氢能产业基础设施发展蓝皮书[M]．北京：中国质检出版社，中国标准出版社，2016.

[5] Wilkening H, Baraldi D. CFD modelling of accidental hydrogen release from pipelines [J]. International Journal of Hydrogen Engery, 2007, 32(13): 2206-2215.

[6] Pitts R P, Smith D, Lee S, et al. Interfacial Stability of Thin Film Hydrogen Sensors. FY 2004 Annul Progress Report, VI. 3, DOE Hydrogen Program, 2004.

[7] GB/T 39173—2020 智能工程 安全监测有效性评估方法[S]．北京：中国标准出版社，2020.

[8] 吴朝玲，等，氢气储运和运输[M]．北京：化学工业出版社，2020.

[9] 胡玮鹏，等，油气储运[M]．廊坊：石油工业出版社，2023，10：1127-1136.

浅谈船舶燃料用氨

韩任永[1]　陈　琳[2]

（1. 中国石油天然气管道工程有限公司渤海分公司；
2. 中国石油天然气管道工程有限公司工艺所）

摘　要：本文综合论述了船舶燃料用氨的应用现状及前景。通过论述氨燃料的技术路线，分析了氨燃料的优势及存在的技术难点；同时分析了制约氨燃料推广的经济成本和储运体系问题；最后结合目前面临的各种问题，对氨燃料未来发展方向进行了展望。

一、引言

目前，全球航运业约占全球温室气体排放总量的3%，我国针对船舶碳排放方面也早有布局：根据海事系统"十四五"发展规划，我国将加强船舶排放控制和检测监管，实施碳达峰、碳中和重大决策海事应对策略，推动建立全国船舶能耗中心；同时积极参与航运业减排全球治理，提升我国航运减排制度话语权。根据目前科学技术发展，船舶行业减碳主要的技术路线包括使用LNG、LPG等低碳能源过渡，或寻找其他替代燃料如氢、氨、甲醇等。氢气作为公认的理想清洁能源，因其制取成本高、储运困难等限制目前尚未实现大规模应用，而氨作为氢的优秀载体，越来越引起各方重视。

液氨相比液氢具有更高的体积能量密度，且氨比氢更容易液化：相比于氢气低于-253 ℃的液化温度，常压下氨在-33 ℃即可液化，因此氨的储运特性要远远优于氢[1]。此外，氨的工业化生产和应用已有100余年的历史，是世界上生产及应用最广泛的化学品之一，目前全球产量约 2.53×10^8t，具有完善的存储、运输等应用基础设施[2]。

二、船用氨的技术路线

目前船用氨燃料的主要技术路线有两条，分别是直接作为燃料驱动内燃机/燃气轮机，或者是利用燃料电池发电驱动船舶。值得注意的是，氨燃料动力系统设计需包含发动机、废热回收（WHR）、热交换器（HX）、排气后处理系统、油箱、燃料加热器和氨裂化装置等，避免船舶舶因氨燃料泄露、燃烧不充分等原因对环境造成污染。

1. 氨燃机

氨在完全燃烧的情况下，产物仅为 N_2 和 H_2O，因此完全无二氧化碳、一氧化碳、SO_x 排放；此外为氨燃料具有较高的辛烷值，因此可以通过提高压比提高发动机热效率，是柴油发动机替代燃料的理想选择。因此，无论是直接使用氨作为燃料，或采取柴油掺氨的方式，均具有相当的运用前景[3]。氨燃机应用目前面临的技术问题包括：

（1）氨气具有较低的点火能力，需要较高的点火能才能实现可靠点火；

（2）与其他燃料相比，火焰传播速度慢；

（3）高毒性和腐蚀性；

（4）需控制燃烧条件或采取尾气处理以控制 NO_x 排放；

（5）氨气用作船用燃料缺乏相关规定。

如今，国内外多家主机厂家正进行船用氨燃机研发：德国 MAN Energy Solutions 公司已于 2023 年完成二冲程 4T50ME-X 型发动机使用氨燃料的首次运行，计划 2024 年初将测试发动机从单缸运行氨燃料改造成能够完全使用氨燃料的全尺寸测试发动机；中船集团上海船舶研究设计院自主研发设计的氨燃料动力集装箱船将于 2026 年交付使用。与此同时，基于氨燃料的船用供给系统设计也成为技术研发热点：日本邮船于 2022 年基于 LNG 动力船完成了“氨燃料预留（ARLFV）”概念设计；韩国现代重工的氨燃料系统设计获得韩国船级社颁发的原则性认可 AIP 证书；江南造船于 2023 年 11 月交付的 40000m^3 中型全冷式 LPG 动力船“MIRAI”号也预留了改装氨燃料船用发动机设计；中船集团北海造船已接到 1 艘 31.9×10^4t 载重吨氨燃料预留超大型油轮（very large crude carrier，VLCC）订单，该船型未来可配置 2 个 6000m^3 氨燃料储罐，用于升级改用氨燃机。

2. 氨燃料电池

燃料电池是另外一种利用氨气化学能的方式。目前氨燃料电池研究较多的方向为固体氧化物燃料电池（SOFC），包括氧阴离子导电电解质固体氧化物燃料电池（SOFC-O）、质子传导电解质固体氧化物燃料电池（SOFC-H）、质子交换膜燃料电池（PEMFC）、碱性膜燃料电池（AFMC）等[4]。以 SOFC-O 为例，氨在阳极裂解产生氢，氢与氧离子反应被氧化；氧气或空气作阴极-电解质界面处还原为氧离子，氧离子穿过电解质在阳极与氢发生反应生成水。由于 O^{2-} 在电解质中扩散的速度较慢，阳极会产生一定量的 NO。

目前氨燃料电池的限制包括所需反应温度较高（通常需达到 600℃）、催化剂稳定性较差、电池寿命低等问题，目前国内仅有福大紫金研发的 3kW 级和 10kW 级氨-氢燃料电池发电装置示范应用，尚未有规模化应用实例。

三、氨燃料推广存在问题

尽管氨相比传统船用燃料具有一系列优异性能，但目前氨燃料推广的仍存在经济成本、储运体系等问题。

1. 经济成本

根据合成氨原料氢的来源，氨可以分为灰氨、蓝氨和绿氨。灰氨指由化石能源（如天然气和煤）作为原料，通过甲烷重整制氢（SMR）、煤制氢等工艺制取的灰氢，与空分制得的氮气通过传统的哈伯法（Haber-Bosch，H-B）进行合成，其生产过程碳排放量最大。若在上述灰氢制取工艺中，通过碳捕集（CCS）等减碳技术降低过程中的碳排放，使制得的氨相对于灰氨其碳排放更低，即为蓝氨。绿氨被归类为基本上零碳排放的氨，其原料氢主要为为风光发电等可再生能源制得的绿氢，或带碳捕集的生物质制氢等工艺获得绿氢。

Wang 和 Wright[5] 研究了包括 LNG、生物柴油、甲醇、氢气、灰氨、绿氨等多种船用燃料成本，并与船用汽油价格进行了对比：Wang 选取了 2018 年至 2021 年全球 20 个港口的平均船用汽油价格作比较基准，将每种燃料按照单位能量价格进行横向对比，并基于船用汽油价格计算各燃料相对价格倍数。具体数据详见表 1。

在目前的价格水平下，绿氨以及灰氨在燃料成本方面无法对 LNG 或传统化石燃料形成优势，氨与氢类似，其原料成本占总成本约 65%～85%，因此随着可再生能源技术成熟以及氨生产、利用技术发展，预计到 2030—2050 年，氨动力的船舶将更具经济性。

表1 船用燃料价格总结

燃料种类	原料/路径	价格/(美元/MJ)	船用汽油价格	价格倍数
LNG	天然气	0.0022~0.0092	0.014	0.16~0.66
生物柴油	生物质	0.013~0.027		0.92~1.93
甲醇	生物质	0.021~0.037		1.50~2.64
甲醇	天然气	0.006~0.022		0.43~1.57
灰氢	天然气/蒸汽重整	0.0063~0.035		0.45~2.5
粉氢	核电/电解水	0.025~0.08		1.36~3.21
绿氢	风电光伏/电解水	0.019~0.045		1.78~5.71
灰氨	天然气	0.0093~0.036		0.66~2.57
绿氨	风电光伏	0.021~0.037		1.50~2.64

2. 储运体系

在我国，氨已被列入《危险化学品目录(2022调整版)》以及《特别管控危险化学品目录(第一版)》，属于有毒气体，且与空气混合可形成爆炸性混合物，需进行特别监管，因此亟需建立一个统一安全高效的储运体系，将风光资源丰富的西北地区制氨产能，与东南沿海港口加注需求联系起来。由于目前国内氨能产业发展缺少特大型企业实体支撑，合成氨工厂、氨研究机构分布在多个行业，各方尚未形成合力，因此尚未建立有效的产业链协同效应。

四、结论

氨作为氢的优秀载体，有望引领船舶行业净零排放。船用氨技术路线主要包括氨燃机与氨燃料电池两大方向，目前氨燃机发展相对更为成熟，已有部分商业船舶采用；氨燃料电池尚处于实验室研究阶段，仅有小功率氨-氢燃料电池发电装置示范应用。目前影响氨燃料推广运用的因素包括绿氨燃料经济性、储运体系建设等问题。

建议进一步提升氨能开发利用水平与科技创新能力，加强顶层设计与战略规划布局，明确氨能发展战略方向；打造以国家级氨能研究机构为中心，先进企业、科研院所为两翼的氨能战略联盟；联合能源公司和海运集团，试点绿氨合成、液氨储运、氨燃料船应用、氨加注码头一体的示范性工程。未来随着可再生能源以及合成氨技术进一步发展，以及氨燃料市场推动氨储运体系建设，绿氨在船舶行业应用将大有前途。

参考文献

[1] WANG M, KHAN M A, MOHSIN I, et al. Can sustainable ammonia synthesis pathways compete with fossil-fuel based Haber-Bosch processes? [J]. Energy & Environmental Science, 2021, 14(5): 2535-2548.

[2] 徐静颖，朱鸿玮，徐义书，等．燃煤电站锅炉氨燃烧研究进展及展望[J]．华中科技大学学报(自然科学版)，2022，50(7)：55-65.

[3] 夏鑫，蔺建民，李妍，等．氨混合燃料体系的性能研究现状[J]．化工进展，2022，41(5)：2332-2339.

[4] 陈永珍，韩颖，宋文吉，等．绿氨能源化及氨燃料电池研究进展[J]．储能科学与技术，2023，12(1)：111-118.

[5] Wang, Y.; Wright, L. A. A Comparative Review of Alternative Fuels for the Maritime Sector: Economic, Technology, and Policy Challenges for Clean Energy Implementation. World 2021, 2, 456-481.

超临界输送 CO_2 管道用钢管壁厚设计影响因素分析

白 芳

（中国石油天然气管道工程有限公司线路室）

摘　要：对于大输量、长距离的 CO_2 管道，超临界态输送最为稳定、高效，经济性最高。钢管设计是整个工程设计的关键一环，决定了工程的安全性和经济性。目前国内外涉及 CO_2 管道工程的标准规定的壁厚计算主要是以内压计算为主，其余因素的影响在标准中明确要求。本文主要考虑介质中 H_2O 含量对碳钢腐蚀和止裂设计两方面对钢管壁厚的影响。当 H_2O 的含量基本不大于 30ppmv，且介质组分纯净度较高时，可不考虑腐蚀裕量。当介质成分不满足上述要求时，在确定钢管壁厚中应考虑腐蚀裕量。对于止裂设计，本文介绍了两种止裂韧性预测模型，不同模型需要的临界壁厚存在差异，可以选用保守的预测结果。此外，在钢管设计时，还需结合钢管应力校核结果和选用管型的制管能力综合进行壁厚设计，保证钢管设计的安全性和经济性。

一、引言

碳的捕集利用与封存（CCUS）是应对全球气候变化、减少大气 CO_2 浓度的最重要途径之一。我国要实现碳中和的目标与承诺，到 2060 年，需要通过 CCUS 技术减排 CO_2 的总量需达到 $10 \sim 18 \times 10^8$t。目前国内已开展的 CCUS 项目碳源供给主要以车载运输为主，只有少数油田的 CCUS—EOR 项目采用了管道输送，且已建的 CO_2 管道距离较短、输量较小，均为气相输送。与国际 CCUS 产业相比，我国 CO_2 运输效率较低、成本较高。为提升 CO_2 运输能力、提高运输效率、降低运输成本、满足未来 CCUS 产业发展需求，需要更多地采用管道输送。按照 CO_2 相态特征，管道输送主要有气态、液态、密相和超临界态四种模式。对于大输量、长距离的 CO_2 管道，超临界态输送最为稳定、高效，经济性最高。

对于超临界 CO_2 管道工程，钢管设计是整个工程设计的关键一环。合理选用钢管壁厚决定了工程的安全性和经济性。对于钢管壁厚设计，除了满足内压条件下的基本计算壁厚外，还要考虑影响壁厚的其他因素，使得最终选用的钢管壁厚可以满足内压计算壁厚+各项影响因素的裕量壁厚，保证整个超临界 CO_2 管道工程的运行安全[1-3]。

二、相关标准中对超临界 CO_2 管道的壁厚计算要求

目前国内外关于二氧化碳管道设计的主要规范要求有 DNVGL-RP-F104《Design and Operation of Carbon Dioxide Pipelines（二氧化碳管道的设计和运行）》、ISO 27913：2016《Carbon Dioxide Capture, Transportation and Geological Storage —Pipeline Transportation Systems（二氧化碳捕集、输送和地质封存—管道输送系统）》、SH/T 3202—2018《二氧化碳输送管道工程设计标准》。同时，考虑到 CO_2 管道设计与油气管道设计存在相似性，且目前 CO_2 管道设计时也较多参考油气管道设计标准，如 GB 50251—2015《输气管道工程设计规范》（简称 GB 50251）等。在国外常用油气管道工程设计规范中，

如 ASME B31. 4-2019《Pipeline Transportation Systems for Liquids and Slurries》和 CSA Z662：19《Oil and gas pipeline systems》中专门有章节对 CO_2管道的设计要求进行描述[4,5]。

1. SH/T 3202—2018

在 SH/T 3202—2018 的附录 B 中对二氧化碳管道的直管段壁厚进行了规定，应按下列公式进行计算。

$$\delta=\frac{pD}{2\sigma_s \Phi F t} \tag{1}$$

式中 δ——钢管计算壁厚，mm；

p——设计压力，MPa；

D——管道外径，mm；

σ_s——管材标准规定的最小屈服强度，MPa；

F——强度设计系数，SH/T 3202 中的强度设计系数同天然气管道基本一致，即一级地区为 0. 72；二级地区为 0. 6；三级地区为 0. 5；四级地区为 0. 4；

Φ——温度折减系数；

t——焊缝系数。

2. DNVGL-RP-F104

该标准是指导二氧化碳管道的设计、建造和运行的。DNV 最早在 2010 年制定了 DNV-RP-J202《Design and Operation of Carbon Dioxide Pipelines(二氧化碳管道设计与运行建议方法)》，该推荐办法于 2017 年被 DNVGL-RP-F104 取代，目前 DNVGL-RP-F104 已更新至 2021 年版本。标准中指出壁厚的选择要考虑所有对壁厚有影响的因素。如果内压计算出的壁厚较薄，还需要考虑冲击荷载和腐蚀等会导致管道失效的因素。壁厚的设计主要参考 DNVGL-ST-F101 中的相关要求。对于陆上二氧化碳管道，环向应力的设计系数按照 ISO 13623 的附录 B。以一般线路段为例，分为 5 个地区等级，从 LC1 至 LC5，地区等级系数分别为 0. 77、0. 77、0. 67、0. 55 和 0. 45。

3. ISO 27913

与 DNVGL-RP-F104 一样，该标准主要是指导二氧化碳管道设计与运行。标准中指出为了确定二氧化碳管道的最小壁厚，应按照三种不同的计算公式进行，从而共同确定最小壁厚数值，一是内压计算；二是水击计算；三是断裂扩展计算，具体见式。这三个计算的最小壁厚分别定义为 t_{minDP}(基于内压)、t_{minHS}(基于水击)和 $t_{min DF}$(基于断裂)。目前在超临界二氧化碳管道的设计中，钢管壁厚设计中只需考虑内压和断裂两方面因素。

$$t_{min}=\max(t_{minDP}, t_{min,HS}, t_{minDF}) \tag{2}$$

4. ASME B31. 4

ASME B31. 4 是在 2019 版 ASME B31. 4 中的第 10 章增加了二氧化碳管道，同时指出被压缩到临界压力以上的 CO_2管道设计总体执行液体管道标准。该标准中基于内压的钢管壁厚计算公式如下所示。

$$S_H=\frac{p_i D}{20t} \tag{3}$$

式中 D——管道外径，mm；

p_i——设计内压，bar；

S_H——基于内压计算的环向应力，MPa；

t——钢管壁厚，mm。

5. CSA Z662

在CSA Z662中包含了对二氧化碳管道的设计要求，其中对钢管壁厚计算如下所示。

$$t=\frac{p\times D}{2S\times F\times L\times J\times T} \tag{4}$$

式中 t——钢管计算壁厚，mm；

p——设计压力，MPa；

D——管道外径，mm；

S——管材标准规定的最小屈服强度，MPa；

F——强度设计系数；对于CO_2管道，标准中也分为四个等级，如一般线路段一级地区为1.0；二级~四级地区为0.8；

L——位置系数；

J——焊接接头系数；

T——温度系数。

上述几个标准中对于钢管承受内压的壁厚设计与天然气管道类似，但设计系数存在一定差异。

三、内腐蚀对超临界CO_2管道壁厚影响

1. 超临界CO_2的腐蚀特性

在超临界二氧化碳体系中碳钢的腐蚀行为与一般的气相或液相体系中的腐蚀不同，表现出一定的特殊性。相关研究表明，CO_2的腐蚀性与其在液体中的溶解能力密切相关，一定条件下溶解度越高，腐蚀性越强。目前超临界CO_2输送管道内腐蚀控制的主要方法是采用高纯度CO_2，严格限制CO_2流体中H_2O及各类腐蚀性杂质气体(如O_2、SO_2、NO_2及H_2S等)含量。同时输送压力和温度的变化都会对其腐蚀规律产生影响。如随压力的升高，超临界CO_2腐蚀速率随之升高，而且有研究表明超临界态CO_2对管线钢的腐蚀程度高于气态CO_2。当输送温度低于40℃或者高于90℃时，超临界态CO_2的腐蚀速率较低[6,7]。

2. H_2O含量对超临界CO_2的腐蚀特性影响

研究表明，在CO_2-H_2O体系中，当含水量远小于H_2O在CO_2中的饱和溶解度时，碳钢不发生腐蚀或者发生轻微的腐蚀；但当含水量达到H_2O在CO_2中的饱和溶解度时，腐蚀速率可达0.38mm/a。在CO_2-H_2O-杂质(O_2、SO_2、H_2S或NO_2)体系中，即使H_2O的含量远远小于H_2O在CO_2中的溶解度，腐蚀仍会发生，而且O_2、SO_2、H_2S或NO_2等杂质对管线的腐蚀具有明显的加速作用。因此可以看出H_2O是CO_2发生腐蚀的前提。相关文献研究表明，H_2O含量的不同将直接影响超临界CO_2对碳钢的腐蚀速率。在超临界CO_2管道设计中，可以优先以介质中的H_2O含量来确定是否要增加一定的壁厚腐蚀裕量。

各标准和工程项目中对于输送二氧化碳介质中H_2O含量的要求存在一定差异，如在SH/T 3202中规定二氧化碳介质中H_2O含量应小于等于200ppmv。ISO 27913中指出美国Cortez和Central Basin管线均存在630ppmv的H_2O。DNVGL-RP-F104中指出CO_2捕集和注入时对H_2O含量的要求为50~100ppmv。欧洲DYNAMIS项目规定的CO_2输送管线中含水量为500ppmv。由Dakota Gasification公司负责运营的Weyburn管线，该管线输送的CO_2流体中H_2S含量高达9000ppmv，但其严格控制含水量低于20ppmv[8]。

最新科研成果表明，在超临界CO_2输送环境中，管线钢应力腐蚀开裂敏感性随水含量增加而提高，当含水量不大于500ppmv，管线钢(研究中以X65钢级管线钢为研究对象)腐蚀轻微，应力腐蚀

开裂风险很低。同时通过较苛刻的腐蚀环境测试，即当输送压力为10MPa，当超临界CO_2介质中含有500ppmv H_2O，其余腐蚀介质O_2、H_2S和SO_2总含量为200ppmv，在输送温度为50℃的条件下，腐蚀速率低于0.0224 mm/y，管道运行30年的腐蚀裕量为0.7mm。

3. 腐蚀壁厚裕量的确定

由于H_2O含量的大小直接影响超临界CO_2的腐蚀特性，因此在超临界CO_2管道工程设计中应按照提供介质组分中的H_2O含量来适当考虑一定的腐蚀壁厚余量。目前可以查阅到的国外超临界CO_2管道工程设计文件中，加拿大Shell公司建设的CCS Quest工程中，输送介质中H_2O含量约为52ppmv。该工程在进行钢管壁厚计算时，考虑了1.3mm的腐蚀裕量。

根据目前超临界CO_2管道工程设计提供的介质组分以及前期的课题研究成果可以看出，当介质组分纯净度较高且水含量较低时(≤30ppmv)，基本不存在腐蚀或腐蚀较轻微，因此可不考虑腐蚀裕量。其余工况下应结合介质中H_2O和其余腐蚀性杂质的含量来判断是否需要考虑钢管的壁厚腐蚀裕量。

四、止裂计算对超临界CO_2管道壁厚影响

1. 超临界CO_2管道的止裂特征

尽管CO_2不像天然气那样易燃易爆，但它是一种窒息性气体，一旦管道断裂、CO_2大量泄放，将会严重危害人民生命财产安全。超临界态下管道全长度保持高压运行，管材对缺陷格外敏感，极易发生延性裂纹扩展，造成严重的管道破坏。在断裂机理方面，根据全尺寸爆破实验证明，相较于天然气，超临界CO_2泄漏过程中存在长的减压波平台(图1)，导致裂纹尖端压力无法释放，裂纹更易长程扩展，因此需要的止裂韧性更高。同时，杂质含量、初始温度、初始压力等因素均对止裂韧性有较大影响。

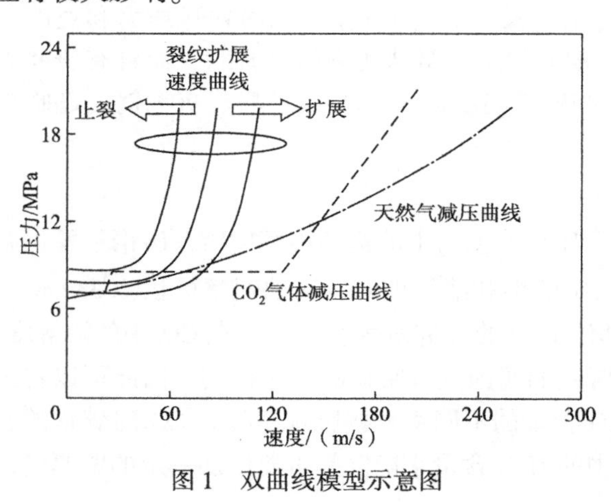

图1　双曲线模型示意图

图1所示为基于夏比冲击韧性的Battelle双曲线模型(BTCM)是最具代表性且目前工业化程度最高的管道止裂控制模型，该模型以速度为判据，将气体减压和裂纹扩展看成两个无关的过程，气体减压压力与减压波传播速度的关联公式利用理想气体定律建立，裂纹扩展速度基本预测公式是在管道应力状态分析的基础上，由Maxey拟合大量X52、X65等早期管线钢全尺寸管道爆破试验数据而形成。

理论与试验均表明，超临界二氧化碳减压曲线存在较广的恒定压力区，如图1中的红线所示。当裂纹扩展速度小于60 m/s时，裂纹扩展速度曲线基本为水平直线。同时，从图中可以看出，裂纹扩展速度曲线与气体减压曲线的切点出现在压力平稳区。因此，测定超临界二氧化碳管道止裂韧性时无需确定完整的减压速度曲线，只需确保止裂压力(在压力轴向上裂纹扩展速度曲线的截距)高于饱和压力(减压等熵线与相界线相交时的压力，与气体减压曲线上的压力平稳区一致)就可以确定止裂韧性，止裂的临界条件为[9-11]，

$$p_a = p_d \tag{5}$$

式中　p_a——管道止裂压力；

p_d——二氧化碳气体的饱和压力，即减压平台压力。

2. 止裂韧性预测公式对钢管的壁厚需求

1）早期基于 BTCM 的止裂韧性预测模型

早期的超临界CO_2管道止裂要求是基于天然气管道的止裂压力预测模型，具体如公式(6)所示。

$$p_a=\frac{4}{3.33\pi}\frac{t}{D}\sigma_f\arccos\left(\exp-\frac{\pi ER_f}{24\sqrt{Dt/2\sigma_f^{\ 2}}}\right) \tag{6}$$

式中 D——钢管外径；

t——钢管壁厚；

σ_f——流变应力；

R_f——断裂韧性。

结合公式(5)可得到超临界CO_2管道止裂临界条件为

$$p_d=\frac{4}{3.33\pi}\frac{t}{D}\sigma_f\arccos\left(\exp-\frac{\pi ER_f}{24\sqrt{Dt/2\sigma_f^{\ 2}}}\right) \tag{7}$$

对止裂所需的最小韧性进行求解，可得

$$C_V=-\frac{24A\sigma_f^{\ 2}\sqrt{Dt/2}}{\pi E}\ln\cos\left(\frac{3.33\pi}{2}\frac{\sigma_d}{\sigma_f}\right) \tag{8}$$

从公式(8)可以看出，由于C_V中含有 ln 函数，结合 ln 函数特性可知，当$\cos\left(\frac{3.33\pi}{2}\frac{\sigma_d}{\sigma_f}\right)$时，即$\sigma_d/\sigma_f\to 1/3.33$时，止裂所需的夏比冲击韧性$C_V$趋于无穷。在这种情况下，夏比能量不足以阻止裂纹扩展，唯一的解决办法是进一步增加壁厚，或者使用止裂器。因此使用公式(4)计算止裂韧性时应满足一定条件，根据文献设置为

$$\frac{\sigma_d}{\sigma_f}<0.28 \tag{9}$$

其中，

$$\sigma_d=\frac{p_d D}{2t} \tag{10}$$

因此，当根据实际输送介质的组分、设计压力和温度等参数计算出超临界CO_2减压波的饱和压力后，就可以计算出当使用公式(8)进行止裂韧性计算的临界壁厚值，具体如下所示。

$$t_{cri}=\frac{p_d D}{0.56\sigma_f} \tag{11}$$

2）修正裂纹长度的止裂韧性预测模型

2022 年，Cosham 等人溯源了 Maxey 最初构建管道止裂压力预测公式时各参数的确定方法，并在对已开展的 9 次CO_2管道爆破试验数据重新梳理的基础上，拟以修正原始止裂压力预测模型中的有效裂纹扩展长度的方法来得到适用于CO_2管道的止裂压力预测模型。

原始止裂压力预测模型中，归一化有效裂纹扩展长度$2c/(Rt)^{1/2}=6$。CO_2全尺寸爆破试验结果表明，与天然气管道相比，其裂纹扩展驱动力更高，阻力更低。增加有效裂纹长度的方法可用来描述更高的驱动力和/或更低的阻力。将有效长度增加到 8.0 的效果如图 2 所示。此外，将鼓胀因子 M 取值为 4.1645[12]。

在极限情况下，有效裂纹长度等于 8.0 比 ISO 27913 附录 D 或 DNV-RP-F104 更保守。增加有

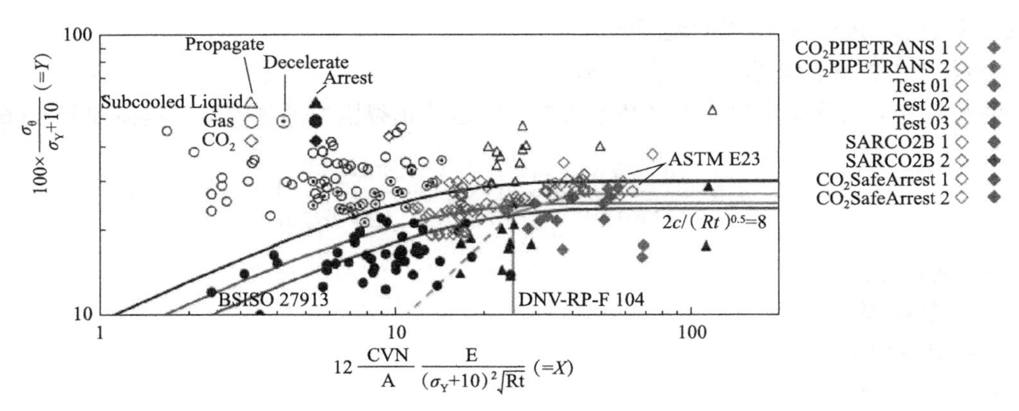

图 2 基于爆破试验数据的有效裂纹扩展长度修正(无韧性修正)[12]

效长度是对双曲线模型的一个相对简单的修正。它与全尺寸试验数据一致，但它可能是不正确的。当 DNV-RP-Fl04 中不适用时，较长的有效裂缝长度代表一种简单且相对于图 5-3 保守的替代方案。然而，较长的有效裂纹长度并不能解决在推导双曲线模型时所作的假设是否适当的问题。它也没有解决夏比 V 型缺口测试的局限性。

在后续应用中，对于满足 DNV 规范及其适用条件的情况，建议由 DNV 方法确定止裂韧性，对于不满足 DNV 规范或适用条件的情况，建议采取图 2 中方法，即将有效裂纹扩展长度修正为 8，同时止裂韧性采取 Wilkowski 修正。此时，二氧化碳管道止裂临界条件变为

因此:

$$p_d=\frac{4}{4.1645\pi}\frac{t}{D}\sigma_f\arccos\left(\exp-\frac{\pi ER_f}{32\sqrt{Dt/2}\,\sigma_f^{\ 2}}\right) \tag{12}$$

由此可得

$$C_V=-\frac{32A\sigma_f^{\ 2}\sqrt{Dt/2}}{\pi E}\ln\cos\left(\frac{4.1645\pi}{2}\frac{\sigma_d}{\sigma_f}\right) \tag{13}$$

同 1)中的推导过程类似，此时

$$\frac{\sigma_d}{\sigma_f}<0.24 \tag{14}$$

此时钢管设计的临界壁厚为

$$t_{cri}=\frac{p_d D}{0.48\sigma_f} \tag{15}$$

还需注意的使，如使用此模型时计算钢管所需的止裂韧性值，还需考虑 Wilkowski 等给出的对夏比冲击韧性的经验修正因子。最终得到管道止裂韧性预测公式为

$$C_V^W=0.056(0.102C_V+10.29)^{2.597}-16.81 \tag{16}$$

五、其他因素对超临界 CO_2管道壁厚影响

在超临界 CO_2 管道设计过程中，除上述因素影响最终的钢管选用壁厚外，在钢管的应力校核过程中，由于校核过程中管道工作最高温度与下沟回填最低温度差值一般高于天然气管道，同时由于

超临界CO_2管道目前的输量设计，一般选用钢管口径在D168.3～D508mm之间，属于中小口径范围，同时要保持超临界输送，工作压力也较高，环向应力相比中小口径的天然气管道要大。在上述因素的共同作用下，仅满足承压条件下的管道壁厚一般无法通过管道的强度校核，解决方案之一就是提高钢管选用壁厚。

在提高钢管壁厚的同时还需考虑与选用钢级、钢管口径以及选用管型的匹配性，避免出现因钢管壁厚过大导致的钢管制造和经济性问题，保证选用的钢管规格适用且合理。

六、结论

（1）目前有关超临界CO_2管道工程设计标准中，壁厚的计算主要以内压计算为主导，配合不同的线路设计系数要求。对于超临界CO_2管道涉及的腐蚀及止裂问题对壁厚的影响没有定量表征。

（2）结合文献调研及目前课题最新成果，当H_2O的含量不大于30ppmv，且介质组分纯净度较高，基本不存在腐蚀或腐蚀较轻微，这时可不考虑壁厚腐蚀裕量。其余工况下可结合介质中其余腐蚀性杂质的含量来判断是否需要考虑钢管的腐蚀裕量。

（3）超临界CO_2管道泄漏过程中存在长的减压波平台，裂纹易长程扩展，对钢管止裂韧性要求较高。目前钢管的止裂计算都是基于经典的天然气BTCM，针对早期基于BTCM及修正裂纹长度这两种止裂韧性预测模型，可分别得出满足止裂条件下的钢管临界壁厚。

（4）除内压、腐蚀及止裂韧性对钢管壁厚计算有影响外，在进行钢管的强度校核时也会根据设计工况进行壁厚的调整以满足校核。同时在设计过程中还需综合考虑拟选用钢管规格是否超出国内管厂的的制造能力。

参 考 文 献

[1] 张对红，李玉星. 中国超临CO_2管道输送技术进展及展望[J]. 油气储运，2024，43(5)：481-491.

[2] 赵伟强，陈文峰，于成龙，等. 二氧化碳管道输送技术研究现状[J]. 石油和化工设备，2023，26(5)：40-42.

[3] 杨梅，李光荣，彭期耀，等. 超临界-密相，气相二氧化碳管道输送研究[J]. 广州化工，2023，51(12)：90-92+141.

[4] 陈嘉琦，蒲明，李育天，等. 国内外CO_2管道设计标准对比分析[J]. 油气与新能源，2023，35(1)：94-100.

[5] 程浩力. 国内外CO_2管道设计规范要点[J]. 油气储运，2024，43(1)：32-39.

[6] 孙冲. 杂质对超临界CO_2输送管线X65钢腐蚀的影响研究[D]. 中国石油大学(华东)，2016.

[7] 高怡萱，潘杰，张建，等. 超临界二氧化碳输送管道内腐蚀研究进展[J]. 材料导报，1-16.

[8] 刘丽双. 超临界二氧化碳管道腐蚀特性研究[J]. 化学工程师，2023，37(5)：85-88.

[9] Graeme G. King，Satish Kumar. DESIGNING CO_2 TRANSMISSION PIPELINES WITHOUT CRACK ARRESTORS [C]. Proceedings of the 8th International Pipeline Conference：IPC 2010，Calgary，Alberta，Canada，September 27-October 1，2010.

[10] 陈兵，李磊磊，齐文娇. BTC方法研究进展及其应用于CO_2管道止裂韧性计算的可行性[J]. 2024，43(3)：524-536.

[11] 陈兵，毕鉴，齐文娇，等. 含杂质超临界CO_2管道止裂分析及控制方案[J]. 西安石油大学学报(自然科学版)，2024，39(1)：106-113.

[12] ANDREW COSHAM，GUILLAUME MICHAL，ERLING OSTBY，et al. THE DECOMPRESSED STRESS LEVEL IN DENSE PHASE CARBON DIOXIDE FULL-SCALE FRACTURE PROPAGATION TESTS[C].：Proceedings of 2022 14th International Pipeline Conference：IPC 2022，Calgary，Alberta，Canada，September 26-30，2022.

“双碳”背景下利用成品油基础设施储运氢基能源战略研究

苑莉钗　周　海

（中国石油天然气管道工程有限公司渤海分公司管道规划所）

摘　要： 氢基能源是指在可再生能源的框架下，以“氢”为载体而形成的二次能源，包含绿色甲醇、绿氨、绿甲烷等多种形式，其有助于消纳可再生能源，实现氢能的多元化存储，有效解决氢气储运难点，拓展氢能应用。甲醇、氨由于成熟的产业技术以及良好的储运特性，被认为是氢基能源最为现实的实现方式，未来将迎来大规模发展。根据分析，“双碳”背景下，未来绿色甲醇、绿氨产能将进一步聚集可再生能源集中的“三北”地区，而其消费重心将在经济发达、用能需求旺盛、脱碳需求强、碳减排压力大的中东部地区，资源与市场的逆向分布将带来大规模长距离的中间储运需求。在成品油即将达峰并逐渐下行趋势下，将绿色甲醇/绿氨氢基能源引入现有成品油基础设施成为一种可能性方向。本文通过对甲醇、氨产业发展研究，分析其利用现有成品油基础设施的可行性，为成品油基础设施运营企业转型升级提供参考方向。

一、引言

“双碳”背景下，大力发展新能源，减少对化石能源依赖，建立以可再生能源为主的新型能源体系势在必行。氢能作为公认的无碳清洁能源，来源广泛，应用场景丰富，是推动传统化石能源清洁高效利用、支撑可再生能源快速发展的理想媒介，通过氢能实现深度脱碳是实现碳中和的必然选择。氢基能源是指在可再生能源的框架下，以“氢”为载体而形成的二次能源，包含绿色甲醇、绿氨、绿甲烷等多种形式，其有助于消纳可再生能源，实现氢能的多元化存储，有效解决氢气储运难点，拓展氢能应用。甲醇和氨是目前广泛应用的重要化工产品和原料，生产原料均有氢气，产业技术成熟，且氨和甲醇均可以通过催化裂解反应转化为氢气，成为氢能的化学储存介质。更重要的是，氨非常容易液化，而甲醇在常温下即为液体，两者储运方便且技术成熟[1]。因此，绿氨和绿色甲醇被认为是氢基能源最为现实的实现方式，将迎来大规模发展。

我国在现代化历史进程中投资建设了一套体系庞大、布局完善、运行成熟的成品油“储运加”基础设施，包含成品油管道、油库及加油站等，在成品油即将达峰然后逐渐萎缩趋势下，成品油基础设施运营企业面临艰难的路径选择，将甲醇/氨等氢基能源引入现有基础设施成为一种可能性方向。

二、绿色甲醇/绿氨发展分析

1. 绿色甲醇

我国已成为全球第一大甲醇生产及消费国，甲醇产能已经超过 1×10^8 t/a，占全球总产能的58%，2023 年我国甲醇产量约 8900×10^4t，表观消费量超 9700×10^4t。煤制甲醇仍是现阶段主要生产方式，占比超过 80%，由此产生碳排放量年均在 2×10^8t 以上，占化工行业总排放量约 18%，仅次于合成氨以及炼油，碳减排压力巨大，亟需绿色转型。

绿色甲醇，又称"液态阳光"，主要通过 CCUS 技术加可再生能源制备的绿氢在催化条件下合成，利用后产生的二氧化碳通过碳捕集技术回收并再次用于甲醇生产实现碳循环的闭环，无对外排放。绿色甲醇可实现可再生能源绿氢技术与二氧化碳利用技术的耦合，不仅能够促进氢能的储运发展，还能够实现二氧化碳的有效利用，将成为氢能的重要应用领域以及行业碳减排的重要途径。目前我国的国家政策鼓励绿色低碳技术生产甲醇，甲醇行业势必会朝着低碳化合成技术发展，绿氢原料制备将成为主流，其产能及产量也将不断增长。预计 2030 年绿色甲醇占比将达到我国甲醇总产量的 15%左右，到 2060 年将逐步提升至 80%以上[2]。

绿色甲醇作为一种安全、高效、可再生的清洁能源，未来低碳燃料和绿色化工原料将成为绿色甲醇的主要应用场景[3]，绿色甲醇的需求规模将不断扩大。根据 IRENA(国际可再生能源署)预测，全球甲醇需求量 2025 年将达到 1.2×10^8t，2050 年将达到 5×10^8t，其大部分需求增长将来自于中国[4]。绿色甲醇市场规模基于对现有"高碳醇"市场的替代潜力、交通及绿色航运的需求增长预测，若实现 50%、60%、70%的替代，2050 年全球绿色甲醇规模将分别达到 2.5×10^8t、3.0×10^8t、3.5×10^8t。

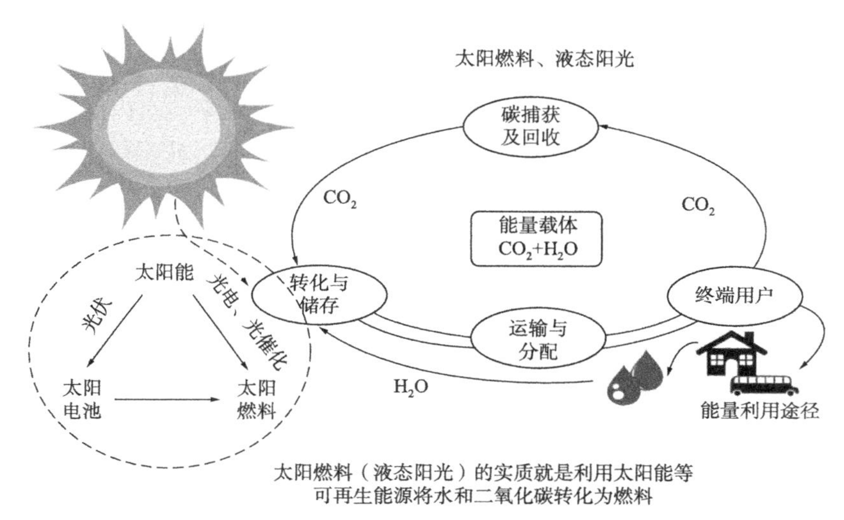

图 1　绿色甲醇技术路线图[5]

2. 绿氨

氨，是氮和氢的化合物，有时也称合成氨。我国也是全球合成氨第一生产国和消费国，2023 年我国合成氨产能约 7100×10^4t，产量约 5500×10^4t，表观消费量约 5940×10^4t。我国合成氨生产仍以煤制为主，产能占比高达 79%，由此产生年均碳排放达 2.2×10^8t 以上，占化工行业总排放量约 20%，位于第一位，亟需绿色转型[6]。

由可再生能源电解水制绿氢，绿氢和氮气催化合成氨是最先实现绿氨工业化生产的技术路线。此外，前沿的生产技术还包括电化学氮还原合成氨技术、光催化合成氨工艺等。绿氨是可再生能源消纳的重要方式，也是实现行业碳减排的重要途径。氨作为氢能补充，绿氨合成将会成为氢能领域的重要应用之一，合成氨技术未来也势必会朝着低碳化合成技术发展。目前我国的国家政策鼓励绿色低碳技术生产合成氨，预计 2030 年合成氨的绿氨占比可达到 20%左右，2060 年合成氨的氢来源将大部分来自于绿氢[2]。

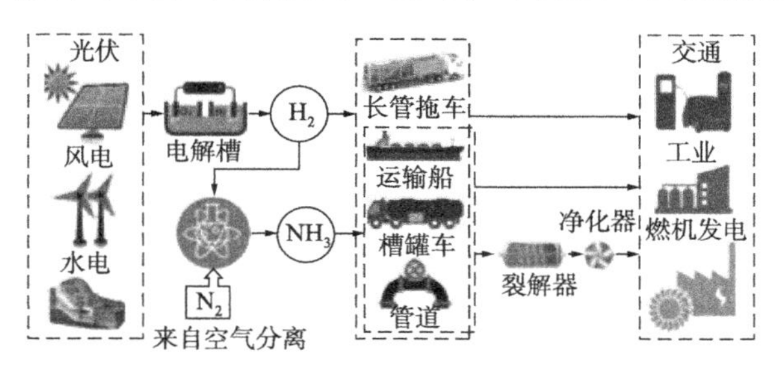

图 2　"氢—氨"技术路线图[7]

氨的能源属性和储能属性使其未来应用前景

广泛，在交通、发电等非工业部门的用量将逐步提升，我国氨消费总量仍将保持增长。根据毕马威预测[8]，我国农业用氨占比将逐年减少，到2050年下降到20%；工业用氨将在2035年达到顶峰，占比约54%，再逐年下降，到2050年占比为30%；能源领域用氨将在2030年后进入快速发展期，到2050年占比达到50%，是未来合成氨产业发展的主要动力。2050年总量需求接近$90×10^6$t。

三、现有成品油基础设施与氢基能源协调发展可行性分析

1. 我国“储运加”基础设施情况

(1) 成品油管道建设及运营情况。

目前，全国成品油管网已建成“两纵两横”为主，华北、华东、华中、西南、华南等五大区域管网为辅的骨干管网架构，几乎覆盖全国所有省份，总里程约$3.2×10^4$km，一次管输能力$2.4×10^8$t/a。受资源市场分布，我国成品油管输流向整体呈现“西油东送、北油南运、沿海内送、周边辐射”的特点。目前，我国成品油管道管输负荷整体不高，平均负荷率仅45%左右，其中“西油东送”及“北油南运”通道主干管道负荷尤为不足，管输量呈现逐年下降趋势，部分管段不足20%。

(2) 商品库。

我国成品油商品库由中国石油、中国石化占据主导地位。近年来，国内成品油库库容保持稳定增长态势。随我国成品油库建设项目在不断推进，中外合资企业等新进入行业者不断新建、收购成品油库，扩容态势迅猛。我国成品油商业油库从2015年约$4700×10^4m^3$，增长至2022年的约$5100×10^4m^3$，数量超千座[9]。

(3) 加油站。

根据卓创资讯，我国加油站数量经历快速增长后放缓态势，2023年，我国加油站数量已达到12.13万座，同比上涨1.1%，增速逐渐放缓。社会加油站占比过半，约为52.1%，中国石化、中国石油位居第二、第三位，分别为26.2%、19.6%。

2. 成品油储运业务发展趋势

我国成品油消费自2015年起总体维持在$(3～3.3)×10^8$t左右浮动，2023年，成品油需求有所复苏，达$3.66×10^8$t，创造新的消费峰值，其中汽油约$1.5×10^8$t，柴油约$1.8×10^8$t[10]。未来随我国经济结构转型升级以及“双碳”政策持续推进、内燃机技术不断进步、出行方式改变、新能源汽车蓬勃发展等多重因素叠加下，我国成品油需求预计2025年达到$4×10^8$t峰值(其中汽柴油约$3.6×10^8$t，汽油约$1.6×10^8$t，柴油$2×10^8$t)，2030年前维持在峰值平台期；2030年后，随电动乘用车与燃料(动力)电池商用车对燃油车规模化替代，汽柴油需求较快下降，至2040年，汽柴油需求约$1.6×10^8$t，2040年相比2025年汽柴油需求减少超过50%；到2060年，汽柴油需求降至$0.2×10^8$t[11]。

目前国内成品油管道主要为中国石油、中国石化炼厂服务，随着上游存量炼厂“减油增化增特”的实施以及下游市场需求达峰并开始下行，成品油管输业务将逐渐萎缩，管道负荷率将在现有基础上进一步下降，尤其是“北油南运”和“西油东送”主干管道，除引入第三方成品油资源平抑存量客户管输需求下降外，寻找新的资源品类入网开源增输将成为必须。

同样地，受成品油需求的下行趋势影响，商品库及加油站等成品油储销业务也将逐渐萎缩，运营商面临艰难路径选择。

3. 氢基能源协同发展可行性

1) 资源流向分析

从资源来看，绿色甲醇、绿氨作为可再生能源消纳的重要方式以及实现行业碳减排的重要途径，将逐渐占据甲醇、氨行业产能的主流，制取基地将进一步集中在风光资源丰富的“三北”(西北、华北及东北)地区；而“三北”地区经济发展相对滞后，资源就地消纳能力有限，而中东部地区经济

发达、用能需求旺盛，在能源转型形势下，地区脱碳需求强、碳减排压力大，对可再生能源需求巨大，但供给却严重不足，绿色甲醇、绿氨等氢基能源作为氢能的重要补充、重要应用领域及重要载体，其市场消费重心将在中东部地区。甲醇、氨等氢基能源的资源流向仍将整体呈现东北向华北方向、西北向华东、华中及华南方向，这将催生出大规模长距离中间储运需求。

相比于车船等常规运输方式，管道运输是实现氢基能源大规模、长距离输送最为经济、节能的方案。由于氢基能源物流方向和现有成品油流向基本一致，因此具备利用现有成品油管道管输的基础条件，可成为未来成品油管道的重要接续资源。

2）“储运加”协同发展技术进展及适应性

（1）管道输送。

国内外已有一些液氨、甲醇管道工程，在液氨、甲醇管道输送方面具有一定的设计、建设、运营经验。但目前世界范围内尚无液氨、甲醇与成品油在同一条管道内共同输送的先例，缺乏成品油管道顺序输送液氨、甲醇等氢基能源的技术和经验。中国作为可再生能源引领者，液氨、甲醇管输研究已成为热点，中国石油、国家管网、福州大学、中国石油大学等对液氨、甲醇管道输送技术以及与成品油顺序输送技术进行了大量研究，见表1。尽管液氨和LPG基础性质相近，但受限于现有LPG管道建设规模[12]无法满足未来氢基能源大规模长距离输送需求，利用现有成品油管道更为合适。

总的来看，在理论层面上，液氨、甲醇利用现有成品油管道进行与成品油顺序输送是可行的，在合理压力、流速等控制策略下，整体适应性较强，但相关的水力热力特性、混油发展预测、批次编制与混油切割处理、管材及设备适用性、泄漏扩散与安全防护等技术难点还未解决，且还需要进一步采取实验手段验证其可行性。

表1　液氨、甲醇管道输送技术文献清单

序号	年份	研究机构及第一作者	论文方向	主要研究成果
1	2018	中国五环工程 杨英[13]	甲醇长输管道	分析了利用长输管道输送甲醇的可行性、甲醇长输管道的优势以及国内外甲醇长输管道的现状
2	2022	中石油规划总院 吴全[14]	“氨—氢”储运技术及经济性	对比氨与其他氢能载体在远洋运输、内陆长距离管输、储存等方面的技术经济性，认为随着氨利用技术的日趋成熟，“氢—氨”模式将有望成为解决氢能规模化储运难题的最重要选项之一
3	2022	福州大学 滕霖[15]	“氨—氢”绿色能源路线及液氨储运技术	从工艺技术、安全技术、设计规范等方面，对国内外液氨管道输送技术发展现状进行综述，同时针对含杂质液氨相平衡特性、水力热力特性、泄漏扩散与防护机制、应力腐蚀开裂机制等问题提出新的思考
4	2023	国家管网科学技术研究总院 聂超飞[16]	甲醇管道输送技术	对甲醇管道输送时的经济性、经济流速、输送设备以及输送风险分析等进行初步研究，提出将甲醇纳入顺序输送系统，其在成本效益、运输效率及环境影响3方面的优势将更加明显
5	2023	中国石油大学(华东) 张慧敏[17]	有机液体管道运输	论述了有机液态储氢方式“氢油”管道运输的可行性及其国内外发展现状，认为“氢油”在常温常压下具有与成品油相同的存在形式，可以利用现有成品油管道的运输架构进行“氢油”运输
6	2023	福州大学 黄鑫[18]	液氨/甲醇/成品油顺序输送技术	对成品油管道顺序输送液氨/甲醇技术进行系统梳理，阐述了顺序输送所面临的水力热力特性、混油发展预测、批次编制与混油切割处理、管材及设备适用性、泄漏扩散与安全防护5大主要技术难点

续表

序号	年份	研究机构及第一作者	论文方向	主要研究成果
7	2024	中国石油大学(北京) 涂仁福[19]	绿氨—成品油综合运输系统	从输送介质特性、长输管道系统结构、管材与设备、管输工艺、水力计算方式、运行压力与流速安全共6个方面进行了成品油管道增输液氨系统适应性分析，认为在制定合理的压力、流速控制策略前提下，在役成品油管道增输液氨的系统适应性整体较强
8	2024	福州大学 尹鹏博[20]	液氨管道输送技术	系统分析了国内外液氨管道建设现状和现行液氨管道输送技术标准。提出液氨的基础物性与LPG基本相近，两者的管道设计参数和输送工艺方面也存在一定的相似性

(2) 储存。

工业上多用储罐存储甲醇，甲醇储罐一般为金属储罐，材质多选用16MnR普通低合金钢，从结构形式上区分，甲醇储罐有立式、卧式、圆柱形、球形、椭圆形、浮顶罐等。大型的甲醇储罐多选用内浮顶储罐，单罐容积可达10000~20000m^3。甲醇本身对碳钢几乎没有腐蚀性，但是由于甲醇在生产、储存过程中容易存在水分及杂质，因此存储甲醇时应考虑防腐处理。可对现有成品油商品库进行适当改造即可用来储存甲醇。

氨通常以液体形式储存，其储存技术成熟，根据不同操作压力与温度环境，液氨储存可分为压力储存、低温储存、半冷冻储存等3种类型。压力储存，为常温、加压储存，设计压力一般高于1.8MPa，多采用球罐或水平圆柱形卧罐进行存储，单罐存储容量一般不超过2300t，适用于中小规模液氨储存；低温储存，为低温、常压储存，设计温度一般低于-33.5℃、多采用双层结构绝缘圆柱形钢罐，需设置保冷以及制冷的系统，单罐存储容量可达5×10^4t；半冷冻储存，为较低温度(4℃以下)和较低压力(0.3~0.5MPa)储存，适用于小规模储存。成品油基础设施运营商若需储存液氨，必须新建储罐[21]。

(3) 加注。

根据IRENA研究，为汽车、公共汽车和卡车加注甲醇的加注站与现有加油站基本相同，大多数情况下可以使用相同的油箱，但可能需要对加油线路、垫片等进行细微改动。而根据氨的特性，现有加油站不适合直接改造成氨加注站。

3) 小结

(1) 我国拥有一套体系庞大、布局完善、运行成熟的成品油“储运加”基础设施，在汽柴油消费即将达峰，后续市场持续下行趋势下，成品油基础设施负荷率下降趋势难以扭转。

(2) 甲醇、氨氢基能源由于良好的储运特性、广泛的应用前景及不断增长的市场需求，以及和成品油趋同的物流流向，未来最有可能成为成品油管道的接续资源。

(3) 从目前对甲醇/氨/成品油基础设施“储运加”协同发展的研究成果来看，甲醇无论和成品油在现有管网中顺序输送、利用现有商品库储存以及利用现有加油站加注，相比氨均有更好的适应性和匹配性，投资更低。

四、结论及建议

“双碳”背景下，甲醇、氨等氢基能源将未来最有可能成为成品油管道接续资源，从目前对甲醇/氨/成品油“储运加”的研究成果来看，甲醇相较于氨对现有成品油基础设施有更好的适应性和匹配性，投资更低。对于成品油基础设施运营企业，建议加快开展“储运加”协同发展工艺、安全等技术难点研究并进行实验验证，同时为有效利用现有设施，应通过各种途径、渠道在氢能行业中倡导甲醇/氨等氢基能源利用现有设施“储运加”，使各界达成共识，助力氨/甲醇等氢基能源技术路线发展。

参 考 文 献

[1] 郑可昕，高啸天，范永春，等．支撑绿氢大规模发展的氨、甲醇技术对比及应用发展研究[J]．南方能源建设，2023，10(3)：63-73.

[2] 张益国，姜海，王宇霖，等．“氢能十解”之十：全球绿色氢能中心愿景[C]．水电水利规划设计总院．

[3] METHANOL INSTITUTE. METHANOL AS A FUEL FOR TRANSPORTATIONGLOBAL PERSPECTIVE. XI AN：2019 METHANOL FUEL AND VEHICLE APPLICATION ANS SYSTEM FORUM，2019.

[4] IRENA AND METHANOL INSTITUTE. 创新展望：可再生甲醇．阿布扎比：IRENA，2021.

[5] 李灿．可再生能源规模化储能绿色氢能和液态阳光甲醇[C]．北京：2020 年中国电机工程学会年会，2020.

[6] 熊亚林，刘玮，高鹏博，等．“双碳”目标下氢能在我国合成氨行业的需求与减碳路径[J]．储能科学与技术，2022，11(12)：4048-4058.

[7] 罗志斌，孙潇，高啸天，等．双碳背景下绿色氨能的应用场景及展望[J]．南方能源建设，2023，10(03)：47-54.

[8] KPMG. 固碳、储氢、航运燃料、掺混发电[C]．绿氨行业概览与展望，2022.

[9] 华经产业研究院．2023 年中国商业油库行业深度研究报告[C]. 2023.

[10] 孔劲媛，张虹雨，高鲁营，等．中国成品油市场 2023 年回顾与 2024 年供需分析预测．油气与新能源，2024，36(1)：6-15.

[11] 中国石油经济技术研究院．2060 年世界与中国能源展望(2023 版)[C]. 2023.

[12] 徐凯．我国 LPG 行业现状与未来市场预测[J]．中国市场，2020，(27)：1-3.

[13] 杨英，沈显超．甲醇长输管道可行性论证[J]．当代化工研究，2018，(9)：173-174.

[14] 吴全，沈珏新，余磊，等．“双碳”背景下氢—氨储运技术与经济性浅析[J]．油气与新能源，2022，34(5)：27-33+39.

[15] 滕霖，尹鹏博，聂超飞，等．“氨—氢”绿色能源路线及液氨储运技术研究进展[J]．油气储运，2022，41(10)：1115-1129.

[16] 聂超飞，姜子涛，刘罗茜，等．甲醇管道输送技术发展现状及挑战[J]．油气储运，2024，43(2)：153-162.

[17] 张慧敏，田磊，孙云峰，等．有机液体储氢研究进展及管道运输的思考[J]．油气储运，2023，42(4)：375-390.

[18] 黄鑫，滕霖，聂超飞，等．液氨/甲醇/成品油顺序输送技术研究进展[J]．油气储运，2023，42(12)：1337-1351.

[19] 涂仁福，梁永图，邵奇，等．绿氨—成品油综合运输系统适应性分析与规划[J]．油气储运，2024：1-14.

[20] 尹鹏博，曾培琰，滕霖，等．国内外液氨管道输送技术标准对比分析[J]．低碳化学与化工，2024：1-9.

[21] 滕霖，林崴，尹鹏博，等．碳中和目标下绿氨终端站储运技术发展现状及趋势[J]．油气储运，2024，43(1)：1-11.

阴离子交换膜电解水制氢技术研究进展

吴梦南

（中国石油天然气管道工程有限公司新能源事业部）

摘　要：十四五时期是落实“双碳”目标的重要阶段，我国已明确要大力发展新能源。氢能因其清洁、高效、应用场景丰富等优势而备受关注。然而，传统工业制氢技术很难实现零碳排放，阴离子交换膜（AEM）电解水制氢技术可兼顾零碳排放和高能量转化效率，因而受到广泛性关注。本文首先介绍了阴离子交换膜电解槽的工作原理及核心组件电催化剂和阴离子交换膜。随后通过电催化剂和阴离子交换膜两方面系统论述了阴离子交换膜电解水制氢技术的研究进展。最后文章指出，尽管阴离子交换膜电解水制氢技术具有成本低、设备紧凑等优点，但仍面临电能消耗成本高、电催化剂合成工艺复杂、阴离子交换膜无法满足工业应用需求等挑战。为了克服这些挑战，文章提出开发高活性大电流密度且能够适配可再生能源波动性的电催化剂以及高离子传导率和长期稳定性的阴离子交换膜，并在此基础上形成与催化剂和阴离子交换膜相配套的阴离子交换膜电解槽产品。

一、引言

2020年9月，中国向世界做出郑重承诺：将通过一系列措施以实现“2030年碳达峰，2060年碳中和”。能源结构调整是实现“双碳”目标的关键。在“双碳”目标驱动下，中国正在大力发展各类新能源，如风能、地热能、潮汐能等，从而推动能源结构体系向绿色低碳转型。氢能（H_2）作为一种清洁高效的新能源，是连接一次能源与终端能源消费的关键载体，可实现清洁能源系统的有效耦合，如图1所示。风能、太阳能、水能等一次能源耦合电解水技术，煤炭、天然气等化石燃料通过重整技术都可以实现氢气的制备。制得的氢气具有广泛的应用场景，如应用于分布式发电或热电联产为建筑供热、供电，为燃料电池汽车提供氢燃料，为工业冶金提供还原剂，为甲醇、氨等化学产品的合成提供原料。而通过燃料电池技术，氢能可在不同能源之间实现转化，将可再生能源与化石能源转化为电力，实现清洁能源系统的有效耦合。

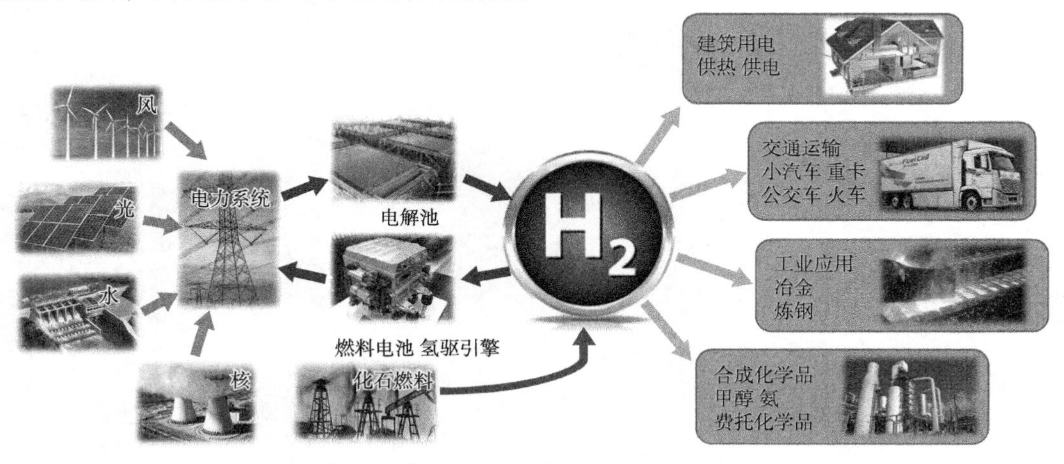

图1　氢能作为理想能源载体构建出的清洁能源系统

目前，工业上已发展出多种制氢技术，如煤气化制氢技术、天然气重整制氢技术、氯碱副产制氢技术以及电解水制氢技术等[1]。与煤制氢、天然气制氢等传统制氢技术相比，绿氢是未来氢能发展的方向，电解水制氢是获得绿氢的重要方式。电解水制氢技术主要分为碱性电解水(Alkaline Water Electrolysis，AWE)制氢技术、质子交换膜(Proton Exchange Membrane，PEM)电解水制氢技术、阴离子交换膜(Anion Exchange Membrane，AEM)电解水制氢技术以及固体氧化物(Solid Oxide Electrolyzer Cells，SOEC)电解水制氢技术四类。阴离子交换膜(Anion Exchange Membrane，AEM)电解水制氢技术备受关注，主要原因在于该技术能够综合碱性电解水制氢催化剂成本低以及质子交换膜电解水制氢设备结构紧凑、占地面积小的优势，并摒弃掉碱性电解水制氢设备难以适应风/光等可再生能源波动性以及质子交换膜电解水制氢设备需要贵金属催化剂和昂贵质子交换膜的劣势，市场优势非常明显。

二、阴离子交换膜解水制氢技术研究进展

阴离子交换膜电解槽作为阴离子交换膜电解水制氢技术的核心部件，主要是由催化剂层、阴离子交换膜以及气体扩散层等结构而成[2]。工作原理与其他电解水制氢原理类似，如图 2 所示，包括两个半反应，分别是析氧反应(Oxygen Evolution Reaction，OER)和析氢反应(Hydrogen Evolution Reaction，HER)[3]。阴离子交换膜电解槽制氢原理如下：碱液首先进入阴极室中，H_2O 得到电子生成 H_2 和 OH^-(式 1)，OH^-可穿过阴离子交换膜到达阳极室，失去电子生成氧气(式 2)，具体反应方程式如下：

$$2H_2O+2e^- = H_2+2OH^- \tag{1}$$

$$2OH^- -2e^- = 1/2O_2+H_2O \tag{2}$$

$$H_2O = H_2+1/2O_2 \tag{3}$$

阴离子交换膜电解槽以电化学反应的方式分解水产生氢气和氧气，其关键核心组件是催化剂以及阴离子交换膜。在电解水制得的氢气成本中，超过 80%是电能消耗成本[5](图 3)，主要原因在于电解水析氧反应和析氢反应的动力学缓慢[6]。为此，研究者采取的策略是构建高性能的电催化材料以降低反应所需的过电位，加速反应动力学过程[7-10]。此外，阴离子交换膜可以同时起到将阳极反应所需的 OH^- 从阴极反应区传输到阳极反应区以及分隔氢气和氧气的作用[11-13]，在保证电解水反应连续进行的过程中至关重要。

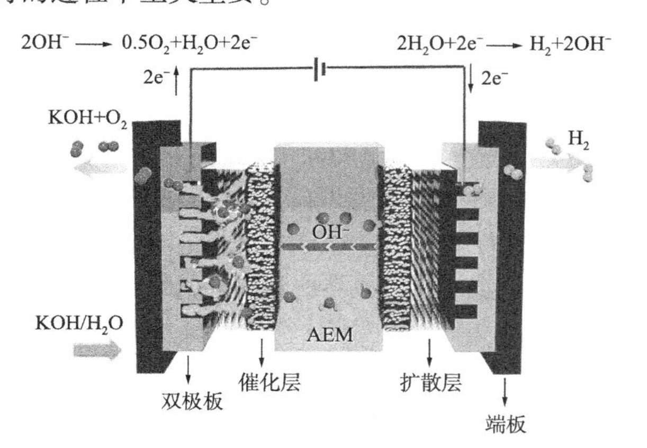

图 2　阴离子交换膜电解槽示意图[4]

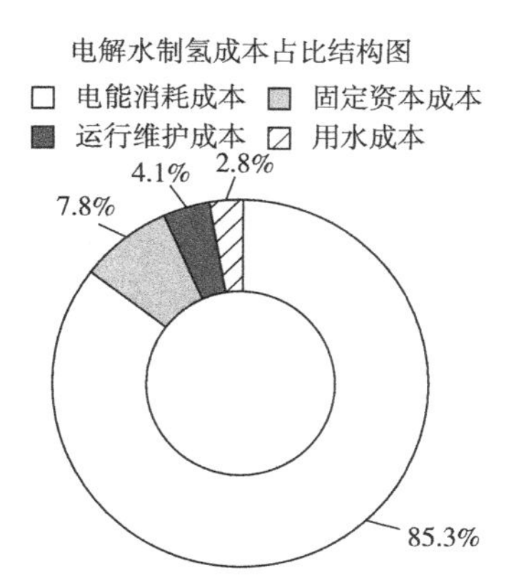

图 3　阴电解水制氢成本占比结构图

1. 电催化剂

电催化材料可以降低化学反应活化能，实现电能消耗成本的降低[14-16]。然而，不同电催化材料在电解水反应中的过电位不同，所以选择合适的电催化材料显得尤为重要。如构建高催化活性的析氢材料，关键是看氢原子吸附在电催化材料表面的吉布斯自由能(ΔG_H)。因为在析氢反应机理中，

第一步是 Volmer 反应，会在催化材料活性位点上形成一个吸附氢原子(H_{ad})。一般而言，如果吸附强度太强的话，则 H_{ad} 很难从催化材料上脱附下来；反之如果吸附强度太弱的话，则不利于 H_{ad} 的生成，适中的吸附强度是电催化材料的最佳状态。因此，氢原子的吸附强度或者称之为氢吸附自由能(ΔG_H)可以反映出电催化材料的性能高低。而前人研究发现，氢吸附自由能(ΔG_H)与电催化材料的电流密度大小有关[17]。如图 4 所示，是研究人员根据密度泛函理论(DFT)计算出的氢吸附自由能(ΔG_H)与电流密度的关系图[18]，形状类似火山，因此也被称之为火山图。从图中可以看出，当电流密度最大时，对应的氢吸附自由能(ΔG_H)为 0，电催化材料的性能最优。这一规律可以用于筛选性能优异的电催化析氢材料，越靠近火山顶端的电催化材料性能越好，反之越远离火山顶端的电催化材料性能越差。铂(Pt)、钯(Pd)、铑(Rh)等贵金属材料靠近火山顶端，电催化析氢性能最好[19]；而镍(Ni)、钼(Mo)、钴(Co)等过渡金属材料的电催化析氢性能次之。

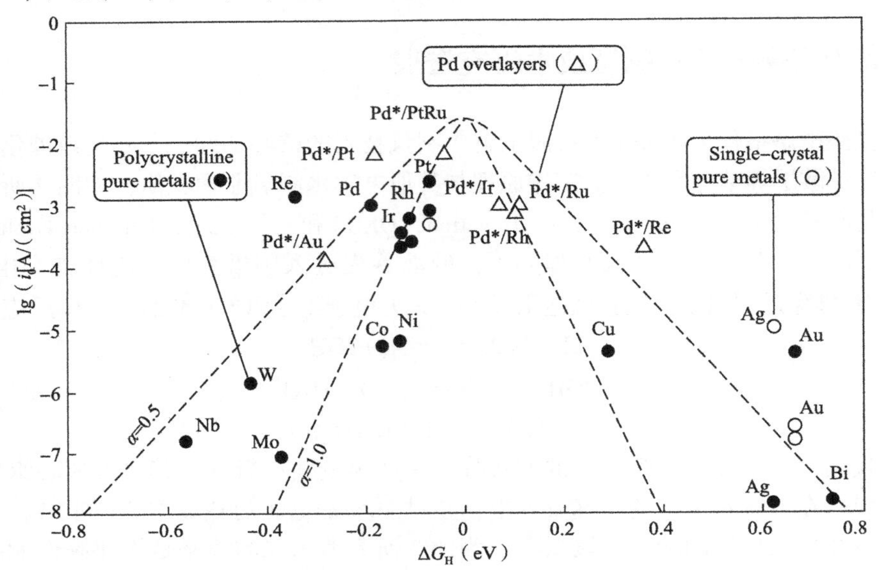

图 4 不同金属的 ΔG_H 与电流密度的关系图[18]

镍元素在析氢反应中是良好的水解离中心，钼元素对氢有较好的吸附性能，因此镍钼基电催化材料可充分利用两种金属的协同作用，有效降低析氢反应中 Volmer 反应的能垒，加快反应动力学[20-23]，与单独的镍基或钼基电催化材料相比，性能得到进一步提升。例如 Gray 和 Lewis 等分别将 Ni，Ni-Mo 合金以及 Pt 沉积在 Si 电极上，在这三种材料中，Ni-Mo 合金与贵金属铂的析氢性能相当，并优于单金属 Ni 的析氢性能[24]。因此，近年来研究人员将目光集中于镍钼基电催化材料的研究。

研究人员通过杂原子(C、S、P)掺杂的方式来进一步优化镍钼基材料的催化活性和稳定性。杂原子掺杂的作用在于调控金属中心的电子结构，从而优化反应中间体在催化剂表面的吸附能和脱附能[25-27]，最终达到提升材料活性的目的。

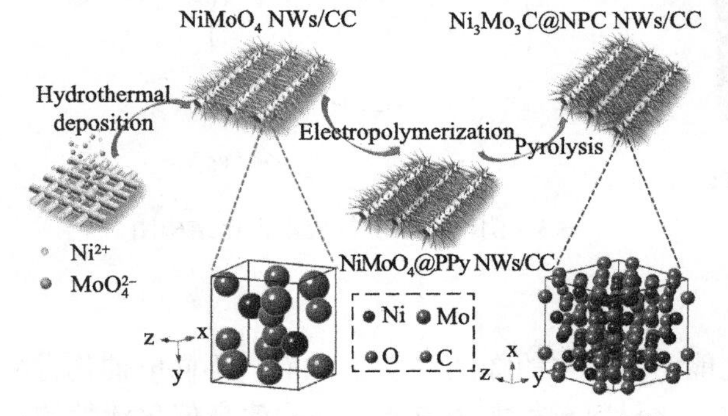

图 5 双金属碳化物电催化剂的制备过程图[28]

镍钼基碳化物(Ni-Mo-C)能够在酸性电解液中稳定存在，因此受到广泛性关注。Chen 等成功在碳布上原位生长出 Ni-Mo 双金属碳化物纳米线材料，具体合成过程如下：首先采用水热法在碳布上生长 $NiMoO_4$ 纳米线材料，随后通过电聚合辅助法在 $NiMoO_4$ 纳米线材料上涂覆聚吡咯(PPy)，并以此在随后的热解反应中作为碳源转化成 Ni-Mo 双金属碳化物材料(图 5)。值得注意的是，作者探索了电聚合辅助法中 PPy 涂覆量对 Ni-Mo 双金属碳化物纳米线结构的影响，在电聚合辅助法中 PPy 涂覆 30min 是最佳参数，PPy 涂覆量过多会产生其他杂质。制备出的 Ni-Mo 双金属碳化物材料由于具有独特的纳米线结构，能够提供大量的催化活性位点，在碱性电解液中发生析氢反应仅需 215mV 就可以获得 $100mA/cm^2$ 的电流密度；并且由于材料是纯相双金属碳化物，因此能够在酸性电解液中稳定存在，发生析氢反应仅需 161mV 就可以获得相同 $100mA/cm^2$ 的电流密度[28]。Li 和 Zheng 等报道了一种封装在石墨纳米管内的由 Ni 和 Mo_2C 纳米晶组成的析氢反应催化剂，该催化材料能够在酸性电解液中保持良好的电化学活性(在 0.5mol/L H_2SO_4 溶液中，电流密度为 $10mA/cm^2$ 时，过电位仅为 65mV)[29]。

Ni-Mo 基硫化物(Ni-Mo-S)具有丰富的活性位点，因此在电催化析氢反应中得到广泛应用。Gao 和 Yang 等采用一锅法制备出 MoS_2/Ni_3S_2 异质结材料，这种异质结构是将 Ni_3S_2 纳米棒与 MoS_2 纳米片分层集成在一起。MoS_2/Ni_3S_2 异质结不仅能够很好地暴露出高活性的异质界面，而且还能沿着垂直固定在泡沫镍基底上的 Ni_3S_2 纳米棒来促进电荷传输，加速析氢反应、析氧反应和整体水分解的动力学过程(图 6a)。将 MoS_2/Ni_3S_2 异质结材料分别用于电解槽的阳极和阴极进行水的全分解，可在 1.5V 达到 $10mA/cm^2$ 的电流密度(图 6b)，并在 48h 内保持良好的稳定性[30]。此外，Feng 等采用水热法构建出一种 MoS_2/Ni_3S_2 异质结材料，在合成的异质结构中外层的 MoS_2 纳米片修饰内部的 Ni_3S_2 纳米颗粒形成丰富的界面。作者通过 DFT 计算证实，含氢和含氢氧的反应中间体更容易吸附在构建出的异质结界面上(图 7)，有效降低了反应中间体的吉布斯自由能，从而加速了整体水分解过程[31]。

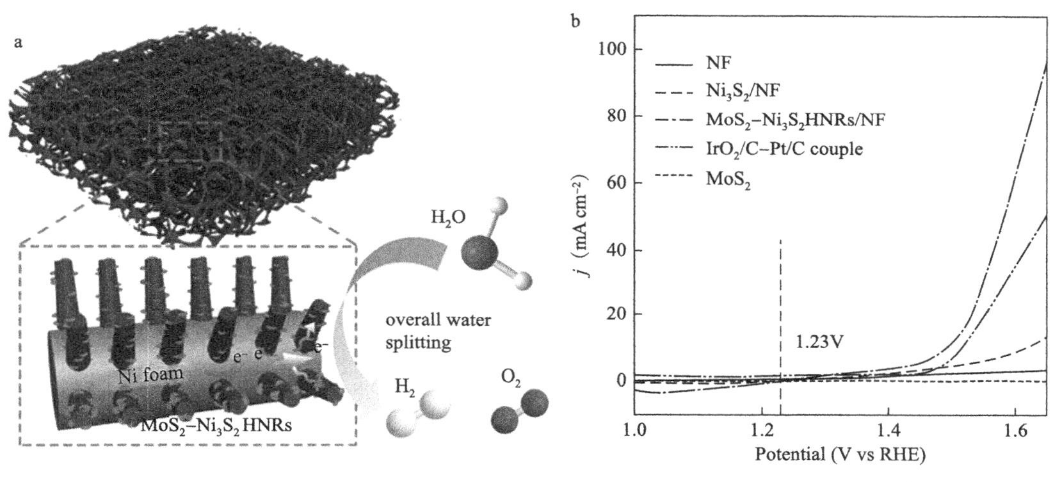

图 6 (a) MoS_2/Ni_3S_2 全分解水示意图；(b) MoS_2/Ni_3S_2 全分解水极化曲线图[30]

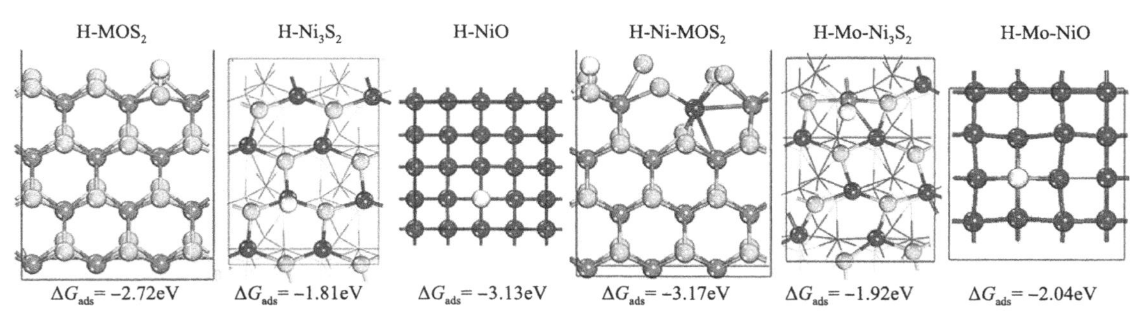

图 7 H 和 OH 中间体在 MoS_2、Ni_3S_2、NiO、MoS_2/Ni_3S_2 异质结构(Ni-MoS_2 和 Mo-Ni_3S_2 模型)和 MoS_2/NiO 异质结构(Ni-MoS_2 和 Mo-NiO 模型)表面的化学吸附模型[31]

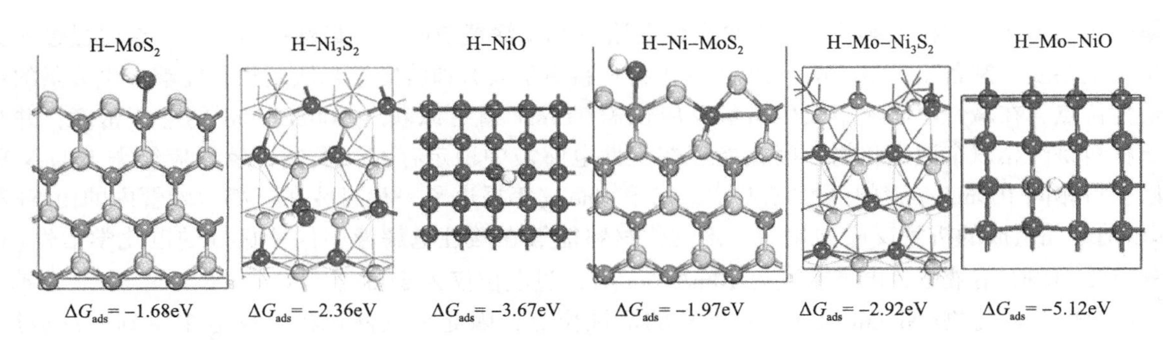

图 7　H 和 OH 中间体在 MoS_2、Ni_3S_2、NiO、MoS_2/Ni_3S_2异质结构(Ni-MoS_2和 Mo-Ni_3S_2模型)和 MoS_2/NiO 异质结构(Ni-MoS_2和 Mo-NiO 模型)表面的化学吸附模型[31](续)

在 Ni-Mo 基磷化物(Ni-Mo-P)中，Ni、Mo 金属元素和 P 元素都可以作为质子受体参与反应。与 Ni-Mo 合金相比，由于 P 带有负电荷，P 作为质子受体可以降低纯金属与质子的吸附强度从而促进 H_2脱附，因此 Ni-Mo 基磷化物具有优异的电催化析氢性能[32,33]。Song 等采用两步法在泡沫镍基底上生长出分层 MoP/Ni_2P 异质结材料：首先采用水热法在泡沫镍上合成 Mo 基前驱体，然后对其进行磷化处理得到 MoP/Ni_2P 材料(图 8)。该催化材料在电催化系统中作为双功能型电极全分解水，仅需 1.55V 的电压就可以实现 10mA/cm^2的电流密度。作者分析，其优异的电化学性能主要归因于材料独特的分层异质结构和双金属磷化物的协同作用[34]。此外，Ren 等也采用类似的方法合成了 Ni-Mo 基磷化物材料 $Ni_{2(1-x)}Mo_{2x}P$。值得注意的是，作者特别强调了合成的催化材料在大电流密度(如 500mA/cm^2和 1000mA/cm^2)下具有优异的析氢活性(图 9a)，表明其具有广阔的工业应用前景。并进一步解释了镍钼基磷化物活性增强的主要原因在于 Ni_2P 中 Ni 被 Mo 取代会造成催化剂表面的水活化和氢吸附达到最佳自由能状态[35](图 9b，c)。

2. 阴离子交换膜

作为阴离子交换膜电解槽的核心部件，阴离子交换膜在电解水生成氢气和氧气的反应过程中主要起到两种功能：其一为选择性将阴极反应区的 OH^-传输到阳极反应区，用于氧化反应的发生；其二为将阴极生成的氢气和阳极生成的氧气分隔，防止危险事故的发生。因此，基于阴离子交换膜的实际功能需求，高离子传导率和长期稳定性的隔膜是阴离子交换膜的研发重点。

阴离子交换膜的微观结构通常由不同的阳离子基团和聚合物主链组成，这些阳离子基团赋予了膜的阴离子选择性。目前，阳离子基团大多采用季铵[36]，聚合物主链通常采用聚亚芳基醚、聚苯乙烯、聚砜、聚醚砜或聚氧化亚苯等[37-39]。现有研究表明，聚合物的主链结构主要影响其机械性和热稳定性，阳离子基团主要影响离子交换容量、离子电导率和传输数，而聚合物主链和阳离子基团共同决定了其化学稳定性，因此聚合物的整体结构对膜的降解机理和降解速率均有一定影响[40]。

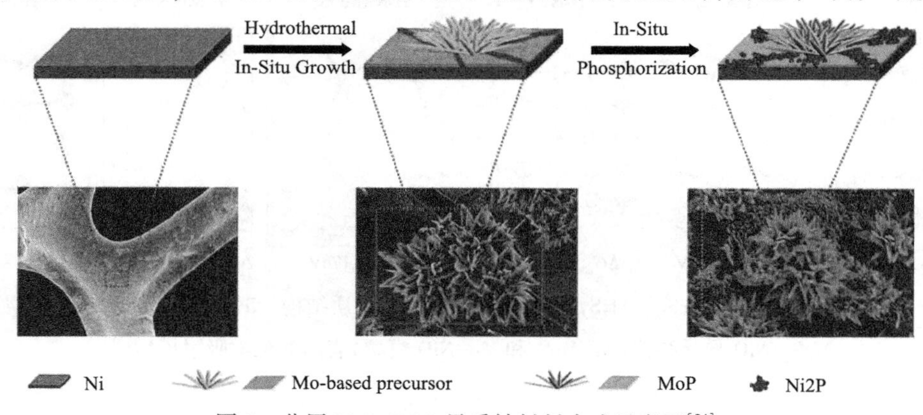

图 8　分层 MoP/Ni2P 异质结材料合成示意图[34]

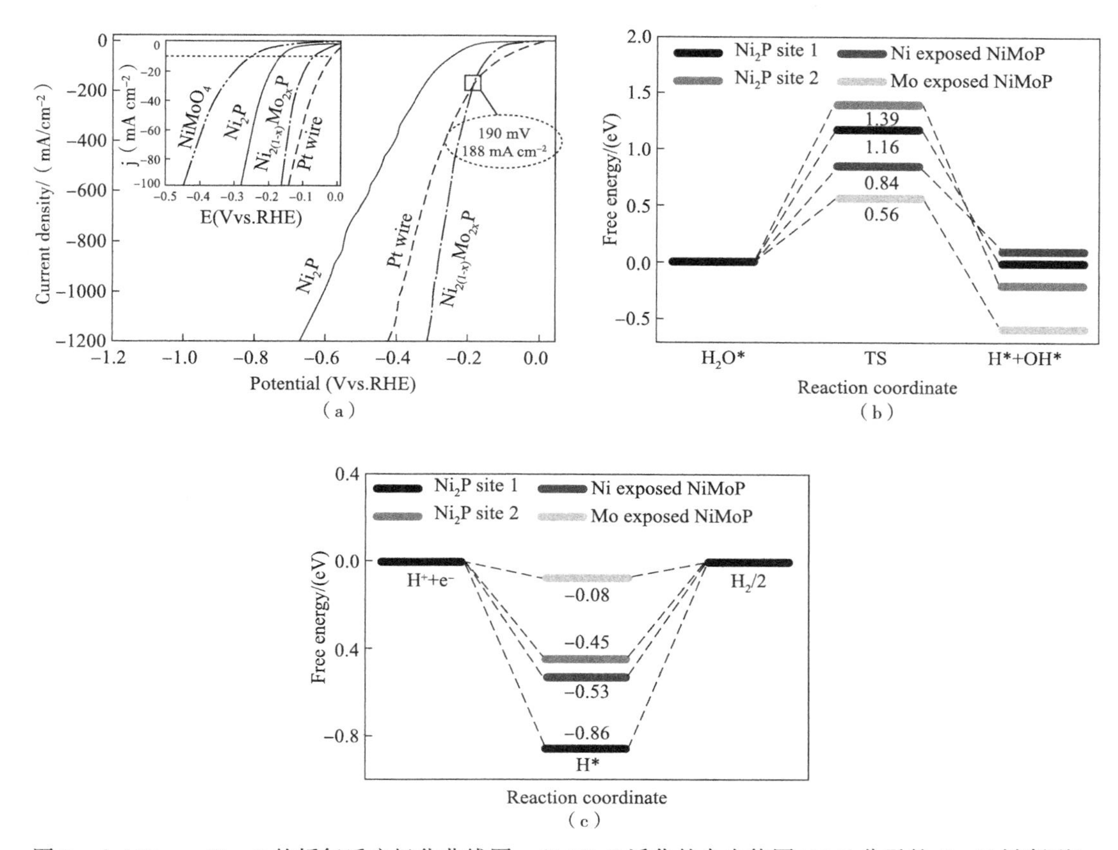

图 9 (a) $Ni_{2(1-x)}Mo_{2x}P$ 的析氢反应极化曲线图；(b) H_2O 活化的自由能图(H_2O 分子的 O—H 键断裂)；(c) Ni_2P 和 NiMoP 的(0001)表面上的氢吸附自由能图[35]

目前，研究人员已经开发出一些具有高稳定性和电导率的杂化有机—无机膜、共价交联聚合物膜等。阴离子交换膜中的官能团在离子转移中起着重要的作用，稳定性、降解和改性过程是设计高效阴离子交换膜需要考虑的关键点。Marino 和 Kreuer 在相同条件下研究了水溶液中以单盐形式存在的一系列典型季铵基团，并比较评估了不同季铵分子结构的碱性稳定性，包括芳香阳离子、不同长度的烷基链、脂肪族杂环和去除或旋转抑制 β-质子的季铵。结果发现季铵基团的降解速率随着 OH^- 离子浓度和温度的升高而增加。与不同改性结构相比，苯基碳原子由于 OH^- 离子的亲核攻击而不稳定，而胡椒基阳离子在碱性条件下对亲核取代和消除均表现出较高的稳定性[41]。Kristina 等通过改变环中的取代位置(C_2、C_4 和 C_5)以及官能团，系统性研究了咪唑类基团的稳定性。结果发现 C_4 和 C_5 取代有望增加咪唑阳离子的稳定性。至于官能团，甲基比苯基效果更好(图 10a)。值得注意的是，甲基还增加了膜的离子交换能力。2,6-二甲基苯基取代基在 C_2 位置对防止降解最有效。与甲基相比，烷基取代基在氮的位置，特别是正丁基，可以有效地减少膜的降解(图 10b，c)[42]。

传统意义上，阴离子交换膜的稳定性是在固定的碱性环境中进行评价的。一种常见的方法是在高温下将阴离子交换膜浸入强碱水溶液中，如 1~6 M KOH，来研究官能团的化学分解。然而，当阴离子交换膜在电解槽装置中工作时，由于反应中有水的参与，导致 OH^- 离子浓度发生变化。常用评价方法无法真正反映设备运行的实际环境。因此，有必要在控制条件下对阴离子交换膜与水浓度的关系进行评价。Dekel 等人开发了一种新的方案来对阴离子交换膜中官能团的化学稳定性进行非原位评估，通过调整聚合物、水含量和羟基离子浓度来模拟膜的原位操作环境。根据这一方案，作者发现一些季铵离子在超低含水量条件下会迅速降解，而在常规稳定性试验中，这些季铵离子实际上是稳定的。这些结果反映了阴极周围的水化水平很低[43]。此外，科研工作者对不同工作电流下阴离子交换膜的水化梯度进行研究(图 10d)。结果发现，阴离子交换膜中的官能团在实际操作条件下分解更快，因为水的消耗导致 OH^-离子的水化数降低。如上所述，水分子是阴极发生析氢反应生成 H_2和 OH^-离子的反应物，新的 OH^-离子生成和水的消耗共同导致了局部 pH 环境的变化[44]。因此，阴极中的水浓度是决定电解槽中阴离子交换膜稳定性的重要因素。而 OH^-离子对阳离子官能团的直接亲核攻击只发生在极高 pH 和低水合水平的环境下。

目前的阴离子交换膜无法兼顾效率和寿命，未来关于阴离子交换膜的关键点在于高离子传导率和长期稳定性。目前，商业化阴离子交换膜材料的研发实际上是在寻求离子传导效率和寿命之间的平衡。由 Nernst-Einstein 方程可知，氢氧根离子在阴离子交换膜中的传导性较低，其传导率为质子在质子交换膜中传导性的 1/8～1/3。这就需要制作更薄的阴离子交换膜以降低介质电阻率，过薄的膜在电解水产生的局部强碱环境中易降解产生膜穿孔，这对于交换膜材质本身的机械稳定性和寿命提出了更高的挑战。另外，官能团数量和位置排布影响离子电导率，影响最终的电解效率，目前主要使用芳香族聚合物作为骨架材料，其稳定性欠佳，聚合物主链和官能团的结构影响其化学稳定性，也影响其寿命，构建膜内离子通道、优化离子通道结构是未来提高离子交换膜传导率的有效策略，通过合成具有嵌段、接枝、梳状结构的聚合物，可实现在阴离子交换膜内构建微相分离结构，或通过在膜内构建交联网络、加入填充剂杂化、采用多孔聚合物构建垂直贯通的跨膜传递通道等方法，提高氢氧根离子传导率，延长使用寿命，研发综合性能更好的阴离子交换膜。

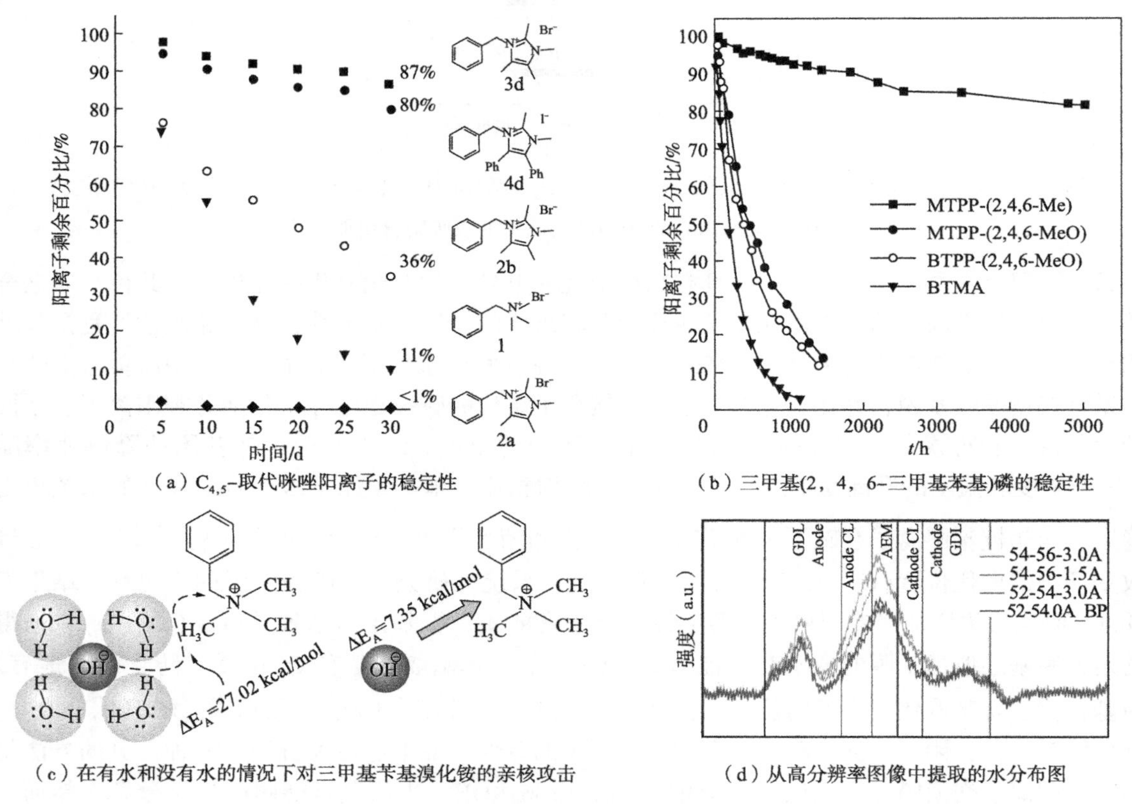

(a) $C_{4,5}$-取代咪唑阳离子的稳定性

(b) 三甲基(2，4，6-三甲基苯基)磷的稳定性

(c) 在有水和没有水的情况下对三甲基苄基溴化铵的亲核攻击

(d) 从高分辨率图像中提取的水分布图

图 10　实验结果

三、总结与展望

在电解水制氢技术中，阴离子交换膜(Anion Exchange Membrane，AEM)电解水制氢技术受到广泛性关注，主要原因在于该技术能够综合碱性电解水制氢催化剂成本低以及质子交换膜电解水制氢

设备结构紧凑、占地面积小的优势，并摒弃掉碱性电解水制氢设备启停速度慢以及质子交换膜电解水制氢需要贵金属催化剂和昂贵质子交换膜的劣势。然而目前关于阴离子交换膜电解水制氢技术的研究依旧存在如下挑战：

（1）与其他工业制氢技术相比，阴离子交换膜电解水技术依旧面临电能消耗成本过高的巨大挑战。因此，需要开发高活性电催化剂来降低阴离子交换膜电解水的电能消耗成本。目前对于电催化剂的研发存在如下问题：

① 目前关于电催化剂的合成往往涉及高能耗工艺；此外，有研究表明电催化剂在实验室规模的系统（电极面积<$5cm^2$）中表现出的优异性能很难在商业化规模的系统（电极面积>$60cm^2$）中得到实现，因此发展简易低能耗的工艺以实现催化剂宏量制备对于催化剂的商业化发展具有重要意义。

② 目前关于催化剂的研发主要侧重于机理研究。研究者重点关注的是催化剂在较小电流密度条件下的性能，如催化剂达到 $10mA/cm^2$ 电流密度时所需的过电位；但对于大电流密度（>$200mA/cm^2$）条件下催化剂是否具有高活性并未引起足够重视。而大电流密度条件下具有优异性能的催化剂更易实现工业化应用，因为大电流密度条件与工业条件是更加接近的。

（2）开发高离子电导率、高强度和高化学稳定性的阴离子交换膜是阴离子交换膜电解水制氢技术突破发展瓶颈的重点。目前阴离子交换膜的研究仍处于初级阶段，现有的国内外产品在苛刻的电解水制氢工况下依然存在离子电导率、化学稳定性、机械稳定性等难以兼顾的问题，且只能提供较小尺寸产品，难以满足工业应用需求。

（3）阴离子交换膜电解水制氢设备通过综合碱性电催化剂以及 PEM 电解槽结构而成，然而目前对设备传质传热性能产生影响的因素并未有系统研究；此外，目前电解水制氢设备大量用于风/光等可再生能源产生弃电的消纳，但可再生能源波动性对设备的影响作用并不明晰。

（4）对于阴离子交换膜电解槽的开发，国内外均处于起步阶段，因此适时推出阴离子交换膜电解槽产品具有重要意义。

基于以上问题分析，对上述阴离子交换膜电解水制氢关键技术存在的挑战进行攻关研究，主要包括以下几个方面：

（1）发展化学刻蚀工艺来合成催化剂，相较于传统水热法和退火处理，这种催化剂合成工艺具有简易低能耗的特点，因此更容易实现宏量制备。并且通过调控刻蚀液的组成和刻蚀时长，来不断优化刻蚀工艺，以实现催化剂宏量放大制备，并通过调控催化剂表面结构，以构筑形成适配风/光等可再生能源波动性的催化剂。重点考察催化剂在大电流密度（> $200\ mA/cm^2$）条件下的催化活性，以形成高活性大电流密度电解水催化剂（析氧催化剂和析氢催化剂）产品。

（2）深入了解聚合物主链和阳离子基团的降解机制，开发高活性的阳离子基团/主链/侧链结构，通过调控阳离子基团和聚合物主链的连接方式等构建有效的离子传输通道，以提升阴离子交换膜的离子电导率和稳定性。

（3）通过软件模拟阴离子交换膜电解水制氢设备，掌握阴离子交换膜电解水制氢装置的运行特性，包括电压—电流、功率—电流特性曲线、传热传质性能以及再生能源波动性影响等。

（4）构建与催化剂相配套的电解槽产品，产品的目标市场主要定位为需要高纯氢的半导体工业或者是需要大量绿氢的化工行业。

通过对以上技术的攻关研究，形成阴离子交换膜电解水制氢装置设计和研发能力，能够指导阴离子交换膜电解水制氢装置的生产制造，从而在可再生能源弃电消纳、制氢厂、综合能源站等应用场景下实现大规模化的应用。

参 考 文 献

[1] 叶其葳．工厂各种制氢工艺的比较和工业选用研究[D]．上海：华东理工大学，2013.

[2] Chatenet M，Pollet B G，Dekel D R，et al. Water electrolysis：from textbook knowledge to the latest scientific strategies

and industrial developments[J]. Chemical Society Reviews, 2022, 51, 4583-4762.

[3] Wang S, Lu A, Zhong C-J. Hydrogen production from water electrolysis: role of catalysts[J]. Nano Convergence, 2021, 8(1): 4.

[4] CHEN N J, PAEK S Y, LEE J Y, et al. High-performance anion exchange membrane water electrolyzers with a current density of 7.68 A cm^{-2} and a durability of 1000 hours[J]. Energy & environmental science, 2021, 14(12): 6338-6348.

[5] 中商情报网. 2021年中国电解水制氢成本构成分析[EB/OL]. (2021-12-07)[2022-03-15]. https://baijiahao.baidu.com/s?id=1718478643161023333&wfr=spider&for=pc.

[6] Ke Z, Williams N, Yan X, et al. Solar-assisted co-electrolysis of glycerol and water for concurrent production of formic acid and hydrogen[J]. Journal of Materials Chemistry A, 2021, 9(35): 19975-19983.

[7] Yu P, Wang F, Shifa T A, et al. Earth abundant materials beyond transition metal dichalcogenides: A focus on electrocatalyzing hydrogen evolution reaction[J]. Nano Energy, 2019, 58: 244-276.

[8] Wang X, Zheng Y, Sheng W, et al. Strategies for design of electrocatalysts for hydrogen evolution under alkaline conditions[J]. Materials Today, 2020, 36: 125-138.

[9] Yan Y, Wang P, Lin J, et al. Modification strategies on transition metal-based electrocatalysts for efficient water splitting[J]. Journal of Energy Chemistry, 2021, 58: 446-462.

[10] Wang Y, Yan D, El Hankari S, et al. Recent Progress on Layered Double Hydroxides and Their Derivatives for Electrocatalytic Water Splitting[J]. Advanced Science, 2018, 5(8): 1800064.

[11] DU N Y, ROY C, PEACH R, et al. Anion-exchange membrane water electrolyzers[J]. Chemical reviews, 2022, 122(13): 11830-11895.

[12] AN L, ZHAO T S, CHAI Z H, et al. Mathematical modeling of an anion-exchange membrane water electrolyzer for hydrogen production[J]. International journal of hydrogen energy, 2014, 39(35): 19869-19876.

[13] VINCENT I, LEE E C, KIM H M. Comprehensive impedance investigation of low-cost anion exchange membrane electrolysis for large-scale hydrogen production[J]. Scientific reports, 2021, 11(1): 293.

[14] Hu H-S, Li Y, Shao Y-R, et al. NiCoP nanorod arrays as high-performance bifunctional electrocatalyst for overall water splitting at high current densities[J]. Journal of Power Sources, 2021, 484: 229269.

[15] Chen Z, Kang Q, Cao G, et al. Study of cobalt boride-derived electrocatalysts for overall water splitting[J]. International Journal of Hydrogen Energy, 2018, 43(12): 6076-6087.

[16] Liu H, Xu C-Y, Du Y, et al. Ultrathin Co_9S_8 nanosheets vertically aligned on N, S/rGO for low voltage electrolytic water in alkaline media[J]. Scientific Reports, 2019, 9: 1951.

[17] Tran P D, Wong L H, Barber J, et al. Recent advances in hybrid photocatalysts for solar fuel production[J]. 2012, 5(3): 5902-5918.

[18] Greeley J, Jaramillo T F, Bonde J, et al. Computational high-throughput screening of electrocatalytic materials for hydrogen evolution[J]. Nature Materials, 2006, 5(11): 909-913.

[19] Conway B E, Jerkiewicz G. Relation of energies and coverages of underpotential and overpotential deposited H at Pt and other metals to the 'volcano curve' for cathodic H_2 evolution kinetics[J]. Electrochimica Acta, 2000, 45(25-26): 4075-4083.

[20] 仝思远. 低能耗电解制氢用 $NiMoO_4$-P/NF 阴极与 NiFe/$NiMoO_4$/NF 阳极研究[D]: 北京: 北京化工大学, 2019.

[21] Zhang J, Wang T, Liu P, et al. Efficient hydrogen production on $MoNi_4$ electrocatalysts with fast water dissociation kinetics[J]. Nature Communications, 2017, 8: 15437.

[22] McCrory C C L, Jung S, Ferrer I M, et al. Benchmarking Hydrogen Evolving Reaction and Oxygen Evolving Reaction Electrocatalysts for Solar Water Splitting Devices[J]. Journal of the American Chemical Society, 2015, 137(13): 4347-4357.

[23] Gao M Y, Yang C, Zhang Q B, et al. Facile electrochemical preparation of self-supported porous Ni-Mo alloy microsphere films as efficient bifunctional electrocatalysts for water splitting[J]. Journal of Materials Chemistry A, 2017, 5(12): 5797-5805.

[24] McKone J R, Warren E L, Bierman M J, et al. Evaluation of Pt, Ni, and Ni-Mo electrocatalysts for hydrogen evolution on crystalline Si electrodes[J]. Energy & Environmental Science, 2011, 4(9): 3573-3583.

[25] Liu J, Zhu D, Zheng Y, et al. Self-Supported Earth-Abundant Nanoarrays as Efficient and Robust Electrocatalysts for Energy-Related Reactions[J]. ACS Catalysis, 2018, 8(7): 6707-6732.

[26] Qu Y, Pan H, Kwok C T, et al. Effect of Doping on Hydrogen Evolution Reaction of Vanadium Disulfide Monolayer[J]. Nanoscale Research Letters, 2015, 10: 480.

[27] Guo X, Li M, He L, et al. Industrially promising NiCoP nanorod arrays tailored with trace W and Mo atoms for boosting large-current-density overall water splitting[J]. Nanoscale, 2021, 13(33): 14179-14185.

[28] Guo L, Wang J, Teng X, et al. A Novel Bimetallic Nickel-Molybdenum Carbide Nanowire Array for Efficient Hydrogen Evolution[J]. Chemsuschem, 2018, 11(16): 2717-2723.

[29] Wang T, Guo Y R, Zhou Z X, et al. Ni-Mo Nanocatalysts on N-Doped Graphite Nanotubes for Highly Efficient Electrochemica Hydrogen Evolution in Acid[J]. ACS Nano, 2016, 10(11): 10397-10403.

[30] Yang Y, Zhang K, Ling H, et al. MoS_2-Ni_3S_2 Heteronanorods as Efficient and Stable Bifunctional Electrocatalysts for Overall Water Splitting[J]. ACS Catalysis, 2017, 7(4): 2357-2366.

[31] Zhang J, Wang T, Pohl D, et al. Interface Engineering of MoS_2/Ni_3S_2 Heterostructures for Highly Enhanced Electrochemical Overall-Water-Splitting Activity[J]. Angewandte Chemie-International Edition, 2016, 55(23): 6702-6707.

[32] Shi Y, Li M, Yu Y, et al. Recent advances in nanostructured transition metal phosphides: synthesis and energy-related applications[J]. Energy & Environmental Science, 2020, 13(12): 4564-4582.

[33] Oyama S T, Gott T, Zhao H, et al. Transition metal phosphide hydroprocessing catalysts: A review[J]. Catalysis Today, 2009, 143(1-2): 94-107.

[34] Du C, Shang M, Mao J, et al. Hierarchical MoP/Ni_2P heterostructures on nickel foam for efficient water splitting[J]. Journal of Materials Chemistry A, 2017, 5(30): 15940-15949.

[35] Yu L, Mishra I K, Xie Y, et al. Ternary $Ni_{2(1-x)}Mo_{2x}P$ nanowire arrays toward efficient and stable hydrogen evolution electrocatalysis under large-current-density[J]. Nano Energy, 2018, 53: 492-500.

[36] ZHANG M, KIM H K, CHALKOVA E, et al. New polyethylene based anion exchange membranes (PE-AEMs) with high ionic conductivity[J]. Macromolecules, 2011, 44(15): 5937-5946.

[37] PARK E J, MAURYA S, HIBBS M R, et al. Alkaline stability of quaternized Diels-Alder polyphenylenes [J]. Macromolecules, 2019, 52(14): 5419-5428.

[38] BUGGY N C, DU Y F, KUO M C, et al. A polyethylene based triblock copolymer anion exchange membrane with high conductivity and practical mechanical properties[J]. ACS applied polymer materials, 2020, 2(3): 1294-1303.

[39] LIU D, LIN L M, XIE Y J, et al. Anion exchange membrane based on poly(arylene ether ketone) containing long alkyl densely quaternized carbazole derivative pendant[J]. Journal of membrane science, 2021, 623: 119079.

[40] FAID A Y, SUNDE S. Anion exchange membrane water electrolysis from catalyst design to the membrane electrode assembly[J]. Energy technology, 2022, 10(9): 2200506.

[41] Marino, M. G. and Kreuer, K. D. Alkaline Stability of Quaternary Ammonium Cations for Alkaline Fuel Cell Membranes and Ionic Liquids[J]. Chemsuschem 2015, 8(3): 513-523.

[42] Hugar, K. M. , Kostalik, H. A. and Coates, G. W. Imidazolium Cations with Exceptional Alkaline Stability: A Systematic Study of Structure-Stability Relationships [J]. Journal of the American Chemical Society 2015, 137(27): 8730-8737.

[43] Dekel, D. R. , Arnar, M. , Willdorf, S. , et al. Effect of Water on the Stability of Quaternary Ammonium Groups for Anion Exchange Membrane Fuel Cell Applications[J]. Chemistry of Materials 2017, 29(10): 4425-4431.

[44] Diesendruck, C. E. and Dekel, D. R. Water-A key parameter in the stability of anion exchange membrane fuel cells[J]. Current Opinion In Electrochemistry 2018, 9: 173-178.

液氢加注工艺及关键设备国内外现状和发展趋势研究

何　旭　赵延龙

（中国石油天然气管道工程有限公司新能源事业部）

摘　要：氢能作为清洁、高效能源，应用场景十分广泛，其中氢能汽车的发展前景非常广阔，液氢加氢站作为氢能汽车的关键环节，本文介绍了液氢加氢站的加注工艺技术及关键设备，包括加注工艺，热力升压系统，液氢储罐、液氢气化器、液氢阀以及液氢管道的保冷技术。

一、引言

十四五时期是落实“双碳”目标的重要阶段，我国已明确要大力发展新能源，氢能因其清洁、高效、应用场景丰富等优势而受到全球各国的高度重视。在氢能应用布局中，氢燃料电池汽车的发展前景非常广阔，随着氢能汽车保有量的快速增长，加氢站的建设步伐将逐渐加快。

目前，我国加氢站主要采用站外供氢和站内制氢的模式，氢气主要以高压气体的形式存在。与氢气相比，液氢具有诸多优点：首先液氢运输成本低且对距离不敏感；其次液态储氢系统的质量储氢密度较高，约为7%（质量分数）左右；再次是安全性能高，液态储氢系统无需高压，危险性大大降低；最后液态储氢存在大量冷量可以利用，液氢汽化过程和低温氢气升温过程中产生的冷量可以应用于制冷系统[1]。由此可见，发展液氢加氢站对满足氢燃料电池汽车不断增长的氢能需求具有重要意义。

二、液氢加氢站加注工艺

目前液氢加氢站主要采用液态储氢—气态加注的方式，随着液氢燃料车辆的技术推广，液氢加注必将成为未来发展的主要趋势。

1. 典型液氢站加注工艺

典型液氢加氢站主要由站内液氢储罐、高压液氢泵、液氢汽化器、高压气态储氢瓶组和加氢机等设备组成。工艺流程如图 1 所示：

该工艺系统可以充分利用液氢的低温冷能，进行加注前的氢气预冷，加氢时，从储氢瓶中 取气加注[2]，同时相较于先汽化后通过压缩机压缩气态氢的工艺[3]，液氢泵的能耗要远低于压缩机的能耗[4]。但是该工艺要实现 70 MPa 的氢气加注还需设置另外一台氢气压缩机进行增压，因此该工艺仍存在优化提升的空间。

2. 林德液氢加氢站加注工艺

林德的液氢加氢站是其在自主开发的液氢泵技术基础上进行系统化研究的产品，在液氢加氢站领域独树一帜。林德液氢加氢站主要由液氢罐、液氢泵橇和加氢机组成。液氢泵橇内设置有液氢泵、一级换热系统、二级换热系统、高压储氢瓶组和控制柜等主要设备。

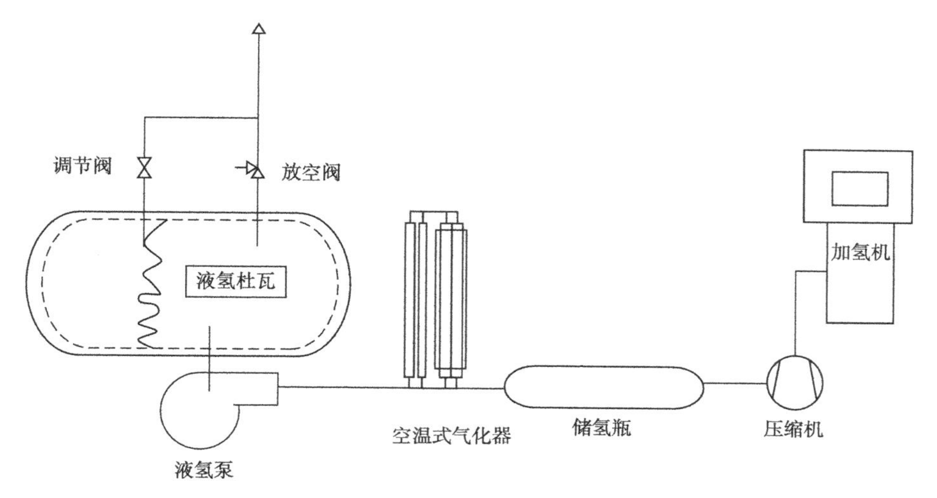

图 1　典型液氢加氢站工艺流程

工艺流程：高压储氢瓶组内的高温氢气(环境温度)经低温泵系统的加压后，与一级换热系统内的低温氢气(-100℃)进行混合，使混合气降温到-40℃，然后加注到车载储氢罐中，直至达到目标压力(图 2)。

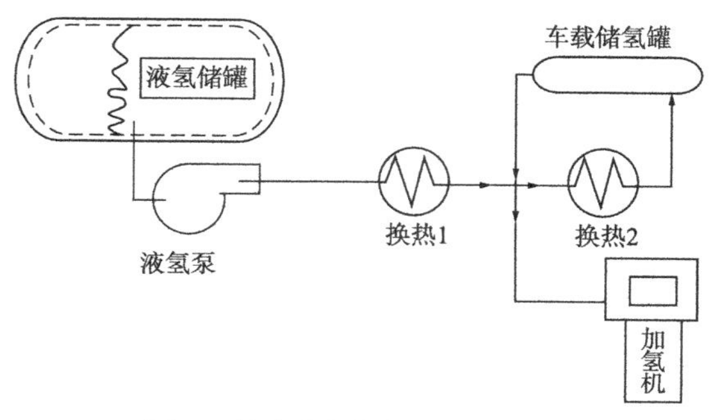

图 2　林德液氢加氢站工艺流程

三、热力升压系统

热力升压系统本质上是一种自增压系统，自增压系统和一般的增压系统相比，其增压气体为液氢自身气化产生的气氢[5]。在自增压过程中，贮箱中气相和液相工质处于气液混合状态，通过较高的压力，液氢被挤出贮箱，从而实现液氢的升压。热力升压系统具有无机械部件、能够利用环境热源、不需消耗电能等优点。

液氢加氢站热力升压系统的工作流程一般分为 5 步：液氢填充高压低温氢容器；对容器内的液氢进行定容加热升压；升压后的高压低温氢容器组开始加氢操作；当无法继续加氢时，杜瓦瓶回收部分氢气；最后排空容器内的低压、低密度氢(图 3)。

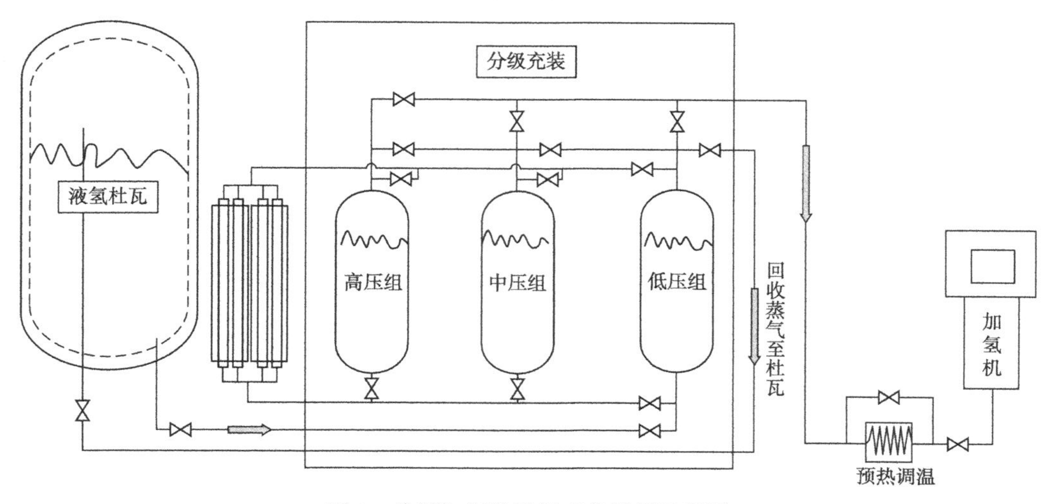

图 3　热压加氢站运行工艺流程示意图

热力升压系统过程中去除了昂贵且易需维护的机械压缩机，大大简化了加氢站配置，减少了初始投资并降低了操作和维护成本。但热力升压系统中一系列低温压力容器和潜在的氢气蒸发损失均为影响热压缩概念开发和成本分析的重要因素。此外，与传统的低温容器相比，高压低温储氢容器必须承受更高的压力(90 MPa)、更极端的温度变化(-253℃至环境温度)和更多的压力循环次数(45000次循环)。

四、液氢储罐

液氢储罐目前的绝热技术可以分为主动和被动2种类型。被动绝热通过设计合理的物理结构来减少储罐内冷量的散发损失，如传统的堆积绝热、真空绝热等。而主动绝热是指使用制冷机主动提供冷量来抵消储罐泄露的冷量，从而达到绝热的效果。

零蒸发技术是美国NASA研究者为了实现液氢长期无损在轨存储而提出的一种将主动制冷系统、主动混合器、被动绝热耦合在一起的技术，已经应用在航天领域。我国民用液氢领域起步较晚，但也取得了一些重大突破，已实现液氢储罐国产化，最大容积可达300m^3。2011年7月张家港中集圣达因低温装备有限公司成功召开了300m^3可移动式液氢储罐研制鉴定会。2022年3月9日，江苏国富氢能技术装备股份有限公司组织首台民用大型液氢储存容器开工仪式，该液氢储罐设计容积大于200m^3、储量超14t。

液态储氢容器按结构型式可分为圆筒形带封头储罐(立式或卧式)[6]、球罐[7]、子母罐[8]、立式圆筒储罐[9]等几种结构。目前液氢加氢站用液氢储罐多为小型储罐(一般在300m^3以下)，国内外有应用业绩的结构型式主要为圆筒形带封头储罐[10]。

小型液氢储罐主要由罐体、安全附件、压力及液位测量系统和装卸系统等组成[11]。液氢储罐为真空绝热深冷压力容器，由内容器和外容器套合组成双层卧式圆柱形筒体，内容器通过支撑结构固定在液氢储罐外壳之中。

1. 内罐材料

内罐是液氢储罐中最为重要的主体部分之一。目前国内已经开始中小容积低温液氢储罐用不锈钢材料的研究。根据国内奥氏体不锈钢低温性能试验[12]，316不锈钢在-40～-269℃低温环境下，冲击功远高于制造标准要求，抗拉强度和屈服强度也远高于常温环境下的数值，且侧向膨胀量、断后延伸率也能够满足规范要求。因此国内生产的奥氏体不锈钢材料为后续国内大容积液氢储罐的研制和应用打下了较为夯实的基础[13]。

2. 绝热方式

液氢储罐的绝热方式可分为堆积绝热、高真空绝热、真空粉末(或纤维)绝热、高真空多层绝热和高真空多屏绝热等[14]。

(1) 堆积绝热是在表面上包覆一定厚度的绝热材料，堆积绝热的显著特点是成本低，无需真空罩，易用于不规则形状，但绝热性能稍逊一筹。常用的堆积绝热材料有泡沫聚氨脂、泡沫聚苯乙烯、膨胀珍珠岩、气凝胶、超细玻璃棉、矿棉等。堆积绝热广泛应用于液化天然气贮运容器、大型液氧、液氮、液氢贮存以及特大型液氢贮罐中。

(2) 高真空绝热通过制造高真空层以消除气体的对流传热和绝大部分的气体传导导热，其性能主要依靠降低辐射热和保持夹层空间真空度。高真空绝热适用于小型液化天然气贮存、少量液氧、液氮、液氢以及少量短期的液氢贮存，由于保持高真空度比较困难，一般在大型贮罐中很少采用。

(3) 真空粉末(或纤维)绝热是在绝热空间填充多孔性绝热材料，再将绝热空间抽至一定的真空度，是堆积绝热与真空绝热相结合的一种绝热型式。真空粉末绝热性能比堆积绝热优两个数量级，广泛用于大、中型低温液体贮存中，如液化天然气贮存、液氧、液氮运输设备及液氢船运设备中，其最大的缺点是要求绝热夹层的间距大，结构复杂而笨重。

（4）高真空多层绝热是一种在真空绝热空间中缠绕包扎许多平行于冷壁的辐射屏和具有低热导率的间隔物交替层组成的高效绝热结构。由于其绝热性能卓越，因而亦被称为“超级绝热”，多应用于液氧、液氮的长期贮存和液氢、液氦的长期贮存及运输设备中。

（5）高真空多屏绝热是一种多层绝热与蒸气冷却屏相结合的绝热结构，在多层绝热中采用由挥发蒸气冷却的气冷屏作为绝热层的中间屏，由挥发的蒸气带走部分传入的热量，有效地抑制热量从环境的传入。多屏绝热是多层绝热的一大改进，绝热性能十分优越，但结构复杂，成本高，一般适用于液氢、液氦的小量贮存容器中。

五、液氢气化器

液氢气化器是一种专门为低温液氢提供热量而使其气化的装置。目前国内关于液氢气化器的研究较少，而同为低温液体的液化天然气（LNG）应用非常广泛，因此 LNG 气化器对于液氢气化器的设计具有较大的参考价值。LNG 气化器按照其热量来源不同，可分为环境型、加热型以及回收热源型。

目前国内以无锡特莱姆气体设备有限公司为代表的企业已掌握了复合气化管的胀接工艺，所生产的高压液氢气化器已出口美国，应用于服务亚马逊、沃尔玛等大型仓储式超市燃料电池叉车的液氢加氢站上

1. 空温式气化器

空温式气化器通过获取大气环境中的热量来实现气化功能，常用于增压和供气。但是由于空气比热相对较小，空温式气化器不适合气化量较大的场景，且极易受环境温度和湿度等因素的影响，导致其外表结冰或结霜，气化能力下降。

高压液氢气化器与普通的在低压工况下工作的空温式气化器不同，在采用液氢增压气化工艺的液氢加氢站上，由于气化器中被气化的介质为高压液氢，因此不能仅采用不耐压的铝制翅片管，而需要在铝翅片管内通过胀接工艺复合耐高压的不锈钢管。

2. 开架式气化器

开架式气化器利用海水作为热源，广泛应用于 LNG 终端站，作为基本负荷型气化器使用。开架式气化器的传热管排列成管状，LNG 从换热管下部垂直向上流动，与管外喷淋而下的海水进行换热升温后从上部排出。

3. 沉浸式气化器

沉浸式气化器由水浴、换热管以及燃烧室等构成。燃烧产生的尾气直接排入到水浴中，通过浸没于水浴中的换热管实现对 LNG 的汽化。沉浸式气化器虽然汽化能力大，但是由于消耗燃料，致使其运行成本较高，不适用于作为基本负荷型气化器使用。

4. 中间媒介传热式气化器

该类型的气化器实际上就是一个中间传热介质的蒸发冷凝器，热源不直接加热 LNG 等低温液体，而是加热一种中间流体使其蒸发，比如氟利昂等介质，蒸发后的气体与低温液体换热，实现气化功能的同时，中间介质蒸气冷凝成液体回流，再与热源进行换热，实现循环。

六、液氢阀门

液氢阀门包括截止阀、止回阀、球阀、蝶阀、气动控制阀、紧急切断阀等。液氢阀门在设计时需要满足在超低温、高压、大流量、易燃易爆环境下的使用安全、密封可靠、开关灵活等要求，关

键技术主要体现在结构设计、材料及工艺技术、超低温动静密封技术、运动副导向技术以及试验和测试技术等方面。

液氢阀门技术难度非常大，是我国氢能产业核心设备卡脖子问题之一。国外对我国在液氢技术方面进行了技术封锁，导致液氢阀门进口渠道非常少。虽然我国氢气生产与应用已有较长时间，但涉及超低温液氢介质的相关技术和装备长期局限在航天领域。航天用液氢阀门与民用液氢阀门在应用和管理等方面存在巨大差异，且相关技术规范为非公开文件，无法直接应用于民用液氢领域阀门的设计、制造和管理。

我国民用液氢阀门的技术标准及安全技术规范方面基本处于空白状态，尚未形成统一的国家标准规定，液氢阀门技术标准体系建设明显滞后于氢能产业的发展需求，严重制约了液氢阀门产品的设计、制造、应用以及特种设备的监督管理。目前国内公开发布的低温阀门标准包括 GB/T 24925《低温阀门技术条件》、GB/T 24918《低温介质用紧急切断阀》、JB/T 9081《空气分离设备用低温截止阀和节流阀技术条件》、JB/T 12621《液化天然气阀门 技术条件》、JB/T 13873《工业过程控制系统用气动低温控制阀》等，但国内低温阀门标准的适用温度下限均为-196℃，且规定的阀门结构、技术要求、材料要求、检验和试验要求等均不能适用于液氢工况条件，相应阀门无法应用于液氢系统。

近日，由中国通用机械工业协会批准的《氢用低温阀门通用试验方法》、《高压氢气阀门安全要求和测试方法》和《氢用低温阀门通用技术规范》等多项最新氢用阀门团体标准正式发布，并将于 2022 年 11 月 1 日起实施。《氢用低温阀门通用试验方法》规定了氢用低温阀门性能试验的术语和定义、试验项目、试验条件、试验介质、仪器设备、试验准备、试验步骤及数据处理。《氢用低温阀门通用技术规范》规定了氢用低温阀的术语和定义、结构型式、技术要求、检验和试验项目及要求、出厂检验和型式检验、标志、包装和储运要求，填补了我国氢用阀门产品在功能安全性与检测评价标准方面的空白。国家标准《液氢阀门 通用规范》也于 2021 年 10 月启动编制工作，目前已发布征求意见稿。

七、管道保冷技术

低温管道是基于大型低温储存设备技术发展而成的一种中小型低温设备，为连接低温储罐以及储罐与接收罐的载体。我国保冷工程普遍采用堆积型保冷结构，这种保冷结构存在的问题是结构不合理、复合结构使用不当及保冷层厚度偏薄。真空多层绝热管，由于其绝热性能好，被广泛应用于空分设备的液氧、液氮和液氩的输送管路上。

对于低温介质输送管道，保冷方式以及保冷材料的选取至关重要，目前在液化天然气管道等低温管道工程主要有两种保冷方式，一种是采用奥氏体不锈钢真空管道(以下简称真空管道)，另一种是采用奥氏体不锈钢管外覆保冷材料。这两种保冷方式目前在不同场合都有应用[15]。

1. 真空管道保冷

真空管道保冷是指在保冷空间保持一定真空度的一种绝热型式，可分成高真空绝热、真空多孔绝热(含微球绝热)、高真空多层绝热和多屏绝热等几种类型。真空管道由内管、外管以及多层绝热材料组成，内外管之间的夹层内由多层绝热材料复合填充，通过将夹层抽成高真空状态，降低对流传热。内外管之间用低热导率的材料作为支撑，以减少热传导。真空管道一般采用真空法兰连接，结构和外形如图 4 所示。

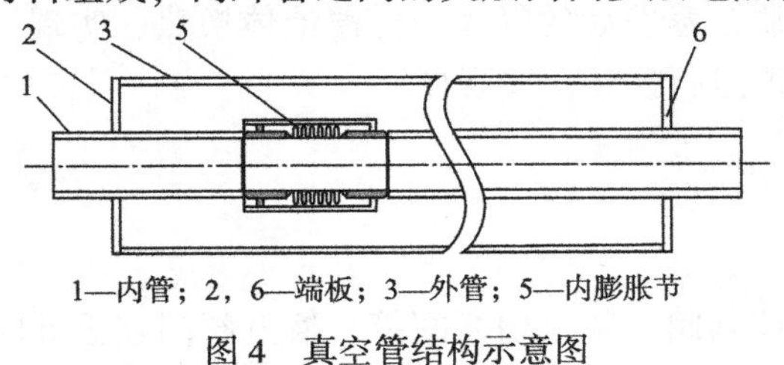

1—内管；2，6—端板；3—外管；5—内膨胀节

图 4　真空管结构示意图

2. 奥氏体不锈钢外覆保冷

外覆保冷常采用外覆包扎多孔绝热材料的堆积绝热方式对低温管道进行保冷。这种绝热方法的绝热性

能较差，但结构简单、造价低廉，故在绝热要求不高的情况下普遍使用。现在，天然气液化装置、空气分离装置及大容量的液氧、液氮及液化天然气储槽多采用这种绝热方法。

国内市场上常用的保冷材料有聚氨酯（PUR）和泡沫玻璃（FG）。其中三聚酯泡沫（PIR）是聚氨酯（PUR）的改性产品，具有良好的耐热性能、阻燃性能等特征。PIR 保冷材料现在已经广泛用于低温乙烯、LNG、空分工程等低温工程项目上的管道、设备、储罐的保温，其结构和外形如图 5 所示。

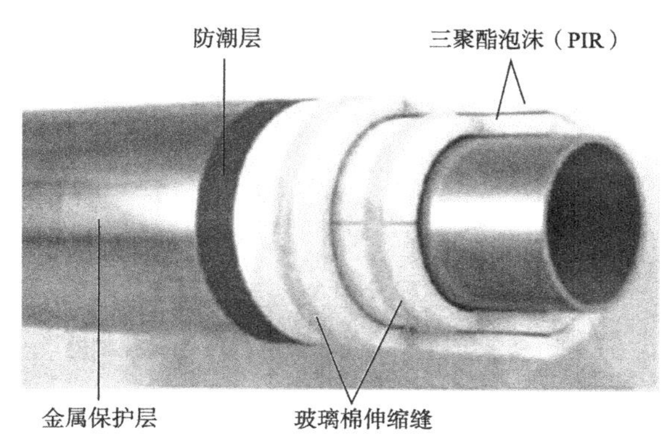

图 5　PIR 保冷结构示意图

八、结论

尽管液氢在中国的发展和国外相比仍存在一定差距，尤其是液氢加氢站所涉及的关键设备都处于研发示范的阶段，需要各相关企业和研发机构不断进行技术攻关和研发来提升各个设备的性能，并逐渐提升液氢加氢站的整体运行性能。在 2021 年 11 月，中国国家标准委正式发布了 GB/T 40045—2021《氢能汽车用燃料 液氢》、GB/T 40060—2021《液氢贮存和运输技术要求》、GB/T 40061—2021《液氢生产系统技术规范》三项液氢国家标准，并在 GB 50516—2010《加氢站技术规范》中加入了液氢储存和应用等相关内容。液氢相关标准的发布意味液氢产业的发展终于有法可依、有据可循，即给企业建立自己的研发和生产体系提供了技术规范，又给政府审批相关液氢项目提供了依据。液氢标准的发布，将真正地帮助液氢实现价值化，各个液氢相关政策的落地将鼓励相关企业对液氢领域加大投入，这对液氢产业链的建立与完善起到极大的积极作用。

虽然，目前国内仍存在液氢氢源短缺和液氢运输相关标准不完善等问题，但是随着对液氢相关产业投入力度的加大，相信在不远的未来液氢产业会迎来快速发展，助力国家“双碳”目标的实现。

参　考　文　献

[1] 赵康．车载液氢气化器换热研究[D]．中国航天科技集团公司第一研究院，2019.

[2] QIN N，BROOKER P，SRINIVASAN S. Hydrogen fueling stations infrastructurelR]. Orlando：University of Central Florida. 2014：7-1.

[3] 冼静江，林梓荣，赖永鑫，等，加氢站工艺和运行安全[J]．煤气与热力，2017，37(9)：B01-B06.

[4] 朱琴君，祝俊宗．国内液氢加氢站的发展与前景[J]．煤气与热力，2020，40(7)：15-19+45. DOI：10.13608/j.cnki.1000-4416.2020.07.014.

[5] 宋长青，徐万武，张家奇，等．氧化亚氮推进技术研究进展[J]．火箭推进，2014，40(2)：7-15.

[6] 朱云．液化石油气卧式储罐的规则设计[J]．中国石油和化工标准与质量，2013，34(6)：265.

[7] 吴志燕，翁玉祥，罗晓钟．低温液体球罐和低温液体子母罐的对比分析[J]．辽宁化工，2018，47(4)：306-

308. DOI：10. 14029/j. cnki. issn1004-0935. 2018. 04. 014.
[8] 郭怀东，邵百岁，陈忠胜．大型低温液体贮存站贮罐设计选型论证(续)[J]. 深冷技术，2008(3)：32-38.
[9] 阚红元．大型立式圆筒形低温储罐简介[J]. 石油化工设备技术，2007(5)：24-27+30.
[10] 郝伟．固定式真空绝热压力容器的定期检验[J]. 低温与特气，2021，39(2)：48-51.
[11] 何远新，熊珍艳，王红星，等．小型液氢储罐的结构设计及制造[J]. 太阳能，2022(5)：115-119. DOI：10. 19911/j. 1003-0417. tyn20220303. 01.
[12] 朱炳麟，周彬．铝合金材料低温力学性能试验研究[J]. 信息记录材料，2022，23(3)：35-37.
[13] 扬帆，张超，张博超，等．大型液氢储罐内罐材料研究与应用进展[J]. 太阳能学报，2023，44(10)：557-563. DOI：10. 19912/j. 0254-0096. tynxb. 2022-0930.
[14] 杨晓阳，李士军．液氢贮存、运输的现状[J]. 化学推进剂与高分子材料，2022，20(4)：40-47. DOI：10. 16572/j. issn1672-2191. 202209026.
[15] 张炎．LNG 管道保冷层厚度设计及影响因素分析[J]. 山东化工，2022，51(03)：176-178. DOI：10. 19319/j. cnki. issn. 1008-021x. 2022. 03. 060.

项目管理与规划

长输管道投资编制关注点及建议

王　红　周文静　史青云

（中国石油天然气管道工程有限公司技术发展部、技术经济室）

摘　要：本论文通过总结西气东输、中俄、川气东送等重点项目长输管道投资估算编制经验，提出了长输管道投资编制过程中应重点关注土石方工程量偏大、施工措施费缺失、管段组装焊接沟下焊比例确定不合理、水工保护和水土保持工程量重复计算、主要设备材料价格及建设用地和赔偿费用单价确定等问题，并一一阐述了相应解决建议。

一、引言

作为国家重点基础建设项目，长输管道工程由于管径大、距离长、压力高、沿线工况复杂多变、“三穿”及各类补偿多等因素，导致投资编制的深度及难度逐步加大。客观、准确、合理的编制长输管道投资是长输管道工程顺利建设施工的重要保障。

本论文通过总结西气东输、中俄、川气东送等重点项目长输管道投资编制经验，提出了长输管道投资编制重点关注内容及相应解决建议。

二、土石方工程量

根据投资编制规定，土石方工程量分为管沟土石方量和作业带土石方量。

其中，管沟的开挖深度应符合设计要求，需要达到设计规定的管顶覆土深度；沟底宽度应根据管道外径，开挖方式，组装焊接工艺及工程地质等因素确定，同时根据土壤类别，力学性能和管沟开挖深度确定管沟边坡坡度(图 1)。

作业带土石方量需要考虑竖向作业带的开拓以及平向作业带扫线。

投资编制中，长输管道土石方费用占线路工程投资的 20%～30%，在价格确定的情况下，土石方工程量是影响线路投资水平的重要因素，是投资编制的主要关注点。

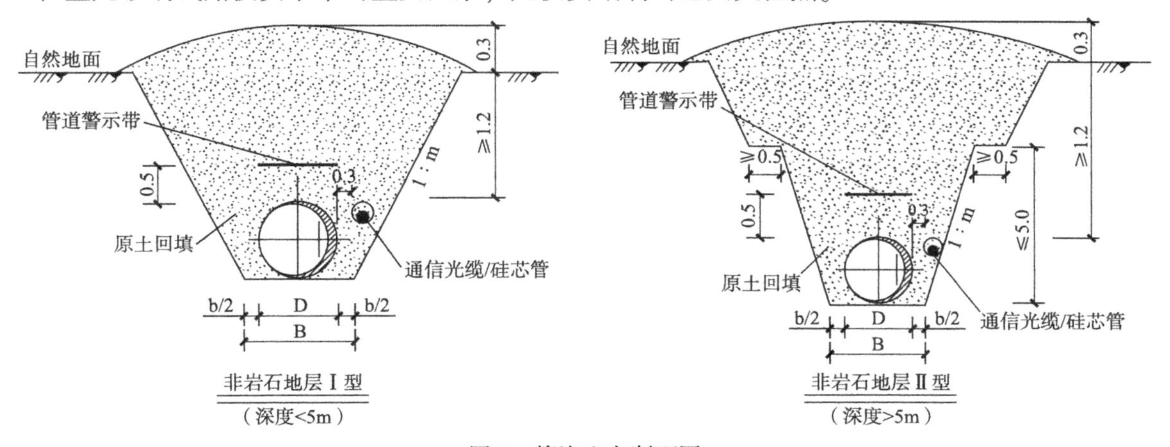

图 1　管沟土方断面图

1. 土石方工程量常见问题

(1) 管沟土石方及作业带土石方的工程量混淆。

投资编制规则中，管沟土石方和作业带土石方的划分原则与设计规定不完全一致。由于作业带土石方开挖单价仅为管沟土石方单价的60%左右，管沟土石方及作业带土石方的工程量混淆不清时，将直接造成土石方工程投资编制错误。

(2) 人、机开挖管沟比例不合理。

一般情况下管沟开挖采用机械方式开挖，对于无法实施机械开挖或者穿越地下障碍物等情况下，采用人工开挖方式。人工开挖是机械开挖单价的1.5~3.5倍，人工开挖比例偏大时，直接影响管沟土石方的投资水平。

2. 解决建议

(1) 管沟土石方及作业带土石方的工程量混淆。

投资编制人员应充分理解并掌握投资编制规定中工程量计算规则，对设计提供的管沟土石方量合理拆分；

土石方量与沿线地质等级、地形地貌、开挖穿越数量、沟下焊比例以及石方超挖等因素有关，对需要敷设平衡压袋、压重块的地段，还要考虑满足配重措施安装要求的土石方量。因此，投资编制人员也要了解全线地质类型及地形地貌，掌握管沟断面计算方法，了解沿线竖向降坡的线路长度及工程量计算规则，合理确定作业带开凿土石方工程量。

做好不同管径、不同地形地貌单位土石方量的统计工作，重视横向对比分析，对于明显有差异的工程量，应及时和设计人员进行核实，掌握差异产生的原因，使土石方工程费用能够经得起审查和推敲。

(2) 人工开挖管沟占比偏大。

人工和机械开挖比例需根据工程沿线具体情况确定，编制人员应和设计人员充分沟通，了解管道机械开挖施工难点。一般情况下，对于有地下障碍物的地方，障碍物两侧5m范围内，应采用人工开挖；对石方开挖地段，采用人工对管沟平整度进行修整；对于无法开展机械开挖的特殊地区，才可以采用人工开挖方式。由于人工开挖和机械开挖单价相差太多，人、机开挖比例也是审查的重点内容，影响土石方工程投资水平，因此建议根据以上原则，确定人工开挖比例。

三、施工措施费

长输管道沿线地形地貌复杂多样，包括山区、水网、沼泽等，经过自然保护区、湿地公园、森林地质公园及地表水保护等环境敏感地区，交通依托相对较差，环保要求逐步提高，投资编制中应充分考虑管道运布管、作业带开凿、管沟成型、施工设备进出场等方面的困难，增加相应的施工措施费用。施工措施不但有利于保障施工安全、提高施工效率，也能够保证施工质量，为管道安全运行保驾护航。造价编制人员应重点关注和考虑施工措施费用，有些施工措施费用可能比施工主体费用还高，因此，应科学、合理的制定施工方案，必要时可进行方案比选，详细估列工程量，明确投资分摊原则，科学计算施工措施费用。

(1) 施工措施费常见问题。

施工措施方案不是设计文件的必要设计内容，因此投资编制中，施工措施费缺失是常见问题。尤其在项目前期的可研阶段，由于施工组织方案还没编制，往往容易造成措施费用遗漏。例如并行在建、已建管道的保护措施，隧道内底部填充物回填、陡坡地段运布管、软土地段地面硬化，山区段安全防护措施等。

（2）解决措施。

投资编制人员在日常工作中应深入现场学习，了解掌握常用施工措施方案；投资编制中应充分借鉴已完项目工程经验，与项目经理及设计人员做好沟通，关注项目施工难点地段具体数量及相关措施，了解具体施工方案及相应工程量，按照山区、沙漠、水网、软土地段等逐项落实措施方案及工程量，如设置钢板桩、钢管排、防护网、轻轨布管等。施工措施方案应科学、合理、有代表性，必要时可进行方案比选，以费用最小为原则优选方案，详细估列工程量，保证投资能够涵盖实际的工作内容。

日常工作中，应对施工措施费用分项汇总，明确工作内容并编制估价表，做好经验总结及指标库等工作，为后续快速、准确编制施工措施费用打好基础。

四、管段组装焊接沟下焊比例

一般情况下，管道施工采用沟上组装焊接方式，可采用流水作业提高施工效率。当作业带宽度不满足沟上机具设备摆放要求时，如地形复杂的山区、丘陵等，将无法在沟上完成管道焊接工作，需在已成型的管沟中进行布管、在管沟内完成管道的组对焊接。沟上焊接工效高，安全性好，而沟下焊接方式由于管沟内作业面狭小，无法实施流水作业，使得管道组对焊接的工效大为降低；同时在管沟内作业，由于坠石或塌方的危险始终存在，使得施工的安全措施费用也相应增加，因此沟下焊接比沟上焊接每公里投资增加21%~43%不等（图2）。设计阶段投资编制中，沟上焊和沟下焊的比例难以准确判断，给投资编制带来一定的困扰。

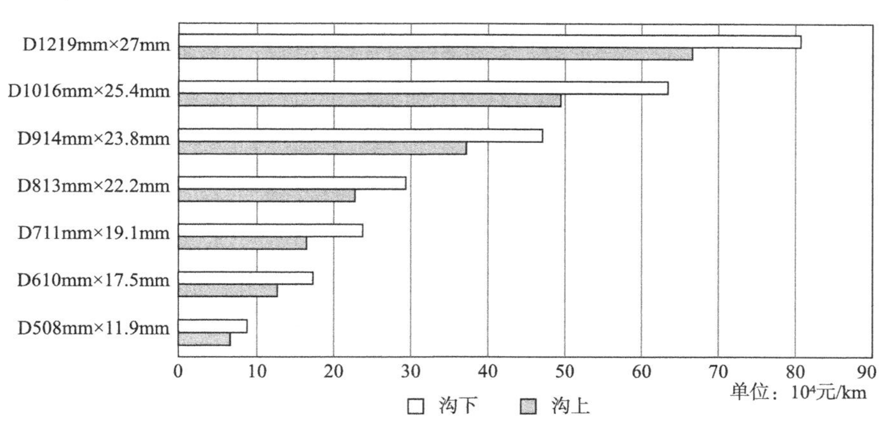

图2　沟上、沟下焊接单公里造价对比图

（1）沟下焊比例的确定问题。

投资编制中，沟下焊比例确定不合理是影响管道焊接投资编制的常见问题。对于地势平缓的平原，沟下焊主要集中在管道弯管以及穿越连头地段；而对于山区和丘陵地段，投资编制人员往往参照其他项目确定20%左右的比例，并没有根据项目实际情况有针对性的进行研究。

（2）解决措施。

为了更准确的确定沟上焊和沟下焊比例，现场调研是必不可少的工作，无论是设计人员还是投资编制人员，都应该对沿线作业带情况进行充分了解，尤其是山区等地形地貌，应重点进行研究，明确是否有足够的作业面可以实施沟上焊接；对于平原地段，也应该掌握穿越类型及数量，估算连头数量，同时结合类似项目经验及相关施工验收规范，逐项测算、统筹考虑，科学合理地估算沟上焊、沟下焊比例。

五、水工保护和水土保持工程量

管道水工保护和水土保持的目的都是防止管道运营期出现水土侵蚀或流失以及边坡失稳等情况，是为了防治在管道建设期间引起的水土流失，保护、恢复水土资源，减轻洪水、干旱和风沙灾害所采取的预防和治理措施。两者目的和工程内容相近，因此工程量容易混淆，且工程量容易重复计取。由于管道水工保护和水土保持在投资结构中分别归属到线路工程和其他工程费用中，工程量混淆不清或重复计取时，给投资编制带来困扰。

（1）水工保护和水土保持工程量重复计算。

水工保护和水土保持内容贯穿整个线路工程，工程量都比较大，实际工作中由于界面不清，经常会重复计取，导致线路工程整体投资虚高。

（2）解决措施。

必须从技术上明确水工保护和水土保持工程界面，才能准确的划分工程量，避免投资重复计算。

水工保护设施一般直接设置于管道上方或附近，主要功能是维持埋设管道的岩土体本身的稳定并抵御侵蚀；水土保持设施一般设置于管道附近或邻近区域，主要功能是维持沿线的自然水土系统的生态功能，防止水土流失，保护生态环境。

典型的水工保护措施主要有护坡、截水墙、截排水渠、挡土墙等。水土保持措施主要有：以控制水力侵蚀为重点，构建或恢复护坡、拦挡、排水体的工程措施，如表土剥离、土地整治和复耕、截、排水沟、坡面防护、沉沙池等。以减少管线工程对周围环境的影响，构建植物防护体系的植物措施，如植草护坡、种植乔灌木、种草等。为避免增大侵蚀破坏，与主体工程紧密配合，以防治施工期的水土流失的临时措施，如临时拦挡、苫盖、临时排水沟、沉沙池等。

两者主要差别见表1。

表1　水工保护和水土保持的区分

名称	水工保护	水土保持
功能	维持管道本身稳定并抵御侵蚀	维持沿线的自然水土系统的生态功能，防止水土流失，保护生态环境
典型措施	护坡、截水墙、截排水渠、挡土墙	表土剥离、土地整治和复耕、临时拦挡、苫盖、截/排水沟、坡面防护、沉沙池、植草护坡、种植乔灌木、种草

通过以上内容可以确定，水工保护和水土保持主要容易混淆和重复计算的内容，是坡面防护和截排水措施，而表土剥离、土地整治、复耕又可能会和地貌恢复以及政府收取的土地复耕等内容有重复。因此应首先根据工程措施的实施位置划分界面，由设计人员对工程量进行划分，经济人员做好单价指标的测算和整体费用计算。对于水土保持中可能会和地貌恢复等内容有重复的地方，则应根据工程投资费用结构以及地方相关政策文件，进行专题研究。

六、主要设备材料价格的确定

长输管道工程中管材、压缩机、阀门等主要设备材料在投资中占比高，对投资水平影响巨大，设计阶段一般采用厂家询价或类似项目价格。无论哪种价格都与实施阶段采办合同价存在一定差异，是投资编制的重点关注内容，需要在投资编制过程中着重研究，以保证投资准确性。

对于长输管道设计单位，搜集合理、准确的设备、材料价格，建立设备、材料价格库，建立与主要供应商的长期价格联动机制，是提高投资编制准确性以及提高投资编制效率的重要管理机制。

设备材料价格库应首先确定设备材料分类及编码原则，按照时间点、订货价、厂家报价、概算批复价格等进行价格分类。投资编制中，还应根据宏观经济发展方向对主要设备材料价格的变化趋势进行研究，根据设备材料的采买数量、厂家供应能力以及近期类似项目订货价格科学判定价格水平。及时更新与维护价格库，确保价格水平的时效性。

七、建设用地和赔偿费用

长输管道项目沿线在经济较发达地区，管道途经地方经济技术规划区、人口密集地区、环境敏感点、自然保护区，经过林地、草地，穿越河流、公路、地下管道及光缆等障碍物，建设用地及赔偿费因地区、类别不同而存在较大差异，尤其在设计阶段较难确定具体标准，需要在实施阶段通过与各地方政府的沟通、谈判才能确定。随着管道建设的发展，建设用地成本和赔偿费用逐步提高，合理计算该项费用也是投资编制的关注点。

造价编制人员应广泛搜集管道沿线建设用地及赔偿标准，了解途经环境敏感点的赔偿费等信息，整理类似地区类似项目的赔偿补偿标准，根据各地区政府部门发布的相关标准、文件以及项目建设进展情况，充分考虑不确定性因素，确定建设用地及赔偿费用。

建立不同省份、城市及地区的征地及赔偿数据库，也是提高投资编制效率和准确性的重要手段。对于征地包含的内容以及各类赔偿补偿内容，国家有具体明确的规定，各省市也会不定期的发布和更新赔偿单价，只要投入人力资源开展相关数据搜集和整理，数据库的建立是可行的。

八、结论与建议

综上所述，长输管道投资编制过程中应重点关注土石方工程量、施工措施费、管段组装焊接沟下焊比例、水工保护和水土保持工程量计算、主要设备材料价格及建设用地和赔偿费用单价确定等问题。投资编制人员应提前开展现场调研，对管道沿线地形地貌深入了解后，结合项目具体情况做好技术与经济的沟通和结合。同时，应建立、健全各类数据库，提高投资编制效率及质量。

对标分析也是投资水平控制的有效手段，可以通过类似项目的水平对比，分析差异产生的原因，判断投资水平合理性，该方法应该大力推广，并不断细化。

参 考 文 献

[1] 傅才晓．全过程控制油(气)长输管道工程投资[J]．内蒙古石油化工，2008，14：26-27.
[2] 连滨．浅析长输管道沟下焊接机组施工增效考虑的因素[J]．中国化工贸易，2015，1：66-67.
[3] 王利金，由诗，刘明煜．油气长输管道投资的影响因素及控制对策[J]．油气田地面工程，2010，29(11)：3.
[4] 赵洪梅．长距离输气管道项目投资控制研究[C]．大连理工大学，2003，(3)：26.

Thomas-Kilmann 冲突模型在商务谈判中的应用

王　松　李　江

（中国石油天然气管道工程有限公司东南亚设计咨询中心 项目管理部）

摘　要： 本文通过介绍 Thomas-Kilmann 冲突模型的基本概念和应用，探讨其在商务谈判中的应用。文章首先阐述了冲突模型的基本原理和分类，然后重点讨论了 Thomas-Kilmann 冲突模型在商务谈判中的应用，包括识别冲突处理风格、确定合适的冲突处理策略、预测对方的反应和促进冲突解决等方面。最后，本文对 Thomas-Kilmann 冲突模型在商务谈判中的应用进行了总结和展望。

一、引言

商务谈判是市场开发活动中的重要环节，涉及到市场定位、产品定价、合同签署等重要的商业活动，商务活动中往往需要双方进行紧张且激烈的谈判。但是在商务谈判过程中经常会出现各种各样的冲突，双方的谈判主体在碰到对方提出的问题时，首先启动信念系统，然后分析、判断、比较、原则、观念等一并对对方进行反应，同时产生相关的情绪，如不公平，不服气等，进而产生相关对抗的力量，从而根据自己的信念系统相处的办法进行对抗，这就是全部冲突产生的过程，最终在需求不一致、意见不合、利益冲突等上形成对抗。

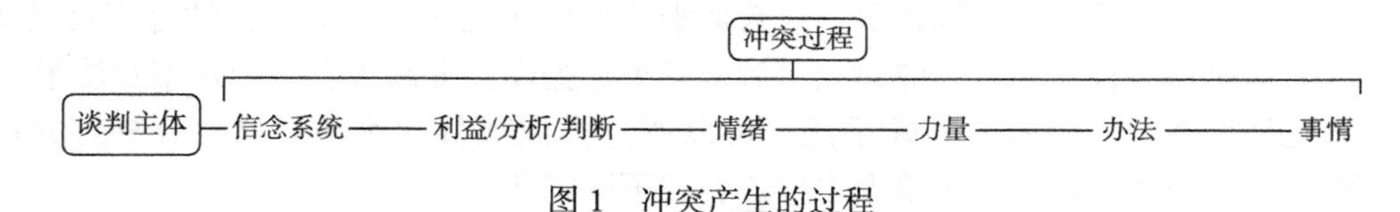

图 1　冲突产生的过程

如何有效地处理这些冲突，达成共识，实现合作共赢是商务谈判中的重要课题。冲突处理是一门综合性较强的学科，其理论和方法有很多种，Thomas-Kilmann 冲突模型是其中一种经典的理论和方法。本文将围绕 Thomas-Kilmann 冲突模型展开，探讨其在商务谈判中的应用。

二、Thomas-Kilmann 冲突模型介绍

Thomas-Kilmann 冲突模型[1]是由美国心理学家肯尼思·托马斯（Kenneth Thomas）和拉尔夫·基尔曼（Ralph Kilmann）在 20 世纪 70 年代提出的一种冲突处理模型，主要用于识别和解决不同类型的冲突。

该模型基于两个维度：合作性和竞争性。合作性指的是一个人在处理冲突时愿意与对方合作、达成共同利益的程度；竞争性则指的是一个人在处理冲突时追求自己的利益、希望在争斗中获胜的程度。将这两个维度结合起来，就可以将冲突处理风格分为五种类型[2]：

（1）竞争型（Competing）：这种类型的人倾向于在冲突中追求自己的利益，以赢得胜利为目标，不顾及对方的利益和感受。这种类型的人通常采取直接、强硬的手段来解决冲突。

（2）合作型（Collaborating）：这种类型的人愿意与对方合作，寻求共同利益，致力于寻找一种

对双方都有利的解决方案。这种类型的人通常通过积极的沟通、协商和探索不同的解决方案来解决冲突。

（3）妥协型(Compromising)：这种类型的人愿意妥协，放弃一部分自己的利益，以换取对方的妥协。这种类型的人通常通过让步和交换来解决冲突。

（4）逃避型(Avoiding)：这种类型的人避免处理冲突，不愿意与对方交涉。这种类型的人通常对冲突采取消极的态度，试图推迟或避免冲突的处理。

（5）退让型(Accommodating)：这种类型的人愿意让步，放弃自己的利益，以满足对方的要求。这种类型的人通常试图维护和谐的关系，避免争执和冲突。

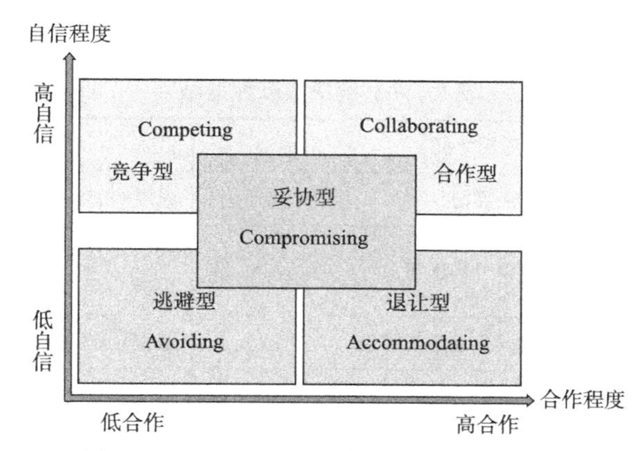

图 2　Thomas-Kilmann 冲突模型的五种类型

了解自己和对方的冲突处理风格，可以帮助商务谈判双方更好地协调和处理冲突，以达成共同利益。同时，也可以帮助双方理解彼此的偏好和需求，从而更有效地进行合作。

三、Thomas-Kilmann 冲突模型在商务谈判中的应用

商务谈判是一种通过不断调整自身需求，最终使得双方的需求得到调和，互相接近，最终形成一致的过程。这个过程具有“合作”与“冲突”的二重性[3]，谈判的合作性表现在，通过谈判而达成的协议对双方都有利，各方利益的获得是互为前提的。而谈判的冲突性则表现在，谈判各方希望自己在谈判中获得尽可能多的利益，为此要进行积极的讨价还价。所以谈判的过程也是“合作”与“冲突”二者的对立统一。这个与 Thomas-Kilmann 冲突模型合作性与竞争性的二维属性高度统一，所以采用此模型在商务谈判中有极好的效用。一共分为以下几步。

1. 识别冲突处理风格

在商务谈判中，双方可能存在不同的冲突处理风格。通过使用 Thomas-Kilmann 冲突模型，可以快速识别自己和对方的冲突处理风格，并了解其优劣势。在识别自己和对方的冲突处理风格后，可以根据实际情况选择更加适合的冲突处理策略，从而提高谈判效率。

2. 确定合适的冲突处理策略

根据 Thomas-Kilmann 冲突模型，有五种不同的冲突处理策略[4]，分别是竞争、合作、妥协、逃避和妥协性逃避。在商务谈判中，需要根据具体情况选择合适的冲突处理策略。如果需要快速达成协议，可以选择竞争策略；如果双方的利益一致，可以采用合作策略；如果需要尽快解决问题，可以选择妥协策略；如果对方的诉求过于强烈或自己的条件不利，可以考虑逃避策略；如果双方的诉求相对弱势，可以选择妥协性逃避策略。如果双方都倾向于合作型，那么可以通过共同协商和探索不同的解决方案来解决冲突；如果双方都倾向于竞争型，那么可以通过较量来解决冲突。

3. 预测对方的反应

通过了解对方的冲突处理风格，可以预测对方的反应。在商务谈判中，预测对方的反应对于制定决策和调整策略非常重要。例如，如果对方倾向于竞争策略，那么自己也可以采取竞争策略来与对方竞争；如果对方倾向于逃避策略，那么可以尝试减少谈判要求，避免使对方更加逃避。

4. 促进冲突解决

基于Thomas-Kilmann冲突模型，商务谈判双方可以更好地理解和尊重彼此的冲突处理风格，从而更容易达成共识和解决冲突。了解对方的冲突处理风格后，我们可以选择适当的处理策略来解决冲突。根据Thomas-Kilmann冲突模型，处理策略可以分为竞争、妥协、合作、回避和调解五种(表1)。

表1　冲突解决的五种策略

策略	适用情况	处理方式
竞争策略	双方利益互相矛盾，不愿妥协	强硬的态度和措辞，以争取对方的妥协
妥协策略	双方利益相互交叉，难以分辨优劣	权衡双方利益，让双方做出一定程度的让步和妥协
合作策略	双方利益相互一致，共同追求最优结果	建立合作关系，协同合作
回避策略	双方利益不重要，不值得耗费时间和精力解决	避免冲突的发生，将精力集中在更重要的问题上
调解策略	双方难以达成共识，需要中立的第三方进行调解	寻找一个能够中立、公正、客观的第三方，协助双方达成共识和解决问题

在商务谈判中，Thomas-Kilmann冲突模型可以帮助双方找到解决冲突的方法。以下是一些应用Thomas-Kilmann冲突模型的实际例子：

(1)案例一。

某公司与供应商谈判价格问题时，双方出现分歧。供应商坚持要求更高的价格，而公司则认为当前的价格已经很高了。在这种情况下，公司可以采取合作型冲突处理风格，与供应商共同探讨如何降低成本，以减少价格。通过合作，双方可以达成双赢的目标。

(2)案例二。

某公司与竞争对手谈判某项业务合作时，双方存在合作方式和责任分配方面的分歧。竞争对手采取竞争型冲突处理风格，坚持自己的立场，而公司则采取妥协型冲突处理风格，做出一些让步，以维护良好的关系。然而，由于双方没有真正解决分歧，这个合作最终失败了。在这种情况下，公司可以采取合作型冲突处理风格，与竞争对手共同制定方案，并探讨如何分配责任。通过合作，双方可以建立更好的关系，同时达成双赢的目标。

(3)案例三。

某公司与客户谈判一项合作项目时，双方存在合作方式和责任分配方面的分歧。公司采取合作型冲突处理风格，与客户共同探讨如何优化方案，以满足客户的需求。通过合作，双方最终达成了双赢的目标。

以上三个案例展示了在商务谈判中，如何根据Thomas-Kilmann冲突模型的不同处理风格，采取相应的策略，均达成了双赢的目标。

5. 需要注意情况

除了上述内容外，Thomas-Kilmann冲突模型在商务谈判中的应用还需要注意以下几个方面。

(1)掌握好时机。

在商务谈判中，冲突处理需要在适当的时机进行。如果冲突处理过早或过晚，都可能会导致谈判失败。因此，在商务谈判中，需要根据实际情况掌握好冲突处理的时机。

（2）注重沟通。

在商务谈判中，沟通是非常重要的。在冲突处理过程中，及时而清晰地表达自己的观点和需求，倾听对方的意见和想法，可以更好地化解冲突，增加谈判成功的可能性。

（3）注意情绪控制。

在冲突处理中，情绪控制也非常重要。如果双方情绪激动，很容易影响到理智的判断和决策，导致冲突加剧甚至谈判失败。因此，需要在冲突处理中注重自我控制和情绪管理。

（4）建立信任。

建立信任是商务谈判成功的关键之一。在冲突处理中，需要通过合作和妥协来建立双方之间的信任，从而增加合作的可能性。同时，也需要注重维护人际关系，避免因冲突处理导致关系恶化。

（5）不断学习和改进。

在商务谈判中，冲突处理是一项重要的技能和能力。因此，需要不断学习和改进自己的冲突处理能力，提高自己在商务谈判中的竞争力和影响力。

四、结论和建议

Thomas-Kilmann 冲突模型提供了一种解决冲突的框架，有助于在商务谈判中找到合适的解决方案，实现自己的目标，同时也能够维护良好的人际关系和合作精神。在商务谈判中，识别双方的冲突处理风格非常重要，因为这有助于理解对方的行为，以及选择合适的冲突处理策略。通过采取适当的冲突处理策略，可以帮助双方在商务谈判中达成双赢的目标。

然而，在实际应用中，Thomas-Kilmann 冲突模型仍存在一些局限性。例如，如果双方的利益分配不均，双方之间的冲突可能无法通过模型解决。此外，模型中的处理风格并不是绝对的，也不一定适用于所有的情况。

因此，在实际应用中，需要根据具体情况进行调整和灵活运用。在商务谈判中，应该在识别冲突时及时采取措施，并尽可能在解决冲突的同时保持良好的合作关系，从而实现双赢的目标。

综上所述，Thomas-Kilmann 冲突模型是一个实用的工具，可以帮助双方解决商务谈判中的冲突。在商务谈判中，正确地识别双方的冲突处理风格，采取合适的冲突处理策略，可以帮助双方达成双赢的目标。同时，在实际应用中，应该注意到模型的局限性，并根据具体情况进行灵活运用，以实现最佳效果。

参 考 文 献

[1] Tuxedo，NY Thomas，K. W.，Kilmann，R. H. et al. Thomas-Kilmann Conflict Mode Instrument. 1974.

[2] Journal of Business Research：Yang，C. F.，Lin，Y. C.，& Huang，C. C.、An Analysis of the Relationship Between Conflict Handling Style and Innovation Capability in Taiwan's High-Tech Industry，2016，69(6)：2152-2156.

[3] Academy of Management Journal：Rahim，M. A.、A Measure of Styles of Handling Interpersonal Conflict，26(2)：368-376.

[4] Organizational Behavior and Human Decision Processes：Wall，J. A.，Callister，R. R.，& Turk，D. C.、Using Conflict Theory to Examine Workplace Aggression：Conceptual Issues，Forms of Aggression，and a Dual-Pathway Model，2019，151：42-68.

探讨多项目设计进度管理

王凤梅

（中国石油天然气管道工程有限公司　项目运营中心）

摘　要：在多项目进行设计时，以项目管理为指导，通过分析多项目管理中存在的问题，涉及项目进度、项目质量、资源配置的冲突，如果无法有效协调，将对多项目设计进度有很大的影响，这就要对多项目进度管理认真分析，结合实际情况进行优化，最大程度上控制项目进度，提高多项目管理效率，保证多项目管理质量。

一、引言

多项目并行推进的情况已是常态。从工作层面来说，不仅在各项目之间有资源冲突、资源分配不合理的情况，面对繁杂的工作很难保质保量。因此，对于项目的所有参与干系人来说，多项目的管理与执行更具挑战，本文分析多项目设计管理存在的问题、多项目进度管理影响因素，探讨多项目设计进度优化的措施。

二、多项目设计管理存在的问题

1. 多项目间的矛盾

多项目管理区别于单项目管理的关键在于我们更关心的是所有项目目标的实现。多项目管理是一种有效利用企业资源、确保企业所有项目目标均能实现的科学管理方法。除了要解决好单个项目管理固有的各种问题外，还应着重解决多个项目同时进行集中管理而引发的新矛盾。

（1）资源竞争：多个项目同时进行会导致资源（如人力、物力、财力等）的竞争和冲突。不同项目会竞争有限的资源，导致资源分配不合理和效率低下。

（2）项目优先级：在多项目环境中，不同项目之间存在优先级的冲突，某些重点项目需要公司更多的关注和资源，不同项目有不同的目标和利益，例如，一个项目可能追求短期效益，而另一个项目可能更注重长期发展。

（3）沟通与协调困难：多个项目之间的沟通和协调变得更加复杂。不同项目团队之间存在信息不畅通、沟通不及时的问题，导致决策延误和工作冲突。

（4）风险管理挑战：多项目集中管理增加了风险管理的难度。不同项目面临不同的风险，需要进行有效的风险评估和应对措施，以降低整体风险水平。

2. 多项目资源分配的冲突

多项目资源配置分配不合理是设计管理中常见的问题，涉及多个工程建设项目的全过程：个人承担多个项目工作，平衡推进多项目工作；总资源有限，不同项目间的资源分配和优化。

（1）确定每个项目的目标，将其与组织的总体目标相一致。通过与项目干系人和团队成员的沟通，了解每个项目的重要性和紧急程度，并将其与其他项目进行比较为每个项目制定详细的计划，包括时间表、里程碑和任务分配。确保每个项目都有明确的开始和结束日期，以及中间的关键节点。同时，为每个任务分配足够的时间和资源。

（2）在多个项目之间建立有效的沟通机制，确保信息的传递和共享。可以使用现代技术工具，如在线项目管理平台、即时通讯工具等，建立项目团队之间的沟通渠道，定期召开项目团队会议，让各项目的负责人和团队成员共同讨论和解决项目中遇到的问题，确保项目进展顺利。

（3）提高资源利用效率：通过优化工作流程、提高工作效率等方式，减少资源的浪费。例如，采用先进的技术和工具，提高工作效率，根据项目的实际进展情况，灵活调整资源分配。例如，在项目进度滞后的情况下，可以增加资源投入；在项目提前完成的情况下，可以将资源调配到其他项目中。

3. 复杂的协调和沟通

目前的多项目管理中参加单位非常多，形成了复杂的项目组织，各单位有不同的任务、目标和利益，而作为项目管理者必须使各方协调一致、齐心协力完成项目目标，这就显示出项目管理中沟通与协调的重要性。沟通是组织协调的手段，是解决组织成员间障碍的基本方法。协调的程度和效果常依赖于各项目参加者之间沟通的程度。

（1）多项目间平行协调和沟通。

首先，建立有效的沟通机制，制定明确的沟通流程和规则，确保项目团队之间能够及时、准确地交流信息。

其次，明确各个项目的重要性和优先级，这样可以确保关键项目得到优先处理，同时避免资源过度集中在一个项目上。

再次，组织项目团队成员定期召开会议，分享项目进展、问题和解决方案。这有助于促进团队协作，及时解决潜在的冲突和问题。

（2）多项目间外部协调与沟通。

首先，制定一份统一的沟通计划，包括沟通的频率、方式和内容。这样可以确保所有项目相关方都能够得到相同的信息，避免信息混乱。

其次，使用一个中央信息共享平台，如项目管理软件或文档管理系统，让所有项目团队成员都能够访问和更新项目信息，这样可以确保信息的及时性和准确性。

（3）主管部门对多项目的协调和沟通。

首先，项目主管部门应该为项目团队提供支持和指导，帮助他们解决问题和应对挑战。这有助于提高项目团队的工作效率和质量，也有助于提高资源的利用效率，降低项目成本。

其次，定期监控各个项目的进展情况，及时发现问题并采取措施解决，这有助于确保项目按照计划进行，并及时调整资源分配。

4. 多项目设计进度计划的不合理

凡事预则立不预则废，在进行多项目设计管理工作的过程中，制定多项目设计计划，合理安排设计进度是设计团队的首要任务。在实际设计工作中，设计团队往往忽视项目计划安排，接到设计任务后，不了解单一项目的工作量，不了解多项目整体设计安排，缺乏全局意识和规划意识是进行多项目设计的重要误区。因此设计人员需要综合多项目工期安排，细化各项目的设计流程使设计工作更加有迹可循，提高设计计划的执行性和科学性。

（1）根据项目的重要性和紧急程度进行优先级排序，精细化任务分解：将每个项目分解为具体的任务，每个子任务时间不要超过一周，明确子任务目标、时间点和交付成果。

（2）根据项目的需求分配资源，包括人力、物力和财力。在分配资源时，要考虑到每个项目的需求，并确保资源的有效投入。

（3）定期监控项目的进展和交付成果，根据检查情况及时调整任务目标、资源、进度，并修改计划上报批准。

三、多项目设计进度管理影响因素分析

多项目设计进度管理需要充分考虑各种影响因素，制定合理的计划和应对策略，以确保项目能够按时、高质量地完成。同时，也需要不断跟踪和调整进度，及时发现和解决问题，确保项目的顺利进行。

（1）项目团队能力：项目团队的成员素质、技能水平、工作经验等因素都会影响项目的进度。如果团队成员能力不足，可能会在遇到问题时无法及时解决，导致进度延误。

（2）资源投入：项目所需的设备、材料、人力等资源是否充足、及时到位，直接影响项目的进度。如果资源供应不足或供应不及时，可能会导致项目停滞或返工，进而影响进度。

（3）沟通协作：项目团队内部以及与其他相关团队的沟通协作效果也会影响进度。如果沟通不畅，可能会导致信息传达错误、理解偏差，进而影响项目进度。

（4）技术难度：每个项目都有其独特的技术难点和挑战，这些难点和挑战的程度会对项目进度产生影响。技术难度过高可能导致团队在面对这些挑战时需要花费更多的时间和精力来研究和解决，进而影响进度。

（5）风险应对：关键是对风险的识别和管控，在风险识别过程中感知风险是了解客观存在的各种风险，是风险识别的基础；分析风险则是分析引起风险事故的各种因素，它是风险识别的关键；应遵循由粗及细、由细及粗的原则，谨慎排除可能的风险，如果对风险预估不足或者风险应对措施不力，会导致项目在面对风险时无法及时调整进度。

四、多项目设计进度管理优化

多项目设计进度管理是一个复杂而又重要的任务，其流程与单项目进度管理类似，但也有一些差异：

（1）优先级排序：在多项目情况下，需要根据项目的优先级和紧急程度对项目进行排序，以确定项目的执行顺序。

（2）资源平衡：在多项目中，需要考虑资源的平衡分配，以确保所有项目都能得到适当的资源支持。

（3）风险管理：多项目环境中，风险管理变得更加复杂，需要对各项目的潜在风险进行评估和应对。

（4）信息共享：在多项目管理中，需要建立有效的信息共享机制，以便团队成员能够获取所需的信息和支持。

在进行多项目管理时，为了提高设计进度管理的效率和质量，我们可以从以下几个方面进行优化：

（1）进度管理流程化：多项目进度管理流程化，使项目的设计内容有先后顺序、逻辑关系清晰明了，制定明确的进度计划，经过审查、发布、跟踪、监控、偏差分析等一系列的流程，以保证多项目设计工作有条不紊进行。

（2）建立有效的沟通机制：在多项目设计中，沟通是至关重要的。建立有效的沟通机制可以确保项目团队成员之间的信息共享和交流畅通无阻。通过定期会议、在线协作工具等方式，及时反馈进度情况、问题和解决方案，以便团队成员及时调整和改进。

（3）优化项目管理平台：项目经理往往面对复杂且繁琐的设计项目，基于设计院的管理结构模式，项目经理不能及时发现、处理日常设计工作中出现的问题。项目设计管理系统应运而生，它是以电子信息技术为平台，整合多年项目经验以项目管理为主线的网络系统。项目经理可以通过电脑或者智能手机控制管理系统，完成设计规划、资源调配、经费预估等问题，还可以利用管理系统进行风险预估，帮助团队更好地了解项目进度和绩效，从而做出更好的决策。

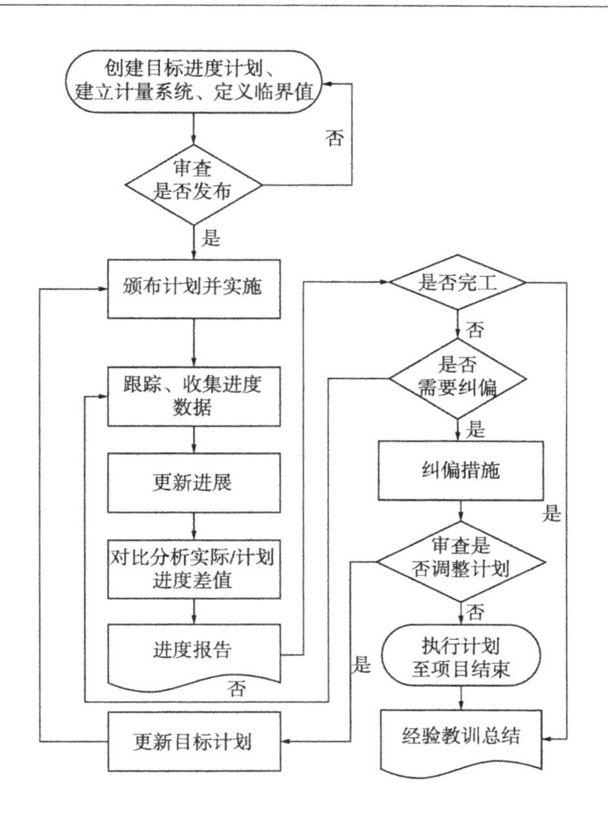

（4）强化资源管理：在多项目设计中，资源是有限的。强化资源管理可以提高资源的利用率和效率，从而加快设计进度。这包括合理分配人力资源、设备资源、时间资源等，确保每个项目都能得到足够的支持。同时，要动态化地监督管理项目设计实施，随时掌握工程项目的动态，对影响工程设计进度的因素进行有效处理，提出指导性的意见，以应对可能出现的资源短缺或进度偏差。

（5）多项目风险进度管理：要明确风险管理目标、范围、方法等，定期识别风险，评估风险，并预测每个项目面临的潜在风险，并制定相应的应对策略。可以为每个项目建立一个风险管理计划，进行不同级别的风险评估和措施设计，这些措施可以包括资源分配、任务调整、计划紧缩等。在执行时，持续跟踪风险并设计程序去控制风险。深化培养风险管理意识，优化、调整风险策略以适应新发现的风险。

五、结论

在进行多项目设计管理中，面对多项目存在的问题，制定资源分配计划，明确每个项目的资源需求和可用资源情况，确保资源在各个项目之间公平分配，定期评估和调整资源分配，以适应项目的变化；制定全面项目计划，跟踪和解决项目之间的冲突，建立有效的沟通机制，确保各项目团队之间的信息交流畅通；确定每个项目的优先级，并将其与组织目标和战略对齐，定期评估项目优先级，确保其与组织的目标和战略保持一致；在多项目设计管理中，采用专业的多项目管理系统，助力项目管理者在同一平台管理多项目。只有这样，我们才能更加有效地实现组织目标，切实推动科学管理多项目，实现多项目高效运行。

参 考 文 献

[1] 陈忠林．建设工程业主方多项目管理研究[D]．北京：北京交通大学，2013.
[2] 黄德智．建筑设计院多项目设计管理研究[D]．南宁：广西大学，2005.
[3] 戴利人，张亚妮，李忠富．多项目设计管理在设计院中的应用研究[J]．建筑设计管理，2013(12)：20-24.

浅析敏捷管理在勘察设计项目中的应用

王丽丽

（中国石油天然气管道工程有限公司　项目管理部）

摘　要：敏捷管理最初概念源于丰田在汽车制造业中创造的“精益管理”理念，由美国项目管理协会(PMI) 提出的一种项目管理方法。敏捷管理强调灵活性、适应性和快速响应变化。在勘察设计项目中，可以帮助团队更好地应对项目中的不确定性和变化，提高项目的交付质量和效率。本文首先对敏捷管理概念和五阶段进行概述，探究敏捷管理在勘察设计项目中的应用优势换和具体措施，并通过具体的项目证实敏捷理念的输油管道勘察项目设计能够提高项目的灵活性和适应性，加快交付速度，提升团队的沟通和协作效率，以及促进项目风险管理和问题解决。

一、引言

敏捷管理是一种灵活、迭代、适应变化的管理方法，最初用于软件开发领域，后来被广泛应用于其他项目管理领域，强调快速响应变化、持续交付价值、团队合作和客户满意度，与传统的计划驱动型管理方法有所不同。在勘察设计项目中，由于环境变化、技术更新等因素，项目需求和范围常常面临变化。采用敏捷管理方法可以更好地适应这些变化，及时调整项目方向，确保项目能够按时交付，并且满足客户的需求。因此，研究敏捷管理在勘察设计项目中的应用，对于提高项目管理的灵活性和效率，推动建设行业的发展具有积极的意义。本文针对勘察设计项目的特点和需求，研究敏捷管理在该领域的应用，以期能够为项目管理实践提供新思路和方法，促进建设行业的现代化转型。

二、敏捷管理概述

1. 敏捷管理概念

PMP 中的敏捷管理是一种以迭代、增量和协作为核心的项目管理和软件开发方法，主要是强调快速适应变化、持续交付、以达到客户满意。敏捷方法最初都是运用于软件开发的领域，但现阶段已扩展到其他项目管理领域。已经成为许多企业和组织的首选方法，用来提高项目交付的质量和效率。

2. 敏捷项目的五阶段

PMP 中的敏捷管理，它是一种以迭代、增量和协作为核心的项目管理和软件开发方法。它主要是强调快速适应变化、持续交付、以达到客户满意。敏捷方法最初都是运用于软件开发的领域，但现阶段已扩展到其他项目管理领域。它已经成为许多企业和组织的首选方法，用来提高项目交付的质量和效率。主要可以分成以下五阶段：

1）规划阶段

（1）确定项目愿景和目标。即将开启一个项目之前，首先要确定愿景和目标。项目经理要用简洁、激励人心的话语，向项目团队成员和利益相关方传达项目的核心目标。

（2）确定项目利益相关方。项目的成功与否与利益相关者的参与和满意度密切相关。因此，我们需要明确项目的关键利益相关方，了解他们对项目的期望和利益。这有助于确保项目愿景和目标与利益相关者的期望保持一致。

（3）确定项目的需求和优先级。一个项目中，会产生很多相关方的需求。首先，应该明确定义范围，确保项目团队成员对于项目有个清晰的了解。其次，可以选用多种方式来收集需求，如电话、会议、网络、访谈、调查问卷等。再次，对收集到的需求进行分析和评估，并根据其重要性、紧迫性和影响程度等因素进行优先级排序。这可以使用不同的技术和工具，如需求优先级矩阵、决策矩阵等来辅助完成。最后，就是与利益相关者共享和确认需求，以确保对需求的理解和共识。这有助于避免误解和矛盾，并为项目的后续工作提供明确的方向和目标。

（4）制定项目计划。结合项目目标及愿景，严格按照项目利益相关方的时间工期、质量等要求，制定切实可行的项目指导计划。

2）执行阶段

将项目分解为多个迭代周期，并在每个周期内进行测试，以获得理想结果。每个迭代周期包括以下步骤：首先明确任务和目标，进行开发和测试，进行评审和反馈，根据反馈进行调整和修正。通常情况下，每个迭代周期的长度通常为2~4周，时间的长短取决于项目的规模和复杂程度。

3）评估阶段

每一个迭代的周期我们都要进行评估和总结，检查和评估已完成的工作是否符合预期，检查和评估项目的进展和质量，根据评估结果，不断调整项目计划和需求。

4）交付阶段

将项目的可交付成果提交给客户或业主，进行最终的测试和验收，完成项目文档和报告。

5）回顾和改进阶段

回顾项目的整体表现和经验教训，总结项目的成功和失败因素，提出改进的建议和措施，学习和应用敏捷管理的最佳实践。

三、敏捷管理在勘察设计项目中的应用优势

敏捷管理在勘察设计项目中的应用优势表现于以下4个方面。

（1）利于快速响应需求变化。

在勘察设计项目中，客户和利益相关者可能会提出新的需求或者对项目进行调整，采用敏捷管理方法可以更加灵活地应对这些变化，及时调整项目方向和优先级，确保项目能够紧跟市场和客户需求的变化。

（2）利于提高团队的协作效率。

通过敏捷管理的迭代开发和持续交付，团队成员能够更好地协作，及时发现和解决问题，减少沟通成本，提高工作效率，从而加快项目进度。

（3）利于提高项目的透明度和风险控制能力。

通过敏捷管理的迭代周期和持续交付，项目进展情况可以及时反映给客户和利益相关者，减少信息不对称所带来的风险，同时也有利于团队及时发现和解决问题，降低项目实施过程中的风险。

（4）利于提高项目的质量和客户满意度。

敏捷管理注重持续改进和客户参与，能够更好地满足客户的需求，减少项目实施过程中的问题和缺陷，提高项目的交付质量，从而提升客户的满意度。

四、完善敏捷项目的管理的措施

(1) 建立良好工作环境及氛围及团队文化。

敏捷团队中的要求，团队成员之间要积极合作。鼓励团队成员要互相爱护，互相帮助，互讲诚信。在一个组成的团队中，团队成员可以轻松自如的接受想法和提出建议，不断做到知识的共享和传承。

(2) 清晰的通信和透明度。

大家都知道，项目的成功关键的一点就是要有效沟通，所以有效的沟通是敏捷项目管理的关键。团队成员应定期与利益相关者沟通项目进展、问题和需求。同时，团队应保持透明度，共享项目信息和数据，使团队和利益相关者都能够了解项目的状态和进展。

(3) 做到高效的团队协作。

项目管理强调团队的自组织和跨功能合作。团队成员应相互协作，根据项目需求和优先级分配工作。此外，团队应遵循敏捷方法的原则，如每日站会、迭代规划会议和回顾会议，以确保高效的团队协作。

(4) 鼓励持续改进和学习。

敏捷项目管理鼓励团队持续改进和学习。团队应定期回顾项目实施过程，识别问题和改进机会，并采取措施来优化工作流程和提高效率。此外，团队成员应积极学习新的工具、技术和最佳实践，以提升项目管理能力。

五、敏捷项目管理运行分析

1. 案例详情

输油管道在国家基础设施建设中扮演着重要角色，与政府的战略规划和社会的发展息息相关。输油管道勘察设计质量应当被理解为一个广义的概念，因为不同的视角会导致对质量的定义有所不同。因此，在确保工程安全美观的基础上，优质的输油管道勘察设计应该平衡相关利益，让客户便于管理、工程易实施。本文以某输油管道勘察为例，探究敏捷理念应用于开展输油管道勘察设计中的具体步骤。

2. 基于敏捷理念的勘察设计项目

1) 项目愿景和目标

(1) 提高勘察效率：通过优化勘察流程和引入先进技术，减少勘察时间，提高工作效率。

(2) 增强数据准确性：利用高精度测量设备和数据分析工具，确保外业勘察测量数据的准确性和可靠性。

(3) 提升项目灵活性：采用敏捷开发模式，快速适应项目需求变化，及时调整项目方向和策略。

(4) 促进团队协作：建立跨部门协作机制，加强团队沟通和协作，共同推动项目进展。

2) 需求优先级

(1) 安全性：确保在勘察设计过程中，严格遵守相关安全标准和规范规定，包括外业安全、交通安全等方面的要求。

(2) 可靠性：输油管道勘察设计的可靠性是指在勘察设计过程中所获得的数据和结果的准确性和可信度。在敏捷项目管理中，可以通过不断的反馈和验证来确保可靠性。将勘察数据和设计成果逐步完善和验证，及时发现并纠正可能存在的问题，从而提高项目成果的可靠性。

（3）环境友好性：在设计和建设过程中，考虑环境保护和可持续发展的因素。采用环保技术和措施，减少对生态环境的影响，并确保管道系统的运营符合环境法规和标准。

（4）成本效益：在满足其他需求的前提下，优化项目的成本效益。通过合理的设计和施工方案，最大限度地降低项目的投资和运营成本。

3）迭代设计和原型开发

项目组与利益相关方合作沟通，确定了每个可交付成果的优先级（根据现场施工的具体安排），并将其放入迭代计划中。迭代计划明确了每个迭代周期的工作内容和时间，以及每个可交付成果的要求和验收标准。将整个勘探设计过程分解为多个迭代周期，每个周期专注于特定的设计方面或功能。

（1）第一个迭代周期可以专注于确定项目需求和范围。这包括与相关部门和利益相关者充分沟通，收集并整理项目的基本需求和目标。通过会议、讨论、问卷调查等方式，确保对项目的需求有清晰的了解，并将其转化为可执行的任务和目标。此外，还需要确定项目的具体内容、时间表、预算等方面的限制和要求，有助于团队在后续的设计和开发过程中更好地控制项目进度和质量。

（2）第二个迭代周期专注于对上一个迭代周期中收集到的反馈和数据进行分析，并据此对设计方案进行调整和改进。包括深入挖掘用户需求，完善设计细节，解决可能存在的技术难题，以及进行更为具体的原型开发。通过迭代设计和原型开发的过程，逐步提升项目的设计水平和可行性，确保最终的输油管道勘察设计方案能够满足实际需求并具备较高的质量和效益。

4）变更管理和灵活性

团队成员可以通过日常站立会议、周例会等形式，及时交流项目进展、遇到的问题以及需求变更，从而更加灵活地应对各种挑战。另外，在输油管道勘察设计项目中，可以邀请相关利益相关者积极参与项目，及时提供反馈意见，以便团队能够根据客户需求进行调整和改进。

5）持续改进和团队协作

组建跨功能的团队，包括项目主管领导、项目经理、勘察测量、内业设校审等不同的技能和角色。确保团队成员能够相互协作并跨职能地完成工作。本项目成立了 10 人的项目管理团队，选拔优秀管理人员担任各个岗位，能够很好的完成项目管理任务。

6）建立有效的沟通和反馈机制

与利益相关者建立有效的沟通和反馈机制，确保及时交流项目进展、问题和需求变更。利益相关者包括项目团队成员、项目经理、客户和其他相关方，沟通和反馈能够保证项目的进展顺利、问题得到及时解决、需求变更得到满足。本项目也利用了在线会议适当的方式进行沟通，保持信息的透明度。

7）灵活处理需求变更

敏捷项目管理接受需求的变更，并能够快速响应。团队应与利益相关者紧密合作，理解和评估需求变更的影响，并根据实际情况及时调整工作计划和优先级。具体而言：

（1）建立变更管理流程：团队应建立一个明确的变更管理流程，包括变更请求的提交、评审和批准等步骤。这样可以确保变更请求得到适当的评估和决策。

（2）及时评估变更影响：对于每个变更请求，团队需要及时评估其对施工图设计工作的影响，包括时间、资源和成本等方面，有助于确定是否接受变更，并制定相应的调整计划。

（3）敏捷反应和调整：团队需要具备敏捷的反应能力，能够快速调整工作计划和资源分配，以适应需求变更。通过灵活处理需求变更，团队能够更好地满足客户要求并提高项目成功交付的可能性。

8）建立多种形式项目会议制度

根据项目情况，定期召开项目会议，包括日会、周会、月会以及专题会议，会议范围根据实际需要动态调整，可两三人的小型讨论会，也可全员参与的大型协调会。

(1) 日会时长一般 15~30min，主要针对当天及近期需要协调解决或快速开展的工作；

(2) 周会时长一般为 1~2h，主要针对本周及未来 1~2 周重点需要协调及完成的工作；

(3) 月度会、专题会议等也将根据项目实际需要开展，目的在于分享工作进展和问题。每个团队成员分享自己的工作进展、遇到的问题和需要协助的事项。这有助于团队了解整体项目进展和团队成员之间的依赖关系。

(4) 即时沟通和解决问题：会议制度为项目提供机会，让团队成员即时沟通并解决工作中的问题。通过及时的交流和协调，团队能够更好地应对挑战和改进工作效率。

9) 迭代回顾和改进

每个迭代周期结束后，团队进行回顾会议，评估项目的进展和团队的表现。识别问题和改进机会，并采取措施来提升项目管理和团队协作效率。团队成员分享项目中的成功经验和面临的挑战，以及提出改进建议。通过回顾会议，团队能够识别问题和机会，并制定相应的改进措施。

在项目的每个阶段和迭代周期结束后，组织团队进行回顾和总结，总结经验教训并提出改进的建议。学习和应用敏捷管理的最佳实践，提高团队的能力和效率。需要注意的是，敏捷管理需要团队成员之间的紧密合作和沟通。建立一个开放和信任的团队文化，鼓励团队成员分享想法和意见，并积极解决问题。同时，敏捷管理也需要业主的积极参与和支持，以便及时提供反馈和需求变更。只有在团队和业主的共同努力下，敏捷管理才能真正发挥作用，提高勘察设计项目的质量和效率。

10) 持续学习和提升

持续学习和培训有助于团队不断提升自身能力，适应项目需求和变化。项目团队成员应积极学习勘察设计领域的新知识、技术和最佳实践，提升自身的专业能力。团队还应定期参加相关培训和研讨会，保持对行业发展的了解。团队成员可以参加相关的培训课程、研讨会或工作坊，以增强专业能力和项目管理技巧。通过以上步骤，帮助勘察设计项目团队更好地运用敏捷理念进行项目管理，提高项目交付的效率和质量。

3. 效果分析

项目团队在实施过程中能够更加灵活应对需求变更，提高工作效率，缩短了交付周期。通过持续交付、及时反馈，更好地理解用户需求，确保项目成果符合实际需求，提升用户满意度。通过日常站会、迭代评审等方式促进团队成员之间的交流和协作，提高了团队整体绩效。

六、结论

通过实施敏捷管理，对勘察设计项目能够起到如下作用：

(1) 敏捷管理能够帮助项目快速推进，更快交付产品，及时获得客户反馈意见，从而提高图纸设计质量与进度。

(2) 敏捷管理可以更好的强调设计团队内部的合作与沟通，使团队成员及时了解客户不断变化的需求，提高工作的效率，减少错误沟通率，从而确保项目顺利开展。

(3) 敏捷管理可以及时获取客户的反馈，不断优化设计图纸，降低项目风险。

(4) 敏捷管理可以鼓励团队成员不断的自我组织与持续改进，遇到问题时，团队成员积极应对变化，各抒己见，把问题彻底消灭，提高项目的成功率，也给予其它同类项目一定的经验支持，是值得其他项目管理人员深入学习和应用的。

综上所述，敏捷管理在勘察设计项目中的应用有助于提高项目的成功实施率，确保设计方案符合客户期望，以及促进团队的学习和成长。希望未来在勘察设计领域能够更广泛地应用敏捷管理方法，从而推动项目管理的不断创新和提升。

七、下一步建议

对于敏捷管理在勘察设计项目中应用，若想取得较好的应用效果，应坚持以下原则：

（1）要以客户为中心，要尽早交付有价值的成果令客户满意，如图 1 所示。

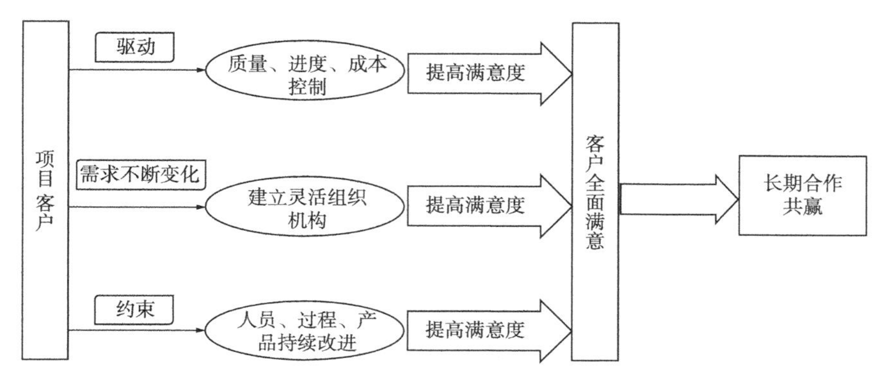

图 1 “以客户为中心”理念流程图

（2）短迭代交付可交付成果。采用较短的设计周期，不断的交付专业图纸，有助于保证施工的顺利推进。

（3）面对面交谈。对于项目执行过程来说，设计人员与管理人员不定期交谈必不可少，面对面的沟通对于项目传递信息，发现问题有很大的帮助。

（4）坚持不懈的追求良好设计和技术卓越，从而可以很好的增强敏捷能力。

（5）以人为本。围绕着富有进取心的个体来创建团队。提供他们良好的设计工作的环境和支持，信任他们的工作。

（6）持续改进。团队成员定期回顾自身设计问题，如何可以不断提高设计质量及其设计效率，并同时相应的调整自我的工作和自身的行为。

参 考 文 献

[1] 项目管理协会．项目管理知识体系指南(PMBOK 指南)[M].6 版．王勇，张斌译．北京：电子工业出版社，2009.

[2] Kenneth S. Rubin. Scrum 精髓：敏捷转型指南[M]. 姜倍宝，等译．北京：清华大学出版社，2014.

论油气长输管道项目成本管理对策

王晨洁

（中国石油天然气管道工程有限公司珠海分公司）

摘　要：油气长输管道项目是能源领域中的重要工程，其成本管理对于项目的经济效益和社会效益具有至关重要的作用。然而，由于油气长输管道项目的复杂性和特殊性，成本管理面临诸多挑战。本文旨在探讨油气长输管道项目成本管理的对策，以期为项目管理者提供有益的参考。

一、油气长输管道项目成本管理中存在的问题

油气长输管道项目作为国家能源战略的重要一环，其成本管理的重要性不容忽视。然而，在实际的项目实施过程中，成本管理往往会遇到一系列的问题，这些问题不仅影响到项目的经济效益，还可能对项目的进度和质量产生深远的影响。

首先，项目初期预算不准确是一个普遍存在的问题。由于油气长输管道项目的复杂性，对项目的成本进行准确的预测需要充分考虑各种因素，如地质条件、施工环境、技术难度等。然而，在实际操作中，由于信息不完整或预测方法不科学等原因，往往导致初期的预算与实际成本存在较大的偏差。这不仅可能导致项目实施过程中的资金短缺，还可能引发管理上的混乱。

其次，材料和人工成本控制不严也是一个突出的问题。油气长输管道项目需要大量的材料和人力资源，如果不能有效地控制这些成本，很容易导致项目成本超支。一方面，材料采购过程中可能存在价格不合理、质量不过关等问题；另一方面，人工成本控制不严可能导致人力资源的浪费或过度加班等情况。另外，管理流程不规范也是一个不可忽视的问题。在油气长输管道项目中，物资采购、领用、存储等环节如果缺乏规范的管理流程，可能导致物资的浪费、丢失或被盗等问题。这不仅增加了项目的成本，还可能影响到项目的进度和质量。

施工质量验收问题导致的成本增加也是一个值得关注的问题。如果施工质量验收控制不严格，可能会导致工程验收后出现返工、维修等额外成本。这不仅增加了项目的成本负担，还可能影响到项目的声誉和长期效益。此外，缺乏有效的成本控制体系也是目前存在的问题之一。一些油气长输管道项目在实施过程中，未能建立有效的成本控制体系，无法对项目的成本进行实时监控和调整。这可能导致项目成本失控，进而影响到项目的经济效益和社会效益。除了以上问题外，激励机制的缺乏也是影响成本管理效果的一个重要因素。在油气长输管道项目中，如果没有合理的激励机制，员工可能缺乏节约成本的积极性。这不仅可能导致项目成本的增加，还可能影响到整个团队的合作氛围。信息沟通不畅也是成本管理中的一大难题。项目各部门之间如果缺乏有效的信息沟通机制，可能导致资源浪费、重复采购等问题。这不仅增加了项目的成本负担，还可能影响到项目的整体效率。

最后，对市场变化应对不足也是目前存在的问题之一。油气长输管道项目的材料和设备成本受市场变化影响较大，如果不能及时掌握市场动态并作出相应的调整，可能会造成项目成本的失控。

综上所述，油气长输管道项目成本管理中存在的问题是多方面的，需要项目管理者从多个角度

进行分析和解决。通过加强预算的准确性、严格控制材料和人工成本、规范管理流程、强化施工质量验收控制、建立有效的成本控制体系、完善激励机制、加强信息沟通以及灵活应对市场变化等措施，可以有效地解决这些问题，提高油气长输管道项目的成本管理水平。

二、油气长输管道项目成本管理对策

1. 项目经理要对成本效益观念做到全程重视

项目经理在油气长输管道项目中起着至关重要的作用，其对成本效益观念的重视程度直接影响到整个项目的经济效益。为了确保项目的成功实施并控制成本，项目经理应从项目初期到竣工全程重视成本效益观念。

首先，项目经理应在项目初期阶段就充分认识到成本管理的重要性。这包括对项目成本的预测、评估和预算制定等环节给予足够的关注。通过科学的方法和准确的数据分析，项目经理应确保初期的预算尽可能接近实际成本，以便为后续的项目实施提供可靠的依据。在项目实施阶段，项目经理应加强对施工现场的监督和管理，确保施工质量和安全。同时，密切关注项目的成本动态，及时发现和解决成本超支问题。通过合理的资源配置和有效的成本控制措施，项目经理应确保项目成本控制在预算范围内。此外，项目经理还应注重提高项目的效益。这不仅包括经济效益，还包括社会效益和环境效益。通过优化设计方案、采用先进的技术和设备、提高施工效率等措施，项目经理可以有效地提高项目的效益，从而实现更好的成本控制效果。为了更好地落实成本效益观念，项目经理还应建立有效的沟通机制，确保项目各部门之间的信息畅通。通过定期召开项目会议、制定详细的项目计划和明确各部门的职责和任务，项目经理可以确保项目团队成员对成本控制有共同的认识和目标。项目经理还应鼓励团队成员积极参与成本控制工作。通过制定合理的激励机制，如奖励节约成本的员工或团队，项目经理可以提高员工对成本控制的重视程度和参与度。这不仅可以降低项目的成本，还可以增强团队的凝聚力和合作精神。最后，项目经理应总结项目成本管理的经验和教训，为今后的项目提供有益的参考。通过分析项目的成本数据和市场变化趋势，项目经理可以不断完善成本控制体系和方法，提高油气长输管道项目的成本管理水平。

总之，项目经理在油气长输管道项目中应全程重视成本效益观念。通过科学的管理方法和有效的成本控制措施，项目经理可以确保项目的顺利实施并实现更好的经济效益和社会效益。这对于提高油气长输管道项目的竞争力和促进可持续发展具有重要的意义。

2. 完善现有的组织结构

组织结构是项目实施的基础，其完善与否直接影响到油气长输管道项目成本管理的效果。为了提高成本管理水平，项目组织应从以下几个方面完善现有的组织结构。

（1）明确组织目标和职责。在项目实施前，应明确项目的总体目标和各阶段的分目标，并根据目标制定相应的职责分工。确保每个部门和岗位都有明确的职责和权限，避免出现职责重叠或空白，从而提高组织效率和管理效果。

（2）优化组织流程。油气长输管道项目涉及多个部门和多方利益相关者，因此，优化组织流程至关重要。通过简化流程、减少不必要的环节和加强跨部门协作，可以提高组织运作效率，降低管理成本，从而更好地控制项目成本。

（3）加强人才培养和团队建设。人才是组织最宝贵的资源，加强人才培养和团队建设可以提高员工的专业素质和工作能力，从而提升整个组织的执行力和创造力。通过定期培训、技能提升和激励机制等措施，培养一批高素质、专业化的人才队伍，为油气长输管道项目的成本管理提供有力支持。

（4）建立健全的监督机制。有效的监督机制是完善组织结构的重要保障。通过建立健全的监督机制，可以加强对项目成本管理的监督和评估，及时发现和纠正存在的问题，确保项目成本控制在合理范围内。

(5) 注重信息沟通和协作。在油气长输管道项目中，信息的及时传递和各部门之间的良好协作至关重要。通过建立有效的信息沟通机制和协作平台，促进各部门之间的信息共享和协同工作，提高工作效率，降低因信息不畅或重复工作造成的成本浪费。

3. 项目成本管理的基础工作

项目成本管理的基础工作在油气长输管道项目中具有举足轻重的地位。这些基础工作为项目成本管理的实施提供了必要的支持和保障，确保项目成本得到有效控制和管理。以下是对项目成本管理基础工作的深入探讨。

(1) 建立健全的成本管理制度是基础工作中的重要一环。成本管理制度应明确项目成本管理的目标、原则、流程和方法，为项目团队提供明确的指导。通过制定和执行各项成本管理制度，确保项目团队成员对成本管理有统一的认识，并在项目实施过程中严格遵守相关规定。

(2) 加强成本预测与预算制定是基础工作的核心内容之一。在项目初期阶段，应进行科学合理的成本预测，充分考虑各种因素对项目成本的影响。通过收集历史数据、分析市场行情、评估技术难度等手段，制定出尽可能准确的成本预测方案。在此基础上，根据项目进度计划和资源需求，编制详细的预算方案，为后续的成本控制提供依据(表 1)。

表 1　油气长输管道项目成本预测与预算制定步骤表

步骤序号	工作内容	方法或手段
1	收集历史数据	回顾以往类似项目，整理成本数据
2	分析市场行情	研究原材料价格、劳动力成本、设备租赁费用等市场变化
3	评估技术难度	确定项目技术复杂性和所需专业技术水平
4	制定初步成本预测方案	结合历史数据、市场分析和技术评估，预测项目成本范围
5	制定项目进度计划	根据项目目标和工期要求，安排各阶段工作进度
6	分析资源需求	确定项目所需人力、物力、资金等资源求
7	编制详细预算方案	结合成本预测和资源需求，制定详细预算
8	预算方案审查与修订	对预算方案；进行审查，确保其合理性和可行性，必要时进行调整和修订
9	确定成本控制目标和措施	根据预算方案，设定成本控制目标，制定成本控制措施

(3) 优化设计方案和加强物料管理也是成本管理基础工作的重要组成部分。设计方案决定了项目成本的大致框架，通过优化设计方案，可以降低工程量、节约材料和减少人工成本等。同时，加强物料管理，确保物料采购、存储、领用等环节的有序进行，避免浪费和损失。通过合理规划物料需求、选择合适的采购方式和加强库存管理，可以有效降低项目成本。

(4) 提高施工效率和质量也是成本管理基础工作的重要一环。油气长输管道项目的施工质量和效率直接影响到项目的成本和进度。通过采用先进的施工技术和设备、加强施工现场管理、提高员工技能和素质等手段，可以提高施工效率和质量，从而减少返工、维修等额外成本(表 2)。

表 2　油气长输管道项目提高施工效率与质量对策表

对策措施	详细描述	预期效果
采用先进的施工技术与设备	引入自动化、智能化的施工机械和技术手段，提高施工效率	减少人工操作，加快施工进度，降低人工成本
加强施工现场管理	优化施工流程和作业安排，确保施工有序进行	提高施工效率，减少因管理不善导致的资源浪费和延误

续表

对策措施	详细描述	预期效果
提高员工技能和素质	加强员工培训，提升专业技能和安全意识	增强员工对施工任务的理解和执行力，减少操作失误和安全事故
建立施工质量检测与反馈机制	对施工过程进行实时监控和检测，及时发现问题并采取纠正措施	提高施工质量，减少返工和维修
强化施工安全与环保管理	严格遵守安全规范和环保要求，确保施工过程中的安全与环保	减少因安全事故和环境污染导致的额外费用和罚款

（5）建立有效的信息管理系统是成本管理基础工作的必要条件。信息管理系统能够及时收集、整理和传递项目成本相关信息，确保项目团队成员能够实时掌握项目成本的动态变化。通过建立统一的信息管理平台，实现各部门之间的信息共享和协同工作，提高工作效率，减少重复工作和信息失真的情况(表3)。

表3　油气长输管道项目信息管理系统建设与应用表

信息管理系统建设与应用	详细描述	作用与效果
信息收集与整理	实时采集项目成本相关数据，包括材料采购、人工成本、设备使用等费用信息	确保数据的完整性和准确性，为后续分析和管理提供基础
信息传递与共享	通过统一的平台，将成本信息实时传递给项目团队成员及相关部门	促进团队成员间的沟通与协作，提升项目整体管理水平
动态成本监控	利用系统工具，实时跟踪项目成本的动态变化，进行成本偏差分析	及时发现成本控制问题，采取有效措施进行调整和优化
决策支持功能	系统提供数据分析、报表生成等功能，为项目管理层提供决策依据	提高决策效率和准确性，促进项目目标的顺利实现
信息安全保障	设定权限管理、数据加密等安全措施，确保项目成本信息的安全可靠	防止信息泄露和非法访问，保障项目的顺利进行

（6）加强风险管理是成本管理基础工作的关键环节。油气长输管道项目涉及多种风险因素，如地质条件变化、技术难题、市场价格波动等。通过加强风险管理，制定应对措施和预案，可以降低项目成本的不确定性。对可能出现的风险进行充分评估和预测，提前采取预防措施，以减少风险对项目成本的影响。

（7）培养专业化的成本管理团队是实现有效成本管理的关键因素。一个具备专业知识和丰富经验的成本管理团队能够为项目的成本管理提供有力支持。通过定期培训、交流经验和引进优秀人才等方式，不断提高成本管理团队的专业素质和业务水平，使其更好地适应油气长输管道项目的成本管理需求。

4. 项目成本采取动态化监管的方式

在油气长输管道项目中，成本的动态化监管是确保项目成本控制和管理有效性的关键。动态化监管能够实时跟踪项目成本的变动情况，及时发现和解决成本问题，从而提高成本管理水平。以下是对项目成本采取动态化监管方式的详细分析。

（1）建立动态化的成本监管体系是基础。这一体系应包括明确的项目成本目标、科学的成本核算方法、有效的成本控制措施以及完善的成本监督机制。通过设立专门的成本监管部门或指定专人负责成本监管，确保体系的正常运行和有效实施。

（2）实时监控项目成本动态是关键。在项目实施过程中，应定期收集项目成本的各项数据，如人工、材料、设备、间接费用等，并进行详细分析。通过与预算进行对比，发现实际成本与预算之间的差异，找出原因并采取相应措施进行调整。同时，关注市场变化和政策调整等因素对项目成本的影响，及时作出应对。

(3) 加强成本预警与控制是核心环节。通过建立成本预警机制，设置关键成本指标的阈值，当实际成本接近或超出阈值时，及时发出预警并进行干预。控制措施可根据预警情况采取相应的调整措施，如调整施工计划、优化设计方案、加强物资管理等，确保项目成本不偏离预定目标。

(4) 运用信息化手段进行动态监管能够提高效率和准确性。通过建立成本管理信息系统，将项目成本的各项数据纳入统一平台进行管理。该系统应具备数据采集、处理、分析和报告功能，能够实时展示项目成本的动态变化。通过信息化手段，提高数据处理的准确性和效率，为动态监管提供有力支持。

(5) 持续改进和优化是动态监管的长期目标。在项目实施过程中，应不断总结成本管理的经验和教训，分析问题产生的原因和改进的空间。结合项目实际情况和市场变化趋势，持续改进成本管理的方法和措施，优化成本控制流程，提高成本管理水平。

三、总结

综上所述，油气长输管道项目的成本管理是确保项目经济效益和社会效益的关键。本文从多个角度探讨了项目成本管理的对策，包括建立科学的成本管理体系、强化成本预测与预算制定、优化设计方案和加强物料管理、提高施工效率和质量、建立有效的信息管理系统以及加强风险管理等。这些对策的目的是实现项目成本的动态化监管，确保项目成本得到有效控制和管理。为了更好地实施这些对策，项目团队应注重人才培养和团队建设，提高员工的专业素质和工作能力。同时，应积极探索和应用先进的管理理念和方法，不断完善和优化成本管理体系。通过这些对策，我们可以更好地管理油气长输管道项目的成本，从而实现更高的经济效益和社会效益。

参考文献

[1] 郭霞．论油气长输管道项目成本管理对策[J]，管理学家，2020，000(024)：92-93.
[2] 董骐，马浚雅．浅谈长输管道PC项目模式下的经营管理[J]，石化技术，2020，27(5)：2.
[3] 曹峥，管力，田静．浅论油气管道的成本管理对策[J]，中文科技期刊数据库(全文版)经济管理，2023(4)：3.
[4] 曾伟．油气集输管道隐患治理技术与成本分析[J]，化工管理，2021，(2)：161-162+168.
[5] 王晓明．长输管道施工项目目标成本管理研究[J]，中文科技期刊数据库(全文版)经济管理，2021(9)：2.